길잡이

복소해석학

김동화 지음

敎友社

머리말

복소해석학은 현대 자연과학 및 공학 분야를 비롯해서 사회과학 분야에 이르기까지 각 이론을 정립하는데 중요한 역할을 하는 교과목이다. 그러므로 이 교과목은 대학에서 전공뿐만 아니라 기초수학 내용의 도구이므로 본서의 내용을 올바로 이해하고 도움이 되기 위한 자료로 활용할 필요가 있다.

본 교재는 대학에서 대개 필수 공통과목으로 편성되어 있으므로 본 교재의 학습지도는 매주 3시간 정도로 거의 두 학기 분량이지만 내용에 따라 예제 및 문제 풀이를 어느 정도 선별해서 지도하면 한 학기 간에 마무리할 수 있을 것으로 사료된다.

특히 교원임용고사 준비를 하는 학생들을 위하여 본 교재 내용에 대하여 깊은 추론과 판단을 하도록 단조로운 예제나 문제보다 다양한 내용을 접근하도록 하였으며, 더 나아가 복합적이고 깊은 연습문제 등을 스스로 학습할 수 있도록 하였다.

한편, 학생들 중에 개인적으로나 또는 자발적으로 조직된 세미나 구성원들로 하여금 각 문제를 풀어보는데 쉽게 이해할 수 있거나 참고가 되도록 별도로 자세한 풀이과정을 삽입해 두었다. 그러나 문제해결에는 다양한 방법이 있을 수 있으므로 전적으로 여기에 의존하지 않고, 오로지 스스로 내용에 대한 개념파악과 해결에 충분한 힘과 능력을 발휘할 수 있기를 바랄 뿐이다.

끝으로 이 교재를 발간함에 있어서 여러모로 어려움을 감수하고, 기꺼이 허락해주신 교우사 오판근 사장님과 편집 관계자 여러분께 깊은 감사를 표하는 바이다.

2008년 3월

저자

차례

복소수와 복소함수

지금 이차방정식 $x^2+1=0$의 근은 실수 전체의 범위에서 구할 수 없다.

한편, 일반적인 이차방정식 $ax^2+bx+c=0$ $(a\neq 0)$의 근은 공식에 의하여

$$x=\frac{-b+\sqrt{b^2-4ac}}{2a} \text{ 또는 } x=\frac{-b-\sqrt{b^2-4ac}}{2a}$$

로 니타내지만, $b^2-4ac\geq 0$일 때 한하여 실근을 구할 수 있다. 그러나 예를 들어 이차방정식 $x^2+x+1=0$은 모든 x에 대하여

$$x^2+x+1=\left(x+\frac{1}{2}\right)^2+\frac{3}{4}>0$$

이 성립하며, 이는 근의 공식에 의하여

$$x=\frac{-1+\sqrt{-3}}{2} \text{ 또는 } x=\frac{-1-\sqrt{-3}}{2}$$

임을 알 수 있다. 이 때 $\sqrt{b^2-4ac}=\sqrt{-3}$은 하나의 가상적인 수이므로 실수의 범위에서 해를 구할 수는 없다. 그러므로 새로운 수의 체계를 만들어서 방정식을 구하는 방법을 생각할 필요가 있다.

만약 $\sqrt{-3}$을 $\sqrt{3(-1)}=\sqrt{3}\sqrt{-1}=\sqrt{3}i$라고 하면

$$x=\frac{-1+\sqrt{3}i}{2} \text{ 또는 } x=\frac{-1-\sqrt{3}i}{2}$$

로 나타낼 수 있다.

여기서 $i=\sqrt{-1}$을 도입하여 수 전체의 범위를 실수 전체의 집합에서 복소수 전체의 집합까지 확장하는 과정에 대하여 알아본다.

1.1 복소수의 구조와 성질

실수의 집합 R의 체공리에서 덧셈 $(+)$와 곱셈 $(\cdot)$에 관한 이항연산에서 교환법칙과 결합법칙을 비롯해서 단위원과 역원의 존재성 및 분배법칙 등 대수적 법칙에 대하여 알고 있다. 여기서 복소수의 연산에 대하여 살펴보도록 한다.

임의의 $x,\ y\in R$에 대하여 순서쌍 $z=(x,\ y)$의 집합

$$R\times R=\{(x,\ y) : x\in R,\ y\in R\}$$

의 두 원소 $z_1=(x_1,\ y_1)$, $z_2=(x_2,\ y_2)$에 대하여 합과 곱의 연산을 다음과 같이 정의한다.

(1) $z_1+z_2=(x_1,\ y_1)+(x_2,\ y_2)=(x_1+x_2,\ y_1+y_2)$

(2) c가 실수이고 $z=(x,\ y)$일 때 $cz=c(x,\ y)=(cx,\ cy)$

(3) $z_1\cdot z_2=(x_1,\ y_1)\cdot(x_2,\ y_2)=(x_1x_2-y_1y_2,\ x_1y_2+x_2y_1)$

(4) 위의 연산법칙을 가진 두 원소 $(x,\ 0)$과 $(0,\ 1)$을 각각

$$x=(x,\ 0),\ i=(0,\ 1)$$

과 같이 나타낼 때 두 실수 x, y의 순서쌍은

$$(x,\ y)=(x,\ 0)+(0,\ y)=(x,\ 0)+(0,\ 1)\cdot(y,\ 0)=x+iy$$

로 나타내어진다. 또한 임의의 x에 대하여

$$ix=(0,\ 1)\cdot(x,\ 0)=(0\cdot x-1\cdot 0,\ x\cdot 1+0\cdot 0)=(0,\ x)=x(0,\ 1)=xi$$

가 되고, 한편

$$i^2=(0,\ 1)\cdot(0,\ 1)=(0\cdot 0-1\cdot 1,\ 1\cdot 0+0\cdot 1)=(-1,\ 0)=-1$$

이 된다. 이때 $i=\sqrt{-1}$로 나타내고 이와 같은 수 i를 허수단위라 하며, 임의의 두 실수 x, y에 대한 순서쌍

$$z=(x,\ y)=x+iy$$

로 나타내는 새로운 수 z를 복소수(complex number)라고 한다. 따라서 복소수 전체의 집합을 C라 하면 합과 곱, 상수배를 만족하는 집합을 $R\times R$로 정의하고,

$$C=\{z : z=(x,\ y)=x+iy,\ x,\ y\in R,\ i=(0,\ 1)=\sqrt{-1}\}$$

과 같이 표시하면 실수의 집합 R은 C의 부분집합이라 할 수 있다.

특히 복소수 $z=(x,\ y)\in C$에 대하여 $y=0$일 때 $z=x=(x,\ 0)$을 순실수(pure real number), $x=0$일 때 $z=iy=(0,\ y)$를 순허수(pure imaginary number)라고 한다.

임의의 복소수 z에 대하여 함수

$$\mathrm{Re} : C \to R,\ \ \mathrm{Re}(z)=x$$

일 때 x를 z의 실수부분(real part)이라 하고, 또한 함수

$$\mathrm{Im} : C \to R,\ \ \mathrm{Im}(z)=y$$

이면 y를 z의 허수부분(imaginary part)이라 한다.

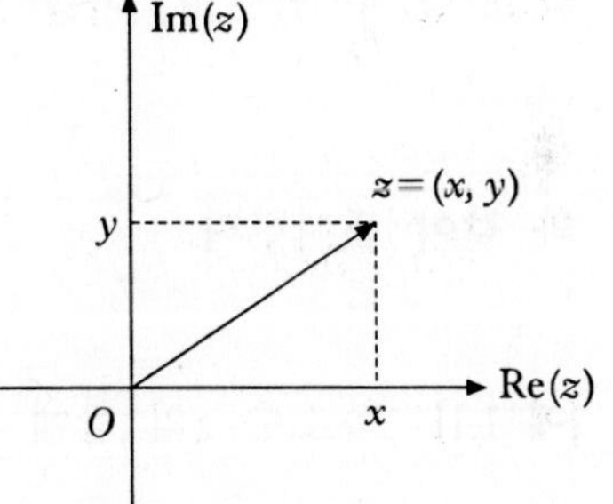

[그림 1.1]

복소수 $z=x+iy$에 대하여 $x=\mathrm{Re}(z)$를 x축(실수축), $y=\mathrm{Im}(z)$를 y축(허수축)으로 하는 직교좌표계의 평면 위의 점 $P(x,\ y)$에 일대일로 대응시킬 수 있는데 이 때 복소수 전체를 나타내는 평면을 복소평면(complex plane) 또는 Gauss평면(Gauss plane)이라 한다.

두 복소수 $z_1=(x_1,\ y_1)$, $z_2=(x_2,\ y_2)$에 대하여 $x_1=x_2$이고 $y_1=y_2$이면 z_1과 z_2는 상등관계가 있다고 하며, 다음과 같이

$$z_1 = z_2$$

로 쓴다. 따라서 $z=x+iy=0$을 만족할 필요충분조건은 $x=0$, $y=0$이다.

임의의 복소수 $z=(x, y)$에 대하여

$$z+z_1=0 \text{ 또는 } z_1+z=0$$

을 만족하는 복소수 $z_1=(x_1, y_1)$이 존재하면

$$x+x_1=0,\ y+y_1=0 \text{ 또는 } x_1+x=0,\ y_1+y=0$$

이므로 즉, $x_1=-x$, $y_1=-y$이다. 이 때 z_1을

$$z_1=(-x, -y)=-z$$

로 나타낸다. 이때 $-z$를 합에 관한 z의 **역원**(inverse)이라 한다.

한편 임의의 복소수 $z=(x, y)$에 대하여

$$(-1)z=(-1, 0)(x, y)=(-x, -y)=-z$$

라고 할 수 있으며, 이를 보통

$$z_1+(-z_2)=z_1-z_2$$

와 같이 표시한다.

[예 1.1] 복소수 z의 합에 관한 역원은 유일하게 존재함을 보여라.

풀이 합에 관한 $z=(x, y)$의 역원 $-z=(x_1, y_1)=z_1$이 아닌 다른 역원 $z_2=(x_2, y_2)$가 존재한다고 하자. 그러면

$$z+z_2=(x, y)+(x_2, y_2)=(x+x_2, y+y_2)=(0, 0) \text{ 즉 } x_2=-x,\ y_2=-y.$$

따라서 $z_2=(x_2, y_2)=(-x, -y)=-z=(x_1, y_1)=z_1$. 이는 가정에 모순 □

[예 1.2] 임의의 복소수 z에 대하여

$$\mathrm{Re}(iz)=-\mathrm{Im}(z),\ \mathrm{Im}(iz)=\mathrm{Re}(z)$$

임을 밝혀라.

풀이 $z=x+iy$일 때 $iz=i(x+iy)=ix+i^2y=ix-y$이므로 $\text{Re}(iz)=-y=-\text{Im}(z)$이고, $\text{Im}(iz)=x=\text{Re}(z)$이다. □

[예 1.3] 복소수 z_1, z_2에 대하여

$$\text{Re}(z_1+z_2)=\text{Re}\ z_1+\text{Re}\ z_2,\ \ \text{Im}(z_1+z_2)=\text{Im}\ z_1+\text{Im}\ z_2$$

임을 보여라.

풀이 $z_1=x_1+iy$, $z_2=x_2+iy_2$라고 하자.
$z_1+z_2=(x_1+iy_1)+(x_2+iy_2)=(x_2+x_2)+i(y_1+y_2)$이므로 상등관계에 의하여

$$\text{Re}(z_1+z_2)=x_1+x_2=\text{Re}\ z_1+\text{Re}\ z_2,$$
$$\text{Im}(z_1+z_2)=y_1+y_2=\text{Im}\ z_1+\text{Im}\ z_2$$ □

지금부터 복소수의 합과 곱에 대한 연산의 법칙과 몇 가지 성질에 대하여 살펴보기로 한다.

임의의 복소수 $z=x+iy=(x,\ y)$에 대하여

$$(x,\ y)=x(1,\ 0)+y(0,\ 1)$$

이므로 복소수 $z=(x,\ y)$는 두 복소수 $(1,\ 0)$과 $(0,\ 1)$의 일차결합으로 나타낼 수 있다. 따라서 복소수 z는 원점 $(0,\ 0)$에서 점 $(x,\ y)$에 이르는 벡터라 할 수 있다.

임의의 복소수 $z_1=(x_1,\ y_1)$, $z_2=(x_2,\ y_2)$, $z_3=(x_3,\ y_3)$에 대하여 연산의 정의에 의하여 다음과 같은 법칙이 성립한다.

$$z_1+z_2=z_2+z_1,\ \ z_1\cdot z_2=z_2\cdot z_1\ \text{(교환법칙)}$$
$$z_1+(z_2+z_3)=(z_1+z_2)+z_3,\ \ z_1(z_2z_3)=(z_1z_2)z_3\ \text{(결합법칙)}$$

한편 $iy=yi$이므로 $z=x+iy$ 또는 $z=x+yi$로 나타낼 수 있고,

$$z\,z=z^2,\ z^3=z\,z\,z,\ \cdots,\ z^n=z\,z\cdots z$$

등으로 표시한다. 임의의 복소수 z에 대하여

$$z+0=z,\ z\cdot 1=z$$

를 만족하는

$$0=(0,\ 0)\text{과 } 1=(1,\ 0)$$

을 각각 복소수의 합과 곱에 관한 항등원(identity)이라 하고, 이는 유일하게 존재한다. 왜냐하면 임의의 복소수 $z=(x,\ y)$에 대하여 0이 아닌 또다른 합에 관한 항등원 $0^*=(x_1,\ y_1)$이 존재하여

$$z+0^*=(x,\ y)+(x_1,\ y_1)=(x,\ y)=z$$

라고 하자. 그러면 $x+x_1=x,\ y+y_1=y$이므로 $x_1=y_1=0$ 즉, $0^*=(0,\ 0)=0$이다.

같은 방법으로 1과 1^*가 곱에 관한 항등원이라 하면

$$1^*\cdot 1=1^*\text{이고 } 1\cdot 1^*=1\text{이므로 } 1=1^*.$$

지금 임의의 복소수에 대하여 $z=(x,\ y)\neq 0$일 때

$$zw=1 \text{ 또는 } wz=1$$

을 만족하는 복소수 w를 곱에 관한 z의 역원(inverse)이라 하고 이것을 보통

$$w=z^{-1} \text{ 또는 } w=\frac{1}{z}$$

과 같이 쓴다. 곱에 대한 역원의 존재성을 보이기 위하여 $z^{-1}=(x',\ y')$으로 놓으면 임의의 복소수 $z=(x,\ y)$에 대하여

$$z\cdot z^{-1}=(x,\ y)\cdot(x',\ y')=(xx'-yy',\ yx'+xy')=(1,\ 0)$$

이므로

$$xx'-yy'=1,\ yx'+xy'=0 \qquad \cdots\cdots \text{①}$$

이 된다. 이때 방정식 ①에서 x'과 y'을 구하면

$$x' = \frac{\begin{vmatrix} 1 & -y \\ 0 & x \end{vmatrix}}{\begin{vmatrix} x & -y \\ y & x \end{vmatrix}} = \frac{x}{x^2+y^2}, \quad y' = \frac{\begin{vmatrix} x & 1 \\ y & 0 \end{vmatrix}}{\begin{vmatrix} x & -y \\ y & x \end{vmatrix}} = \frac{-y}{x^2+y^2}$$

가 된다. 따라서 $z \neq 0$일 때 곱셈에 대한 역원은 다음과 같다.

$$z^{-1} = (x', y') = \left(\frac{x}{x^2+y^2}, \frac{-y}{x^2+y^2} \right)$$

복소수의 합에 관한 역원의 유일성과 같은 방법으로 곱에 관한 역원의 유일성도 증명할 수 있다.

다음 세 복소수 $z_1 = (x_1, y_1)$, $z_2 = (x_2, y_2)$ 및 $z_3 = (x_3, y_3)$에 대하여 합과 곱의 정의에 따라 계산하면 다음과 같이 **분배법칙**

$$z_1(z_2 + z_3) = z_1 \cdot z_2 + z_1 \cdot z_3$$

이 성립한다.

이상과 같이 집합 C에 있는 복소수의 연산에 관하여 정리하면 다음과 같은 대수적 법칙이 성립함을 알 수 있다.

합의 법칙 : (A_1) $z_1 + z_2 = z_2 + z_1$ (A_2) $z_1 + (z_2 + z_3) = (z_1 + z_2) + z_3$

(A_3) $z + 0 = z$ (A_4) $z + (-z) = 0$

곱의 법칙 : (M_1) $z_1 z_2 = z_2 z_1$ (M_2) $(z_1 z_2) z_3 = z_1 (z_2 z_3)$

(M_3) $1 \cdot z = z$ (M_4) $z(z^{-1}) = 1$, $(z \neq 0)$

분배 법칙 : (D) $z_1(z_2 + z_3) = z_1 z_2 + z_1 z_3$

그러므로 집합 C는 체(field)가 됨을 알 수 있다.

[예 1.4] 두 복소수 z_1, z_2에 대하여 $z_1 z_2 = 0$이 성립하기 위한 필요충분조건은 z_1, z_2 중에 적어도 하나는 0임을 보여라.

풀이 만약 $z_1 = 0$이거나 $z_2 = 0$이면 $z_1 z_2 = 0$은 분명히 성립한다.

역으로 만약 $z_1 = x_1 + y_1 \neq 0$이고, $z_2 = x_2 + y_2 \neq 0$이라 하자. 그러면 가정에 의하여

$$z_1z_2 = (x_1 + iy_1)(x_2 + iy_2)$$
$$= (x_1x_2 - x_1y_1) + i(x_1y_2 + x_2y_1) = 0 \qquad \cdots\cdots ①$$

식 ①에서 복소수의 상등관계에 의하여

$$x_1x_2 - x_1y_1 = 0, \ x_1y_2 + x_2y_1 = 0$$

이다. 따라서

$$0 = (x_1 \ x_2 - x_1 \ y_1)^2 + (x_1 \ y_2 + x_2 \ y_1)^2$$
$$= (x_1^2 + y_1^2)(x_2^2 + y_2^2) \qquad \cdots\cdots ②$$

따라서 실수의 성질에 의하여 $x_1 = y_1 = 0$ 또는 $x_2 = y_2 = 0$. 즉

$$z_1 = 0 \text{ 또는 } z_2 = 0$$

이 성립한다.

지금 $z_2 \neq 0$일 때 $z_1z_2^{-1}$를 $\dfrac{z_1}{z_2}$과 같이 표시하고, 특히 $z_1 = 1$이면

$$\frac{1}{z_2} = z_1\left(\frac{1}{z_2}\right)$$

과 같이 정의한다. 지금 $z_1 = (x_1, \ y_1)$이고 $z_2 = (x_2, \ y_2) \neq 0$이라 하자. 그러면 곱의 정의에 의하여

$$\frac{z_1}{z_2} = \left(\frac{x_1x_2 + y_1y_2}{x_2^2 + y_2^2}, \ \frac{y_1x_2 - x_1y_2}{x_2^2 + y_2^2}\right) = \left(\frac{x_1x_2 + y_1y_2}{x_2^2 + y_2^2}\right) + i\left(\frac{y_1x_2 - x_1y_2}{x_2^2 + y_2^2}\right)$$

와 같이 나타낸다. □

---

1. $-i$의 제곱근을 구하여라.

풀이 구하는 제곱근을 $z = x + iy$라 하면 합과 곱의 법칙에 의하여

$$z^2 = (x + iy)^2 = x^2 - y^2 + 2xyi = -i$$

이고, 상등관계에 의하여 실수부분과 허수부분을 비교하면

$$x^2-y^2=0,\ 2xy=-1$$

이다. 따라서 이것을 풀면 $x=-y,\ y=\pm\dfrac{1}{\sqrt{2}}$이므로 구하는 것은

$$z=x+iy=\pm\frac{1}{\sqrt{2}}(1-i)$$

2. (1) 두 복소수 $z_1=x_1+iy_1$과 $z_2=x_2+iy_2,\ z_2\neq 0$일 때 $zz_2=z_1$을 만족하는 복소수 z가 유일하게 존재함을 보여라.

(2) 다음 복소수를 $z=x+iy$와 같은 형태로 유도하여라.

(a) $z=\dfrac{3-2i}{4+3i}$ (b) $z=\dfrac{2-2i}{7+i}+\dfrac{3+4i}{2-3i}$

풀이 (1) 구하는 복소수를 $z=x+iy$라고 하자. 그러면

$$\begin{aligned} z\,z_2 &= (x+iy)(x_2+iy_2) \\ &= (xx_2-yy_2)+i(yx_2+xy_2)=x_1+iy_1=z_1 \end{aligned} \quad \cdots\cdots ①$$

이다. 그런데 식 ①에서 상등관계에 의하여

$$x_2x-yy_2=x_1,\ y_2x+x_2y=y_1 \quad \cdots\cdots ②$$

이므로 방정식 ②에서 $x,\ y$를 구하면

$$x=\frac{\begin{vmatrix} x_1 & -y_2 \\ y_1 & x_2 \end{vmatrix}}{\begin{vmatrix} x_2 & -y_2 \\ y_2 & x_2 \end{vmatrix}}=\frac{x_1x_2+y_1y_2}{x_2^2+y_2^2},\quad y=\frac{\begin{vmatrix} x_2 & x_1 \\ y_2 & y_1 \end{vmatrix}}{\begin{vmatrix} x_2 & -y_2 \\ y_2 & x_2 \end{vmatrix}}=\frac{x_2y_1-x_1y_2}{x_2^2+y_2^2}$$

이다. 따라서 구하는 $z=x+iy$는 유일하다.

(2) (i) $z=\dfrac{3-2i}{4+3i}=\dfrac{(3-2i)(4-3i)}{(4+3i)(4-3i)}$

$$=\frac{12-9i-8i+6i^2}{16-12i+12i-9i^2}=\frac{6-17i}{16+9}=\frac{6}{25}-\frac{17}{25}i$$

$$\text{(ii)}\ z=\frac{2-2i}{7+i}+\frac{3+4i}{2-3i}=\frac{(2-2i)(7-i)}{(7+i)(7-i)}+\frac{(3+4i)(2+3i)}{(2-3i)(2+3i)}$$

$$=\frac{6}{25}-\frac{8}{25}i-\frac{6}{13}+\frac{17}{13}i=\left(\frac{6}{25}-\frac{6}{13}\right)+\left(\frac{17}{13}-\frac{8}{25}\right)i$$

3. 복소수의 집합 C의 임의의 두 복소수 z_1, z_2에 대하여 $z_1<z_2$ 또는 $z_1>z_2$와 같은 순서관계 즉, 대소관계가 성립할 수 있는가?

풀이 만약 복소수에 순서관계가 성립한다고 하자. 그러면 예를 들어 복소수 $z=i$이면 실수의 삼분성질에 의하여 $z=i>0$, $z=i=0$ 또는 $z=i<0$ 중에 어느 하나가 성립하여야 한다. 그런데

만약 $i\geq 0$이면 $-1=i\cdot i\geq 0$이므로 모순이다.

만약 $i<0$이면 $-i>0$이고, $-1=(-i)(-i)>0$이므로 모순이다.

4. $z=\dfrac{x-iy}{x+iy}=a+ib$일 때 a^2+b^2을 구하여라.

풀이 $$\frac{x-iy}{x+iy}=\frac{x-iy}{x+iy}\cdot\frac{x-iy}{x-iy}=\frac{(x^2-y^2)-2xyi}{x^2+y^2}=a+ib$$

이므로 복소수의 상등관계에 의하여

$$a=\frac{x^2-y^2}{x^2+y^2},\quad b=\frac{-2xy}{x^2+y^2}$$

이다. 따라서 $a^2+b^2=\left(\dfrac{x^2-y^2}{x^2+y^2}\right)^2+\left(\dfrac{-2xy}{x^2+y^2}\right)^2=\dfrac{x^4-2x^2y^2+y^4}{(x^2+y^2)^2}+\dfrac{4x^2y^2}{(x^2+y^2)^2}$

$$=\frac{(x^2+y^2)^2}{(x^2+y^2)^2}=1$$

5. 다음 물음에 답하여라.

(1) $z=x+iy$일 때 $\text{Re}(z)=\dfrac{1}{2}(z+\bar{z})$, $\text{Im}(z)=\dfrac{1}{2i}(z-\bar{z})$임을 보여라.

(2) a, b가 실수이고, z, w가 복소수일 때 다음을 밝혀라.

$$\text{Re}(az+bw)=a\ \text{Re}\,z+b\ \text{Re}\,w$$

풀이 (1) $\frac{1}{2}(z+\bar{z})=\frac{1}{2}\{(x+iy)+(x-iy)\}=x=\mathrm{Re}(z)$

$\frac{1}{2i}(z-\bar{z})=\frac{1}{2i}\{(x+iy)-(x-iy)\}=\frac{2iy}{2i}=y=\mathrm{Im}(z)$

(2) $z=x+iy$, $w=\alpha+i\beta$라고 하면

$$\begin{aligned}\mathrm{Re}(az+bw)&=\mathrm{Re}[a(x+iy)+b(\alpha+i\beta)]=\mathrm{Re}[(ax+b\alpha)+i(ay+b\beta)]\\&=ax+b\alpha=a\,\mathrm{Re}\,z+b\,\mathrm{Re}\,w\end{aligned}$$

1.2 켤레복소수

복소평면 위에 임의의 복소수 $z=(x, y)=x+iy$가 주어졌을 때 실수축(x축)에 관하여 z와 대칭인 복소수를

$$\bar{z}=(x, -y)=x-iy$$

와 같이 나타내고, 이것을 z의 **켤레복소수**(conjugate complex number)라고 한다.

[예 1.5] 켤레복소수의 정의에 의하여 다음과 같은 관계식이 성립함을 보여라.

(1) 임의의 복소수 z에 대하여 $\bar{\bar{z}}=z$

(2) $\bar{z}=z$가 성립하기 위한 필요충분조건은 z가 실수일 때이다.

(3) 임의의 두 복소수 z_1, z_2에 대하여

$$\overline{z_1+z_2}=\bar{z}_1+\bar{z}_2,\quad \overline{z_1\cdot z_2}=\bar{z}_1\cdot\bar{z}_2,\quad \overline{\left(\frac{z_1}{z_2}\right)}=\frac{\bar{z}_1}{\bar{z}_2}$$

(4) 임의의 복소수 z에 대하여 $\overline{-z}=-(\bar{z})$, $\overline{z^{-1}}=(\bar{z})^{-1}$ $(z\neq 0)$

풀이 (1), (2)는 정의에 명백하다.

(3) 복소수의 연산법칙과 켤레복소수의 정의에 의하여 직접 계산할 수 있다.

$$\begin{aligned}\overline{z_1+z_2}&=\overline{(x_1+iy_1)+(x_2+iy_2)}=\overline{(x_1+x_2)+i(y_1+y_2)}\\&=(x_1+x_2)-i(y_1+y_2)=(x_1-iy_1)+(x_2-iy_2)\\&=\overline{x_1+iy_1}+\overline{x_2+iy_2}=\bar{z}_1+\bar{z}_2.\end{aligned}$$

마찬가지로 나머지도 직접 계산할 수 있다.

(4) (3)의 결과에 의하여 $0=\overline{0}=\overline{z+(-z)}=\overline{z}+\overline{(-z)}$이므로 $\overline{-z}=-(\overline{z})$ 또한 $1=\overline{1}=\overline{z\cdot z^{-1}}=\overline{z}\cdot\overline{z^{-1}}$이고, $\overline{z^{-1}}=(\overline{z})^{-1}$가 성립한다. □

[예 1.6] 복소수 z_1, z_2의 곱이 0 아닌 실수일 때 $z_1=c\overline{z_2}$가 성립하는 실수 c가 존재함을 보여라.

풀이 지금 두 복소수를 $z_1=x_1+iy_1$, $z_2=x_2+iy_2$라고 하자. 그러면 z_1, z_2의 곱은 0 아닌 실수이므로 $z_1z_2\neq0$이다. 따라서 $z_2\neq0$, $\overline{z_2}\neq0$이므로

$$c=\frac{z_1}{\overline{z_2}}=\frac{z_1}{x_2-iy_2}=\frac{z_1}{x_2-iy_2}\cdot\frac{x_2+iy_2}{x_2+iy_2}=\frac{z_1z_2}{x_2^2+y_2^2}$$

이다. 그런데 z_1, $z_2(\neq0)$는 실수이고, $x_2^2+y_2^2$도 실수이므로 $z_1=c\overline{z_2}$가 성립하는 c는 실수이다. □

1.3 절대값

복소수 $z=x+iy$는 복소평면 위에 원점 (0, 0)에서 점 (x, y)의 벡터이므로 이때 z의 크기를

$$|z|=\sqrt{x^2+y^2},\ x^2+y^2\geq0$$

과 같이 정의하며, 이것을 복소수 z의 절대값(absolute value)이라 한다. 두 복소수 z_1, z_2에 대하여 $z_1>z_2$ 또는 $z_2>z_1$과 같은 부등식은 실수를 제외하고는 아무런 의미가 없지만 그러나 복소수의 절대값은 실수이므로

$$|z_1|>|z_2|\ (\text{또는 } |z_1|<|z_2|)$$

이라고 할 수 있다. 이것은 복소평면 위의 원점에서 점 z_1(또는 z_2)의 위치가 점 z_2(또는 z_1)의 위치보다 멀리 떨어져 있음을 뜻한다. 다음 두 복소수

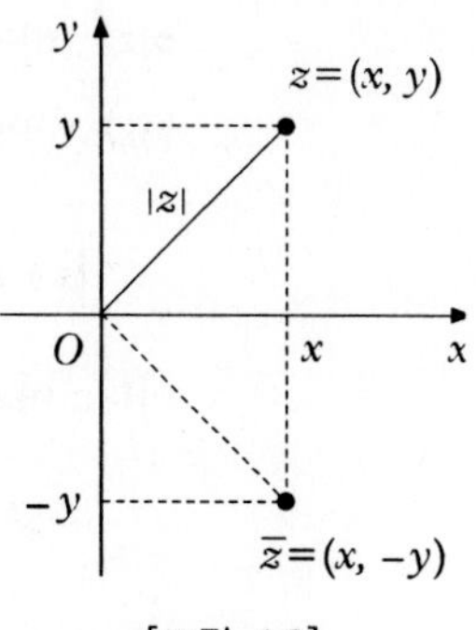

[그림 1.2]

$$z_1=(x_1,\ y_1)=x_1+iy_1\text{과 } z_2=(x_2,\ y_2)=x_2+iy_2$$

의 차에 대한 절대값은 정의에 의하여

$$\begin{aligned}|z_2-z_1|&=|(x_2-x_1)+i(y_2-y_1)|\\&=\sqrt{(x_2-x_1)^2+(y_2-y_1)^2}\end{aligned}$$

이다. 한편 복소수 z의 절대값의 정의에 의하여

$$|z|=|\bar{z}|\text{이고, } z\neq 0\text{이면 } |z|>0\text{이며, } z\cdot\bar{z}=x^2+y^2=|z|^2$$

임을 알 수 있고, 또한 다음과 같은 결과를 얻을 수 있다.

$$|x|=|\text{Re } z|\leq|z|,\ \ |y|=|\text{Im } z|\leq|z|$$

[예 1.7] $|z|=1$일 때 $|\bar{\alpha}z-1|=|z-\alpha|$임을 보여라.

풀이 $|\bar{\alpha}z-1|=|z|\left|\bar{\alpha}-\frac{1}{z}\right|=\left|\bar{\alpha}-\frac{\bar{z}}{|z|^2}\right|=|\bar{\alpha}-\bar{z}|=|\overline{\alpha-z}|=|z-\alpha|.$ □

[예 1.8] 다음을 설명하여라.

(1) 다음 식을 만족하는 z의 집합은 무엇인가?

(i) $|z-2+3i|=2$ (ii) $\left|\frac{z-3}{z+3}\right|=2$

(2) $|z_1\cdot z_2|=|z_1||z_2|,\ \left|\frac{z_1}{z_2}\right|=\frac{|z_1|}{|z_2|}\ (z_2\neq 0)$임을 보여라.

(3) $|z_1+z_2|\leq|z_1|+|z_2|,\ ||z_1|-|z_2||\leq|z_1-z_2|$임을 보여라.

(4) 두 복소수 z_1과 z_2에 대하여

$$|z_1+z_2|^2+|z_1-z_2|^2=2(|z_1|^2+|z_2|^2)$$

풀이 (1) (i) $z=x+iy$이면 주어진 방정식은

$$|(x-2)+i(y+3)|=\sqrt{(x-2)^2+(y+3)^2}=2\text{ 즉 }(x-2)^2+(y+3)^2=4$$

이다. 따라서 중심이 (2, −3)이고, 반지름이 2인 원이다.

(ii) 주어진 문제에서 $|z-3|=2|z+3|$이므로 $z=x+iy$일 때

$$|x+iy-3|=2|x+iy+3| \text{ 즉, } \sqrt{(x-3)^2+y^2}=2\sqrt{(x+3)^2+y^2}$$

이다. 여기서 양변에 제곱하여 정리하면

$$x^2+y^2+10x+9=0 \text{ 또는 } (x+5)^2+y^2=16 \text{ 즉 } |z+5|=4$$

가 된다. 따라서 중심이 (−5, 0)이고, 반지름이 4인 원이다.

(다른 방법) 문제에서 $\left|\dfrac{z-3}{z+3}\right|^2=4$이므로 $\left(\dfrac{z-3}{z+3}\right)\left(\dfrac{\bar{z}-3}{\bar{z}+3}\right)=4$이다.

$$z\bar{z}+5\bar{z}+5z+9=0 \text{ 즉, } (z+5)(\bar{z}+5)=16$$

이다. 따라서 $|z+5|=4$가 되어 위의 결과와 같다.

(2) 복소수 절대값의 성질과 결합법칙을 이용하면

$$\begin{aligned}|z_1z_2|^2&=(z_1\ z_2)(\overline{z_1z_2})=(z_1\ z_2)(\overline{z_1}\cdot\overline{z_2})\\&=(z_1\overline{z_1})(z_2\overline{z_2})=|z_1|^2|z_2|^2=(|z_1||z_2|)^2\end{aligned}$$

즉, $|z_1z_2|^2-(|z_1||z_2|)^2=0$이므로

$$(|z_1z_2|-|z_1||z_2|)(|z_1z_2|+|z_1||z_2|)=0$$

그런데 z_1, z_2가 모두 0이 아니면 $|z_1z_2|+|z_1||z_2|>0$이므로 $|z_1z_2|-|z_1||z_2|=0$, 즉 $|z_1z_2|=|z_1||z_2|$이다. 여기서 $z_1=0$ 또는 $z_2=0$일 때는 물론 성립한다. 같은 방법으로

$$\left|\frac{z_1}{z_2}\right|=\frac{|z_1|}{|z_2|}\ (z_2\neq 0)$$

(3) $$\begin{aligned}|z_1+z_2|^2&=(z_1+z_2)\cdot(\overline{z_1+z_2})=(z_1+z_2)\cdot(\overline{z_1}+\overline{z_2})\\&=(z_1\overline{z_1}+z_2\overline{z_2})+(z_1\overline{z_2}+z_2\overline{z_1})=|z_1|^2+|z_2|^2+(z_1\overline{z_2}+z_2\overline{z_1}) \quad \cdots\cdots ①\end{aligned}$$

이다. 그런데 $\overline{z_1}z_2$는 $z_1\overline{z_2}$의 켤레복소수이다. 그러므로

$$z_1\overline{z_2}+\overline{z_1}z_2=2\mathrm{Re}(z_1\overline{z_2})\leq 2|z_1z_2|=2|z_1||z_2|$$

이므로 ①에서

$$|z_1+z_2|^2-(|z_1|+|z_2|)^2=-2(|z_1||z_2|-\mathrm{Re}(z_1\overline{z_2})) \qquad \cdots\cdots ②$$

가 된다. 그런데 $z_1\overline{z_2}+\overline{z_1}z_2$와 $|z_1|\cdot|z_2|$는 실수이고 $|z_1|\cdot|z_2| \ge 0$이며, $\mathrm{Re}(z_1\overline{z_2}) \le |z_1\overline{z_2}|=|z_1||z_2|$이므로 ②에서 $|z_1+z_2|^2-(|z_1|+|z_2|)^2 \le 0$이다.
따라서 다음 부등식이 성립한다.

$$|z_1+z_2| \le |z_1|+|z_2| \qquad \cdots\cdots ③$$

(단, $z_1=0$ 또는 $z_2=0$일 때 등호가 성립)

한편 부등식 ③에 의하여

$$|z_1|=|(z_1-z_2)+z_2| \le |z_1-z_2|+|z_2|$$

이다. 따라서

$$|z_1|-|z_2| \le |z_1-z_2| \qquad \cdots\cdots ④$$

가 성립한다. 마찬가지로

$$|z_2|-|z_1| \le |z_2-z_1|=|z_1-z_2| \qquad \cdots\cdots ⑤$$

가 성립하므로 부등식 ④, ⑤에 의하여

$$||z_1|-|z_2|| \le |z_1-z_2|$$

(4) $|z_1+z_2|^2+|z_1-z_2|^2=(z_1+z_2)(\overline{z_1}+\overline{z_2})+(z_1-z_2)(\overline{z_1}-\overline{z_2})$

$$=(z_1\overline{z_1}+z_1\overline{z_2}+z_2\overline{z_1}+z_2\overline{z_2})+(z_1\overline{z_1}-z_1\overline{z_2}-z_2\overline{z_1}+z_2\overline{z_2})$$

$$=2(|z_1|^2+|z_2|^2)$$

□

〈참고〉 (3)에서 수학적 귀납법에 의하여 이를 확장하면 다음과 같은 결과를 얻을 수 있다.

$$\left|\sum_{k=1}^{n} z_k\right| \le \sum_{k=1}^{n}|z_k| \quad (n=1,\ 2,\ \cdots)$$

[예 1.9] $|z_1+z_2|^2+|z_1+\overline{z_2}|^2=2(|z_1|+|z_2|^2)+4\operatorname{Re} z_1 \operatorname{Re} z_2$ 임을 보여라.

풀이 $|z|^2=z\overline{z}$, $\overline{(z_1+z_2)}=\overline{z_1}+\overline{z_2}$ 임을 이용하여 좌변을 변형하면

$$\begin{aligned}|z_1+z_2|^2+|z_1+\overline{z_2}|^2 &= (z_1+z_2)(\overline{z_1}+\overline{z_2})+(z_1+\overline{z_2})(\overline{z_1}+z_2)\\ &= (z_1\overline{z_1}+z_1\overline{z_2}+z_2\overline{z_1}+z_2\overline{z_2})+(z_1\overline{z_1}+z_1z_2+\overline{z_2}\,\overline{z_1}+z_2\overline{z_2})\\ &= 2|z_1|^2+2|z_2|^2+z_1(z_2+\overline{z_2})+\overline{z_1}(z_2+\overline{z_2})\\ &= 2(|z_1|^2+|z_2|^2)+(z_1+\overline{z_1})(z_2+\overline{z_2}) \qquad (*)\end{aligned}$$

그런데 $z_1+\overline{z_1}=2\operatorname{Re}z_1$, $z_2+\overline{z_2}=2\operatorname{Re}z_2$ 이므로 (*)에서

$$|z_1+z_2|^2+|z_1+\overline{z_2}|^2=2(|z_1|+|z_2|^2)+4\operatorname{Re}z_1\operatorname{Re}z_2.$$ □

1. 복소수 z에 대하여 다음 성질을 만족함을 보여라.
   (1) z가 실수가 될 필요충분조건은 $\overline{z}=z$이다.
   (2) z가 실수이거나 순허수가 될 필요충분조건은 $(\overline{z})^2=z^2$이다.

풀이 (1) $z=x+iy$일 때 z가 실수이면 $y=0$이다. 따라서 $z=x+0i=x-0i=\overline{z}$ 이다. 역으로 $z=\overline{z}$ 이면 $x+iy=x-iy$ 이므로 $2iy=0$이다. 따라서 $y=0$이므로 z는 실수이다.
(2) z가 실수가 될 필요충분조건은 $z=\overline{z}$ 이고, z가 순허수가 될 필요충분조건은 $-\overline{z}=z$ 이므로 $(\overline{z})^2=z^2$이다. 역은 명백하다.

2. 두 복소수 z_1, z_2의 합 z_1+z_2과 곱 $z_1\cdot z_2$가 실수이면 $z_1=\overline{z_1}$, $z_2=\overline{z_2}$ 임을 보여라.

풀이 z_1+z_2, $z_1\cdot z_2$가 실수이므로 문제 1(1)에 의하여

$$z_1+z_2=\overline{z_1+z_2}=\overline{z_1}+\overline{z_2} \qquad \cdots\cdots ①$$

$$z_1 \cdot z_2 = \overline{z_1 \cdot z_2} = \overline{z_1} \cdot \overline{z_2} \qquad \cdots\cdots ②$$

이다. 식 ①에서

$$z_1 = \overline{z_1} + \overline{z_2} - z_2 \qquad \cdots\cdots ③$$

이고, 식 ③을 ②에 대입하면

$$0 = z_1 \cdot z_2 - \overline{z_1} \cdot \overline{z_2} = (\overline{z_1} + \overline{z_2} - z_2) z_2 - \overline{z_1} \cdot \overline{z_2} = (z_2 - \overline{z_2})(\overline{z_1} - z_2)$$

따라서 $z_2 = \overline{z_2}$ 또는 $z_1 = \overline{z_2}$가 성립한다.

만약 $z_2 = \overline{z_2}$이면 z_2는 실수임을 의미한다.

한편 $z_1 = \overline{z_2}$이면 식 ①에서 $z_1 + z_2 = \overline{z_2} + z_2 = 2\,\mathrm{Re}\, z_2$(실수)이고, 또한 식 ②에서 $z_1 \cdot z_2 = \overline{z_2} \cdot z_2 = |z_2|^2$(실수)이다.

3. 복소수 z에 대하여 $2 - \dfrac{1}{z} = \bar{z}$를 만족하는 z를 구하여라.

풀이 주어진 식의 양변에 z를 곱하면 $2z - 1 = \bar{z}z = |z|^2$ 또는 $2z = |z|^2 + 1$이다. 그런데 우변은 실수이므로 좌변도 실수이다. 따라서 복소수 z를 실수로 간주하여도 무방하다. 그러므로 이차방정식 $2z = z^2 + 1$ 즉, $z^2 - 2z + 1 = (z-1)^2 = 0$을 만족하는 근은 $z = 1$이다.

4. $|z| = 1$일 때 두 복소수 a와 b에 대하여 다음이 성립함을 보여라.

$$\left| \frac{az+b}{\bar{b}z+\bar{a}} \right| = 1$$

풀이 $|z| = 1$이므로 $z\bar{z} = 1$, 즉 $\bar{z} = \dfrac{1}{z}$이다. 따라서

$$\frac{az+b}{\bar{b}z+\bar{a}} = \frac{1}{z} \cdot \frac{az+b}{\bar{b} + \dfrac{\bar{a}}{z}} = \frac{1}{z} \cdot \frac{az+b}{\bar{b} + \bar{a}\bar{z}}$$

그런데 $|az+b| = |\overline{a}\,\overline{z} + \overline{b}|$ 이므로

$$\left|\frac{az+b}{\bar{b}z+\bar{a}}\right| = \frac{1}{|z|}\cdot\left|\frac{az+b}{\bar{b}+\bar{a}\bar{z}}\right| = 1$$

5. 집합 $\{z : |z| \le 1\}$ 위에서 $|z^2+1|$의 최대값을 구하여라.

풀이 $|z| \le 1$이므로

$$|z^2+1| \le |z|^2+1 \le 1^2+1 = 2$$

따라서 최대값은 2이다.

6. $|z|<1$이면 $|\mathrm{Im}(1-\bar{z}+z^2)|<3$임을 보여라.

풀이 가정에서 $|\mathrm{Im}(1-\bar{z}+z^2)| < |1-\bar{z}+z^2| \le 1+|\bar{z}|+|z|^2 < 3$

7. 중심이 $z=z_0$, 반지름이 r인 원 $|z-z_0|=r$일 때 다음이 성립함을 보여라.

$$|z|^2-2\mathrm{Re}(zz_0)+|z_0|^2 = r^2$$

풀이 $2\mathrm{Re}(zz_0) = z\overline{z_0}+\overline{z\overline{z_0}} = z\overline{z_0}+\bar{z}z_0$ 임을 이용하면

$$\begin{aligned} r^2 = |z-z_0|^2 &= (z-z_0)\overline{(z-z_0)} = (z-z_0)(\bar{z}-\overline{z_0}) \\ &= z\cdot\bar{z}-(z\cdot\overline{z_0}+\bar{z}\cdot z_0)+z_0\cdot\overline{z_0} = |z|^2-2\mathrm{Re}(zz_0)+|z_0|^2 \end{aligned}$$

연습문제 1.3

1. 다음을 만족하는 모든 z의 그래프를 나타내어라.

(1) $\left|\dfrac{z+1}{z-1}\right|=2$ (2) $|z-2|+|z|=3$

2. 세 복소수 z_1, z_2, z_3에 대하여

$$z_1+z_2+z_3 = 0\text{이고, } |z_1|=|z_2|=|z_3|=1$$

이라 하자. 그러면 이 점들은 단위원 위에 정삼각형의 꼭지점임을 보여라.

3. z_1, z_2, z_3가 정삼각형의 꼭지점일 때

$$|z_2|^2 + z_1\overline{z}_3 + z_3\overline{z}_1 = |z_3|^2 + z_1\overline{z}_2 + z_2\overline{z}_1$$

임을 증명하여라.

4. 다음 물음에 답하여라.

(1) 복소벡터 z_0에 수직인 직선의 방정식을 구하여라.

(2) 두 벡터 z_1과 z_2가 서로 수직일 필요충분조건은 $z_1\overline{z_2} + \overline{z_1}z_2 = 0$임을 보여라.

5. a_n, a_{n-1}, $\cdots$, a_1, a_0를 실수라고 하자. 만약 α가 다음의 방정식

$$a_n z^n + a_{n-1} z^{n-1} + \cdots + a_1 z + a_0 = 0$$

의 근이면 $\overline{\alpha}$도 역시 방정식의 근임을 보여라.

6. 유리수 $z = \dfrac{\alpha}{\beta}$($\alpha$, β는 서로 소)가 다음과 같은 다항식을 만족하면 α와 β는 각각 a_0, a_n의 약수임을 보여라.

$$a_n z^n + a_{n-1} z^{n-1} + \cdots + a_1 z + a_0 = 0 \text{ (단, } a_n, a_{n-1}, \cdots, a_1, a_0\text{는 정수)}$$

7. 방정식 $6z^4 - 47z^3 + 148z^2 - 167z + 52 = 0$을 풀어라.

8. $a_n z^n + a_{n-1} z^{n-1} + \cdots + a_1 z + a_0 = 0$, $a_n \neq 0$의 모든 근의 합과 곱은 각각

$$\sum_{i=1}^{\infty} z_i = \frac{-a_{n-1}}{a_n}, \quad \Pi_{i=i}^{n} z_i = (-1)^n \frac{a_0}{a_n}$$

과 같음을 보여라.

9. $\left|\dfrac{z-1}{z+1}\right|=k$를 만족하는 복소수 z의 그래프를 나타내어라. (단, $k\geq 1$)

10. (1) $|z|\leq 1$일 때 $|z-1|+|z+1|\leq 2\sqrt{2}$임을 보여라.

(2) a, b가 복소수일 때 $|a|<1$, $|b|<1$일 때 $|a-b|<|1-\bar{a}b|$임을 보여라.

1.4 복소수의 극형식

복소평면 위에 복소수 $z=(x,\ y)=x+iy$를 기하학적으로 표시하기 위하여 직교좌표가 아닌 극좌표를 이용하여 나타낼 수 있음을 알아본다.

복소평면 위의 직교좌표 위의 점 $P(x,\ y)$를 극좌표 $(r,\ \theta)$로 표시하기로 한다. 지금 P에서 x축에 내린 수선의 발을 M이라 하면

$$OM=x,\ PM=y$$

이고, 한편 $OP=r(>0)$, $\angle POM=\theta$로 놓으면 $x=r\cos\theta$, $y=r\sin\theta$이므로

$$r=|z|=\sqrt{x^2+y^2},\ \tan\theta=\frac{y}{x}$$

라고 할 수 있다. 그러므로 직교좌표 위의 점 P를 표시하는 복소수 z를

$$\begin{aligned} z&=x+iy=r\cos\theta+ir\sin\theta \\ &=r(\cos\theta+i\sin\theta) \qquad \cdots\cdots ① \end{aligned}$$

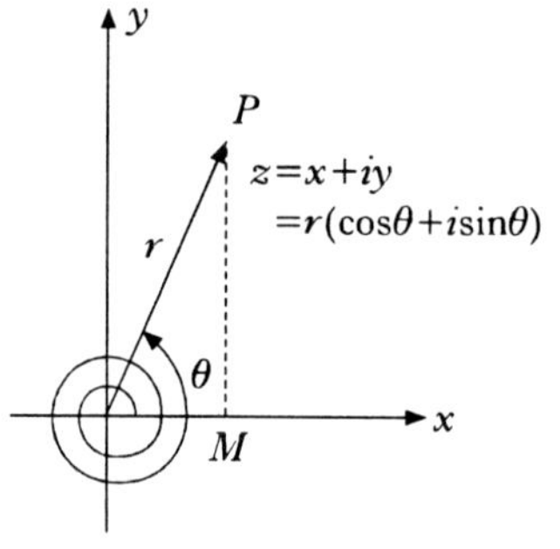

[그림 1.3]

와 같이 나타낼 수 있다.

여기서 $|z|=r$은 복소수 z의 **절대값**(absolute value) 또는 **크기**(magnitute)이고, 원점에서 양의 실수축과 z를 지나는 반직선이 이루는 각 θ를 z의 **편각**(argument)이라 하며, 이것을 $\arg z$로 쓴다. 이때 식 ①을 복소수 z의 **극형식**(polar form)이라 한다.

만약 $z=0$인 경우, 즉 $x=y=0$이면 $\tan\theta=\frac{y}{x}$는 존재하지 않으므로 $z=0$의 편각은 정의할 수가 없다. 그런데 z는 x, y에 의하여 유일하게 결정되므로 z의 절대값 r은 오직 하나 정해질 수 있지만 $\arg z=\theta$는 2π의 정수배만큼 더하여도 방향은 모두 같지만 $\arg z$는 무수히 많은 값(음수 포함)으로 나타낼 수 있으므로 편각 θ의 표시하는 방법은 유일하지 않다. 그런데 구간 $(-\pi, \pi]$에는 편각 $\arg z$는 오직 하나 있으며, 이때 편각을 $\operatorname{Arg} z$로 표시한다.

그러므로 복소수 z의 편각 $\arg z$는 다음과 같이

$$\arg z=\operatorname{Arg} z+2k\pi,\ (k=0, \pm1, \pm2, \cdots) \qquad \cdots\cdots ②$$

나타낼 수 있으며, 식 ②에서 $k=0$일 때 편각 $\operatorname{Arg} z$를 z의 **주편각**이라 한다. 따라서 z의 편각 $\arg z$는 다가함수이지만 주편각 $\operatorname{Arg} z$는 단가함수이다.

지금 $e^{i\theta}$를 오일러(Euler)의 공식

$$e^{i\theta}=\cos\theta+i\sin\theta$$

를 이용하면 복소수 $z=x+iy(\neq0)$의 극형식은

$$z=r(\cos\theta+i\sin\theta)=re^{i\theta},\ r>0,\ \theta=\arg z$$

와 같이 나타낼 수 있다. 여기서 z의 편각은

$$\tan\theta=\frac{y}{x} \text{ 또는 } \arg z=\tan^{-1}\frac{y}{x} \qquad \cdots\cdots ③$$

와 같이 나타낼 수 있다. 따라서 식 ③을 구체적으로 표시하면

$$\arg z=\begin{cases}\tan^{-1}\frac{y}{x},\ x>0\\ \tan^{-1}\frac{y}{x}+\pi,\ x<0,\ y>0\\ \tan^{-1}\frac{y}{x}-\pi,\ x<0,\ y<0\end{cases} \qquad \cdots\cdots ④$$

이고, 특히 $x=0$, $y\neq0$인 경우에는

$$\arg z=\begin{cases}\dfrac{\pi}{2}+2k\pi, & y>0 \quad (k\text{는 정수})\\[2mm] -\dfrac{\pi}{2}+2k\pi, & y<0 \quad (k\text{는 정수})\end{cases} \qquad \cdots\cdots ⑤$$

로 나타낼 수 있다.

따라서 두 복소수 $z_1=r_1e^{i\theta_1}$, $z_2=r_2e^{i\theta_2}$에 대하여 $z_1=z_2$가 성립하기 위한 필요충분조건은 $r_1=r_2$이고, $\theta_1=\theta_2+2k\pi$ (k는 정수)이다.

[예 1.10] 다음 복소수의 크기와 주편각을 구하여라.

(1) $z=-\sqrt{12}-2i$ (2) $z=-\sqrt{6}+\sqrt{2}\,i$

풀이 (1) z의 크기는 $|z|=|-\sqrt{12}-2i|=\{(-\sqrt{12})^2+2^2\}^{1/2}=4$이고, z의 편각이 $\arg z=\theta$일 때 z는 3사분면에 있으므로 $\sin\theta=\dfrac{-2}{4}=-\dfrac{1}{2}$,

$$\cos\theta=\frac{-\sqrt{12}}{4}=-\frac{\sqrt{3}}{2}\text{이고, } \tan\theta=\frac{\sin\theta}{\cos\theta}=\frac{-1/2}{-\sqrt{3}/2}=\frac{1}{\sqrt{3}}$$

이다. 따라서 구하는 편각은

$$\theta=\arg z=\frac{7\pi}{6}+2k\pi=\frac{-5\pi}{6}+2(k+1)\pi \ (k=0,\ \pm1,\ \pm2,\ \cdots)$$

이므로 구하는 z의 주편각은 $\operatorname{Arg} z=-\dfrac{5\pi}{6}$이다.

(2) z의 크기는 $|z|=\{(-\sqrt{6})^2+(\sqrt{2})^2\}^{1/2}=2\sqrt{2}$. 그런데 z는 2사분면에 있으므로 $\tan\theta=\dfrac{\sqrt{2}}{-\sqrt{6}}=-\dfrac{1}{\sqrt{3}}$ 즉, $\theta=\dfrac{2}{3}\pi+2k\pi$ (k는 정수)이다.

따라서 구하는 z의 주편각은 $\operatorname{Arg} z=\dfrac{2}{3}\pi$이다. □

[예 1.11] 다음 복소수를 극형식으로 나타내어라.

(1) $z=2+2\sqrt{3}\,i$ (2) $z=\dfrac{-2}{1+\sqrt{3}\,i}$

풀이 (1) z의 크기와 편각은 각각 $r=|z|=|2+2\sqrt{3}\,i|=\sqrt{2^2+(2\sqrt{3})^2}=4$,

$\theta = \tan^{-1}\dfrac{2\sqrt{3}}{2} = \tan^{-1}\sqrt{3} = \dfrac{\pi}{3} + 2k\pi$ (k는 정수)이므로 구하는 극형식은

$$2+2\sqrt{3}i = 4\left[\cos\left(\frac{\pi}{3}+2k\pi\right) + i\sin\left(\frac{\pi}{3}+2k\pi\right)\right] \quad (k\text{는 정수})$$

(2) $z = \dfrac{-2}{1+\sqrt{3}i} = \dfrac{-2}{1+\sqrt{3}i}\cdot\dfrac{1-\sqrt{3}i}{1-\sqrt{3}i} = \dfrac{-2+2\sqrt{3}i}{4} = -\dfrac{1}{2} + \dfrac{\sqrt{3}}{2}i$

따라서 z의 크기는 $r = |z| = \sqrt{\left(\dfrac{-1}{2}\right)^2 + \left(\dfrac{\sqrt{3}}{2}\right)^2} = 1$이고, 편각은

$$\arg z = \tan^{-1}(-\sqrt{3}) = \frac{2\pi}{3} + 2k\pi \quad (k\text{는 정수})$$

이다. 그러므로 구하는 극형식은

$$z = \cos\left(\frac{2\pi}{3}+2k\pi\right) + i\sin\left(\frac{2\pi}{3}+2k\pi\right) \quad (k\text{는 정수})$$

□

---

1. $|z| = 2$이고, $\arg z = \dfrac{\pi}{4}$를 만족하는 복소수 z를 구하여라.

풀이 구하는 복소수를 $z = x+iy$라고 하자. 가정에서 $\theta = \dfrac{\pi}{4}$이므로 $\dfrac{y}{|z|} = \sin\theta = \dfrac{\sqrt{2}}{2}$이고, 또한 $|z| = 2$이므로 $y = \sqrt{2}$가 된다. 한편 $\dfrac{x}{|z|} = \cos\theta = \dfrac{\sqrt{2}}{2}$이므로 $x = \sqrt{2}$이다. 따라서 구하는 것은 $z = \sqrt{2} + i\sqrt{2}$.

2. a와 b가 모두 0이 아닌 실수일 때

$$e^z = a + ib$$

를 만족하는 복소수 z를 구하여라.

풀이 구하는 복소수를 $z = x+iy$ (x, y는 실수)라 할 때

$$e^z = e^{x+iy} = e^x e^{iy} = e^x(\cos y + i \sin y) = a + ib$$

이므로

$$e^x \cos y = a,\ e^x \sin y = b \qquad \cdots\cdots ①$$

식 ①의 양변을 제곱하여 서로 더하면

$$e^{2x}(\cos^2 y + \sin^2 y) = e^{2x} = a^2 + b^2$$

즉, $x = \dfrac{1}{2}\log(a^2+b^2)$이고, $\tan y = \dfrac{b}{a}$이므로 $y = \tan^{-1}\dfrac{b}{a}$이다.

그러므로 $z = \dfrac{1}{2}\log(a^2+b^2) + i\tan^{-1}\dfrac{b}{a}$

〈**주 의**〉 $e^{x+iy} = e^x e^{iy}$로 나타내는 지수법칙은 제4장에서 다루게 될 것임.

3\. $e^{i\theta} = e^{i(\theta+2k\pi)}$ (k는 정수)임을 보여라.

풀이 $e^{i(\theta+2k\pi)} = \cos(\theta+2k\pi) + i\sin(\theta+2k\pi)$

$= \cos\theta + i\sin\theta = e^{i\theta}$

1.5 복소수의 극형식에 대한 곱과 몫

두 복소수의 극형식에 대한 곱과 몫에 대하여 살펴보기로 한다.

지금 두 복소수 z_1, z_2의 극형식

$$z_1 = r_1(\cos\theta_1 + i\sin\theta_1),\ z_2 = r_2(\cos\theta_2 + i\sin\theta_2) \qquad \cdots\cdots ①$$

의 곱에 대하여 생각하자. 삼각함수의 덧셈정리에 의하여

$$\begin{aligned} z_1 z_2 &= [r_1(\cos\theta_1 + i\sin\theta_1)][r_2(\cos\theta_2 + i\sin\theta_2)] \\ &= r_1 r_2[(\cos\theta_1\cos\theta_2 - \sin\theta_1\sin\theta_2) + i(\sin\theta_1\cos\theta_2 + \sin\theta_2\cos\theta_1)] \\ &= r_1 r_2[(\cos(\theta_1+\theta_2) + i\sin(\theta_1+\theta_2)] \qquad \cdots\cdots ② \end{aligned}$$

이다. 따라서 식 ②에 의하여 $|z_1 z_2| = r_1 r_2 = |z_1||z_2|$이고,

$$\arg(z_1 z_2) = \theta_1 + \theta_2 = \arg z_1 + \arg z_2 \qquad \cdots\cdots ③$$

를 얻을 수 있다. 그런데 만약 θ_1과 θ_2가 각각 $\arg z_1$, $\arg z_2$의 하나의 값이면 $\theta_1 + \theta_2$도 $\arg(z_1 z_2)$의 하나의 값이므로 식 ③에 대한 좀 더 정확한 표현은

$$\arg(z_1 z_2) = \arg z_1 + \arg z_2 + 2k\pi \ (k\text{는 정수}) \text{ 또는}$$
$$\arg(z_1 z_2) = \arg z_1 + \arg z_2 \pmod{2\pi}$$

가 된다. 한편, 복소수 $z = r(\cos\theta + i\sin\theta)(\neq 0)$에 대하여 $zz^{-1} = 1$일 때 z의 역원 z^{-1}의 극형식을 보면

$$z^{-1} = \frac{1}{r(\cos\theta + i\sin\theta)} = \frac{1}{r}\frac{1}{\cos\theta + i\sin\theta}\cdot\frac{\cos\theta - i\sin\theta}{\cos\theta - i\sin\theta}$$
$$= \frac{1}{r}\frac{\cos\theta - i\sin\theta}{\cos^2\theta + \sin^2\theta} = \frac{1}{r}[\cos(-\theta) + i\sin(-\theta)] \qquad \cdots\cdots ④$$

이므로

$$\arg(z^{-1}) = -\theta = -\arg z \qquad \cdots\cdots ⑤$$

가 된다. 또한 두 복소수 z_1, $z_2(\neq 0)$의 몫을 보면 다음과 같다.

$$\frac{z_1}{z_2} = \frac{r_1}{r_2}\frac{\cos\theta_1 + i\sin\theta_1}{\cos\theta_2 + i\sin\theta_2}\cdot\frac{\cos\theta_1 - i\sin\theta_1}{\cos\theta_2 - i\sin\theta_2}$$
$$= \frac{r_1}{r_2}[(\cos\theta_1 + i\sin\theta_1)(\cos(-\theta_2) + i\sin(-\theta_2))]$$
$$= \frac{r_1}{r_2}[\cos(\theta_1 - \theta_2) + i\sin(\theta_1 - \theta_2)] \qquad \cdots\cdots ⑥$$

따라서 식 ⑥에 의하여 다음과 같은 결과를 얻을 수 있다.

$$\left|\frac{z_1}{z_2}\right| = \frac{|z_1|}{|z_2|}, \ \arg\left(\frac{z_1}{z_2}\right) = \arg z_1 - \arg z_2 \qquad \cdots\cdots ⑦$$

〈참고〉 $\dfrac{z_1}{z_2}(z_1,\ z_2 \neq 0)$이 실수이기 위한 필요충분조건은 식 ⑥에서 $\sin(\theta_1 - \theta_2) = 0$이므로 $\arg z_1 - \arg z_2 = k\pi$ (k는 정수)이다.

지금 Euler의 공식에서 만약

$$e^{i\theta_1} = \cos\theta_1 + i\cos\theta_1,\quad e^{i\theta_2} = \cos\theta_2 + i\cos\theta_2$$

이면 식 ②, ⑥에 의하여 두 복소수의 곱과 몫은 각각

$$z_1 \cdot z_2 = r_1 r_2 e^{i(\theta_1 + \theta_2)},\quad \frac{z_1}{z_2} = \frac{r_1}{r_2} e^{i(\theta_1 - \theta_2)}$$

와 같이 나타낼 수 있다. 지금 복소수 $z_k (k=1,\ 2,\ \cdots,\ n)$에 대한 극형식

$$z_k = r_k e^{i\theta_k} = r_k(\cos\theta_k + i\sin\theta_k),\quad k = 1,\ 2,\ \cdots,\ n$$

에 대하여 n개의 곱은 수학적 귀납법에 의하여

$$z_1 z_2 \cdots z_n = r_1 r_2 \cdots r_n[\cos(\theta_1 + \theta_2 + \cdots + \theta_n) + i\sin(\theta_1 + \theta_2 + \cdots + \theta_n)] \quad \cdots\cdots ⑧$$

과 같이 나타낼 수 있다. 그런데 식 ⑧에서 만약 $z_1 = z_2 = \cdots = z_n = z$라고 하면

$$z^n = r^n(\cos n\theta + i\sin n\theta) \text{ 또는 } z^n = r^n e^{in\theta} \text{ (단, } n = 0,\ \pm 1,\ \pm 2,\ \cdots) \quad \cdots\cdots ⑨$$

이므로 다음과 같은 관계식을 얻을 수 있다.

$$|z^n| = r^n = |z|^n,\quad \arg(z^n) = n\theta = n\arg z$$

특히 $r = 1$이면

$$z^n = (\cos\theta + i\sin\theta)^n = \cos n\theta + i\sin n\theta \quad \cdots\cdots ⑩$$

가 되는데 이때 식 ⑩을 De Moivre의 정리라고 한다.

1.6 복소수의 기하학적 표시

두 복소수 $z_1 = x_1 + iy_1$, $z_2 = x_2 + iy_2$를 생각하자. 이때 두 복소수를 나타내는 점이 각각 P, Q이고, 그림 1.4와 같이 평행사변형 $OPRQ$를 만들면 R의 좌표 $z=(x, y)$는

$$z_1 + z_2 = (x_1 + x_2) + i(y_1 + y_2)$$

이므로 R은 OP, OQ를 이웃으로 하는 평행사변형의 제4 꼭지점이 된다.

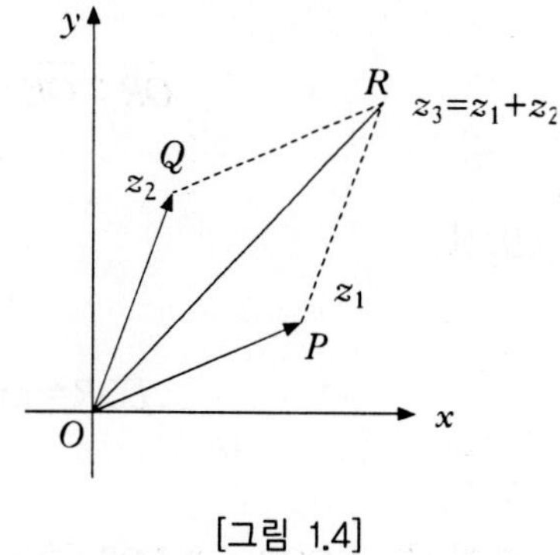

[그림 1.4]

지금 극좌표 $z_k = r_k(\cos\theta_k + i\sin\theta_k)$ $(k=1, 2)$에 대하여 곱은

$$z_1 z_2 = r_1 r_2 [(\cos(\theta_1 + \theta_2) + i\sin(\theta_1 + \theta_2)]$$

이므로 복소평면 위의 두 복소수 z_1, z_2의 곱 $z_1 z_2$의 위치 관계를 알아본다.

$z_1 = r_1(\cos\theta_1 + i\sin\theta_1)$, $z_2 = r_2(\cos\theta_2 + i\sin\theta_2)$, 1을 나타내는 점을 각각 P, Q, E라 할 때 그림 1.5와 같이 $\triangle OEP \backsim \triangle OQR$인 점 R을 나타내는 점을 z라 하면

$$|z| : |z_2| = \overline{OR} : \overline{OQ} = \overline{OP} : \overline{OE} = |z_1| : 1$$

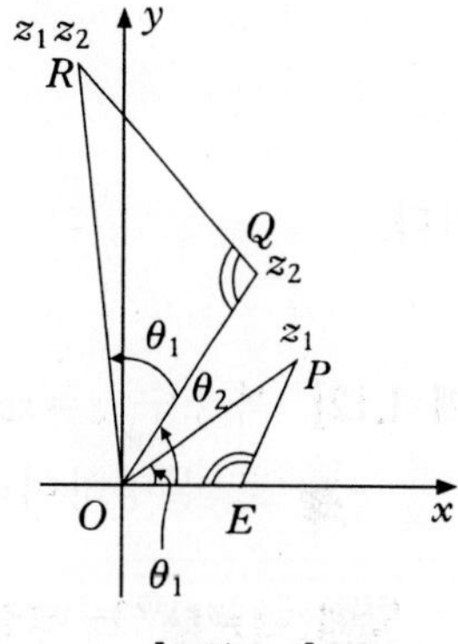

[그림 1.5]

이므로 $|z| = |z_1||z_2| = |z_1 z_2| = r_1 r_2$이다. 한편

$$\begin{aligned}\arg z &= \angle ROE = \angle QOE + \angle ROQ \\ &= \angle EOP + \angle EOQ = \theta_1 + \theta_2 \\ &= \arg z_1 + \arg z_2\end{aligned}$$

따라서 $z = z_1 z_2$ 즉 R은 $z_1 z_2$를 나타내는 점이다.

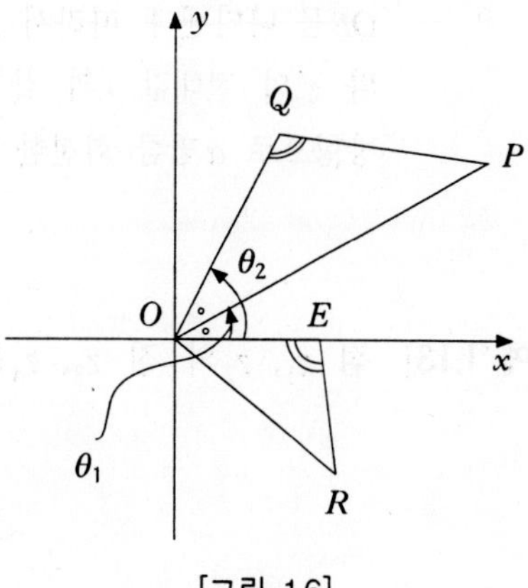

[그림 1.6]

다음에 복소평면 위의 두 복소수 z_1, z_2 $(\neq 0)$의 몫 $\dfrac{z_1}{z_2}$의 위치관계를 살펴보자.

z_1, z_2, 1을 나타내는 점을 P, Q, E라 하고

$\dfrac{z_1}{z_2}$을 나타내는 점을 R이라 할 때 $\triangle QOP$와 $\triangle EOR$에서

$$\overline{OR} : \overline{OE} = \left|\frac{z_1}{z_2}\right| : 1 = |z_1| : |z_2| = \overline{OP} : \overline{OQ}$$

또한,

$$\angle EOR = \arg\left(\frac{z_1}{z_2}\right) = \arg z_1 - \arg z_2 = \angle QOP$$

따라서 $\triangle QOP \backsim \triangle EOR$ 즉, $\triangle QOP \backsim \triangle EOR$이 되도록 하는 점 R이 바로 $\dfrac{z_1}{z_2}$을 나타내는 점이고 이것을 극형식으로 나타내면

$$\frac{z_1}{z_2} = \frac{r_1}{r_2}\{\cos(\theta_1 - \theta_2) + i\sin(\theta_1 - \theta_2)\}$$

이다.

[예 1.12] 복소수 $z = re^{i\theta}$이고, α가 실수인 매개변수일 때 $z' = ze^{i\alpha}$를 기하학적으로 설명하여라.

풀이 $z = re^{i\theta}$는 그림 1.7에서 선분 OA를 표시하고, $z' = ze^{i\alpha} = re^{i\theta}e^{i\alpha} = \dot{r}^{i(\theta+\alpha)}$는 선분 OB를 나타낸다. 따라서 z와 $e^{i\alpha}$의 곱은 z와 z'의 절대값 r과 같고, z를 시계반대 방향으로 α만큼 회전한 것이다. □

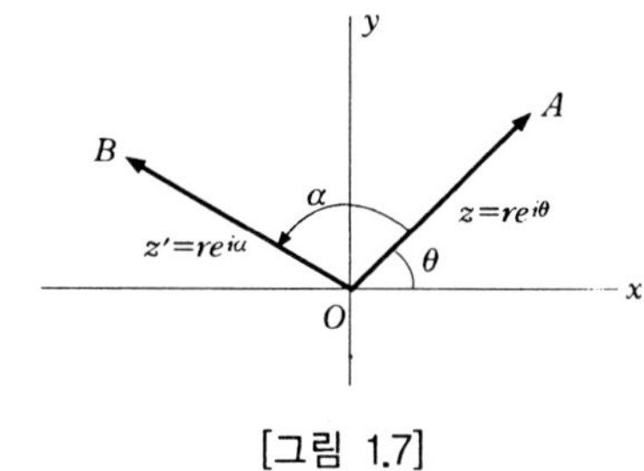

[그림 1.7]

[예 1.13] 점 z_1, z_2와 점 z_3, z_4를 지나는 직선이 서로 수직이면

$$\mathrm{Re}\left(\frac{z_1 - z_2}{z_3 - z_4}\right) = 0$$

임을 보여라.

풀이 두 벡터 z_1-z_2, z_3-z_4가 서로 수직이면 $e^{\pm i\frac{\pi}{2}}(z_2-z_1)=z_4-z_3$ (+ 또는 −는 점의 위치에 따라 정해진다.)

즉, $\dfrac{z_1-z_2}{z_3-z_4}=e^{\pm i\frac{\pi}{2}}$ 이므로 $\arg\left(\dfrac{z_1-z_2}{z_3-z_4}\right)=\pm\dfrac{\pi}{2}$.

따라서 편각 $\pm\dfrac{\pi}{2}$인 복소수는 허수축에 위치하므로

$\mathrm{Re}\left(\dfrac{z_1-z_2}{z_3-z_4}\right)=0$이다. □

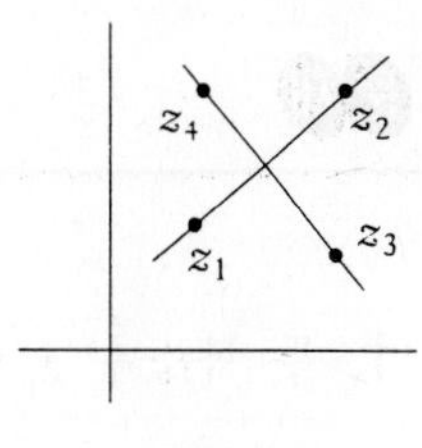

[그림 1.8]

[예 1.14] z_1, z_2, z_3가 정삼각형의 꼭지점일 때

$$z_1^2+z_2^2+z_3^2=z_1z_2+z_3z_1+z_2z_3$$

임을 보여라.

풀이 z_1, z_2, z_3가 정삼각형의 꼭지점이므로 $|z_2-z_1|=|z_3-z_1|$이고, 벡터 z_3-z_1은 벡터 z_2-z_1을 $\dfrac{\pi}{3}$만큼 회전시킨 것이므로

$$z_3-z_1=e^{i\frac{\pi}{3}}(z_2-z_1) \qquad \cdots\cdots ①$$

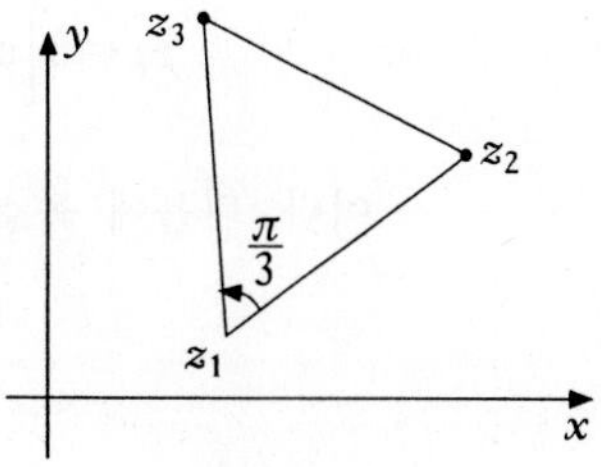

[그림 1.9]

같은 방법으로 $|z_1-z_2|=|z_3-z_2|$이므로

$$z_1-z_2=e^{i\frac{\pi}{3}}(z_3-z_2) \qquad \cdots\cdots ②$$

식 ①, ②에서 $\dfrac{z_3-z_1}{z_1-z_2}=\dfrac{z_2-z_1}{z_3-z_2}$이므로 이를 정리하면

$$(z_3-z_1)(z_3-z_2)=(z_2-z_1)(z_1-z_2) \text{ 즉}$$

$$z_1^2+z_2^2+z_3^2=z_1z_2+z_3z_1+z_2z_3$$

□

1. 두 복소수 $z_1=\left(\frac{3}{2}\sqrt{3}+\frac{3}{2}i\right)^6$, $z_2=\left(\sqrt{\frac{5}{2}}+i\sqrt{\frac{5}{2}}\right)^3$ 에 대하여 다음을 구하여라.

(1) $z=z_1^6\cdot z_2^3$ (2) $z=\dfrac{z_1^6}{z_2^3}$

풀이 $z_1=\frac{3}{2}\sqrt{3}+\frac{3}{2}i$, $z_2=\sqrt{\frac{5}{2}}+i\sqrt{\frac{5}{2}}$ 라고 하자. 그러면

$$|z_1|=\sqrt{\frac{27}{4}+\frac{9}{4}}=3,\ \cos\theta_1=\frac{x_1}{|z_1|}=\frac{3\sqrt{3}}{2\cdot 3}=\frac{3}{2}$$

이므로 $\theta_1=\frac{\pi}{6}+2k_1\pi\,(k_1=0,\ \pm1,\ \pm2,\ \cdots)$이다. 먼저 복소수 z_1에 대하여

$$z_1=3\left[\cos\left(\frac{\pi}{6}+2k_1\pi\right)+i\sin\left(\frac{\pi}{6}+2k_1\pi\right)\right]=3e^{i\left(\frac{\pi}{6}+2k_1\pi\right)}=3e^{i\frac{\pi}{6}}$$

이다. 다음에 복소수 z_2에 대하여

$$|z_2|=\sqrt{\frac{5}{2}+\frac{5}{2}}=\sqrt{5},\ \cos\theta_2=\frac{x_2}{|z_2|}=\frac{1}{\sqrt{2}}$$

이고, $\theta_1=\frac{\pi}{4}+2k_2\pi\,(k_2$는 정수$)$이므로

$$z_2=\sqrt{5}\left[\cos\left(\frac{\pi}{4}+2k_2\pi\right)+i\sin\left(\frac{\pi}{4}+2k_2\pi\right)\right]=\sqrt{5}\,e^{i\left(\frac{\pi}{4}+2k_2\pi\right)}=\sqrt{5}\,e^{\frac{\pi i}{4}}$$

이다. 그러므로 구하는 것은

$$z_1^6\cdot z_2^3=\left(3e^{\frac{\pi i}{6}}\right)^6\left(\sqrt{5}\,e^{\frac{\pi i}{4}}\right)^3=3^6(\sqrt{5})^3e^{i\left(\pi+\frac{3\pi}{4}\right)}=3^6(\sqrt{5})^3e^{i\left(\frac{7\pi}{4}\right)}$$

$$=3^6(\sqrt{5})^3e^{-i\left(\frac{\pi}{4}\right)}=3645\sqrt{5}\left[\frac{1}{\sqrt{2}}(1-i)\right]=3645\sqrt{\frac{5}{2}}(1-i)$$

(2) $$\frac{z_1^6}{z_2^3}=\frac{\left(3e^{\frac{\pi i}{6}}\right)^6}{\left(\sqrt{5}\,e^{\frac{\pi i}{4}}\right)^3}=\frac{729}{5\sqrt{5}}e^{i\left(\pi-\frac{3\pi}{4}\right)}=\frac{729}{5\sqrt{5}}e^{i\frac{\pi}{4}}$$

$$=\frac{729}{5\sqrt{5}}\left(\cos\frac{\pi}{4}+i\sin\frac{\pi}{4}\right)=\frac{729}{5\sqrt{5}}\left(\frac{1}{\sqrt{2}}+i\frac{1}{\sqrt{2}}\right)=\frac{729}{5\sqrt{10}}(1+i).$$

2. $z=\dfrac{(1+i)^3}{(\sqrt{3}+i)^2}$을 극형식으로 나타내어라.

풀이 $z_1=1+i,\ z_2=\sqrt{3}+i$로 놓으면 $|z_1|=\sqrt{2},\ |z_2|=2$이고, 또한

$$\arg z_1=\tan^{-1}(1)=\frac{\pi}{4},\ \arg z_2=\tan^{-1}\left(\frac{1}{\sqrt{3}}\right)=\frac{\pi}{6}$$

이므로 $z_1=\sqrt{2}\left(\cos\dfrac{\pi}{4}+i\sin\dfrac{\pi}{4}\right)=\sqrt{2}\,e^{i(\pi/4)}$이다. 마찬가지로

$$z_2=2\left(\cos\frac{\pi}{6}+i\sin\frac{\pi}{6}\right)=2e^{i(\pi/6)}$$

이다. 그러므로

$$z=\frac{z_1^3}{z_2^2}=\frac{2\sqrt{2}\,e^{i(3\pi/4)}}{4e^{i(\pi/3)}}=\frac{\sqrt{2}}{2}e^{i(5\pi/12)}$$

3. $z_1=r_1e^{i\theta_1},\ z_2=r_2e^{i\theta_2}$이고, $z_3=z_1+z_2=r_3e^{i\theta_3}$라 하자. 이때 $r_3,\ \theta_3$를 $r_1,\ r_2,\ \theta_1,\ \theta_2$에 관하여 나타내어라.

풀이 $z_1=r_1e^{i\theta_1}=x_1+iy_1=r_1(\cos\theta_1+i\sin\theta_1)$,

$z_2=r_2e^{i\theta_2}=x_2+iy_2=r_2(\cos\theta_2+i\sin\theta_2)$,

$$\begin{aligned}z_3=x_3+iy_3=r_3e^{i\theta_3}&=(x_1+x_2)+i(y_1+y_2)\\&=(r_1\cos\theta_1+r_2\cos\theta_2)+i(r_1\sin\theta_1+r_2\sin\theta_2)\end{aligned}$$

즉 $x_3=r_1\cos\theta_1+r_2\cos\theta_2,\ y_3=r_1\sin\theta_1+r_2\sin\theta_2$이다.

따라서 구하는 r_3는 다음과 같다.

$$\begin{aligned}r_3=\sqrt{x_3^2+y_3^2}&=\sqrt{(r_1\cos\theta_1+r_2\cos\theta_2)^2+(r_1\sin\theta_1+r_2\sin\theta_2)^2}\\&=[(r_1^2(\cos^2\theta_1+\sin^2\theta_2)+r_2^2(\cos^2\theta_2+\sin^2\theta_2)\\&\qquad+2r_1r_2(\cos\theta_1\cos\theta_2+\sin\theta_1\sin\theta_2)]^{\frac{1}{2}}\\&=\sqrt{r_1^2+r_2^2+2r_1r_2\cos(\theta_1-\theta_2)}\end{aligned}$$

한편 $z_3 = x_3 + iy_3 = r_3(\cos\theta_3 + i\sin\theta_3)$이므로 $\tan\theta_3 = \dfrac{y_3}{x_3}$이고, 여기에 x_3, y_3의 값을 대입하면

$$\theta_3 = \tan^{-1}\left(\frac{r_1\sin\theta_1 + r_2\sin\theta_2}{r_1\cos\theta_1 + r_2\cos\theta_2}\right)$$

4. z_1, z_2, z_3가 정삼각형의 꼭지점일 때 다음이 성립함을 보여라.

$$|z_2|^2 + z_1\overline{z_3} + z_3\overline{z_1} = |z_3|^2 + z_1\overline{z_2} + z_2\overline{z_1}$$

풀이 정삼각형의 세 변이 같으므로 $|z_2 - z_1| = |z_3 - z_2| = |z_1 - z_3|$이고, 이를 각각 제곱하면

$$|z_2 - z_1|^2 = |z_3 - z_2|^2 = |z_1 - z_3|^2 \qquad \cdots\cdots ①$$

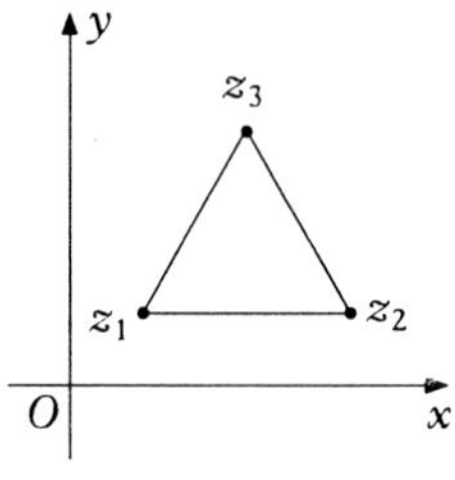

[그림 1.10]

이다. 이를 정리하면

$$(z_2 - z_1)(\overline{z_2} - \overline{z_1}) = (z_3 - z_2)(\overline{z_3} - \overline{z_2})$$
$$= (z_1 - z_3)(\overline{z_1} - \overline{z_3}) \qquad \cdots\cdots ②$$

식 ②에서 각 변을 전개하면

$$|z_1|^2 + |z_2|^2 - \overline{z_1}z_2 - z_1\overline{z_2} = |z_2|^2 + |z_3|^2 - z_3\overline{z_2} - z_2\overline{z_3}$$
$$= |z_1|^2 + |z_3|^2 - z_1\overline{z_3} - z_3\overline{z_1} \qquad \cdots\cdots ③$$

식 ③에서

$$|z_1|^2 - z_2\overline{z_1} - z_1\overline{z_2} = |z_3|^2 - z_3\overline{z_2} - z_2\overline{z_3} \qquad \cdots\cdots ④$$
$$|z_2|^2 - z_3\overline{z_2} - z_2\overline{z_3} = |z_1|^2 - z_1\overline{z_3} - z_3\overline{z_1} \qquad \cdots\cdots ⑤$$

식 ④와 ⑤에서

$$|z_2|^2 + z_1\overline{z_3} + z_3\overline{z_1} = |z_3|^2 + z_1\overline{z_2} + z_2\overline{z_1}$$

1.7 복소수의 n-제곱근

지금부터 복소수의 n-제곱근에 대하여 알아본다. 먼저 다음과 같은 관계식이 주어졌다고 하자.

$$w=z^n \text{ (단, } z\neq 0,\ n\text{은 자연수)} \qquad \cdots\cdots ①$$

이때 ①에서 z를 w의 n-제곱근이라 하고, 이것을

$$z={}^n\sqrt{w} \qquad \cdots\cdots ②$$

와 같이 나타낸다. 만약 복소수 z와 w의 극형식을 각각

$$z=R(\cos\Theta+i\sin\Theta)\ (R>0),\ w=r(\cos\theta+i\sin\theta)\ (r>0) \qquad \cdots\cdots ③$$

이면 De Movre의 정리에 의하여 식 ①은

$$z^n=R^n(\cos n\Theta+i\sin n\Theta)=r(\cos\theta+i\sin\theta) \qquad \cdots\cdots ④$$

이다. 따라서 $R^n=r$, $n\Theta=\theta+2k\pi$(k는 정수)이므로

$$R={}^n\sqrt{r},\quad \Theta=\frac{\theta+2k\pi}{n} \text{ (}k\text{는 정수)} \qquad \cdots\cdots ⑤$$

이다. 따라서 $z\neq 0$일 때 $w=z^n$은 n차 방정식이므로 식 ④, ⑤를 ③의 첫 식에 대입하면 구하는 z의 해는

$$z_k=w^{1/n}={}^n\sqrt{r}\left\{\cos\left(\frac{\theta+2k\pi}{n}\right)+i\sin\left(\frac{\theta+2k\pi}{n}\right)\right\}, \qquad \cdots\cdots ⑥$$

$$\text{(단, } k=0,\ 1,\ 2,\ \cdots,\ n-1)$$

에 의하여 얻어진다. 이것이 $z_k=w^{\frac{1}{n}}$의 n개의 근이다.

$z=re^{i\theta}$의 모든 제곱근은 원점 O이고, 반지름이 $z_0=\sqrt[n]{r}$인 원 위에 놓이게 된다. 제곱근의 하나($k=0$에 대하여)는 편각 $\dfrac{\theta_1}{n}$을 갖고, 나머지는 원의 주위에

일정하게 놓이게 되며, [그림 1.11]과 같이 제곱근이 각 $\frac{2\pi}{n}$씩 나누어져 있다.

특히 방정식 $z^n = w = 1$일 때 n개의 해는

$$z = 1^{\frac{1}{n}} = \cos\frac{2k\pi}{n} + i\sin\frac{2k\pi}{n}$$

(단, $k = 0, 1, 2, \cdots, n-1$) ...... ⑦

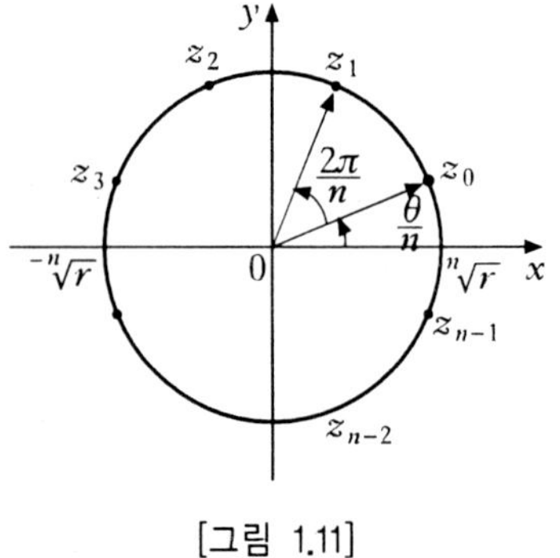

[그림 1.11]

이다. 여기서 n개의 해는 원점을 중심으로 반지름이 1인 단위원에 내접하는 정 n각형의 n개의 꼭지점으로 표시된다. 또한 식 ⑦에서 $k = 1$일 때 근은 하나의 복소수이고, 이것을

$$w = 1 = \cos\frac{2\pi}{n} + i\sin\frac{2\pi}{n}$$

로 놓으면 De Moivre의 정리에 의하여

$$z^n = 1\text{의 근은 } w,\ w^2,\ w^3,\ \cdots,\ w^{n-1},\ w^n = w^0 = 1$$

이다. 따라서 z의 $n-$제곱근의 하나가 z_1이면 z의 $n-$제곱근은

$$z_1,\ z_1 w,\ z_1 w^2,\ z_1 w^3,\ \cdots,\ z_1 w^{n-1}$$

이다. 한편

$$1 + w + w^2 + \cdots + w^{n-1} = \frac{1-w^n}{1-w}$$

이고, $w^n = 1$이므로 $z^n = 1$의 n개의 근의 합은 0이 된다.

한편, $z^n = 1$의 n개의 근 중에서 어느 두 근의 곱은 항상 $z^n = 1$의 근이고, n개의 꼭지점 중에 하나는 점 $z = 1$에 있다. [그림 1.12]는 $1^{1/3}$과 $1^{1/6}$의 경우를 각각 나타낸 것이다.

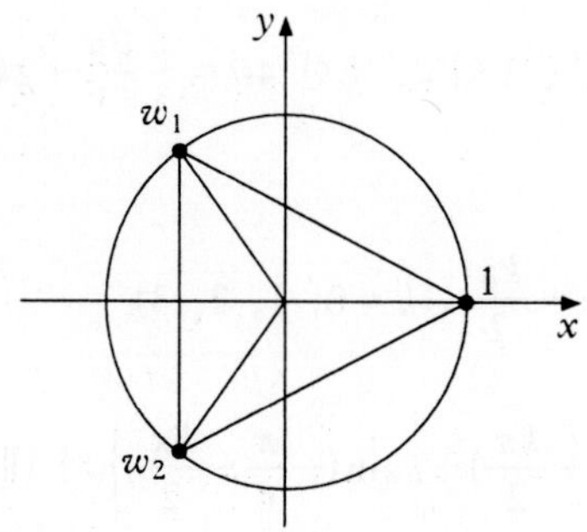

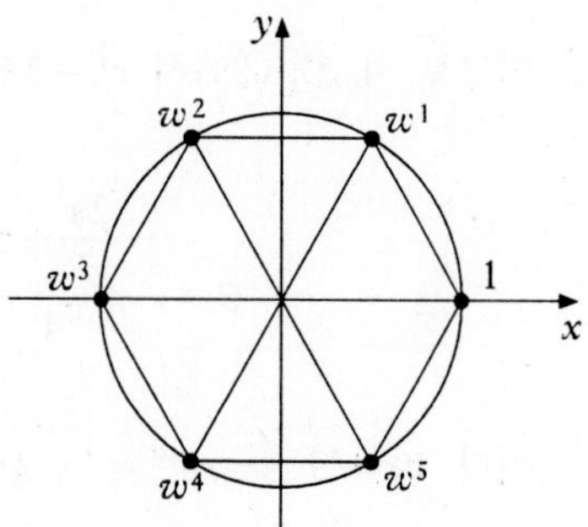

[그림 1.12]

[예 1.15] $z^3=1$의 세 근을 구하여라.

풀이 $z=r(\cos\theta+i\sin\theta)$로 놓으면 $z^3=r^3(\cos 3\theta+i\sin 3\theta)$이다.
$1=1(\cos 0+i\sin 0)$이므로 $3\theta=0+2k\pi$ 즉, $\theta=\frac{2}{3}k\pi$ $(k=0,\ 1,\ 2)$이다.
따라서 구하는 것은

$$z=\cos\frac{2k\pi}{3}+i\sin\frac{2k\pi}{3}\quad(k=0,\ 1,\ 2)\ \text{즉,}$$

$$z=1,\ z=\frac{-1+\sqrt{3}i}{2},\quad z=\frac{-1-\sqrt{3}i}{2}$$ □

[예 1.16] $z^4=-\frac{3}{2}-\frac{3\sqrt{3}}{2}i$일 때 z를 구하여라.

풀이 복소수 $w=z^4=-\frac{3}{2}-\frac{3\sqrt{3}}{2}i$의 극형식을

$$-\frac{3}{2}-\frac{3\sqrt{3}}{2}i=r_1(\cos\theta_1+i\sin\theta_1) \quad\cdots\cdots ①$$

이라고 하면

$$r_1=\sqrt{\left(-\frac{3}{2}\right)^2+\left(-\frac{3\sqrt{3}}{2}\right)^2}=3\text{이고},\ \cos\theta_1=-\frac{1}{2},\ \sin\theta_1=-\frac{\sqrt{3}}{2}$$

이므로 $\theta_1=-\frac{2}{3}\pi$가 된다. 지금 $z=r(\cos\theta+i\sin\theta)$일 때

$$z^4=r^4(\cos 4\theta+i\sin 4\theta) \quad\cdots\cdots ②$$

이므로 식 ①, ②에서 $r^4=3$이므로 $r=\sqrt[4]{3}$이고, 또한 $4\theta=-\frac{2\pi}{3}+2k\pi$이므로

$$\theta=\frac{-\frac{2\pi}{3}+2k\pi}{4}=-\frac{\pi}{6}+\frac{k\pi}{2}\quad(k=0,\ 1,\ 2,\ 3)$$

이다. 따라서 $z=re^{i\theta}=\sqrt[4]{3}\left\{\cos\left(-\frac{\pi}{6}+\frac{k\pi}{2}\right)+i\sin\left(-\frac{\pi}{6}+\frac{k\pi}{2}\right)\right\}$의 네제곱근을 구하면

$k=0$일 때 $w_0=\sqrt[4]{3}\left[\cos\left(-\frac{\pi}{6}\right)+i\sin\left(-\frac{\pi}{6}\right)\right]=\sqrt[4]{3}\left(\frac{\sqrt{3}}{2}-i\frac{1}{2}\right)$

$k=1$일 때 $w_1=\sqrt[4]{3}\left[\cos\frac{\pi}{3}+i\sin\frac{\pi}{3}\right]=\sqrt[4]{3}\left(\frac{1}{2}+i\frac{\sqrt{3}}{2}\right)$

$k=2$일 때 $w_2=\sqrt[4]{3}\left[\cos\frac{5\pi}{6}+i\sin\frac{5\pi}{6}\right]=\sqrt[4]{3}\left(-\frac{\sqrt{3}}{2}+i\frac{1}{2}\right)$

$k=3$일 때 $w_3=\sqrt[4]{3}\left[\cos\frac{4\pi}{3}+i\sin\frac{4\pi}{3}\right]=\sqrt[4]{3}\left(-\frac{1}{2}-i\frac{\sqrt{3}}{2}\right)$. □

문제

1. $z=-15-8i$의 제곱근을 구하여라.

 $r=\sqrt{(-15)^2+(-8)^2}=17$이고, 편각을 θ라 하면

$$\cos\theta=-\frac{15}{17},\ \sin\theta=-\frac{8}{17}$$

이다. 따라서 $z=-15-8i$의 극형식은

$$-15-8i=17\{\cos(\theta+2k\pi)+i\sin(\theta+2k\pi)\}\qquad\cdots\cdots ①$$

이다. 따라서 $z=-15-8i$의 제곱근은

$$\sqrt{17}\left\{\cos\left(\frac{\theta}{2}+2k\pi\right)+i\sin\left(\frac{\theta}{2}+2k\pi\right)\right\}\ (\text{단, } k=0,\ 1)\qquad\cdots\cdots ②$$

이다. 그런데 식 ①, ②에서 $\cos\theta$, $\sin\theta$에 대하여

$$\cos\theta/2=\pm\sqrt{(1+\cos\theta)/2}=\pm\sqrt{(1-15/17)/2}=\pm 1/\sqrt{17}$$
$$\sin\theta/2=\pm\sqrt{(1-\cos\theta)/2}=\pm\sqrt{(1+15/17)/2}=\pm 4/\sqrt{17}$$

이다. 그런데 θ는 제 3사분면 각이므로 $\dfrac{\theta}{2}$는 제 2사분면 각이다. 따라서 $\cos\dfrac{\theta}{2}<0$이고, $\sin\dfrac{\theta}{2}>0$이므로

$$\cos\theta=-\frac{1}{\sqrt{17}}\text{ 이고, }\sin\theta=\frac{4}{\sqrt{17}}$$

이다. 그러므로 식 ②에 의하여 구하는 근은 $k=0$, 1일 때 각각

$$w_1=-1+4i,\ w_2=1-4i$$

〈참고〉 위의 문제는 두 복소수의 상등관계를 이용하여 풀 수도 있다. 문제의 해를 $\alpha+i\beta$라고 하면

$$(\alpha+i\beta)^2=\alpha^2-\beta^2+2\alpha\beta i=-15-8i$$
$$\text{또는 }\alpha^2-\beta^2=-15\ \cdots\cdots\ ③\quad 2\alpha\beta=-8\cdots\cdots\ ④$$

이다. 따라서 ③, ④에서 $\alpha_1=1,\ \beta_1=-4$; $\alpha_2=-1,\ \beta_2=4$이므로 $z=-15-8i$의 제곱근은 각각 $w_1=-1+4i,\ w_2=1-4i$이다.

2. $z=-4-3i$의 제곱근을 구하여라.

풀이 극형식 $-4-3i=5[\cos(\theta+2k\pi)+i\sin(\theta+2k\pi)]$에서 $\cos\theta=-\dfrac{4}{5}$, $\sin\theta=-\dfrac{3}{5}$이다. 한편 z의 제곱근은

$$\sqrt{5}\cos\left[\left(\frac{\theta+2k\pi}{2}\right)+i\sin\left(\frac{\theta+2k\pi}{2}\right)\right]\ (\text{단, } k=0,\ 1)$$

이므로

$$k=0\text{에 대하여 } w_1=\sqrt{5}\left(\cos\frac{\theta}{2}+i\sin\frac{\theta}{2}\right)\qquad\cdots\cdots\ ①$$
$$k=1\text{에 대하여 } w_2=\sqrt{5}\left[\cos\left(\frac{\theta}{2}+\pi\right)+i\sin\left(\frac{\theta}{2}+\pi\right)\right]$$
$$=-\sqrt{5}\left(\cos\frac{\theta}{2}+i\sin\frac{\theta}{2}\right)\qquad\cdots\cdots\ ②$$

그런데 식 ①과 ②에서 $\cos\theta$, $\sin\theta$는

$$\cos\theta/2 = \pm\sqrt{(1+\cos\theta)/2} = \pm\sqrt{1/10} = \pm\frac{1}{\sqrt{10}}$$

$$\sin\theta/2 = \pm\sqrt{(1-\cos\theta)/2} = \pm\sqrt{9/10} = \pm\frac{3}{\sqrt{10}}$$

이다. 그런데 $\cos\theta$, $\sin\theta$는 음수이므로 θ는 제 3사분면 각이다. 그러므로 $\frac{\theta}{2}$는 제 2사분면 각이므로 $\cos\frac{\theta}{2}<0$, $\sin\frac{\theta}{2}>0$이 되어

$$\cos\frac{\theta}{2} = -\frac{1}{\sqrt{10}},\ \sin\frac{\theta}{2} = \frac{3}{\sqrt{10}}$$

이라 할 수 있다. 따라서 식 ①과 ②에서 구하는 것은

$$w_1 = \sqrt{5}\left(-\frac{1}{\sqrt{10}} + i\frac{3}{\sqrt{10}}\right) = -\frac{1}{\sqrt{2}} + i\frac{3}{\sqrt{2}},$$

$$w_2 = -\sqrt{5}\left(-\frac{1}{\sqrt{10}} + i\frac{3}{\sqrt{10}}\right) = \frac{1}{\sqrt{2}} - i\frac{3}{\sqrt{2}}$$

〈참고〉 문제 1과 마찬가지로 다른 방법으로 풀어볼 수 있다.

3. θ, ϕ를 실수라 할 때

$$e^{i\theta+i\phi} = e^{i\theta}e^{i\phi}$$

임을 증명하여라.

풀이
$$\begin{aligned} e^{i\theta+i\phi} &= e^{i(\theta+\phi)} = \cos(\theta+\phi) + i\sin(\theta+\phi) \\ &= (\cos\theta\cdot\cos\phi - \sin\theta\sin\phi) + i(\sin\theta\cos\phi + \cos\theta\sin\phi) \\ &= (\cos\theta + i\sin\theta)(\cos\phi + i\sin\phi) = e^{i\theta}\cdot e^{i\phi} \end{aligned}$$

4. 이항정리와 De-Moivre의 정리를 이용하여 다음을 증명하여라.

(1) $\cos 5\theta = 16\cos^5\theta - 20\cos^3\theta + 5\cos\theta$

(2) $\dfrac{\sin 5\theta}{\sin\theta} = 16\cos^4\theta - 12\cos^2\theta + 1,\ \theta\neq 0,\ \pm\pi,\ \pm 2\pi,\ \cdots$

풀이 (1) $\cos 5\theta + i\sin 5\theta = (\cos\theta + i\sin\theta)^5$

$$= \cos 5\theta + {}_5C_1 \cos^4\theta(i\sin\theta) + {}_5C_2\cos^3\theta(i\sin\theta)^2 + {}_5C_3\cos^2\theta(i\sin\theta)^3 + {}_5C_4\cos\theta(i\sin\theta)^4 + (i\sin\theta)^5$$

$$= \cos 5\theta + 5i\cos^4\theta\sin\theta - 10\cos^3\theta\sin^2\theta - 10i\cos^2\theta\sin^3\theta + 5\cos\theta\sin^4\theta + i\sin^5\theta$$

$$= \cos^5\theta - 10\cos^3\theta\sin^2\theta + 5\cos\theta\sin^4\theta + i(5\cos^4\theta\sin\theta - 10\cos^2\theta\sin^3\theta + \sin^5\theta)$$

따라서 실수부와 허수부를 비교하면

$$\begin{aligned}\cos 5\theta &= \cos^5\theta - 10\cos^3\theta\sin^2\theta + 5\cos\theta\sin^4\theta \\ &= \cos^5\theta - 10\cos^3\theta(1-\cos^2\theta) + 5\cos\theta(1-\cos^2\theta)^2 \\ &= 16\cos^5\theta - 20\cos^3\theta + 5\cos\theta\end{aligned}$$

$$\sin 5\theta = 5\cos^4\theta\sin\theta - 10\cos^2\theta\sin^3\theta + \sin^5\theta$$

(2) (1)에서 $\sin\theta \neq 0$일 때

$$\begin{aligned}\frac{\sin 5\theta}{\sin\theta} &= 5\cos^4\theta - 10\cos^2\theta\sin^2\theta + \sin^4\theta \\ &= 5\cos^4\theta - 10\cos^2\theta(1-\cos^2\theta) + (1-\cos^2\theta)^2 \\ &= 16\cos^4\theta - 12\cos^2\theta + 1 \ (\text{단, } \theta \neq 0, \pm\pi, \pm 2\pi, \cdots)\end{aligned}$$

연습문제 1.7

1. 복소수 $z = \dfrac{1+\cos\theta + i\sin\theta}{1+\cos\phi + i\sin\phi}$의 절대값을 구하여라.

2. (1) 만약 z_1과 z_2가 평행하지 않는 벡터이고, α, β를 실수라 하자. 그러면 $\alpha z_1 + \beta z_2 = 0$일 때 $\alpha = \beta = 0$임을 보여라.

   (2) 평행사변형의 대각선은 서로 이등분함을 보여라.

3. 서로 다른 세 점 $A(z_1)$, $B(z_2)$, $C(z_3)$가 동일한 직선 위에 있기 위한 필요충분조건은 $\operatorname{Im}\left(\frac{z_2-z_3}{z_1-z_3}\right)=0$임을 보여라.

4. (1) $z^4=-\frac{3}{2}-\frac{3\sqrt{3}}{2}i$일 때 z를 구하여라.

   (2) $z^5=-23$일 때 z를 구하여라.

5. z_k가 방정식 $(z+1)^7+z^7=0$의 근일 때 다음을 증명하여라.

$$\operatorname{Re}(z_k)=-\frac{1}{2}\ (k=0,\ 1,\ 2,\ \cdots,\ 6)$$

6. De Moivre의 정리를 이용하여 다음을 증명하여라.

   (1) $\cos 3\theta=4\cos^3\theta-3\cos\theta,\ \sin 3\theta=3\sin\theta-4\sin^3\theta$

   (2) $\sin\frac{\pi}{n}\sin\frac{2\pi}{n}\sin\frac{3\pi}{n}\cdot\cdots\cdot\sin\frac{(n-1)\pi}{n}=\frac{n}{2^{n-1}}$

7. $n=2,\ 3,\ \cdots$에 대하여 다음을 증명하여라.

   (1) $\cos\frac{2\pi}{n}+\cos\frac{4\pi}{n}+\cos\frac{6\pi}{n}+\cdots+\cos\frac{2(n-1)\pi}{n}=-1$

   (2) $\sin\frac{2\pi}{n}+\sin\frac{4\pi}{n}+\sin\frac{6\pi}{n}+\cdots+\sin\frac{2(n-1)\pi}{n}=0$

8. 단위원에 내접하는 n정다각형의 임의의 꼭지점에서 모든 대각선 길이의 곱은 $\frac{1}{4}\frac{n}{\sin^2\frac{\pi}{n}}$임을 보여라.

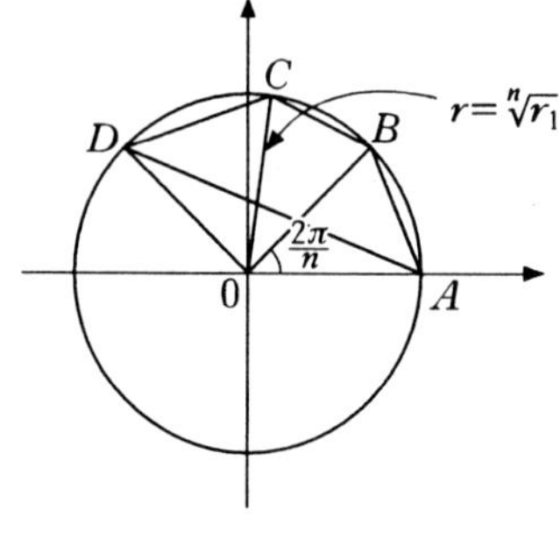

[그림 1.13]

9. 다음 물음에 답하여라.

(1) $2^n\cos^n\theta = 2\cos n\theta + {}_nC_1 2\cos(n-2)\theta + {}_nC_2 2\cos(n-4)\theta + \cdots$ 임을 보여라.

(2) $\cos^5\theta = \dfrac{1}{16}(\cos 5\theta + 5\cos 3\theta + 10\cos\theta)$ 임을 보여라.

10. $1+z+z^2+\cdots+z^n = \dfrac{1-z^{n+1}}{1-z}$ 임을 이용하여 다음을 증명하여라.

(1) $\displaystyle\sum_{k=0}^{n}\cos k\theta = \frac{1}{2} + \frac{\sin\left[\left(n+\frac{1}{2}\right)\theta\right]}{2\sin\frac{\theta}{2}}$ (단, $0<\theta<2\pi$)

(2) $\displaystyle\sum_{k=0}^{n}\sin k\theta = \frac{1}{2}\cot\frac{\theta}{2} - \frac{\cos\left[\left(n+\frac{1}{2}\right)\theta\right]}{2\sin\frac{\theta}{2}}$ (단, $0<\theta<2\pi$)

11. $w = \cos\dfrac{2}{3}\pi + i\sin\dfrac{2}{3}\pi$ 일 때 다음을 구하여라.

(1) w^2+w (2) w^6+w^3

12. 다음을 간단히 계산하여라.

$$S = 1 + x\cos\theta + x^2\cos 2\theta + \cdots + x^n\cos n\theta$$

극 한

지금부터 복소평면에 관한 몇 가지 위상적인 성질에 관하여 살펴보기로 하고, 다소 직관적인 개념과 판단으로 간단한 정의를 소개한다.

2.1 복소평면의 위상

임의의 $\varepsilon>0$에 대하여 z_0가 복소평면 위의 임의의 점일 때 집합

$$N(z_0,\ \varepsilon)=\{z : |z-z_0|<\varepsilon\}$$

을 z_0의 ε-근방이라 한다. 이것은 z_0를 중심으로 하고, 반지름이 ε인 원의 내부에 있는 모든 점의 집합이고, 한편 집합

$$N_*(z_0,\ \varepsilon)=\{z\in C : 0<|z-z_0|<\varepsilon\}$$

을 z_0가 빠진 ε-근방(deleted ε- neighborhood of z_0)이라 한다. 점 z_0가 집합 D의 점이면서 z_0의 ε-근방에 D의 점만을 포함할 때 z_0를 집합 D의 내점(interior point)이라 하고, D의 점들을 전혀 포함하지 않을 때 z_0를 집합 D의 외점(exterior point)이라 한다. z_0가 빠진 근방 $N_*(z_0, \varepsilon)$에 집합 D의 점이 적어도 하나 존재할 때 즉,

$$N_*(z_0, \varepsilon) \cap D \neq \varnothing$$

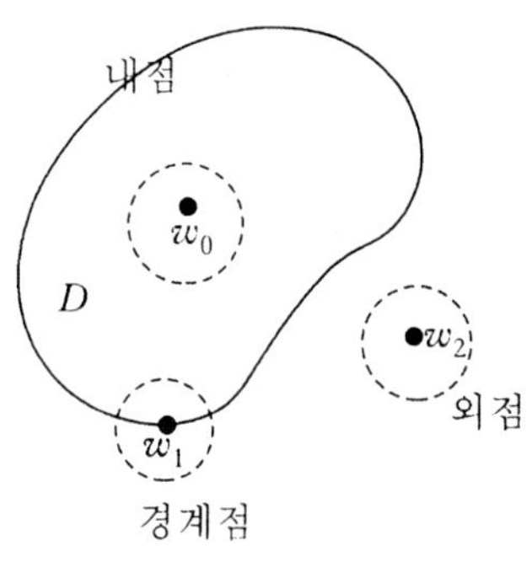

[그림 2.1]

이면 z_0를 집합 D의 **집적점**(accumulation point)이라 한다. 따라서 집합 D가 집적점만을 포함할 때 D를 **닫힌집합**이라 하고, z_0가 D의 점이지만 z_0의 ε-근방에 z_0 이외에 D의 점이 하나도 존재하지 않을 때 z_0를 **고립점**(isolated point)이라 한다. 또한 z_0가 D의 내점도 아니고, 외점도 아니면 z_0를 D의 **경계점**(boundary point)이라 하며, 이는 D의 집적점일 수 있고, 경계점의 집합을 **경계**(boundary)라 한다.

경계점을 전혀 포함하지 않는 집합을 **열린집합**이라 한다. D가 열린집합이라 할 때 D의 임의의 두 점 z_1, z_2를 양 끝점으로 하여 연결된 유한 개의 다각선분이 항상 D에 완전히 포함되어 있을 때 D는 '연결되어 있다(connected)'고 한다. 지금 집합 D에서 다음의 두 조건

(i) $D \subset A \cup B$

(ii) $A \cap D \neq \varnothing$, $B \cap D \neq \varnothing$

를 만족하는 서로 소인 열린집합 A, B가 존재하지 않으면 D를 **연결집합**(connected set)이라 한다.

예를 들어 집합 $S=\{z : |z|<1\}$과 $T=\{z : 1<|z|<2\}$는 모두 열린 연결집합이고 실제로 z_1과 z_2가 S, T에 속하면 이들을 연결하는 선분은 모두 S, T에 속하므로 연결집합이지만 집합 $W=\{z : 1<|z|<3, |z| \neq 2\}$는 연결집합이 아니다. 복소평면에서 열린집합이고 연결된 집합을 보통 **영역**(domain)이라 한다.

집합 D에 대하여

$$D \subset N(0, r) = \{z : |z|<r, r>0\}$$

을 만족하는 실수 $r>0$이 존재할 때 D는 **유계하다**(bounded)하고, 유계하지 않을 때 D는 **유계하지 않다**(unbounded)라고 한다.

[예 2.1] $S=\{z : |z|=c,\ c$는 상수$\}$의 모든 점은 집합 $T=\{z : |z|<c\}$의 집적점이고, $M=\{z : 1<|z|<2\}$은 열린집합이고 연결집합이므로 영역이다.

[예 2.2] 집합 $D=\left\{(-1)^n e^{\frac{i\pi}{n}} : n\text{자연수}\right\}$의 집적점은 ± 1이고, 집합 $S=\left\{z : z=\dfrac{1}{n},\ n=1,\ 2,\ \cdots\right\}$의 집적점은 $z=0$이다.

[예 2.3] 원 $|z|=1$은 유계하는 집합 $|z|<1$과 유계하지 않는 집합 $|z|>1$의 경계이다.

[예 2.4] $S=\{z : |z|<1\}$와 $T=\{z : 1<|z|<2\}$는 유계하는 집합이고, 상반평면 $U=\{z : \operatorname{Im} z \geq 0\}$는 유계하는 집합이다.

2.2 무한원점의 도입

복소수평면에서 모든 유한점과 가상의 무한원점(∞)을 도입하여 확장된 복소평면을 생각할 수 있다. 무한원점을 기하학적으로 시각화하기 위하여 다음과 같이 입체사영을 고려할 수 있다. [그림 2.2]와 같이 복소수 평면 C 위의 원점 $z=0$에서 접하고 지름이 1인 구면 K를 만든다.

이 구면의 접점을 $S(0,\ 0,\ 0)$(K의 남극이라 한다)라 하고, S를 지나는 지름의 다른 끝점 $N(0,\ 0,\ 1)$(K의 북극이라 한다.), N과 복소평면 C 위의 점 $z(x,\ y,\ 0)$를 연결하는 직선과 구면 K와의 만나는 점을 $P(\xi,\ \eta,\ \zeta)$라 하자. 이 때 $z(x,\ y,\ 0)$와 P를 대응시키면 북극 N을 제외한 구면 위의 점 P와 복소평면 위에 임의의 점 z는 1 : 1로 대응되고, 이 대응에서 점 z가 원점 O에서 멀어지면 P는 N에 가까워진다.

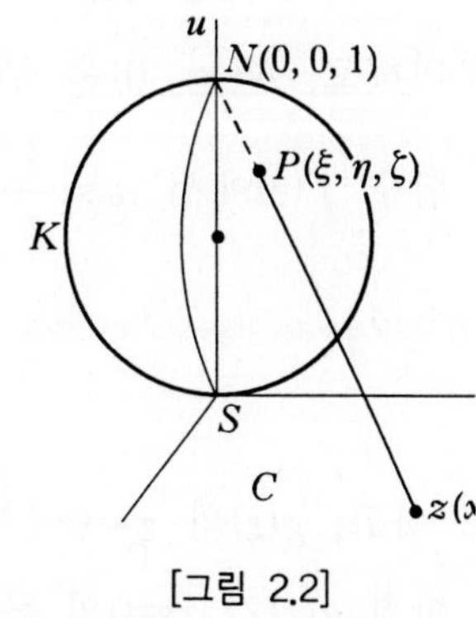

[그림 2.2]

그리하여 원점에서 무한의 거리에 있다고 가상되는 점을 도입하여 이것을 무한원점이라 하고, 이것을 $z=\infty$로 나타낸다.

무한원점 ∞와 N을 대응시키면 구면 K위의 모든 점집합과 복소평면 위의 $z=\infty$를 첨가한 확장된 복소평면 C^* 사이에 1 대 1의 대응관계가 된다. 이와 같이 구면 K 위의 점이 복소수와 ∞를 대응한다고 할 때 K를 **복소구면** 또는 **Riemann 구면**이라 하고, C^*를 넓은 의미에서 복소평면으로 간주한다.

예를 들어 함수 $w=\dfrac{1}{z}$에서 상 $w=\infty$와 $w=0$을 각각 $z=0$과 $z=\infty$에 대응시켜보면

$$w=\begin{cases}\dfrac{1}{z}, & z\neq 0,\ z\neq\infty \\ 0, & z=\infty \\ \infty, & z=0\end{cases}$$

으로 나타낼 수 있다. 무한원점에 관한 연산을 다룰 때는 편의상 다음과 같이 규약을 정하도록 한다.

(1) $|\infty|=\infty,\ \infty\cdot\infty=\infty,\ \infty\pm\infty=\infty$

(2) 임의의 복소수 a에 대하여

$$a\pm\infty=\infty\pm a=\infty,\ \frac{a}{0}=\infty\,(a\neq 0),\ \frac{a}{\infty}=0\ (a\neq 0,\ a\neq\infty),\ \frac{\infty}{a}=0\ (a\neq 0)$$

(3) $a\cdot\infty=\infty\,(a\neq 0)$

점 z의 근방은 z가 유한점이고 새로운 무한원점의 근방 즉, 원 $|z|=R$의 밖을 정의하고, $N(\infty,\ 0)$은 무한원점을 포함함을 의미한다.

함수 $f(z)$에서 $w=\dfrac{1}{z}$을 치환하여 얻는 z의 함수를

$$g(z)=f\left(\frac{1}{z}\right)$$

로 하고, $g(z)$의 $z=0$에서의 결과를 함수 $f(w)$의 무한원점에서 결과를 정한다.

한편 $g(z)$가 $z=0$의 근방($z=0$ 자신은 제외)에서 해석적이고, 또한 $\lim\limits_{z\to 0}g(z)=\alpha$(유한값)이면 $g(z)$는 $z=0$에서도 해석적이고, $g(0)=\alpha$이다.

따라서 이 경우에 $f(z)$는 $z=\infty$에서 해석적이고, 그 함수값을 $f(\infty)=\alpha$로

쓴다.

만약 $f(z)=\dfrac{1}{z}$일 때 $g(w)=f\left(\dfrac{1}{w}\right)=\dfrac{1}{\dfrac{1}{w}}$이고, 이는 $w=0$을 제외한 ($w=0$의 근방에도) 우변은 w와 같다. 따라서 $\lim\limits_{w\to 0} g(w)=0$ 즉, 함수 $\dfrac{1}{z}$은 $z=\infty$에서 해석적이고, 그 값은 0이다.

2.3 수열의 극한

실해석학에서 실수열의 정의와 극한에 대한 성질과 같이 복소수의 수열에 대하여 살펴보기로 한다.

지금 자연수의 집합 N과 복소수의 집합 C가 주어졌을 때 임의의 자연수 n에 대하여 $f(n)=z_n$에 의하여 정의된 함수 $f: N \to C$를 복소수열(sequence)이라 하고, 이것을

$$z_1,\ z_2,\ z_3,\ \cdots,\ z_n,\ \cdots \text{ 또는 간단히 } \{z_n\}$$

과 같이 나타낸다. 추후 복소수열을 수열이라 하겠다.

지금 수열 $\{z_n\}$에서 $|z_n| \le M$ $(n=1,\ 2,\ \cdots)$을 만족하는 $M>0$이 존재할 때 수열 $\{z_n\}$은 유계하다(bounded)고 한다. 또한 수열 $\{z_n\}$은 충분히 큰 자연수 n에 대하여 복소수 z_0로 가까이 접근하면 $\{z_n\}$은 극한값 z_0를 갖는다 또는 z_0로 수렴한다(converge) 말하고,

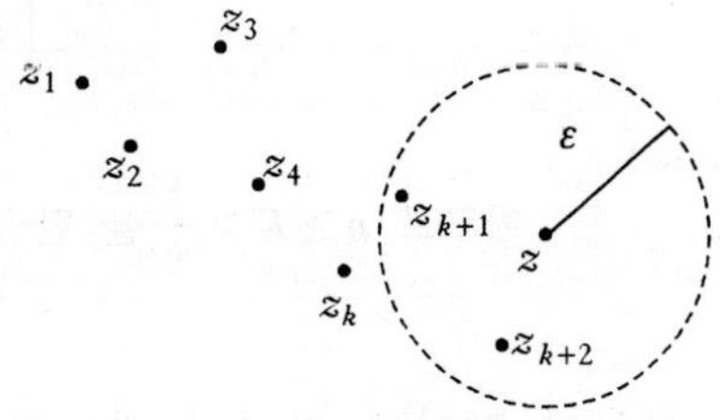

[그림 2.3]

$$\lim_{n\to\infty} z_n = z_0 \text{ 또는 } z_n \to z_0 (n \to \infty)$$

와 같이 나타낸다. 이것은 임의의 $\varepsilon>0$에 대하여 $n \ge K$일 때

$$|z_n - z_0| < \varepsilon$$

을 만족하는 자연수 K가 존재할 때이다. 이것은 수열 $\{z_n\}$의 항들이 z_0의 ε-근방에 유한 개의 항을 제외하고, 나머지 무한히 많이 포함되어 있다는 것을 의미한다. 한편 수열의 극한값이 존재하지 않을 때 발산(diverge)한다고 말한다.

[예 2.5] 다음 두 수열의 수렴발산의 여부를 보여라.

$$z_n = \frac{i^n}{n}, \ n=1, 2, 3, \cdots$$

풀이 주어진 수열 $\{z_n\}$의 처음 몇 항을 보면

$$i, \ \frac{i^2}{2}, \ \frac{i^3}{3}, \ \frac{i^4}{4}, \ \frac{i^5}{5}, \ \cdots \ \text{또는} \ i, \ -\frac{1}{2}, \ \frac{-i}{3}, \ \frac{1}{4}, \ \frac{i}{5}, \ \cdots$$

등을 보면 복소평면 위에 대응하는 점들의 극한은 0으로 보여진다. 이를 증명하기 위하여 임의의 $\varepsilon > 0$에 대하여 $n \geq K$일 때

$$|z_n - 0| = \left| \frac{i^n}{n} - 0 \right| < \varepsilon$$

을 만족하는 자연수 K가 존재함을 보이면 된다. 그런데 지금 $n > \dfrac{1}{\varepsilon}$일 때

$$\left| \frac{i^n}{n} - 0 \right| = \left| \frac{i^n}{n} \right| = \frac{|i^n|}{n} = \frac{1}{n} < \varepsilon$$

이므로 $n \geq K > \dfrac{1}{\varepsilon}$을 만족하는 자연수 K를 택하면 주어진 수열은 수렴한다. □

극한의 정의에 의하여 다음과 같은 성질을 알 수 있다.

▌정리 2.1▐

$\lim_{n \to \infty} z_n = z_0$가 성립하기 위한 필요충분조건은

$$\lim_{n \to \infty} \mathrm{Re}\{z_n\} = \mathrm{Re}\{z_0\}, \ \lim_{n \to \infty} \mathrm{Im}\{z_n\} = \mathrm{Im}\{z_0\}$$

가 성립할 때이다.

증명 $z_n = x_n + iy_n$이고, $z_0 = x_0 + iy_0$라 하자. (단, x_n, y_n, x_0, y_0는 실수).

먼저 $\lim_{n\to\infty} z_n = z_0$라고 하자. 그러면 임의의 $\varepsilon > 0$에 대하여 $n \geq K$를 만족하는 자연수 K가 존재하여

$$|z_n - z_0| = |(x_n - x_0) + i(y_n - y_0)| < \varepsilon$$

이다. 따라서

$$|x_n - x_0| \leq |(x_n - x_0) + i(y_n - y_0)| < \varepsilon$$

이고, 또한

$$|y_n - y_0| \leq |(y_n - y_0) + i(y_n - y_0)| < \varepsilon$$

이다. 그러므로 임의의 $\varepsilon > 0$에 대하여 $n \geq K$인 K가 존재하여

$$|x_n - x_0| < \varepsilon, \ |y_n - y_0| < \varepsilon$$

이므로 $\lim_{n\to\infty} x_n = x_0$, $\lim_{n\to\infty} y_n = y_0$ 즉 $\lim_{n\to\infty} \mathrm{Re}\{z_n\} = \mathrm{Re}\{z_0\}$, $\lim_{n\to\infty} \mathrm{Im}\{z_n\} = \mathrm{Im}\{z_0\}$.

역으로 $\lim_{n\to\infty} \mathrm{Re}\{z_n\} = \mathrm{Re}\{z_0\}$, $\lim_{n\to\infty} \mathrm{Im}\{z_n\} = \mathrm{Im}\{z_0\}$ 라고 하자.

먼저 $\lim_{n\to\infty} x_n = x_0$이므로 임의의 $\varepsilon > 0$에 대하여 $n \geq K_1$을 만족하는 자연수 K_1이 존재하여

$$|x_n - x_0| < \frac{\varepsilon}{2} \qquad \cdots\cdots ①$$

이다. 한편 $\lim_{n\to\infty} y_n = y_0$이므로 임의의 $\varepsilon > 0$에 대하여 $n \geq K_2$일 때

$$|y_n - y_0| < \frac{\varepsilon}{2} \qquad \cdots\cdots ②$$

을 만족하는 자연수 K_2가 존재한다. 지금 $K = \max(K_1, K_2)$로 놓으면 ①, ②에 의하여 임의의 $\varepsilon > 0$에 대하여 $n \geq K$를 만족하는 자연수 K가 존재하여

$$|z_n - z_0| = |(x_n - x_0) + i(y_n - y_0)| \leq |x_n - x_0| + |y_n - y_0| < \frac{\varepsilon}{2} + \frac{\varepsilon}{2} = \varepsilon$$

이 된다. 따라서 $\{z_n\}$은 z_0로 수렴한다. ■

▌정리 2.2▌

수열 $\{z_n\}$이 수렴하면 유계하다.

증명 만약 $\lim_{n\to\infty} z_n = z_0$일 때 $\varepsilon = 1$이라 하자. 그러면 모든 $n \geq K$을 만족하는 자연수 K가 존재하여 $|z_n - z_0| < 1$이다. 따라서 $n \geq K$일 때

$$|z_n| < |z_0| + 1$$

이 성립한다. 먼저 $n < K$를 만족하는 모든 자연수 n에 대하여

$$|z_n| \leq \max\{|z_1|,\ |z_2|,\ \cdots,\ |z_{K-1}|\} \qquad \cdots\cdots ①$$

이고, 한편 $n \geq K$를 만족하는 모든 자연수 n에 대하여

$$|z_n| = |(z_n - z_0) + z_0| \leq |z_n - z_0| + |z_0| \leq 1 + |z_0| \qquad \cdots\cdots ②$$

이다. 만약 $M = \max\{|z_1|,\ |z_2|,\ \cdots,\ |z_{K-1}|,\ 1 + |z_0|\}$로 놓으면 식 ①, ②에 의하여 $|z_n| \leq M$을 만족한다. 따라서 $\{z_n\}$은 유계하다. ■

〈주의〉 정리 2.2의 역은 반드시 성립하지 않는다. 예를 들어 $z_n = (-1)^n$은 유계하지만 수렴하지 않는다.

▌정리 2.3▌

두 수열 $\{z_n\}$, $\{w_n\}$이 유계하고, $\lim_{n\to\infty} z_n = 0$, $\lim_{n\to\infty} w_n = 0$이면 다음이 성립한다.

(1) $\lim_{n\to\infty}(z_n + w_n) = 0$ (2) $\lim_{n\to\infty} z_n w_n = 0$

증명 (1) 먼저 $\lim_{n\to\infty} z_n = 0$이므로 임의의 $\varepsilon > 0$에 대하여

$$n \geq K_1 \text{일 때 } |z_n - 0| < \frac{\varepsilon}{2} \qquad \cdots\cdots ①$$

을 만족하는 자연수 K_1이 존재한다. 한편 $\lim_{n\to\infty} w_n = 0$이 성립하므로 임의의 $\varepsilon > 0$에 대하여

$$n \geq K_2 \text{일 때 } |w_n - 0| < \frac{\varepsilon}{2} \qquad \cdots\cdots ②$$

을 만족하는 자연수 K_2가 존재한다. 만약 $K = \max(K_1, K_2)$로 놓으면 부등식 ①, ②에 의하여 모든 $n \geq K$일 때

$$|z_n + w_n| \leq |z_n| + |w_n| < \frac{\varepsilon}{2} + \frac{\varepsilon}{2} = \varepsilon$$

이므로 $\lim_{n \to \infty}(z_n + w_n) = 0$이 성립한다.

(2) 먼저 $\lim_{n \to \infty} w_n = 0$이므로 $\{w_n\}$이 유계하다. 따라서 모든 자연수 n에 대하여 $|w_n| \leq M$을 만족하는 $M > 0$이 존재한다.

한편 $\lim_{n \to \infty} z_n = 0$이므로 임의의 $\varepsilon > 0$에 대하여 $n \geq K$를 만족하는 자연수 K가 존재하여 $|z_n| < \dfrac{\varepsilon}{M}$을 만족한다. 따라서 $|z_n w_n| < M\left(\dfrac{\varepsilon}{M}\right) = \varepsilon$이므로 $\lim_{n \to \infty} z_n w_n = 0$. ■

▮정리 2.4▮

두 수열 $\{z_n\}$, $\{w_n\}$이 각각 z, w로 수렴할 때 다음 성질이 성립한다.

(1) $\lim_{n \to \infty}(z_n + w_n) = z + w$

(2) $\lim_{n \to \infty} z_n w_n = zw$

(3) $\lim_{n \to \infty} \dfrac{z_n}{w_n} = \dfrac{z}{w}$ (단, $w_n \neq 0$이고 $z \neq 0$)이다.

증명 (1) $\lim_{n \to \infty} z_n = z$, $\lim_{n \to \infty} w_n = w$이므로 $\lim_{n \to \infty}(z_n - z) = 0$, $\lim_{n \to \infty}(w_n - w) = 0$이 성립한다. 따라서

$$\lim_{n \to \infty}(z_n - z + w_n - w) = \lim_{n \to \infty}\{(z_n + w_n) - (z + w)\} = 0$$

이다. 따라서 정리 2.3(1)에 의하여 $\lim_{n \to \infty}(z_n + w_n) = z + w$이다.

(2) $\lim_{n \to \infty} z_n = z$, $\lim_{n \to \infty} w_n = w$이므로 $\lim_{n \to \infty}(z_n - z) = 0$, $\lim_{n \to \infty}(w_n - w) = 0$이다.

지금 $z_n = z + (z_n - z) = z + a_n$ (단, $\lim_{n\to\infty} a_n = 0$)으로 놓을 수 있다.

같은 방법으로 $w_n = w + b_n$ (단, $\lim_{n\to\infty} b_n = 0$)으로 놓으면

$$z_n w_n = z w + (zb_n + wa_n + a_n b_n)$$

이다. 그런데 정리 2.3(2)에 의하여 $\lim_{n\to\infty}(zb_n + wa_n + a_n b_n) = 0$이므로 $\lim_{n\to\infty} z_n w_n = zw$가 성립한다.

(3) $w \neq 0$이고 $w_n \neq 0$일 때 먼저

$$\lim_{n\to\infty} \frac{1}{w_n} = \frac{1}{w}$$

임을 보인다. 지금 임의의 $\varepsilon > 0$에 대하여 $n \geq K$인 자연수 K가 존재하여 $\varepsilon = \left|\frac{w}{2}\right| > 0$이라 하자. 그런데 $\lim_{n\to\infty} w_n = w$이므로 임의의 $\varepsilon > 0$에 대하여 $n \geq K$를 만족하는 자연수 K가 존재하여

$$\begin{aligned} |w_n| = |w| + (w_n - w)| &\geq |w| - |w_n - w| \\ &> |w| - \varepsilon = |w| - \left|\frac{w}{2}\right| = \left|\frac{w}{2}\right|. \end{aligned}$$

따라서 수열 $\left(\frac{1}{w_n}\right)$은 유계하다. 지금 $z_n = z + a_n$(단, $\lim_{n\to\infty} a_n = 0$)이고, $w_n = w + b_n$ (단, $\lim_{n\to\infty} b_n = 0$)이라 하자. 그러면

$$\frac{z_n}{w_n} - \frac{z}{w} = \frac{z + a_n}{w + b_n} - \frac{z}{w} = \frac{wa_n - zb_n}{w(w + b_n)} \quad (w \neq 0)$$

이고, $\left(\frac{1}{w_n}\right)$은 유계하므로 다음의 수열

$$\left(\frac{1}{w(w + b_n)}\right) = \left(\frac{1}{ww_n}\right)$$

은 유계하고, $\lim_{n\to\infty}(wa_n - zb_n) = 0$이다. 그러므로 정리 2.3(1)에 의하여

$$\lim_{n\to\infty}\left(\frac{z_n}{w_n} - \frac{z}{w}\right) = 0 \text{ 즉, } \lim_{n\to\infty} \frac{z_n}{w_n} = \frac{z}{w}. \qquad \blacksquare$$

[예 2.6] 다음 수열의 극한값을 구하여라.

(1) $z_n = \dfrac{1+in}{1-in}$ (2) $z_n = n\left(1-\cos\dfrac{\pi}{n}+i\sin\dfrac{\pi}{n}\right)$

풀이 (1) $\lim\limits_{n\to\infty}\dfrac{1+in}{1-in} = \lim\limits_{n\to\infty}\dfrac{1/n+i}{1/n-i} = \dfrac{i}{-i} = -1.$

(2) 만약 $\theta = \dfrac{\pi}{2n}$일 때 $n \to \infty$이면 $\theta \to 0$이다. 그런데 주어진 수열은

$$\begin{aligned} z_n &= n\left(1-\cos\frac{\pi}{n}+i\sin\frac{\pi}{n}\right) \\ &= n\left(2\sin^2\frac{\pi}{2n}+2i\sin\frac{\pi}{2n}\cos\frac{\pi}{2n}\right) \\ &= 2\cdot\frac{\pi}{2\theta}\cdot\sin\theta(\sin\theta+i\cos\theta) = \pi\frac{\sin\theta}{\theta}(\sin\theta+i\cos\theta) \end{aligned}$$

따라서 $\lim\limits_{n\to\infty} z_n = \lim\limits_{\theta\to 0}\pi\dfrac{\sin\theta}{\theta}(\sin\theta+i\cos\theta) = \pi i$ □

[예 2.7] $z_n = (n\sqrt{n^2+1}-n^2)+2i,\ w_n = \left(1+\dfrac{1}{n}\right)^n - 3i$일 때 $\lim\limits_{n\to\infty}\dfrac{z_n}{w_n}$을 구하여라.

풀이 $\lim\limits_{n\to\infty}(n\sqrt{n^2+1}-n^2) = \lim\limits_{n\to\infty}\left(\dfrac{n\sqrt{n^2+1}+n^2}{n\sqrt{n^2+1}+n^2}\right)(n\sqrt{n^2+1}-n^2)$

$$= \lim_{n\to\infty}\frac{n^2}{n\sqrt{n^2+1}+n^2} = \lim_{n\to\infty}\frac{1}{\sqrt{1+\frac{1}{n^2}}+1} = \frac{1}{2}$$

이다. 따라서 $\lim\limits_{n\to\infty} z_n = \dfrac{1}{2}+2i$이다.

한편 $\lim\limits_{n\to\infty}\left(1+\dfrac{1}{n}\right)^n = e$이므로 $\lim\limits_{n\to\infty} w_n = e-3i$이다. 따라서 구하는 것은

$$\lim_{n\to\infty}\frac{z_n}{w_n} = \frac{\frac{1}{2}+2i}{e-3i}$$ □

1. $z_n = {}^n\sqrt{p} + i\,n^2$, $p>0$, p는 실수이고, $w_n = 4 + i(1-n^2)$일 때 $\lim_{n\to\infty}(z_n + w_n)$과 $\lim_{n\to\infty}(z_n - w_n)$을 각각 구하여라.

풀이 (1) 두 수열 $\{z_n\}$, $\{w_n\}$은 수렴하지 않으므로 극한값이 존재하지 않는다. 그러나 두 수열의 합은

$$z_n + w_n = {}^n\sqrt{p} + i\,n^2 + 4 + i(1-n^2) = {}^n\sqrt{p} + 4 + i$$

이다. 그런데 $\lim_{n\to\infty} \sqrt[n]{p} = 1$이므로 $\lim_{n\to\infty}(z_n + w_n) = 5 + i$이다.

(2) $z_n - w_n = \sqrt[n]{p} + in^2 - 4 - i(1-n^2) = \sqrt[n]{p} + 2in^2 - 4 - i$이므로 수렴하지 않는다.

2. $\lim_{n\to\infty} z_n = 0$이면 $\lim_{n\to\infty} \frac{z_1 + z_2 + \cdots + z_n}{n} = 0$임을 보여라.

풀이 $\lim_{n\to\infty} z_n = 0$이므로 임의의 $\varepsilon > 0$에 대하여 $k \geq K_1$을 만족하는 자연수 K_1이 존재하여

$$|z_k| < \frac{\varepsilon}{2} \qquad \cdots\cdots ①$$

이 성립한다. 또한 부등식 ①에 의하여 임의의 $\varepsilon > 0$에 대하여 $K_2 \geq K_1$을 만족하는 자연수 K_2가 존재하여 모든 $n \geq k_2$에 대하여

$$\frac{z_1 + z_2 + \cdots + z_{K_1}}{n} < \frac{\varepsilon}{2} \qquad \cdots\cdots ②$$

지금

$$\frac{z_1 + z_2 + \cdots + z_n}{n} = \frac{z_1 + z_2 + \cdots + z_{K_1}}{n} + \frac{z_{K_1+1} + \cdots + z_n}{n} \qquad \cdots\cdots ③$$

을 생각하자. 만약 $K = \max(K_1,\ K_2)$로 놓으면 식 ①, ②에 의하여 ③은

$$\frac{z_1+z_2+\cdots+z_n}{n}<\frac{\varepsilon}{2}+\frac{1}{n}\cdot(n-K_1)\cdot\frac{\varepsilon}{2}=\frac{\varepsilon}{2}+\frac{\varepsilon}{2}-\frac{K_1\varepsilon}{2n}<\varepsilon$$

따라서 임의의 $\varepsilon>0$에 대하여 $n\geq K$를 만족하는 자연수 K가 존재하여

$$\frac{z_1+z_2+\cdots+z_n}{n}<\varepsilon \text{ 즉, } \lim_{n\to\infty}\frac{z_1+z_2+\cdots+z_n}{n}=0$$

〈참고〉 위의 문제에서 다음과 같이 일반적인 것을 생각할 수 있다.

$n\to\infty$이면 $z_n\to a$이면 $(z_n-a)\to 0$이므로

$$\lim_{n\to\infty}\frac{(z_1-a)+\cdots+(z_n-a)}{n}=\lim_{n\to\infty}\left(\frac{z_1+\cdots+z_n}{n}-a\right)=0$$

따라서 $\lim_{n\to\infty}\frac{z_1+z_2+\cdots+z_n}{n}=a$이다.

3. $\lim_{n\to\infty}z_n=a$이고, $\lim_{n\to\infty}w_n=b$이면 $\lim_{n\to\infty}\frac{z_1w_1+z_2w_2+\cdots+z_nw_n}{n}=ab$이다.

풀이 $\lim_{n\to\infty}z_n=a$이고, $\lim_{n\to\infty}w_n=b$이면 $\lim_{n\to\infty}z_nw_n=ab$이므로 문제 2의 〈참고〉의 결과에 의하여 성립한다.

복소수열에 있어서 실수열과 마찬가지로 부분수열과 Cauchy수열에 대하여 알아둘 필요가 있다.

$n_k<n_{k+1}$, $k=1, 2, \cdots$를 만족하는 자연수의 수열 $n_1, n_2, \cdots, n_k, \cdots$에 대하여

$$z_{n_1}, z_{n_2}, z_{n_3}, \cdots z_{n_k}, \cdots \text{ 또는 } \{z_{n_k}\}$$

를 수열 $\{z_n\}$의 **부분수열**(subsequence)이라 한다. 예를 들어

$$z_1, z_3, z_5, \cdots, z_{2n-1}, \cdots;\ z_2, z_4, z_6, \cdots, z_{2n}, \cdots;\ z_1, z_4, z_9, \cdots, z_{n^2}, \cdots$$

등은 모두 수열 $\{z_n\}$의 부분수열들이다. $\{z_{n_k}\}$가 $\{z_n\}$의 부분수열이면 정의에 의하여 모든 자연수 n에 대하여 $n_k\geq n$인 관계가 성립한다.

▌정리 2.5▌

수열 $\{z_n\}$이 z_0로 수렴하면 $\{z_n\}$의 모든 부분수열 $\{z_{n_k}\}$도 z_0로 수렴한다.

증명 임의의 $\varepsilon>0$에 대하여 $n\geq K$인 모든 n에 대하여 $|z_n-z_0|<\varepsilon$이다. 만약 $\{z_{n_k}\}$가 $\{z_n\}$의 부분수열이면 $n_k\geq n$인 모든 자연수 k에 대하여 $n_k\geq n\geq K$이면 $|z_{n_k}-z_0|<\varepsilon$이 성립한다. ■

▌정리 2.6▌

유계하는 복소수의 수열 $\{z_n\}$은 수렴하는 부분수열을 갖는다.

증명 수열 $\{z_n\}$이 유계하므로 $M>0$이 존재하여 $|z_n|\leq M$이면 자연수 n_k, $k=2, \cdots$에 대하여 $|z_{n_k}|\leq M$이 된다.

지금 $\lim_{n\to\infty} z_n=z_0$라고 하자. 그러면 임의의 $\varepsilon>0$에 대하여 $n\geq K$를 만족하는 자연수 K가 존재하여

$$|z_n-z_0|<\varepsilon$$

이다. 그런데 $n_1<n_2<\cdots<n_k<\cdots$는 순증가수열이므로 수열 $\{z_n\}$의 부분수열 $\{z_{n_k}\}$에 대하여 $n_k\geq K$이고 $n\geq K$를 만족하는 자연수 K가 존재하여 $n_k\geq n\geq K$이면

$$|z_{n_k}-z_0|<\varepsilon$$

이 된다. 따라서 $\lim_{k\to\infty} z_{n_k}=z_0$ 즉 $\{z_n\}$은 수렴하는 부분수열 $\{z_{n_k}\}$를 갖는다. ■

수열 $\{z_n\}$이 임의의 $\varepsilon>0$에 대하여 $m,\ n\geq K$인 모든 자연수 $m,\ n$에 대하여

$$|z_m-z_n|<\varepsilon$$

을 만족하는 자연수 $K=K(\varepsilon)$가 존재할 때 $\{z_n\}$을 Cauchy **수열**이라 한다.

▮정리 2.7▮

복소수의 수열 $\{z_n\}$이 수렴하기 위한 필요충분조건은 수열 $\{z_n\}$이 Cauchy 수열이다.

증명 $\{z_n\}$이 z_0에 수렴한다고 하자. 그러면 임의의 $\varepsilon>0$에 대하여 $m, n \geq K$를 만족하는 자연수 K가 존재하여

$$|z_m - z_0| < \frac{\varepsilon}{2}, \ |z_n - z_0| < \frac{\varepsilon}{2}$$

이 성립한다. 따라서 $m, n \geq K$인 모든 자연수 m, n에 대하여

$$|z_m - z_n| = |(z_m - z_0) + (z_0 - z_n)| \leq |z_m - z_0| + |z_n - z_0| < \frac{\varepsilon}{2} + \frac{\varepsilon}{2} = \varepsilon$$

이므로 $\{z_n\}$은 Cauchy 수열이다.

역으로 $\{z_n\}$이 Cauchy 수열이면 $\varepsilon = 1$일 때 $n \geq K$인 자연수 K가 존재하여

$$|z_n - z_K| < 1 \ \text{즉}, \ |z_n| < |z_K| + 1$$

이고, 한편 $n < K$일 때 $|z_n| \leq \max(|z_1|, |z_2|, \cdots, |z_{K-1}|)$이다.

지금 $M = \max(|z_1|, |z_2|, \cdots, |z_{K-1}|, |z_K| + 1)$로 놓으면 $n \geq K$인 모든 자연수 n에 대하여 $|z_n| \leq M$이므로 수열 $\{z_n\}$는 유계하다. 정리 2.6에 의하여 점 z_0에 수렴하는 부분수열 $\{z_{n_k}\}$가 존재하며,

$$|z_n - z_0| = |(z_n - z_{n_k}) + (z_{n_k} - z_0)| \leq |z_n - z_{n_k}| + |z_{n_k} - z_0| \qquad (*)$$

이다. 그런데 $\{z_n\}$은 Cauchy 수열이므로 임의의 $\varepsilon>0$에 대하여 $n_k \geq n \geq K$일 때 $|z_n - z_{n_k}| < \frac{\varepsilon}{2}$이고, 또한 수열 $\{z_{n_k}\}$가 z_0에 수렴하므로 $|z_{n_k} - z_0| < \frac{\varepsilon}{2}$이다. 따라서 $(*)$에서 $|z_n - z_0| < \varepsilon$이 성립하므로 $\lim_{n \to \infty} z_n = z_0$이다. ■

2.4 복소함수

복소수 전체 집합의 부분집합을 S라고 할 때 S의 각 원소 z에 대하여 집합 B

의 오직 한 원소 w를 대응시키는 규칙 f를 S 위에서 정의된 **함수**(function)라 한다. 이때 w를 z에서 f의 **값**(value) 또는 z의 **상**(image)이라 하며, 이것을 $w=f(z)$로 나타낸다. 이때 집합 S를 f의 **정의역**(domain), S의 상의 집합을 치역(range)이라 한다. 이 밖에 $B=f(S)$이면 즉, 임의의 $w\in B$에 대하여 $w=f(z)$를 만족하는 $z\in S$가 존재하면 f를 S에서 B로 가는 **전사함수**라 하고, 임의의 z_1, $z_2\in S$에 대하여

$$f(z_1)=f(z_2)\text{이면 } z_1=z_2$$

를 만족할 때 f를 **단사함수**라 한다. 또한 f의 정의역 S에 속하면서 B의 원소 w의 상으로 하는 점 z의 집합을 B의 **역상**(inverse image)이라 하고, 이를 집합

$$f^{-1}(B)=\{z\in A:\ w=f(z),\ w\in B\}$$

와 같이 나타낸다. 그런데 f가 전사이고 단사함수이면 f^{-1}도 역시 전사이고 단사함수이며, 이 때 f^{-1}를 f의 **역함수**(inverse function)라고 한다.

지금 $w=f(z)$를 영역 D에서 정의된 복소함수라고 하자.

임의의 복소수 $z=x+iy$일 때 함수 $w=f(z)=u+iv$에 대하여 u, v는 두 실변수 x, y의 함수 $u=u(x,\ y)$, $v=v(x,\ y)$로서

$$f(z)=f(x+iy)=u(x,\ y)+iv(x,\ y)$$

와 같이 표시할 수 있다.

다음에 $z=re^{i\theta}$일 때 복소함수 $f(z)$를 극좌표 $(r,\ \theta)$에 의하여 다음과 같이 나타낼 수 있다.

$$f(z)=f(re^{i\theta})=u(r,\ \theta)+iv(r,\ \theta)$$

[예 2.8] $z=x+iy$일 때 $f(z)=\bar{z}\,\mathrm{Re}\,z+z^2+\mathrm{Im}\,z$라고 하자. 그러면

$$f(z)=u+iv\ =(x-iy)x+(x^2-y^2+i2xy)+y=(2x^2-y^2+y)+ixy$$

이므로

$$u(x,\ y)=2x^2-y^2+y,\ v(x,\ y)=xy$$

[예 2.9] $z=re^{i\theta}$일 때 $f(z)=z^5+4z^2-6$을 극좌표 형식으로 나타내어라.

풀이 $f(z)=r^5(\cos 5\theta+i\sin 5\theta)+4r^2(\cos 2\theta+i\sin 2\theta)-6$
$=(r^5\cos 5\theta+4r^2\cos 2\theta-6)+i(r^5\sin 5\theta+4r^2\sin 2\theta)$

이다. 이때

$$u(r,\ \theta)=r^5\cos 5\theta+4r^2\cos 2\theta-6,\ v(r,\ \theta)=r^5\sin 5\theta+4r^2\sin 2\theta.$$ □

2.5 복소함수의 극한과 연속성

함수 $w=f(z)$가 z_0가 빠진 z_0-근방에서 정의되었다고 하자. z가 z_0에 한없이 가까이 접근할 때 $f(z)$가 w_0로 충분히 가까이 접근하면 기호로

$$\lim_{z\to z_0}f(z)=w_0 \text{ 또는 } f(z)\to w_0(z\to z_0)$$

와 같이 나타내고, 이때 w_0를 $f(z)$의 극한(limit)이라 한다. 이것을 ε-δ 논법으로 표현하면 다음과 같다.

임의의 $\varepsilon>0$에 대하여 적당한 $\delta>0$가 존재하여 정의역의 모든 z에 대하여

$$0<|z-z_0|<\delta \text{이면 } |f(z)-w_0|<\varepsilon$$

이 성립한다.

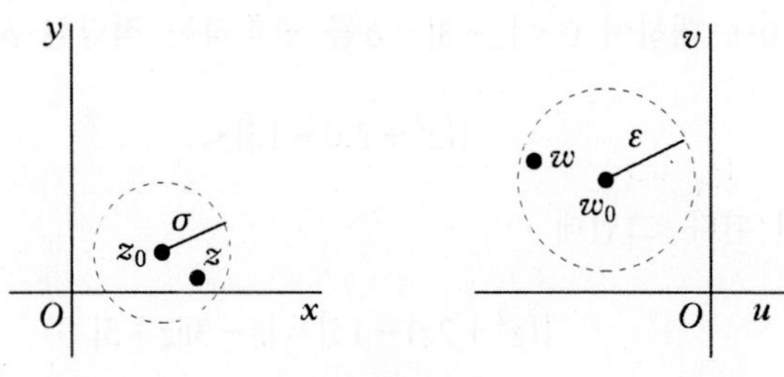

[그림 2.4]

▌정리 2.8▌

함수 $w=f(z)$가 $z=z_0$에서 극한이 존재하면 유일하다.

증명 만약 두 극한

$$\lim_{z\to z_0} f(z)=w_1,\ \lim_{z\to z_0} f(z)=w_2$$

에서 $w_1 \neq w_2$이라 가정하자. 그러면 $|w_1-w_2| > 0$이다.

먼저 $\lim_{z\to z_0} f(z)=w_1$이므로 임의의 $\varepsilon>0$에 대하여 적당한 $\delta_1>0$이 존재하여

$$0<|z-z_0|<\delta_1 \text{이면 } |f(x)-w_1|<\frac{\varepsilon}{2} \qquad \cdots\cdots ①$$

한편 $\lim_{z\to z_0} f(z)=w_2$이므로 임의의 $\varepsilon>0$에 대하여 적당한 $\delta_2>0$가 존재하여

$$0<|z-z_0|<\delta_2 \text{이면 } |f(x)-w_2|<\frac{\varepsilon}{2} \qquad \cdots\cdots ②$$

이다. 지금 $\delta=\min(\delta_1,\ \delta_2)$로 놓으면 $0<|z-z_0|<\delta$일때 ①, ②에 의하여

$$\begin{aligned} 0<|w_1-w_2| &= |(w_1-f(z))+(f(z)-w_2)| \\ &\le |f(z)-w_1|+|f(z)-w_2|<\frac{\varepsilon}{2}+\frac{\varepsilon}{2}=\varepsilon \end{aligned}$$

그런데 $\varepsilon>0$은 임의이므로 $|w_1-w_2|=0$ 즉 $w_1=w_2$이다. 이는 가정에 모순이다.

■

[예 2.10] $\lim_{z\to 3}(z^2+2z)=15$임을 보여라.

풀이 임의의 $\varepsilon>0$에 대하여 $0<|z-3|<\delta$를 만족하는 적당한 $\delta>0$가 존재하여

$$|(z^2+2z)-15|<\varepsilon$$

임을 보이면 된다. 그런데

$$|(z^2+2z)-15|=|z-3||z+5|$$

이므로 여기서 만약 $\delta=1$일 때 $0<|z-3|<1$이면

$$|z+5| = |(z-3)+8| \le |z-3|+8 < 1+8 = 9$$

이다. 만약 $\delta = \min\left(1,\ \dfrac{\varepsilon}{9}\right)$로 놓으면 $0<|z-3|<\delta$일 때

$$|(z^2+2z)-15| = |z+5|\,|z-3| < 9\delta \le 9\cdot\frac{\varepsilon}{9} = \varepsilon$$

이므로 구하는 결과를 얻을 수 있다. □

[예 2.11] $\displaystyle\lim_{z\to -1}\frac{z}{2z+1} = 1$임을 보여라.

풀이 함수 $f(z) = \dfrac{z}{2z+1}$, $z \neq -\dfrac{1}{2}$인 모든 z에 대하여 정의되므로 임의의 $\varepsilon>0$에 대하여 $0<|z-(-1)| = |z+1| < \delta$를 만족하는 적당한 $\delta>0$가 존재하여

$$|f(z)-1| < \varepsilon$$

임을 보인다. 그런데

$$|f(z)-1| = \left|\frac{z}{2z+1}-1\right| = \left|\frac{-z-1}{2z+1}\right| = |z+1|\left|\frac{1}{2z+1}\right|$$

이므로 만약 $|z+1| < \dfrac{1}{4}$이라 하자. 그러면 $|z|-1 \le |z+1| < \dfrac{1}{4}$이므로

$$|2z+1| \ge |2z|-1 > 2\left(\frac{3}{4}\right)-1 = \frac{1}{2} \quad \text{즉,}\quad \frac{1}{|2z+1|} < 2$$

가 성립한다. 만약 $\delta = \min\left(\dfrac{1}{4},\ \dfrac{\varepsilon}{2}\right)$으로 놓으면

$$0<|z+1|<\delta \text{일 때 } |f(z)-1| < \left(\frac{\varepsilon}{2}\right)\cdot 2 = \varepsilon$$ □

1. $\displaystyle\lim_{z\to 3i}\frac{z^2+6-iz}{z-3i} = 5i$임을 보여라.

풀이 함수 $f(z)=\dfrac{z^2+6-iz}{z-3i}$는 $z=3i$에서 정의되지 않으므로 $z\neq 3i$에 대하여

$$f(z)=\frac{z^2+6-iz}{z-3i}=\frac{(z-3i)(z+2i)}{z-3i}=z+2i$$

이다. 임의의 $\varepsilon>0$에 대하여 $\delta=\varepsilon$를 택하면 $|z-3i|<\delta$일 때

$$|f(z)-5i|=|(z+2i)-5i|=|z-3i|<\varepsilon$$

이다. 따라서 극한의 결과를 얻는다.

2. $\lim\limits_{z\to 0}\dfrac{\bar{z}}{z}$가 존재하지 않음을 보여라.

풀이 만약 극한값이 존재하면 z가 0으로 접근하는 방법은 독립적이다.
먼저 실수축(x축)에 따라 $z\to 0$이라 하자. 그러면 $y=0$이므로 $z=x+iy=x$이고, 또한 $\bar{z}=x-iy=x$이므로 구하는 극한은

$$\lim_{z\to 0}\frac{\bar{z}}{z}=\lim_{x\to 0}\frac{x}{x}=1 \qquad \cdots\cdots ①$$

다음에 허수축(y축)에 따라 $z\to 0$이라 하자. 그러면 $x=0$이므로 $z=x+iy=iy$, $\bar{z}=x-iy=-iy$이다. 따라서 구하는 극한은

$$\lim_{z\to 0}\frac{\bar{z}}{z}=\lim_{y\to 0}\frac{-iy}{iy}=-1 \qquad \cdots\cdots ②$$

그러므로 ①, ②에 의하여 극한값이 존재하지 않는다.

3. (1) 만약 $f(z)=z^2$이면 $\varepsilon-\delta$의 논법으로 $\lim\limits_{z\to z_0}f(z)=z_0^2$ 임을 보여라.

(2) 만약 $f(z)=\begin{cases} z^2, & z\neq z_0 \\ 0, & z=z_0 \end{cases}$이면 $\lim\limits_{z\to z_0}f(z)$를 구하여라.

풀이 (1) 임의의 $\varepsilon>0$에 대하여

$$0<|z-z_0|<\delta\text{일 때 } |z^2-z_0^2|<\varepsilon$$

을 만족하는 적당한 $\delta>0$가 존재한다. 지금 $\delta=1$이라 하자. 그런데 $|z|-|z_0|\le|z-z_0|<1$이므로 $|z|<1+|z_0|$이다. 따라서

$$|z^2-z_0^2|=|z-z_0||z+z_0|<\delta(|z|+|z_0|)<1+2|z_0|$$

지금 $\delta=\min\left(1,\ \dfrac{\varepsilon}{1+2|z_0|}\right)$으로 놓으면 $0<|z-z_0|<\delta$일 때 $|z^2-z_0^2|<\varepsilon$이므로 $\lim_{z\to z_0} f(z)=z_0^2$.

(2) 이 문제는 (1)과 다소 다르다. 여기서 $z=z_0$를 제외하면 $\lim_{z\to z_0} f(z)=z_0^2$이지만 $z\to z_0$일 때 $f(z)$의 극한은 $f(z_0)$가 아니다. 만약 $z_0=0$이면 $f(0)$이고, $\lim_{z\to z_0} f(z)=0=f(0)$이다.

4. $\displaystyle\lim_{z\to i}\frac{3z^4-2z^3+8z^2-2z+5}{z-i}=4+4i$임을 $\varepsilon-\delta$논법으로 보여라.

풀이 함수 $f(z)$는 $z=i$에서 정의되지 않으므로 $z\to i$ (즉, $z\neq i$)일 때 $f(z)$의 극한을 구한다. 임의의 $\varepsilon>0$에 대하여 $0<|z-z_0|<\delta$일 때

$$\left|\frac{3z^4-2z^3+8z^2-2z+5}{z-i}-(4+4i)\right|<\varepsilon$$

을 만족하는 적당한 $\delta>0$가 존재함을 보이면 된다. 그런데 $z\neq i$이므로

$$\begin{aligned}\frac{3z^4-2z^3+8z^2-2z+5}{z-i}&=\frac{[3z^3-(2-3i)z^2+(5-2i)z+5i](z-i)}{z-i}\\&=3z^3-(2-3i)z^2+(5-2i)z+5i\end{aligned}$$

이다. 지금 임의의 $\varepsilon>0$에 대하여 $0<|z-z_0|<\delta$일 때

$$|3z^3-(2-3i)z^2+(5-2i)z-4+i|<\varepsilon$$

을 만족하는 적당한 $\delta>0$가 존재함을 보여야 된다. 만약 $\delta=1$이라 하자. 그러면 $0<|z-z_0|<\delta$일 때

$$\begin{aligned}|3z^3-(2-3i)z^2+(5-2i)z-4+i|&=|z-i||z^2+(6i-2)z-1-4i|\\&=|z-i||3(z-i+i)^2+(6i-2)(z-i+i)-1-4i|\end{aligned}$$

$$= |z-i||3(z-i)^2 + (12i-2)(z-i) - 10 - 6i|$$
$$< \delta\{3|z-i|^2 + |12i-2||z-i| + |-10-6i|\}$$
$$< \delta(3+13+12) = 28\delta$$

지금 $\delta = \min\left(1, \dfrac{\varepsilon}{28}\right)$로 놓으면 구하는 결과를 얻을 수 있다.

5. 함수 $w = z^2 + z$에 대하여 물음에 답하여라.

(1) z가 직선 $x=1$ 위의 점 $1-i$에서 점 $1+\sqrt{2}i$까지 움직일 때 대응하는 w가 나타내는 곡선의 그래프를 그려라.

(2) w가 직선 $u=1$ 위에 점 $1+3i$까지 움직이면 z가 나타내는 곡선의 그래프를 나타내어라. 단, z는 제1사분면에 있다.

풀이 (1) $f(z) = u + iv = (x+iy)x + (x+iy) = (x^2 - y^2 + x) + i(2xy + y)$

즉 $u = x^2 - y^2 + x,\ v = 2xy + y.$

$x = 1$일 때 $u = 2 - y^2,\ v = 3y$. 따라서 $v^2 = 9(2-u)$ (포물선)이다.

이는 $-1 \le y \le \sqrt{2}$일 때 $-3 \le v \le 3\sqrt{2}$이므로 그래프는 그림 2.5의 왼쪽과 같다.

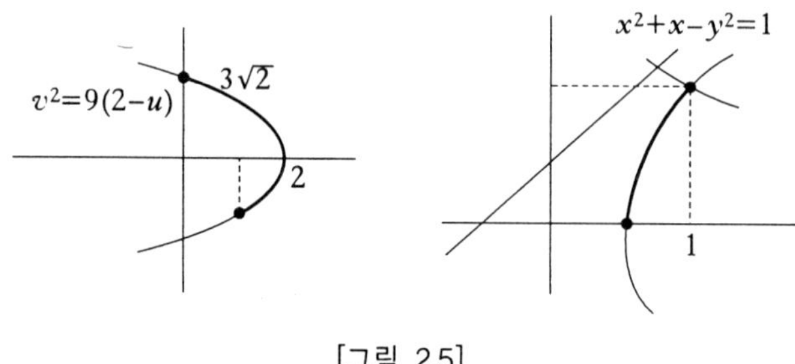

[그림 2.5]

(2) $u = 1$이면 $x^2 - y^2 + x = 1$이므로

$$\left(x + \frac{1}{2}\right)^2 - y^2 = \frac{5}{4}\ (\text{쌍곡선})$$

을 나타낸다. $0 \le v \le 3$이면 $0 \le (2x+1)y \le 3$이고, z가 제1사분면에 있으므로 $0 \le y \le \dfrac{3}{2x+1}$이다. 그래프는 그림 2.5의 오른쪽과 같다.

▌정리 2.9▌ (극한의 기본정리)

$\lim_{z \to z_0} f(z) = L$, $\lim_{z \to z_0} g(z) = M$이라 하자. 그러면

(1) $\lim_{z \to z_0} [f(z) + g(z)] = L + M$

(2) $\lim_{z \to z_0} f(z)g(z) = LM$

(3) $\lim_{z \to z_0} \dfrac{1}{g(z)} = \dfrac{1}{M}$, $M \neq 0$

(4) $\lim_{z \to z_0} \dfrac{f(z)}{g(z)} = \dfrac{L}{M}$, $M \neq 0$

이 성립한다.

증명 위 성질은 실함수의 극한정리와 유사하므로 생략한다. ■

2.6 극한개념의 확장

다음은 유계하지 않는 영역에서 정의된 함수의 극한에 대하여 살펴보도록 한다.

유계하지 않는 영역 D에서 정의된 함수 f의 극한은 다음과 같은 경우를 의미하고 있다.

(1) $\lim_{z \to \infty} f(z) = L$이면 임의의 $\varepsilon > 0$에 대하여 어떤 $M > 0$이 존재하여

$$|z| > M \text{일 때 } |f(z) - L| < \varepsilon$$

이 성립함을 뜻한다.

(2) $\lim_{z \to z_0} |f(z)| = \infty$이면 어떤 $M > 0$에 대하여

$$0 < |z - z_0| < \delta \text{일 때 } |f(z)| > M$$

을 만족하는 적당한 $\delta = \delta(\varepsilon) > 0$가 존재할 때를 말한다.

(3) $\lim_{z \to \infty} f(z) = \infty$이면 $|z| > M'$, $|f(z)| > M$을 만족하는 $M,' M > 0$이 존재한다.

[예 2.12] $\lim_{z \to 0} \dfrac{1}{|z|^2} = \infty$임을 보여라.

풀이 어떤 $M>0$에 대하여 $\delta=\frac{1}{\sqrt{M}}$이면

$$0<|z-0|=|z|<\delta \text{일 때 } \frac{1}{|z|^2}>\frac{1}{\delta^2}=M$$

이므로 $\lim_{z\to 0}\frac{1}{|z|^2}=\infty$이 된다. □

[예 2.13] $f(z)=\frac{1}{z}\ (z\neq 0)$이면 $\lim_{z\to 0}f(z)=\infty$임을 보여라.

풀이 어떤 $M>0$에 대하여 $\delta=\frac{1}{M}$로 놓으면

$$0<|z|<\delta \text{일 때 } \left|\frac{1}{z}\right|>\frac{1}{\delta}=M$$

이므로 $\lim_{z\to 0}\frac{1}{z}=\infty$이다. □

2.7 연속과 고른연속

먼저 복소함수의 연속성에 대하여 알아본다. 연속성의 정의는 대체로 실함수의 경우와 비슷함을 알 수 있다.

함수 $f(z)$가 $z=z_0$의 근방에서 정의되어 있고 극한 $\lim_{z\to z_0}f(z)$와 $f(z_0)$가 존재하여

$$\lim_{z\to z_0}f(z)=f(\lim_{z\to z_0}z)=f(z_0)$$

가 성립하면 $f(z)$는 $z=z_0$에서 **연속**(continuous)이라 한다. 이것을 ε-δ의 정의로 표현하면 임의의 $\varepsilon>0$에 대하여 $|z-z_0|<\delta$일 때

$$|f(z)-f(z_0)|<\varepsilon$$

을 만족하는 $\delta=\delta(\varepsilon,\ \delta)>0$($\varepsilon$과 z_0에 의존되는)가 존재함을 의미한다. 함수

$f(z)$가 영역 D의 모든 점에서 연속이면 $f(z)$는 D 위에서 연속이라 하고, 연속이 아닐 때는 불연속이라 한다.

다음 정리에서 함수의 연속성은 수열의 수렴성을 보장한다는 것을 보여준다.

▌정리 2.10▌

영역 D에서 정의된 함수 $f(z)$가 $z=z_0$에서 연속이기 위한 필요충분조건은 D의 수열 $\{z_n\}$이 z_0로 수렴하면 수열 $\{f(z_n)\}$이 $f(z_0)$로 수렴할 때이다.

증명 $f(z)$가 $z=z_0$에서 연속이라 하자. 그러면 임의의 $\varepsilon>0$에 대하여 적당한 $\delta>0$가 존재하여 $z\in D$, $|z-z_0|<\delta$일 때

$$|f(z)-f(z_0)|<\varepsilon$$

이다. 만약 수열 $\{z_n\}$이 z_0로 수렴하면 적당한 $\delta>0$에 대하여 $n\geq K$를 만족하는 자연수 K가 존재하여

$$z_n\in D,\ |z_n-z_0|<\delta$$

가 된다. 그런데 $f(z)$가 z_0에서 연속이므로 임의의 $\varepsilon>0$에 대하여 $n\geq K$를 만족하는 자연수 K가 존재하여

$$|f(z_n)-f(z_0)|<\varepsilon$$

이므로 수열 $\{f(z_n)\}$은 $f(z_0)$에 수렴한다.

역으로 만약 $f(z)$가 z_0에서 연속이 아니라고 하자. 그러면 임의의 $\delta>0$에 대하여 어떤 적당한 $\varepsilon_0>0$가 존재하여

$$0<|z_\delta-z_0|<\delta \text{일 때 } |f(z_\delta)-f(z_0)|\geq\varepsilon_0$$

가 성립하는 $z_\delta\in D$가 존재한다.

지금 $\delta>0$는 임의이므로 만약 $\delta=\dfrac{1}{n}$ $(n=1,\ 2,\ \cdots)$이면 z 대신에 z_n을 대응하여 $0<|z_n-z_0|<\dfrac{1}{n}$이면 $|f(z_n)-f(z_0)|\geq\varepsilon_0$를 만족하는 수열 $\{z_n\}$이 존재한다. 따라서 $\lim\limits_{n\to\infty} z_n=z_0$이지만 $|f(z_n)-f(z_0)|\geq\varepsilon_0$이므로 $\lim\limits_{z\to z_0} f(z)\neq f(z_0)$이다. 이는 모순이다. ■

[예 2.14] 함수 $f(z)$가 z_0에서 연속이면 $\overline{f(z)}$, $|f(z)|$가 z_0에서 연속임을 보여라.

풀이 가정에서 $f(z)$가 $z=z_0$에서 연속이므로 임의의 $\varepsilon>0$에 대하여 적당한 $\delta>0$가 존재하여

$$|z-z_0|<\delta \text{일 때 } |f(z)-f(z_0)|<\varepsilon$$

이다. 따라서 $|z-z_0|<\delta$에 대하여

$$||f(z)|-|f(z_0)|| \le |f(z)-f(z_0)|<\varepsilon \qquad \cdots\cdots (*)$$

이 성립한다. 따라서 $|f(z)|$는 $z=z_0$에서 연속이다.

한편 부등식 $(*)$와 켤레복소함수의 성질에 의하여

$$|\overline{f(z)}-\overline{f(z_0)}|=|\overline{f(z)-f(z_0)}|=|f(z)-f(z_0)|<\varepsilon$$

이므로 $\overline{f(z)}$는 $z=z_0$에서 연속이다. □

[예 2.15] 함수 $w=z^n$ (단, n은 자연수)은 항상 연속임을 보여라.

풀이 복소평면 위에 점 z_0에 대하여 $w_0=z_0^n$이라 하자.

$$w-w_0=z^n-z_0^n=(z-z_0)(z^{n-1}+z^{n-2}z_0+z^{n-3}z_0^2+\cdots+z_0^{n-1}) \qquad \cdots\cdots ①$$

이므로

$$\begin{aligned}|w-w_0|&=|z-z_0|\,|z^{n-1}+z^{n-2}z_0+z^{n-3}z_0^2+\cdots+z_0^{n-1}|\\ &\le |z-z_0|\,|r^{n-1}+r^{n-2}r_0+\cdots+r_0^{n-1}| \quad (\text{단, } |z|=r,\ |z_0|=r_0) \qquad \cdots\cdots ②\end{aligned}$$

이다. 만약 $|z-z_0|<\delta$일 때

$$r=|z|=|z_0+(z-z_0)|\le|z_0|+|z-z_0|<r_0+\delta$$

이므로 지금 $\varepsilon=n\delta(r_0+\delta)^{n-1}$로 놓으면

$$|w-w_0|<|z-z_0|[(r_0+\delta)^{n-1}+(r_0+\delta)^{n-2}r_0+\cdots+r_0^{n-1}]<n\delta(r_0+\delta)^{n-1}=\varepsilon$$

이다. 따라서 $w=z^n$은 연속이다. □

다음에 연속함수에 관한 성질에 대하여 알아본다.

▌정리 2.11▐

다음을 증명하여라.

(1) $f(z)$, $g(z)$가 $z=z_0$에서 연속이면

$$f(z)+g(z),\ f(z)-g(z),\ f(z)\cdot g(z),\ \frac{f(z)}{g(z)}(g(z)\neq 0)$$

도 $z=z_0$에서 연속이다.

(2) $w=f(z)$가 $z=z_0$에서 연속이고 함수 $g(w)$는 $w_0=f(z_0)$에서 연속이면 $g(f(z))$는 $z=z_0$에서 연속이다.

증명 (1) 연속의 정의와 정리 2.9에서 $L=f(z_0)$, $M=g(z_0)$로 놓고, $0<|z-z_0|<\delta$ 대신에 $z=z_0$를 포함하는 $|z-z_0|<\delta$로 하면 극한의 성질과 마찬가지로 명백하다.

(2) $g(w)$의 연속성에 의하여 임의의 $\varepsilon>0$에 대하여 적당한 $\gamma>0$가 존재하여

$$|w-w_0|<\gamma \text{이면 } |g(w)-g(w_0)|<\varepsilon \qquad \cdots\cdots ①$$

이 된다. 한편 $f(z)$는 $z=z_0$에서 연속이므로 $\gamma>0$에 대하여

$$|z-z_0|<\delta \text{이면 } |f(z)-f(z_0)|<\gamma \qquad \cdots\cdots ②$$

적당한 $\delta>0$가 존재한다. 따라서 식 ①과 ②에 의하여 $z\in S$, $|z-z_0|<\delta$이면 $|g(f(z))-g(f(z_0))|<\varepsilon$을 만족하므로 $g(f(z))$는 $z=z_0$에서 연속이다. ■

다음은 연속의 개념보다 강한 성질을 가진 고른연속에 대하여 알아본다.

함수 $f(z)$가 영역 D에서 고른연속(uniformly continuous)이라 함은 임의의 $\varepsilon>0$에 대하여

$$z_1,\ z_2\in D,\ |z_1-z_2|<\delta \text{일 때 } |f(z_1)-f(z_2)|<\varepsilon$$

을 만족하는 적당한 $\delta=\delta(\varepsilon)>0$가 존재할 때이다.

따라서 함수의 연속과 고른연속의 차이를 보면 영역 D의 어떤 한 점 z_0에서

연속이면 $\delta>0$는 z_0와 $\varepsilon>0$에 의존하지만 영역 D에서 고른연속이면 $\delta>0$는 z_0에 관계없이 $\varepsilon>0$에 의하여 결정되는 것이다.

〈참고〉 위의 정의에서 고른연속은 연속보다 더 강하다고 볼 수 있다. 따라서 연속이라고 해서 반드시 고른연속은 아니다.

[예 2.16] 함수 $f(z)=z^2$에 대하여 다음 성질이 성립함을 보여라.
(1) 유계하는 영역 $D=\{z : |z|<1\}$에서 고른연속이다.
(2) 복소평면 위에서 고른연속이 아님을 보여라.

풀이 (1) 임의의 $\varepsilon>0$에 대하여 z_1, $z_2\in D$, $|z_2-z_1|<\delta$일 때

$$|f(z_2)-f(z_1)|<\varepsilon$$

임을 보이면 된다. 그런데 $|z_1|<1$, $|z_2|<1$이므로

$$|z_1^2-z_2^2|=|z_1+z_2||z_1-z_2|\le(|z_1|+|z_2|)|z_1-z_2|<2|z_1-z_2|$$

이다. 지금 임의의 $\varepsilon>0$에 대하여 $\delta=\delta(\varepsilon)=\dfrac{\varepsilon}{2}$로 놓으면

$$|z_2-z_1|<\delta \text{일 때 } |f(z_2)-f(z_1)|=|z_2^2-z_1^2|<2|z_2-z_1|<2\delta=\varepsilon$$

가 성립한다. 따라서 $f(z)=z^2$은 고른연속이다.

(2) $f(z)=z^2$은 고른연속이라 하자. 그러면 $\varepsilon=1$이라 하고, 임의의 $\delta>0$에 대하여 $z_1=\dfrac{1}{\delta}$, $z_2=\dfrac{1}{\delta}+\dfrac{\delta}{2}$이면 임의의 z_1, $z_2\in D$에 대하여

$$|z_1-z_2|=\left|\frac{1}{\delta}-\left(\frac{1}{\delta}+\frac{\delta}{2}\right)\right|=\frac{\delta}{2}<\delta \text{일 때}$$

$$|f(z_1)-f(z_2)|=|z_1^2-z_2^2|=1+\frac{\delta^2}{4}>1=\varepsilon$$

이 된다. 따라서 $f(z)=z^2$은 복소평면 위에서 고른연속이 아니다. □

1. 다음 함수는 영역 $D=\{z : |z|<1\}$에서 고른연속이 아님을 보여라.

(1) $f(z)=\dfrac{1}{1-z}$　　　(2) $f(z)=\dfrac{1}{z}$

풀이 (1) 만약 $f(z)=\dfrac{1}{1-z}$이 영역 D에서 고른연속이라 하자. 그러면 $\varepsilon=\dfrac{1}{10}$일 때 $0<\delta<1$인 $\delta>0$가 존재한다고 하자.

지금 z_1, $z_2 \in D$에 대하여 $z_1=1-\delta$, $z_2=1-\dfrac{9}{10}\delta$로 놓으면 $|z_1-z_2|=\left|(1-\delta)-(1-\dfrac{9}{10}\delta)\right|=\dfrac{\delta}{10}<\delta$이다. 그런데

$$
\begin{aligned}
|f(z_2)-f(z_1)| &= \left|\frac{1}{1-z_2}-\frac{1}{1-z_1}\right| \\
&= \left|\frac{1}{1-(1-\frac{9}{10}\delta)}-\frac{1}{1-(1-\delta)}\right| \\
&= \left|\frac{1}{\frac{9}{10}\delta}-\frac{1}{\delta}\right| > \frac{1}{9\delta}=\frac{1}{10}=\varepsilon
\end{aligned}
$$

이므로 고른연속이 아니다.

(2) 문제 (1)과 마찬가지로 $f(z)=\dfrac{1}{z}$이 영역 D에서 고른연속이라 하자. 임의의 $\varepsilon>0$에 대하여 $0<\delta<1$을 만족하는 적당한 $\delta>0$가 존재하여 $z_1=\delta$, $z_2=\dfrac{\delta}{1+\varepsilon}$로 놓으면

$$|z_1-z_2|=\left|\delta-\frac{\delta}{1+\varepsilon}\right|=\frac{\varepsilon}{1+\varepsilon}\delta<\delta$$

이다. 그런데

$$\left|\frac{1}{z_1}-\frac{1}{z_1}\right|=\left|\frac{1}{\delta}-\frac{1+\varepsilon}{\delta}\right|=\frac{\varepsilon}{\delta}>\varepsilon$$

이므로 $f(z)=\dfrac{1}{z}$은 영역 D에서 고른연속이 아니다.

3. $f(z)=\begin{cases} \dfrac{[\mathrm{Re}(z^2)]^2}{|z^2|}, & z\neq 0 \\ 0, & z=0 \end{cases}$ 가 $z=0$에서 연속임을 보여라.

풀이 먼저 $|\mathrm{Re}(z)|\leq |z|$이므로 z 대신에 z^2을 대치하면 $|\mathrm{Re}(z^2)|<|z^2|$이므로

$$\frac{[\mathrm{Re}(z^2)]^2}{|z^2|}\leq \frac{|z^2|^2}{|z^2|}=|z^2|$$

이다. 임의의 $\varepsilon>0$에 대하여 $|z|<\delta$를 만족하는 적당한 $\delta>0$가 존재하여 $\delta=\sqrt{\varepsilon}$으로 놓으면

$$\left|\frac{[Re(z^2)]^2}{|z^2|}-0\right|=\frac{[\mathrm{Re}(z^2)]^2}{|z^2|}\leq \frac{|z^2|^2}{|z^2|}=|z^2|<\delta^2=\varepsilon$$

을 얻을 수 있다.

4. 다음 함수의 연속성을 조사하여라.

$$f(z)=\begin{cases} 0, & z=0 \\ 0, & |z|\text{는 무리수} \\ \dfrac{1}{n}, & |z|=\dfrac{m}{n}(\text{유리수}),\ m,\ n\text{은 서로 소인 정수} \end{cases}$$

풀이 $f(z)$가 $z=0$과 $|z|\left(\neq\dfrac{m}{n}\right)$가 무리수인 모든 z에 대하여 연속임을 보인다. 지금 $|z_0|$가 무리수라 하자. 그러면 임의의 $\varepsilon>0$에 대하여 적당한 $\delta>0$가 존재하여

$$|f(z)-f(z_0)|<\varepsilon$$

을 만족하는 충분히 작은 영역 $D=\{z : 0<|z-z_0|<\delta\}$를 택할 수 있고, $z\in D$에 대하여 유리수 $|z|=\dfrac{m}{n}$, $n>\dfrac{1}{\varepsilon}$이 존재한다.
먼저 $|z|$가 무리수인 모든 z에 대하여

$$0<|z-z_0|<\delta\text{일 때 } |f(z_0)-f(z)|=|0-0|<\varepsilon$$

이 성립하고, 한편 $|z|=\dfrac{m}{n}$, $\dfrac{1}{n}<\varepsilon$인 유리수이면

$$|f(z_0)-f(z)| = \left| 0-\frac{1}{n} \right| = \left| \frac{1}{n} \right| < \varepsilon$$

이다. 따라서 $|z|$가 무리수이거나 $z=0$인 모든 z에서 대하여 $f(z)$는 연속이다.

다음에 만약 어떤 유리수 z_0가 존재하여 $|z_0| = \dfrac{m_0}{n_0}$라고 하자.
그러면 임의의 $\delta>0$에 대하여 $0<\varepsilon_0<\dfrac{1}{n_0}$을 만족하는 적당한 $\varepsilon_0>0$가 존재하여 $0<|z-z_0|<\delta$를 만족하는 모든 z가 z_0($|z|$가 무리수)에 접근할 때

$$|f(z_0)-f(z)| = \left| \frac{1}{n_0} - 0 \right| = \frac{1}{n_0} > \varepsilon_0$$

이다. 따라서 $f(z)$는 모든 유리수 z에 대하여 연속이 아니다. □

연습문제 2.7

1. $\lim\limits_{n\to\infty} z_n = a$라고 하자. 수열 $\{\alpha_n\}$, $\alpha_n>0$, $n=1, 2, \cdots$에 대하여 $n\to\infty$일 때 $\alpha_1+\cdots+\alpha_n \to \infty$라고 하면

$$\frac{\alpha_1 z_1+\alpha_2 z_2+\cdots+\alpha_n z_n}{\alpha_1+\cdots+\alpha_n} \to a$$

임을 증명하여라.

2. 문제 1에서 양의 수열 $\{\alpha_n\}$ 대신에 복소수열 $\{\beta_n\}$을 대신하면

$$\frac{|\beta_1+\cdots+\beta_n|}{|\beta_1|+\cdots+|\beta_n|} > b$$

단, $b>0$는 상수이고, $|\beta_1|+\cdots+|\beta_n| \to \infty (n\to\infty)$이면

$$\frac{\beta_1 z_1+\beta_2 z_2+\cdots+\beta_n z_n}{\beta_1+\cdots+\beta_n} \to a$$

임을 보여라.

3. 다음 물음에 답하여라.

(1) $\lim_{n\to\infty} c\left(1+\frac{c}{n^2}\right)^n = c$ (단, c는 실수)임을 보여라.

(2) (1)을 이용하여 두 수열이 $z_n = \frac{n^3+2n^2-1}{(n+1)(n^2-n+6)} + c\left(1+\frac{c}{n^2}\right)^n i$ (단, c는 실수)와 $w_n = \frac{n+1}{n-1} + 3i$일 때 $\lim_{n\to\infty} z_n w_n$을 구하여라.

4. 수 a_{nm}의 재배열은 다음과 같이 주어진다.

$$\begin{array}{llll} a_{11} & & & \\ a_{21} & a_{22} & & \\ a_{31} & a_{32} & a_{33} & \\ a_{41} & a_{42} & a_{43} & a_{44} \\ a_{51} & a_{52} & \cdots & \\ \cdots\cdots & & & \end{array}$$

에서 각 수직으로 된 수열이 0으로 접근할 때 즉, 각 고정된 l에 대하여 $\lim_{n\to\infty} a_{nl} = 0$이고, 모든 n에 대하여

$$|a_{n1}| + |a_{n2}| + |a_{n3}| + \cdots + |a_{nn}| < M \qquad \cdots\cdots ①$$

을 만족하는 $M>0$이 존재한다고 하자. 이 때 만약 $n \to \infty$일 때 $z_n \to 0$이라 하면

$$a_{n1}z_1 + a_{n2}z_2 + \cdots + a_{nn}z^n \to 0 \qquad \cdots\cdots ②$$

임을 보여라.

5. 위의 문제 4에서

$$A_n = a_{n1} + a_{n2} + \cdots + a_{nn} \to 1$$

을 추가하면 a_{lk}의 체계를 생각하여 $n \to \infty$일 때 $z_n \to a$이면

$$w_n = a_{n1}z_1 + a_{n2}z_2 + \cdots + a_{nn}z_n \to a$$

임을 보여라.

6. $n \to \infty$일 때 $z_n \to a$이면 $\dfrac{{}_nC_1 z_1 + {}_nC_2 z_2 + \cdots + {}_nC_n z_n}{2^n} \to a$임을 보여라.

해석함수

여기서는 복소함수의 중요한 미분가능성과 해석함수(analytic function)에 대한 개념 및 기본적인 성질에 대하여 살펴보기로 한다.

3.1 미분가능성과 Cauchy-Riemann의 방정식

지금부터 실변수 x의 함수 $y=f(x)$에 대한 미분의 정의와 성질과 마찬가지로 복소변수 z의 함수 $w=f(z)$에 대해서도 살펴보기로 한다.

▌정리 3.1▌

$f(z)=u(x, y)+iv(x, y)$가 $z_0=x_0+iy_0$가 빠진 근방에서 정의된 모든 $z=x+iy$의 함수일 때 극한값

$$\lim_{z \to z_0} f(z)=w_0=u_0+iv_0$$

가 성립하기 위한 필요충분조건은

$$\lim_{(x,\ y)\to(x_0,\ y_0)} u(x,\ y)=u_0,\quad \lim_{(x,\ y)\to(x_0,\ y_0)} v(x,\ y)=v_0$$

증명 $\lim_{z\to z_0} f(z)=w_0$라고 하자. 임의의 $\varepsilon>0$에 대하여 적당한 $\delta>0$가 존재하여

$$\begin{aligned}0<|z-z_0| &= |(x+iy)-(x_0+iy_0)| \\ &= \sqrt{(x-x_0)^2+(y-y_0)^2}<\delta \qquad \cdots\cdots ①\end{aligned}$$

일 때

$$|f(z)-f(z_0)|=|u(x,\ y)-u(x_0,\ y_0)+i(v(x,\ y)-v(x_0,\ y_0))|<\varepsilon \qquad \cdots\cdots ②$$

이다. 그런데 식 ②에서

$$\begin{aligned}|u(x,\ y)-u_0(x_0,\ y_0)| &\le |u(x,\ y)-u(x_0,\ y_0)+i(v(x,\ y)-v(x_0,\ y_0))| \\ &= |f(z)-w_0|<\varepsilon \qquad \cdots\cdots ③\\ |v(x,\ y)-v_0(x_0,\ y_0)| &\le |(u(x,\ y)-u(x_0,\ y_0))+i(v(x,\ y)-v(x_0,\ y_0))| \\ &= |f(z)-w_0|<\varepsilon \qquad \cdots\cdots ④\end{aligned}$$

이므로 식 ③, ④에 의하여

$$\lim_{(x,\ y)\to(x_0,\ y_0)} u(x,\ y)=u_0,\quad \lim_{(x,\ y)\to(x_0,\ y_0)} v(x,\ y)=v_0$$

가 성립한다.

역으로 만약 $\lim_{(x,\ y)\to(x_0,\ y_0)} u(x,\ y)=u_0,\ \lim_{(x,\ y)\to(x_0,\ y_0)} v(x,\ y)=v_0$라고 하자. 먼저 $\lim_{(x,\ y)\to(x_0,\ y_0)} u(x,\ y)=u_0$이므로 임의의 $\varepsilon>0$에 대하여 적당한 $\delta_1>0$이 존재하여

$$0<|z-z_0|<\delta_1 \text{일 때 } |u(x,\ y)-u_0|<\frac{\varepsilon}{2} \qquad \cdots\cdots ⑤$$

이다. 한편 $\lim_{(x,\ y)\to(x_0,\ y_0)} v(x,\ y)=v_0$이므로 임의의 $\varepsilon>0$에 대하여 적당한 $\delta_2>0$가 존재하여

$$0<|z-z_0|<\delta_2 \text{일 때 } |v(x,\ y)-v_0|<\frac{\varepsilon}{2} \qquad \cdots\cdots ⑥$$

이다. 만약 $\delta = \min(\delta_1, \ \delta_2)$로 놓으면 식 ⑤, ⑥에 의하여 임의의 $\varepsilon > 0$에 대하여 $0 < |z_0 - z_0| < \delta$일 때

$$|f(z) - w_0| = |(u+iv) - (u_0 + iv_0)| \le |u - iu_0| + |v - iv_0| < \varepsilon$$

이다. 따라서 $\lim_{z \to z_0} f(z) = w_0 = u_0 + iv_0$. ■

〈주의〉 복소평면 위에서 임의의 점 $z = (x, \ y)$가 한없이 $z_0 = (x_0, \ y_0)$로 접근할 때 $w = f(z)$의 극한은 실수축(x축)과 허수축(y축)의 방향에 따라 z_0로 접근하는 것 외에도 복소평면 위에 어느 방향과 형태에 따라 접근할 수도 있다.

[예 3.1] $z = f(x, \ y) = \dfrac{xy}{x^2 + y^2}$에 대하여 $(x, \ y) \to (0, \ 0)$일 때의 극한을 조사하여라.

풀이 $x \neq 0, \ y = mx$라고 하자. 그러면 주어진 함수는

$$f(x, \ y) = \frac{mx^2}{x^2 + m^2 x^2} = \frac{m}{1 + m^2} \qquad \cdots\cdots ①$$

이다. 그런데 직선 $y = mx$에서 $x \to 0$이면 $y \to 0$이다. 그런데 식 ①에서 만약 $m = 1$일 때 $\lim_{x \to 0} f(x, \ y) = \frac{1}{2}$이고, 반면에 $m = -1$이면 $\lim_{x \to 0} f(x, \ y) = -\frac{1}{2}$이다. 따라서 원점 $O(0, \ 0)$를 중심, $\varepsilon > 0$을 반지름으로 하는 ε-근방에 있는 모든 $(x, \ y)$에 대하여 $f(x, \ y)$의 극한값이 일정하지 않으므로 $(0, \ 0)$에서 $w = f(x, \ y)$의 극한값은 존재하지 않는다. □

$z = z_0$의 근방에서 정의된 함수 $f(z)$에 대하여 극한값

$$f'(z_0) = \lim_{z \to z_0} \frac{f(z) - f(z_0)}{z - z_0} = \lim_{\Delta z \to 0} \frac{f(z_0 + \Delta z) - f(z_0)}{\Delta z}$$

가 존재할 때 $f(z)$는 점 $z = z_0$에서 미분가능하다 하고, 보통 $f'(z_0)$를 미분계수라 한다. 한편 $f(z)$가 한 점 z_0를 포함해서 z_0의 어떤 근방에 속하는 모든 점에서 미분가능할 때 $f(z)$는 z_0에서 해석적(analytic)이라 하며, 영역 D의 모든 z에서

미분가능하면 $f(z)$는 D에서 해석적이라 하고, 이때 극한값

$$\lim_{\Delta z \to 0} \frac{f(z+\Delta z)-f(z)}{\Delta z}$$

가 존재하면 이것을 $f(z)$의 **도함수**라 하고, 이것을 기호로

$$f'(z) \text{ 또는 } \frac{df(z)}{dz}$$

와 같이 쓴다.

[예 3.2] 함수 $w=f(z)=z^3-2z$를 미분의 정의에 따라 다음 주어진 점에서 미분계수를 구하여라.

(1) $z=z_0$ (2) $z=-1$

풀이 (1) $f'(z_0)=\lim_{h\to 0}\frac{f(z_0+h)-f(z_0)}{h}$

$$=\lim_{h\to 0}\frac{(z_0+h)^3-2(z_0+h)-(z_0^3-2z_0)}{h}$$

$$=\lim_{h\to 0}\frac{z_0^3+3z_0^2h+3h^2+h^3-2z_0-2h-z_0^3+2z_0}{h}$$

$$=\lim_{h\to 0}(3z_0^2+3z_0h+h^2-2)=3z_0^2-2$$

(2) (1)에 의하여 $z_0=-1$일 때 직접 구하면 $f'(-1)=3(-1)^2-2=1$ □

[예 3.3] $f(z)=\bar{z}$일 때 모든 z에 대하여 미분가능하지 않음을 보여라.

풀이 미분의 정의에 의하여

$$f'(z)=\lim_{\Delta z\to 0}\frac{f(z+\Delta z)-f(z)}{\Delta z}$$

이므로 이 때 $z=x+iy$이고, $\Delta z=\Delta x+i\Delta y$라 하면

$$f'(z)=\lim_{\Delta z\to 0}\frac{\overline{z+\Delta z}-\bar{z}}{\Delta z}=\lim_{\Delta z\to 0}\frac{\overline{(x+iy)+(\Delta x+i\Delta y)}-\overline{(x+iy)}}{\Delta x+i\Delta y}$$

$$= \lim_{\Delta x \to 0,\ \Delta y \to 0} \frac{(x-iy)+(\Delta x - i\Delta y)-(x-iy)}{\Delta x + i\Delta y} = \lim_{\Delta x \to 0,\ \Delta y \to 0} \frac{\Delta x - i\Delta y}{\Delta x + i\Delta y}.$$

그런데 만약 Δz가 실수축(즉 $\Delta y=0$)에 따라 0으로 접근하면 $\lim_{\Delta x \to 0} \frac{\Delta x}{\Delta x}=1$이고, Δz가 허수축(즉 $\Delta x=0$)에 따라 0으로 접근하면 $\lim_{\Delta y \to 0} \frac{-i\Delta y}{i\Delta y}=-1$이므로 결국 $f'(z)$는 존재하지 않는다. □

▌정리 3.2▌

(1) 함수 $f(z)$가 $z=z_0$에서 미분가능하면 $z=z_0$에서 연속임을 밝혀라.

(2) (1)에서 역은 성립하지 않음을 보여라.

증명 (1) 임의의 z_0- 근방에 있는 임의의 점을 $z_0+\Delta z$(단, $\Delta z \neq 0$)라고 하면

$$f(z_0+\Delta z)-f(z_0) = \left(\frac{f(z_0+\Delta z)-f(z_0)}{\Delta z}\right)\cdot \Delta z$$

이므로 만약 $f'(z_0)$가 존재하면

$$\begin{aligned}\lim_{\Delta z \to 0}(f(z_0+\Delta z)-f(z_0)) &= \lim_{\Delta z \to 0}\left(\frac{f(z_0+\Delta z)-f(z_0)}{\Delta z}\right)\cdot \lim_{\Delta z \to 0}\Delta z \\ &= f'(z_0)\cdot 0 = 0\end{aligned}$$

따라서 $\lim_{\Delta z \to 0} f(z_0+\Delta z)=f(z_0)$이므로 $f(z)$는 $z=z_0$에서 연속이다.

(2) 예를 들어 만약 $f(z)=|z|^2$을 생각하자. 그러면 함수 $f(z)$는 모든 z에서 연속이다. 그런데 $z_0 \neq 0$에 대하여 $f'(z_0)$가 존재하지 않는다. 왜냐하면

$$\frac{f(z)-f(z_0)}{z-z_0} = \frac{|z|^2-|z_0|^2}{z-z_0} = \frac{z\bar{z}-z_0\bar{z_0}}{z-z_0} = \bar{z}+z_0\left(\frac{\bar{z}-\bar{z_0}}{z-z_0}\right) \quad \cdots\cdots ①$$

이다. 지금 $z-z_0=re^{i\theta}$, $r>0$이라 하자. 그러면 식 ①은

$$\frac{f(z)-f(z_0)}{z-z_0} = \bar{z}+z_0\frac{re^{-i\theta}}{re^{i\theta}} = \bar{z}+z_0e^{-2i\theta} = \bar{z}+z_0(\cos 2\theta - i\sin 2\theta) \quad \cdots\cdots ②$$

이다. 식 ②의 우변에서 만약 $\theta=0$이면

$$f'(z_0)=\lim_{z\to z_0}\frac{f(z)-f(z_0)}{z-z_0}=\overline{z_0}+z_0=2\text{Re}(z_0) \quad \cdots\cdots ③$$

이다. 한편 만약 $\theta=\frac{\pi}{2}$이면

$$f'(z_0)=\lim_{z\to z_0}\frac{f(z)-f(z_0)}{z-z_0}=\overline{z_0}-z_0=-2\,\text{Im}(z_0) \quad \cdots\cdots ④$$

따라서 ③, ④에 의하여 $f'(z_0)$가 존재하지 않는다. ■

▌정리 3.3▌

함수 $f(z)$에 대하여 다음과 같은 도함수의 공식이 성립한다.

(1) $f(z)=z^n$ (n은 정수)이면 $f'(z)=nz^{n-1}$

(2) 함수 $f(z)$와 $g(z)$가 미분가능하면

$$(f(z)+g(z))'=f'(z)+g'(z)$$

(3) $(f(z)\cdot g(z))'=f'(z)g(z)+f(z)g'(z)$

(4) $\left(\frac{f(z)}{g(z)}\right)'=\frac{f'(z)g(z)-f(z)g'(z)}{(g(z))^2}$ (단, $g(z)\neq 0$)

증명 이는 실변수함수의 미분에 관한 증명의 방법과 형태가 비슷하므로 생략한다. ■

▌정리 3.4▌

점 z_0를 포함하는 영역 D에서 함수 $f(z)$가 미분가능하면

$$f(z)=f(z_0)+f'(z_0)(z-z_0)+\varepsilon(z)(z-z_0) \quad (\text{단, } z\to z_0\text{이면 } \varepsilon(z)\to 0)$$

가 성립한다.

증명 지금 $\varepsilon(z)=\frac{f(z)-f(z_0)}{z-z_0}-f'(z_0)$라고 하자. 그러면

$$f(z)=f(z_0)+f'(z_0)(z-z_0)+\varepsilon(z)(z-z_0)$$

이다. 그런데 $f(z)$는 z_0에서 미분가능하므로

$$\lim_{z \to z_0} \varepsilon(z) = \lim_{z \to z_0} \left\{ \frac{f(z) - f(z_0)}{z - z_0} - f'(z_0) \right\} = f'(z_0) - f'(z_0) = 0$$

임을 알 수 있다. ■

▌정리 3.5▐

영역 A, B에서 각각 정의되는 함수 $f(z)$, $g(z)$가 $z = z_0$에서 미분가능하고 $f(A) \subset B$이면 합성함수 $w = g(f(z))$, $z \in A$는 미분가능하며,

$$\frac{d}{dz} g(f(z_0)) = g'(f(z_0)) f'(z_0)$$

가 성립한다.

증명 $f(z)$는 $z = z_0$에서 미분가능하므로 정리 3.4에 의하여

$$f(z) - f(z_0) = (z - z_0)[f'(z_0) + \varepsilon_1(z)] \text{ 단, } \lim_{z \to z_0} \varepsilon_1(z) = 0$$

이다. 지금 $z_0 \in A$이면 $f(z_0) \in B$이고, 또한

$$\Delta z = z - z_0, \ \Delta f = f(z) - f(z_0), \ \Delta w = g(f(z)) - g(f(z_0))$$

라고 하면

$$\Delta f = \Delta z [f'(z_0) + \varepsilon_2(z)], \ \Delta w = \Delta f [g'(f(z_0)) + \varepsilon_3(f(z))]$$
$$(\text{단, } \lim_{z \to z_0} \varepsilon_2(z) = 0, \ \lim_{z \to z_0} \varepsilon_3(f(z)) = 0)$$

이다. 따라서

$$\frac{\Delta w}{\Delta z} = \frac{\Delta f}{\Delta z}[g'(f(z_0)) + \varepsilon_3(f(z))] = [f'(z_0) + \varepsilon_2(z)][g'(f(z_0)) + \varepsilon_3(f(z))]$$

이다. 따라서 모든 $z_0 \in D$에 대하여

$$\left. \frac{dw}{dz} \right|_{z = z_0} = \lim_{\Delta z \to 0} \frac{\Delta w}{\Delta z} = g'(f(z_0)) f'(z_0)$$ ■

일반적으로 $w=f(z)$가 미분가능하면 다음과 같은 중요한 정리를 얻을 수 있다.

▌정리 3.6▌

함수 $f'(z)=u(x, y)+iv(x, y)$가 영역 D 내부의 모든 z에서 미분가능하면 다음 성질이 성립한다.

$$\frac{\partial u}{\partial x}=\frac{\partial v}{\partial y}, \quad \frac{\partial v}{\partial x}=-\frac{\partial u}{\partial y}$$

증명 함수 $f(z)$가 영역 D 내부의 모든 z에서 미분가능하므로 극한값

$$\begin{aligned} f'(z) &= \lim_{\Delta z\to 0}\frac{f(z+\Delta z)-f(z)}{\Delta z} \\ &= \lim_{\Delta x\to 0,\ \Delta y\to 0}\frac{u(x+\Delta x,\ y+\Delta y)+iv(x+\Delta x,\ y+\Delta y)-(u(x,\ y)+iv(x,\ y))}{\Delta x+i\Delta y} \quad \cdots \text{①} \end{aligned}$$

가 존재한다. 여기서 Δz가 0으로 접근하는 방법은 독립적이므로 다음과 같이 두 방법을 생각한다.

먼저 ①에서 Δz가 실수축에 따라 0으로 접근하면 즉, $\Delta y=0$, $\Delta x \to 0$인 경우

$$\lim_{\Delta x\to 0}\left\{\frac{u(x+\Delta x,\ y)-u(x,\ y)}{\Delta x}+i\left[\frac{v(x+\Delta x,\ y)-iv(x,\ y))}{\Delta x}\right]\right\}=\frac{\partial u}{\partial x}+i\frac{\partial v}{\partial y} \quad \cdots \text{②}$$

가 성립한다.

다음에 ①에서 Δz가 허수축에 따라 0으로 접근하면 즉, $\Delta x=0$, $\Delta y \to 0$일 때 같은 방법으로

$$\begin{aligned} &\lim_{\Delta y\to 0}\left\{\frac{u(x,\ y+\Delta y)-u(x,\ y)}{i\Delta y}+\frac{v(x,\ y+\Delta y)-v(x,\ y)}{\Delta y}\right\} \\ &=\frac{1}{i}\frac{\partial u}{\partial y}+\frac{\partial v}{\partial y}=-i\frac{\partial u}{\partial y}+\frac{\partial v}{\partial y} \quad \cdots\cdots \text{③} \end{aligned}$$

를 얻는다. 따라서 식 ②, ③에서

$$f'(z)=\frac{\partial u}{\partial x}+i\frac{\partial v}{\partial x}=\frac{\partial v}{\partial y}-i\frac{\partial u}{\partial y} \quad \cdots\cdots \text{④}$$

이다. 식 ④에서 양변의 실수부분과 허수부분을 각각 같게 놓으면 다음과 같은 방정식

$$\frac{\partial u}{\partial x} = \frac{\partial v}{\partial y},\ \frac{\partial v}{\partial x} = -\frac{\partial u}{\partial y} \qquad \cdots\cdots \text{⑤}$$

를 얻을 수 있다. 이것을 Cauchy-Riemann의 방정식이라 한다.

Cauchy−Riemann의 방정식은 $f'(z)$가 존재하기 위한 필요조건이므로 앞으로 $f'(z)$를 구하는데 종종 이용된다. ■

[예 3.4] $z = x + iy$일 때 다음 함수를 미분하여라.

(1) $f(z) = \sin x \cosh y + i \cos x \sinh y$

(2) $g(z) = \log\sqrt{x^2+y^2} + i \tan^{-1}\dfrac{y}{x}$

풀이 (1) $u = \sin x \cos y,\ v = \cos x \sin hy$일 때

$$\frac{\partial u}{\partial x} = \cos x \cosh y,\ \frac{\partial v}{\partial x} = -\sin x \sinh y$$

$$\frac{\partial u}{\partial y} = \sin x \sinh y,\ \frac{\partial v}{\partial y} = \cos x \cosh y$$

이므로 정리 3.6의 ④에 의하여

$$f'(z) = \frac{\partial v}{\partial y} - i\frac{\partial u}{\partial y} = \cos x \cosh y - i \sin x \sinh y$$

(2) $u = \log\sqrt{x^2+y^2},\ v = \tan^{-1}\dfrac{y}{x}$이므로

$$\frac{\partial u}{\partial x} = \frac{x}{x^2+y^2},\ \frac{\partial v}{\partial x} = \frac{-y}{x^2+y^2}$$

$$\frac{\partial u}{\partial y} = \frac{y}{x^2+y^2},\ \frac{\partial v}{\partial x} = \frac{x}{x^2+y^2}$$

이다. 따라서 구하는 것은

$$g'(z) = \frac{\partial u}{\partial x} + i\frac{\partial v}{\partial x} = \frac{x-iy}{x^2+y^2}$$ □

정리 3.8에서 함수 $f(z)$가 Cauchy−Riemann의 방정식을 만족한다고 해서 반드시 미분가능하다고 할 수 없다. 즉 충분조건이 성립한다는 보장은 없다.

[예 3.5] $f(z)=\begin{cases} \dfrac{xy}{x^2+y^2}, & z\neq 0 \\ 0, & z=0 \end{cases}$ 이라 할 때 $f'(0)$의 존재여부를 밝혀라.

풀이 주어진 함수를 $f(z)=u(x, y)+iv(x, y)$라고 하면

$$u(x, y)=\frac{xy}{x^2+y^2},\ v(x, y)=0$$

이다. 여기서 $z=0$일 때 즉, x축과 y축 위에서 $u(x, y)=v(x, y)=0$이다. 그러므로

$$\frac{\partial u}{\partial x}=\frac{\partial u}{\partial y}=\frac{\partial v}{\partial x}=\frac{\partial v}{\partial y}=0$$

이 되어 Cauchy－Riemann 방정식을 만족한다. 그런데 직선 $y=x$ 위에서 $\Delta z=\Delta x+i\Delta y=\Delta x+i\Delta x$이므로 만약 $\Delta z\to 0$이면 $\Delta x\to 0$이므로

$$f'(0)=\lim_{\Delta z\to 0}\frac{f(0+\Delta z)-f(0)}{\Delta z}=\lim_{\Delta y\to 0,\ \Delta x\to 0}\frac{f(\Delta x+i\Delta y)-0}{\Delta x+i\Delta y}$$

$$=\lim_{\Delta x\to 0}\frac{f(\Delta x+i\Delta x)}{\Delta x+i\Delta x}=\lim_{\Delta x\to 0}\frac{\dfrac{\Delta x\cdot\Delta x}{\Delta x^2+\Delta x^2}}{\Delta x+i\Delta x}=\lim_{\Delta x\to 0}\frac{1}{2(1+i)\Delta x}=\infty$$

그러므로 $f'(0)$는 존재하지 않는다. □

영역 D의 모든 z에 대하여 함수 $f(z)$가 Cauchy－Riemann의 방정식을 만족하면 미분가능할 수 있기 위한 충분조건은 다음 정리에서 알 수 있다.

▌정리 3.7▐

영역 D에서 정의된 함수 $f(z)=u(x, y)+iv(x, y)$에 대하여 u, v, $\dfrac{\partial u}{\partial x}$, $\dfrac{\partial u}{\partial y}$, $\dfrac{\partial v}{\partial x}$, $\dfrac{\partial v}{\partial y}$가 연속이고, D의 내부에서 정의된 Cauchy－Riemann 방정식

$$\frac{\partial u}{\partial x}=\frac{\partial v}{\partial y},\ \frac{\partial v}{\partial x}=-\frac{\partial u}{\partial y}$$

를 만족하면 $w=f(z)$가 D에서 해석적이다.

증명 가정에서 D에서 정의된 함수 $w=f(x, y)$에 대하여 $\dfrac{\partial u}{\partial x}$, $\dfrac{\partial u}{\partial y}$가 연속이므로 실변수 x, y에 관한 이변수함수의 평균값 정리를 이용하면

$$\begin{aligned}\Delta u &= u(x+\Delta x,\ y+\Delta y)-u(x,\ y)\\ &= \{u(x+\Delta x,\ y+\Delta y)-u(x,\ y+\Delta y)\}+\{u(x,\ y+\Delta y)-u(x,\ y)\}\\ &= \left(\frac{\partial u}{\partial x}+\varepsilon_1\right)\Delta x+\left(\frac{\partial u}{\partial y}+\varepsilon_2\right)\Delta y=\frac{\partial u}{\partial x}\Delta x+\frac{\partial u}{\partial y}\Delta y+\varepsilon_1\Delta x+\varepsilon_2\Delta y \qquad \cdots\cdots ①\end{aligned}$$

단, $\Delta x \to 0$, $\Delta y \to 0$일 때 $\varepsilon_1 \to 0$, $\varepsilon_2 \to 0$이다.

같은 방법으로 D의 모든 점에서 $\dfrac{\partial v}{\partial x}$, $\dfrac{\partial v}{\partial y}$가 연속이므로

$$\begin{aligned}\Delta v &= v(x+\Delta x,\ y+\Delta y)-v(x,\ y)\\ &= \{v(x+\Delta x,\ y+\Delta y)-v(x,\ y+\Delta y)\}+\{v(x,\ y+\Delta y)-v(x,\ y)\}\\ &= \left(\frac{\partial v}{\partial x}+\varepsilon_3\right)\Delta x+\left(\frac{\partial v}{\partial y}+\varepsilon_4\right)\Delta y=\frac{\partial v}{\partial x}\Delta x+\frac{\partial v}{\partial y}\Delta y+\varepsilon_3\Delta x+\varepsilon_4\Delta y \qquad \cdots\cdots ②\end{aligned}$$

단, $\Delta x \to 0$, $\Delta y \to 0$일 때 $\varepsilon_3 \to 0$, $\varepsilon_4 \to 0$이다.

그러므로 식 ①, ②에 의하여

$$\Delta w=\Delta u+i\Delta v=\left(\frac{\partial u}{\partial x}+i\frac{\partial v}{\partial x}\right)\Delta x+\left(\frac{\partial u}{\partial y}+i\frac{\partial v}{\partial y}\right)\Delta y+\varepsilon'\Delta x+\varepsilon''\Delta x \qquad \cdots\cdots ③$$

단, $\Delta x \to 0$, $\Delta y \to 0$일 때 $\varepsilon'=\varepsilon_1+i\varepsilon_3 \to 0$, $\varepsilon''=\varepsilon_2+i\varepsilon_4 \to 0$

이다. 따라서 Cauchy−Riemann의 방정식에 의하여 식 ③에 의하여

$$\begin{aligned}\Delta w=\Delta u+i\Delta v &= \left(\frac{\partial u}{\partial x}+i\frac{\partial v}{\partial x}\right)\Delta x+\left(\frac{\partial u}{\partial y}+i\frac{\partial v}{\partial y}\right)\Delta y+\varepsilon'\Delta x+\varepsilon''\Delta x\\ &= \left(\frac{\partial u}{\partial x}+i\frac{\partial v}{\partial x}\right)(\Delta x+i\Delta y)+\varepsilon'\Delta x+\varepsilon''\Delta y \qquad \cdots\cdots ④\end{aligned}$$

와 같이 나타낼 수 있다. 한편 식 ④에서 양변에 $\Delta z=\Delta x+i\Delta y$로 나누고 $\Delta z \to 0$일 때의 극한을 취하면

$$\frac{dw}{dz}=f'(z)=\lim_{\Delta z\to 0}\frac{\Delta w}{\Delta z}=\frac{\partial u}{\partial x}+i\frac{\partial v}{\partial x}$$

이므로 $w=f(z)$가 D의 모든 z에 대하여 미분가능하고 유일하다. 즉 $f(z)$는 D에서 해석적이다. ■

이상으로 정리 3.6과 정리 3.7을 정리하면 다음과 같이 요약할 수 있다.

▌정리 3.8▌

함수 $f(z)=u(x, y)+iv(x, y)$가 미분가능하기 위한 필요충분조건은 $\frac{\partial u}{\partial x}$, $\frac{\partial u}{\partial y}$, $\frac{\partial v}{\partial x}$, $\frac{\partial v}{\partial y}$가 D에서 연속이고 Cauchy－Riemann 방정식

$$\frac{\partial u}{\partial x}=\frac{\partial v}{\partial y},\quad \frac{\partial v}{\partial x}=-\frac{\partial u}{\partial y}$$

가 성립할 때이다.

[예 3.6] 함수 $f(z)=\dfrac{x^3+xy^2+ax+i(bx^2y+cy^3-y)}{x^2+y^2}$가 모든 z에 대하여 미분가능하도록 상수 a, b, c, d를 구하여라.(단, $x\neq 0$, $y\neq 0$)

풀이 $u=\dfrac{x^3+xy^2+ax}{x^2+y^2}$, $v=\dfrac{bx^2y+cy^3-y}{x^2+y^2}$일 때 편도함수를 구하면

$$u_x=1-\frac{a(x^2-y^2)}{(x^2+y^2)^2},\quad u_y=\frac{-2axy}{(x^2+y^2)^2}$$

$$v_x=\frac{2xy((b-c)y^2-1)}{(x^2+y^2)^2},\quad u_y=\frac{bx^4+(3c-b)x^2y^2+cy^4-x^2+y^2}{(x^2+y^2)^2}$$

이다. 따라서 Cauchy－Riemann의 방정식에 의하여 정리하면

$$a=b=c=1$$

□

함수 $f(z)$가 어떤 영역 D의 모든 점에서 해석적이면 $w=f(z)$를 D에서 정의된 해석함수(analytic function)라 하고, 복소평면 위의 모든 z에서 해석적이면 **전해석함수**(entire function)라고 한다. 함수 $f(z)$가 $z=z_0$에서 해석적이 아니지만 z_0가 빠진 z_0의 근방에서 모든 점에서 해석적이면 z_0를 $f(z)$의 **특이점**(singular point)이라 한다.

[예 3.7] 함수 $f(z)=\frac{1}{z}$은 $z=0$에서 해석적이 아니지만 $z=0$이 빠진 모든 z에 대하여 $f'(z)=-\frac{1}{z^2}$이므로 $z=0$은 $f(z)=\frac{1}{z}$의 특이점이다.

[예 3.8] 함수 $g(z)=\frac{3}{(z-1)(z+2)}$은 $z=1$, $z=-2$가 빠진 모든 z에서 해석적이므로 $z=1$, $z=-2$는 $g(z)$의 특이점이다.

〈참고〉 만약 $f(z)$가 $z=z_0$에서 해석적이면 $z=z_0$의 ε-근방 $N(z_0, \varepsilon)$의 모든 z에서 $f(z)$가 미분가능하다. 따라서 $z \in N(z_0 ; \varepsilon)$에서 해석적이 되는 점들의 집합은 열린집합이다. 특히, 닫힌집합 D에서 정의된 함수 $f(z)$가 해석적이면 D를 포함하는 열린집합이 존재함을 의미한다.

3.2 극형식에서의 미분법

함수 $f(z)=u+iv$에 대한 Cauchy-Riemann 방정식을 극좌표로 나타낼 수 있음을 다음 정리를 통하여 알 수 있다.

▌정리 3.9▌

$f(z)=u+iv$가 모든 $z=re^{i\theta}$, $r>0$에 대하여 연속인 편도함수가 존재한다고 하자. 그러면 $f=u+iv$가 해석적이기 위한 필요충분조건은

$$\frac{\partial u}{\partial r}=\frac{1}{r}\frac{\partial v}{\partial \theta}, \quad \frac{\partial v}{\partial r}=-\frac{1}{r}\frac{\partial u}{\partial \theta}$$

증명 $z=x+iy=r(\cos\theta+i\sin\theta)$이므로 $x=r\cos\theta$, $y=r\sin\theta$이다. 따라서

$$\frac{\partial x}{\partial r}=\cos\theta, \quad \frac{\partial x}{\partial \theta}=-r\sin\theta, \quad \frac{\partial y}{\partial r}=\sin\theta, \quad \frac{\partial y}{\partial \theta}=r\cos\theta$$

이다. 합성함수의 미분법에 의하여

$$\frac{\partial u}{\partial x}=\frac{\partial u}{\partial r}\frac{\partial r}{\partial x}+\frac{\partial u}{\partial \theta}\frac{\partial \theta}{\partial x}=\frac{\partial u}{\partial r}\left(\frac{x}{\sqrt{x^2+y^2}}\right)+\frac{\partial u}{\partial \theta}\left(\frac{-y}{x^2+y^2}\right)$$

$$=\frac{\partial u}{\partial r}\cos\theta-\frac{1}{r}\frac{\partial u}{\partial \theta}\sin\theta \qquad \cdots\cdots ①$$

$$\frac{\partial u}{\partial y}=\frac{\partial u}{\partial r}\frac{\partial r}{\partial y}+\frac{\partial u}{\partial \theta}\frac{\partial \theta}{\partial y}=\frac{\partial u}{\partial r}\left(\frac{y}{\sqrt{x^2+y^2}}\right)+\frac{\partial u}{\partial \theta}\left(\frac{x}{x^2+y^2}\right)$$

$$=\frac{\partial u}{\partial r}\sin\theta+\frac{1}{r}\frac{\partial u}{\partial \theta}\cos\theta \qquad \cdots\cdots ②$$

같은 방법으로

$$\frac{\partial v}{\partial x}=\frac{\partial v}{\partial r}\frac{\partial r}{\partial x}+\frac{\partial v}{\partial \theta}\frac{\partial \theta}{\partial x}=\frac{\partial v}{\partial r}\cos\theta-\frac{1}{r}\frac{\partial v}{\partial \theta}\sin\theta \qquad \cdots\cdots ③$$

$$\frac{\partial v}{\partial y}=\frac{\partial v}{\partial r}\frac{\partial r}{\partial y}+\frac{\partial v}{\partial \theta}\frac{\partial \theta}{\partial y}=\frac{\partial v}{\partial r}\sin\theta+\frac{1}{r}\frac{\partial v}{\partial \theta}\cos\theta \qquad \cdots\cdots ④$$

이다. 그런데 Cauchy－Riemann의 방정식 $\frac{\partial u}{\partial x}=\frac{\partial v}{\partial y}$에 식 ①, ④를 대입하여 이를 정리하면

$$\left(\frac{\partial u}{\partial r}-\frac{1}{r}\frac{\partial v}{\partial \theta}\right)\cos\theta-\left(\frac{\partial v}{\partial r}+\frac{1}{r}\frac{\partial u}{\partial \theta}\right)\sin\theta=0 \qquad \cdots\cdots ⑤$$

이고, 또한 Cauchy－Riemann의 방정식 $\frac{\partial u}{\partial y}=-\frac{\partial v}{\partial x}$에 식 ②, ③을 대입하여 이를 정리하면

$$\left(\frac{\partial u}{\partial r}-\frac{1}{r}\frac{\partial v}{\partial \theta}\right)\sin\theta+\left(\frac{\partial v}{\partial r}+\frac{1}{r}\frac{\partial u}{\partial \theta}\right)\cos\theta=0 \qquad \cdots\cdots ⑥$$

이다. 다음에 식 ⑤, ⑥의 양변에 각각 $\cos\theta$, $\sin\theta$를 곱하여 서로 더하면 결과는 다음과 같이 된다.

$$\frac{\partial u}{\partial r}-\frac{1}{r}\frac{\partial v}{\partial \theta}=0 \text{ 즉 } \frac{\partial u}{\partial r}=\frac{1}{r}\frac{\partial v}{\partial \theta}$$

마찬가지로 식 ⑤, ⑥의 양변에 각각 $-\sin\theta$, $\cos\theta$를 곱하여 서로 더하면

$$\frac{\partial v}{\partial r}+\frac{1}{r}\frac{\partial u}{\partial \theta}=0 \text{ 즉 } \frac{\partial v}{\partial r}=-\frac{1}{r}\frac{\partial u}{\partial \theta}$$ ■

▌정리 3.10▌

$f(z)$는 $z=0$가 빠진 영역 D에서 연속인 편도함수가 존재하여

$$f'(z)=e^{-i\theta}\frac{\partial f}{\partial r}=\frac{1}{iz}\frac{\partial f}{\partial \theta}$$

가 성립할 필요충분조건은 $f(z)$가 D에서 해석적임을 증명하여라.

증명 $z=re^{i\theta}\neq 0$, $f(z)=u(r,\ \theta)+iv(r,\theta)$에 대하여

$$e^{-i\theta}\frac{\partial f}{\partial r}=\frac{1}{iz}\frac{\partial f}{\partial \theta}\text{이면 }\frac{1}{e^{i\theta}}\left(\frac{\partial u}{\partial r}+i\frac{\partial v}{\partial r}\right)=\frac{1}{ire^{i\theta}}\left(\frac{\partial u}{\partial \theta}+i\frac{\partial v}{\partial \theta}\right) \qquad \cdots\cdots ①$$

그런데 $e^{i\theta}\neq 0$이므로

$$\frac{\partial u}{\partial r}+i\frac{\partial v}{\partial r}=\frac{1}{r}\frac{\partial v}{\partial \theta}-i\frac{1}{r}\frac{\partial u}{\partial \theta} \qquad \cdots\cdots ②$$

따라서 D의 모든 점에 대하여

$$\frac{\partial u}{\partial r}=\frac{1}{r}\frac{\partial v}{\partial \theta},\ \frac{\partial v}{\partial r}=-\frac{1}{r}\frac{\partial u}{\partial \theta} \qquad \cdots\cdots ③$$

가 성립한다. 즉 $f(z)$는 D에서 연속인 편도함수를 가지며, Cauchy－Riemann 방정식이 성립하므로 $f(z)$는 D에서 해석적이다.

역으로 만약 $f(z)=u(r,\ \theta)+iv(r,\theta)$, $z=re^{i\theta}$ $(\neq 0)$가 해석적이면

$$\begin{aligned}f'(z)&=\frac{\partial f}{\partial x}=\frac{\partial u}{\partial x}+i\frac{\partial v}{\partial x}\\&=\left(u_r\cos\theta-u_\theta\frac{\sin\theta}{r}\right)+i\left(v_r\cos\theta-v_\theta\frac{\sin\theta}{r}\right)\\&=(\cos\theta-i\sin\theta)(u_r+iv_r)=e^{-i\theta}\frac{\partial f}{\partial r}\end{aligned} \qquad \cdots\cdots ④$$

이다. 한편 ③을 ④에 대입하면

$$\begin{aligned}f'(z)&=\frac{\partial u}{\partial x}+i\frac{\partial v}{\partial x}=\frac{1}{r}(v_\theta\cos\theta-u_\theta\sin\theta)-i\frac{1}{r}(u_\theta\cos\theta+v_\theta\sin\theta)\\&=\frac{-i}{r}[u_\theta(\cos\theta-i\sin\theta)+iv_\theta(\cos\theta-i\sin\theta)]\end{aligned}$$

$$= \frac{1}{ir}(\cos\theta - i\sin\theta)(u_\theta + iv_\theta) = \frac{1}{ir}e^{-i\theta}(u_\theta + iv_\theta)$$

$$= \frac{1}{ire^{i\theta}}(u_\theta + iv_\theta) = \frac{1}{iz}\frac{\partial f}{\partial\theta}$$ ■

[예 3.9] 다음 함수를 극좌표로 나타내고 해석적인가를 확인하여라.

(1) $f(z) = {}^n\sqrt{z}$　　(2) $f(z) = \dfrac{y - ix}{x^2 + y^2}$　　(3) $f(z) = \dfrac{x - iy}{x^2 + y^2}$

풀이 (1) $f(z)$를 극형식으로 변형하면

$$f(z) = {}^n\sqrt{z} = {}^n\sqrt{r}\left(\cos\frac{\theta}{n} + i\sin\frac{\theta}{n}\right) = u + iv \quad (\text{단, } r > 0,\ 0 \le \theta < 2\pi)$$

이다. 이때 $u = \sqrt[n]{r}\cos\dfrac{\theta}{n}$, $v = \sqrt[n]{r}\sin\dfrac{\theta}{n}$ 이므로

$$\frac{\partial u}{\partial r} = \frac{1}{n}r^{\frac{1}{n}-1}\cdot\cos\frac{\theta}{n},\quad \frac{\partial v}{\partial r} = \frac{1}{n}r^{\frac{1}{n}-1}\cdot\sin\frac{\theta}{n}$$

$$\frac{\partial u}{\partial\theta} = \frac{-1}{n}r^{\frac{1}{n}}\cdot\sin\frac{\theta}{n},\quad \frac{\partial v}{\partial\theta} = \frac{1}{n}r^{\frac{1}{n}}\cdot\cos\frac{\theta}{n}$$

이다. 여기서 극형식의 미분법을 적용하면 Cauchy-Riemann의 방정식에 의하여

$$\frac{\partial u}{\partial r} = \frac{1}{n}r^{\frac{1}{n}-1}\cdot\cos\frac{\theta}{n} = \frac{1}{r}\frac{1}{n}\sqrt[n]{r}\cos\frac{\theta}{n} = \frac{1}{r}\frac{\partial v}{\partial\theta},$$

$$\frac{\partial v}{\partial r} = \frac{1}{n}r^{\frac{1}{n}-1}\cdot\sin\frac{\theta}{n} = -\frac{1}{r}-\frac{1}{n}\sqrt[n]{r}\sin\frac{\theta}{n} = -\frac{1}{r}\frac{\partial u}{\partial\theta}$$

가 성립한다. 따라서 함수 $f(z)$는 해석적이다.

(2) $f(z) = \dfrac{y - ix}{x^2 + y^2} = \dfrac{r\sin\theta}{r^2} - i\dfrac{r\cos\theta}{r^2} = \dfrac{\sin\theta}{r} - i\dfrac{\cos\theta}{r}$ 이므로

$$\frac{\partial u}{\partial r} = -\frac{\sin\theta}{r^2},\quad \frac{\partial v}{\partial r} = \frac{\cos\theta}{r^2} \text{ 및}$$

$$\frac{\partial u}{\partial\theta} = \frac{\cos\theta}{r},\quad \frac{\partial v}{\partial\theta} = \frac{\sin\theta}{r}$$

를 얻을 수 있다. 그런데

$$\frac{\partial u}{\partial r} = -\frac{\sin\theta}{r^2} \neq \frac{1}{r}\cdot\frac{\sin\theta}{r} = \frac{1}{r}\frac{\partial v}{\partial\theta}$$

이므로 함수 $f(z)$는 해석적이 아니다.

(3) $f(z) = \dfrac{x-iy}{x^2+y^2} = \dfrac{\cos\theta}{r} - i\dfrac{\sin\theta}{r}$, $r>0$이다. 그런데 여기서

$$\frac{\partial u}{\partial r} = \frac{1}{r}\frac{\partial v}{\partial\theta},\quad \frac{\partial v}{\partial r} = -\frac{1}{r}\frac{\partial u}{\partial\theta}$$

가 성립하므로 $f(z)$는 해석적이다. □

[예 3.10] 함수 $f(z) = u(x, y) + iv(x, y)$가 해석적일 때 다음을 증명하여라.

$$f'(z) = (\cos\theta - i\sin\theta)\left(\frac{\partial u}{\partial r} + \frac{\partial u}{\partial r}\right) = \frac{\cos\theta - i\sin\theta}{r}\left(\frac{\partial v}{\partial\theta} - i\frac{\partial u}{\partial\theta}\right)$$

풀이 $u_r + iv_r = (u_x\cos\theta + u_y\sin\theta) + i(v_x\cos\theta + v_y\sin\theta)$

$= (u_x + iv_x)\cos\theta + (u_y + iv_y)\sin\theta$ …… ①

그런데 $f = u + iv$는 해석적이므로

$$f' = u_x + iv_x,\quad if' = iu_x - v_x = iv_y + u_y \quad \cdots\cdots ②$$

이다. 식 ②를 ①에 대입하면 $u_r + iv_r = (\cos\theta + i\sin\theta)f'$. 즉,

$$f'(z) = \frac{1}{\cos\theta + i\sin\theta}(u_r + iv_r) = (\cos\theta - i\sin\theta)(u_r + iv_r)$$

한편 정리 3.12에 의하여 $u_r = \frac{1}{r}v_\theta$, $v_r = -\frac{1}{r}u_\theta$ 이므로

$f'(z) = \dfrac{\cos\theta - i\sin\theta}{r}\left(\dfrac{\partial v}{\partial\theta} - i\dfrac{\partial u}{\partial\theta}\right)$가 성립한다. □

1. 함수 $f(z)=\begin{cases} \dfrac{xy^2}{x^2+y^2}, & z\neq 0 \\ 0, & z=0 \end{cases}$ 을 생각하자. 함수 $f(z)$가 $z=0$에서 연속이고 Cauchy-Riemann 방정식이 성립하지만 미분가능하지 않음을 보여라.

풀이 $|f(z)|\leq|x|$이므로 함수 $f(z)$는 $z=0$에서 연속이다. 또한

$$\frac{\partial f(0,\ 0)}{\partial x}=\frac{\partial f(0,\ 0)}{\partial y}=0$$

이므로 $z=0$에서 역시 Cauchy-Riemann 방정식은 만족된다. 그런데 직선 $y=mx(m\neq 0)$ 위에서 $\Delta x=h$이면 $\Delta z=\Delta x+i\Delta y=h+imh$이므로

$$\frac{f(0+\Delta z)-f(0)}{\Delta z}=\frac{f(h+imh)-f(0)}{h+imh}=\frac{\dfrac{m^2h^3}{(1+m^2)h^2}}{h+imh}$$
$$=\frac{m^2h^3}{h^3(1+im)(1+m^2)}=\frac{m^2}{(1+im)(1+m^2)}$$

은 m의 값에 따라서 $h\to 0$일 때 좌변의 극한값이 일정하지 않으므로 $f'(0)$는 존재하지 않는다.

2. $f(z)=\begin{cases} \dfrac{x^3+y^3}{x^2+y^2}+i\dfrac{y^3-x^3}{x^2+y^2}, & x^2+y^2\neq 0 \\ 0, & x^2+y^2=0 \end{cases}$ 이라 하자. 그러면 $f(z)$는 $z=0$에서 Cauchy-Riemann 방정식을 만족하지만 $f'(0)$은 존재하지 않음을 보여라.

풀이 지금 $u(x,\ y)=\dfrac{x^3+y^3}{x^2+y^2}$, $v(x,\ y)=\dfrac{y^3-x^3}{x^2+y^2}$이라 하면

$$\left.\frac{\partial u}{\partial x}\right|_{(x,\ y)=(0,\ 0)}=\lim_{x\to 0}\frac{u(x,\ 0)-u(0,\ 0)}{x}=\lim_{x\to 0}\frac{x^3}{x^3}=1$$
$$\left.\frac{\partial u}{\partial y}\right|_{(x,\ y)=(0,\ 0)}=\lim_{y\to 0}\frac{u(0,\ y)-u(0,\ 0)}{y}=\lim_{y\to 0}\frac{y^3}{y^3}=1$$

$$\left.\frac{\partial v}{\partial x}\right|_{(x,\ y)=(0,\ 0)}=\lim_{x\to 0}\frac{v(x,\ 0)-v(0,\ 0)}{x}=\lim_{x\to 0}\frac{-x^3}{x^3}=-1$$

$$\left.\frac{\partial v}{\partial y}\right|_{(x,\ y)=(0,\ 0)}=\lim_{y\to 0}\frac{v(0,\ y)-v(0,\ 0)}{y}=\lim_{y\to 0}\frac{y^3}{y^3}=1$$

이다. 따라서 (0, 0)에서 모든 편미분계수는 존재하고 Cauchy-Riemann 방정식

$$\frac{\partial u}{\partial x}=\frac{\partial v}{\partial y}=1,\quad \frac{\partial v}{\partial x}=-\frac{\partial u}{\partial y}=1$$

을 만족한다. 그러므로 $f(z)$는 $z=0$에서 해석적이라 할 수 있다. 그런데 z가 x축에 따라 0으로 접근하면 $y=0$이므로

$$f'(0)=u_x(0,\ 0)+iv_x(0,\ 0)=1-i \qquad \cdots\cdots ①$$

이고 한편 $y=x$에 따라 $z\to 0$이면 $f(z)=\dfrac{x^3+y^3}{x^2+y^2}=x$이며,

$$f'(0)=\lim_{z\to 0}\frac{f(z)-f(0)}{z-0}=\lim_{x\to 0}\frac{x}{x}=1 \qquad \cdots\cdots ②$$

을 얻는다. 따라서 식 ①, ②에 의하여 $f'(0)$는 존재하지 않으므로 $f(z)$는 $z=0$에서 해석적이 아니다.

3. (1) $f(z)=u(x,\ y)+iv(x,\ y)$에 대하여 $\dfrac{\partial f}{\partial \bar{z}}=0$이면 Cauchy-Riemann 방정식

$$\frac{\partial u}{\partial x}=\frac{\partial v}{\partial y},\quad \frac{\partial v}{\partial x}=-\frac{\partial u}{\partial y}$$

를 만족한다.

(2) $f(z)$와 $\overline{f(z)}$가 미분가능하면 $f(z)$는 상수함수임을 보여라.

풀이 (1) 먼저 $z=x+iy$이면 $\bar{z}=x-iy$이므로

$$x=\frac{z+\bar{z}}{2},\quad y=\frac{z-\bar{z}}{2i}$$

이다. 따라서 주어진 함수 $f(z)$는

$$f(z)=u\left(\frac{z+\bar{z}}{2},\ \frac{z-\bar{z}}{2i}\right)+iv\left(\frac{z+\bar{z}}{2},\ \frac{z-\bar{z}}{2i}\right)$$

가 된다. 그러므로

$$\begin{aligned}\frac{\partial f}{\partial \bar{z}}=\frac{\partial u}{\partial \bar{z}}+i\frac{\partial v}{\partial \bar{z}}&=\frac{\partial u}{\partial x}\frac{\partial x}{\partial \bar{z}}+\frac{\partial u}{\partial y}\frac{\partial y}{\partial \bar{z}}+i\frac{\partial v}{\partial x}\frac{\partial x}{\partial \bar{z}}+i\frac{\partial v}{\partial y}\frac{\partial y}{\partial \bar{z}}\\&=\frac{1}{2}\left(\frac{\partial u}{\partial x}-\frac{\partial v}{\partial y}\right)+\frac{i}{2}\left(\frac{\partial v}{\partial x}+\frac{\partial u}{\partial y}\right)\end{aligned}$$

그런데 $\frac{\partial f}{\partial \bar{z}}=0$이므로 $\frac{\partial u}{\partial x}-\frac{\partial v}{\partial y}=0$, $\frac{\partial v}{\partial x}+\frac{\partial u}{\partial y}=0$이다. 따라서

$$\frac{\partial u}{\partial x}=\frac{\partial v}{\partial y},\quad \frac{\partial v}{\partial x}=-\frac{\partial u}{\partial y}$$

(2) 함수 $f(z)$가 해석적이므로 Cauchy–Riemann의 방정식에 의하여

$$\frac{\partial u}{\partial x}=\frac{\partial v}{\partial y} \qquad \cdots\cdots ①$$

$$\frac{\partial v}{\partial x}=-\frac{\partial u}{\partial y} \qquad \cdots\cdots ②$$

이고, 역시 $\overline{f(z)}=\overline{u+iv}=u-iv=u+i(-v)$가 해석적이므로

$$\frac{\partial u}{\partial x}=\frac{\partial(-v)}{\partial y}=-\frac{\partial v}{\partial y} \qquad \cdots\cdots ③$$

$$\frac{\partial u}{\partial y}=-\frac{\partial(-v)}{\partial x}=\frac{\partial v}{\partial x} \qquad \cdots\cdots ④$$

이다. 여기서 ①과 ③을 변변 더하면 $\frac{\partial u}{\partial x}=0$이다.

한편 ①에서 ③의 변변을 각각 빼면 $\frac{\partial v}{\partial y}=0$이다.

또한 ②와 ④를 변변 더하면 $\frac{\partial u}{\partial y}=0$이며, ②에서 ④의 변변을 각각 빼면 $\frac{\partial v}{\partial x}=0$을 얻는다.

따라서 $u(x,\ y)=a$, $v(x,\ y)=b$ (단, a, b는 실수)이므로

$$f(z)=a+ib=\text{상수}$$

4. 함수 $f(z)$가 해석적인 영역에서 $|f(z)|$가 상수이면 $f(z)$는 상수이다.

풀이 $f(z)=u(x, y)+iv(x, y)$가 영역 D에서 해석적이라 하고, D 내부의 모든 z에 대하여 $|f(z)|=|u+iv|=c$(상수)이면 $u^2+v^2=c^2$이다. 이 때 x, y에 관하여 각각 미분하면

$$u\frac{\partial u}{\partial x}+v\frac{\partial v}{\partial x}=0,\ u\frac{\partial u}{\partial y}+v\frac{\partial v}{\partial y}=0 \qquad \cdots\cdots ①$$

이다. 그런데 Cauchy－Riemann 방정식에 의하여

$$\frac{\partial v}{\partial x}=-\frac{\partial u}{\partial y},\ \frac{\partial v}{\partial y}=\frac{\partial u}{\partial x}$$

이므로 ①에서

$$u\frac{\partial u}{\partial x}-v\frac{\partial u}{\partial y}=0,\ u\frac{\partial u}{\partial y}+v\frac{\partial u}{\partial x}=0 \qquad \cdots\cdots ②$$

이다. 식 ②에서 $\frac{\partial u}{\partial y}$를 소거하면 $(u^2+v^2)\frac{\partial u}{\partial x}=0$, $u^2+v^2=c^2\neq 0$이므로 $\frac{\partial u}{\partial x}=0$을 얻는다. 따라서 $u=c_1$(상수)이다.

같은 방법으로 $\frac{\partial u}{\partial y}=\frac{\partial v}{\partial x}=0$이고 $(u^2+v^2)\frac{\partial u}{\partial x}=0$이므로 $v=c_2$(상수)이다. 따라서 $f(z)=u+iv=c_1+ic_2$(상수)이다.

5. $f(z)$가 z_0에서 미분가능하면 $g(z)=\overline{f(\bar{z})}$가 $\overline{z_0}$에서 미분가능하며,

$$g'(z_0)=\overline{f'(\overline{z_0})}$$

임을 보여라.

풀이 $\dfrac{g(z)-g(\overline{z_0})}{z-z_0}=\dfrac{\overline{f(\bar{z})}-\overline{f(\overline{z_0})}}{z-z_0}=\overline{\left(\dfrac{f(\bar{z})-f(\overline{z_0})}{\bar{z}-\overline{z_0}}\right)}\to\overline{f'(z_0)}$ ($z\to\overline{z_0}$이면 $\bar{z}\to z_0$)

이다. 따라서 $g'(\overline{z_0})=\overline{f'(z_0)}$이다.

6. (1) $z=x+iy$일 때 함수 $f(z)=e^{-y}(\cos x+i\sin x)$는 미분가능하고, $f'(z)=if(z)$ 임을 보여라.

(2) $f(z)=(\bar{z}+2i)^2-1$은 미분가능하지 않음을 보여라.

풀이 (1) $f(z)=u+iv$일 때 $u=e^{-y}\cos x$, $v=e^{-y}\sin x$이므로

$$\frac{\partial u}{\partial x}=-e^{-y}\sin x,\ \frac{\partial u}{\partial y}=-e^{-y}\cos x,\ \frac{\partial v}{\partial x}=e^{-y}\cos x,\ \frac{\partial v}{\partial y}=-e^{-y}\sin x$$

이고, 이것은 복소평면에서 연속이며, 또한 Cauchy－Riemann 방정식

$$\frac{\partial u}{\partial x}=\frac{\partial v}{\partial y},\quad \frac{\partial u}{\partial y}=-\frac{\partial v}{\partial x}$$

을 만족하므로 $f(z)$는 미분가능하다. 따라서

$$f'(z)=\frac{\partial u}{\partial x}+i\frac{\partial v}{\partial x}=-e^{-y}\sin x+ie^{-y}\cos x$$

이고, 한편

$$if(z)=ie^{-y}(\cos x+i\sin x)=ie^{-y}\cos x-e^{-y}\sin x \text{ 즉 } f'(z)=if(z)$$

(2) $f(z)=u+iv=(x-iy+2i)^2-1$
$=(x^2-y^2+4y-5)+i(4x-2xy)$

여기서 $u=x^2-y^2+4y-5$, $v=4x-2xy$이므로

$$\frac{\partial u}{\partial x}=2x,\ \frac{\partial v}{\partial y}=-2x$$

이다. 따라서 $x=0$을 제외하고는 $\frac{\partial u}{\partial x}\neq\frac{\partial v}{\partial y}$이므로 $f(z)$는 미분가능하지 않다.

3.3 부정형

다음 정리는 실함수와 마찬가지로 L′Hospital의 법칙으로 알려져 있다.

▌정리 3.11▌

$f(z)$와 $g(z)$는 z_0에서 미분가능하고 $f(z_0)=g(z_0)=0$이고, $g'(z_0)\neq 0$이라 하자. 그러면 다음과 같은 성질이 성립한다.

$$\lim_{z\to z_0}\frac{f(z)}{g(z)}=\frac{f'(z_0)}{g'(z_0)}$$

증명 정리 3.5에 의하여 $f(z_0)=g(z_0)=0$을 이용하여

$$f(z)=f(z_0)+f'(z_0)(z-z_0)+\varepsilon_1(z-z_0)=f'(z_0)(z-z_0)+\varepsilon_1(z-z_0) \quad \cdots\cdots ①$$

$$g(z)=g(z_0)+g'(z_0)(z-z_0)+\varepsilon_2(z-z_0)=g'(z_0)(z-z_0)+\varepsilon_2(z-z_0) \quad \cdots\cdots ②$$

$$\text{단, } \lim_{z\to z_0}\varepsilon_1=\lim_{z\to z_0}\varepsilon_2=0$$

이다. 그러므로 ①, ②에 의하여

$$\lim_{z\to z_0}\frac{f(z)}{g(z)}=\lim_{z\to z_0}\frac{(f'(z_0)+\varepsilon_1)(z-z_0)}{(g'(z_0)+\varepsilon_2)(z-z_0)}=\lim_{z\to z_0}\frac{f'(z_0)}{g'(z_0)}$$ ■

〈참고〉 위의 증명을 다음과 같이 할 수 있다. $z-z_0\neq 0$일 때

$$\lim_{z\to z_0}\frac{f(z)}{g\ z)}=\lim_{z\to z_0}\frac{\dfrac{f(z)-f(z_0)}{z-z_0}}{\dfrac{g(z)-g(z_0)}{z-z_0}}=\frac{\lim\limits_{z\to z_0}\dfrac{f(z)-f(z_0)}{z-z_0}}{\lim\limits_{z\to z_0}\dfrac{g(z)-g(z_0)}{z-z_0}}=\frac{f'(z_0)}{g'(z_0)}$$

[예 3.11] 다음 극한값을 구하여라.

(1) $\lim\limits_{z\to i}\dfrac{z^6+1}{z^2+1}$ (2) $\lim\limits_{z\to 0}\dfrac{1-\cos z}{\sin z^2}$

풀이 (1) $f(z)=z^6+1$, $f(i)=0$이고, $g(z)=z^2+1$, $g(i)=0$이다.

그런데 $f(z)$, $g(z)$는 $z=i$에서 해석적이므로 L'Hospital의 법칙에 의하여

$$\lim_{z\to i}\frac{z^6+1}{z^2+1}=\lim_{z\to i}\frac{6z^5}{2z}=\lim_{z\to i}\frac{6}{2}z^4=3$$

(2) 만약 $f(z)=1-\cos z$, $g(z)=\sin z^2$이면 $f(0)=1-\cos 0=0$, $g(0)=0$이다. 한편 $f(z)$, $g(z)$는 $z=0$에서 해석적이므로 L'Hospital의 법칙에 의하여

$$\lim_{z\to 0}\frac{1-\cos z}{\sin z^2}=\lim_{z\to 0}\frac{\sin z}{2z\cos z^2}=\lim_{z\to 0}\frac{\cos z}{2\cos z^2-4z^2\sin z^2}=\frac{1}{2}$$ □

[예 3.12] 극한값 $\lim_{z\to 0}(\cos z)^{1/z^2}$을 구하여라.

풀이 $w=(\cos z)^{\frac{1}{z^2}}$이라 하자. 그러면 $\log w=\dfrac{\log\cos z}{z^2}$이다. 이 때 L'Hospital의 법칙에 의하여

$$\lim_{z\to 0}\log w=\lim_{z\to 0}\frac{\log\cos z}{z^2}=\lim_{z\to 0}\frac{(-\sin z)/\cos z}{2z}$$
$$=\lim_{z\to 0}\left(\frac{\sin z}{z}\right)\left(-\frac{1}{2\cos z}\right)=(1)\left(-\frac{1}{2}\right)=-\frac{1}{2}$$

그런데 로그는 연속함수이므로

$$\lim_{z\to 0}\log w=\log\left(\lim_{z\to 0}w\right)=-\frac{1}{2},\ \text{즉}\ \lim_{z\to 0}w=e^{-\frac{1}{2}}\text{이다.}$$ □

3.4 조화함수

여기서 Cauchy－Riemann의 방정식에서 조화함수의 개념을 도입하고 이에 따른 성질에 대하여 알아보기로 한다.

실변수 x, y에 관한 함수 $f(x, y)$가 영역 D에서 연속인 1계 및 2계 편도함수가 존재하여 다음과 같이 Laplace 편미분방정식

$$\frac{\partial^2 f}{\partial x^2}+\frac{\partial^2 f}{\partial y^2}=0$$

을 만족하는 함수 f를 영역 D에서 조화함수(harmonic function) 또는 조화적(harmonic)이라 한다.

함수 $f(z)=u(x, y)+iv(x, y)$가 영역 D에서 해석적이면 함수 $u(x, y)$뿐만 아니라 함수 $v(x, y)$도 Laplace 방정식을 만족함을 쉽게 알 수 있으므로 다음과 같은 정리를 얻을 수 있다.

▌정리 3.12▌

함수 $f(z)=u(x, y)+iv(x, y)$가 영역 D에서 해석적이면 함수 u와 v는 D에서 조화적이다.

증명 함수 $f(z)$가 D에서 해석적이면 Cauchy-Riemann의 방정식

$$\frac{\partial u}{\partial x}=\frac{\partial v}{\partial y}, \quad \frac{\partial u}{\partial y}=-\frac{\partial v}{\partial x} \qquad \cdots\cdots \text{①}$$

를 만족한다. 식 ①의 첫째와 둘째 방정식의 양변에 x와 y에 관하여 각각 미분하면

$$\frac{\partial^2 u}{\partial x^2}=\frac{\partial^2 v}{\partial x \partial y}, \quad \frac{\partial^2 u}{\partial y^2}=-\frac{\partial^2 v}{\partial y \partial x} \qquad \cdots\cdots \text{②}$$

를 얻는다. 그런데 함수 $f(z)$가 해석적이면 연속이므로

$$\frac{\partial^2 v}{\partial x \partial y}=\frac{\partial^2 v}{\partial y \partial x}$$

임을 감안하고, 식 ②의 첫째와 둘째 방정식을 변변 더하면 다음과 같은 방정식

$$\frac{\partial^2 u}{\partial x^2}+\frac{\partial^2 u}{\partial y^2}=0, \quad \frac{\partial^2 v}{\partial x^2}+\frac{\partial^2 v}{\partial y^2}=0 \qquad \cdots\cdots \text{③}$$

을 얻을 수 있다. 따라서 u와 v는 조화함수이다. ■

정리 2에서 u, v가 영역 D에서 조화함수이고, 또한 $f(z)=u(x, y)+iv(x, y)$가 D에서 해석적이면 이 때 $v(x, y)$를 $u(x, y)$의 켤레조화함수(harmonic conjugate function)라고 한다.

지금 조화함수 u, v 중에 어느 하나를 알 수 있으면 Cauchy-Riemann 방정식에 의하여 켤레조화함수를 구하는 방법을 알아보도록 한다.

[예 3.13] 다음 함수 $u(x, y)$가 조화함수임을 보이고, 이것을 실수부분일 때 켤레 조화함수 $v(x, y)$를 구하여라.

(1) $u(x, y)=y^3-3x^2y$ (2) $u(x, y)=x^2-y^2-y$

(3) $u=\text{Arg}(z), -\pi \leq \text{Arg}(z) \leq \pi$

풀이 (1) $\dfrac{\partial u}{\partial x}=-6xy$, $\dfrac{\partial^2 u}{\partial x^2}=-6y$, $\dfrac{\partial u}{\partial y}=3y^2-3x^2$, $\dfrac{\partial^2 u}{\partial y^2}=6y$이고, $\dfrac{\partial^2 u}{\partial x^2}+\dfrac{\partial^2 u}{\partial y^2}=0$ 이므로 u는 조화함수이다. 한편, $\dfrac{\partial v}{\partial y}=\dfrac{\partial u}{\partial x}=-6xy$이므로 y에 관하여 적분하면

$$v=-3xy^2+\phi(x)$$

이고 $\dfrac{\partial v}{\partial x}=-\dfrac{\partial u}{\partial y}=-3y^2+3x^2$이므로 $-3y^2+\phi'(x)=-3y^2+3x^2$이다. 즉

$$\phi'(x)=3x^2$$

이다. 따라서 $\phi(x)=x^3+c$를 얻을 수 있으므로 켤레조화함수 v는

$$v=-3xy^2+x^3+c$$

(2) (1)과 같은 방법으로 풀 수 있으므로 생략한다.

(3) $r=|z|=\sqrt{x^2+y^2}$, $u=\text{Arg}(z)=\tan^{-1}\dfrac{y}{x}$일 때 $\dfrac{\partial^2 u}{\partial x^2}+\dfrac{\partial^2 u}{\partial y^2}=0$이므로 조화함수이고 $f(z)=u+iv$는 해석적이므로 Cauchy-Riemann의 방정식을 만족한다. 즉

$$\frac{\partial u}{\partial x}=\frac{-y}{x^2+y^2}=\frac{\partial v}{\partial y}$$

이므로 켤레조화함수는

$$v=\int \frac{-y}{x^2+y^2}dy+\phi(x)$$

$$=-\frac{1}{2}\log(x^2+y^2)+\phi(x)$$

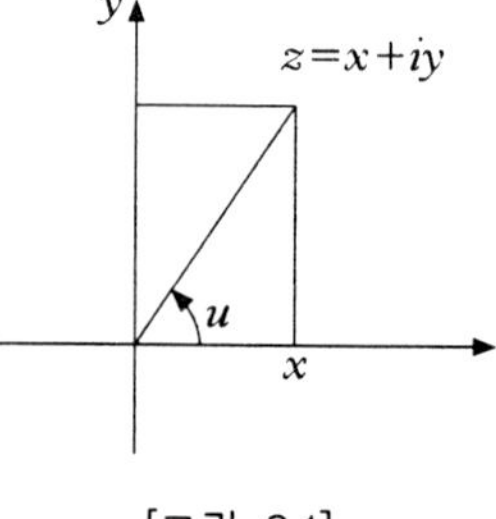

[그림 3.1]

한편 $\dfrac{\partial u}{\partial y}=-\dfrac{\partial v}{\partial x}$이므로 $\dfrac{x}{x^2+y^2}=\dfrac{x}{x^2+y^2}-\phi'(x)$가 되어 $\phi'(x)=0$. 즉 $\phi(x)=c$ (상수)이므로 구하는 $u(x, y)$의 켤레조화함수는

$$v(x, y) = -\frac{1}{2}\log(x^2+y^2)+c \qquad \square$$

[예 3.14] $u(x, y)=ax^3+bx^2y+3xy^2+y^3$이 조화함수가 되도록 a, b를 구하고 u의 켤레조화함수 v를 구하여라.

풀이 $\dfrac{\partial u}{\partial x}=3ax^2+2bxy+3y^2$, $\dfrac{\partial u}{\partial y}=bx^2+6xy+3y^2$이므로

$$\frac{\partial^2 u}{\partial x^2}=6ax+2by, \quad \frac{\partial^2 u}{\partial y^2}=6x+6y$$

이고, u는 조화함수이므로

$$\frac{\partial^2 u}{\partial x^2}+\frac{\partial^2 u}{\partial y^2}=6ax+2by+6x+6y=6(a+1)x+2(b+3)y=0.$$

따라서 $a=-1$, $b=-3$이고, $u(x, y)=-x^3-3x^2y+3xy^2+y^3$이다.
지금 u의 켤레조화함수를 $v(x, y)$라고 하면 Cauchy-Riemann의 방정식에 의하여

$$\frac{\partial v}{\partial y}=\frac{\partial u}{\partial x}=-3x^2-6xy+3y^2$$

이므로

$$v=\int(-3x^2-6xy+3y^2)dy=-3x^2y-3xy^2+y^3+\phi(x)$$

한편 $\dfrac{\partial u}{\partial y}=-3x^2+6xy+3y^2=-\dfrac{\partial v}{\partial x}=6xy+3y^2-\phi'(x)$ 즉 $\phi'(x)=3x^2$이므로 $\phi(x)=x^3+c$. 따라서 구하는 것은 $v=x^3+y^3-3x^2y-3xy^2+c$. $\square$

1. 만약 조화함수 $u(x, y)$의 두 켤레조화함수를 $v(x, y)$와 $v^*(x, y)$라 하면 두 함수의 차이는 상수임을 보여라.

풀이 Cauchy-Riemann 방정식에 의하여

$$\frac{\partial u}{\partial x}=\frac{\partial v}{\partial y}=\frac{\partial u^*}{\partial y},\ -\frac{\partial u}{\partial y}=\frac{\partial v}{\partial x}=\frac{\partial v^*}{\partial x} \text{이므로}$$

$v(x,\ y)=v^*(x,\ y)+c$ (단, c는 상수)이다.

2. 해석함수 $f(z)$에 대하여 $f(z)\neq 0$이면 $g(z)=\log|f(z)|$는 조화함수임을 보여라.

풀이 $f=u+iv$이면 $|f|=\sqrt{u^2+v^2}$ 이므로 $h=\log|f|=\frac{1}{2}(u^2+v^2)$.

따라서

$$h_x=\frac{uu_x+vv_x}{u^2+v^2},\ h_{xx}=\frac{u_x^2+uu_{xx}+v_x^2+vv_{xx}}{u^2+v^2}-\frac{2(uu_x+vv_x)^2}{(u^2+v^2)^2}$$

같은 방법으로 h_{yy}를 구하기 위하여 $\Delta h=h_{xx}+h_{yy}$임을 생각하면

$$\Delta h=\frac{u_x^2+u_y^2+u\Delta u+v_x^2+v_y^2+v\Delta v}{u^2+v^2}-\frac{2(uu_x+vv_x)^2+2(uu_y+vv_y)^2}{(u^2+v^2)^2}$$

이고, 또한 f는 해석함수이므로

$$\Delta u=\Delta v=0,\ u_x=v_y,\ v_x=-u_y$$

이다. 따라서

$$\Delta h=\frac{2(u_x^2+u_y^2)}{u^2+v^2}-\frac{2(u^2+v^2)(u_x^2+v_x^2)}{(u^2+v^2)^2}=0$$

3. 함수 $f(z)$가 $z=0$을 포함하지 않는 영역 D에서 해석적이라고 하자. $f(z)=u(r,\ \theta)+iv(r,\ \theta)$에서 $u,\ v$의 제2계 편도함수가 D에서 연속일 때 u, v는 D에서 극좌표에서 Laplace 방정식

$$\frac{\partial^2 u}{\partial r^2}+\frac{1}{r}\frac{\partial u}{\partial r}+\frac{1}{r^2}\frac{\partial^2 u}{\partial \theta^2}=0,\ \ \frac{\partial^2 v}{\partial r^2}+\frac{1}{r}\frac{\partial v}{\partial r}+\frac{1}{r^2}\frac{\partial^2 v}{\partial \theta^2}=0$$

을 만족함을 증명하여라.

풀이 극좌표에서의 Cauchy-Riemann 방정식은

$$\frac{\partial v}{\partial \theta} = r\frac{\partial u}{\partial r} \ \cdots\cdots \ ① \qquad \frac{\partial v}{\partial r} = -\frac{1}{r}\frac{\partial u}{\partial \theta} \ \cdots\cdots \ ②$$

이다. v를 소거하기 위하여 식 ①과 ②에서 각각 r과 θ에 관하여 편미분하면

$$\frac{\partial^2 v}{\partial r \partial \theta} = \frac{\partial}{\partial r}\left(\frac{\partial v}{\partial \theta}\right) = \frac{\partial}{\partial r}\left(r\frac{\partial u}{\partial r}\right) = r\frac{\partial^2 u}{\partial r^2} + \frac{\partial u}{\partial r} \qquad \cdots\cdots \ ③$$

$$\frac{\partial^2 v}{\partial \theta \partial r} = \frac{\partial}{\partial \theta}\left(\frac{\partial v}{\partial r}\right) = \frac{\partial}{\partial \theta}\left(-\frac{1}{r}\frac{\partial u}{\partial \theta}\right) = -\frac{1}{r}\frac{\partial^2 u}{\partial \theta^2} \qquad \cdots\cdots \ ④$$

그런데 u, v의 이계편도함수가 연속이므로

$$\frac{\partial^2 v}{\partial r \partial \theta} = \frac{\partial^2 v}{\partial \theta \partial r}$$

이므로 따라서

$$r\frac{\partial^2 u}{\partial r^2} + \frac{\partial u}{\partial r} = -\frac{1}{r}\frac{\partial^2 u}{\partial \theta^2} \ \text{즉,} \ \frac{\partial^2 u}{\partial r^2} + \frac{1}{r}\frac{\partial u}{\partial r} + \frac{1}{r^2}\frac{\partial^2 u}{\partial \theta^2} = 0$$

같은 방법으로 u를 소거하기 위하여 식 ①과 ②에서 각각 r과 θ에 관하여 편미분하면

$$\frac{\partial^2 v}{\partial r^2} + \frac{1}{r}\frac{\partial v}{\partial r} + \frac{1}{r^2}\frac{\partial^2 v}{\partial \theta^2} = 0$$

연습문제 3.4

1. 다음 물음에 답하여라.
영역 D에서 정의된 함수 $f(z)$가 해석적이고 $\text{Re} f(z)$가 상수이면 $f(z)$는 상수임을 보여라.

2. 다음 물음에 답하여라.
(1) 함수 $f(z) = u(x, y) + iv(x, y)$가 영역 D에서 해석적이면 $u(x, y)$, $v(x, y)$

중에 어느 하나가 상수함수이면 다른 하나도 상수함수임을 보여라.

(2) 영역 D의 모든 z에 대하여 $f'(z)=0$이고, $f(1+i)=2$를 만족하는 미분가능한 함수 $f(z)$를 구하여라.

(3) 영역 D의 정의된 함수가 $f(z)=z^2+1$이고, 영역 D의 모든 z에 대하여

$$f'(z)=g'(z)$$

를 만족하는 $g(z)$가 해석적이라고 하자. 만약 $g(1+i)=5+2i$이면 $g(z)$를 구하여라.

3. 영역 D에서 정의된 함수 $f(z)=u+iv$가 해석적이고, 모든 $z\in D$에 대하여 $\operatorname{Im} f(z)=2\operatorname{Re} f(z)$를 만족하는 함수 $f(z)$는 상수임을 보여라.

4. $w=f(z)=u+iv$가 영역 D에서 해석적이고 u와 v가 이계편미분이 가능하며, 연속이라 하면

$$\frac{\partial^2|f(x)|^2}{\partial x^2}+\frac{\partial^2|f(x)|^2}{\partial y^2}=4|f'(z)|^2$$

임을 증명하여라.

5. u와 v는 영역 D에서 조화적이면

$$g(x,\ y)=\left(\frac{\partial u}{\partial y}-\frac{\partial v}{\partial x}\right)+i\left(\frac{\partial u}{\partial x}+\frac{\partial v}{\partial y}\right) \qquad \cdots\cdots ①$$

는 영역 D에서 해석적임을 보여라.

6. 다음 물음에 답하여라.

(1) $u=e^{-x}(x\sin y-y\cos y)$는 조화적임을 보여라.

(2) 함수 $f(z)=u+iv$가 해석적일 때 함수 v를 구하여라.

(3) 함수 $f(z)=u+iv$를 구하여라.

7. 다음 물음에 답하여라.

(1) 영역 D에서 $f'(z)=0$이고, $f(i+1)=2$인 미분이 가능한 함수 $f(z)$를 구하여라.

(2) 영역 D에서 정의된 함수가 $f(z)=2^2+1$이고, $g(z)$가 D에서 해석적일 때 모든 z에 대하여 $f'(z)=g'(z)$라고 하자. 지금 $g(i+1)=5+2i$일 때 $g(z)$를 구하여라.

8. 함수 $f(z)$가 영역 D에서 해석적이고, 영역 $\overline{D}$는 x축에 관하여 D의 대칭일 때 즉 $\overline{D}=\{z : \overline{z}\in D\}$라고 하자. 그러면 $F(z)=\overline{f(\overline{z})}$는 $\overline{D}$에서 해석적임을 보여라.

9. 만약 $F(w)=f\left(\dfrac{1}{w}\right)$이 $w=0$에서 해석적이면 함수 $f(z)$는 $z=\infty$에서 해석적이라 한다. 만약 $f(z)$는 $z=\infty$에서 해석적이라 하면 $f(\infty) := F(0)$과 같이 정의한다. 그러면 $\lim_{z\to\infty} f(z)=f(\infty)$, $f'(\infty) := F'(0)$임을 보이고, 일반적으로

$$f'(\infty)\neq\lim_{z\to\infty} f'(z)$$

임을 보여라.

초등함수

여기서는 몇 가지 기본적인 복소함수의 정의와 성질에 대하여 살펴보기로 한다.

4.1 기본적인 복소함수

4.1.1 지수함수(Exponential function)

실변수 x에 관한 지수함수 $f(x)=e^x$에 대하여 지수법칙 $e^{x_1}e^{x_2}=e^{x_1+x_2}$를 만족하고 또한 $\dfrac{d}{dx}e^x=e^x$이며, $f(x)=e^x$의 Maclaurin의 전개는

$$e^x=1+x+\frac{x^2}{2!}+\frac{x^3}{3!}+\cdots \qquad \cdots\cdots ①$$

임을 알고 있다.

이와 같이 e^{iy}의 급수전개를 ①과 같은 형태로 다음과 같이 정의한다.

$$e^{iy}=1+iy+\frac{(iy)^2}{2!}+\frac{(iy)^3}{3!}+\cdots \qquad \cdots\cdots ②$$

이때 ②에서 실수부분과 허수부분으로 나누면

$$e^{iy} = \left(1 - \frac{y^2}{2!} + \frac{y^4}{4!} - \cdots\right) + i\left(y - \frac{y^3}{3!} + \frac{y^5}{5!} - \cdots\right) = \cos y + i \sin y \quad \cdots\cdots ③$$

로 나타낼 수 있다. 지금 임의의 $z = x + iy$ (x, y는 실수)에 대하여

$$f(z) = e^z = e^{x+iy} = e^x(\cos y + i \sin y) \quad \cdots\cdots ④$$

와 같이 정의된 $f(z) = e^z$를 z에 관한 **지수함수**(exponential function)라고 한다.

④에서 만약 $y = 0$이면 실함수 e^x를 의미하고, $x = 0$이면 Euler의 공식

$$e^{iy} = \cos y + i \sin y \quad \cdots\cdots ⑤$$

를 얻을 수 있다.

▌정리 4.1▌

임의의 복소수 z에 관한 e^z는 다음과 같은 성질을 갖는다.

(1) 두 복소수 z_1, z_2에 대하여 $e^{z_1}e^{z_2} = e^{z_1+z_2}$, $\dfrac{e^{z_1}}{e^{z_2}} = e^{z_1-z_2}$이다.

(2) 모든 z에 대하여 $e^z \neq 0$이다.

(3) $|e^z| = e^x$

(4) $e^{\bar{z}} = \overline{(e^z)}$

증명 (1) 두 복소수 $z_1 = x_1 + iy_1$, $z_2 = x_2 + iy_2$에 관한 지수함수는 각각

$$e^{z_1} = e^{x_1}(\cos y_1 + i \sin y_1)\text{이고, } e^{z_2} = e^{x_2}(\cos y_2 + i \sin y_2)$$

이다. 따라서 삼각함수의 덧셈정리에 의하여

$$\begin{aligned} e^{z_1} \cdot e^{z_2} &= e^{x_1}(\cos y_1 + i \sin y_1) \cdot e^{x_2}(\cos y_2 + i \sin y_2) \\ &= e^{x_1} \cdot e^{x_2}(\cos y_1 + i \sin y_1)(\cos y_2 + i \sin y_2) \\ &= e^{x_1+x_2}[(\cos y_1 \cos y_2 - \sin y_1 \sin y_2) \\ &\qquad + i(\sin y_1 \cos y_2 + \sin y_2 \cos y_1)] \end{aligned}$$

$$= e^{x_1+x_2}[(\cos(y_1+y_2)+i\sin(y_1+y_2)] = e^{(x_1+x_2)+i(y_1+y_2)} = e^{z_1+z_2}$$

가 된다. 마찬가지로

$$\frac{e^{z_1}}{e^{z_2}} = \frac{e^{x_1}(\cos y_1 + i\sin y_1)}{e^{x_2}(\cos y_2 + i\sin y_2)} = \frac{e^{x_1}}{e^{x_2}}(\cos y_1 + i\sin y_1)(\cos y_2 - i\sin y_2)$$

$$= \frac{e^{x_1}}{e^{x_2}}\{\cos(y_1-y_2)+i\sin(y_1-y_2)\}$$

$$= e^{x_1-x_2+i(y_1-y_2)} = e^{z_1-z_2}$$

(2) (1)의 성질에 의하여 $e^z e^{-z} = e^0 = 1$이므로 $e^z \neq 0$

(3) 모든 $z = x+iy$에 대하여

$$|e^z| = |e^x(\cos y + i\sin y)| = |e^x||(\cos y + i\sin y)| = e^x \cdot 1 = e^x$$

(4) $e^{\bar{z}} = e^{x-iy} = e^x(\cos y - i\sin y) = \overline{(e^z)}$ ■

[예 4.1] 다음 함수에서 복소수 z를 구하여라.

(1) $e^z = 1+i$　　　　(2) $e^z = -3$

풀이 (1) $z = x+iy$이면 $e^z = e^x(\cos y + i\sin y)$이다. 따라서

$$e^x = |e^z| = |1+i| = \sqrt{2},\ \arg e^z = y$$

이므로 $x = \log\sqrt{2} = \frac{1}{2}\log 2$이고, $y = \arg(1+i) = \frac{\pi}{4} + 2k\pi$ (k는 정수)이다.
따라서 구하는 것은 $z = \frac{1}{2}\log 2 + i\left(\frac{\pi}{4} + 2k\pi\right)$ (단, k는 정수)

(2) $e^{x+iy} = e^x e^{iy} = -3 = 3e^{(\pi+2k\pi)i}$ (k는 정수)이므로 $e^x = 3$ 즉, $x = \log 3$이고, $y = \pi + 2k\pi$ (k는 정수)이다. 따라서 구하는 것은

$$z = \log 3 + i(2k+1)\pi \ \text{(단, } k\text{는 정수)}$$ □

정의 4.2

$f(z)$는 영역 D에서 정의되는 단가함수이고, $\alpha \neq 0$가 상수일 때 $z+\alpha \in D$에 대하여

$$f(z)=f(z+\alpha), \quad z \in D$$

가 성립하면 $f(z)$를 주기가 α인 **주기함수**라고 한다.

[예 4.2] 함수 $f(z)=e^z$의 주기를 구하여라.

풀이 모든 z에 대하여 지수함수 $f(z)=e^z$의 주기를 α라고 하자. 즉,

$$e^{z+\alpha}=f(z+\alpha)=f(z)=e^z \qquad \cdots\cdots ①$$

이다. 그러면 ①에서 $e^z e^\alpha = e^z$이다. 그런데 정리 4.1(2)에 의하여 $e^z \neq 0$이므로 $e^\alpha = 1$이다. 만약 $\alpha = c+id$라고 하면

$$e^\alpha = e^{c+di} = e^c(\cos d + i \sin d) = 1 \qquad \cdots\cdots ②$$

이다. 식 ②에서 양변의 절대값과 편각을 비교하면

$$e^c = 1, \ \cos d + i \sin d = 1 \qquad \cdots\cdots ③$$

이다. 즉, 식 ③에서 $c=0$, $d=2\pi k$ (k는 정수)이므로 구하는 주기는

$$\alpha = 2k\pi i$$

를 얻는다. 따라서 $f(z)=e^z$는 주기는 $2k\pi i$이다. □

〈주의〉 실함수 $y=e^x$는 단사함수이지만 z에 관한 지수함수 $w=e^z$는 z에 어떤 하나의 값을 가지면 그의 $2k\pi$에 따라 그 값이 무수히 반복됨을 알 수 있다. 따라서 지수함수 $f(z)=e^z$는 단사함수가 아니다.

[예 4.3] 다음을 증명하여라.

(1) 모든 z에 대하여 $f(z)=e^z$는 해석적이고 $\dfrac{d}{dz}(e^z)=e^z$임을 보여라.

(2) $w=f(z)$가 해석함수이면 e^w가 역시 해석함수이고,

$$\frac{d}{dz}(e^w)=e^w\frac{dw}{dz}$$

(3) $e^{\bar{z}}$는 해석적이 아님을 보여라.

풀이 (1) $e^z=e^{x+iy}=e^x\cos y+ie^x\sin y=u+iv$이고,

$$\frac{\partial u}{\partial x}=e^x\cos y=\frac{\partial v}{\partial y},\ \frac{\partial u}{\partial y}=-e^x\sin y=-\frac{\partial v}{\partial x}$$

가 성립한다. 따라서 $f(z)=e^z$는 모든 z에 대하여 해석적이다. 한편

$$\frac{d}{dz}(e^z)=\frac{\partial u}{\partial x}+i\frac{\partial v}{\partial x}=e^x\cos y+ie^x\sin y=e^z$$

(2) 합성함수의 미분법에 의하여

$$\frac{d}{dz}(e^w)=\frac{de^w}{dw}\cdot\frac{dw}{dz}=e^w\cdot\frac{dw}{dz}$$

(3) $\overline{e^z}=\overline{e^x(\cos y+i\sin y)}=e^x(\cos y-i\sin y)=e^x\cdot e^{-iy}=e^{x-iy}=e^{\bar{z}}$

이다. 그런데

$$e^{\bar{z}}=u+iv=e^x[\cos(-y)+i\sin(-y)]=e^x\cos y+i(-e^x\sin y)$$

이므로

$$\frac{\partial u}{\partial x}\neq\frac{\partial v}{\partial y},\ \frac{\partial u}{\partial y}\neq-\frac{\partial v}{\partial x}$$

이다. 따라서 $e^{\bar{z}}$는 해석적이 아니다. □

4.1.2 삼각함수(Trigonometric function)

다음에 지수함수를 이용하여 다음과 같이 삼각함수를 정의할 수 있다.
먼저 Euler의 공식

$$e^{ix}=\cos x+i\sin x,\ e^{-ix}=\cos x-i\sin x\ (x\text{는 실수})\qquad\cdots\cdots ①$$

이고, ①의 변변 더하거나 빼면

$$\sin x = \frac{e^{ix} - e^{-ix}}{2i}, \quad \cos x = \frac{e^{ix} + e^{-ix}}{2} \qquad \cdots\cdots ②$$

를 얻을 수 있다. 이와 같은 형태로 식 ②를 복소변수 z의 삼각함수를

$$\sin z = \frac{e^{iz} - e^{-iz}}{2i}, \quad \cos z = \frac{e^{iz} + e^{-iz}}{2}$$

와 같이 정의한다. 이 밖에 삼각함수를 다음과 같이 정의할 수 있다.

$$\tan z = \frac{\sin z}{\cos z} = \frac{e^{iz} - e^{-iz}}{i(e^{iz} + e^{-iz})}, \quad z \neq \frac{\pi}{2} + k\pi$$

$$\cot z = \frac{\cos z}{\sin z} = \frac{i(e^{iz} + e^{-iz})}{e^{iz} - e^{-iz}}, \quad z \neq k\pi$$

$$\sec z = \frac{1}{\cos z} = \frac{2}{e^{iz} + e^{-iz}}, \quad z \neq \frac{\pi}{2} + k\pi$$

$$\operatorname{cosec} z = \frac{1}{\sin z} = \frac{2i}{e^{iz} - e^{-iz}}, \quad z \neq k\pi$$

단, $k = 0, \pm 1, \pm 2, \cdots$

[예 4.4] 다음 성질이 성립함을 보여라.

(1) $\sin^2 z + \cos^2 z = 1$

(2) $\sin(z_1 + z_2) = \sin z_1 \cos z_2 + \cos z_1 \sin z_2$

(3) $\cos(z_1 + z_2) = \cos z_1 \cos z_2 - \sin z_1 \sin z_2$

풀이 (1) $\sin^2 z + \cos^2 z = \left(\frac{e^{iz} - e^{-iz}}{2i}\right)^2 + \left(\frac{e^{iz} + e^{-iz}}{2}\right)^2$

$$= -\left(\frac{e^{2iz} - 2 + e^{-2iz}}{4}\right) + \left(\frac{e^{2iz} + 2 + e^{-2iz}}{4}\right) = 1$$

(2) $\sin z$와 $\cos z$의 정의에서 각각

$$e^{iz} - e^{-iz} = 2i \sin z \qquad \cdots\cdots ①$$

$$e^{iz} + e^{-iz} = 2 \cos z \qquad \cdots\cdots ②$$

이므로 식 ①과 ②의 양변을 각각 서로 더하고 2로 나누면

$$e^{iz} = \cos z + i \sin z \qquad \cdots\cdots ③$$

또한 식 ②에서 식 ①을 변변 빼면

$$e^{-iz} = \cos z - i \sin z \qquad \cdots\cdots ④$$

또한 $\sin(z_1+z_2) = \dfrac{e^{i(z_1+z_2)} - e^{-i(z_1+z_2)}}{2i} = \dfrac{e^{iz_1}\cdot e^{iz_2} - e^{-iz_1}\cdot e^{-iz_2}}{2i}$ ⋯⋯ ⑤

이므로 식 ③, ④를 식 ⑤에 대입하여 정리하면

$$\sin(z_1+z_2) = \sin z_1 \cos z_2 + \cos z_1 \sin z_2$$

(3) (2)와 마찬가지로

$$\begin{aligned}\cos(z_1+z_2) &= \frac{e^{iz_1}\cdot e^{iz_2} + e^{-iz_1}\cdot e^{-iz_2}}{2} \\ &= \frac{(\cos z_1 + i\sin z_1)(\cos z_2 + i \sin z_2) + (\cos z_1 - i \sin z_1)(\cos z_2 - i \sin z_2)}{2} \\ &= \cos z_1 \cos z_2 - \sin z_1 \sin z_2\end{aligned}$$

□

[예 4.5] 다음 물음에 답하여라.

(1) $\sin z = 0$, $\cos z = 0$의 근은 실수임을 보이고, 이를 구하여라.

(2) $\sin(-z) = -\sin z$, $\cos(-z) = \cos z$, $\tan(-z) = -\tan z$임을 보여라.

(3) $\dfrac{d}{dz}\sin z = \cos z$, $\dfrac{d}{dz}\cos z = -\sin z$, $\dfrac{d}{dz}\tan z = \sec^2 z$임을 보여라.

풀이 (1) $\sin z = 0$이면 $\dfrac{e^{iz} - e^{-iz}}{2i} = 0$이므로 $e^{2iz} = 1$이다. 따라서 $2iz = 2k\pi i$ 즉, $z = k\pi$ (단, $k = 0, \pm 1, \pm 2, \cdots$)이다.

마찬가지로 $\cos z = 0$일 때 $e^{2iz} = -1$을 얻을 수 있으므로 $z = \dfrac{\pi}{2} + k\pi$ (단, $k = 0, \pm 1, \pm 2, \cdots$)이다.

(2) $\sin(-z) = \dfrac{e^{i(-z)} - e^{-i(-z)}}{2i} = -\dfrac{e^{iz} - e^{-iz}}{2i} = -\sin z$

$\cos(-z) = \dfrac{e^{i(-z)} + e^{-i(-z)}}{2} = \dfrac{e^{-iz} + e^{iz}}{2} = \cos z$

$$\tan(-z)=\frac{\sin(-z)}{\cos(-z)}=\frac{-\sin z}{\cos z}=-\tan z$$

(3) $$\frac{d}{dz}\sin z=\frac{d}{dz}\left(\frac{e^{iz}-e^{-iz}}{2i}\right)$$

$$=\frac{1}{2i}\frac{d}{dz}(e^{iz}-e^{-iz})=\frac{e^{iz}+e^{-iz}}{2}=\cos z$$

같은 방법으로 $\cos z$와 $\tan z$의 도함수는 지수함수 e^{iz} 및 e^{-iz}의 미분법과 함수의 몫에 대한 미분법에 의하여 결과를 얻을 수 있다. □

[예 4.6] $\sin 2z=2\sin z\cos z$임을 증명하여라.

풀이 $$2\sin z\cos z=2\left(\frac{e^{iz}-e^{-iz}}{2i}\right)\left(\frac{e^{iz}+e^{-iz}}{2}\right)=2\left(\frac{e^{2iz}-e^{-2iz}}{4i}\right)=\frac{e^{2iz}-e^{-2iz}}{2i}=\sin 2z$$

이 밖에 복소삼각함수에 대한 성질에 대하여 살펴보도록 한다. 임의의 실수 x에 대하여 $|\sin x|\leq 1$, $|\cos x|\leq 1$이므로 $\sin x$와 $\cos x$는 유계하다. 그러나 복소평면에서 $\sin z$와 $\cos z$를 보면

$$|\sin z|=\left|\frac{e^{iz}-e^{-iz}}{2i}\right|\geq\frac{|e^{-iz}|-|e^{iz}|}{2}=\frac{e^{y}-e^{-y}}{2}$$

이다. 따라서 z가 반직선(ray) $\arg z=\frac{\pi}{2}$에 따라 ∞로 접근하면 (즉, $y\to\infty$) 윗식의 우변은 $|\sin z|\to\infty$가 된다. 마찬가지로

$$|\cos z|=\left|\frac{e^{iz}+e^{-iz}}{2i}\right|\geq\frac{|e^{-iz}|-|e^{iz}|}{2}=\frac{e^{y}-e^{-y}}{2}$$

에서 z가 반직선 $\arg z=\frac{\pi}{2}$에 따라 $z\to\infty$이면 $|\cos z|\to\infty$가 되므로 복소평면에서 유계하지 않음을 알 수 있다. □

4.1.3 쌍곡선함수(Hyperbolic function)

지수함수를 이용하여 다음과 같이 복소쌍곡선함수를 정의한다.

$$\sinh z=\frac{e^z-e^{-z}}{2},\ \cosh z=\frac{e^z+e^{-z}}{2} \qquad \cdots\cdots ①$$

그런데 지수함수 e^z와 e^{-z}는 전해석함수이므로 ①의 결과에서 $\sinh z$와 $\cosh z$는 전해석함수이고, 다음과 같은 관계식을 얻는다.

$$\sinh z=-i\sin iz,\ \cosh z=\cos iz$$

이고, 모두 주기가 $2\pi i$인 주기함수이다. 한편,

$$\frac{d}{dz}\sinh z=\cosh z,\ \frac{d}{dz}\cosh z=\sinh z$$

이다. 또한 $\tanh z=\dfrac{\sinh z}{\cosh z}$는 $\cosh z\neq 0$인 모든 영역에서 해석적이므로 이 밖에 쌍곡선함수의 도함수는 다음과 같다.

$$\frac{d}{dz}\tanh z=\text{sech}^2 z,\ \frac{d}{dz}\coth z=-\text{csch}^2 z,$$

$$\frac{d}{dz}\text{sech}\, z=-\text{sech}\, z\tanh z,\ \frac{d}{dz}\text{csch}\, z=-\text{csch}\, z\coth z$$

여기서 삼각함수와 쌍곡선함수를 통하여 다음을 유도할 수 있다.

[예 4.7] 다음 성질이 성립함을 보여라.

(1) $1-\tanh^2 z=\text{sech}^2 z$

(2) $\cos iz=\cosh z$

(3) $\sin iz=i\sinh z$

(4) $\sin(x+iy)=\sin x\cosh y+i\cos x\sinh y$

풀이 (1)과 (3)을 살펴본다.

(1) 정의에 의하여 $\cosh z=\dfrac{e^z+e^{-z}}{2}$, $\sinh z=\dfrac{e^z-e^{-z}}{2}$이므로

$$\cosh^2 z - \sinh^2 z = \left(\frac{e^z + e^{-z}}{2}\right)^2 - \left(\frac{e^z - e^{-z}}{2}\right)^2$$
$$= \frac{e^{iz} + 2 + e^{-iz}}{4} - \frac{e^{iz} - 2 + e^{-iz}}{4} = 1$$

여기서 양변에 $\cos \mathrm{h}^2 z$으로 나누면

$$\frac{\cosh^2 z - \sinh^2 z}{\cosh^2 z} = \frac{1}{\cosh^2 z} \quad \text{또는} \quad 1 - \tanh^2 z = \mathrm{sech}^2 z$$

이 성립한다.

(3) $\sin iz = \dfrac{e^{i(iz)} - e^{-i(iz)}}{2i} = \dfrac{e^{-z} - e^{z}}{2i} = i\left(\dfrac{e^z - e^{-z}}{2}\right) = i \sinh z$ □

1. 방정식 $\cos z = 2i$를 구하여라.

풀이 $w = e^{iz}$라고 하면 $\cos z = \dfrac{1}{2}\left(w + \dfrac{1}{w}\right) = 2i$이므로

$$w^2 - 4iw + 1 = 0$$

이다. 여기서 w에 관하여 이차방정식을 풀면 $w = (2 \pm \sqrt{5})i$이다. 그런데

$$z = x + iy \text{이면 } w = e^{iz} = e^{ix}e^{-y} = (2 \pm \sqrt{5})i$$

이다. 따라서

$$e^{-y} = |(2 \pm \sqrt{5})i| = \sqrt{5} \pm 2 \quad \text{즉,} \quad y = -\log(\sqrt{5} \pm 2)$$

이고,

$$x = \arg(2 \pm \sqrt{5})i = \left(\pm\frac{1}{2} + 2k\right)\pi \quad (k\text{는 정수})$$

이다. 그러므로 구하는 것은

$$z = \left(\pm\frac{1}{2} + 2k\right)\pi - i\log(\sqrt{5} \pm 2) \quad (\text{부호동순})$$

2. $\sinh z=0$일 때 $z=k\pi i$(k는 정수)이고, $\cosh z=0$이면 $z=\left(k+\frac{1}{2}\right)\pi i$임을 보여라.

풀이 $\sinh z=\frac{e^z-e^{-z}}{2}=0$이면 $e^z=e^{-z}$ 즉, $e^{2z}=1$이므로 $2z=2k\pi i$ (단, k는 정수)이다. 따라서 $z=k\pi i$이다. 한편, $\cos hz=\frac{e^z+e^{-z}}{2}=0$이면 $e^{2z}=-1$ 즉, $2z=2k\pi i+\pi i$이므로 $z=\left(k+\frac{1}{2}\right)\pi i$이다.

3. $z=x+iy$일 때 다음 성질이 성립함을 보여라.

(1) $\sinh z=\cos y\sinh x+i\sin y\cosh x$

(2) $\cosh z=\cos y\cosh x+i\sin y\sinh x$

(3) $|\sinh z|^2=\sin^2 y+\sinh^2 x$

풀이 (1)
$$\begin{aligned}\cos y\sinh x+i\sin y\cosh x&=\cos y\left(\frac{e^x-e^{-x}}{2}\right)+i\sin y\left(\frac{e^x+e^{-x}}{2}\right)\\&=e^x\left(\frac{\cos y+i\sin y}{2}\right)-e^{-x}\left(\frac{\cos y-i\sin y}{2}\right)\\&=\frac{e^xe^{iy}}{2}-\frac{e^{-x}e^{-iy}}{2}=\frac{e^z-e^{-z}}{2}=\sinh z\end{aligned}$$

(2)
$$\begin{aligned}\cos y\cosh x+i\sin y\sinh x&=\left(\frac{e^x+e^{-x}}{2}\right)\cos y+i\left(\frac{e^x-e^{-x}}{2}\right)\sin y\\&=\frac{e^z+e^{-z}}{2}=\cosh z\end{aligned}$$

(3)
$$\begin{aligned}|\sinh z|^2&=|\cos y\sinh x+i\sin y\cosh y|\\&=\cos^2 y\sinh x+\sin^2 y\cosh y\\&=(1-\sin^2 y)\sinh x+\sin^2 y(1+\sinh y)\\&=\sinh x+\sin^2 y\end{aligned}$$

4.1.4 로그함수(logarithmic function)

지금 임의의 복소수 w, $z(\neq 0)$에 대하여 $e^{w}=z$이면 w를 z의 로그함수라 하고, 다음과 같이 정의한다.

$$w=\log z$$

이때 임의의 복소수 w에 대하여 $e^{w}\neq 0$이므로 $z=0$에 관한 로그함수 $\log 0$은 정의되지 않는다.

지금 $z=re^{i(\theta+2k\pi)}$(k는 정수, $r>0$), $w=u+iv$이면

$$e^{w}=z\text{에서 } e^{u+iv}=re^{i(\theta+2k\pi)} \quad (\text{단, } -\pi<\theta\leq\pi)$$

이므로 실수부분과 허수부분의 상등관계에 의하여

$$e^{u}=r,\ v=\arg z=\theta+2k\pi \quad (k\text{는 정수})$$

이다. 그런데 r, u는 실수이고 $u=\log r$이므로 z의 로그함수는

$$w=\log z=\log r+i\arg z$$

즉,

$$\log z=\log r+i(\theta+2k\pi) \quad (k\text{는 정수}) \qquad \cdots\cdots ①$$

로 나타낼 수 있다. 그러므로 로그함수의 존재는 반드시 유일하다고 할 수 없으므로 $w=\log z$는 다가함수임을 알 수 있다.

특히 식 ①에서 $k=0$일 때 $\theta=\text{Arg}\,z$로 표시하고, 이 때 $\log r$을 보통 $\text{Log}\,z$로 나타내며, 이것을

$$\text{Log}\,z=\log|z|+i\,\text{Arg}\,z \ (z\neq 0,\ -\pi<\text{Arg}\,z\leq\pi) \qquad \cdots\cdots ②$$

로 쓴다. 이때 식 ②를 로그함수의 주요값(principle value)이라 하고 $\theta=\text{Arg}\,z$를 z의 주편각(principle argument)이라 한다. 따라서 $\text{Log}\,z$는 단가함수이며, 일반적으로 z의 편각은

$$\arg z = \text{Arg}\, z + 2k\pi \ (k\text{는 정수})$$

이므로 $\log z$를 일반적으로 표현하면 다음과 같다.

$$\log z = \log|z| + i(\text{Arg}\, z + 2k\pi) \ (k=0, \pm 1, \pm 2, \cdots) \quad \cdots\cdots ③$$

③에서 하나의 고정된 k에 대하여 $\log z$는 단가함수를 나타내고 이것을 $w = \log z$의 분지(branch)라고 한다. 특히 $k=0$일 때 $w=\log z$의 분지

$$\text{Log}\, z = \log|z| + i\,\text{Arg}\, z, \quad -\pi < \text{Arg}\, z \leq \pi \quad \cdots\cdots ④$$

로 정의한다. 이것을 $w=\log z$의 주분지(principal branch)라 한다.

특히 식 ④에서 z의 편각 θ의 제한은 기하학적으로 원점 뿐만 아니라 음의 실수축에 의한 z-평면에 하나의 절단(cut)으로 생각할 수 있다.

이때 원점과 반직선을 함수 $\text{Log}\, z$에 대한 분지선(branch line) 또는 분지절단선(branch cut)이라 한다.

일반적으로 고정된 α에 대하여

$$\log z = \text{Log}|z| + i\theta \ (|z|>0, \ \alpha < \theta \leq \alpha + 2\pi)$$

로 표시하면 이는 $w=\log z$의 하나의 분지이며, 이때 반직선 $\theta = \alpha$는 $\log z$의 분지절단선이 되고, 점 $z=0$은 $w=\log z$의 모든 분지절단선의 공통점이다. 여기서 점 $z=0$를 $\log z$의 분지점(branch point)이라 한다.

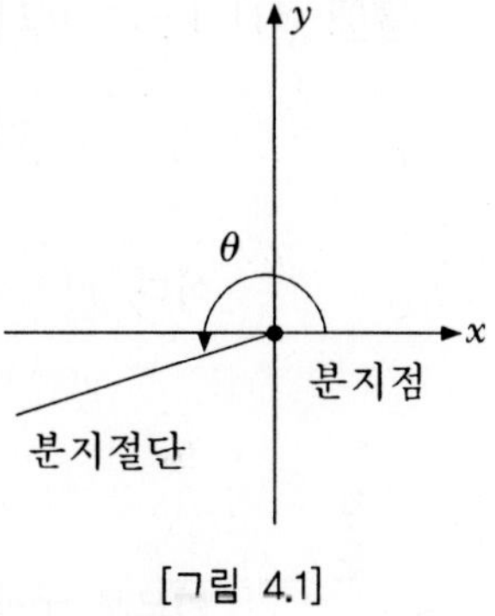

[그림 4.1]

[예 4.8] $e^z = 5-5i$와 $e^z = -5+5i$에서 z를 각각 구하고 서로 비교하여라.

풀이 $e^z = 5-5i$에서

$$z = \frac{1}{2}\log[5^2 + (-5)^2] + i\tan^{-1}\left(\frac{-5}{5}\right)$$

$$= \frac{\log 50}{2} + i\left(-\frac{\pi}{4} + 2k\pi\right) \ (k\text{는 정수})$$

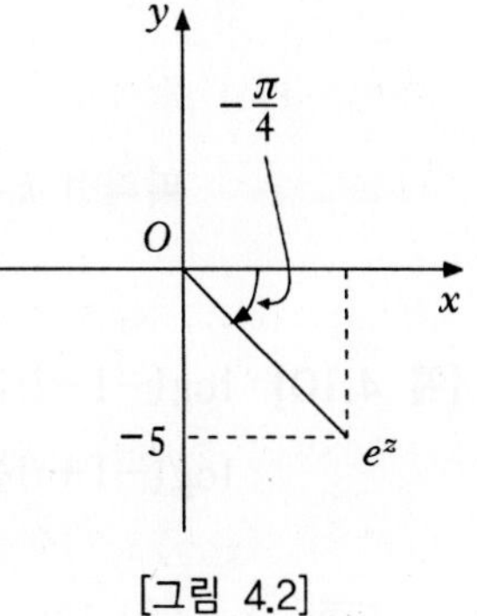

[그림 4.2]

한편 $e^z = -5+5i$에서

$$z=\frac{1}{2}\log[(-5)^2+5^2]+i\tan^{-1}\left(\frac{5}{-5}\right)$$
$$=\frac{\log 50}{2}+i\left(\frac{3\pi}{4}+2k\pi\right)\ (k\text{는 정수}) \quad \square$$

〈주의〉 위에서 $\tan^{-1}\left(\frac{-b}{a}\right)\neq\tan^{-1}\left(\frac{b}{-a}\right)$임을 유의하여야 한다.

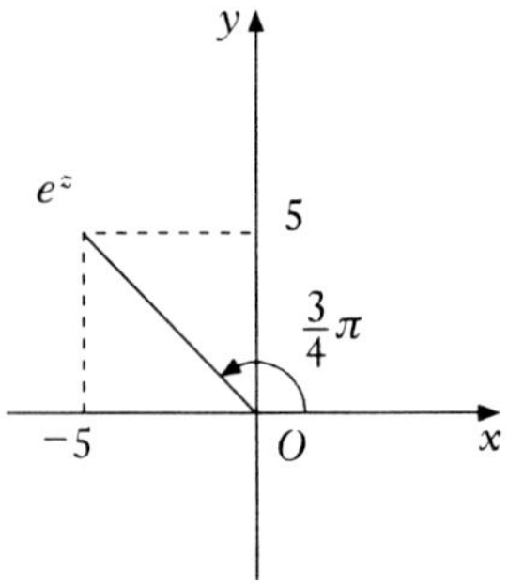

[그림 4.3]

[예 4.9] 다음 함수의 값을 구하고, 주요값을 나타내어라.

(1) $\log(1-i)$ (2) $\log(-3+5i)$

풀이 (1) $1-i=\sqrt{2}\left(\cos\frac{7\pi}{4}+i\sin\frac{7\pi}{4}\right)$

$$=\sqrt{2}\left[\cos\left(-\frac{\pi}{4}+2k\pi\right)+i\sin\left(-\frac{\pi}{4}+2k\pi\right)\right]\ (k\text{는 정수})$$

이다. 따라서

$$\log(1-i)=\frac{1}{2}\log 2+\left(-\frac{\pi}{4}+2k\pi\right)i\ (k\text{는 정수})$$

이므로 구하는 주요값은 $k=0$일 때 $\frac{1}{2}\log 2+i\left(-\frac{\pi}{4}\right)$.

(2) $\log(-3+5i)=\log\sqrt{(-3)^2+5^2}+i\left[\tan^{-1}\left(\frac{5}{-3}\right)+2k\pi\right]$

$$=\log\sqrt{34}+i\left[\tan^{-1}\left(\frac{5}{-3}\right)+2k\pi\right]\ (k=0,\ \pm1,\ \pm2,\ \cdots)$$

따라서 $k=0$일 때 구하는 주값은 $\frac{1}{2}\log 34+i\tan^{-1}\left(\frac{5}{-3}\right)$. $\square$

[예 4.10] $\log(-1-i)$와 $\log(-1+i)$를 각각 구하여라. 또한 $\log i(-1+i)$와 $\log i+\log(-1+i)$를 비교하여라.

풀이 $\log(-1-i)=\log|-1-i|+i\,\mathrm{Arg}(-1-i)=\log\sqrt{2}-i\frac{3}{4}\pi$,

$$\log(-1+i)=\log|-1+i|+i\arg(-1+i)=\log\sqrt{2}+i\frac{3}{4}\pi$$

이다. 따라서

$$\log i(-1+i)=\log\sqrt{2}-i\frac{3}{4}\pi \qquad \cdots\cdots ①$$

이고,

$$\log i+\log(-1+i)=i\frac{\pi}{2}+\log\sqrt{2}+i\frac{3}{4}\pi \qquad \cdots\cdots ②$$

이므로 ①, ②에 의하여 두 값은 서로 다르다. □

[예 4.11] $\log(1+i)$와 $\log(-e)$의 주요값을 각각 구하여라.

풀이 $\log(1+i)=\log|1+i|+i\arg(1+i)$

$$=\log\sqrt{2}+i\left(\frac{\pi}{4}+2k\pi\right) \text{ (단 } k\text{는 정수)}$$

그러므로 $\log(1+i)$의 주값은 $\text{Log}(1+i)=\log\sqrt{2}+i\frac{\pi}{4}$이다. 한편,

$$\text{Log}(-e)=\log|-e|+i\arg(-e)$$
$$=1+i(\pi+2k\pi) \text{ (단 } k\text{는 정수)}$$

이므로 주값은 $\text{Log}(-e)=1+i\pi$가 된다. □

[예 4.12] $\cos z=2$를 만족하는 모든 복소수 z를 구하여라.

풀이 $\frac{e^{iz}+e^{-iz}}{2}=2$에서 $e^{2iz}-4e^{iz}+1=0$이므로

$$e^{iz}=\frac{4\pm\sqrt{16-4}}{2}=2\pm\sqrt{3}$$

이다. 그런데

$$e^{iz}=e^{i(x+iy)}=e^{-y(\cos x+i\sin x)}=2\pm\sqrt{3} \qquad \cdots\cdots ①$$

이므로

$$e^{-y}\cos x = 2 \pm \sqrt{3},\ e^{-y}\sin x = 0 \qquad \cdots\cdots ②$$

을 얻을 수 있고, 식 ②의 둘째 관계식에서 $x = k\pi$(단, k는 정수)이지만 첫째 관계식에 의하여 k는 짝수 즉 $k = 2m$(m은 정수)이며, 여기서 $y = -\log(2 \pm \sqrt{3})$이다. 따라서

$$z = 2km\pi - i\log(2 \pm \sqrt{3}) \ (m\text{은 정수})$$

을 얻는다. □

다음에 로그함수에 대한 기본적인 성질에 대하여 알아본다.

실제로 로그함수는 어떤 적당한 분지에 따라 실변수에 대한 로그함수의 성질과 같은 형태가 성립한다는 사실을 알 수 있다.

▮정리 4.3▮

(1) $\log z$와 e^z는 주분지에서 서로 역함수이다. 즉,

$$e^{\log z} = z,\ \log e^z = z$$

다음 성질은 적당한 분지에 대하여 성립한다.

(2) $z_1 \neq 0$, $z_2 \neq 0$에 대하여 적당한 값을 취하면 다음이 성립한다.

$$\log(z_1 z_2) = \log z_1 + \log z_2, \quad \log\frac{z_1}{z_2} = \log z_1 - \log z_2$$

한편, $z \neq 0$일 때 다음 성질이 성립함을 보여라.

(3) $\log z^m = m\log z$ (m은 양의 정수)

(4) $e^{m\log z} = e^{\log z^m}$ (m은 양의 정수)

(5) $\log z^{\frac{1}{m}} = \frac{1}{m}\log z$ (m은 양의 정수)

(6) $z^{\frac{n}{m}} = e^{\frac{n}{m}\log z}$ (m, n은 서로 소인 양의 정수)이다.

증명 (1) $\log z$의 어떤 분지에 대하여

$$e^{\log z} = e^{\log r + i\theta} = e^{\log r} \cdot e^{i\theta} = re^{i\theta} = z$$

이다. 역으로

$$\log e^z = \log (e^x \cdot e^{iy}) = \log e^x + i(y + 2k\pi) = x + iy + 2k\pi i \ (k\text{는 정수})$$

에서 $k=0$일 때 $\log e^z$의 분지를 택하면

$$\log e^z = x + iy = z$$

(2) 두 복소수를 $z_1 = r_1 e^{i\theta_1}$, $z_2 = r_2 e^{i\theta_2}$ (단, $-\pi < \theta_1 \le \pi$, $-\pi < \theta_2 \le \pi$)라고 하면 첫째 관계식은

$$\begin{aligned}\log z_1 + \log z_2 &= \log r_1 + (\theta_1 + 2k_1\pi)i + \log r_2 + (\theta_2 + 2k_2\pi)i \\ &= \log (r_1 r_2) + i[(\theta_1 + \theta_2) + 2(k_1 + k_2)\pi] \ (k_1,\ k_2\text{는 정수})\end{aligned}$$

이다. 한편

$$z_1 z_2 = r_1 r_2 e^{i[(\theta_1 + \theta_2 + 2n\pi]}, \ (\text{단, } n\text{은 임의의 정수})$$

이므로

$$\log (z_1 z_2) = \log (r_1 r_2) + i(\theta_1 + \theta_2 + 2n\pi i)$$
$$(\text{단, } k_1,\ k_2,\ n = 0,\ \pm 1,\ \pm 2,\ \cdots)$$

이다. 따라서 만약 $n = k_1 + k_2$이면 다음 결과를 얻을 수 있다.

$$\log(z_1 z_2) = \log z_1 + \log z_2$$

같은 방법으로 둘째 관계식은

$$\begin{aligned}\log z_1 - \log z_2 &= (\log r_1 + i(\theta_1 + 2k_1\pi)) - (\log r_2 + i(\theta_2 + 2k_2\pi)) \\ &= \log\left(\frac{r_1}{r_2}\right) + i[\theta_1 - \theta_2 + 2(k_1 - k_2)\pi] \ (k_1,\ k_2\text{는 정수})\end{aligned}$$

이다. 한편 $\dfrac{z_1}{z_2} = \dfrac{r_1}{r_2} e^{i[(\theta_1 - \theta_2) + 2kn\pi)]}$ $(n = 0,\ \pm 1,\ \pm 2,\ \cdots)$이므로

$$\log \frac{z_1}{z_2} = \log \frac{r_1}{r_2} + i[(\theta_1 - \theta_2) + 2n\pi]$$

이고, 만약 $n = k_1 - k_2$이면 다음 결과가 성립한다.

$$\log \frac{z_1}{z_2} = \log z_1 - \log z_2$$

(3) $z = re^{i\theta}(r > 0,\ -\pi < \theta \leq \pi)$로 놓으면

$$\begin{aligned} m \log z &= m\{\log r + i(\theta \pm 2k\pi)\} \\ &= \log r^m + i(m\theta \pm 2\pi km),\ k = 0,\ \pm 1,\ \pm 2,\ \cdots \end{aligned}$$

한편 만약 $n = km$이면

$$\log z^m = \log r^m + i(m\theta \pm 2\pi n),\ n = 0,\ \pm 1,\ \pm 2,\ \cdots$$

이다. 따라서

$$\log z^m = m \log z$$

가 성립한다. 이 등식은 양변이 집합적으로 같다는 것을 의미한다.

(4) (1)에서 지수함수는 주기가 $2\pi i$이므로 성립한다.

(5) $z = re^{i\theta}(r > 0,\ -\pi < \theta \leq \pi)$로 놓으면

$$\begin{aligned} \log z^{\frac{1}{m}} &= \log \left\{ r^{\frac{1}{m}} \cdot e^{\frac{i(\theta + 2k\pi)}{m}} \right\} \\ &= \frac{1}{m} \log r + \frac{i(\theta + 2\pi(k \pm pn))}{m} \\ &= \frac{1}{m}[\log r + i(\theta + 2\pi(k \pm p))], \end{aligned}$$

$$k = 0,\ 1,\ 2,\ \cdots,\ m-1,\ p = 0,\ 1,\ 2,\ \cdots$$

따라서

$$m \log z^{\frac{1}{m}} = \log r + i(\theta + 2\pi(k \pm pn))$$

한편 $\frac{1}{m}\log z = \frac{1}{m}[\log r + i(\theta \pm 2q\pi)]$, $q = 0,\ 1,\ 2,\ \cdots$이다. 그런데 $k \pm pn$과 $\pm q$는 같은 정수의 집합을 나타내므로 어떤 분지에서도

$$\log z^{\frac{1}{m}} = \frac{1}{m} \log z$$

(6) 성질 (3)에서 z 대신에 $z^{\frac{1}{m}}$을 대입하고, 성질 (5)에 의하여

$$\left(z^{\frac{1}{m}}\right)^n = e^{n \log z^{\frac{1}{m}}} = e^{n \cdot \frac{1}{m} \log z} = e^{\frac{n}{m} \log z}$$ ■

〈주의〉 (1) 다가함수의 로그함수를 포함하는 성질 (3)의 결과는 집합의 등식이라는 의미로 해석할 수 있어야 한다. 따라서 일반적으로

$$\log z^n \neq n \log z \ (n=1,\ 2,\ \cdots)$$

이라 할 수 있다. 예를 들면

$$\log(i^2) = (2k+1)\pi i \ (k=0,\ \pm 1,\ \pm 2,\ \cdots)$$

이지만 반면에 $2\log(i)$는 $(4k+1)\pi i$ $(k=0,\ \pm 1,\ \pm 2,\ \cdots)$이므로

$$\log(i^2) \neq 2\log(i)$$

(2) 일반적으로 z의 로그함수는

$$\log z = \log r + i(\theta + 2k\pi)(-\pi < \theta \leq \pi,\ k\text{는 정수})$$

이므로 문제 (2)에서 $w_1 = \log(z_1 \cdot z_2)$와 $w_2 = \log z_1 + \log z_2$는 2π의 정수배만큼 차이가 있으므로 일반적으로 같다고 할 수 없다. 실제로 식 ⑤에서

$$\log(z_1 z_2) = \log z_1 + \log z_2 + 2p\pi i \ (\text{단, } p\text{는 정수})$$

라고 할 수 있다. 이것을 간단히

$$\log(z_1 z_2) = \log z_1 + \log z_2 \ (\mathrm{mod}\ 2\pi i)$$

로 표시된다. 따라서 식 ⑤에서 $\log(z_1 z_2)$의 임의의 한 값은 $\log z_1 + \log z_2$의 무수히 많은 값 중에 어느 하나의 값과 같다는 것을 의미한 것이다. 같은 방법으로

$$\log \frac{z_1}{z_2} = \log z_1 - \log z_2 \ (\mathrm{mod}\ 2\pi i)$$

로 나타낼 수 있다.

[예 4.13] $\mathrm{Log}(z_1 z_2) = \mathrm{Log}\, z_1 + \mathrm{Log}\, z_2$는 항상 성립하는가?

풀이 예를 들면 만약 $z_1 = -\sqrt{3} + i$, $z_2 = -1 + i\sqrt{3}$이라 하자.
그러면 $z_1 z_2 = -4i$이므로

$$\mathrm{Log}(z_1 z_2) = \mathrm{Log}(-4i) = \mathrm{Log}\, 4 - \frac{i\pi}{2}$$

이고, 한편

$$\begin{aligned}\mathrm{Log}(z_1 z_2) &= \mathrm{Log}(-\sqrt{3} + i) + \mathrm{Log}(-1 + i\sqrt{3})\\ &= \mathrm{Log}\, 2 + \frac{i5\pi}{6} + \mathrm{Log}\, 2 + \frac{i2\pi}{3}\\ &= \mathrm{Log}\, 4 + \frac{i3\pi}{2}\end{aligned}$$

이다. 따라서 일반적으로

$$\mathrm{Log}(z_1 z_2) \neq \mathrm{Log}\, z_1 + \mathrm{Log}\, z_2$$ □

4.2 복소지수

지금 복소수 $z(\neq 0)$, $\alpha = a + ib = re^{i\theta}$ (a, $b(\neq 0)$는 실수)이면 함수 $w = z^{\alpha}$를 다음과 같이 정의한다.

$$\begin{aligned} w = z^{\alpha} &= e^{\alpha \log z} = e^{(a+ib)\log z}\\ &= e^{(a+ib)(\log r + i(\theta + 2k\pi))} = e^{a\log r - b(\theta + 2k\pi)} \cdot e^{i[\log r + a\theta + 2k\pi a]} \end{aligned} \quad \cdots\cdots ①$$

(단, $\log z$, $z \neq 0$는 다가함수, k는 정수, $-\pi < \theta \leq \pi$)

를 복소지수라 한다. 이때 ①을

$$e^{\alpha \log z} = e^{\alpha[\log|z| + i\,\mathrm{Arg}\, z + 2k\pi i]} \quad (k\text{는 정수}) \quad \cdots\cdots ②$$

라고 할 수 있다. 한편 $|z^{a+ib}|=e^{a\log r-b(\theta+2k\pi)}$이므로 각 분지에 따라 다른 절대값을 갖는다. 여기서 식 ②에서 $k=0$일 때 $w=z^\alpha$의 주요값이다.

한편 $z\neq 0$일 때 $w=z^{\frac{1}{n}}$ $(n=0, \pm1, \pm2, \cdots)$에서 다음 결과를 얻을 수 있다.

$$w=z^{\frac{1}{n}}=e^{(1/n)\log z}=e^{(1/n)(\log|z|+i\arg z)}=e^{(1/n)[\log|z|+i(\mathrm{Arg}\, z+2k\pi)]}$$

(단, $k=0, 1, 2, \cdots, n-1$)

만약 m과 n은 서로 소인 양의 정수이고, $z\neq 0$일 때

$$\left(z^{\frac{1}{n}}\right)^m=e^{\left(\frac{m}{n}\right)\log z}=e^{\frac{m}{n}[\log|z|+i(\mathrm{Arg}\, z+2k\pi)]}\quad (\text{단, } k=0, 1, 2, \cdots, n-1)$$

은 n개의 서로 다른 값을 갖는다.

[예 4.14] 다음 물음에 답하여라.

(1) $z(\neq 0)$, α, β가 복소수일 때 $z^\alpha\cdot z^\beta=z^{\alpha+\beta}$임을 보여라.

(2) $z_1(\neq 0)$, $z_2(\neq 0)$, α가 복소수일 때 다음이 성립함을 보여라.

$$(z_1\cdot z_2)^\alpha=z_1^\alpha\cdot z_2^\alpha\; e^{2\pi i\alpha s(z_1,\, z_2)},\quad \left(\frac{z_1}{z_2}\right)^\alpha=\frac{z_1^w}{z_2^\alpha}e^{2\pi i\alpha s(z_1,\, z_2)}$$

$$\text{단, } s(z_1, z_2)=\begin{cases}-1, & \pi<\arg z_1+\arg z_2\le 2\pi\\ 0, & -\pi<\arg z_1+\arg z_2\le\pi\\ 1, & -2\pi<\arg z_1+\arg z_2\le-\pi,\end{cases}$$

풀이 (1) 지금 $z=r(\cos\theta+i\sin\theta)$이고, 임의의 두 복소수 α, β에 대하여

$$\begin{aligned}z^\alpha\cdot z^\beta&=e^{\alpha\log z}\cdot e^{\beta\log z}\\&=e^{\alpha[\log r+i(\theta+2k\pi)]}\cdot e^{\beta[\log r+i(\theta+2m\pi)]}\\&=e^{(\alpha+\beta)\log r}e^{(\alpha+\beta)i\theta}e^{2(k\alpha+m\beta)\pi i}\qquad\cdots\cdots ①\end{aligned}$$

이고, 한편

$$\begin{aligned}z^{\alpha+\beta}&=e^{(\alpha+\beta)\log z}=e^{(\alpha+\beta)[\log r+i(\theta+2n\pi)]}\\&=e^{(\alpha+\beta)\log r}e^{(\alpha+\beta)i\theta}e^{(\alpha+\beta)n\pi i}\qquad\cdots\cdots ②\end{aligned}$$

(단, k, m, n은 임의 정수)

그러므로 식 ①, ②를 비교하면 $z^{\alpha}\cdot z^{\beta}=z^{\alpha+\beta}$가 성립한다.

$$\begin{aligned}(2)\ (z_1\cdot z_2)^{\alpha}&=e^{\alpha\log(z_1z_2)}\\&=e^{\alpha[\log z_1+\log z_2)+2\pi is(z_1,\ z_2)]}=e^{\alpha\log z_1}e^{\alpha\log z_2}e^{2\pi i\alpha s(z_1,\ z_2)}\\&=z_1^{\alpha}\cdot z_2^{\alpha}\,e^{2\pi i\alpha s(z_1,\ z_2)}\end{aligned}$$

이 성립하고, 같은 방법으로

$$\left(\frac{z_1}{z_2}\right)^{\alpha}=\frac{z_1^{w}}{z_2^{\alpha}}e^{2\pi\alpha t(z_1,\ z_2)}$$

임을 알 수 있다. □

〈참고〉 위의 성질에서 일반적으로

$$\log(z_1z_2)=\log z_1+\log z_2+2\pi i\alpha(z_1,\ z_2),$$

$$\log\frac{z_1}{z_2}=\log z_1-\log z_2+2\pi i\beta(z_1,\ z_2)$$

임을 알 수 있다.

[예 4.15] 다음 복소수의 주요값을 구하여라.

(1) $z=(-i)^{i}$ (2) $z=(1+i)^{i}$

풀이 (1) $z=(-i)^{i}=e^{i\log(-i)}=e^{i\left(-\frac{\pi}{2}i\right)}=e^{\frac{\pi}{2}}$

(2) $z=(1+i)^{i}=e^{i\log(1+i)}=e^{i[\log|1+i|+i\arg(1+i)]}$

$=e^{i\left(\log\sqrt{2}+i\frac{\pi}{4}\right)}=e^{-\frac{\pi}{4}+i\frac{1}{2}log\,2}$ □

[예 4.16] $w=z^{\frac{2}{3}}$의 주분지를 구하여라.

풀이 $z^{\frac{2}{3}}=e^{\frac{2}{3}\log z}=e^{\frac{2}{3}(\log r+i\theta)}=\sqrt[3]{r^2}\,e^{\frac{2}{3}i\theta},\ (r=|z|>0,\ -\pi<\theta\le\pi)$ □

1. $z_1 = z_2 = -1$일 때 적당한 분지에 대하여 $\log(z_1 z_2) = \log z_1 + \log z_2$가 성립함을 보여라.

풀이 (1) $z_1 = z_2 = -1 = e^{i(\pi + 2k\pi)}$이므로 $k = 0$일 때 즉 $-1 = e^{i\pi}$이면

$$\log z_1 = \log z_2 = \pi i,\ \log z_1 + \log z_2 = 2\pi i$$

한편, $z_1 z_2 = 1 = e^{i(0 + 2k_2\pi)}$에서 $k_2 = 1$일 때 즉 $1 = e^{2\pi i}$이면

$$\log z_1 z_2 = 2\pi i$$

이므로 $\log z_1 z_2 = \log z_1 + \log z_2$가 성립한다.

2. 다음을 구하여라.

(1) $z = \log(1-i)$의 값을 구하여라.

(2) $z_1 = (1+i)^i$ 및 $z_2 = (1-i)^{2-3i}$

풀이 (1) $\log(1-i) = \log|1-i| + i\arg(1-i) = \dfrac{1}{2}\log 2 - \dfrac{\pi i}{4}$

(2) $z_1 = (1+i)^i = e^{i\log(1+i)} = e^{i\left[\log\sqrt{2} + i\left(\frac{\pi}{4} + 2k\pi\right)\right]} = e^{-\left(\frac{\pi}{4} + 2k\pi\right) + \frac{i}{2}\log 2}$ (k는 정수)

$z_2 = (1-i)^{2-3i} = e^{(2-3i)\log(1-i)} = e^{(2-3i)\left\{\log\sqrt{2} + i\left(\frac{3\pi}{4} + 2k\pi\right)\right\}}$ (k는 정수)

3. $z = re^{i\theta}\ (r > 0,\ -\pi < \theta \le \pi)$일 때 $w = \log z = \log r + i\theta$는 음의 실수축에서 연속이 아님을 보여라.

풀이 음의 실수축 위의 이면 점을 $z_0 = r_0 e^{\pi i} = x_0\ (x_0 < 0)$, $r_0 > 0$이라고 하면 $\log z_0 = \log r_0 + i\pi$이다. 그런데 z가 $z_0 = x_0$의 위로부터 x_0로 접근할 때의 극한값은

$$\lim_{x \to x_0} \log z = \log(-x_0) + i\pi \qquad \cdots\cdots ①$$

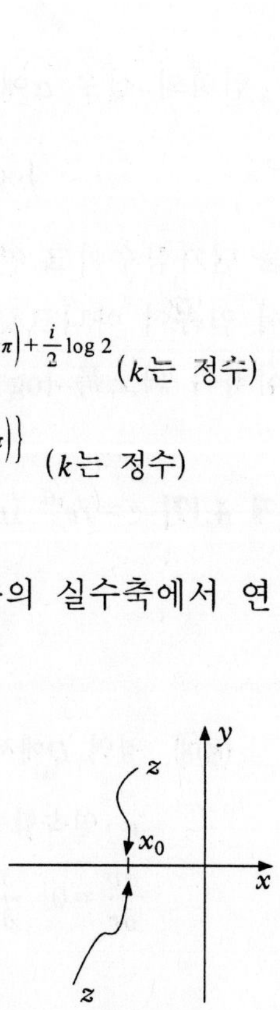

[그림 4.4]

이고 z가 $z_0 = x_0$의 아래로부터 x_0로 접근할 때의 극한값은

$$\lim_{z \to x_0} \log z = \log(-x_0) - i\pi \qquad \cdots\cdots ②$$

이다. ①, ②에서 두 극한값이 일치하지 않으므로 연속이 아니다.

4.3 로그함수의 도함수

함수 $w = f(z)$가 해석적이면 $f(z)$가 단가함수일 때이다. 그런데 로그함수 $f(z) = \log z$는 다가함수로서 값은 일정하지 않으므로 z가 z_0로 접근할 때 함수는 의미가 없지만 다가함수 중에 어떤 고정된 단가함수에 대하여 해석적인 것을 고려할 필요가 있다.

임의의 실수 α에 대하여 $z = re^{i\theta}$, $r > 0$, $-\alpha < \theta < \alpha + 2\pi$일 때 로그함수

$$\log z = \log r + i\theta (r > 0,\ \alpha < \theta < \alpha + 2\pi) \qquad \cdots\cdots ①$$

는 단가함수이고 연속이다. 그러나 함수 $\log z$는 분지절단선이 음의 실수축 위에서 연속이 아니므로 미분가능하지 않다. 그런데 $\log z$가 음의 실수축 위에서 해석적이 되도록 $\log z$의 한 분지함수를 찾을 수 있다.

[예 4.17] $z = re^{i\theta}$ $(r > 0, -\pi < \theta < \pi)$일 때 $w = \log z$(주값)는 해석적이고,

$$\frac{d}{dz} \log z = \frac{1}{z}$$

풀이 영역 D에서 $w = u + iv$의 $u(r, \theta) = \frac{1}{r}$, $v(r, \theta) = \theta$의 일계편도함수가 존재하고 연속함수이고 더욱이 Cauchy-Riemann의 방정식 $\frac{\partial u}{\partial r} = \frac{1}{r}$, $\frac{\partial u}{\partial \theta} = 0$이며, $\frac{\partial v}{\partial r} = 0$, $\frac{\partial v}{\partial \theta} = 1$이므로

$$\frac{\partial u}{\partial r} = \frac{1}{r} \frac{\partial v}{\partial \theta}, \quad \frac{\partial v}{\partial r} = -\frac{1}{r} \frac{\partial u}{\partial \theta}$$

가 성립한다. $w=\log z$의 주요값은 영역 D에서 해석적이다. 그런데 $w=f(z)$가 해석적이면 $\dfrac{dw}{dz}=(\cos\theta-i\sin\theta)\dfrac{\partial w}{\partial r}$이므로

$$\frac{d}{dz}\log z=(\cos\theta-i\sin\theta)\frac{\partial}{\partial r}(\log r+i\theta)$$
$$=\frac{\cos\theta-i\sin\theta}{r}=\frac{1}{z} \qquad \square$$

[예 4.18] α가 임의의 복소수일 때 다음 복소멱함수

$$z^{\alpha}=e^{\alpha\log z}\ \ (|z|>0,\ \theta_0<\theta<\theta_0+2\pi) \qquad \cdots\cdots ①$$

의 도함수를 구하여라.

풀이 일반적으로 $\log z$는 다가함수이므로 z^{α}는 역시 다가함수이다. 지금 $z=re^{i\theta}$에서 $\theta_0<\theta<\theta_0+2\pi$ (θ_0는 일정)와 같이 θ의 값을 제한하면 로그함수의 분지

$$\log z=\log r+i\theta\ (r>0,\ \theta_0<\theta<\theta_0+2\pi) \qquad \cdots\cdots ②$$

는 주어진 영역에서 단가함수이고 해석적이므로 식 ①에 의하여 함수 z^{α}도 영역 $r>0,\ \theta_0<\theta<\theta_0+2\pi$에서 단가함수이고 해석적이다. 한편 이 영역에서 정의된 z^{α}의 분지에 대한 도함수는

$$\frac{d}{dz}z^{\alpha}=\frac{d}{dz}e^{\alpha\log z}=\frac{\alpha}{z}e^{\alpha\log z}=\alpha\frac{e^{\alpha\log z}}{e^{\log z}}$$
$$=\alpha e^{(\alpha-1)\log z}=\alpha z^{\alpha-1}$$

이다. 따라서

$$\frac{d}{dz}z^{\alpha}=\alpha z^{\alpha-1}\ (r>0,\ \theta_0<\theta<\theta_0+2\pi)$$

가 된다. 특히 $\theta_0=-\pi$ 즉 $-\pi<\theta<\pi$이면 음의 실수축을 제외하고 함수

$$z^{\alpha}=e^{\alpha\log z}\ (r>0,\ -\pi<\theta<\pi)$$

를 z^{α}의 주분지이다. 특히 $a\neq 0$을 복소상수라 할 때 a를 밑(base)으로 하는 지수함수 a^{z}는

$$a^z = e^{z \log a}$$

와 같이 정의되고, $\log a$의 어떤 고정된 분지에 대하여 a^z는 모든 z에 대하여 해석적이며, 미분하면 다음과 같다.

$$\frac{d}{dz}a^z = a^z \log a \quad (a \neq 0)$$ □

4.4 역삼각함수

지금 지수함수를 이용하여 역삼각함수를 로그함수로 표현할 수 있음을 보인다. $z = \sin w$에서 w를 z에 관하여 나타낸 $w = \sin^{-1} z$이면

$$z = \sin w = \frac{e^{iw} - e^{-iw}}{2i} \qquad \cdots\cdots ①$$

이다. 식 ①에서 $e^{iw} - 2iz - e^{-iw} = 0$이고, 항상 $e^{-iw} \neq 0$이므로

$$(e^{iw})^2 - 2i\,z\,e^{iw} - 1 = 0$$
$$(e^{iw} - iz)^2 = 1 - z^2 \qquad \cdots\cdots ②$$

따라서 방정식 ②에서 e^{iw}에 관하여 풀면

$$e^{iw} - iz = \sqrt{1 - z^2}$$

그런데 $\sqrt{1-z^2}$은 2가함수이고, $\pm\sqrt{1-z^2}$는 $\sqrt{1-z^2}$에 포함되므로

$$e^{iw} = iz + \sqrt{1 - z^2} \qquad \cdots\cdots ③$$

지금 $e^{iw} = e^{i(w - 2k\pi)}$, $k = 0, \pm 1, \pm 2, \cdots$ 이므로 $e^{i(w-2k\pi)} = iz + \sqrt{1-z^2}$이고, 양변에 로그를 취하면

$$w = 2k\pi - i \log (iz + \sqrt{1 - z^2}) \qquad \cdots\cdots ④$$

와 같이 나타낼 수 있다. 그런데 식 ④에서 $z = 0$일 때 $w = 0$에 대한 특정한 분지

는 $k=0$을 취함으로써 얻을 수 있으므로 구하는 것은

$$\sin^{-1}z=-i\log(iz+\sqrt{1-z^2})$$

같은 방법으로 $z=\cos w$와 $z=\tan w$의 역함수를 각각 구하면

$$\cos^{-1}z=-i\log(z+i\sqrt{1-z^2})=-i\log(z+\sqrt{z^2-1})$$

$$\tan^{-1}z=\frac{i}{2}\log\left(\frac{1-iz}{1+iz}\right)=\frac{i}{2}\log\left(\frac{i+z}{i-z}\right),\ z\neq\pm i$$

〈참고〉 $\sin^{-1}z$와 마찬가지로 역삼각함수는 어떤 특정한 분지가 사용되지 않으면 다가함수이다. 따라서 제곱근과 로그함수의 특수한 값이 주어질 때 모든 역삼각함수는 단가함수이다.

[예 4.19] 다음 함수의 값을 구하여라.

(1) $\sin^{-1}0$ (2) $\sin^{-1}i$ (3) $\sin^{-1}(-i)$

풀이 (1) $\sin^{-1}0=-i\log\sqrt{1}=-i\dfrac{2k\pi i}{2}=k\pi$ (k는 정수)

(2) $\sin^{-1}i=-i\log(-1\pm\sqrt{2})$
$=-i\{\log|-1\pm\sqrt{2}|+i\arg(-1\pm\sqrt{2})\}$
$=\arg(-1\pm\sqrt{2})-i\log|-1\pm\sqrt{2}|$

그런데 $\arg(-1+\sqrt{2})=2k\pi$ (k는 정수)이고,

$$\arg(-1-\sqrt{2})=\pi+2m\pi=(2m+1)\pi\ (m\text{은 정수})$$

따라서 구하는 결과는 $\sin^{-1}i=n\pi-i\log|-1\pm\sqrt{2}|$ (n은 정수)

(3) $\sin^{-1}(-i)=-i\log(1\pm\sqrt{2})$. 그런데 $\log(1+\sqrt{2})=\log(1+\sqrt{2})+2k\pi i$ (k는 정수) 및 $\log(1-\sqrt{2})=\log(\sqrt{2}-1)+2(m+1)\pi i$ (m은 정수)에서 무한히 많은 값을 갖는 다가함수이다. 한편

$$\log(\sqrt{2}-1)=\log\frac{1}{1+\sqrt{2}}=-\log(1+\sqrt{2})$$

이므로 $\log(1\pm\sqrt{2})$의 값들의 집합을 다음과 같이 얻을 수 있다.

$$\log(1 \pm \sqrt{2}) = (-1)^n \log(1+\sqrt{2}) + n\pi i \ (n\text{은 정수})$$

따라서 구하는 결과는

$$\sin^{-1}(-i) = n\pi + i(-1)^{n+1}\log(1+\sqrt{2})(n=0, \pm 1, \pm 2, \cdots) \qquad \square$$

연쇄법칙과 로그함수를 이용하여 역삼각함수의 도함수는 다음과 같다.

$$\frac{d}{dz}\sin^{-1}z = \frac{1}{\sqrt{1-z^2}}, \quad \frac{d}{dz}\cos^{-1}z = \frac{-1}{\sqrt{1-z^2}}, \quad \frac{d}{dz}\tan^{-1}z = \frac{1}{1+z^2}$$

연습문제 4.4

1. 다음을 계산하여라.

(1) $2\sin\left(\frac{\pi}{2}+4i\right)$　　(2) $2i\cos\left(\frac{\pi}{2}-2i\right)$　　(3) $i\tan i$

2. 다음 방정식을 풀어라.

(1) $e^{\bar{z}} = -1-\sqrt{3}i$　　(2) $\sin z=0$, $\cos z=0$

3. 다음을 증명하여라.

(1) $e^{ia}+e^{ib} = 2\cos\frac{a-b}{2}\,e^{\frac{i(a+b)}{2}}$　　(2) $z=re^{i\theta}$일 때 $|e^{iz}|=e^{-i\sin\theta}$

4. 다음 물음에 답하여라.

(1) $z=re^{i\theta}$일 때 $z^i = e^{-(\theta+2k\pi)}[\cos(\log r)+i\sin(\log r)]$ (k는 정수)임을 보여라.

(2) z가 중심이 원점인 단위원 위의 점일 때 z^i는 무수히 많은 실수로 나타낼 수 있고, 주값을 정할 수 있음을 보여라.

(3) $z=i^i$의 주값을 구하여라.

5. α, w가 복소수일 때 다음을 증명하여라.

(1) $\log(z^w) = w \log z + 2\pi k,\ z \neq 0$

(2) $(z^w)^\alpha = z^{w\alpha} e^{2\pi i \alpha k}$ 단, $k = \left[\dfrac{1}{2} - \dfrac{\mathrm{Im}(w) \log |z| + \mathrm{Re}(w) \arg z}{2\pi}\right]$는 정수

6. 다음을 증명하여라.

(1) $\dfrac{|e^{-y} - e^y|}{2} \leq |\sin z| \leq \dfrac{e^{-y} + e^y}{2}$.

(2) $\mathrm{Im}\, z = a$(상수)이고, $|\sin z| \leq 1$이면 $a = 0$임을 보여라.

7. 다음을 증명하여라.

(1) $z = x + iy$일 때

$$\frac{|e^{-y} - e^y|}{e^{-y} + e^y} \leq |\tan z| \leq \frac{e^{-y} + e^y}{|e^{-y} - e^y|}$$

(3) $y \to \infty$일 때 $|\tan(a + iy)| \to 1$ (단, a는 상수)

복소적분과 Cauchy의 정리

지금부터 실함수와 마찬가지로 복소함수 $f(z)$의 적분에 관한 정의와 중요한 성질에 대하여 알아보기로 한다.

5.1 선적분의 정의

먼저 복소함수의 적분을 도입하기 전에 실변수 t의 함수에 대한 Riemann 적분의 성질을 보면 임의의 $t\in[a,\ b]$에 대하여 연속함수 $f(t)$, $g(t)$와 실수인 상수 c_1, c_2에 대하여 다음과 같은 적분의 성질이 성립함을 알고 있다.

$$\int_a^b [c_1 f(t)+c_2 g(t)]dt = c_1\int_a^b f(t)dt + c_2\int_a^b g(t)dt \text{와}$$

$$\left|\int_a^b f(t)dt\right| \le \int_a^b |f(t)|dt \qquad \cdots\cdots \text{①}$$

이와 같이 임의의 $t\in[a,\ b]$에 대하여 함수 $u(t)$와 $v(t)$가 연속일 때 복소함수 $f(t)=u(t)+iv(t)$의 적분을

$$\int_a^b f(t)dt = \int_a^b u(t)dt + i\int_a^b v(t)dt \qquad \cdots\cdots ②$$

와 같이 정의하면 다음 결과를 쉽게 알 수 있다.

$$\mathrm{Re}\int_a^b f(t)dt = \int_a^b u(t)dt = \int_a^b \mathrm{Re}\, f(t)dt,$$

$$\mathrm{Im}\int_a^b f(t)dt = \int_a^b v(t)dt = \int_a^b \mathrm{Im}\, f(t)dt \qquad \cdots\cdots ③$$

또한 상수 $c = c_1 + ic_2$ (c_1, c_2는 실수)에 대하여

$$\begin{aligned}\int_a^b cf(t)dt &= \int_a^b (c_1+ic_2)f(t)dt = \int_a^b (c_1+ic_2)(u+iv)dt \\ &= \int_a^b (c_1u - c_2v)dt + i\int_a^b (c_1v + c_2u)dt \\ &= (c_1+ic_2)\left(\int_a^b udt + i\int_a^b vdt\right) = c\int_a^b f(t)dt \qquad \cdots\cdots ④\end{aligned}$$

가 된다. 그런데 적분 ②에서 $a \le b$일 때 적분 ①의 둘째 관계와 같은 형태가 성립하는지 알아보자. 복소수 z의 절대값 r과 편각 θ에 대하여

$$\int_a^b f(t)dt = re^{i\theta} \quad (r>0,\ -\pi < \theta \le \pi) \qquad \cdots\cdots ⑤$$

이라고 하자. ⑤에서 r에 관하여 풀고, ④를 이용하면

$$r = e^{-i\theta}\int_a^b f(t)dt = \int_a^b e^{-i\theta}f(t)dt \text{이고, 즉 } r = \left|\int_a^b f(t)dt\right| \qquad \cdots\cdots ⑥$$

를 얻는다. 그런데 식 ⑥의 첫째 식에서의 좌변은 실수이므로 우변도 실수라야 한다. 따라서 ③의 첫째 식에 의하여

$$r = \mathrm{Re}\int_a^b e^{-i\theta}f(t)dt = \int_a^b \mathrm{Re}\ e^{-i\theta}f(t)dt$$

가 성립한다. 그런데 $a \le b$이고 $|e^{-i\theta}| = 1$이므로

$$r=\int_a^b \mathrm{Re}(e^{-i\theta}f(t))dt \le \int_a^b |e^{-i\theta}f(t)|dt=\int_a^b |f(t)|dt \qquad \cdots\cdots ⑦$$

이므로 식 ⑥, ⑦에서

$$\left|\int_a^b f(t)dt\right| \le \int_a^b |(t)|dt$$

이다. 여기서 $r=0$일 때도 성립하며, $a=b$이면 등호가 성립한다.

5.2 곡선과 매개변수

지금부터 복소평면 위에 연속인 곡선에 대하여 알아보도록 한다.

복소평면 위의 점 $z=(x, y)$의 집합을 C라 하고, 임의의 $t\in[a, b]$에 대하여 $x=x(t)$, $y=y(t)$가 연속함수이면

$$C: z=z(t)=x(t)+iy(t) \qquad \cdots\cdots ①$$

와 같이 나타내며, 이 때 C는 연속곡선이고 $z(t)$를 t를 매개변수로 하는 C의 방정식이라 한다.

곡선 ①에서 $z(a)$를 시점(initial point), $z(b)$를 종점(terminal point)이라 하며,

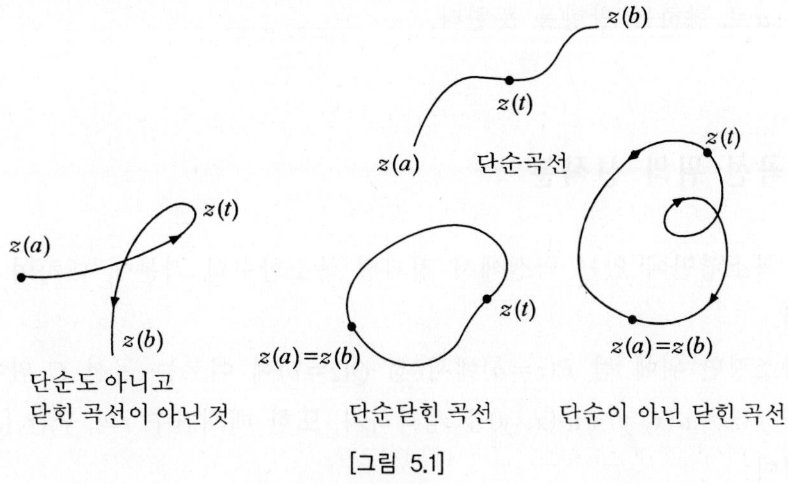

[그림 5.1]

시점과 종점이 일치하면 즉, $z(a)=z(b)$일 때 C를 닫힌곡선(closed curve)이라 하고, $z(a)\neq z(b)$이면 C를 열린곡선(open curve)이라 한다. 또한 C가 닫힌곡선이고, $a\leq t_1<t_2<b$인 임의의 t_1, t_2에 대하여 항상 $z(t_1)\neq z(t_2)$일 때 즉 C가 서로 교차하지 않을 때 C를 단순닫힌 곡선(simple closed curve) 또는 Jordan 곡선이라 한다. 모든 단순닫힌 곡선은 평면을 유계하는 영역과 유계하지 않는 영역의 두 부분으로 나눌 수 있는데 이때 보통 유계하는 쪽의 영역을 곡선의 내부로, 유계하지 않는 쪽의 영역을 외부로 한다. 그러므로 곡선 C는 각 영역의 경계가 된다.

지금 곡선 C의 방정식 ①에서

$$\frac{dz}{dt}=\frac{dx}{dt}+i\frac{dy}{dt} \qquad \cdots\cdots \text{②}$$

가 존재하고 연속이면 곡선 C를 미끄러운 곡선이라 하며, 끝 점과 끝 점을 연결하는 유한 개의 미끄러운 곡선으로서 연결하여 이루어진 곡선을 조각마다 미끄러운 곡선(piecewise smooth curve)이라 한다.

앞으로 곡선이라 하면 대개 조각마다 미끄러운 곡선을 나타내며, 곡선

$$C: z(t)=x(t)+iy(t),\ a\leq t\leq b$$

는 시점 $\alpha=z(a)$에서 종점 $\beta=z(b)$로 향하는 방향을 뜻하고, 역으로

$$-C: z(-t)=x(-t)+iy(-t),\ -b\leq t\leq -a$$

는 β에서 α로 향하는 방향을 뜻한다.

5.3 곡선 위의 선적분

다음은 복소평면에 있는 곡선에서 정의된 복소함수의 적분에 대하여 알아보도록 한다.

지금 복소평면 위에 점 $P(z=a)$에서 점 $Q(z=b)$에 이르는 곡선 C 위에서 정의된 함수 $f(z)=u(x,\ y)+iv(x,\ y)$를 생각하자. 또한 매개변수 t의 구간 $[a,\ b]$를 다음과 같이

$$a = t_0 \leq t_1 \leq t_1 \leq \cdots \leq t_n = b \quad \cdots\cdots ①$$

인 점 t_0, t_1, t_2, $\cdots$, t_n을 잡고, 각 소구간 $[t_{i-1}, t_i]$에 $t_{k-1} \leq t_k^* \leq t_k$, $k=1, 2, \cdots, n$을 만족하는 임의의 점 t_k^*를 택하여 $\alpha_k = \alpha_k(t_k^*)$로 표시한다. 그리고 곡선 C 위의 점 P에서 Q까지 차례로 $(n-1)$개의 점

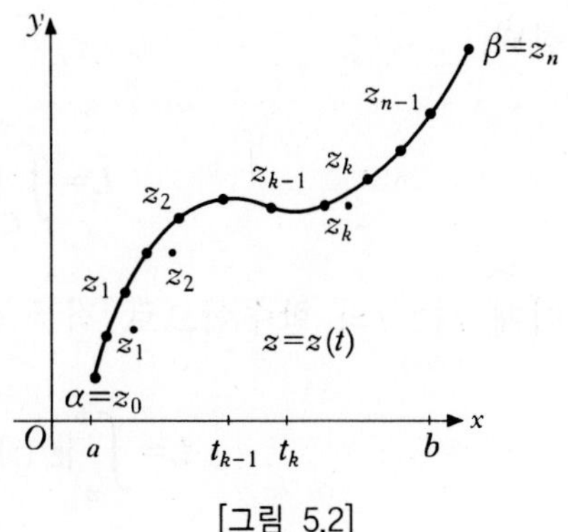

[그림 5.2]

$$\alpha = z_0,\ z_1,\ z_2,\ \cdots,\ z_n = \beta\ \ (\text{단},\ z_k = x(t_k) + iy(t_k),\ k=1,\ 2,\ \cdots, n)$$

을 잡아서 곡선 C를 n개의 소부분으로 분할하고, 호 $z_{k-1}z_k$ 위의 임의의 한 점 $\alpha_k = (\xi_k, \eta_k)$를 택하여 다음과 같은 합을 생각한다.

$$S_n = \sum_{k=1}^{n} f(\alpha_k)\Delta z_k \ \ (\Delta z_k = z_k - z_{k-1}) \quad \cdots\cdots ②$$

이 때 $P = f(a)$, $Q = f(b)$를 나타낸 것이다. 여기서 곡선 C를 무수히 분할하여 각 부분호의 길이를 충분히 작게 할 때 즉, $n \to \infty(\Delta z_k \to 0,\ k=1,\ 2,\ \cdots,\ n)$이면 다음의 극한값

$$\lim_{n\to\infty} S_n = \lim_{n\to\infty}\sum_{k=1}^{n} f(\alpha_k)\Delta z_k \quad \cdots\cdots ③$$

가 존재하면 이것을 곡선 C에 따라 α에서 β에 이르는 $f(z)$의 선적분(line integral)이라 하고,

$$\int_C f(z)dz \quad \cdots\cdots ④$$

와 같이 나타낸다. 이 때 곡선 C를 적분경로(contour)라고 한다. 그런데 점 P에서 Q에 이르는 곡선 C는 유일하지 않으므로 선적분은 곡선 C의 선택에 따라 결정된다.

한편 곡선 C : $z(t) = x(t) + iy(t)\,(a \leq t \leq b)$에서 $|\Delta z_k| = |z_k - z_{k-1}|$, $k=1, 2, \cdots, n$인 형태의 모든 합들의 최소상계를 C의 길이(length)라 하고, 다음과 같이 정의

한다.

$$L=\int_C |dz| = \lim_{n\to\infty}\sum_{k=1}^{n}|\Delta z_k| \qquad \cdots\cdots ⑤$$

이때 z는 t의 함수이므로 적분 ⑤는 보통

$$L=\int_a^b |z'(t)|\,dt=\int_a^b |x'(t)+iy'(t)|dt$$
$$=\int_a^b \sqrt{(x'(t))^2+(y'(t))^2}\,dt$$

에 의하여 구할 수 있다.

[예 5.1] 곡선 $z=r\cos^3 t+ir\sin^3 t$ $(r>0,\ 0\le t\le 2\pi)$의 길이를 구하여라.

풀이 $C: z=r\cos^3 t+ir\sin^3 t$ $(r>0,\ 0\le t\le 2\pi)$일 때
$dz=(-3r\cos^2 t\sin t+3ir\sin^2 t\cos t)dt$이므로 $|dz|=3r|\cos t\sin t||dt|$이다.
따라서 구하는 길이는

$$\int_C |dz|=3r\int_0^{2\pi}|\cos t\sin t||dt|=3r\times 4\int_0^{\frac{\pi}{2}}\left(\frac{1}{2}\sin 2t\right)dt$$
$$=6r\int_0^{\frac{\pi}{2}}\sin 2t\,dt=6r\left[-\frac{\cos 2t}{2}\right]\Bigg|_0^{\frac{\pi}{2}}=6r$$

□

영역 D의 내부에 있는 단순곡선 C가 D의 점들 만이 포함할 때 D를 **단순연결영역**(simply connected domain)이라 한다. 위상적으로 단순연결영역은 그 내부의 한 점에 축소시킬 수 있다. 이것을 기하학적으로 말하면 단순연결영역은 내부에 어떤 구멍들(holes)도 갖지 않은 영역이다. 단순연결영역이 아닌 영역을 **다중연결영역**(multiply connected domain)이라 한다.

예를 들어 $A=\{z: 0<|z|<1\}$는 임의의 작은 영역으로 축소시킬 수 있지만 한 점으로 축소시킬 수는 없다. 따라서 단순연결영역이 아니다. 확장된 평면(extended plane)에서 한 원의 외부(exterior)도 단순연결영역이다. 왜냐하면 그것은 점 ∞로 축소시킬 수 있기 때문이다.

영역 D의 경계 $C: z(t)=x(t)+iy(t)(a \le t \le b)$에서 C에 따라 항상 왼쪽 방향으로 회전할 때 양의 방향이고, 이와 반대로 오른쪽 방향으로 회전할 때 음의 방향으로 정의한다. 또한 영역에 대한 언급 없이 단순닫힌곡선이 주어지면 그 영역은 대체로 곡선의 내부를 뜻하고, 방향은 양의 방향을 뜻한다.

예를 들어

$$C_1 : z_1(t)=e^{it}=\cos t+i\sin t \ \ (0 \le t \le 2\pi)$$

$$C_2 : z_2(t)=e^{-it}=\cos t-i\sin t \ \ (0 \le t \le 2\pi)$$

$$C_3 : z_3(t)=-e^{it}=-\cos t-i\sin t \ \ (0 \le t \le 2\pi)$$

$$C_4 : z_4(t)=-e^{-it}=-\cos t+i\sin t \ \ (0 \le t \le 2\pi)$$

를 생각하면 C_1과 C_2의 시점은 $(1, 0)$이고, C_3와 C_4의 시점은 $(-1, 0)$이다. 이 때 곡선 C_1과 C_3는 양의 방향이고, C_2와 C_4는 음의 방향이다.

5.4 매개변수의 표현과 선적분의 계산

지금부터 복소함수의 선적분에 대한 기본성질에 대하여 알아본다.

함수 $f(z)$가 곡선 $C: z(t)=x(t)+iy(t)\ (a \le t \le b)$가 모든 t에 대하여 연속인 도함수를 가지면 $f(z(t))z'(t)$는 연속이다. 그러므로 C에 따른 $f(z)$의 적분은 다음과 같이 정의한다.

$$\int_C f(z)dz=\int_a^b f(z(t))z'(t)dt$$

이 때 적분 $\int_C f(z)dz$는 함수 $f(z)$와 C의 시점과 종점에만 의존해서 결정되는 것이 아니라 곡선 C의 모든 점에 의존하여 정해진다.

곡선 $C: z(t)=x(t)+iy(t)\ (a \le t \le b)$가 연속이고, $f(z)=u(x, y)+iv(x, y)$가 C 위에서 정의되어 있을 때 f의 적분은 다음과 같이 나타낼 수 있다.

$$\begin{aligned}\int_C f(z)dz &= \int_a^b f(z(t))z'(t)dt \\ &= \int_a^b [u(z(t))x'(t) - v(z(t))y'(t)]dt \\ &\quad + i\int_a^b [v(z(t))x'(t) + u(z(t))y'(t)]dt \qquad \cdots\cdots ①\end{aligned}$$

이다. 여기서 $u = u(z(t))$, $v = v(z(t))$이면 식 ①은

$$\begin{aligned}\int_C f(z)dz &= \int_a^b (ux' - vy')dt + i\int_a^b (uy' + vx')dt \\ &= \int_C (udx - vdy) + i\int_C (udy + vdx) \qquad \cdots\cdots ②\end{aligned}$$

와 같이 나타낼 수 있다.

〈주의〉 적분 $\int_C f(z)dz$는 함수 $f(z)$와 곡선 C의 매개변수에 따라 결정되므로 반드시 C의 시점과 종점에 의하여 적분을 구할 수 있는 것은 아니다.

지금 곡선 $C : z(t) = x(t) + iy(t)$, $a \le t \le b$를 $C_1 : z(t) = x(t) + iy(t)$, $a \le t \le c$과 $C_2 : z(t) = x(t) + iy(t)$, $c \le t \le b$로 나누면 C를 C_1과 C_2의 합

$$C = C_1 + C_2 : z = z(t) = x(t) + iy(t),\ a \le t \le b$$

나타내며, 이는 C_1의 종점과 C_2의 시점을 연결하는 곡선으로서

$$z = z(t) = \begin{cases} z_1(t), & a \le t \le c \\ z_2(t), & c \le t \le b \end{cases}$$

를 의미한다. 한편 곡선 $C : z(t) = x(t) + iy(t)$, $a \le t \le b$에 대하여

$$-C : z(-t) = x(-t) + iy(-t),\ -b \le t \le -a$$

는 곡선 C와 같지만 방향은 반대임을 의미한다.

지금 곡선의 매개변수 표현을 이용하여 다음과 같이 복소함수의 적분에 대한 기본성질을 얻을 수 있다.

▌정리 5.1▐

(1) $f(z)$, $g(z)$가 곡선 C 위에서 연속일 때

$$\int_C [\alpha f(z)+\beta g(z)]dz=\alpha\int_C f(z)+\beta\int_C g(z)dz$$

가 성립한다. 단, α, β는 복소상수이다.

(2) $f(z)$가 곡선 C 위에서 연속일 때

$$\int_{-C} f(z)dz=-\int_C f(z)dz$$

가 성립한다. 단, $-C$는 곡선 C의 반대방향을 가리킨다.

(3) C를 C_1의 종점과 C_2의 시점을 연결하는 곡선이고, C_1과 C_2의 합 $C=C_1+C_2$: $z=z(t)=x(t)+iy(t)$, $a\leq t\leq b$에 대한 적분은

$$\int_{C_1+C_2} f(z)dz=\int_{C_1} f(z)dz+\int_{C_2} f(z)dz$$

(4) 함수 $f(z)$가 곡선 C 위의 보든 z에 대하여 연속이고, $|f(z)|\leq M$을 만족하는 $M>0$이 존재하면

$$\left|\int_C f(z)dz\right|\leq ML \text{ (단, } L\text{은 } C\text{의 길이)}$$

증명 (1) 적분의 정의에 의하여 명백하다.

(2) 만약 C : $z(t)=x(t)+iy(t)$, $a\leq t\leq b$이면

$$-C : z(-t)=x(-t)+iy(-t),\ -b\leq t\leq -a$$

$$\int_{-C} f(z)dz=\int_{-b}^{-a} f(z(-t))z'(-t)d(-t)$$

$$=-\int_a^b f(z(t))z'(t)dt=-\int_C f(z)dz.$$

(3) $\displaystyle\int_{C_1+C_2} f(z)dz = \int_a^c f(z(t))z'(t)dt + \int_c^b f(z(t))z'(t)dt$

$\displaystyle\qquad = \int_{C_1} f(z)dz + \int_{C_2} f(z)dz$

(4) Riemann 적분의 성질에 의하여

$$\left|\int_C f(z)dz\right| = \left|\int_a^b f(z(t))z'(t)dt\right| \leq \int_a^b |f(z(t))||z'(t)|dt \leq M\int_a^b |z'(t)|dt = ML \quad ■$$

〈참고〉 (3)에서 만약 곡선 C가 n개 곡선의 합으로 되어 있으면 수학적 귀납법에 의하여

$$\int_C f(z)dz = \int_{C_1+\cdots+C_n} f(z)dz$$
$$= \int_{C_1} f(z)dz + \int_{C_2} f(z)dz + \cdots + \int_{C_n} f(z)dz$$

와 같이 나타낼 수 있고, 이는 곡선의 종점과 다른 곡선의 시점을 연결하는 것을 의미한다.

[예 5.2] 다음 곡선에 따라 적분 $\displaystyle\int_C (x+2iy)dz$를 구하여라.

(1) 직선 $C: z=t+it,\ 0\leq t\leq 1$

(2) 꺾은 선 $C: z=\begin{cases} t, & 0\leq t\leq 1 \\ 1-i+it, & 1\leq t\leq 2 \end{cases}$

풀이 (1) $dz=(1+i)dt,\ x+2iy=t+2it=t(1+2i)$이므로

$$\int_C (x+2iy)dz = \int_0^1 t(1+2i)(1+i)dt = (-1+3i)\int_0^1 tdt$$
$$= \frac{-1+3i}{2}$$

(2) $0\leq t\leq 1$에 대응하는 선분을 C_1, $1\leq t\leq 2$에 대응하는 선분을 C_2라 하면 $C=C_1+C_2$이다. 따라서

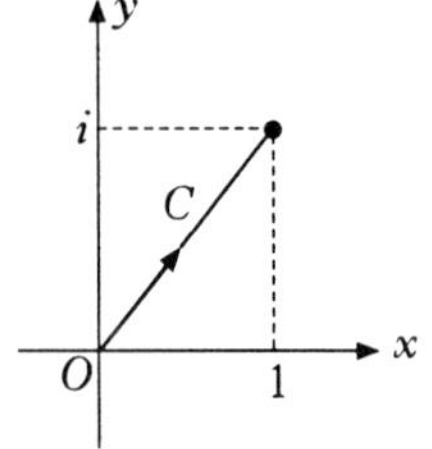

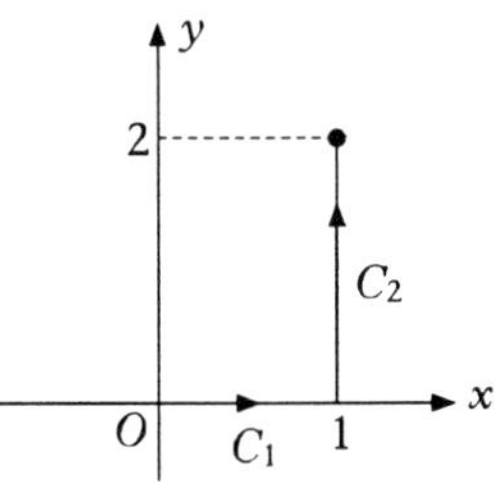

[그림 5.3]

$$\int_C (x+2iy)\,dz = \int_{C_1} (x+2iy)\,dz + \int_{C_2} (x+2iy)\,dz$$

$$= \int_0^1 t\,dt + \int_1^2 \{1+2i(t-1)\}\,i\,dt$$

$$= \frac{1}{2} + i - 1 = -\frac{1}{2} + i. \qquad \square$$

[예 5.3] 적분을 직접 계산하지 않고 다음 결과가 성립함을 보여라.

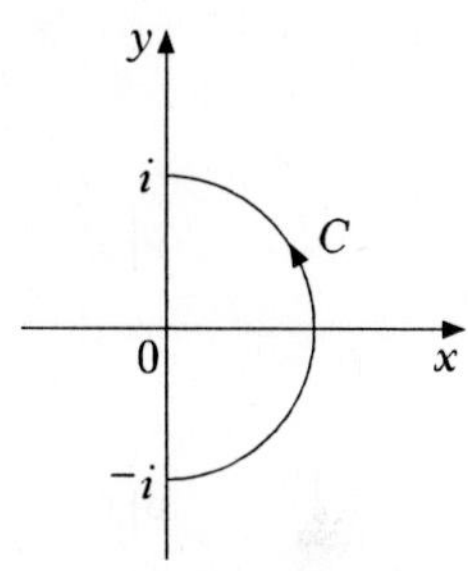

[그림 5.4]

(1) C : $z(t)=2e^{it}$, $-\pi \le t \le \pi$일 때

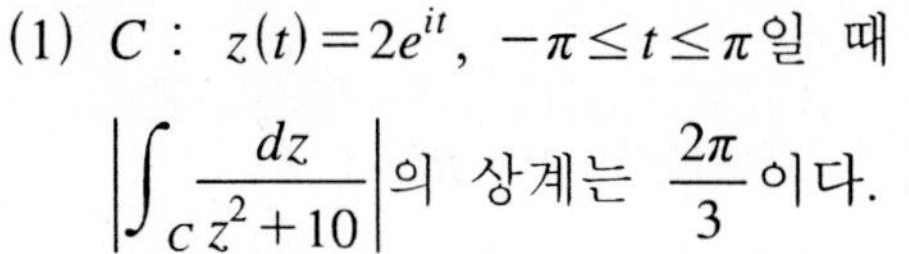

$\left|\int_C \frac{dz}{z^2+10}\right|$의 상계는 $\frac{2\pi}{3}$이다.

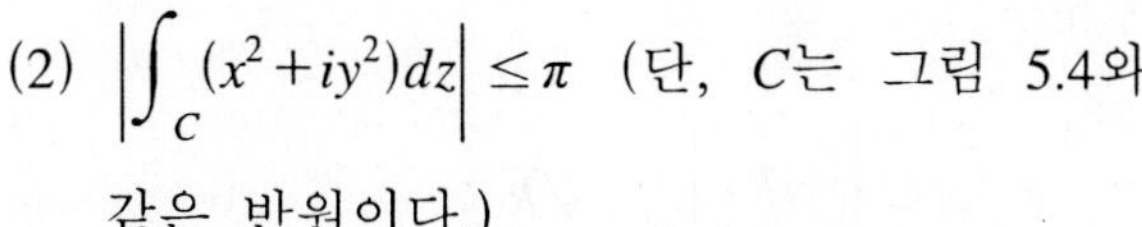

(2) $\left|\int_C (x^2+iy^2)\,dz\right| \le \pi$ (단, C는 그림 5.4와 같은 반원이다.)

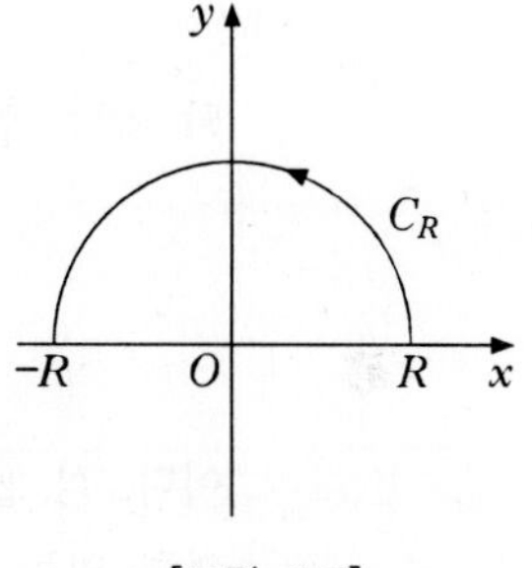

[그림 5.5]

(3) 반원 $z=Re^{it}$ ($R>1$, $0 \le t \le \pi$)를 C_R이라 할 때

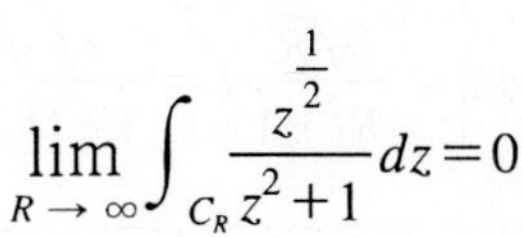

$$\lim_{R\to\infty} \int_{C_R} \frac{z^{\frac{1}{2}}}{z^2+1}\,dz = 0$$

풀이 (1) 곡선 C 위에서 $|z^2+10| \ge 10-|z|^2 \ge 10-2^2$ 이 되므로

$$\left|\int_C \frac{dz}{z^2+10}\right| \le \int_C \frac{|dz|}{|z^2+10|} \le \int_C \frac{|dz|}{10-2^2} \le \frac{1}{6}\int_C |dz| = \frac{2\pi}{3}$$

(2) 곡선 C는 $z=z(t)=e^{it}$, $-\frac{\pi}{2} \le t \le \frac{\pi}{2}$에 의한 매개변수로 나타낼 수 있다. 이 때 곡선의 길이는

$$L = \int_{-\frac{\pi}{2}}^{\frac{\pi}{2}} |e^{it}|\,dt = \pi$$

이고, 또한 $x=\cos t$, $y=\sin t$이므로

$$|x^2+iy^2|=|\cos^2 t+i\cos^2 t| = \sqrt{\cos^4 t+i\cos^4 t} \le 1$$

이다. 따라서

$$\left|\int_C (x^2+iy^2)dz\right| \le 1 \cdot \pi = \pi.$$

(3) $|z|=R>1$일 때

$$\left|z^{\frac{1}{2}}\right| = \sqrt{R}$$

이고, 또한

$$|z^2+1| \ge ||z|^2-1| = R^2-1$$

이므로 피적분함수는

$$\left|\frac{z^{\frac{1}{2}}}{z^2+1}\right| \le \frac{\sqrt{R}}{R^2-1} \qquad \cdots\cdots ①$$

이 된다. 한편 곡선 C_R의 길이는 $L=\pi R$이므로

$$\left|\int_{C_R} \frac{z^{\frac{1}{2}}}{z^2+1}dz\right| \le \frac{\sqrt{R}}{R^2-1}L = \frac{\pi/\sqrt{R}}{1-(1/R)^2} \qquad \cdots\cdots ②$$

이다. 식 ②에서 $R \to \infty$이면 식 ②의 오른쪽의 극한은 0이므로 주어진 결과를 얻는다. □

[예 5.4] 다음 물음에 답하여라.

(1) 선적분 $\int_{(0,\ 3)}^{(2,\ 4)} (2y+x^2)dx+(3x-y)dy$를 다음 주어진 곡선에 따라 각각 구하여라.

(i) 포물선 $x=2t,\ y=t^2+3$

(ii) 점 (0, 3)에서 (2, 3)까지와 (2, 3)에서 (2, 4)까지 직선

(iii) 점 (0, 3)에서 (2, 4)까지의 직선

(2) $\int_C \bar{z}dz$를 $z=0$에서 $z=4+2i$까지 다음 곡선에 따라 구하여라.

(i) 곡선 $z=t^2+it$

(ii) $z=0$에서 $z=2i$까지와 $z=2i$에서 $z=4+2i$까지 직선

풀이 (1) (i) 포물선 위에 점 (0, 3)과 (2, 4)는 각각 $t=0$, $t=1$에 대응하므로 주어진 적분은

$$\int_{t=0}^{1}\{2(t^2+3)+(2t)^2\}2dt+\{3(2t)-(t^2+3)\}2tdt$$

$$=\int_0^1(24t^2+12-2t^3-6t)dt=\frac{33}{2}$$

(ii) 점 (0, 3)과 (2, 3)에 따라 $y=3$, $dy=0$이므로 구하는 선적분은

$$\int_{x=0}^{2}(6+x^2)dx+(3x-3)0$$

$$=\int_{x=0}^{2}(6+x^2)dx=\frac{44}{3}$$

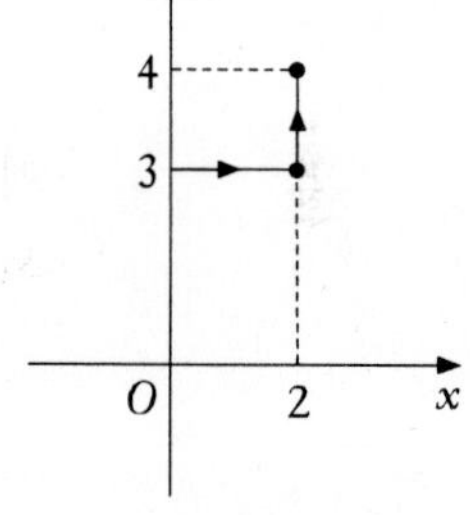

[그림 5.6]

점 (2, 3)과 (2, 4)를 지나는 직선에서 $x=2$, $dx=0$이므로 구하는 선적분은

$$\int_{y=3}^{4}(2y+4)0+(6-y)dy=\int_{y=3}^{4}(6-y)dy=\frac{5}{2}$$

이므로 구하는 값은 $\frac{44}{3}+\frac{5}{2}=\frac{103}{6}$

(iii) 점 (0, 3)과 (2, 4)를 연결하는 직선의 방정식은 $2y-x=6$이다. 여기서 x에 관하여 풀면 $x=2y-6$이다. 따라서

$$\int_{y=3}^{4}\{2y+(2y-6)^2\}2dy+\{3(2y-6)-y\}dy$$

$$=\int_3^4(8y^2-39y+54)dy=\frac{97}{6}$$

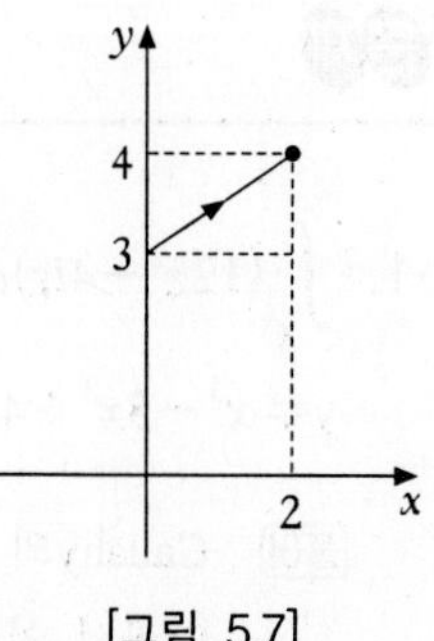

[그림 5.7]

이 결과는 y에 관하여 풀어서 $y=\frac{1}{2}(x+6)$을 이용하여도 마찬가지

이다.

(2) (i) 곡선 C 위에 점 $z=0$, $z=4+2i$는 각각 $t=0$, $t=2$에 대응한다. 그러면 구하는 적분은

$$\int_{t=0}^{2} \overline{(t^2+it)}\,d(t^2+it)=\int_{t=0}^{2}(t^2-it)\,d(2t+i)$$

$$=\int_{0}^{2}(2t^3-it^2+t)\,dt=10-\frac{8i}{3}$$

(ii) 구하는 적분은

$$\int_C (x-iy)(dx+idy)=\int_C xdx+ydy+i\int_C xdx-ydy$$

에서 $z=0$에서 $z=2i$까지 직선은 $(0,\ 0)$에서 $(0,\ 2)$까지 직선과 같으므로 $x=0$, $dx=0$이므로 구하는 적분은

$$\int_{y=0}^{2}(0)(0)+(y)(dy)+i\int_{y=0}^{2}(0)(dy)-y(0)=\int_{y=0}^{2} ydy=2$$

이다. 또한 $z=2i$에서 $z=4+2i$까지 직선은 $(0,\ 2)$에서 $(4,\ 2)$까지 직선과 같으므로 $y=2$, $dy=0$이므로 구하는 적분은

$$\int_{x=0}^{4} xdx+2\cdot 0+i\int_{x=0}^{2} x\cdot 0-2dx=\int_{0}^{4} xdx+i\int_{0}^{4}(-2)dx=8-8i \quad \square$$

---

1. $\int_C (12z^2-4iz)dz$를 구하여라. 단, C는 점 $(1,\ 1)$과 $(2,\ 3)$을 연결하는 곡선 $y=x^3-3x^2+4x-1$이다.

풀이 Cauchy의 정리에 의하여 점 $(1,\ 1)$과 $(2,\ 3)$을 연결하는 적분경로와 무관하다. 따라서 임의의 경로를 택할 수 있다. 여기서는 $(1,\ 1)$에서 $(2,\ 1)$에 이르는 직선 경로와 $(2,\ 1)$에서 $(2,\ 3)$에 이르는 직선의 경로를 생각한다.

먼저 $(1,\ 1)$에서 $(2,\ 1)$에 이르는 직선 경로에서 $y=1$, $dy=0$이므로

$z=x+iy=x+i,\ dz=dx$이다. 그러면

$$I_1=\int_{x=1}^{2}\{12(x+i)^2-4i(x+i)\}dx$$
$$=\{4(x+i)^3-2i(x+i)^2\}\Big|_1^2=20+30i$$

다음에 (2, 1)에서 (2, 3)에 이르는 직선 경로에서 $x=2,\ dx=0$이므로 $z=x+iy=2+iy,\ dz=idy$이다. 그러면

$$I_2=\int_{y=1}^{3}\{12(2+iy)^2-4i(2+iy)\}idy$$
$$=\{4(2+iy)^3-2i(2+iy)^2\Big|_1^3=-176+8i$$

따라서 구하는 적분은 $I=I_1+I_2=-156+38i$

2. 다음 곡선의 길이를 각각 구하여라.

(1) $z(t)=3e^{2it}+2\ (-\pi\leq t\leq\pi)$

(2) $z(t)=e^t\cos t+ie^t\sin t\ (-\pi\leq t\leq\pi)$

풀이 (1) $L=\int_C|dz|=\int_{-\pi}^{\pi}|z'(t)|dt=\int_{-\pi}^{\pi}|6ie^{2it}|dt\Big|_{-\pi}^{\pi}=12\pi$

(2) $z(t)=e^t(\cos t+i\sin t)=e^t\cdot e^{it}$에서 $z'(t)=e^te^{it}(1+t)$이므로

$$L=\int_{-\pi}^{\pi}|z'(t)|dt=\int_{-\pi}^{\pi}|e^te^{it}(1+i)|dt=\int_{-\pi}^{\pi}\sqrt{2}\,e^tdt=\sqrt{2}\,(e^{\pi}-e^{-\pi})$$

3. C는 중심이 z_0이고, 반지름이 r인 원일 때 다음을 구하여라.

(1) $\int_C(z-z_0)^ndz$ (단, n은 정수)

(2) (1)을 이용하여

$$\frac{1}{2\pi i}\int_{\Gamma}\frac{1}{z}\left(z+\frac{1}{z}\right)^{2p}dz=\frac{(2p)!}{(p!)^2}\ \text{(단, }\Gamma\text{는 단위원, }p\text{는 양의 정수)}$$

풀이 (1) 원 C는 $z=z(t)=z_0+re^{it},\ 0\leq t\leq 2\pi$이므로 $\frac{dz}{dt}=ire^{it}$이다. 따라서

$$\int_C (z-z_0)^n dz = ir^{n+1}\int_0^{2\pi} e^{i(n+1)t}dt$$
$$= ir^{n+1}\int_0^{2\pi}[\cos(n+1)t + i\cos(n+1)t]dt$$

만약 $n=-1$일 때 $\int_C (z-z_0)^{-1}dz = i\int_0^{2\pi} dt = 2\pi i$

다음에 만약 $n \neq -1$이면

$$\int_C (z-z_0)^n dz = \frac{ir^{n+1}}{n+1}[\sin(n+1)t - i\cos(n+1)t]\Big|_{t=0}^{2\pi} = 0$$

이다. 따라서 이를 정리하면

$$\int_C (z-z_0)^n dz = \begin{cases} 2\pi i, & n=-1 \\ 0, & n\neq -1 \end{cases}$$

(2) 이항정리에 의하여

$$\frac{1}{z}\left(z+\frac{1}{z}\right)^{2p} = \frac{1}{z}\left(z^{2p} + 2pz^{2p-1}\frac{1}{z} + \cdots + \frac{(2p)!}{(p!)^2 z^p}\cdot z^p + \cdots + \frac{1}{z^{2p}}\right)$$
$$= z^{2p-1} + 2pz^{2p-3} + \cdots + \frac{(2p)!}{(p!)^2 z} + \cdots + \frac{1}{z^{2p+1}}$$

문제 (1)의 결과에서 $\int_\Gamma \frac{1}{z}dz = 2\pi i,\ \int_\Gamma z^n dz = 0\ (n\neq -1)$이므로

$$\frac{1}{2\pi i}\int_\Gamma \frac{1}{z}\left(z+\frac{1}{z}\right)^{2p} dz = \frac{(2p)!}{(p!)^2}$$

4. C가 $-1,\ 1,\ 1+i,\ -1+i$를 꼭지점을 갖는 직사각형일 때 $\int_C |z|dz$를 구하여라.

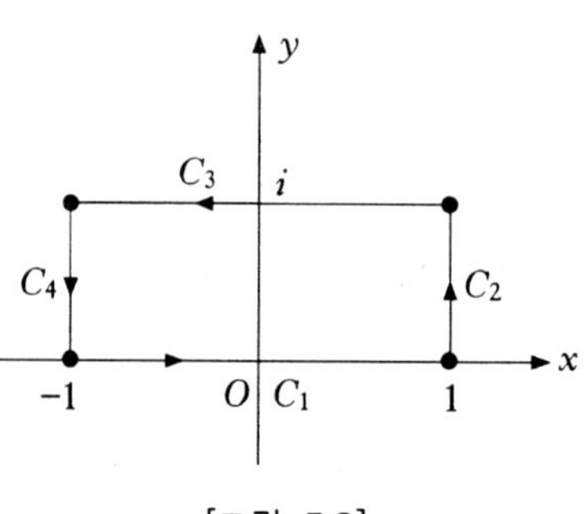

[그림 5.8]

풀이 $C_1 : z_1(t) = t\ (-1\le t\le 1)$,
$C_2 : z_2(t) = 1+it\ (0\le t\le 1)$
$C_3 : z_3(t) = -t+i\ (-1\le t\le 1)$,
$C_4 : z_4(t) = -1+(-i)t\ \ (-1\le t\le 0)$

라고 하면 $C=C_1+C_2+C_3+C_4$이다.

$$\begin{aligned}\int_C |z|dz &= \int_{C_1}|z|dz+\int_{C_2}|z|dz+\int_{C_3}|z|dz+\int_{C_4}|z|dz \\ &= \int_{-1}^{1}|t|dt+i\int_0^1\sqrt{1+t^2}\,dt-\int_{-1}^{1}\sqrt{t^2+1}\,dt-i\int_{-1}^{0}\sqrt{1+t^2}\,dt \\ &= \int_{-1}^{1}(|t|-\sqrt{t^2+1})dt=2\int_0^1(t-\sqrt{t^2+1})dt\end{aligned}$$

여기서 $t=\tan\theta$로 놓으면 $\sqrt{t^2+1}=\sec\theta$, $dt=\sec^2\theta d\theta$이므로

$$\int_0^1\sqrt{t^2+1}\,dt=\int_0^{\frac{\pi}{4}}\sec^3\theta d\theta$$

가 된다. 따라서 부분적분법에 의하여

$$\begin{aligned}\int\sec^3\theta d\theta &= \int\sec\theta(1+\tan^2\theta)d\theta=\int\sec\theta d\theta+\int\tan\theta\cdot\sec\theta\tan\theta d\theta \\ &= \int\frac{\sec\theta(\tan\theta+\sec\theta)}{\sec\theta+\tan\theta}d\theta+\sec\theta\cdot\tan\theta-\int\sec^3\theta d\theta\end{aligned}$$

이므로 결국

$$\begin{aligned}\int_0^{\frac{\pi}{4}}\sec^3\theta d\theta &= \mathrm{Log}(\sec\theta+\tan\theta)\Big|_0^{\frac{\pi}{4}}+\sec\theta\tan\theta\Big|_0^{\frac{\pi}{4}} \\ &= \int_0^{\frac{\pi}{4}}\sec^3\theta d\theta=\frac{1}{2}[\mathrm{Log}(\sqrt{2}+1)+\sqrt{2}]\end{aligned}$$

를 얻는다. 따라서

$$\int_C|z|dz=2\left(\frac{1}{2}-\int_0^1\sqrt{t^2+1}\,dt\right)=1-\sqrt{2}-\mathrm{Log}(\sqrt{2}+1)$$

5. C가 단위원의 반원일 때 다음이 성립함을 보여라.

$$\left|\int_C\frac{e^z}{z}dz\right|\le\pi e$$

풀이 주어진 곡선은 $C : z(t)=e^{it}\,(0\le t\le \pi)$이므로 $z'(t)=ie^{it}$, $|z'(z)|=1$이다. 따라서 C의 길이 L을 구하면

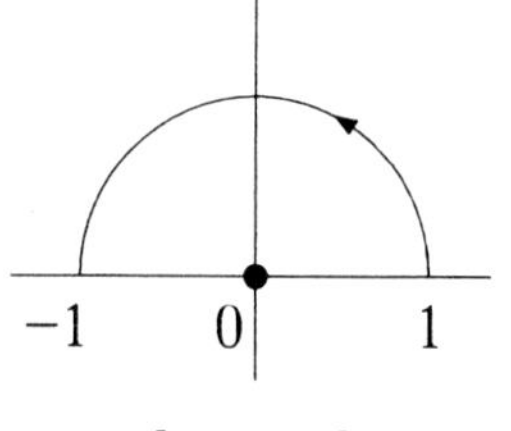

[그림 5.9]

$$L=\int_0^{\pi}|z'(t)|dt=\pi$$

이다. 그런데 $\cos t\le 1$이므로 C 위의 모든 z에 대하여

$$\left|\frac{e^z}{z}\right|=\left|\frac{e^{\cos t+i\sin t}}{e^{it}}\right|=\frac{e^{\cos t}}{1}\le e$$

이다. 따라서

$$\left|\int_C \frac{e^z}{z}dz\right|\le \int_C\left|\frac{e^z}{z}\right||dz|\le e\int_C|dz|=\pi e$$

▌정리 5.2▌ (Green의 정리)

단순닫힌 곡선 C의 내부로 둘러싸인 영역을 D라 하자. 만약 x, y에 관한 함수 $P(x, y)$와 $Q(x, y)$가 경계 C 및 영역 D의 모든 점에서 연속이고, 편도함수 $\dfrac{\partial P}{\partial x}$, $\dfrac{\partial P}{\partial y}$, $\dfrac{\partial Q}{\partial x}$, $\dfrac{\partial Q}{\partial y}$가 연속일 때

$$\int_C Pdx+Qdy=\int_D\int\left(\frac{\partial Q}{\partial x}-\frac{\partial P}{\partial y}\right)dx\,dy$$

가 성립한다.

증명 그림 5.10과 같이 곡선 EGF와 EHF의 방정식을 각각 $y=Y_1(x)$, $y=Y_2(x)$라고 하자. 또한 곡선 C에 의한 유계하는 영역 D는

$$e\le x\le f,\ Y_1(x)\le y\le Y_2(x)$$
$$g\le y\le h,\ X_1(y)\le x\le X_2(y)$$

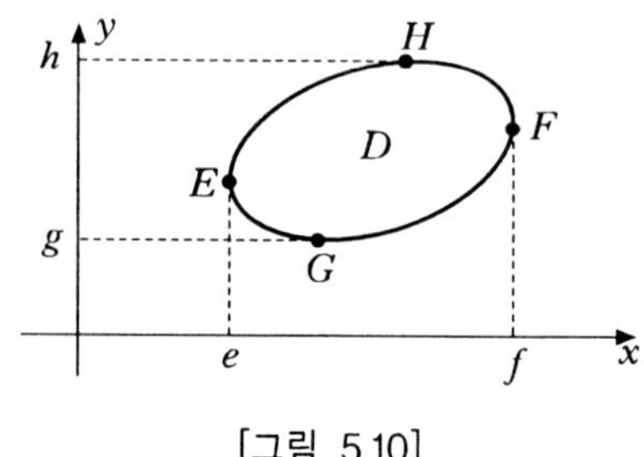

[그림 5.10]

이다. 한편 곡선 EGF와 EHF의 방정식을

각각 $y=Y_1(x)$, $y=Y_2(x)$라 하자. 반복적분을 이용하면

$$\begin{aligned}\iint_D \frac{\partial P}{\partial y}dxdy &= \int_{x=e}^{f}\left[\int_{y=Y_1(x)}^{Y_2(x)} \frac{\partial P}{\partial y}dy\right]dx \\ &= \int_{x=e}^{f} P(x,\ y)\Big|_{y=Y_1(x)}^{Y_2(x)} dx = \int_e^f [P(x,\ Y_2)-P(x,\ Y_1)]dx \\ &= -\int_e^f [P(x,\ Y_1)dx - \int_f^e P(x,\ Y_2)dx = \int_C Pdx\end{aligned}$$

따라서

$$\int_C Pdx = -\iint_D \frac{\partial P}{\partial y}dxdy \qquad \cdots\cdots ①$$

같은 방법으로 곡선 GEH와 GFH의 방정식을 각각 $x=X_1(y)$, $x=X_2(y)$라고 하자. 그러면

$$\begin{aligned}\iint_D \frac{\partial Q}{\partial x}dxdy &= \int_{y=g}^{h}\left[\int_{x=X_1(y)}^{X_2(y)} \frac{\partial Q}{\partial x}dy\right]dy \\ &= \int_{y=g}^{h} Q(x,\ y)\Big|_{x=x_1(y)}^{x=x_2(y)} = \int_g^h [Q(X_2,\ y)-Q(X_1,\ y)]dy \\ &= \int_h^g Q(X_1,\ y)dy + \int_g^h Q(X_2,\ y)dy \\ &= \int_C Qdy\end{aligned}$$

이다. 따라서

$$\int_C Qdy = \iint_D \frac{\partial Q}{\partial x}dxdy \qquad \cdots\cdots ②$$

그러므로 식 ①과 ②를 변변 서로 더하면

$$\int_C Pdx + Qdy = \iint_D \left(\frac{\partial Q}{\partial x} - \frac{\partial P}{\partial y}\right)dxdy$$ ■

[예 5.5] 다음 선적분을 Green의 정리를 이용하여 구하여라.

$$\int_C (2xy-x^2)dx+(x+y^2)dy$$

단, C는 $y=x^2$과 $x=y^2$으로 둘러싸인 영역의 닫힌곡선이다.

풀이 곡선 $y=x^2$과 $x=y^2$의 교점은 점 (0, 0)과 (1, 1)이다. 먼저 $y=x^2$에 따라 적분은

$$\int_{x=0}^{1} \{(2x)(x^2)-x^2\}\,d(x)+\{x+(x^2)^2\}\,d(x^2)$$

$$=\int_0^1 (2x^3+x^2+2x^5)d(x)=\frac{7}{6}$$

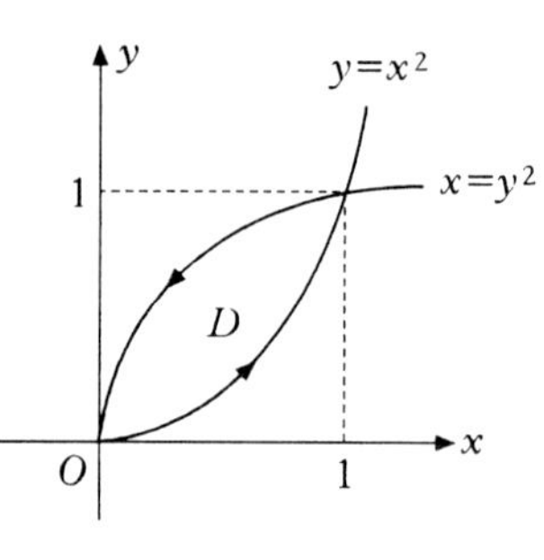

[그림 5.11]

다음에 $x=y^2$에 따라 적분은

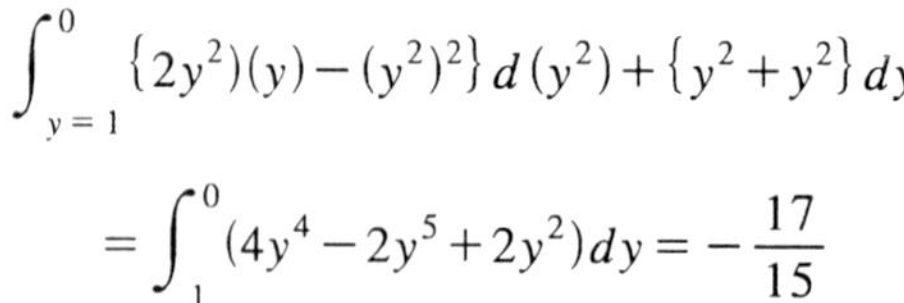

$$\int_{y=1}^{0} \{2y^2)(y)-(y^2)^2\}\,d(y^2)+\{y^2+y^2\}\,dy$$

$$=\int_1^0 (4y^4-2y^5+2y^2)dy=-\frac{17}{15}$$

따라서 구하는 적분은 $\dfrac{7}{6}-\dfrac{17}{15}=\dfrac{1}{30}$이다.

한편, Green의 정리에서

$P=2xy-x^2$, $Q=x+y^2$이면

$$\iint_D \left(\frac{\partial Q}{\partial x}-\frac{\partial P}{\partial y}\right)dxdy=\iint_D \left\{\frac{\partial}{\partial x}(x+y^2)-\frac{\partial}{\partial y}(2xy-x^2)\right\}dxdy$$

$$=\iint_D (1-2x)dxdy=\int_{x=0}^{1}\int_{y=x^2}^{\sqrt{x}}(1-2x)dydx$$

$$=\int_{x=0}^{1}(y-2xy)\Big|_{y=x^2}^{\sqrt{x}}dx$$

$$=\int_0^1 (x^{1/2}-2x^{3/2}-x^2+2x^3)dx=\frac{1}{30}$$

따라서 정리가 성립한다. □

▌정리 5.3▌

(1) (Cauchy의 정리) 함수 $w=f(z)$는 단순닫힌 곡선 C의 내부와 위에서 연속인 도함수를 가지면서 해석적일 때 C에 따른 $f(z)$의 적분은

$$\int_C f(z)dz=0$$

(2) (1)의 조건에 의하여 시점 A와 종점 B에 이르는 적분경로를 C_1과 C_2라 할 때

$$\int_{C_1} f(z)dz=\int_{C_2} f(z)dz$$

가 성립한다.

증명 (1) C가 단순닫힌 곡선이므로 Green의 정리에 의하여

$$\int_C f(z)dz=\int_C (udx-vdy)+i\int_C (vdx+udy)$$

$$=\int\int_D\left(-\frac{\partial v}{\partial x}-\frac{\partial u}{\partial y}\right)dxdy+i\int\int_D\left(\frac{\partial u}{\partial x}-\frac{\partial v}{\partial y}\right)dxdy \qquad \cdots\cdots ①$$

이다. 그런데 함수 $f(z)$는 곡선 C의 내부와 위에서 해석적이므로 Cauchy－Riemann의 방정식

$$\frac{\partial u}{\partial x}=\frac{\partial v}{\partial y},\ \frac{\partial u}{\partial y}=-\frac{\partial v}{\partial x} \qquad \cdots\cdots ②$$

를 만족한다. 방정식 ②를 ①에 대입하면

$$\int_C f(z)dz=0$$

(2) 그림 5.12와 같이 A와 B를 연결하는 두 곡선을 생각한다. Cauchy의 정리에 의하여

$$\int_{ADBEA} f(z)dz=0 \text{ 즉}$$

$$\int_{ADB} f(z)dz+\int_{BEA} f(z)dz=0$$

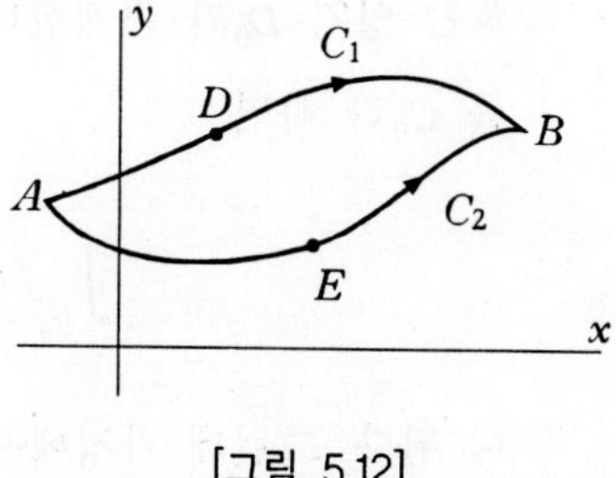

[그림 5.12]

이 성립한다. 따라서

$$\int_{ADB} f(z)dz = -\int_{BEA} f(z)dz = \int_{AEB} f(z)dz$$

이므로 구하는 결과는

$$\int_{C_1} f(z)dz = \int_{C_2} f(z)dz$$ ■

〈참고〉 Cauchy 정리에서 적분은 그 영역의 시점과 종점에 이르는 적분경로와 무관함을 의미한다. 즉, 함수가 어떤 영역에서 해석적일 때 그 적분은 시점과 종점에 의하여 결정된다.

▌정리 5.4▌

단일연결영역 D에서 함수 $f(x, y)$, $g(x, y)$가 연속이고, 일계편미분이 연속이라 하자. 그러면 C가 D의 내부에 단순닫힌곡선일 때 $\int_C f dx + g dy = 0$이 성립하기 위한 필요충분조건은 D의 모든 점에 대하여 $\frac{\partial f}{\partial y} = \frac{\partial g}{\partial x}$이다.

증명 먼저 $\frac{\partial f}{\partial y} = \frac{\partial g}{\partial x}$라고 가정하자. 그러면 Green의 정리에 의하여

$$\int_C f dx + g dy = \int_D\int \left(\frac{\partial g}{\partial x} - \frac{\partial f}{\partial y}\right) dx dy = 0$$

역으로 D의 모든 닫힌곡선 C에 대하여 $\int_C f dx + g dy = 0$일 때 D의 어떤 점에서 $\frac{\partial f}{\partial y} \neq \frac{\partial g}{\partial x}$라고 하자. 그러면 어떤 점 $(x_0, y_0) \in D_0 \subset D$에서 $\frac{\partial f}{\partial y} > \frac{\partial g}{\partial x}$를 만족하는 영역 D_0가 존재한다. 가정에서 $\frac{\partial f}{\partial y}$, $\frac{\partial g}{\partial x}$가 D에서 연속이므로 D_0의 경계를 C_0라 하면

$$\int_{C_0} f dx + g dy = \int_{D_0}\int \left(\frac{\partial g}{\partial x} - \frac{\partial f}{\partial y}\right) dx dy > 0$$

이 된다. 그런데 가정에서 D의 모든 닫힌곡선 C에 대하여 $\int_C f dx + g dy = 0$이라는 사실에 모순이다. ■

▌정리 5.5▌

만약 $f(z)$가 다중연결영역 D의 내부와 경계인 C 위에서 연속인 도함수를 가지면서 해석적이면

$$\int_C f(z)dz = 0$$

증명 우선 그림 5.13과 같은 다중연결영역을 생각하자. 먼저 외부의 경계 C_1과 내부의 경계 C_2를 연결하는 선분(cross cut) AH를 그린다. 그러면 그림 5.13에서 같은 방향으로 곡선 C_1, 선분 AH, 곡선 C_2와 선분 HA에 의하여 유계되는 다중연결영역에 대하여 밝힌다.

지금 곡선 C를 이 영역의 경계라 하면 정리 5.3(1)에 의하여

$$\int_{ABEFGAHJIHA} f(z)dz = 0$$

이다. 따라서

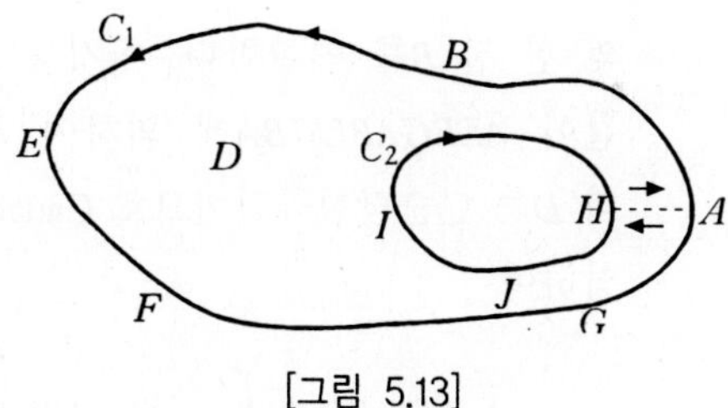

[그림 5.13]

$$\int_{ABEFGA} f(z)dz + \int_{AH} f(z)dz + \int_{HJIH} f(z)dz + \int_{HA} f(z)dz = 0$$

이 된다. 그런데 $\int_{AH} f(z)dz = -\int_{HA} f(z)dz$이므로

$$\int_{ABEFGA} f(z)dz + \int_{HJIH} f(z)dz = 0$$

가 된다. 그러므로

$$\int_C f(z)dz = 0$$

단, C는 영역 D(곡선 $ABEFGA$와 $HJIH$로 구성) 경계의 왼쪽 방향을 취하는 적분로이다. 이것은 그림 5.13과 같은 영역에 대하여 Cauchy의 정리가 증명됨을 뜻한다. ■

▌정리 5.6▌

두 단순닫힌곡선 C_1, C_2에 대하여 C_2가 C_1의 내부에 있고, C_1과 C_2 사이에 있는 부분의 영역 D에서 함수 $f(z)$가 해석적이면

$$\int_{C_1} f(z)dz = \int_{C_2} f(z)dz$$

가 성립한다. 여기서 C_1, C_2는 양의 방향인 곡선이다.

증명 두 단순닫힌곡선 C_1, C_2에 의하여 둘러싸인 부분을 생각하고, C_1 위의 한 점 A와 C_2 위의 한 점 B를 연결한다. 이것을 그림 5.15와 같이 $AEFGABLMBA$에 의하여 경계되는 영역 D는 단순닫힌곡선이므로 Cauchy의 정리에 의하여

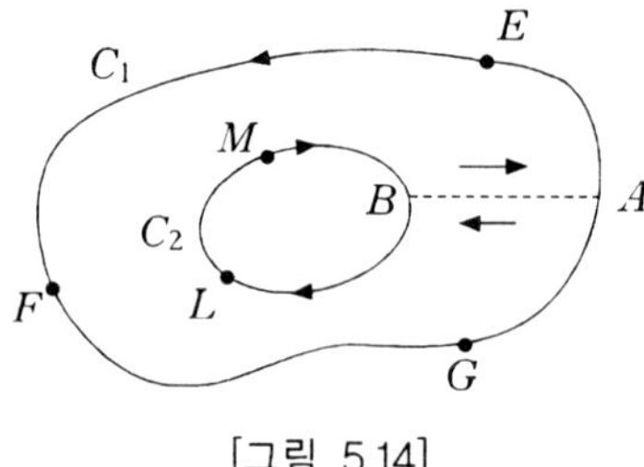

[그림 5.14]

$$\int_{AB} f(z)dz + \int_{BLMB} f(z)dz + \int_{BA} f(z)dz + \int_{AEFGA} f(z)dz = 0 \qquad \cdots\cdots ①$$

이다. 그런데 식 ①에서 제 1항과 제 3항의 합에서

$$\int_{AB} f(z)dz = -\int_{BA} f(z)dz \qquad \cdots\cdots ②$$

이므로 식 ①은

$$\int_{AEFGA} f(z)dz = -\int_{BLMB} f(z)dz = \int_{BMLB} f(z)dz \qquad \cdots\cdots ③$$

따라서 식 ③에 의하여

$$\int_{C_1} f(z)dz = \int_{C_2} f(z)dz$$ ■

만약 곡선 C가 그림과 같이 $(n-1)$개의 곡선들의 합으로 나타낸 것이라 하자. 즉 $f(z)$가 C 위에서 연속일 때 원 C의 내부에 $(n-1)$개의 겹치지 않는 서로 다른 영역을 $(n-1)$개의 선분(cross cut)으로 연결시키고 정리 5.5와 같은 방법을

적용하면

$$\int_C f(z)dz = \int_{C_1+C_2+\cdots+C_n} f(z)dz$$
$$= \int_{C_1} f(z)dz + \int_{C_2} f(z)dz + \cdots + \int_{C_n} f(z)dz = 0 \qquad (*)$$

을 얻는다. 따라서

$$\int_C f(z)dz = 0$$

임을 알 수 있다. 위의 식 (*)에서

$$\int_{C_1} f(z)dz = -\left[\int_{C_2} f(z)dz + \cdots\cdots + \int_{C_n} f(z)dz\right]$$
$$= \int_{-C_2} f(z)dz + \cdots\cdots + \int_{-C_n} f(z)dz$$

을 얻는데 이것은 바깥 경계 C_1에 따르는 적분은 $n-1$개 안에 있는 경계들의 적분의 합과 같음을 의미한다. 이 때 C_1과 $-C_2$, $-C_3$, $\cdots$, $-C_n$은 같은 방향으로 회전한다.

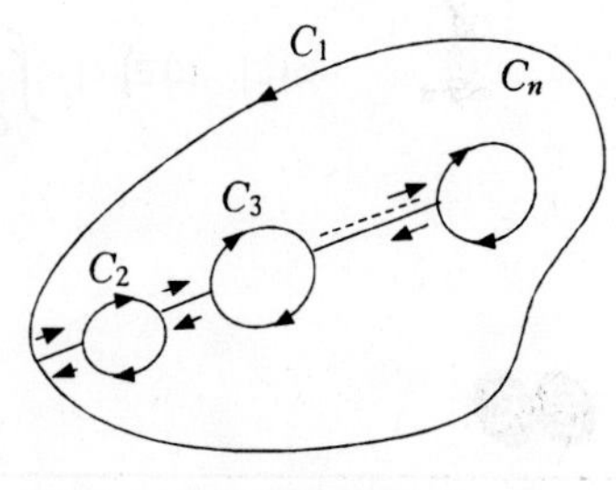

[그림 5.15]

[예 5.6] 다음과 같은 단순닫힌곡선에 따라 다음 적분을 구하여라.

$$\int_C \frac{dz}{z-a}$$

(1) $z=a$가 C의 외부에 있을 때
(2) $z=a$가 C의 내부에 있을 때

풀이 (1) $z=a$가 C의 외부에 있으면 함수 $f(z)=\dfrac{1}{z-a}$은 C의 내부와 위에서 해석적이므로 Cauchy의 정리에 의하여

$$\int_C \frac{dz}{z-a} = 0$$

(2) 지금 $z=a$가 C의 내부에 있으면 C의 내부에 중심이 $z=a$이고 반지름이 $r>0$인 원을 C_1이라 하자. 그러면 $f(z)=\dfrac{1}{z-a}$은 C와 C_1에 의하여 둘러 싸인 영역에서 해석적이다. 정리 5.6에 의하여

$$\int_C \frac{dz}{z-a}=\int_{C_1}\frac{dz}{z-a}$$

이다. $C_1: |z-z_0|=\varepsilon$ 즉 $z-z_0=re^{i\theta}$, $0\leq\theta\leq 2\pi$ 일 때 $dz=ire^{i\theta}d\theta$이므로

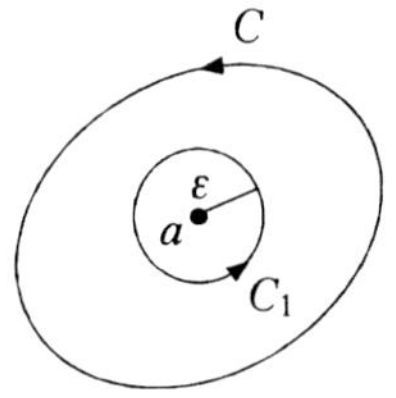

$$\int_{C_1}\frac{dz}{z-a}=\int_{\theta=0}^{2\pi}\frac{ire^{i\theta}}{re^{i\theta}}d\theta=i\int_0^{2\pi}d\theta=2\pi i$$

[그림 5.16]

이다. 따라서 $\displaystyle\int_C\frac{dz}{z-a}=2\pi i$이다. □

1. $z=z_0$가 단순닫힌곡선 C의 내부의 점일 때 다음을 구하여라.

$$\int_C\frac{dz}{(z-z_0)^n},\quad n=2,\ 3,\ 4,\ \cdots$$

풀이 예 5.6(2)와 마찬가지로 곡선 C_1: $|z-z_0|=\varepsilon$ 즉, $z-z_0=\varepsilon e^{i\theta}$, $0\leq\theta\leq 2\pi$라고 하면 $dz=ire^{i\theta}d\theta$이므로

$$\begin{aligned}\int_C\frac{dz}{(z-z_0)^n}&=\int_{C_1}\frac{dz}{(z-z_0)^n}\\&=\int_0^{2\pi}\frac{i\varepsilon e^{i\theta}d\theta}{\varepsilon^n e^{in\theta}}=\frac{i}{\varepsilon^{n-1}}\int_0^{2\pi}e^{(1-n)i\theta}d\theta\\&=\frac{i}{\varepsilon^{n-1}}\frac{e^{(1-n)i\theta}}{(1-n)i}\bigg|_0^{2\pi}=\frac{1}{(1-n)\varepsilon^{n-1}}[e^{2(1-n)\pi i}-1]=0\end{aligned}$$

2. 제1사분면에 반지름이 $r=2$인 원 C에 대하여 다음을 구하여라.

$$\int_C xydx+(x^2+y^2)dy$$

풀이 C: $z(t)=2e^{it}=2\cos t+i\,2\sin t,\ 0\le t\le \frac{\pi}{2}$이므로

$$\int_C xydx+(x^2+y^2)dy$$

$$=\int_0^{\frac{\pi}{2}} 2\cos t\cdot 2\sin t(-2\sin t)dt+\int_0^{\frac{\pi}{2}}(4\cos^2 t+4\sin^2 t)2\cos tdt$$

$$=-8\int_0^{\frac{\pi}{2}}\sin^2 t\cos tdt+8\int_0^{\frac{\pi}{2}}\cos tdt$$

$$=-8\cdot\frac{1}{3}\sin^3 t\Big|_0^{\frac{\pi}{2}}=-\frac{8}{3}+8=\frac{16}{3}$$

3. C를 직선 $x=0,\ x=3,\ y=0,\ y=2$로 둘러싸인 직사각형이라고 할 때

$$\int_C \frac{dz}{z-2-i}=2\pi i$$

임을 증명하여라.

풀이 피적분함수 $f(z)=\dfrac{1}{z-2-i}$은 점 $z=2+i$를 제외한 모든 점에서 해석적이고, 원 $|z-2-i|=\dfrac{1}{2}$을 C_0라 하면 $f(z)$는 원 C_0와 직사각형 C 사이의 영역에서 해석적이다. 따라서 정리 5.7에 의하여

$$\int_C \frac{dz}{z-2-i}=\int_{C_0}\frac{dz}{z-2-i}$$

이다. z가 C_0 위에 있을 때 $z-2-i=\dfrac{1}{2}e^{i\theta},\ dz=\dfrac{1}{2}ie^{i\theta}d\theta\ (0\le\theta\le 2\pi)$이므로

$$\int_{C_0}\frac{dz}{z-2-i}=i\int_0^{2\pi}d\theta=2\pi i \text{ 즉 } \int_C\frac{dz}{z-2-i}=2\pi i$$

4. z – 평면의 반평면 $\text{Re}z>0$에 있으면서 두 점 $z=-2i$, $z=2i$를 연결하는 임의의 곡선에 대하여 다음 적분이 성립함을 보여라.

$$\int_{-2i}^{2i}\frac{dz}{z}=\pi i$$

풀이 함수 $\frac{1}{z}$은 영역 $\text{Re}z>0$에서 해석적이며, 또한 $\frac{1}{z}$의 부정적분 $\log z$ $(r>0,\ -\pi<\theta<\pi)$은 원점을 제외한 영역 $\text{Re}z\geq 0$에서 해석적이다. 따라서

$$\int_{-2i}^{2i}\frac{dz}{z}=\log z\,\Big|_{z=-2i}^{z=2i}=\left(\log|2i|+\frac{\pi}{2}i\right)-\left(\log|-2i|-\frac{\pi}{2}i\right)=\pi i$$

5.5 Cauchy-Goursat의 정리

지금까지 Cauchy의 정리에서 단순연결영역에서 해석적이며, $f'(z)$가 연속일 때 단순연결영역 내부에 포함되는 단순닫힌곡선에 따른 적분은 0임을 밝혔다. 그런데 구르사(Edward Goursat)는 Cauchy의 정리에서 $f'(z)$가 연속이라는 조건이 없어도 Cauchy 정리가 성립함을 증명하였다.

이것을 살펴보기 위하여 다음 성질에 대하여 알아보도록 한다.

▌정리 5.7▐

Cauchy의 정리는 단순닫힌곡선이 삼각형 Γ인 경우에 함수 $f(z)$가 Γ의 위와 내부에서 해석적이면 다음이 성립한다.

$$\int_{\Gamma}f(z)dz=0$$

증명 먼저 $f'(z)$가 연속이라는 가정이 없으므로 정리 4.5(Green의 정리)를 바로 적용할 수 없다. 따라서 그림 5.17과 같이 $\triangle ABC$에서 각 변의 중점 D, E, F를 연결하면 Γ의 내부를 4개의 삼각형이 형성되는데 이것을 Δ_1, Δ_2, Δ_3, Δ_4로 나누고, 모든 삼각형의 경계에 양의 방향을 주도록 한다. 그러면 $f(z)$가 $\triangle ABC$의 내부와 위에

서 해석적이면

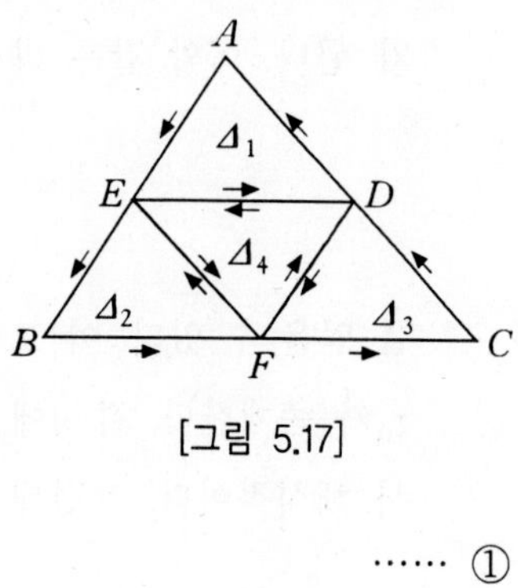

[그림 5.17]

$$\begin{aligned}\int_{\Gamma} f(z)dz &= \int_{ABCA} f(z)dz \\ &= \int_{DAE} f(z)dz + \int_{EBF} f(z)dz + \int_{FCD} f(z)dz \\ &= \left\{\int_{DAE} + \int_{ED}\right\} + \left\{\int_{EBF} + \int_{FE}\right\} + \left\{\int_{FCD} + \int_{DF}\right\} \\ &\qquad + \left\{\int_{DE} + \int_{EF} + \int_{FD}\right\} \qquad \cdots\cdots ①\end{aligned}$$

그런데 식 ①의 오른쪽 항에서

$$\int_{ED} = -\int_{DE}, \quad \int_{FE} = -\int_{EF}, \quad \int_{DF} = -\int_{FD}$$

인 성질을 이용하면

$$\begin{aligned}\int_{ABCA} f(z)dz &= \int_{DAED} + \int_{EBFE} + \int_{FCDF} + \int_{DEFD} \\ &= \int_{\varDelta_1} f(z)dz + \int_{\varDelta_2} f(z)dz + \int_{\varDelta_3} f(z)dz + \int_{\varDelta_4} f(z)dz \qquad \cdots\cdots ②\end{aligned}$$

가 된다. 한편,

$$\left|\int_{\varDelta} f(z)dz\right| < \left|\int_{\varDelta_1} f(z)dz\right| + \left|\int_{\varDelta_2} f(z)dz\right| + \left|\int_{\varDelta_3} f(z)dz\right| + \left|\int_{\varDelta_4} f(z)dz\right| \qquad \cdots\cdots ③$$

식 ③의 오른쪽에서 최대값을 가지는 적분경로를 $\varDelta_1$이면

$$\left|\int_{\varDelta} f(z)dz\right| \le 4\left|\int_{\varDelta_1} f(z)dz\right| \qquad \cdots\cdots ④$$

를 얻는다. 같은 방법으로 삼각형 $\varDelta_1$의 각 변에 중점을 잡아 삼각형 $\varDelta_2$를 만들면

$$\left|\int_{\varDelta_1} f(z)dz\right| \le 4\left|\int_{\varDelta_2} f(z)dz\right|$$

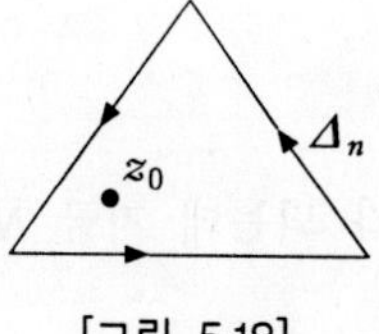

[그림 5.18]

이므로

$$\left|\int_{\varDelta} f(z)dz\right| \le 4^2\left|\int_{\varDelta_2} f(z)dz\right|$$

가 된다. 이와 같은 과정을 n회 거듭하면 삼각형의 수열 $\{\Delta_n\}$을 만들면

$$\left|\int_{\Delta} f(z)dz\right| \le 4^n \left|\int_{\Delta_n} f(z)dz\right| \qquad \cdots\cdots ⑤$$

를 얻을 수 있다. 이 모든 삼각형 Δ_1, Δ_2, $\cdots$, Δ_n, $\cdots$에 공통으로 포함되는 한 점 z_0가 존재한다. 각 n에 대하여 z_0는 Δ_n의 내부 또는 위에 있으므로 $f(z)$는 z_0에서 해석적이다. 그런데

$$\frac{f((z)-f(z_0)}{z-z_0}-f'(z_0)=\eta$$

라고 하면

$$f(z)=f(z_0)+f'(z_0)(z-z_0)+\eta(z-z_0) \qquad \cdots\cdots ⑥$$

이 성립한다. 따라서 임의의 $\varepsilon>0$에 대하여 $|z-z_0|<\delta$일 때 $|\eta|<\varepsilon$을 만족하는 적당한 $\delta>0$가 존재한다. 식 ⑥에서 적분경로 Δ_n에 따라 적분하면 $f'(z_0)(z-z_0)$는 $\triangle ABC$에서 해석적이므로 모든 n에 대하여

$$\begin{aligned}\int_{\Delta_n} f(z)dz &= \int_{\Delta_n} \{f(z_0)+f'(z_0)(z-z_0)+\eta(z-z_0)\}dz \\ &= \int_{\Delta_n} \{f(z_0)+f'(z_0)(z-z_0)\}dz + \int_{\Delta_n} \eta(z-z_0)dz \qquad \cdots\cdots ⑦\end{aligned}$$

이다. 그런데 식 ⑦의 오른 쪽의 첫 번째 피적분함수는 연속인 도함수를 가지므로 Cauchy의 정리를 적용하면

$$\int_{\Delta_n} \{f(z_0)+f'(z_0)(z-z_0)\}dz=0$$

이므로 식 ⑦을 정리하면

$$\int_{\Delta_n} f(z)dz = \int_{\Delta_n} \eta(z-z_0)dz$$

가 되는데 지금 $N(z_0;\delta)$에 Δ_n이 포함되도록 n을 충분히 크게 잡으면

$$\left|\int_{\Delta_n} f(z)dz\right| = \left|\int_{\Delta_n} \eta(z-z_0)dz\right| \le \int_{\Delta_n} |\eta(z-z_0)||dz| \le \varepsilon \int_{\Delta_n} |z-z_0||dz|$$

이다. 여기서 삼각형 Δ의 매개변수를 P라 하면 그림 5.18에서 Δ_n의 매개변수는 $P_n = \dfrac{P}{2^n}$로 표시된다. 만약 임의의 z가 Δ_n의 점이면 $|z-z_0| < \dfrac{P}{2^n} < \delta$이므로 식 ⑦에서

$$\left|\int_{\Delta_n} f(z)dz\right| \le \left|\int_{\Delta_n} \eta(z-z_0)dz\right| \le \varepsilon \cdot \frac{P}{2^n} \cdot \frac{P}{2^n} = \frac{\varepsilon P^2}{4^n}$$

을 얻는다. 따라서 식 ⑤에서

$$\left|\int_{\Gamma} f(z)dz\right| \le 4^n \cdot \frac{\varepsilon P^2}{4^n} = \varepsilon P^2$$

이고, $\varepsilon > 0$은 임의이므로 $\left|\int_{\Gamma} f(z)dz\right| = 0$이다. 따라서

$$\int_{\Gamma} f(z)dz = 0$$

■

5.6 부정적분

실해석학에서 미적분학의 기본정리에서 모든 $t \in [a, b]$에서 정의된 함수 $f(t)$가 연속일 때

$$\int_{x_0}^{x_1} f(t)dt = F(x_1) - F(x_0) \quad (a \le x_0 \le x_1 \le b)$$

를 만족하는 부정적분 $F(x)$를 갖는다는 것을 의미하고 있다.

복소함수의 선적분을 구할 때 두 점을 연결하는 적분경로에 의존한다. 그러나 어떤 함수는 적분경로에 의존하지 않고 바로 적분경로의 시점과 종점에 의하여 직접 구할 수 있는 경우가 있다.

지금 주어진 어떤 영역에서 부정적분을 갖는 모든 연속함수의 적분은 적분경로에 관계없이 시점과 종점에 의존하고 있다는 것을 알아본다.

만약 복소함수 $f(z)$가 단순연결영역 D에서 정의된 연속이고, D의 내부에 시점 z_0와 종점 z에 이르는 곡선을 C라 하면 다음의 적분

$$F(z)=\int_{z_0}^{z} f(u)du$$

을 만족하는 함수 $F(z)$가 존재하여 $F'(z)=f'(z)$가 성립하면 $F(z)$를 $f(z)$의 원시함수 또는 부정적분이라 한다.

▌정리 5.8▐

함수 $f(z)$가 단순연결영역 D에서 해석적이고, z_0와 z가 영역 D의 두 점이라 하자. 그러면

$$F(z)=\int_{z_0}^{z} f(u)du$$

에 의하여 정의된 함수는 D에서 해석적이고, $F'(z)=f(z)$임을 증명하여라.

증명 지금

$$\frac{F(z+\Delta z)-F(z)}{\Delta z}-f(z)=\frac{1}{\Delta z}\left\{\int_{z_0}^{z+\Delta z} f(u)du-\int_{z_0}^{z} f(u)du\right\}-f(z)$$
$$=\frac{1}{\Delta z}\int_{z}^{z+\Delta z}(f(u)-f(z))du$$

이다. $f(z)$는 D에서 해석적이므로 Cauchy의 정리에 의하여 마지막 적분은 D에 포함된 z에서 $z+\Delta z$까지 연결하는 경로에 관계가 없다. 특히 $|\Delta z|$를 충분히 작게 잡고, z에서 $z+\Delta z$까지의 선분에 따라 D의 내부에 있도록 한다.

그런데 $f(z)$는 연속이므로 임의의 $\varepsilon>0$에 대하여 $|\Delta z|<\delta$를 만족하는 적당한 $\delta>0$가 존재하여 $|u-z|<\delta$일 때

$$|f(u)-f(z)|<\varepsilon$$

이 된다. 따라서

$$\left|\int_{z}^{z+\Delta z}(f(u)-f(z))du\right|<\varepsilon\int_{z}^{z+\Delta z}|du|=\varepsilon|\Delta z|$$

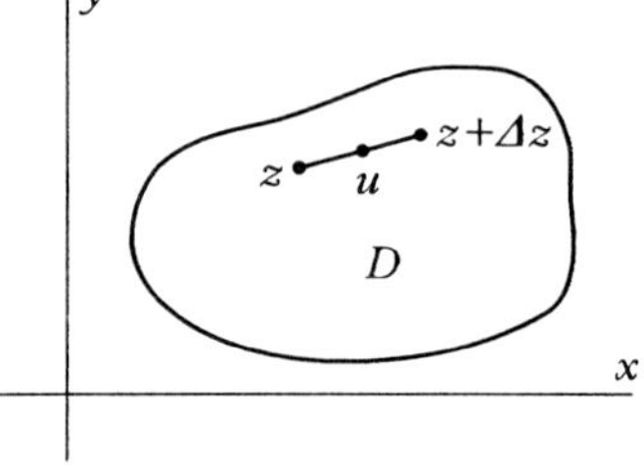

[그림 5.19]

이므로 $|\Delta z|<\delta$가 되도록 $z+\Delta z$가 z에 충분히 접근하면

$$\left|\frac{F(z+\Delta z)-F(z)}{\Delta z}-f(z)\right|=\frac{1}{|\Delta z|}\left|\int_z^{z+\Delta z}(f(u)-f(z))du\right|<\frac{1}{\Delta z}\varepsilon|\Delta z|=\varepsilon$$

즉 $\lim_{\Delta z\to 0}\frac{F(z+\Delta z)-F(z)}{\Delta z}=f(z)$이다. 따라서 모든 $z\in D$에 대하여 $F(z)$는 해석적이고 $F'(z)=f(z)$이다. ■

〈주의〉 정리 5.8은 영역 D에서 정의된 피적분함수가 해석적일 때 적분은 적분경로 C에 무관하고, C의 시점과 종점에만 의존함을 의미한다.

지금부터 부정적분과 해석함수 사이의 관계를 살펴보기로 하자.

[예 5.7] C를 원점에서 i까지의 선분이라 할 때 다음 적분을 구하여라.

(1) $\int_C ze^{iz}dz$ (2) $\int_C z\sin z\,dz$

풀이 부분적분법에 의하여 풀어본다.

$z(t)=x(t)+iy(t)$ $(0\le t\le 1)$일 때 $x(t)=0$이고, $y(t)=t$이면 곡선은 $C : z=it$ $(0\le t\le 1)$이므로 $dz=idt$이다.

(1) $\int_C ze^{iz}dz=-\int_0^1 te^{-t}dt=[te^{-t}]_0^1-\int_0^1 e^{-t}dt=\frac{2}{e}-1.$

(2) $\int_C z\sin z\,dz=\int_0^1 it(\sin it)idt=-\int_0^1 t(\sin it)dt$

$$=-\left[\left(-\frac{1}{i}[t\cos]_0^1\right)-\int_0^1\left(-\frac{1}{i}\cos\right)dt\right]$$

$$=\frac{1}{i}[t\cos]_0^1+\int_0^1\left(-\frac{1}{i}\cos\right)dt$$

$$=\frac{1}{i}\cos i+i\int_0^1\cos\ dt=-i\cos i+\sin i$$

$$=-i(\cos i+i\sin i)=-ie^{i(i)}$$

$$=-ie^{-1}=\frac{-i}{e}.$$

□

[예 5.8] 곡선 C가 $z=1$에서 $z=i$까지 단위원의 일부분일 때 $\int_C e^{-z}dz$를 구하여라.

풀이 C : $z(t)=e=\cos t+i\sin t,\ 0\le t\le \frac{\pi}{2}$ 이므로

$$\begin{aligned}\int_C e^{-z}dz &= \int_0^{\frac{\pi}{2}} e^{-\cos t-i\sin t}(-\sin t+i\cos t)dt\\ &= \int_0^{\frac{\pi}{2}} e^{-\cos t}[\cos(-\sin t)+i\sin(-\sin t)](-\sin t+i\cos t)dt\\ &= \int_0^{\frac{\pi}{2}} e^{-\cos t}[\cos(\sin t)-i\sin(\sin t)](-\sin t+i\cos t)dt\\ &= \int_0^{\frac{\pi}{2}}[-e^{-\cos t}\cos(\sin t)\cdot(\sin t)+e^{-\cos t}\sin(\sin t)\cos t]dt\\ &\qquad +i\int_0^{\frac{\pi}{2}}[e^{-\cos t}\sin(\sin t)\cdot\sin t+e^{-\cos t}\cos(\sin t)\cdot\cos t]dt\\ &= e^{-\cos t}\cdot\cos(\sin t)\Big|_0^{\frac{\pi}{2}}+ie^{-\cos t}\cdot\sin(\sin t)\Big|_0^{\frac{\pi}{2}}\\ &= e^{-\cos t+i\sin t}\Big|_0^{\frac{\pi}{2}}=e^i-e^{-1}\end{aligned}$$

□

[예 5.9] 2가 함수 $z^{\frac{1}{2}}$의 분지 $z^{\frac{1}{2}}=\sqrt{r}e^{\frac{i\theta}{2}}$ $(r>0,\ 0<\theta<2\pi)$에 대하여 적분

$$\int_{-1}^{1} z^{\frac{1}{2}}dz$$

을 적분경로가 z-평면의 상반면의 경우와 하반면의 경우를 나누어서 구하여라.

풀이 (i) 먼저 적분경로가 실수축 위에 있는 경우를 생각해 보자.

주어진 분지 $z^{\frac{1}{2}}=\sqrt{r}e^{\frac{1}{2}i\theta}$, $(r>0,\ 0<\theta<2\pi)$ 연속이고 적분이 존재하지만 양의 실수축 $\theta=0$ 위의 점, 특히 $z=1$에서 해석적이 아니다. 그러나 다른 분지

$$f_1(z) = \sqrt{r}\, e^{\frac{1}{2}i\theta} \quad \left(r>0,\ -\frac{\pi}{2}<\theta<\frac{3\pi}{2}\right)$$

는 반직선 $\theta = -\dfrac{\pi}{2}$를 제외한 모든 점에서 해석적이다. 그런데 $z=1$을 제외한 z-평면의 상반면$(0 \le \theta \le \pi)$에서는 $f_1(z)$의 값과 주어진 분지의 값이 일치하므로 피적분함수를 $f_1(z)$로 대치할 수 있다. $f_1(z)$에 의한 부정적분은

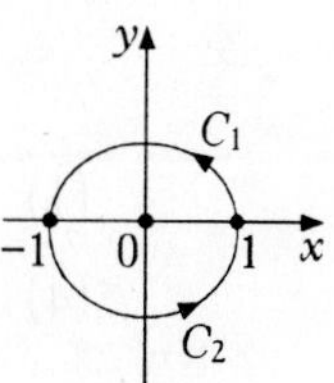

[그림 5.20]

$$\int z^{\frac{1}{2}} dz = \frac{2}{3} z^{\frac{3}{2}} = \frac{2}{3} r^{\frac{3}{2}} e^{\frac{3i\theta}{2}} \quad \left(r>0,\ -\frac{\pi}{2}<\theta<\frac{3\pi}{2}\right)$$

이므로 $f_1(z)$에 대한 적분 $\displaystyle\int_{C_1} f_1(z) dz$는

$$\int_{-1}^{1} z^{\frac{1}{2}} dz = \frac{2}{3} r^{\frac{3}{2}} e^{\frac{3i\theta}{2}} \Bigg|_{z=-1=e^{\pi i}}^{z=1=e^{0i}} = \frac{2}{3}\left(e^0 - e^{\frac{3}{2}\pi i}\right) = \frac{2}{3}(1+i) \quad \cdots\cdots ①$$

(ii) 다음에 적분경로가 실수축 아래에 있는 경우를 알아보자. 다음과 같은 분지

$$f_2(z) = \sqrt{r}\, e^{\frac{1}{2}i\theta} \quad \left(r>0,\ \frac{\pi}{2}<\theta<\frac{5\pi}{2}\right)$$

는 주어진 분지와 z-평면의 하반면$(r>0,\ \pi \le \theta \le 2\pi)$에서 일치하고 $f_2(z)$에 의한 부정적분은

$$\int z^{\frac{1}{2}} dz = \frac{2}{3} z^{\frac{3}{2}} = \frac{2}{3} r^{\frac{3}{2}} e^{\frac{3i\theta}{2}} \left(r>0,\ \frac{\pi}{2}<\theta<\frac{5\pi}{2}\right)$$

이므로 피적분함수를 $f_2(z)$로 대치하여 $\displaystyle\int_{C_2} f_2(z) dz$를 구하면

$$\int_{-1}^{1} z^{\frac{1}{2}} dz = \frac{2}{3} r^{\frac{3}{2}} e^{\frac{3i\theta}{2}} \Bigg|_{z=-1=e^{\pi i}}^{z=1=e^{2\pi i}} = \frac{2}{3}\left(e^{3\pi i} - e^{\frac{3\pi i}{2}}\right) = \frac{2}{3}(-1+i) \quad \cdots\cdots ②$$

이다. 따라서 주어진 분지의 적분경로가 위의 두 경우를 합친 양의 방향으로 닫힌곡선을 C라 하면 적분 ①, ②에서

$$\int_{-1}^{1} z^{\frac{1}{2}} dz = \frac{2}{3}(-1+i) - \frac{2}{3}(1+i) = -\frac{4}{3}$$

□

[예 5.10] 다음에 주어진 곡선 C에 대하여 다음 적분을 구하여라.

$$\int_C \frac{1}{z^2+1}dz$$

(1) $|z+i|=1$　　(2) $|z-i|=1$　　(3) $|z|=3$

(4) $z=0$에서 $z=1$까지 이르는 적분경로

풀이 피적분 함수 $f(z)$를 분수분해하면

$$f(z)=\frac{1}{z^2+1}=\frac{1}{2i}\left[\frac{1}{z-i}-\frac{1}{z+i}\right]$$

이고, $z=i$, $z=-i$가 피적분함수 $f(z)$의 특이점이다. 그런데

(1) $z=-i$ 만이 곡선 $C:|z+i|=1$의 내부에 포함되므로

$$\int_C \frac{1}{1+z^2}dz=\frac{1}{2i}\int_C \frac{1}{z-i}dz-\frac{1}{2i}\int_C \frac{1}{z+i}dz$$

$$=-\frac{1}{2i}\int_C \frac{1}{z+i}dz=-\frac{2\pi i}{2i}=-\pi$$

(2) 곡선 $C:|z-i|=1$의 내부에 특이점 $z=i$만이 포함되므로

$$\int_C \frac{1}{z^2+1}dz=\frac{1}{2i}\int_C \frac{1}{z-i}dz=\frac{2\pi i}{2i}=\pi$$

(3) 곡선 $C:|z|=3$의 내부에서는 특이점 $z=i$, $z=-i$가 포함되므로

$$\int_C \frac{1}{z^2+1}dz=\frac{1}{2i}\int_C \frac{1}{z-i}dz-\frac{1}{2i}\int_C \frac{1}{z+i}dz$$

$$=\frac{2\pi i}{2i}-\frac{2\pi i}{2i}=0$$

(4) 곡선 $C_1:|z+i|=1$과 $C_2:|z-i|=1$ 및 $z=0$에서 $z=1$에 이르는 선분을 C_0라 하자. 두 원은 어느 방향이든지 여러 번 회전할 수 있다. Cauchy의 정리는 $z=\pm i$를 포함하지 않으므로 $z=0$에서 $z=1$에 이르는 임의의 선분을 C_0으로 대신할 수 있다. (그림 5.21) 그

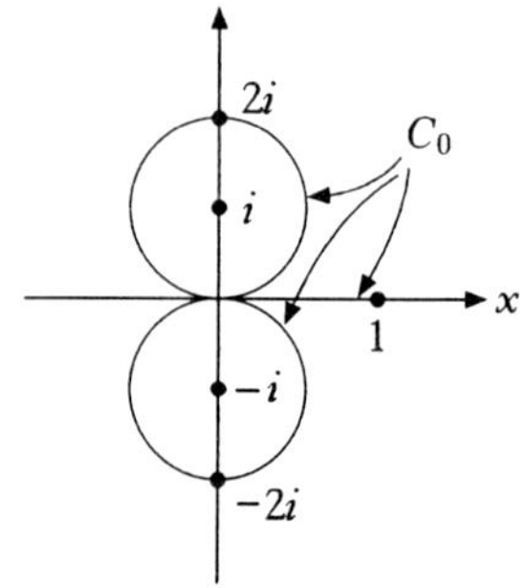

[그림 5.21]

런데 곡선에 따른 적분은 π의 정수배 $k\pi$, $k=0, \pm1, \pm2, \cdots$를 더하여도 성립하므로 정확한 표현은 다음과 같다.

먼저 $z=0$에서 $z=1$에 이르는 선분에 따른 적분은

$$\int_0^1 \frac{dz}{z^2+1} = \int_0^1 \frac{dx}{x^2+1} = \mathrm{Tan}^{-1}x\Big]_0^1 = \frac{\pi}{4}$$

즉 $$\int_0^1 \frac{dz}{z^2+1} = k\pi + \frac{\pi}{4} \quad (k\text{는 정수})$$ □

연습문제 5.6

1. (0, 0)과 (1, 1)을 연결하는 곡선 $C: y=x^3+2x^2-2x$에 대하여

$$\int_C (4z^2-2iz)dz$$

를 구하여라.

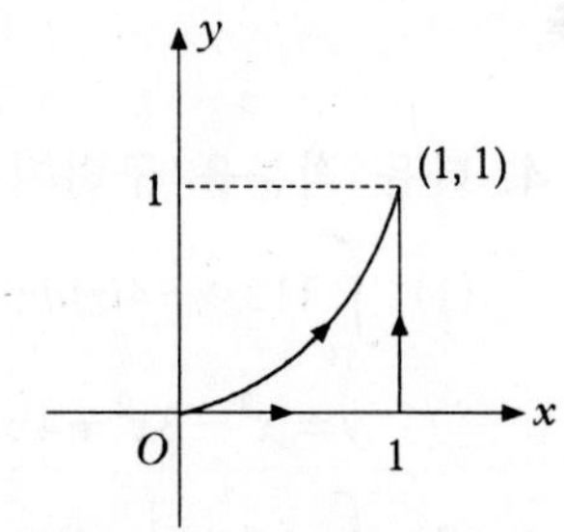

[그림 5.22]

2. $a>0$, $b>0$이고, 점 a에서 점 bi에 이르는 꺾은 선을 C라 할 때 (그림 5.23 참조) 다음 부등식이 성립함을 보여라.

$$\left|\int_C \frac{e^{iz}}{z}dz\right| < \frac{1}{a} + \frac{a}{b}$$

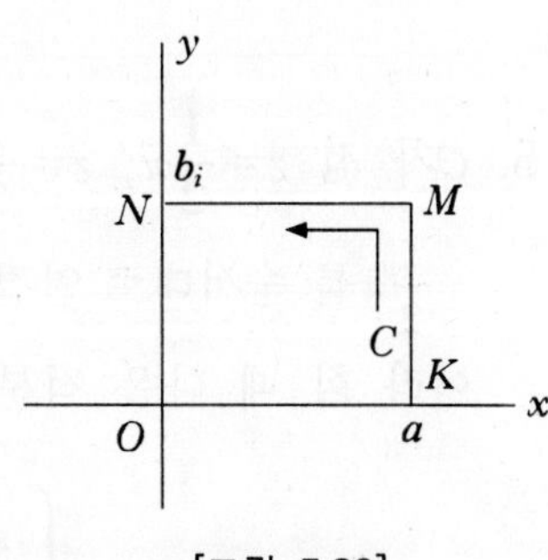

[그림 5.23]

3. 0에서 $1+i$까지 그림의 곡선 C_1과 C_2에 따라 다음 함수의 적분을 구하여라. 단, 곡선 C_1은 포물선 $x=y^2$의 일부이고, C_3, C_4는 그림 5.24의 오른쪽과 같다.

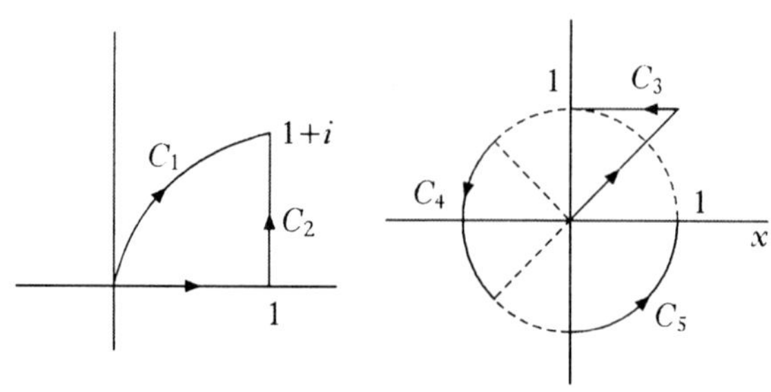

[그림 5.24]

(1) $\int_{C_1} \bar{z}\, dz$ 및 $\int_{C_2} \bar{z}\, dz$ (2) $\int_{C_3} (z+i\bar{z})dz$ 및 $\int_{C_4} \frac{z+1}{z} dz$

(3) $\int_{C_5} \sqrt{z}\, dz$

4. 다음 적분을 구하여라.

(1) $\int_C (12z^2-4iz)dz$ 단, C는 점 (1, 1)과 (2, 3)을 연결하는 곡선 $y=x^3-3x^2+4x-1$이다.

(2) $\int_C e^z dz$ 단, C는 $-\pi i$에서 πi까지 이르는 반원

5. C가 점 $z=\frac{1}{2}\pi$, $z=\frac{1}{2}\pi+i$, $z=-\frac{1}{2}\pi+i$, $z=-\frac{1}{2}\pi$를 순서대로 연결한 다각선(polygonal line)이라 할 때 다음 적분을 구하여라.

$$\int_C \sin z dz$$

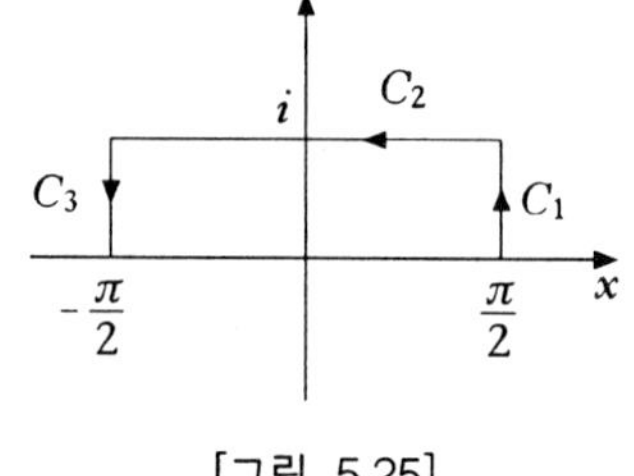

[그림 5.25]

6. 다음 적분을 구하여라.

(1) $\int_{z_0}^{z_1} a^z dz$ (2) $\int_{-Ki}^{Ki} \frac{dz}{z}$ (단, $K>0$)

(3) $\int_{z_0}^{z_1} \frac{dz}{z\sqrt{a^2 \pm z^2}}$

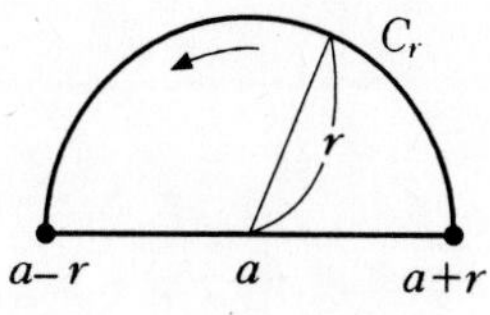

[그림 5.26]

7. $z \to a$일 때 $f(z) \to c$이다. 원 $|z-a|=r$ 위의 점 $a+r$에서 $a-r$까지 이르는 반원 C_r이 그림 5.26과 같을 때 다음을 증명하여라.

$$\lim_{r \to 0} \int_{C_r} \frac{f(z)}{z-a} dz = c\pi i$$

Cauchy의 적분공식과 응용

이 장에서는 Cauchy 적분공식을 유도하고 이를 이용하여 다양하고 복잡한 함수의 적분계산과 응용문제를 다루게 된다.

한편 한 영역에서 정의되는 해석함수는 모든 계수의 도함수를 가지며, 그 영역 D의 내부에 있는 원판에 수렴하는 멱급수로 전개할 수 있음을 보인다.

이 밖에 Cauchy 정리의 역인 Morera의 정리와 Cauchy의 부등식을 이용하여 Liouville의 정리, 대수학의 기본정리, 최대값 정리, 편각원리 등 몇 가지 중요한 성질에 대하여 다루도록 한다.

6.1 Cauchy의 적분공식

$z=z_0$가 단순닫힌 곡선 C의 내부의 점이면 함수 $\dfrac{1}{z-z_0}$에 대한 선적분은

$$\int_C \frac{dz}{z-z_0}=2\pi i$$

임을 알고 있다. 여기서는 이를 확장하여 함수 $f(z)$가 단순연결영역 D에서 해석

적일 때 함수 $g(z)=\dfrac{f(z)}{z-z_0}$에 관한 적분을 구하는 방법에 대해서 알아보기로 한다.

▌정리 6.1▌ (Cauchy의 적분공식)

함수 $f(z)$가 단순연결영역 D 내부의 모든 점에서 해석적이고, 단순닫힌곡선 C가 D의 내부에 있다고 하자. 그러면 C의 내부에 있는 점 z_0에 대하여

$$f(z_0)=\frac{1}{2\pi i}\int_C \frac{f(z)}{z-z_0}dz$$

가 성립한다.

증명 지금 그림 6.1과 같이 C의 내부에 중심이 $z=z_0$이고, 반지름이 $r>0$인 원을 C_1이라 하자. 즉,

$$C_1 : |z-z_0|=r \text{ 즉, } z-z_0=re^{i\theta},\ 0\leq\theta<2\pi$$

를 잡으면 다중연결영역에 대한 Cauchy 정리에 의하여

$$\int_C \frac{f(z)}{z-z_0}dz=\int_{C_1}\frac{f(z)}{z-z_0}dz \quad \cdots\cdots ①$$

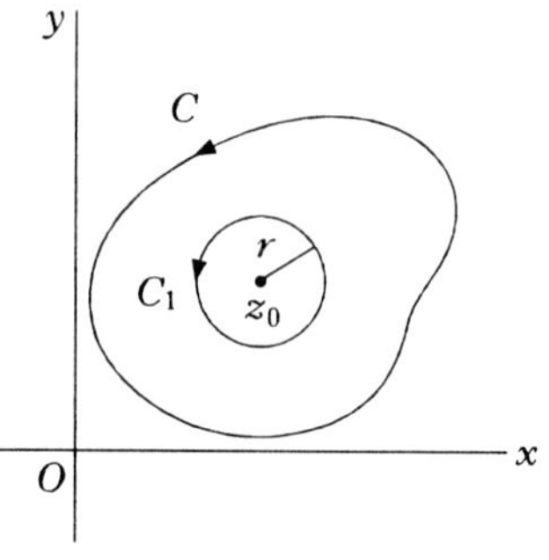

[그림 6.1]

이다. 원 C_1 위에 임의의 점 z에 대하여 $z-z_0=re^{i\theta}$와 $dz=ie^{i\theta}$를 식 ①의 우변의 적분에 대입하면

$$\int_{C_1}\frac{f(z)}{z-z_0}dz=\int_0^{2\pi}\frac{f(z_0+re^{i\theta})ire^{i\theta}}{re^{i\theta}}d\theta=i\int_0^{2\pi}f(z_0+re^{i\theta})d\theta$$

이다. 그러므로 적분 ①에서

$$\int_C \frac{f(z)}{z-z_0}dz=i\int_0^{2\pi}f(z_0+re^{i\theta})d\theta \quad \cdots\cdots ②$$

이다. 한편 식 ②의 양변에 극한 $r\to 0$이면 $f(z)$의 연속성에 의하여

$$\int_C \frac{f(z)}{z-z_0}dz = \lim_{r\to 0} i\int_0^{2\pi} f(z_0+re^{i\theta})d\theta$$

$$= i\int_0^{2\pi} \lim_{r\to 0} f(z_0+re^{i\theta})d\theta = i \;{}_{0}^{2\pi} f(z_0)dz = 2\pi i f(z_0) \qquad \cdots\cdots ③$$

이다. 따라서 구하는 적분은

$$f(z_0) = \frac{1}{2\pi i}\int_C \frac{f(z)}{z-z_0}dz$$ ■

[예 6.1] 다음 적분을 구하여라.

(1) $\displaystyle\int_{|z|=3} \frac{z}{(11-z^2)(z+2i)}dz$

(2) $\displaystyle\int_{|z|=2} \frac{z}{(9-z^2)(z+i)}dz$

풀이 (1) 그림 6.2에서 점 $z_0=-2i$ 만이 곡선 $|z|=3$의 내부에 있고, $\pm\sqrt{11}$ 은 외부에 있다. 지금 $f(z)=\dfrac{z}{11-z^2}$ 로 놓으면 $f(z)$는 C의 내부 및 경계선 위에서 해석적이므로

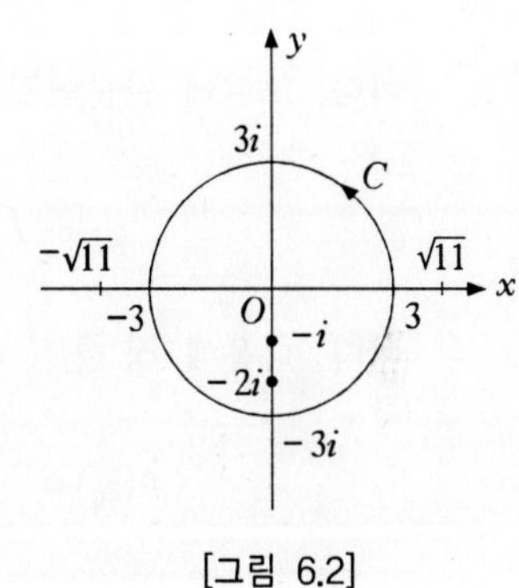

[그림 6.2]

$$\int_{|z|=3} \frac{z}{(11-z^2)(z+2i)}dz$$

$$= \int_{|z|=3} \frac{f(z)}{z-(-2i)}dz$$

$$= 2\pi i\cdot f(-2i) = 2\pi i\cdot\frac{-2i}{11-(-2i)^2} = \frac{4\pi}{15}$$

(2) 그림 6.2에서 $f(z)=\dfrac{z}{9-z^2}$ 로 놓으면 $f(z)$는 C의 내부 및 경계선 위에서 해석적이고, $z_0=-i$는 C의 내부에 있으므로

$$\int_C \frac{z}{(9-z^2)(z+i)}dz = \int_C \frac{\frac{z}{9-z^2}}{z-(-i)}dz = 2\pi i\left(\frac{-i}{10}\right) = \frac{\pi}{5}$$ □

▌정리 6.2▐

다중연결 영역 D에서 Cauchy의 적분공식이 성립함을 증명하여라.

증명 그림 6.3과 같이 두 단순닫힌 곡선 C_1과 C_2에 의하여 경계되어 있는 다중연결영역 D에 대하여 성립함을 보인다.

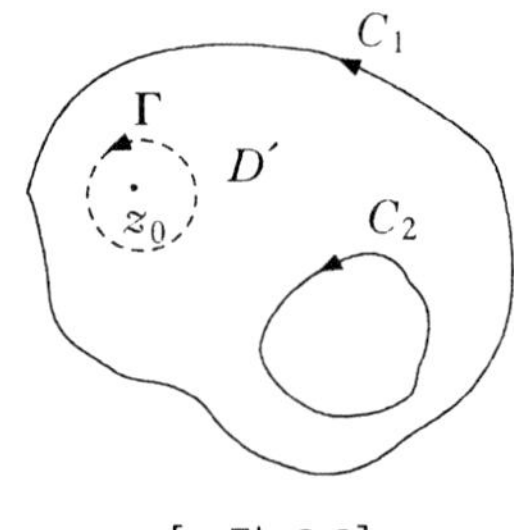

[그림 6.3]

먼저 영역 D 내부에 $z_0 \in D$, $z_0 \notin C_1$, $z_0 \notin C_2$인 점 z_0를 중심으로 하고 $\Gamma \subset D$인 원 Γ를 그리고, Γ의 외부에 있으며 D의 점들의 집합을 D'이라 하자. 그러면 함수 $\dfrac{f(z)}{z-z_0}$는 D'의 내부와 경계 위에서 해석적이다. 따라서 다중연결영역 D에서 Cauchy의 정리에 의하여

$$\frac{1}{2\pi i}\int_{C_1}\frac{f(z)}{z-z_0}dz-\frac{1}{2\pi i}\int_{C_2}\frac{f(z)}{z-z_0}dz-\frac{1}{2\pi i}\int_{\Gamma}\frac{f(z)}{z-z_0}dz=0 \qquad \cdots\cdots ①$$

이다. 그런데 단순연결영역 D'에 대한 Cauchy의 적분공식에 의하여

$$f(z_0)=\frac{1}{2\pi i}\int_{\Gamma}\frac{f(z)}{z-z_0}dz \qquad \cdots\cdots ②$$

이다. 다음에 식 ②를 ①에 대입하면

$$f(z_0)=\frac{1}{2\pi i}\int_{C_1}\frac{f(z)}{z-z_0}dz-\frac{1}{2\pi i}\int_{C_2}\frac{f(z)}{z-z_0}dz \qquad \cdots\cdots ③$$

로 나타낼 수 있다. ③에서 두 적분은 양의 방향의 적분경로 C_1과 C_2로 구성되는 C 즉 $C=C_1\cup C_2$가 D의 경계(boundary)일 때

$$f(z_0)=\frac{1}{2\pi i}\int_{C}\frac{f(z)}{z-z_0}dz$$

■

6.2 해석함수의 도함수

영역 D 내부의 모든 점에서 정의되는 해석함수의 일반적인 Cauchy 적분공식에 대하여 살펴보도록 한다.

정리 6.3

$f(z)$가 단순닫힌곡선 C와 내부를 포함하는 영역 D에서 해석적이라 하고, z_0를 C의 내부에 있는 점이면

$$f'(z_0)=\frac{1}{2\pi i}\int_C \frac{f(z)dz}{(z-z_0)^2},\ f''(z_0)=\frac{2!}{2\pi i}\int_C \frac{f(z)dz}{(z-z_0)^3}$$

이고, 일반적으로

$$f^{(n)}(z_0)=\frac{n!}{2\pi i}\int_C \frac{f(z)dz}{(z-z_0)^{n+1}},\ n=0,\ 1,\ 2,\ \cdots \qquad \cdots\cdots ①$$

가 성립한다.

증명 수학적 귀납법에 의하여 증명한다. 먼저 $n=0$ 일 때 정리 6.1에 의하여 성립한다. 다음에 $n=1$일 때

$$f'(z_0)=\frac{1}{2\pi i}\int_C \frac{f(z)}{(z-z_0)^2}dz \qquad \cdots\cdots ②$$

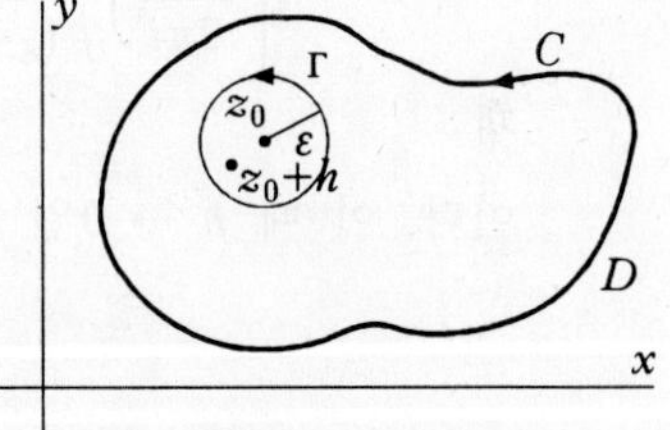

[그림 6.4]

가 성립함을 보인다. 지금 D의 내부에 중심이 $z=z_0$이고, 반지름이 ε인 원을 Γ, 즉 $\Gamma: |z-z_0|=\varepsilon$에 대하여 $|h|<\frac{\varepsilon}{2}$이 되도록 h를 충분히 작게 잡아서 점 z_0와 z_0+h가 Γ의 내부에 있도록 하자.

지금 정리 6.1에 의하여

$$f(z_0+h)=\frac{1}{2\pi i}\int_C \frac{f(z)}{z-(z_0+h)}dz\text{이고 } f(z_0)=\frac{1}{2\pi i}\int_C \frac{f(z)}{z-z_0}dz$$

이다. 따라서

$$\begin{aligned}\frac{f(z_0+h)-f(z_0)}{h} &= \frac{1}{2\pi i}\int_C \frac{1}{h}\left(\frac{1}{z-(z_0+h)}-\frac{1}{z-z_0}\right)f(z)dz \\ &= \frac{1}{2\pi i}\int_C \frac{f(z)dz}{(z-z_0-h)(z-z_0)} \\ &= \frac{1}{2\pi i}\int_C \frac{f(z)dz}{(z-z_0)^2}+\frac{h}{2\pi i}\int_C \frac{f(z)dz}{(z-z_0-h)(z-z_0)^2} \quad \cdots\cdots ③\end{aligned}$$

를 얻는다. 지금 $h \to 0$일 때 식 ③의 오른쪽 둘째 항이 0이 됨을 밝히면 된다. Cauchy의 정리에 의하여

$$\frac{h}{2\pi i}\int_C \frac{f(z)dz}{(z-z_0-h)(z-z_0)^2}=\frac{h}{2\pi i}\int_\Gamma \frac{f(z)dz}{(z-z_0-h)(z-z_0)^2} \quad \cdots\cdots ④$$

이고, $f(z)$는 Γ의 위와 내부에서 해석적이므로 유계하다. 따라서 $|f(z)| \le M$을 만족하는 $M>0$이 존재한다. 한편

$$|z-z_0-h| \ge |z-z_0|-|h| > \varepsilon-\frac{\varepsilon}{2}=\frac{\varepsilon}{2}$$

이고, 또한 Γ의 길이는 $2\pi\varepsilon$이므로 식 ④의 오른쪽 둘째 항에서

$$\left|\frac{h}{2\pi i}\int_\Gamma \frac{f(z)dz}{(z-z_0-h)(z-z_0)^2}\right| \le \frac{|h|}{2\pi}\frac{M(2\pi\varepsilon)}{(\varepsilon/2)(\varepsilon^2)}=\frac{2|h|M}{\varepsilon^2} \quad \cdots\cdots ⑤$$

이다. 이 때 $h \to 0$일 때 $\dfrac{2|h|M}{\varepsilon^2} \to 0$이므로 ③에서

$$f'(z_0)=\frac{1}{2\pi i}\int_C \frac{f(z)dz}{(z-z_0)^2} \quad \cdots\cdots ⑥$$

다음에 $n=2$일 때 ⑥을 이용한다. 점 z_0를 중심, 반지름이 ε인 원 C의 내부에 z_0+h가 있다고 하자. 그러면

$$\begin{aligned}\frac{f'(z_0+h)-f'(z_0)}{h} &= \frac{1}{2\pi i}\int_C \frac{1}{h}\left\{\frac{1}{(z-z_0-h)^2}-\frac{1}{(z-z_0)^2}\right\}f(z)dz \\ &= \frac{2!}{2\pi i}\int_C \frac{f(z)}{(z-z_0)^3}dz+\frac{h}{2\pi i}\int_C \frac{3(z-z_0)-2h}{(z-z_0-h)^2(z-z_0)^3}f(z)dz \quad \cdots\cdots ⑦\end{aligned}$$

이다. 그런데 식 ⑦의 오른쪽 둘째 항 $|\{3(z-z_0)-2h\}f(z)|<M_1$을 만족하는 유한값 $M_1>0$이 존재하므로 Cauchy의 정리에 의하여 C 위의 적분은 Γ 위의 적분

과 같음을 이용하여

$$\left|\frac{h}{2\pi i}\int_{\Gamma}\frac{3(z-z_0)-2h}{(z-z_0-h)^2(z-z_0)^3}f(z)dz\right| \leq \frac{|h|}{2\pi}\frac{M_1(2\pi\varepsilon)}{(\varepsilon/2)^2\varepsilon^3}=\frac{4|h|M_1}{\varepsilon^4}$$

이므로 여기서 $h \to 0$일 때 $\dfrac{4|h|M_1}{\varepsilon^4} \to 0$이다. 따라서 ⑦에서

$$f''(z_0)=\lim_{h\to 0}\frac{f'(z_0+h)-f'(z_0)}{h}=\frac{2!}{2\pi i}\int_C\frac{f(z)}{(z-z_0)^3}dz \qquad \cdots\cdots ⑧$$

임을 알 수 있다. 식 ⑧에서 C의 내부에 있는 모든 점에서 $f''(z)$의 존재성을 알고, 그 값은 C위에서 $f(z)$의 값으로 나타낼 수 있음을 알 수 있다.
이 과정을 계속 반복함으로써 수학적 귀납법에 의하여

$$f^{(n)}(z_0)=\frac{n!}{2\pi i}\int_C\frac{f(z)}{(z-z_0)^{n+1}}dz,\ n=3,\ 4,\ 5,\ \cdots\cdots$$

를 얻을 수 있다. ■

[예 6.2] 다음 적분을 구하여라.

(1) $\displaystyle\int_{|z|=2}\frac{z-3\cos z}{\left(z-\frac{\pi}{2}\right)^2}dz$ (2) $\displaystyle\int_{|z|=3}\frac{3z^4+2z-6}{(z-2)^3}dz$

풀이 (1) $f(z)=z-3\cos z$로 놓으면 $z=\dfrac{\pi}{2}$는 $|z|=2$의 내부에 있으므로

$$\int_{|z|=2}\frac{z-3\cos z}{\left(z-\frac{\pi}{2}\right)^2}dz=2\pi i f'\left(\frac{\pi}{2}\right)=8\pi i$$

(2) $f(z)=3z^4+2z-6$으로 놓으면 $f'(z)=12z^3+2,\ f''(z)=36z^2$이다.
$z_0=2$는 원 $|z|=3$의 내부에 있으므로 Cauchy의 적분공식에 의하여

$$\int_{|z|=3}\frac{3z^4+2z-6}{(z-2)^3}dz=\frac{2\pi i}{2!}f''(2)=\pi i\,36\,(2)^2=144\pi i$$ □

[예 6.3] $\int_C \frac{z}{(16-z^2)(z+i)}dz$의 값을 구하여라. 단, $C:|z-4|=2$이다.

풀이 $$\int_C \frac{z}{(16-z^2)(z+i)}dz = \int_C \frac{-z}{(z^2-16)(z+i)}dz$$
$$= \int_C \frac{-z}{(z-4)(z+4)(z+i)}dz$$

그런데 C의 내부에 오직 $z=4$만이 있으므로

$$\int_C \frac{z}{(16-z^2)(z+i)}dz = \int_C \frac{\frac{-z}{(z+4)(z+i)}}{z-4}dz$$
$$= 2\pi i\left(\frac{-4}{(4+4)(4+i)}\right) = \frac{-\pi-4\pi i}{17}$$ □

문제

1. 곡선 $C:|z|=3$일 때 $\int_C \frac{e^{3z}}{(z+2)^{10}}dz$를 구하여라.

풀이 문제에서 $f(z)=e^{3z}$, $n=9$, $z_0=-2$이므로 Cauchy의 적분공식에 의하여

$$f^{(9)}(-2) = \frac{9!}{2\pi i}\int_C \frac{e^{3z}}{(z+2)^{10}}dz$$

이다. 한편 $f^{(9)}(z)=3^9 e^{3z}$이므로 $f^{(9)}(-2)=3^9 e^{-6}$. 따라서

$$3^9 e^{-6} = \frac{9!}{2\pi i}\int_C \frac{e^{3z}}{(z+2)^{10}}dz \text{ 즉, } \int_C \frac{e^{3z}}{(z+2)^{10}}dz = \frac{2\pi i}{9!}3^9 e^{-6}$$

2. 다음 곡선 C에 따라 적분을 구하여라.

(1) $\int_C \frac{\sin \pi(z+1)+\cos \pi z}{(z-1)(z-2)}dz \quad C:|z|=4$

(2) $\int_C \frac{e^{2z}}{(z+1)^4}dz \quad C:|z|=3$

풀이 (1) $\dfrac{1}{(z-1)(z-2)}=\dfrac{1}{z-2}-\dfrac{1}{z-1}$ 임을 주목하면 적분은

$$\int_C \frac{\sin\pi(z+1)+\cos\pi z}{(z-1)(z-2)}dz$$

$$=\int_C \frac{\sin\pi(z+1)+\cos\pi z}{z-2}dz-\int_C \frac{\sin\pi(z+1)+\cos\pi z}{z-1}dz \quad \cdots\cdots ①$$

Cauchy 적분공식에 의하여

$$\int_C \frac{\sin\pi(z+1)+\cos\pi z}{z-2}dz=2\pi i(\sin 3\pi+\cos 2\pi)=2\pi i \quad \cdots\cdots ②$$

$$\int_C \frac{\sin\pi(z+1)+\cos\pi z}{z-1}dz=2\pi i(\sin 2\pi+\cos \pi)=-2\pi i \quad \cdots\cdots ③$$

이다. 그런데 $z=1$, $z=2$는 C의 내부에 포함되므로 주어진 피적분함수의 분자는 C의 내부에서 해석적이다. 따라서 ②, ③을 ①에 대입하면

$$\int_C \frac{\sin\pi(z+1)+\cos\pi z}{(z-1)(z-2)}dz=2\pi i-(-2\pi i)=4\pi i.$$

(2) $f(z)=e^{2z}$, $z_0=-1$이라 하자. 그러면 Cauchy의 적분공식에서 $n=3$이면 $f'''(z)=8e^{2z}$이므로 $f'''(-1)=8e^{-2}$. 따라서 $8e^{-2}=\dfrac{3!}{2\pi i}\displaystyle\int_C \frac{e^{2z}}{(z+1)^4}dz$이므로 구하는 적분은 $\dfrac{8\pi i e^{-2}}{3}$

3. $\displaystyle\int_C \frac{z^2+\sinh 2z}{z^3-3iz^2+4z-12i}dz$ 단, C는 원 $|z|=1$이다.

풀이 방정식 $z^3-3iz^2+4z-12i=(z-3i)(z^2+4)$의 특이점은 각각 $z_1=3i$, $z_2=2i$, $z_3=-2i$이다. 그런데 이 특이점들은 원 C의 내부와 위에 있지 않으므로

$$f(z)=\frac{z^2+\sinh 2z}{z^3-3iz^2+4z-12i}$$

는 원 C의 내부와 위에서 해석적이다. 따라서 구하는 것은

$$\int_C \frac{z^2+\sinh 2z}{z^3-3iz^2+4z-12i}=0$$

6.3 여러 가지 정리

다음과 같은 예를 통하여 Cauchy 정리의 역에 대하여 살펴보기로 한다.

[예 6.4] 곡선 $C: |z|=1$에 대하여 적분 $\int_{|z|=1} |z|^2 dz=0$이다. 그러나 피적분함수 $f(z)=|z|^2$은 해석적이 아니다.

[예 6.5] 곡선 $C: |z|=r$에 따라 적분 $\int_C \frac{1}{z^2} dz$를 구하여 보자.

$z=re^{i\theta}(0 \le \theta < 2\pi)$일 때 $dz=ire^{i\theta}d\theta$이므로

$$\int_C \frac{1}{z^2}dz=\int_{|z|=r}\frac{1}{z^2}dz=\int_0^{2\pi}\frac{ire^{i\theta}}{r^2e^{2i\theta}}d\theta=\frac{i}{r}\int_0^{2\pi}e^{-i\theta}d\theta=0$$

이다. 그런데 피적분함수 $g(z)=\frac{1}{z^2}$은 $z=0$에서 해석적이 아니다.

예 6.4와 예 6.5를 보면 일반적으로 Cauchy 정리의 역은 반드시 성립한다고 할 수 없다. 지금 Cauchy 정리의 역이 성립하는 Morera의 정리에 대하여 알아보기로 한다.

▌정리 6.4▌ (Morera의 정리)

함수 $f(z)$가 단순연결영역 D에서 연속이고, D의 내부에 있는 모든 단순닫힌곡선 C에 대하여

$$\int_C f(z)dz=0$$

이면 $f(z)$는 D에서 해석적이다.

증명 영역 D의 내부에 z_0를 고정시키고 D의 내부에 있는 모든 z의 함수를

$$F(z)=\int_{z_0}^{z} f(u)du$$

라 하자. 가정에서 f는 영역 D에서 연속이므로 z_0에서 D 내부의 점 z에 이르는 적분경로에 관계없이 적분값은 일정하다. 지금 h를 충분히 작게 잡아 z에서 $z+h$까지 이르는 선분이 D에 포함되도록 하면

$$\begin{aligned}\frac{F(z+h)-F(z)}{h}&=\frac{1}{h}\left[\int_{z_0}^{z+h} f(u)du-\int_{z_0}^{z} f(u)du\right]\\&=\frac{1}{h}\int_{z}^{z+h} f(u)du\end{aligned}$$

이다. 따라서

$$\frac{F(z+h)-F(z)}{h}-f(z)=\frac{1}{h}\int_{z}^{z+h}(f(u)-f(z))du$$

한편 f는 z에서 $z+h$까지의 선분 위에서 연속이므로 임의의 $\varepsilon>0$에 대하여 충분히 작은 $|h|$에 대하여 $|f(u)-f(z)|<\varepsilon$이 된다. 따라서 z에서 $z+h$에 이르는 선분의 길이 $|h|$에 대하여 다음이 성립한다.

$$\left|\frac{F(z+h)-F(z)}{h}-f(z)\right|<\frac{1}{|h|}\varepsilon|h|=\varepsilon$$

그런데 $\varepsilon>0$은 임의이므로 $F'(z)=f(z)$이다. 더욱이 정리 6.2에 의하여 $F(z)$는 모든 계의 도함수를 가지고, D 내부의 모든 점에서 $F''(z)=f'(z)$이므로 f는 D에서 해석적이다. ■

위의 정리를 보면 다음과 같은 결과를 알 수 있다. 즉 단순연결 영역 D 위에서 연속함수 $f(z)$에 대하여 Morera 정리는 Cauchy 정리의 역이다.

〈참고〉 만약 $f'(z)$가 D에서 연속이면 Morera 정리는 Green의 정리를 적용함으로써 얻을 수 있다. 왜냐하면 만약 $f=u+iv$라고 하자. 그러면

$$\begin{aligned}\int_C f(z)dz&=\int_C udx-vdy+i\int_C vdx+udy \qquad \cdots\cdots ①\\&=\int_D\int\left(-\frac{\partial v}{\partial x}-\frac{\partial u}{\partial y}\right)dxdy+i\int_D\int\left(\frac{\partial u}{\partial x}-\frac{\partial v}{\partial y}\right)dxdy\end{aligned}$$

만약 영역 D의 내부에 있는 단순닫힌곡선 C에 따라 적분하여

$$\int_C f(z)dz = 0 \qquad \cdots\cdots ②$$

이면 식 ①에서 두 선적분은 각각 곡선 C에 따라

$$\int_C u\,dx - v\,dy = 0, \quad \int_C v\,dx + u\,dy = 0$$

이라야 한다. Green의 정리에 의하여 Cauchy－Riemann의 방정식

$$\frac{\partial u}{\partial x} = \frac{\partial v}{\partial y}, \quad \frac{\partial u}{\partial y} = -\frac{\partial v}{\partial x}$$

을 만족하고, 또한 편미분은 연속이므로 함수 $f = u + iv$는 D에서 해석적이다.

▌정리 6.5▐

$f(z)$가 단순연결영역 D에서 해석적이고, z_0가 영역 D 내부의 점이면

$$F(z) = \int_{z_0}^{z} f(u)du$$

는 D에서 해석함수이다.

증명 Cauchy 정리에 의하여 영역 D 내부에 있는 모든 단순닫힌곡선 C에 대하여

$$\int_C f(z)dz = 0$$

이다. 따라서 Morera 정리를 만족하므로 정리 6.4와 같은 방법으로 함수 $F(z)$는 D에서 해석적이다. ■

6.4 Cauchy의 부등식과 그 응용

Cauchy의 적분공식을 이용하여 다음 중요한 성질에 대하여 살펴보기로 한다.

▌정리 6.6▐ (Cauchy의 부등식)

$f(z)$가 중심이 z_0이고 반지름이 r인 원 C의 내부와 위에서 해석적이고, C 위에서 $|f(z)| \leq M$ (M은 상수)이면 다음 부등식이 성립한다.

$$|f^{(n)}(z_0)| \leq \frac{M \cdot n!}{r^n}, \ n=0, 1, 2, \cdots$$

증명 Cauchy의 적분공식에 의하여

$$f^{(n)}(z_0) = \frac{n!}{2\pi i}\int_C \frac{f(z)}{(z-z_0)^{n+1}}dz, \ n=0, 1, 2, \cdots \qquad \cdots\cdots ①$$

이다. 한편 중심이 z_0이고, 반지름이 r인 원 C의 길이는 $2\pi r$이므로

$$\begin{aligned} |f^{(n)}(z_0)| &= \frac{n!}{2\pi}\left|\int_C \frac{f(z)}{(z-z_0)^{n+1}}dz\right| \leq \frac{n!}{2\pi}\cdot\frac{M}{r^{n+1}}\int_C |dz| \\ &= \frac{n!}{2\pi}\cdot\frac{M}{r^{n+1}}\cdot 2\pi r = \frac{M\cdot n!}{r^n} \end{aligned}$$

■

▌정리 6.7▐ (Liouville의 정리)

복소평면 위의 모든 점 z에 대하여 다음 성질이 성립한다고 하자.

(1) $f(z)$는 해석적이다.

(2) $f(z)$가 유계하다.

그러면 $f(z)$는 상수이다.

증명 복소평면 위에 임의의 두 점을 a, b라 하고, a를 중심으로 하고, 반지름이 r인 원 C가 b를 포함한다고 하자. 그러면 Cauchy의 적분공식에 의하여

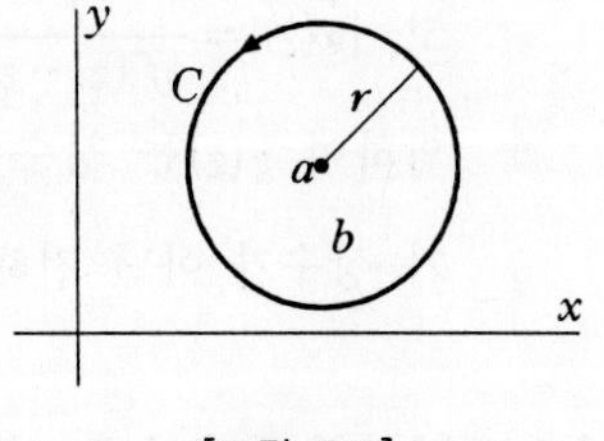

[그림 6.5]

$$\begin{aligned} f(b)-f(a) &= \frac{1}{2\pi i}\int_C \frac{f(z)}{z-b}dz - \frac{1}{2\pi i}\int_C \frac{f(z)}{z-a}dz \\ &= \frac{b-a}{2\pi i}\int_C \frac{f(z)}{(z-b)(z-a)}dz \end{aligned}$$

이다. 그런데 $C : |z-a| = r$이므로 $|a-b| \leq \frac{r}{2}$을 만족하는 r을 택하면

$$|z-b| = |(z-a)+(a-b)| \ge |z-a|-|a-b|$$
$$= r-|a-b| \ge \frac{r}{2}$$

이다. 한편 $f(z)$는 유계하므로 $|f(z)|<M$을 만족하는 $M>0$이 존재하고, 또한 C의 길이는 $2\pi r$이므로

$$|f(b)-f(a)| = \frac{|b-a|}{2\pi}\left|\int_C \frac{f(z)}{(z-b)(z-a)}dz\right|$$
$$\le \frac{|b-a|}{2\pi}\,\frac{M}{\frac{r}{2}\cdot r}\,2\pi r = \frac{2|b-a|M}{r}$$

이다. 여기서 $r\to\infty$이면 $|f(b)-f(a)|=0$ 즉, $f(b)=f(a)$이므로 $f(z)$는 상수임을 알 수 있다. ■

Liouville의 정리를 이용하여 몇 가지 성질을 얻을 수 있다.

▌정리 6.8▌

$f(z)$가 상수가 아닌 전해석함수이면 모든 복소수에 접근시킬 수 있다.

증명 만약 $f(z)$가 전해석함수이고, 또한 모든 복소수 z에 접근시키지 않는다고 가정하고

$$|f(z)-z_0| \ge \varepsilon$$

이 되는 복소수 z_0가 존재한다고 하자. 그러면 $g(z)=\dfrac{1}{f(z)-z_0}$은 전해석함수이고, $|g(z)|=\dfrac{1}{|f(z)-z_0|}\le\dfrac{1}{\varepsilon}$이 된다. 그러면 $g(z)$는 유계하므로 Liouville의 정리에 의하여 $g(z)$는 상수이다. 따라서 $f(z)=\dfrac{1}{g(z)}+z_0$도 역시 상수이므로 이는 $f(z)$가 상수가 아닌 전해석함수라는 가정에 모순이다. ■

[예 6.6] 복소평면에 있는 모든 z에 대하여 $f(z)$가 해석적일 때 $\mathrm{Re}\,f(z)>1$을 만족하면 $f(z)$는 상수임을 보여라.

풀이 $g(z)=\dfrac{1}{f(z)}$로 놓으면 $\mathrm{Re}\,f(z)>1$이므로 $f(z)\ne 0$이다. 따라서 함수 $f(z)$가 해

석적이므로 $g(z)$도 해석적이다. 그런데 $|g(z)| = \left|\dfrac{1}{f(z)}\right| \le \left|\dfrac{1}{\text{Re } f(z)}\right| < 1$이므로 $g(z)$는 유계하다. 따라서 Liouville의 정리에 의하여 $g(z)$는 상수이므로 $f(z)$는 상수이다. □

[예 6.7] 복소평면에서 함수 $f(z)$가 해석적이고, 임의의 z에 대하여 $\text{Re } f(z) \le M$ ($M>0$은 상수)을 만족할 때 $f(z)$는 상수임을 보여라.

풀이 $g(z) = e^{f(z)}$는 복소평면에서 해석함수이다. 가정에서 복소평면 위에 임의의 z에 대하여

$$|g(z)| = |e^{f(z)}| = e^{\text{Re }(f(z))} \le e^M$$

이므로 Liouville의 정리에 의하여 함수 $g(z)$는 상수이다. 따라서

$$g'(z) = f'(z)e^{f(z)} = 0\text{이고, } e^{f(z)} \ne 0\text{이므로 } f'(z) = 0$$

이다. 따라서 함수 $f(z)$는 상수이다. □

[예 6.8] 함수 $f(z)$는 복소평면에서 해석적이고 모든 z에 대하여

$$|f(z)| \le A|z| \text{ (단, } A\text{는 양의 실수)}$$

가 성립한다고 하자. 그러면 $f(z)$는 일차함수임을 보여라.

풀이 가정에서 $f(z)$는 $z = z_0$를 중심, 반지름이 r인 원 C의 내부와 위에서 해석적이고, C 위에서 $|f(z)| \le A|z|$이고, $|z - z_0| \le r$이므로 Cauchy의 부등식에서

$$|f''(z_0)| = \left|\frac{2!}{2\pi i}\int_C \frac{f(z)}{(z-z_0)^3}dz\right| \le \frac{2!}{2\pi}\int_C \frac{|f(z)|}{|(z-z_0)^3|}|dz|$$

$$\le \frac{2!\cdot A|z|}{r^2} \le \frac{2A(|z_0|+r)}{r^2}$$

이고, z_0는 복소평면 위의 임의의 점이므로 $r \to \infty$일 때 $f''(z) = 0$이다. 따라서 구하는 함수는 $f'(z) = az + b$이다. (단, a, b는 복소상수) □

▌정리 6.9▐

다음과 같은 $n(n\geq 1)$차 다항식

$$f(z)=a_nz^n+a_{n-1}z^{n-1}+\cdots+a_1z+a_0 \quad (a_n\neq 0)$$

에서 충분히 큰 $|z|=r$에 대하여 다음 부등식이 성립한다.

$$\frac{|a_n|}{2}r^n \leq |f(z)| \leq \frac{3|a_n|}{2}r^n$$

증명 $f(z)=z^n\left(a_n+\frac{a_{n-1}}{z}+\frac{a_{n-2}}{z^2}+\cdots+\frac{a_0}{z^n}\right)$에서 삼각부등식을 적용하면

$$r^n\left(|a_n|-\left|\frac{a_{n-1}}{z}+\cdots+\frac{a_0}{z^n}\right|\right) \leq |f(z)| \leq r^n\left(|a_n|+\left|\frac{a_{n-1}}{z}+\cdots+\frac{a_0}{z^n}\right|\right)$$

이다. $r>1$일 때

$$\left|\frac{a_{n-1}}{z}+\frac{a_{n-2}}{z^2}+\cdots+\frac{a_0}{z^n}\right| \leq \frac{|a_{n-1}|+|a_{n-2}|+\cdots+|a_0|}{r}=\frac{K}{r}$$

이므로

$$r^n\left(|a_n|-\frac{K}{r}\right) \leq |f(z)| \leq r^n\left(|a_n|+\frac{K}{r}\right)$$

이다. 따라서 $\frac{K}{r}<\frac{|a_n|}{2}$일 때 $r>\frac{2K}{|a_n|}$인 충분히 큰 r에 대하여 주어진 결론이 성립한다. ■

▌정리 6.10▐ (대수학의 기본정리)

상수가 아닌 임의의 복소다항식

$$f(z)=a_nz^n+a_{n-1}z^{n-1}+\cdots+a_1z+a_0 \quad (n\geq 1,\ a_n\neq 0)$$

는 적어도 하나의 영점을 갖는다. 즉 $f(z_0)=0$인 점 z_0가 적어도 하나 존재한다.

증명 만약 모든 z에 대하여 $f(z)\neq 0$이라 하자. 그러면 $F(z)=\dfrac{1}{f(z)}$은 전해석함수이고 무한원점에서 $a_n\neq 0$이므로

$$|F(z)|=\frac{1}{|f(z)|}=\frac{1}{|z|^n}\frac{1}{\left|a_n+\dfrac{a_{n-1}}{z}+\dfrac{a_{n-2}}{z^2}+\cdots+\dfrac{a_1}{z^{n-1}}+\dfrac{a_0}{z^n}\right|} \quad \cdots\cdots ①$$

$$z\to\infty \text{일 때 } a_n+\frac{a_{n-1}}{z}+\frac{a_{n-2}}{z^2}+\cdots+\frac{a_0}{z^n}\to a_n$$

이다. 따라서 충분히 큰 $R>0$이 존재하여 $|z|\geq R$이면

$$|F(z)|=\frac{1}{|f(z)|}<\frac{2}{|a_n||z|^n} \quad \cdots\cdots ②$$

가 성립하므로 식 ②에서 $|z|\to\infty$일 때 $|F(z)|\to 0$이다. 따라서 $|z|\geq R$인 모든 z에 대하여 $F(z)$는 유계하다. 그런데 $F(z)$는 $|z|\leq R$인 모든 z에 대하여 연속이므로 $|F(z)|$도 연속이다.

따라서 $|F(z)|$는 z의 복소평면에서 유계하므로 Liouville의 정리에 의하여 상수라야 한다. 그러므로 $f(z)$는 상수이다. 그런데 가정에서 $a_n\neq 0$, $n\geq 1$이므로 $f(z)$가 상수라는 사실에 모순이다. ■

정리 6.11

(1) $f(z)$는 원판 $0<|z-z_0|<R$에서 해석적이고, 서로 다른 점 z_n의 수열 $\{z_n\}$이 z_0에 수렴한다고 하자. 만약 $f(z_n)=0$이면 $0<|z-z_0|<R$에 있는 모든 z에 대하여 $f(z)=0$이다.

(2) 함수 $f(z)$가 $z=z_0$에서 해석적이면 z_0의 어떤 근방에서 $f(z)\equiv 0$이거나 또는 z_0가 빠진 원판 $0<|z-z_0|\leq r$에 대하여 $f(z)\neq 0$이 되는 r이 존재한다.

증명 (1) 가정에서 $f(z)$는 $|z-z_0|<R$에서 해석적이므로 $f(z)=a_0+\sum_{k=1}^{\infty}a_k(z-z_0)^k$로 나타낼 수 있다. 또한 $f(z)$는 z_0에서 연속이므로 $z_n\to z_0$일 때 $f(z_n)\to f(z_0)$임을 알 수 있다. 그러므로

$$\lim_{n\to\infty} f(z_n) = 0 = f(z_0) = a_0 \qquad \cdots\cdots ①$$

즉, $f(z)$의 상수항이 0이므로

$$f(z) = (z-z_0)\left(a_1 + \sum_{k=2}^{\infty} a_k (z-z_0)^{k-1}\right) \qquad \cdots\cdots ②$$

로 나타낼 수 있다. 여기서 $z = z_n$으로 놓고 식 ②의 양변에 $z_n - z_0$로 나누면

$$\lim_{n\to\infty} \frac{f(z_n)}{z_n - z_0} = 0 = a_1$$

이다. 같은 방법으로

$$f(z) = (z-z_0)^2\left(a_2 + \sum_{k=3}^{\infty} a_k (z-z_0)^{k-2}\right)$$

이므로 다음 결과를 얻을 수 있다.

$$\lim_{n\to\infty} \frac{f(z_n)}{(z_n - z_0)^2} = 0 = a_2$$

이와 같은 과정을 계속하면 수학적 귀납법에 의하여 $a_k = 0$, $k = 1, 2, \cdots$이므로 결과를 얻을 수 있다.

(2) 만약 조건을 만족하는 r이 존재하지 않는다고 하자. 그러면 z_0가 빠진 각 원판 $0 < |z_n - z_0| \le \dfrac{1}{n}$에서 $f(z_n) = 0$이 되는 점 z_n이 존재한다. 그런데 $z_n \to z_0$이므로 정리 6.11 (1)에 의하여 $z = z_0$의 어떤 근방에서 $f(z) = 0$이라야 한다. 이는 가정에 모순. ■

〈비고〉 정리 6.11은 실변수함수에서는 성립하지 않는다. 예를 들어 함수

$$f(x) = \begin{cases} x^2 \sin \dfrac{\pi}{x}, & x \ne 0 \\ 0, & x = 0 \end{cases}$$

은 모든 실변수 x에 대하여 미분가능하고, 모든 n에 대하여 $f\left(\dfrac{1}{n}\right) = 0$이다. 그러나 원점을 중심으로 하는 임의의 근방에서 $f(z) \ne 0$이다.

▌정리 6.12▌

함수 $f(z)$가 영역 D에서 해석적이고, D의 내부에 있는 서로 다른 점들로 이루어진 수열 $\{z_n\}$에 대하여

$$\lim_{n\to\infty} z_n = z_0,\ z_0 \in D$$

이고 $f(z_n)=0$이면 D 내부의 모든 z에 대하여 $f(z)=0$이다.

증명 영역 D의 부분집합 A, B를 다음과 같이 생각한다.

$A=\{c\in D:\ c$의 어떤 근방에서 $f(z)\equiv 0\}$
$B=\{c\in D:\ c$가 빠진 c의 어떤 근방에 모든 z에 대하여 $f(z)\neq 0\}$

이면 정리 6.11(2)에 의하여 D 내부의 모든 점은 A에 있거나 또는 B에 있고, A와 B는 열린집합이고, $A\cap B=\varnothing$이다. 영역 $D=A\cup B$는 연결집합이므로 $A=\varnothing$이거나 $B=\varnothing$이라야 한다. 그런데 정리 6.11에 의하여 $z_0\in A$이므로 $B=\varnothing$이다. 이는 $A=D$임을 뜻하므로 영역 D에서 $f(z)\equiv 0$이다. ■

▌정리 6.13▌ (항등정리)

수열 $\{z_n\}$이 영역 D의 내부에서 극한점 z_0(단, $z_n\neq z_0$)를 갖는다고 하자. 만약 D에서 $f(z)$와 $g(z)$가 해석적이고, 각 n에 대하여 $f(z_n)=g(z_n)$이면 D 내부의 모든 z에 대하여 $f(z)\equiv g(z)$이다.

증명 $\lim_{n\to\infty} z_n = z_0$이면 z_0에 수렴하는 $\{z_n\}$의 부분수열 $\{z_{n_k}\}$가 존재한다.
지금 $h(z)=f(z)-g(z)$로 놓으면 부분수열 $\{z_{n_k}\}$의 모든 점에 대하여 $h(z_{n_k})=0$이다. 따라서 정리 6.12에 의하여 영역 D의 모든 z에 대하여 $h(z)=0$, 즉 $f(z)\equiv g(z)$가 성립한다. ■

〈주의〉 위의 정리에서 극한점 z_0가 해석적인 영역 D에 속한다는 조건은 반드시 필요하다. 예를 들어 함수 $f(z)=e^{\frac{1}{1-z}}$, $g(z)=1$는 $|z|<1$에서 해석적이고, $z_n=1-\dfrac{1}{2n\pi i}$에 대하여

$$f(z_n)=e^{2n\pi i}=1=g(z_n)$$

이다. 그런데 $n \to \infty$일 때 $\{z_n\} \to 1$이지만 $f(z)$는 $z=1$에서 해석적이 아니므로 $f(z)=g(z)$라고 할 수 없다.

문제

1. $f(z)$가 전해석함수이고 M, R은 양의 상수이며, $|z|>R$인 모든 z에 대하여 $|f(z)| \le M|z|^n$일 때 $f(z)$는 기껏해야 n차의 다항식임을 보여라.

풀이 임의의 z_0를 중심, 반지름이 r인 원 C의 내부와 위에서 해석적이고, 원 C 위에 임의의 점 z에 대하여 $|z|-|z_0| \le |z-z_0|=r$이므로

$$|f(z)| \le M|z|^n \le M(|z_0|+r)^n$$

이 된다. 그런데 Cauchy의 적분공식에 의하여

$$\begin{aligned} |f^{(n+1)}(z_0)| &= \left| \frac{(n+1)!}{2\pi i} \int_C \frac{f(z)}{(z-z_0)^{n+2}} dz \right| \\ &\le \frac{(n+1)!}{2\pi} \cdot \frac{M|z|^n}{r^{n+1}} \le \frac{(n+1)!}{2\pi r^{n+1}} M(|z_0|+r)^n \end{aligned}$$

이다. 이때 z_0는 복소평면 위의 임의의 점이고 r을 충분히 크게 취할 수 있으므로 즉 $r \to \infty$이면 $f^{(n+1)}(z)=0$이다. 따라서 $f(z)$는 기껏해야 n차 다항식이다.

2. 복소평면에서 전해석함수 f가 다음 두 조건을 모두 만족하면 $f(z)=z$임을 보여라.

   (i) $f(1)=1$

   (ii) 복소평면 위의 임의의 z에 대하여 $|f(z)| \le |z|$

풀이 $f(z)$가 전해석함수이고 $|f(z)| \le |z|$이므로 문제 1에 의하여 $f(z)$는 일차함수이다. 즉 $f(z)=az+b$이다. 만약 $z=0$이면 $f(0)=b$이고, 또한 (ii)에 의하여 $f(0)=0$이므로 $b=0$이다. 따라서 $f(z)=az$. 한편 조건 (i)에서 $f(1)=1$이므로 $a=1$이다. 그러므로 $f(z)=z$이다.

3. 복소평면에 정의된 전해석함수 $f(z)$가 다음 두 조건을 모두 만족하면 $f(z)$가 상수임을 보여라. 단, R, M은 양의 상수이다.

(i) 복소평면 위의 모든 z에 대하여 $f(z)\neq 0$

(ii) 복소평면 위의 모든 z에 대하여 $|z|>R$이면 $|f(z)|>M$

풀이 $g(z)=\dfrac{1}{f(z)}$이라 하면 조건 (i)에 의하여 함수 $g(z)$는 복소평면에서 해석적이고, 조건 (ii)에 의하여

$$|z|>R\text{일 때 } |g(z)|=\frac{1}{|f(z)|}<\frac{1}{M}$$

이 된다. 한편, $|z|\leq R$일 때 $g(z)$의 최대값을 P라 하자. 그러면 $K=\max\left(P,\ \dfrac{1}{M}\right)$로 놓으면 모든 z에 대하여

$$|f(z)|\leq K$$

이다. 따라서 Liouville의 정리에 의하여 $g(z)$는 상수이므로 $f(z)$는 상수가 된다.

4. 함수 $f(z)$가 복소평면에서 해석적이고, 모든 z에 대하여

$$f(z+a)=f(z),\ f(z+ib)=f(z)\ (a,\ b\text{는 양의 상수})$$

이면 $f(z)$는 상수이다.

풀이 그림 6.6의 직사각형의 둘레와 내부로 이루어진 유계하고 닫힌집합을 D라 하자. 그런데 $f(z)$가 복소평면에서 해석적이므로 D에서 연속함수이다.

따라서 $f(z)$는 유계하므로 $|f(z)|$의 최대값을 M이라 하자. 한편 임의의 $z=x+iy$에 대하여

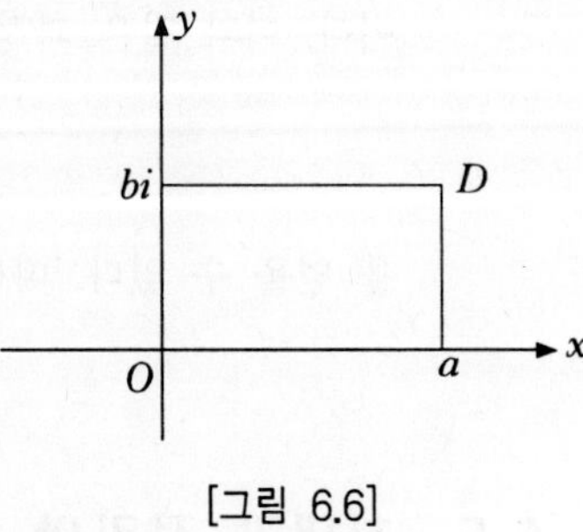

[그림 6.6]

$$am\leq x<a(m+1),\ bn\leq y<b(n+1)\ (\text{단, } m,\ n\text{은 정수})$$

이면

$$z_0=z-(am+ibn)=(x+iy)-(am+ibn)=(x-am)+i(y-bn)$$

이므로 z_0는 영역 D의 점이다. 가정에서

$$f(z) = f(z_0 + am + ibn) = f(z_0)$$

이다. 따라서 $|f(z)| = |f(z_0)| \le M$이다. 그러므로 $f(z)$는 복소평면에서 유계하고 전해석함수이므로 Liouville의 정리에 의하여 $f(z)$는 상수이다.

5. 차수가 $n \ge 1$인 방정식 $f(z) = a_n z^n + a_{n-1} z^{n-1} + \cdots + a_0 = 0$ $(a_n \ne 0)$은 오직 n-제곱근을 갖는다.

풀이 대수학의 기본정리에 의하여 $f(z)$는 적어도 하나의 영점을 갖는다. 이때 이것을 α_1라 하자. 그러면 $f(\alpha_1) = 0$이다. 따라서

$$\begin{aligned} f(z) - f(\alpha) &= a_n z^n + a_{n-1} z^{n-1} + \cdots + a_1 z + a_0 \\ &\qquad - (a_n \alpha_1^n + a_{n-1} \alpha_1^{n-1} + \cdots + a_1 \alpha_1 + a_0) \\ &= a_n (z^n - \alpha_1^n) + a_{n-1} (z^{n-1} - \alpha_1^{n-1}) + \cdots + a_2 (z^2 - \alpha_1^2) + a_1 (z - \alpha_1) \\ &= (z - \alpha_1) Q(z) \ \ (\text{단, } Q(z)\text{는 } (n-1)\text{차의 다항식}) \end{aligned}$$

여기서 대수학의 기본정리를 다시 적용하면 $Q(z)$는 적어도 하나의 근을 갖는다. 이것을 α_2라고 하면

$$f(z) = (z - \alpha_1)(z - \alpha_2) R(z) \ \ (\text{단, } R(z)\text{는 } (n-2)\text{차의 다항식})$$

이다. 이와 같은 과정을 계속하면 수학적 귀납법에 의하여

$$f(z) = (z - \alpha_1)(z - \alpha_2) \cdots (z - \alpha_n) = 0$$

을 얻을 수 있다. 따라서 $f(z) = 0$은 오직 n-제곱근을 갖는다.

6.5 최대값 정리와 편각원리

함수 $f(z)$가 단순닫힌곡선 C의 내부와 위를 포함하는 영역에서 해석적이면 C의 내부에 점 z_0에 대하여

$$f(z_0)=\frac{1}{2\pi i}\int_C \frac{f(z)dz}{z-z_0}$$

가 성립함을 알고 있다. 이때 적분은 곡선 C 위에서 $f(z)$가 정해지면 C의 내부의 값 $f(z_0)$와 같다고 할 수 있다.

다음 정리는 원 C의 내부와 위에서 함수 $f(z)$가 해석적이면 C 위에서 함수값의 평균값은 그 원의 중심에서 함수값과 같음을 보여준다.

▮정리 6.14▮ (Gauss의 평균값 정리)

함수 $f(z)$가 닫힌 원판 $C:|z-z_0|\le r$에서 해석적이면 다음이 성립한다.

$$f(z_0)=\frac{1}{2\pi}\int_0^{2\pi} f(z_0+re^{i\theta})d\theta$$

증명 Cauchy의 적분공식에 의하여

$$f(z_0)=\frac{1}{2\pi i}\int_C \frac{f(z)}{z-z_0}dz$$

이다. 지금 $z=z_0+re^{i\theta}$로 놓으면 $dz=ire^{i\theta}d\theta$이므로

$$\begin{aligned}f(z_0)&=\frac{1}{2\pi i}\int_0^{2\pi}\frac{f(z_0+re^{i\theta})ire^{i\theta}}{re^{i\theta}}d\theta\\&=\frac{1}{2\pi}\int_0^{2\pi}f(z_0+re^{i\theta})d\theta=\frac{1}{2\pi}\int_0^{2\pi}(u+iv)d\theta\end{aligned}$$

를 얻을 수 있다. ■

Cauchy의 적분공식에 의하여 해석함수의 최대값 정리에 대하여 살펴보기로 한다.

▮정리 6.15▮ (최대값 정리)

함수 $f(z)$가 영역 D에서 해석적이고 상수가 아니면 D의 내부에서 $|f(z)|$는 최대값을 가질 수 없다.

증명 만약 D의 내부의 점 a에서 최대값 $|f(z)|=M$을 갖는다고 하자. D의 내부에 a를 중심으로 하는 원 C를 그리면

$$|f(a)|=M \qquad \cdots\cdots \ ①$$

이다. 따라서 C 내부에 a가 아닌 b에 대하여

$$|f(b)|<M \qquad \cdots\cdots \ ②$$

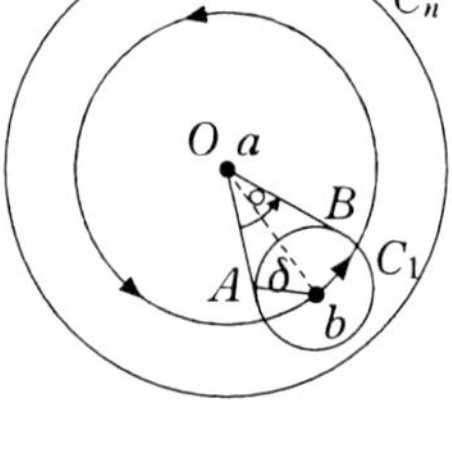

[그림 6.7]

이고,

$$|f(b)|=M-\varepsilon \ (\varepsilon>0)$$

이라 할 수 있다. 지금 b에서 함수 $|f(z)|$의 연속성에 의하여 임의의 $\varepsilon>0$에 대하여 적당한 $\delta>0$가 존재하여

$$|z-b|<\delta \text{일 때 } ||f(z)|-|f(b)||<\frac{\varepsilon}{2}$$

이 성립하므로

$$|f(z)|<|f(b)|+\frac{\varepsilon}{2}=M-\varepsilon+\frac{\varepsilon}{2}=M-\frac{\varepsilon}{2} \qquad \cdots\cdots \ ③$$

그런데 부등식 ②는 b가 중심, 반지름이 $\delta>0$인 원 $C_1 : |z-b|=\delta$의 내부에도 성립한다.

지금 중심이 a이고, b를 지나는 원을 C_2라고 하자. 그러면 호 AB는 C_1의 내부에 있으므로 ③에서 호 AB에 따라서 $|f(z)|<M-\frac{\varepsilon}{2}$이고, 나머지 호에서는 $|f(z)|\le M$이다. 한편 $\angle AOB=\alpha$일 때 Gauss의 평균값 정리에 의하여

$$\begin{aligned} f(a) &= \frac{1}{2\pi}\int_0^{2\pi} f(a+re^{i\theta})d\theta \\ &= \frac{1}{2\pi}\int_0^{\alpha} f(a+re^{i\theta})d\theta+\int_{\alpha}^{2\pi} f(a+re^{i\theta})d\theta \end{aligned}$$

이므로

$$\begin{aligned} |f(a)| &\le \frac{1}{2\pi}\int_0^{\alpha}|f(a+re^{i\theta})|d\theta+\frac{1}{2\pi}\int_{\alpha}^{2\pi}|f(a+re^{i\theta})|d\theta \\ &\le \frac{1}{2\pi}\int_0^{\alpha}\left(M-\frac{\varepsilon}{2}\right)d\theta+\frac{1}{2\pi}\int_{\alpha}^{2\pi} M\,d\theta \end{aligned}$$

$$= \frac{\alpha}{2\pi}\left(M - \frac{\varepsilon}{2}\right) + \frac{M}{2\pi}(2\pi - \alpha) = M - \frac{\alpha\varepsilon}{4\pi}$$

따라서 ①에 의하여 $M = |f(a)| \le M - \dfrac{\alpha\varepsilon}{4\pi}$ 이므로 이는 모순이다. ■

▌정리 6.16▐ (최소값 정리)

함수 $f(z)$가 단순닫힌곡선 C 위와 내부에서 해석적이고 상수가 아니며, C의 내부에서 $f(z) \neq 0$일 때 $|f(z)|$는 C의 내부에서 최소값을 가질 수 없다. 즉, C 위에서 최소값을 가진다.

증명 $f(z)$가 C 위와 내부에서 해석적이고, C의 내부에서 $f(z) \neq 0$이므로 함수 $\dfrac{1}{f(z)}$은 C의 내부에서 해석적이다. 그러면 최대값 정리에 의하여 $\dfrac{1}{f(z)}$은 C 위에서 최대값을 취하므로 $f(z)$는 C 위에서 최소값을 취한다.

[예 6.9] 함수 $f(z)$가 단순닫힌곡선 C 위와 내부의 영역 D에서 해석적이고 C 위에서 $|f(z)|$가 0이 아닌 상수일 때 영역 D의 모든 z에 대하여 $f(z) = 0$임을 보여라. 단, 영역 D에서 $f(z)$는 상수가 아니다.

풀이 만약 $f(z) \neq 0$이라 하자. 그러면 가정에서 C 위에서 $|f(z)|$는 0이 아닌 상수이므로 $|f(z)| = M(\neq 0)$인 $M > 0$이 존재한다. 그러면 함수 $\dfrac{1}{f(z)}$은 곡선 C 위에서 해석적이고, $\left|\dfrac{1}{f(z)}\right| = \dfrac{1}{M}$이다.

따라서 최대값 정리에 의하여 D의 모든 z에 대하여

$$\left|\frac{1}{f(z)}\right| \le \frac{1}{M} \quad \text{즉,} \quad |f(z)| \ge M \qquad \cdots\cdots ①$$

이다. 그런데 C 위에서 $|f(z)| = M$이므로 $f(z)$는 최대값 정리에 의하여 D의 모든 z에 대하여

$$|f(z)| \le M \qquad \cdots\cdots ②$$

이므로 식 ①, ②에 의하여 $|f(z)| = M$(즉 상수)이다. 이것은 $f(z)$가 영역 D에서 0이 아닌 상수라는 가정에 모순이다. □

[예 6.10] 원판 $C: |z-1| \leq 2$ 위에서 $|e^z|$의 최대값을 구하여라.

풀이 최대값 정리에 의하여 원 $|z-1|=2$에서 $|e^z|$의 최대값이 존재한다.
그런데 $z-1=2e^{i\theta}$일 때 $z=1+2e^{i\theta}=1+2(\cos\theta+i\sin\theta)$이므로

$$|e^z|=|e^{1+2(\cos\theta+i\sin\theta)}|=|e^{1+2(\cos\theta+i\sin\theta)}|=|e^{1+2\cos\theta}|\leq e^3$$

이다. 따라서 구하는 최대값은 e^3이다. □

[예 6.11] 함수 $f(z)$가 $|z|<R$에서 해석적일 때 $r_1<r_2<R$에 대하여 다음 식이 성립함을 보여라.

$$\max_{|z|\leq r_1}|f(z)| \leq \max_{|z|\leq r_2}|f(z)|$$

풀이 최대값 정리에 의하여 $|z|\leq r_1$인 모든 z에 대하여 $|f(z)|$의 최대값은 $|z|=r_1$ 위에 있을 때이다. 같은 방법으로 $|z|\leq r_2$인 모든 z에 대하여 $|f(z)|$의 최대값은 $|z|=r_2$ 위에 있을 때이다.
그런데 $r_1<r_2$이므로 $\max_{|z|\leq r_1}|f(z)| \leq \max_{|z|\leq r_2}|f(z)|$를 얻는다. □

문제

1. 다음의 영역 C에서 함수 $f(z)$의 최대값을 구하여라.
   (1) $C: |z+1|\leq 1$에서 $f(z)=z(z+1)^3$
   (2) $C: |z|\leq 1$에서 $f(z)=\dfrac{2z+1}{z-2}$
   (3) $C: |z+i|\leq 1$에서 $f(z)=e^z(z+i)^5$

풀이 (1) $f(z)$는 $|z+1|\leq 1$에서 해석적이므로 최대값은 경계 $|z+1|=1$ 위에 있다. 한편 $|z|-1\leq|z+1|\leq 1$이므로 $|z|\leq 2$이므로

$$|f(z)|=|z(z+1)^3|=|z||z+1|^3=|z|\leq 2$$

구하는 최대값은 2.

(2) 함수 $f(z)=\dfrac{2z+1}{z-2}=\dfrac{2\left(z+\frac{1}{2}\right)}{z-2}$은 단위원 $C:|z|=1$의 위와 내부에서 해석적이므로 $|f(z)|$는 $|z|\le 1$에서 최대값을 갖는다. 그림 6.7에서 $\left|z+\dfrac{1}{2}\right|$은 C 위의 $z=1$에서 최대값 $\dfrac{3}{2}$이고, $|z-2|$는 C 위의 $z=1$에서 최소값 1을 가지므로 구하는 최대값은 3이다.

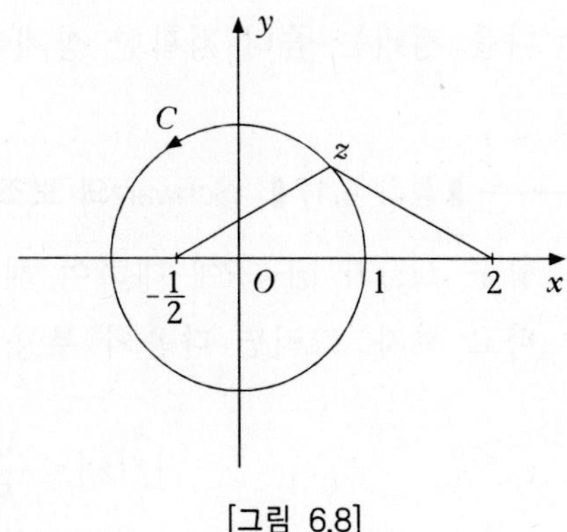

[그림 6.8]

(3) $f(z)$는 $|z+i|\le 1$에서 해석적이므로 최대값은 경계 $|z+i|=1$ 위에 있고, 또한

$$|f(z)|=|e^z(z+i)^5|=|e^z||z+i|^5=|e^z|$$

이다. $z=x+iy$일 때 $|f(z)|=e^x$. 따라서 최대값은 $x=1$일 때 e이다.

2. 함수 $f(z)$가 단순닫힌곡선 C 위와 내부 영역 D의 모든 z에서 해석적이고 $f(z)\neq 0$이다. 만약 C 위에 모든 z에 대하여 $|f(z)|$의 최소값이 m이라 하면 D의 모든 z에 대하여 $|f(z)|\ge m$임을 보여라.

풀이 $f(z)\neq 0$이므로 $g(z)=\dfrac{1}{f(z)}$로 놓으면 C 위와 영역 D의 모든 점에서 해석적이다. 가정에서 곡선 C 위의 모든 z에 대하여 $|f(z)|\ge m$이므로 $|g(z)|=\dfrac{1}{|f(z)|}\le\dfrac{1}{m}$이다. 따라서 최대값 정리에 의하여 $|g(z)|\le\dfrac{1}{m}$이므로 $|f(z)|\ge m$이다.

3. 함수 $f(z)$가 $|z|<1$에서 해석적이고 $|f(z)|\ge f(0)\neq 0$일 때 $f(z)$는 상수임을 보여라.

풀이 $f(z)\neq 0$이므로 $\dfrac{1}{f(z)}$은 $|z|<1$에서 해석적이므로 $\left|\dfrac{1}{f(z)}\right|\le\dfrac{1}{f(0)}$이다. 따라서 $r<1$이면 $\max_{|z|\le r}\left|\dfrac{1}{f(z)}\right|\le\left|\dfrac{1}{f(0)}\right|$ 이므로 최대값 정리에 의하여 $\dfrac{1}{f(z)}$은 상수이다. 따라서 $f(z)$는 상수이다.

다음 정리는 좀더 정확한 상계에 대하여 설명해주고 있다.

▌정리 6.17▌ (Schwarz의 보조정리)

함수 $f(z)$가 $|z|<R$에 대하여 해석적이고 $f(0)=0$이며, $|f(z)|\leq M$을 만족한다고 하자. 그러면 다음의 부등식

$$|f(z)|\leq \frac{M}{R}|z| \text{이고,}\quad |f'(0)|\leq \frac{M}{R}$$

이 성립한다. 등호는 $z\neq 0$인 적당한 z에 대하여 $|\lambda|=1$인 상수 λ가 존재하여 $f(z)=\lambda z$(λ는 실수)인 경우에 한하여 성립한다.

증명 $f(0)=0$이므로 $f(z)=a_1 z+a_2 z^2+a_3 z^3+\cdots$, $|z|<R$로 나타낼 수 있다. 그리고 만약 $g(z)=a_1+a_2 z+a_3 z^2+\cdots$ 이면 $f(z)=zg(z)$가 된다.

지금 영역 $0<|z|<R$에서 $g(z)=\dfrac{f(z)}{z}$를 생각하자. $f(z)$는 $z=0$에서 해석적이므로 $f(z)$는 $z=0$에서 역시 연속이다. 따라서 L'Hospital의 법칙에 의하여

$$\lim_{z\to 0}\frac{f(z)}{z}=\frac{f'(0)}{1}=f'(0)$$

이므로 $g(z)=\dfrac{f(z)}{z}$는 영역 $|z|<R$에 대하여 해석적이며, 역시 연속이다.

지금 $0<|z_0|<R$에 대하여 $0<|z_0|<r<R$이 되도록 임의의 실수 r을 택하면 최대값 정리에 의하여

$$|g(z_0)|\leq \max_{|z|\leq r}|g(z)|=\max_{|z|=R}|g(z)|$$

즉 $\left|\dfrac{f(z_0)}{z_0}\right|\leq \max_{|z|\leq r}\left|\dfrac{f(z)}{z}\right|=\max_{|z|=r}\left|\dfrac{f(z)}{z}\right|$ $(0\leq r<R)$ 또는

$$\frac{1}{r}\max_{|z|=r}|f(z)|\leq \frac{1}{R}\max_{|z|=R}|f(z)| \qquad \cdots\cdots ①$$

를 얻는다. 그런데 r은 $0<|z_0|\leq r<R$인 임의의 실수이고, R로 접근할 수 있으므로 $0<|z|<R$인 모든 z에 대하여

$$\max_{|z|=r}|f(z)| \le \max_{|z|=R}|f(z)| \le \frac{r}{R}M \quad \cdots\cdots ②$$

이 성립한다. 따라서 최대값 정리에 의하여 $|z| \le R$인 모든 z에 대하여

$$|f(z)| \le \frac{r}{R}M \quad \cdots\cdots ③$$

이다. 또한 부등식 ②는 $0<|z|<R$인 모든 z에 대하여 $f'(0)=a_1=g(0)$이고, $g(0) \le \frac{r}{R}$이므로 $|f'(0)| \le \frac{r}{R}$임을 알 수 있다.

한편 식 ③에서 $0<|z|<R$인 z에서 등호가 성립할 때 즉 $|f(z)|=\frac{rM}{R}$이라 하면 최대값 정리에 의하여 $g(z)=\frac{f(z)}{z}$는 상수이므로

$$\left|\frac{f(z)}{z}\right| = \frac{M}{R} \text{ 즉 } \frac{f(z)}{z} = \frac{M}{R}e^{i\alpha}, \ \alpha\text{는 실수}$$

이다. 따라서

$$f(z) = \left(\frac{rM}{R}e^{i\alpha}\right)z = \lambda z \ \left(\text{단, } |\lambda| = \frac{rM}{R}\right)$$

■

▮정리 6.18▮

$f(z)$가 $|z|<R$인 모든 z에 대하여 해석적이고,

$$f(0)=f'(0)=\cdots=f^{(n-1)}(0)=0$$

이고 $|f(z)| \le M$이라 하면 $|z|=r$ (단, $0 \le r < R$)인 모든 z에 대하여

$$|f(z)| \le \left(\frac{r}{R}\right)^n M$$

이 성립하며, 등호는 $f(z)=\frac{M}{R^n}e^{i\lambda}z^n$ (λ는 실수)일 때 한한다.

증명 $f(z)=z^n g(z)$로 놓고 $g(z)$에 대하여 정리 6.17과 같은 방법으로 증명할 수 있다.

■

6.6 영점과 극의 개수

함수 $f(z)$에 대한 유수를 이용하여 유리함수의 영점과 극의 개수에 관한 내용에 대하여 알아보고 이를 통하여 적분을 구하는 방법을 살펴본다.

$w=f(z)$가 $z=z_0$에서 해석적이고 다음의 함수

$$f(z)=c_k(z-z_0)^k+c_{k+1}(z-z_0)^{k+1}+\cdots \quad (c_k\neq 0,\ k\geq 1)$$

로 전저될 때 $z=z_0$를 함수 $f(z)$의 위수 k의 **영점**(zero)이라 한다. 또한 함수 $g(z)$가 $z=z_0$에서 해석적이 아니고, $g(z)$의 전개식이 다음과 같이

$$g(z)=\frac{b_0}{(z-z_0)^k}+\frac{b_1}{(z-z_0)^{k-1}}+\cdots \quad (b_0\neq 0,\ k\geq 1)$$

전개될 때 $z=z_0$를 $g(z)$의 위수 k의 극(pole)이라 한다.

함수 $f(z)$가 점 $z=z_0$에서 상수가 아닌 해석적이고, $f(z_0)=0$이면 적당한 상수 $r(<R)$을 택하여 $f(z)$의 다른 영점을 포함하지 않는 근방 $0<|z-z_0|<r$에 대하여 $f(z)$를 다음과 같이 나타낼 수 있다.

$$f(z)=(z-z_0)^n F(z) \ (n\text{은 자연수}) \quad \cdots\cdots ①$$

여기서 $F(z)$는 $z=z_0$에서 해석적이고, z_0의 근방 C의 내부 및 경계에서 $F(z)\neq 0$이다. 그런데 식 ①에서 z에 관하여 미분하면

$$f'(z)=n(z-z_0)^{n-1}F(z)+(z-z_0)^n F'(z) \quad \cdots\cdots ②$$

이고 식 ②에서 $f(z)\neq 0$으로 나누면 다음이 성립한다.

$$\frac{f'(z)}{f(z)}=\frac{n}{z-z_0}+\frac{F'(z)}{F(z)} \quad \cdots\cdots ③$$

이다. 식 ③에서 곡선 C에 따라 적분하면

$$\int_C \frac{f'(z)}{f(z)}dz = \int_C \frac{n}{z-z_0}dz + \int_C \frac{F'(z)}{F(z)}dz \qquad \cdots\cdots \text{④}$$

가 된다. 그런데 식 ④의 우변의 둘째 피적분함수 $\frac{F'(z)}{F(z)}$는 C의 내부 및 경계 위에서 해석적이므로 Cauchy 정리에 의하여

$$\int_C \frac{F'(z)}{F(z)}dz = 0$$

이다. 따라서 식 ④에서 다음의 결과를 얻을 수 있다. $C: |z-z_0| = re^{i\theta}$일 때 $z-z_0 = re^{i\theta}$이고, $dz = ire^{i\theta}d\theta$이므로

$$\int_C \frac{f'(z)}{f(z)}dz = \int_C \frac{n}{z-z_0}dz = \int_0^{2\pi} \frac{n}{re^{i\theta}} ire^{i\theta}d\theta = 2\pi in \qquad \cdots\cdots \text{⑤}$$

이 된다. 그러므로 식 ⑤에서

$$\frac{1}{2\pi i}\int_C \frac{f'(z)}{f(z)}dz = n$$

을 얻는다. 이 n은 $f(z)$의 영점의 위수이고, C의 내부에 있는 $f(z)$의 영점의 개수를 표시한다. 이 때 $\frac{f'(z)}{f(z)}$를 $f(z)$의 로그도함수라고 한다.

한편 $f(z)$가 z_0가 빠진 근방 $0<|z-z_0|<R$에서 해석적이고

$$\lim_{z \to z_0}(z-z_0)^p f(z) = A \ (\neq 0,\ \infty)$$

가 되는 자연수 p가 존재하면 $f(z)$는 $z=z_0$에서 위수(order) p의 극(pole)을 갖는다 하고, 이 때 $f(z)$는

$$f(z) = \frac{F(z)}{(z-z_0)^p}$$

와 같이 표시할 수 있다. 물론 $F(z)$는 $z=z_0$에서 해석적이고, $F(z_0) \neq 0$이다.

[예 6.12] $f(z)=\dfrac{1}{(z-2)^3}$ 이면 $z=2$에서 위수 3의 극이다.

[예 6.13] $f(z)=\dfrac{3z-2}{(z-1)^2(z+1)(z-4)}$ 이면 $z=1$에서 위수 2의 극을 갖고 $z=-1$, $z=4$에서 단순극을 갖는다.

▌정리 6.19▌

함수 $f(z)$가 단순닫힌곡선 C의 내부에 위수(중복도 포함) p의 극 $z=\alpha$를 제외하고 C의 내부와 위에서 해석적이며, 또한 $f(z)$는 위수(중복도) n의 $z=\beta$에서 영점을 갖고, C 위에서 $f(z)\neq 0$이라 하자. 그러면

$$\frac{1}{2\pi i}\int_C \frac{f'(z)}{f(z)}dz=n-p$$

가 성립한다.

증명 곡선 C의 내부에 극이 $z=\alpha$, $z=\beta$를 각각 포함하는 서로 소인 두 원을 각각 C_1, C_2이라 하자. 그러면 다중연결영역에 대한 Cauchy의 적분공식에 의하여

$$\frac{1}{2\pi i}\int_C \frac{f'(z)}{f(z)}dz=\frac{1}{2\pi i}\int_{C_1} \frac{f'(z)}{f(z)}dz+\frac{1}{2\pi i}\int_{C_2} \frac{f'(z)}{f(z)}dz \qquad \cdots\cdots ①$$

이다. $f(z)$가 $z=\alpha$에서 위수 p의 극을 가지므로 $\lim\limits_{z\to\alpha}(z-\alpha)^p f(z)\neq 0\,(p\geq 1)$이면

$$f(z)=\frac{F(z)}{(z-\alpha)^p} \qquad \cdots\cdots ②$$

이라 할 수 있다. 단, $F(z)$는 곡선 C_1 위와 내부에서 영점이나 극을 갖지 않는 해석적이다. 식 ②에서 양변에 log를 취하면

$$\log f(z)=\log F(z)-p\log(z-\alpha) \qquad \cdots\cdots ③$$

이고 이것을 z에 관하여 미분하면

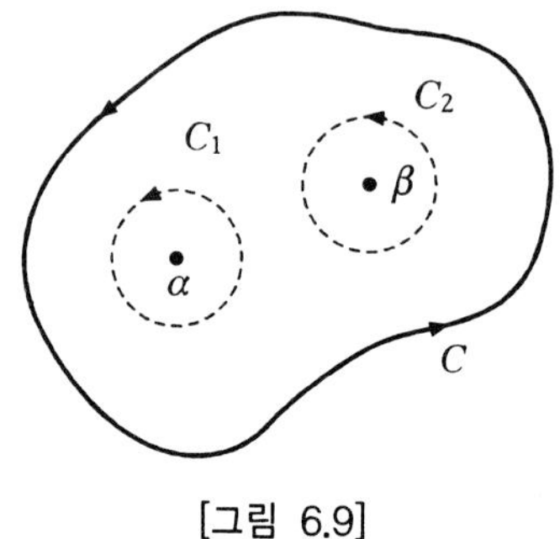

[그림 6.9]

$$\frac{f'(z)}{f(z)} = \frac{F'(z)}{F(z)} - \frac{p}{z-\alpha} \qquad \cdots\cdots ④$$

이다. 그런데 식 ④에서 함수 $\frac{F'(z)}{F(z)}$는 곡선 C_1의 내부와 위에서 해석적이다. 그러면 식 ④에서 양변에 $\frac{1}{2\pi i}$을 곱하고 C_1에 따른 적분을 구하면

$$\frac{1}{2\pi i}\int_{C_1} \frac{f'(z)}{f(z)} dz = 0 - \frac{p}{2\pi i}\int_{C_1} \frac{1}{z-\alpha} dz = -p \qquad \cdots\cdots ⑤$$

한편, $f(z)$는 $z=\beta$에서 위수 n의 영점을 가지므로

$$f(z) = (z-\beta)^n G(z) \qquad \cdots\cdots ⑥$$

이라 할 수 있다. 단, 곡선 C_2 위와 내부에서 $G(z) \neq 0$이고 해석적이다. 따라서 식 ⑥에서 양변에 log를 취하고 z에 관하여 미분하면

$$\frac{f'(z)}{f(z)} = \frac{n}{z-\beta} + \frac{G'(z)}{G(z)} \qquad \cdots\cdots ⑦$$

가 된다. 식 ⑦에서 $\frac{G'(z)}{G(z)}$는 해석적이므로 $\int_{C_2} \frac{G'(z)}{G(z)} dz = 0$이다. 따라서

$$\frac{1}{2\pi i}\int_{C_2} \frac{f'(z)}{f(z)} dz = \frac{1}{2\pi i}\int_{C_2} \frac{dz}{z-\beta} + \frac{1}{2\pi i}\int_{C_2} \frac{G'(z)}{G(z)} dz = n \qquad \cdots\cdots ⑧$$

가 된다. 그러므로 식 ①, ⑤, ⑧에서 다음의 결과를 얻는다.

$$\frac{1}{2\pi i}\int_{C} \frac{f'(z)}{f(z)} dz = \frac{1}{2\pi i}\int_{C_1} \frac{f'(z)}{f(z)} dz + \frac{1}{2\pi i}\int_{C_2} \frac{f'(z)}{f(z)} dz = n - p$$ ■

정리 6.19를 일반화하면 다음 정리를 얻을 수 있다.

▌정리 6.20▐

함수 $f(z)$가 단순닫힌곡선 C의 내부에서 유한 개의 극을 제외하고 C의 내부와 위에서 해석적이며, C 위에서 $f(z) \neq 0$이라 하자. 또한 극의 위수(중복도 포함)라고 하자. 또한 C의 내부에 영점과 극의 개수를 각각 n과 p라 하면 다음 식이 성립한다.

$$\frac{1}{2\pi i}\int_C \frac{f'(z)}{f(z)}dz = n - p$$

증명 가정에 의하여 $f(z)$의 영점들이 $z_1, z_2, \cdots, z_k$이고, 그의 위수(중복도 포함)가 각각 $n_1, n_2, \cdots, n_k$라고 하자. 또한 $f(z)$의 극들이 $w_1, w_2, \cdots, w_l$이고, 그의 위수(중복도 포함)가 각각 $p_1, p_2, \cdots, p_l$이면 $f(z)$를 다음과 같이 나타낼 수 있다.

$$f(z) = \frac{(z-z_1)^{n_1}\cdots(z-z_n)^{n_k}}{(z-w_1)^{p_1}\cdots(z-w_l)^{p_l}}F(z) \qquad \cdots\cdots ①$$

(단, $F(z)$는 C의 내부와 위에서 영점이나 극을 갖지 않는 해석함수이다.)

함수 ①의 양변에 로그를 취하고 z에 관하여 미분하면

$$\frac{f'(z)}{f(z)} = \sum_{r=1}^{n}\frac{n_r}{z-z_r} - \sum_{s=1}^{l}\frac{p_s}{z-w_s} + \frac{F'(z)}{F(z)} \qquad \cdots\cdots ②$$

이다. 한편 ②의 양변에 $\frac{1}{2\pi i}$을 곱하고 C에 따라 적분하면 Cauchy의 정리에 의하여 $\int_C \frac{F'(z)}{F(z)}dz = 0$이므로 다음의 결과를 얻는다. 즉

$$\frac{1}{2\pi i}\int_C \frac{f'(z)}{f(z)}dz = \sum_{r=1}^{k}\left(\frac{1}{2\pi i}\int_C \frac{n_r}{z-z_r}dz\right) - \sum_{s=1}^{l}\left(\frac{1}{2\pi i}\int_C \frac{p_s}{z-w_s}dz\right) \qquad \cdots\cdots ③$$

오른쪽 그림과 같이 C의 내부에 $f(z)$의 각 영점과 극들을 중심으로 서로 겹치지 않는 작은 원들 $C_1, C_2, \cdots, C_k$와 $\Gamma_1, \Gamma_2, \cdots, \Gamma_l$의 속에 다른 영점이나 극이 포함하지 않게 C와 같은 방향으로 ③의 적분은 각각

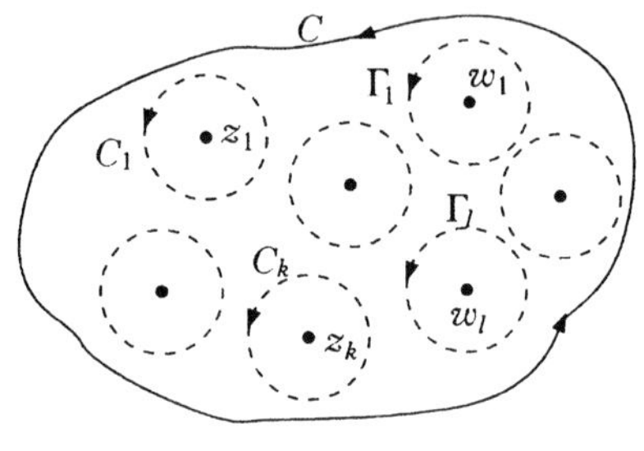

[그림 6.10]

$$\frac{1}{2\pi i}\int_C \frac{n_r}{z-z_r}dz = \frac{1}{2\pi i}\int_{C_r}\frac{n_r}{z-z_r}dz = n_r$$

$$\frac{1}{2\pi i}\int_C \frac{p_s}{z-w_s}dz = \frac{1}{2\pi i}\int_{C_s}\frac{p_s}{z-w_s}dz = p_s$$

이 된다. 따라서 식 ③을 정리하면 다음을 얻을 수 있다.

$$\frac{1}{2\pi i}\int_C \frac{f'(z)}{f(z)}dz = \sum_{r=1}^{k} n_r - \sum_{s=1}^{l} p_s = n - p$$ ■

지금 편각원리의 하나의 유용한 결과인 Rouche의 정리에 대하여 알아본다.

▌정리 6.21▌ (Rouche의 정리)

$f(z)$와 $g(z)$는 단순닫힌곡선 C의 내부와 위에서 해석적이고 C 위에서 $|g(z)|<|f(z)|$가 성립하면 $f(z)+g(z)$와 $f(z)$는 C의 내부에서 같은 수의 영점을 갖는다.

증명 $F(z)=\dfrac{g(z)}{f(z)}$라고 하자. 그러면 $g(z)=f(z)F(z)$ 또는 간단히 $g=fF$이다. 만약 n_1, n_2를 C의 내부에 각각 $f+g$, f의 영점의 수라 하자. 이는 C의 내부에 극이 없으므로 편각의 정리에 의하여

$$n_1 = \frac{1}{2\pi i}\int_C \frac{f'+g'}{f+g}dz, \quad n_2 = \frac{1}{2\pi i}\int_C \frac{f'}{f}dz \qquad \cdots\cdots ①$$

이다. 그러면

$$\begin{aligned} n_1 - n_2 &= \frac{1}{2\pi i}\int_C \frac{f'+f'F+fF'}{f+fF}dz - \frac{1}{2\pi i}\int_C \frac{f'}{f}dz \\ &= \frac{1}{2\pi i}\int_C \left(\frac{f'(1+F)+fF'}{f(1+F)} - \frac{f'}{f}\right)dz \\ &= \frac{1}{2\pi i}\int_C \left\{\frac{f'}{f} + \frac{F'}{1+F}\right\}dz - \frac{1}{2\pi i}\int_C \frac{f'}{f}dz \\ &= \frac{1}{2\pi i}\int_C \frac{F'}{F+1}dz \end{aligned} \qquad \cdots\cdots ②$$

그런데 C 위에 $|g(z)|<|f(z)|$이므로 $|F(z)|<1$이다. 따라서 $\dfrac{1}{1+F}$는 C 위에서 고른수렴하는 급수로 나타낼 수 있으므로

$$\frac{1}{1+F} = 1 - F + F^2 - F^3 + \cdots \qquad \cdots\cdots ③$$

이다. 식 ③을 ②에 대입하여 각 항마다 곡선 C에 따라 적분하면

$$n_1 - n_2 = \frac{1}{2\pi i}\int_C \frac{F'}{F+1}dz = \frac{1}{2\pi i}\int_C F'(1-F+F^2-F^3+\cdots)dz = 0$$

이므로 $n_1 = n_2$이다. ■

Rouche의 정리의 첫 번째 응용으로 다음 정리를 얻을 수 있다.

▌정리 6.22▐

Rouche의 정리를 이용하여 모든 n차 다항식은 반드시 n개의 근을 갖는다.

증명 n차 다항식을 $P_n(z) = a_0 + a_1 z + a_2 z^2 + \cdots + a_n z^n$, $a_n \neq 0$이라 하고, $f(z) = a_n z^n$과 $g(z) = a_0 + a_1 z + a_2 z^2 + \cdots + a_{n-1} z^{n-1}$을 택하자.

만약 C가 중심이 원점이고, 반지름이 $r > 1$인 원일 때 C 위에서

$$\begin{aligned}\left|\frac{g(z)}{f(z)}\right| &= \frac{|a_0 + a_1 z + a_2 z^2 + \cdot\cdot + a_{n-1} z^{n-1}|}{|a_n z^n|} \\ &\leq \frac{|a_0| + |a_1| r + |a_2| r^2 + \cdots + |a_{n-1}| r^{n-1}}{|a_n| r^n} \\ &\leq \frac{|a_0| r^{n-1} + |a_1| r^{n-1} + |a_2| r^{n-1} + \cdots + |a_{n-1}| r^{n-1}}{|a_n| r^n} \\ &= \frac{|a_0| + |a_1| + |a_2| + \cdots + |a_{n-1}|}{|a_n| r}\end{aligned}$$

을 얻는다.

r을 충분히 크게 택함에 따라 C 위에 $\left|\frac{g(z)}{f(z)}\right| < 1$ 즉, $|g(z)| < |f(z)|$가 되도록 할 수 있다. 따라서 Rouche의 정리에 의하여 다항식 $g(z) + f(z) = P_n(z)$는 $f(z) = a_n z^n$과 C의 내부에 같은 수의 영점을 가진다. 그런데 함수 $f(z) = a_n z^n$은 $z = 0$에서 n개의 영점을 가지므로 $P_n(z) = g(z) + f(z)$도 역시 n개의 근을 가진다. ■

[예 6.14] 다음 물음에 답하여라.

(1) $z^7 - 5z^3 + 12 = 0$의 근은 두 원 사이에 있음을 증명하여라.

$|z| = 1$, $|z| = 2$

(2) $2z^5-z^3+z+7=0$의 모든 근은 두 원 $|z|=1$, $|z|=2$ 사이에 있음을 보여라.

풀이 (1) 원 C_1 : $|z|=1$을 생각하고, $f(z)=12$, $g(z)=z^7-5z^3$이라 하자. C_1 위에서

$$|g(z)|=|z^7-5z^3| \le |z^7|+|5z^3| \le 6<12=|f(z)|$$

이다. 따라서 Rouche의 정리에 의하여 $f(z)+g(z)=z^7-5z^3+12$는 원 $|z|=1$의 내부에 $f(z)=12$와 같은 개수의 영점을 갖지만 $|z|<1$에서 $f(z)$는 영점이 없으므로 C_1의 내부에 영점이 없다.

다음에 원 C_2 : $|z|=2$를 생각하자. 지금 $f(z)=z^7$, $g(z)=12-5z^3$이라고 하면 원 C_2 위에

$$|g(z)|=|12-5z^3| \le |12|+|5z^3| \le 60<2^7=|f(z)|$$

가 성립한다. 따라서 Rouche의 정리에 의하여 $f(z)+g(z)=z^7-5z^3+12$는 $|z|<2$에서 $f(z)=z^7$과 같은 수의 영점을 갖는다. 즉, C_2의 내부에 같은 수의 영점을 갖는다. 그러므로 주어진 방정식은 $|z|=1$과 $|z|=2$ 사이에 7개의 영점을 갖는다.

(2) (1)과 마찬가지로 원 C_1 : $|z|=1$을 생각한다. 지금 두 함수를

$f(z)=7$, $g(z)=2z^5-z^3+z$라고 하자. 그러면 C_1 : $|z|=1$ 위에서

$$|g(z)|=|2z^5-z^3+z| \le 2|z^5|+|z^3|+|z|=4<7=|f(z)|$$

가 된다. 따라서 Rouche의 정리에 의하여 $f(z)+g(z)=2z^5-z^3+z+7$은 원 $|z|=1$의 내부에 $f(z)=7$과 같은 개수의 영점을 갖지만 $|z|<1$에서 $f(z)=7$은 영점이 없으므로 C_1의 내부에 영점이 없다.

다음에 원 C_2 : $|z|=2$를 생각하자. 지금 두 함수를

$$f(z)=2z^5,\ g(z)=-z^3+z+7$$

이라 하자.

그러면 $|g(z)|=|-z^3+z+7| \le |z^3|+|z|+7=8+2+7<2\cdot 2^5=|f(z)|$가 성립한다. 따라서 Rouche의 정리에 의하여 $f(z)+g(z)=2z^5-z^3+z+7$은 $|z|<2$에서 $f(z)=2z^5$과 같은 영점을 갖는다. 즉, 5개의 영점이다.

따라서 주어진 방정식의 영점은 두 원 $|z|=1$과 $|z|=2$ 사이에 있다. □

1. 대수학의 기본정리 즉, 상수가 아닌 모든 다항식은 적어도 하나의 영점을 갖는다는 것을 최대값 정리를 이용하여 증명하여라.

풀이 가령 $P(z)=a_0+a_1z+\cdots+a_nz^n$ $(a_n\neq 0)$가 근을 갖지 않는다고 가정하자. 그러면 $\dfrac{1}{P(z)}$는 영점을 갖지 않으면서 복소평면 전체에서 해석적이고, $z\to\infty$일 때 $\dfrac{1}{P(z)}\to 0$이 된다. $|z|=r$인 r을 충분히 크게 잡았을 때

$$\left|\frac{1}{P(z)}\right|<\left|\frac{1}{P(0)}\right|=\frac{1}{|a_0|}$$

이므로 연속함수인 $\left|\dfrac{1}{P(z)}\right|$은 $|z|\le r$의 경계 위에서 최대값을 갖지 못한다. 따라서 $\left|\dfrac{1}{P(z)}\right|$은 $|z|\le r$의 내부의 점에서 최대값을 갖지 않으면 안 되는데, 이것은 최대값 정리에 모순이 된다. 그러므로 $P(z)$는 $|z|\le r$에서 적어도 하나의 영점을 가진다.

2. 다항식 $P(z)=z^5+6z^3+2z+10$의 5개의 영점이 $1<|z|<3$에 존재함을 보여라.

풀이 $g(z)=z^5+6z^3+2z$, $f(z)=10$으로 놓으면 원 $|z|=1$위에서

$$|g(z)|=|z^5+6z^3+2z|\le|z|^5+6|z|^3+2|z|=9<10=|f(z)|$$

가 성립한다. 따라서 Rouche의 정리에 의하여 $P(z)=g(z)+f(z)$와 $f(z)=10$은 $|z|<1$에서 같은 수의 영점을 갖지만 $f(z)=10$이 영점이 없으므로 $|z|<1$에서 영점을 갖지 않는다.

다음에 $g(z)=6z^3+2z+10$, $f(z)=z^5$으로 놓으면 원 $|z|=3$ 위에서

$$|g(z)|\le 6|z|^3+2|z|+10=6\cdot 3^3+2\cdot 3+10=178<243=3^5=|f(z)|$$

가 성립한다. 따라서 $P(z)=g(z)+f(z)$의 영점은 $|z|<3$에서 5개의 영점을 갖는다.

3. 상수가 아닌 다항식은 반드시 적어도 하나의 영점을 갖는다는 것을 Rouche의 정리를 이용하여 증명하여라.

풀이 $P_n(z)=a_0+a_1z+\cdots+a_{n-1}z^{z-1}+a_nz^n=P_{n-1}(z)+a_nz^n$, $a_n\neq 0$ 이라 하자. $|z|=r>1$에 대하여

$$\left|\frac{P_{n-1}(z)}{a_nz^n}\right| \le \frac{(|a_0|+|a_1|+\cdots+|a_{n-1}|)^{r^{n-1}}}{|a_n|r^n}=\frac{|a_0|+|a_1|+\cdots+|a_{n-1}|}{|a_n|r}$$

이다. 이 때 $r>\max\left\{\frac{(|a_0|+|a_1|+\ldots+|a_{n-1}|)}{|a_n|},\ 1\right\}$이 되도록 r을 잡으면 원 $|z|=r$ 위에서

$$|P_{n-1}(z)|<|a_nz^n|$$

이 성립한다. 따라서 Rouche의 정리에 의하여 a_nz^n이 $|z|<r$에서 $z=0$에서 n개 근을 갖기 때문에 $P_n(z)=P_{n-1}(z)+a_nz^n$도 $|z|<r$에서 n개의 영점을 갖는다.

연습문제 6.6

1. 곡선 C를 원점을 중심, 반지름 r은 1과 2가 아닐 때 다음 적분을 구하여라.

$$\int_C \frac{1}{z^2(z-1)(z+2)}dz$$

2. 다음을 증명하여라.
   (1) $f(z)$가 $|z|\le 1$인 모든 z에 대하여 해석적이고, $|z|=1$일 때 $f(z)<1$이면 자연수 n에 대하여 방정식

$$f(z)-z^n=0$$

   은 $|z|<1$의 범위에서 n개의 영점을 가진다. 단, 영점의 개수는 중복회수의 총합이다.

   (2) $|a|>e$일 때 방정식

$$e^2-az^n=0$$

   은 $|z|<1$의 범위에서 n개의 근을 가진다.

3. 함수 $f(z)$가 $|z|\le 1$인 모든 z에 대하여 해석적일 때 다음을 각각 증명하여라.

(1) $\displaystyle\int_0^{2\pi} f(e^{i\theta})\cos^2\frac{\theta}{2}d\theta=\pi f(0)+\frac{\pi}{2}f'(0)$

(2) $\displaystyle f(z)=\frac{1}{2}f(0)+\frac{1}{4\pi}\int_0^{2\pi} f(e^{i\theta})\frac{e^{i\theta}+z}{e^{i\theta}-z}d\theta,\ (|z|<1)$

4. $\displaystyle\int_0^{2\pi}\cos^{2n}\theta d\theta=\frac{1\cdot 3\cdot 5\cdot\cdots\cdot(2n-1)}{2\cdot 4\cdot 6\cdot\cdots\cdot(2n)}2\pi$ (단, $n=1, 2, 3, \cdots$)이 성립함을 보여라.

5. (1) $f(z)$는 $|z|\le 1$인 모든 z에 대하여 해석적이다. $|z|\le 1$에 대하여 $f(z)<1$이면 $f(z)-z=0$은 $|z|<1$에서 하나의 영점을 가짐을 보여라.

(2) $|z|<1$의 내부에서 $ze^{2-z}=\cos z$는 1개의 영점을 갖는다면 양의 실수임을 증명하여라.

6. (Possion의 적분공식) $f(z)$가 원 $C: |z|=R$의 위와 내부에 해석적이고, $z=re^{i\theta}$가 C의 내부에 있는 임의의 점이라 할 때 다음을 증명하여라.

(1) $\displaystyle f(z)=f(re^{i\theta})=\frac{1}{2\pi}\int_0^{2\pi}\frac{R^2-r^2}{R^2-2Rr\cos(\theta-\alpha)+r^2}f(Re^{i\alpha})d\alpha$

(2) 만약 $f(re^{i\theta})$의 실수부분과 허수부분을 각각 $u(r, \theta)$와 $v(r, \theta)$라 하면

$$u(r, \theta)=\frac{1}{2\pi}\int_0^{2\pi}\frac{(R^2-r^2)u(R, \alpha)}{R^2-2Rr\cos(\theta-\alpha)+r^2}d\alpha$$

$$v(r, \theta)=\frac{1}{2\pi}\int_0^{2\pi}\frac{(R^2-r^2)v(R, \alpha)}{R^2-2Rr\cos(\theta-\alpha)+r^2}d\alpha$$

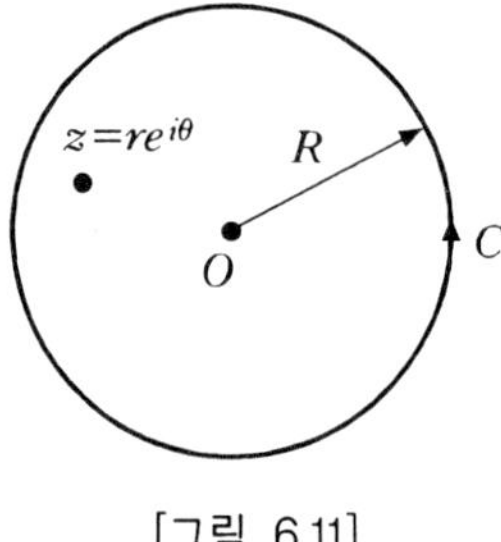

[그림 6.11]

(3) $\displaystyle\frac{1}{2\pi}\int_0^{2\pi}\frac{1}{1-2r\cos\theta+r^2}d\theta=\frac{1}{1-r^2},\ (0\le r<1)$

7. 복소평면 위에 모든 z에 대하여 $\mathrm{Re}\, f(z)=u(x, y)\le u_0$인 u_0가 존재한다고 하

자. 그러면 모든 z에 대하여 $f(z)$는 상수임을 보여라.

8. 영역 D를 직사각형 $0 \le x \le 1,\ 0 \le y \le \pi$이고, 함수 $f(z) = u + iv = e^z$에서 $u(x,\ y) = \mathrm{Re}\, f(z)$의 최대값과 최소값을 취하는 D의 점을 구하여라.

9. $|a| < 1,\ |a_k| < 1,\ (k = 1,\ \cdots,\ n)$일 때 방정식

$$\frac{(z - a_1)\cdots(z - a_n)}{(1 - \overline{a_1}z)\cdots(1 - \overline{a_n}z)} - a = 0$$

은 $|z| < 1$의 범위에서 n개의 근을 가짐을 보여라.

10. $f(z)$는 네 점 $0,\ 1,\ i,\ 1+i$을 꼭지점으로 하는 정사각형의 둘레 C와 내부 D를 포함하는 영역에서 유리함수이고, C 위의 영점과 극의 위수의 총합을 각각 $n,\ p$라고 하자. 이 때 $0 \le x \le 1$인 임의의 x에 대하여

$$f(x+i) = f(x),\ f(ix+1) = f(ix)$$

이면 $n = p$임을 보여라.

제 7 장 급 수

여기서는 복소수열과 연계하여 급수에 대하여 다루도록 한다. 실제로 복소수열과 급수의 형태와 내용은 실수열의 급수와 어느 정도 유사한 점이 있지만 구조면에 있어서 차이가 있다.

7.1 급수의 수렴성

지금 복소 수열을 $\{z_n\}$이라 하자. 지금

$$S_1 = z_1,\ S_2 = z_1 + z_2,\ \cdots,\ S_n = z_1 + z_2 + \cdots + z_n,\ \cdots\cdots$$

일 때 새로운 수열 $\{S_n\}$을 생각할 수 있다. 이 때 $\{S_n\}$을 수열 $\{z_n\}$에 의하여 생성된 무한급수(infinite series) 또는 급수(series)라고 하며, 이것을

$$\sum_{k=1}^{\infty} z_k = z_1 + z_2 + \cdots + z_n + \cdots \text{ 또는 } \sum_{n=1}^{\infty} z_n$$

으로 나타내고, 급수 $\sum_{n=1}^{\infty} z_n$에서 처음 n항인 z_n까지의 합

$$S_n = z_1 + z_2 + \cdots + z_n = \sum_{k=1}^{n} z_k$$

를 n-부분합이라 한다. 지금 $\lim_{n\to\infty} S_n = S$가 존재할 때 이 때 급수 $\sum_{n=1}^{\infty} z_n$은 S로 수렴(converge)한다 하고 S를 급수의 합이라 하며, 이것을

$$\sum_{n=1}^{\infty} z_n = S$$

와 같이 표시한다. 급수가 수렴하지 않으면 발산(diverge)한다고 한다.

지금부터 복소수열에 대한 급수의 수렴과 발산에 대하여 살펴보도록 한다.

▌정리 7.1▐

수열 $\{z_n\}$에 대하여 급수 $\sum_{n=1}^{\infty} z_n = S$ (단, $S = X + iY$)이기 위한 필요충분조건은

$$\sum_{n=1}^{\infty} \mathrm{Re}(z_n) = X = \mathrm{Re}\, S, \quad \sum_{n=1}^{\infty} \mathrm{Im}(z_n) = Y = \mathrm{Im}\, S$$

이다.

증명 $z_n = x_n + iy_n$(x_n, y_n은 실수)이고, $\sum_{n=1}^{\infty} z_n = S$라고 하자. 지금 수열 $\{z_n\}$의 처음 N항까지 합을

$$S_N = \sum_{n=1}^{N} z_n = X_N + iY_N$$

$$\text{단, } X_N = \sum_{n=1}^{N} x_n = \sum_{n=1}^{N} \mathrm{Re}(z_n), \quad Y_N = \sum_{n=1}^{N} y_n = \sum_{n=1}^{N} \mathrm{Im}(z_n)$$

이라 하면 수열에 대한 극한의 성질에 의하여

$$S = \lim_{N\to\infty} S_N = \lim_{N\to\infty} (X_N + iY_N) = X + iY$$

즉 $\lim_{N\to\infty} X_N = X$, $\lim_{N\to\infty} Y_N = Y$이다. 따라서 $\sum_{n=1}^{\infty} x_n = \sum_{n=1}^{\infty} \mathrm{Re}(z_n) = X = \mathrm{Re}(S)$이고, $\sum_{n=1}^{\infty} y_n = \sum_{n=1}^{\infty} \mathrm{Im}(z_n) = Y = \mathrm{Im}(S)$이다.

역으로 $\sum_{n=1}^{\infty} \mathrm{Re}(z_n) = X$, $\sum_{n=1}^{\infty} \mathrm{Im}(z_n) = Y$라고 하자. 그러면

$$\lim_{N\to\infty} X_N = \lim_{N\to\infty} \sum_{n=1}^{N} \mathrm{Re}(z_n) = X,\ \lim_{N\to\infty} Y_N = \lim_{N\to\infty} \sum_{n=1}^{N} \mathrm{Im}(z_n) = Y$$

가 된다. 먼저 $\lim_{N\to\infty} X_N = X$라 하자. 그러면 임의의 $\varepsilon > 0$에 대하여 $n \geq K_1$일 때

$$|X_N - X| < \frac{\varepsilon}{2} \qquad \cdots\cdots ①$$

을 만족하는 자연수 K_1이 존재한다.

마찬가지로 $\lim_{N\to\infty} Y_N = Y$이면 임의의 $\varepsilon > 0$에 대하여 $n \geq K_2$일 때

$$|Y_N - Y| < \frac{\varepsilon}{2} \qquad \cdots\cdots ②$$

을 만족하는 자연수 K_2가 존재한다. 지금 $K = \max(K_1, K_2)$로 놓으면 임의의 $\varepsilon > 0$에 대하여 $n \geq K$일 때

$$|S_N - (X+iY)| = |(X_N + iY_N) - (X+iY)| \leq |X_N - X| + |Y_N - Y| < \varepsilon$$

이므로

$$\lim_{N\to\infty} S_N = \lim_{N\to\infty} (X_N + iY_N) = X + iY = S$$

이다. 따라서 $\sum_{n=1}^{\infty} z_n = S$가 성립한다. ■

▮정리 7.2▮

두 수열 $\{z_n\}$, $\{w_n\}$의 급수가 각각 다음과 같이 수렴한다고 하자.

$$\sum_{n=1}^{\infty} z_n = L,\ \sum_{n=1}^{\infty} w_n = M$$

그러면 다음 성질이 성립한다.

(1) $\sum_{n=1}^{\infty}(z_n \pm w_n) = L \pm M$ (2) $\sum_{n=1}^{\infty} cz_n = c\,L$(단, c는 상수)

증명 (1) 지금 두 급수의 n-부분합을 각각 $\sum_{k=1}^{n} z_k = S_n$, $\sum_{k=1}^{n} w_k = T_n$이라 하면 $\lim_{n\to\infty} S_n = L$, $\lim_{n\to\infty} T_n = M$이다. 따라서 급수 $\sum_{k=1}^{\infty}(z_n \pm w_k)$에 대한 부분합의 수열 $\{S_n \pm T_n\}$의 극한값 $\lim_{n\to\infty}(S_n \pm T_n) = L \pm M$이 존재하므로

$$\sum_{n=1}^{\infty}(z_n \pm w_n) = L \pm M$$

(2) (1)과 마찬가지로 $cz_1 + cz_2 + \cdots + cz_n = c(z_1 + z_2 + \cdots + z_n) = cS_n$이고,

$$\lim_{n\to\infty} cS_n = c\lim_{n\to\infty} S_n = cL$$

이므로

$$\sum_{n=1}^{\infty} cz_n = cL$$

■

[예 7.1] 다음 급수가 수렴하는 경우 그 합을 구하여라.

(1) $\sum_{n=1}^{\infty}\left(\frac{1}{2^n} + \frac{i}{3^n}\right)$ (2) $\sum_{n=1}^{\infty}\left\{\frac{1}{n(n+1)} + \frac{i}{(n+1)(n+2)}\right\}$

풀이 (1) 주어진 급수의 부분합을 S_n이라 하면

$$S_n = \sum_{k=1}^{n}\left(\frac{1}{2^k} + \frac{i}{3^k}\right) = \frac{\frac{1}{2}\left(1-\left(\frac{1}{2}\right)^n\right)}{1-\frac{1}{2}} + i\frac{\frac{1}{3}\left(1-\left(\frac{1}{3}\right)^n\right)}{1-\frac{1}{3}}$$

$$= 1 - \left(\frac{1}{2}\right)^n + \frac{i}{2}\left(1-\left(\frac{1}{3}\right)^n\right).$$

따라서 구하는 합은 $\lim_{n\to\infty} S_n = 1 + \frac{i}{2}$이다.

(2) 주어진 급수의 부분합은

$$S_n = \sum_{k=1}^{n}\left\{\frac{1}{k(k+1)} + \frac{i}{(k+1)(k+2)}\right\} = \sum_{k=1}^{n}\left\{\frac{1}{k} - \frac{1}{k+1} + i\left(\frac{1}{k+1} - \frac{1}{k+2}\right)\right\}$$

$$= 1 - \frac{1}{n+1} + i\left(\frac{1}{2} - \frac{1}{n+2}\right)$$

이므로 구하는 합은 $S = \lim_{n\to\infty} S_n = 1 + \frac{i}{2}$. □

▌정리 7.3▐

> 급수 $\sum_{n=1}^{\infty} z_n$이 수렴하면 $\lim_{n\to\infty} z_n = 0$이다.

증명 $\sum_{n=1}^{\infty} z_n$이 수렴하면 n-부분합의 수열 $\{S_n\}$의 극한값이 존재하므로 $\{S_n\}$은 Cauchy 수열이다. 따라서 임의의 $\varepsilon > 0$에 대하여 $n \geq m \geq K$일 때

$$|S_m - S_n| = \left|\sum_{k=m+1}^{n} a_k\right| < \varepsilon$$

을 만족하는 자연수 K가 존재한다. 특히 $n > n-1 \geq K$이면 $|z_n| = |S_n - S_{n-1}| < \varepsilon$이므로 $\lim_{n\to\infty} z_n = 0$이다. ■

〈주의〉 위의 정리의 역은 성립하지 않는다.

예를 들어 $\sum_{n=1}^{\infty} \frac{2-i}{n}$일 때 $\lim_{n\to\infty} \frac{2-i}{n} = 0$이지만 급수는 수렴하지 않는다.

1. (1) 복소수 z에 대하여 급수 $\sum_{n=1}^{\infty} z^n$이 수렴하기 위한 필요충분조건은 $|z|<1$ 이고, 그 합은 $\frac{1}{1-z}$임을 보여라.

(2) 다음 급수를 구하여라.

(a) $\sum_{n=1}^{\infty}\left(\frac{1}{1+i}\right)^n$ (b) $\sum_{n=0}^{\infty}\left(\frac{1-i}{4}\right)^n$

풀이 (1) 먼저 $|z|<1$일 때 $\sum_{n=1}^{\infty} z^n$이 수렴함을 보인다. $\sum_{n=1}^{\infty} z^n$의 n-부분합을

$$S_n = 1+z+z^2+\cdots+z^{n-1} \qquad \cdots\cdots ①$$

이라 하고, 식 ①의 양변에 z를 곱하면

$$zS_n = z+z^2+z^3+\cdots+z^n \qquad \cdots\cdots ②$$

이다. 지금 식 ①에서 ②를 변변 빼고 이를 정리하면

$$(1-z)S_n = 1-z^n \text{ 즉 } S_n = \frac{1-z^n}{1-z}\ (z\neq 1) \qquad \cdots\cdots ③$$

을 얻을 수 있다.

지금 $|z|<1$일 때 $\lim_{n\to\infty} z^n = 0$임을 보인다. 임의의 $\varepsilon>0$에 대하여 $n\geq K$일 때 $|z^n-0|<\varepsilon$을 만족하는 K가 존재함을 보여야 한다.

만약 $|z^n|=|z|^n<\varepsilon$이면 $n\log|z|<\log\varepsilon$이고, $\log|z|<0$이다. 그런데 $n>\frac{\log\varepsilon}{\log|z|}=K$를 만족하는 자연수 K가 존재하므로 $\lim_{n\to\infty} z^n=0$이다. 따라서 식 ③에서

$$\lim_{n\to\infty} S_n = \lim_{n\to\infty}\frac{1-z^n}{1-z} = \frac{1-0}{1-z} = \frac{1}{1-z}$$

역으로 $\sum_{n=1}^{\infty} z^n = \frac{1}{1-z}$이 성립하면 $|z|<1$임을 보인다.

만약 $|z| \geq 1$이라 하고, 먼저 $|z| = 1$이지만 $z \neq 1$인 경우를 생각하자. 그러면

$$z = \cos\alpha + i\sin\alpha,\ 0 < \alpha < 2\pi \qquad \cdots\cdots ④$$

와 같이 나타낼 수 있다. 그러면 식 ③에서

$$S_n = \frac{1 - \cos(n+1)\alpha - i\sin(n+1)\alpha}{1 - \cos\alpha - i\sin\alpha}$$

이므로 $n \to \infty$일 때 S_n의 극한값이 존재하지 않으므로 급수는 $|z| = 1$, $z \neq 1$에 대하여 수렴하지 않는다.

다음에 $z = 1$인 경우 $\lim\limits_{n \to \infty} S_n = \infty$이므로 급수는 수렴하지 않는다.

한편, $|z| > 0$이라 하자. 그러면

$$|1 - z^n| \geq |z|^n - 1 \text{이고, 또한 } |1 - z| \leq 1 + |z|$$

이므로 식 ③에 의하여 주어진 S_n은

$$|S_n| = \frac{|1 - z^n|}{|1 - z|} \geq \frac{|z|^n - 1}{1 + |z|}$$

이다. 따라서 $M > 0$에 대하여 $|z|^n - 1 > M$이고, $n \geq K$를 만족하는 자연수 K가 존재하여

$$|S_n| > M$$

이다. 따라서 S_n은 수렴하지 않는다.

(2) (a) $c = \dfrac{1}{1+i}$이라 하면 $|c| = \dfrac{1}{\sqrt{2}} < 1$이므로

$$\sum_{n=1}^{\infty}\left(\frac{1}{1+i}\right)^n = \frac{1}{(1+i)\left(1 - \dfrac{1}{1+i}\right)} = \frac{1}{i} = -i$$

(b) $\displaystyle\sum_{n=0}^{\infty}\left(\frac{1-i}{4}\right)^n = \left(1 - \frac{1-i}{4}\right)^{-1} = \frac{4}{3+i} = \frac{2(3-i)}{5}$

2. $|z| < 1$인 모든 z에 대하여 ε-정의에 따라 급수 $\displaystyle\sum_{n=1}^{\infty} z^n(1-z)$가 수렴함을 보이고, 그 합을 구하여라.

풀이 처음 n항까지의 합은

$$\begin{aligned} S_n(z) &= z(1-z)+z^2(1-z)+\cdots+z^n(1-z) \\ &= z-z^2+z^2-z^3+\cdots+z^n-z^{n+1} \\ &= z-z^{n+1} \end{aligned}$$

만약 $z\neq 0$이면 $(n+1)\log|z|<\log\varepsilon$ 즉, $n>\dfrac{\log\varepsilon}{\log|z|}-1$인 모든 n에 대하여

$$|S_n(z)-z|=|-z^{n+1}|=|z|^{n+1}<\varepsilon$$

이 성립한다.

한편 만약 $z=0$이면 $S_n(0)=0$이므로 모든 n에 대하여 $|S_n(z)-0|<\varepsilon$이다. 따라서 $|z|<1$인 모든 z에 대하여 수렴하고, 그 합은 $\lim_{n\to\infty} S_n(z)=z$이다.

7.2 급수의 수렴과 발산의 판정법

지금 실수열의 급수와 마찬가지로 복소수열에 대한 급수의 수렴과 발산의 판정법에 대하여 살펴보기로 한다.

정의 7.4

수열 $\{z_n\}$에 대하여 급수 $\sum_{n=1}^{\infty}|z_n|$이 수렴할 때 $\sum_{n=1}^{\infty}z_n$는 **절대수렴**이라 하고, 절대수렴이 아닌 급수가 수렴하면 **조건부수렴**이라 한다.

정리 7.5

수열 $\{z_n\}$에 대하여 급수 $\sum_{n=1}^{\infty}|z_n|$이 수렴하면 $\sum_{n=1}^{\infty}z_n$은 수렴한다.

증명 급수 $\sum_{n=1}^{\infty}|z_n|$과 $\sum_{n=1}^{\infty}z_n$의 부분합을 각각 S_n, T_n이라 하자. $\sum_{n=1}^{\infty}|z_n|$이 수렴하므로

부분합의 수열 $\{S_n\}$은 수렴한다. 따라서 $\{S_n\}$은 Cauchy 수열이다. 따라서 임의의 $\varepsilon>0$에 대하여 $n \ge m \ge K$일 때

$$|S_n - S_m| < \varepsilon \qquad \cdots\cdots ①$$

을 만족하는 자연수 K가 존재한다. 그런데

$$|T_n - T_m| = \left|\sum_{k=m+1}^{n} z_k\right| \le \sum_{k=m+1}^{n} |z_k| \le |S_n - S_m| < \varepsilon \qquad \cdots\cdots ②$$

이다. 따라서 $\{T_n\}$은 Cauchy 수열이므로 $\sum_{n=1}^{\infty} z_n$은 수렴한다.

그러나 역은 성립하지 않는다. 예를 들어 급수 $\sum_{n=1}^{\infty} \frac{(-1)^{n+1}}{n}$은 수렴하지만 절대수렴하지 않는다. ■

▌정리 7.6▌ (비교판정법)

$|z_n| \le |w_n|$, $n=1, 2, \cdots$일 때 $\sum_{n=1}^{\infty}|w_n|$이 수렴하면 $\sum_{n=1}^{\infty}|z_n|$은 수렴한다.

증명 수열 $|z_n|$, $|w_n|$의 $n-$부분합을 각각

$$S_n = |z_1| + |z_2| + \cdots + |z_n|, \; T_n = |w_1| + |w_2| + \cdots + |w_n|$$

이라 하자. 가정에서 $\sum_{n=1}^{\infty}|w_n|$이 수렴하므로 $\lim_{n\to\infty} T_n = T$가 존재한다.

한편 $|w_n| \ge 0$이므로 $T_n \le T$이다. 따라서 $0 \le S_n \le T$이다. 즉 수열 $\{S_n\}$은 단조증가하고 유계하므로 실수열의 단조수렴정리에 의하여 $\sum_{n=1}^{\infty}|z_n|$은 수렴한다. ■

[예 7.2] 다음 급수에 대하여 수렴성을 확인하여라.

(1) $\sum_{n=1}^{\infty}\left(\frac{1}{5n!} + \frac{2i}{5n!}\right)$ (2) $\sum_{n=1}^{\infty}\frac{z^n}{n(n+1)}$, $|z| \le 1$

풀이 (1) $z_n = \frac{1}{5n!} + \frac{2i}{5n!}$라고 하자. 그러면

$$|z_n| = \sqrt{\frac{1}{25(n!)^2} + \frac{4}{25(n!)^2}} = \frac{1}{\sqrt{5}\,n!}$$

이 된다. 한편, $\frac{1}{\sqrt{5}\,n!} < \frac{1}{n!}$ 임을 유의하고, 지금 $w_n = \frac{1}{n!}$ 이라 하자. 그러면 $\sum_{n=1}^{\infty}|w_n| = \sum_{n=1}^{\infty}\frac{1}{n!} = e$ 이므로 $\sum_{n=1}^{\infty}|w_n|$은 수렴한다. 따라서 정리 7.6에 의하여 $\sum_{n=1}^{\infty}|z_n|$은 수렴하므로 주어진 급수는 수렴한다.

〈**주 의**〉 $\sum_{n=1}^{\infty}\frac{1}{n!} = e$ 이라는 내용은 제9장에서 다룬다.

(2) $|z| \le 1$ 이므로

$$\left|\frac{z^n}{n(n+1)}\right| = \frac{|z|^n}{n(n+1)} \le \frac{1}{n(n+1)} \le \frac{1}{n^2}$$

이다. 만약 $u_n = \frac{z^n}{n(n+1)}$ 이고, $v_n = \frac{1}{n^2}$ 로 놓으면 $|u_n| \le |v_n|$, $n = 1, 2, \cdots$ 이다. 그런데 $\sum_{n=1}^{\infty}|v_n| = \sum_{n=1}^{\infty}\frac{1}{n^2}$ 은 수렴하므로 비교판정법에 의하여 급수

$$\sum_{n=1}^{\infty}|u_n| = \sum_{n=1}^{\infty}\left|\frac{z^n}{n(n+1)}\right|$$

은 수렴하므로 정리 7.5에 의하여 주어진 급수는 수렴한다. □

▌정리 7.7▌ (비율판정법)

수열 $\{z_n\}$에 대하여 $\lim_{n\to\infty}\left|\frac{z_{n+1}}{z_n}\right| = L$이라 하자. 그러면

(1) $L<1$일 때 급수 $\sum_{n=1}^{\infty} z_n$은 수렴한다.

(2) $L>1$일 때 급수 $\sum_{n=1}^{\infty} z_n$은 발산한다.

(3) $L=1$일 때 판정할 수 없다.

증명 (1) $L<1$인 경우

$\lim_{n\to\infty}\left|\frac{z_{n+1}}{z_n}\right|=L<1$이므로 $L<r<1$을 만족하는 임의의 실수 r이 존재한다. 그러면 임의의 $\varepsilon>0$에 대하여 $n\geq K$를 만족하는 자연수 K가 존재하여 $r=L+\varepsilon<1$이다. 그러므로

$$\left|\frac{z_{n+1}}{z_n}\right|<r \text{ 또는 } |z_{n+1}|<r|z_n| \qquad \cdots\cdots ①$$

이다. 지금 $\sum_{n=1}^{\infty}|z_n|$이 수렴함을 보이자. 만약 $M=\sum_{n=1}^{K}|z_n|$으로 놓으면

$$\sum_{n=1}^{\infty}|z_n|=M+\sum_{n=K}^{\infty}|z_n| \qquad \cdots\cdots ②$$

이다. 그런데 ①에서 자연수 K에 대하여

$$|z_{K+1}|<r|z_K|,\quad |z_{K+2}|<r|z_{K+1}|<r^2z_{K+1}|z_K|,$$
$$|z_{K+3}|<r|z_{K+2}|<r^3|z_K|,\quad \cdots\cdots,\ |z_{K+n}|<r^n|z_K|,$$
$$\cdots\cdots\cdots \qquad \cdots\cdots ③$$

이다. 그런데 $0<r<1$이므로 $\sum_{n=1}^{\infty}r_n$은 수렴한다. 따라서 식 ②, ③에 의하여 다음 결과를 얻을 수 있다.

$$\sum_{n=1}^{\infty}|z_n|=M+\sum_{n=K}^{\infty}|z_n|<M+|z_K|(1+r+\cdots+r^n+\cdots)$$
$$=M+|z_K|\frac{1}{1-r}\,(\text{유한값})$$

이다. 따라서 비교판정법에 의하여 $\sum_{n=1}^{\infty}|z_n|$은 수렴하므로 $\sum_{n=1}^{\infty}z_n$은 수렴한다.

(2) $\lim_{n\to\infty}\left|\frac{z_{n+1}}{z_n}\right|=L>1$인 경우

그러면 임의의 $\varepsilon>0$에 대하여 모든 $n\geq K$인 자연수 K가 존재하여

$$L-\varepsilon<\left|\frac{z_{n+1}}{z_n}\right|<L+\varepsilon$$

그런데 $L>1$이므로 $1<r'=L-\varepsilon<L$을 만족하는 임의의 실수 r'을 택하면

$$\left|\frac{z_{n+1}}{z_n}\right| > L-\varepsilon > 1$$

이다. 그러면 $|z_K| < \cdots < |z_n| < |z_{n+1}| < \cdots$ 이고, 또한 $|z_K| > 0$ 이므로

$$\lim_{n\to\infty} |z_n| \neq 0$$

이 된다. 따라서 급수 $\sum_{n=1}^{\infty} z_n$ 은 발산한다.

(3) $\lim_{n\to\infty}\left|\frac{z_{n+1}}{z_n}\right| = L = 1$ 인 경우는 급수는 수렴할 수 있고, 발산할 수도 있으므로 직접 판정할 수 없다.

예를 들어 $\sum_{n=1}^{\infty}\frac{1}{n}$ 과 $\sum_{n=1}^{\infty}\frac{1}{n^2}$ 을 생각하자.

먼저 $z_n = \frac{1}{n}$ 일 때 $\lim_{n\to\infty}\left|\frac{z_{n+1}}{z_n}\right| = 1$ 이지만 급수 $\sum_{n=1}^{\infty}\frac{1}{n}$ 은 발산한다. 그런데 $w_n = \frac{1}{n^2}$ 이면 $\lim_{n\to\infty}\left|\frac{w_{n+1}}{w_n}\right| = 1$ 이지만 급수 $\sum_{n=1}^{\infty}\frac{1}{n^2}$ 은 수렴한다. ■

[예 7.3] 다음 급수에서 수렴발산의 여부를 밝혀라.

(1) $\sum_{n=1}^{\infty}\frac{n}{2}i^{n+1}$ (2) $\sum_{n=1}^{\infty}\frac{n!\,i^n}{n^n}$

풀이 (1) $z_n = \frac{n}{2}i^{n+1}$ 이라 하자. $\lim_{n\to\infty} z_n \neq 0$ 이므로 급수는 수렴하지 않는다.

(2) 먼저 $z_n = \frac{n!\,i^n}{n^n}$ 이라 하자. 그러면 비율판정법에 의하여

$$\left|\frac{z_{n+1}}{z_n}\right| = \left|\frac{(n+1)!\,i^{n+1}n^n}{n!\,i^n(n+1)^{n+1}}\right|$$

$$= \left|\frac{1\cdot 2\cdot\cdots\cdot n(n+1)\cdot n^n i}{1\cdot 2\cdot\cdots\cdot n(n+1)^n\cdot(n+1)}\right|$$

$$= \frac{n^n}{(n+1)^n} = \frac{1}{\left(\frac{n+1}{n}\right)^n} = \frac{1}{\left(1+\frac{1}{n}\right)^n}$$

그런데 $\lim_{n\to\infty}\left(1+\frac{1}{n}\right)^n = e > 1$ 이므로

$$\lim_{n\to\infty}\left|\frac{z_{n+1}}{z_n}\right| = \lim_{n\to\infty}\left|\frac{1}{\left(1+\frac{1}{n}\right)^n}\right| = \frac{1}{e} < 1$$

이다. 따라서 급수는 수렴한다. □

[예 7.4] 다음 급수에서 수렴발산의 여부를 밝혀라.

(1) $\sum_{n=1}^{\infty}\frac{i^n}{n}$ (2) $\sum_{n=1}^{\infty}\frac{i^n}{n!}$

풀이 (1) $z_n = \frac{i^n}{n}$ 이라 하자. 그러면 비율판정법으로

$$\left|\frac{z_{n+1}}{z_n}\right| = \left|\frac{n\,i^{n+1}}{(n+1)i^n}\right| = \frac{n}{n+1} \text{ 이고, } \lim_{n\to\infty}\left|\frac{z_{n+1}}{z_n}\right| = 1 \qquad \cdots\cdots ①$$

이다. 그러므로 여기서 비율판정법으로 확인할 수 없다. 그런데

$$i^n = \begin{cases} i, & n\equiv 1 \pmod 4 \\ -1, & n\equiv 2 \pmod 4 \\ -i, & n\equiv 3 \pmod 4 \\ 1, & n\equiv 0 \pmod 4 \end{cases}$$

이므로

$$z_n = \frac{i^n}{n} = \left(-\frac{1}{2}+\frac{1}{4}-\frac{1}{6}+\cdots\right)+i\left(1-\frac{1}{3}+\frac{1}{5}-\frac{1}{7}+\cdots\right)$$

$$= \sum_{n=1}^{\infty}\frac{(-1)^n}{2n} + i\sum_{n=1}^{\infty}\frac{(-1)^{n-1}}{2n-1} \qquad \cdots\cdots ②$$

지금 $z_n = x_n + iy_n$(단, $z_n = \frac{i^n}{n}$)이라 하자. 그러면 급수 $\sum_{n=1}^{\infty} z_n$의 실수부분 $\sum_{n=1}^{\infty} x_n = \sum_{n=1}^{\infty}\frac{(-1)^n}{2n}$과 허수부분 $\sum_{n=1}^{\infty} y_n = \sum_{n=1}^{\infty}\frac{(-1)^{n-1}}{2n-1}$은 각각 수렴한다. 따라서 급수는 수렴하지만 절대수렴하지 않는다.

(2) $\left|\frac{z_{n+1}}{z_n}\right| = \left|\frac{n!\,i^{n+1}}{(n+1)!\,i^n}\right| = \frac{1}{n+1}$ 이므로 $\lim_{n\to\infty}\left|\frac{z_{n+1}}{z_n}\right| = 0$이다.

따라서 급수는 수렴한다. □

1. c가 상수일 때 급수 $\sum_{n=1}^{\infty} nc^{n-1}$의 수렴발산의 여부를 밝혀라.

풀이 만약 $z_n = nc^{n-1}$이라 하자. 그러면

$$\lim_{n\to\infty}\left|\frac{z_{n+1}}{z_n}\right| = \lim_{n\to\infty}\frac{n+1}{n}|c| = |c|$$

이므로 비율판정법에 의하여 $|c|<1$일 때 절대수렴하고, $|c|>1$일 때 발산한다. 또한 $|c|=1$이면 $|z_n| = n \ge 1$이 되어 $\lim_{n\to\infty} z_n \ne 0$이므로 발산한다.

2. 다음 수렴하는 z의 영역을 구하여라.

(1) $\sum_{n=1}^{\infty}\frac{(z+2)^{n-1}}{(n+1)^3 4^n}$ (2) $\sum_{n=0}^{\infty}\frac{p(p-1)\cdots(p-n+1)}{n!}z^n$

풀이 (1) 만약 $z_n = \frac{(z+2)^{n-1}}{(n+1)^3 4^n}$이면 $z_{n+1} = \frac{(z+2)^n}{(n+2)^3 4^{n+1}}$이므로 $z \ne -2$에 대하여

$$\lim_{n\to\infty}\left|\frac{z_{n+1}}{z_n}\right| = \lim_{n\to\infty}\left|\frac{(z+2)}{4}\frac{(n+1)^3}{(n+2)^3}\right| = \frac{|z+2|}{4}.$$

먼저 $\frac{|z+2|}{4}<1$ 즉, $|z+2|<4$인 모든 z에 대하여 급수는 수렴한다.
다음에 $\frac{|z+2|}{4}=1$ 즉, $|z+2|=4$이면 비율판정법을 적용할 수 없다.
그런데 $\left|\frac{(z+2)^{n-1}}{(n+1)^3 4^n}\right| = \frac{1}{4(n+1)^3} \le \frac{1}{n^3}$이고, $\sum_{n=1}^{\infty}\frac{1}{n^3}$은 수렴하므로 급수는 절대수렴한다. 따라서 수렴영역은 $|z+2|\le 4$ 즉 $z=-2$를 중심으로 하고, 반지름이 4인 원 위와 내부의 모든 점의 집합이다.

(2) (i) $p\ne 0$이거나 p가 자연수가 아닐 때 주어진 급수는 p차 다항식이고 $\lim_{n\to\infty}\frac{p(p-1)\cdots(p-n+1)}{n!} = 0$이므로 수렴반지름은 $R=\infty$.

(ii) $z_n = \frac{p(p-1)\cdots(p-n+1)}{n!}$일때 p가 0 아닌 자연수이면 $\lim_{n\to\infty}\left|\frac{z_{n+1}}{z_n}\right| = \lim_{n\to\infty}\left|\frac{p-n}{n+1}\right| = 1$이므로 수렴반지름은 $R=1$.

3. 다음 급수의 수렴영역을 구하여라.

(1) $\displaystyle\sum_{n=1}^{\infty}\frac{(-1)^{n-1}z^{2n-1}}{(2n-1)!}$ (2) $\displaystyle\sum_{n=1}^{\infty}n!\,z^n$

풀이 (1) 만약 $z_n=\dfrac{(-1)^{n-1}z^{2n-1}}{(2n-1)!}$ 이면 $z_{n+1}=\dfrac{(-1)^n z^{2n+1}}{(2n+1)!}$ 이다. 따라서 $z=0$이면 급수는 수렴한다. 한편 $z\neq 0$인 모든 z에 대하여

$$\lim_{n\to\infty}\left|\frac{z_{n+1}}{z_n}\right|=\lim_{n\to\infty}\left|-\frac{z^2(2n-1)!}{(2n+1)!}\right|=\lim_{n\to\infty}\frac{(2n-1)!\,|z|^2}{(2n+1)(2n)(2n-1)!}$$
$$=\lim_{n\to\infty}\frac{|z|^2}{(2n+1)(2n)}=0$$

따라서 $|z|<\infty$인 모든 z에 대하여 절대수렴한다.

(2) $z_n=n!z^n$, $z_{n+1}=(n+1)!z^{n+1}$이면 $z\neq 0$인 모든 z에 대하여

$$\lim_{n\to\infty}\left|\frac{z_{n+1}}{z_n}\right|=\lim_{n\to\infty}\left|\frac{(n+1)!\,z^{n+1}}{n!\,z^n}\right|=\lim_{n\to\infty}(n+1)|z|=\infty$$

이므로 급수는 $z=0$을 제외한 모든 z에서 발산한다.

▌정리 7.8▌ (근 판정법)

수열 $\{z_n\}$에 대하여 $\displaystyle\lim_{n\to\infty}\sqrt[n]{|z_n|}=L$일 때 다음을 증명하여라.

(1) $L<1$일 때 $\displaystyle\sum_{n=1}^{\infty}z_n$은 절대수렴한다.

(2) $L>1$일 때 $\displaystyle\sum_{n=1}^{\infty}z_n$은 발산한다.

(3) $L=1$일 때 $\displaystyle\sum_{n=1}^{\infty}z_n$은 판정할 수 없다.

증명 (1) $L<1$이면 $L<r<1$인 $r>0$에 대하여 $n\geq K$를 만족하는 자연수 K가 존재하여

$$\sqrt[n]{|z_n|}<r \text{ 즉, } |z_n|<r^n$$

이다. 그런데 $\sum_{n=1}^{\infty} r^n$ $(r<1)$은 수렴하므로 비교판정법에 의하여 $\sum_{n=1}^{\infty}|z_n|$은 수렴한다.

(2) $L>1$인 경우, $L>r>1$인 $r>0$에 대하여 $n \geq K$를 만족하는 자연수 K가 존재하여 $|z_n|>r^n$이고

$$\sum_{n=1}^{\infty} r^n = r+r^2+\cdots\cdots+r^n+\cdots$$

은 발산하므로 $\sum_{n=1}^{\infty}|z_n|$은 발산한다.

(3) $\sqrt[n]{|z_n|} \to 1\,(n \to \infty)$이므로 비교판정법에 의하여 급수

$$r+r^2+\cdots\cdots+r^n+\cdots$$

수렴할 수 있고, 발산할 수도 있으므로 직접 판정할 수 없다. 이런 경우에는 다른 방법으로 판정여부를 확인하여야 한다. ■

[예 7.5] 급수 $\sum_{n=1}^{\infty}\left(\frac{1+i}{2}\right)^n$의 수렴발산의 여부를 보여라.

풀이 $u_n=\left(\frac{1+i}{2}\right)^n$일 때 근 판정법에 의하여

$$\lim_{n\to\infty} \sqrt[n]{\left|\frac{1+i}{2}\right|^n} = \lim_{n\to\infty}\left|\frac{1+i}{2}\right| = \sqrt{\frac{1}{4}+\frac{1}{4}} < 1$$

따라서 급수는 절대수렴한다. □

[예 7.6] 다음과 같은 급수를 생각하자.

$$1+a+ab+a^2b+a^2b^2+\cdots+a^nb^{n-1}+a^nb^n+\cdots \qquad \cdots\cdots ①$$

(단, a, b는 서로 다른 양의 수)

이 때 급수가 수렴하려면 a, b는 어떤 조건이 있어야 하는가?

풀이 먼저 비율판정법을 이용하도록 한다. 만약 급수

$$r_1 + r_2 + \cdots + r_n + \cdots \qquad \cdots\cdots ②$$

에 대하여 $u_n = \dfrac{r_{n+1}}{r_n}$ 로 놓으면 급수 ①에 대하여

$$u_{2n-1} = a,\ u_{2n} = b \text{이고,}\ \lim_{n\to\infty} u_{2n-1} = a,\ \lim_{n\to\infty} u_{2n} = b$$

이다. 따라서 급수 ①은 $a<1$, $b<1$일 때 수렴하고, $a>1$, $b>1$일 때 발산한다. 여기서 Cauchy 판정법을 적용한다. 급수 ②에 대하여 다음과 같이

$$v_n = \sqrt[n]{r_n}$$

로 놓으면 급수 ①에 대하여

$$v_{2n-1} = \sqrt[2n-1]{a^{n-1}b^{n-1}},\ v_{2n} = \sqrt[2n]{a^n b^{n-1}} \qquad \cdots\cdots ③$$

이고, 이에 대한 극한은

$$\lim_{n\to\infty} v_{2n-1} = \sqrt{ab},\ \lim_{n\to\infty} v_{2n} = \sqrt{ab}$$

이다. 그러므로 급수 ①은 $ab<1$에 대하여 수렴하고, $ab>1$에 대하여 발산한다. □

7.3 점마다 수렴과 고른수렴

다음에 복소수 z에 관한 함수열 $\{f_n(z)\}$에 대한 급수의 수렴성을 살펴보자. 먼저 집합 D에서 정의된 함수열 $\{f_n(z)\}$에 대하여

$$S_1(z) = f_1(z)$$
$$S_2(z) = f_1(z) + f_2(z)$$
$$\cdots\cdots\cdots\cdots$$
$$S_n(z) = f_1(z) + f_2(z) + \cdots + f_n(z)$$

에 의하여 정의된 $S_n(z)$을 n-부분합이라 한다. 모든 z에 대하여 $\lim_{n\to\infty} S_n(z)=f(z)$가 존재하면 $\sum_{n=1}^{\infty} f_n(z)$는 $f(z)$로 **수렴한다** 하고,

$$\sum_{n=1}^{\infty} f_n(z)=f(z)$$

와 같이 표시한다. 이 때 $f(z)$를 급수 $\sum_{n=1}^{\infty} f_n(z)$의 합이라 하고, $S_n(z)$의 극한값이 존재하지 않으면 발산한다고 한다.

다음에 함수열의 수렴과 고른수렴에 대하여 살펴보기로 한다.

$\{f_n(z)\}$를 복소평면의 영역 D에서 정의된 **함수열**이고, D에서 고정된 점 z에 대하여 수열 $\{f_n(z)\}$의 극한값이 존재할 때 즉,

$$\lim_{n\to\infty} f_n(z) = f(z)$$

이면 $\{f_n(z)\}$는 $f(z)$로 **점마다 수렴**(pointwise convergence)한다 또는 **수렴**한다 하고, 이 때 $f(z)$를 극한함수라 한다. 이것은 임의의 $\varepsilon>0$과 영역 D의 고정된 각 점 z에 대하여

$$n\geq K\text{일 때 } |f_n(z)-f(z)|<\varepsilon$$

을 만족하는 자연수 $K=K(\varepsilon, z)$가 존재함을 뜻한다. 이 때 자연수 $K(\varepsilon, z)$는 $\varepsilon>0$과 z에 의하여 의존된다. 그런데 임의의 $\varepsilon>0$에만 의존하고 z와 무관한 자연수 $K=K(\varepsilon)$가 존재하는 경우가 있다. 즉, 임의의 $\varepsilon>0$에 대하여 $n\geq K$일 때

$$z\in D,\ |f_n(z)-f(z)|<\varepsilon$$

을 만족하는 자연수 $K=K(\varepsilon)$가 존재하면 함수열 $\{f_n(z)\}$는 $f(z)$로 **고른수렴**(uniformly convergence)한다고 한다.

[예 7.7] 함수 $f_n(z)=\dfrac{1}{nz}$ $(0<|z|<1)$일 때 함수열 $\{f_n(z)\}$은 $f(z)=0$으로 점마

다 수렴하지만 고른수렴하지 않음을 보여라.

풀이 먼저 $0<|z_0|<1$인 어떤 점 z_0를 택하자.

임의의 $\varepsilon>0$에 대하여 자연수 $K=K(z_0,\ \varepsilon)>\dfrac{1}{\varepsilon|z_0|}$을 택하면 $n\geq K$일 때

$$|f_n(z_0)-0|=\frac{1}{n|z_0|}<\varepsilon$$

이다. 따라서 $\{f_n(z)\}$는 $f(z)=0$으로 점마다 수렴한다.

한편, 만약 $\{f_n(z)\}$가 $f(z)=0$으로 고른수렴한다고 하자. 그러면 $0<|z|<1$인 모든 z에 대하여 $n\geq K$일 때

$$|f_n(z)-0|=\left|\frac{1}{nz}\right|\leq\left|\frac{1}{Kz}\right|<\varepsilon<1$$

이 성립하는 자연수 K가 존재하여야 한다. 그런데 $z=\dfrac{1}{n}(<1)$이고, $n\geq K$인 모든 n에 대하여

$$\left|f_n\left(\frac{1}{n}\right)-0\right|=\left|\frac{1}{n\cdot\frac{1}{n}}-0\right|=1>\varepsilon$$

이므로 모순. 따라서 $\{f_n(z)\}$는 $f(z)$로 고른수렴하지 않는다. □

지금부터 복소함수열에 대한 중요한 성질에 대하여 알아본다.

▌정리 7.9▌

영역 D 위에서 정의된 $f_n(z),\ n=1,\ 2,\ \cdots$가 해석적일 때 함수열 $\{f_n(z)\}$가 영역 $D_0=\{z:|z-z_0|\leq r_0\}\subset D$ 위에서 정의된 해석함수 $f(z)$로 고른수렴한다고 하자. 즉,

$$f(z)=\lim_{n\to\infty}f_n(z),\ z\in D_0$$

그러면 $\{f_n'(z)\}$는 D_0에서 정의된 해석함수 $f'(z)$로 고른수렴한다.

증명 $\{f_n(z)\}$가 $f(z)$에 고른수렴하므로 임의의 $\varepsilon>0$에 대하여 $n\geq K$일 때 모든 $w\in D_0$에 대하여

$$|f'(w)-f_n'(w)|<\varepsilon$$

을 만족하는 자연수 $K=K(\varepsilon)$가 존재함을 보이면 된다. 그런데 Cauchy의 적분공식에 의하여

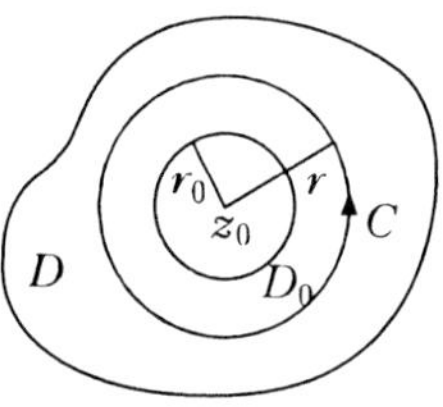

[그림 7.1]

$$f'(w)-f_n'(w)=\frac{1}{2\pi i}\int_C \frac{f(z)-f_n(z)}{(z-w)^2}dz \qquad \cdots\cdots \text{①}$$

단, C는 영역 D의 내부에 중심이 $z_0\in D_0$이고, 반지름이 $r(>r_0)$인 원이다.

지금 $R=r-r_0>0$이고 C의 길이를 L일 때 $\varepsilon'=\dfrac{2\pi R\varepsilon}{L}$으로 놓으면 식 ①에서

$$|f'(w)-f_n'(w)|=\left|\frac{1}{2\pi i}\int_C \frac{f(z)-f_n(z)}{(z-w)^2}dz\right|\leq \frac{1}{2\pi}\int_C\left|\frac{f(z)-f_n(z)}{(z-w)^2}dz\right|$$

$$\leq \frac{1}{2\pi}\max_{z\in C}\left|\frac{f(z)-f_n(z)}{(z-w)^2}\right|\cdot L \qquad \cdots\cdots \text{②}$$

이다. 한편 $\{f_n(z)\}$는 C에 의하여 둘러싸인 닫혀진 영역 위에서 정의된 $f(z)$로 고른수렴하므로 임의의 $\varepsilon>0$에 대하여 $n\geq K_1(\varepsilon)$일 때

$$z\in C,\ |f(z)-f_n(z)|<\varepsilon' \qquad \cdots\cdots \text{③}$$

을 만족하는 자연수 $K_1=K_1(\varepsilon)$이 존재한다. 그러므로 식 ②, ③에서 $n\geq K_1(\varepsilon)$에 대하여

$$|f'(w)-f_n'(w)|<\frac{1}{2\pi}\cdot\frac{\varepsilon'}{R^2}\cdot L=\varepsilon \qquad \cdots\cdots \text{④}$$

임을 알 수 있다. 식 ④는 임의의 $w\in D_0$에 대하여 성립하므로 $\{f_n'\}$은 D_0 위에서 정의된 f'로 고른수렴한다. ■

▌정리 7.10▐

영역 D에서 정의된 함수열 $\{f_n(z)\}$가 함수 $f(z)$로 고른수렴한다고 하자. 모든 $f_n(z)$가 $z=z_0$에서 연속이면 $f(z)$는 z_0에서 연속임을 보여라.

즉

$$\lim_{z \to z_0}(\lim_{n \to \infty} f_n(z)) = \lim_{n \to \infty}(\lim_{z \to z_0} f_n(z))$$

증명 영역 D에서 정의된 함수열 $\{f_n(z)\}$가 $f(z)$로 고른수렴하므로 임의의 $\varepsilon > 0$에 대하여 $n \geq K$인 적당한 자연수 $K = K(\varepsilon)$가 존재하여

$$z \in D, \ |f_n(z) - f(z)| < \frac{\varepsilon}{3}$$

이다. 또한 $f_n(z)$, $n = 1, 2, \cdots$가 $z = z_0$에서 연속이므로 임의의 $\varepsilon > 0$에 대하여 적당한 $\delta > 0$가 존재하여

$$|z - z_0| < \delta \text{일 때 } |f_n(z) - f_n(z_0)| < \frac{\varepsilon}{3}$$

이 성립한다. 따라서 임의의 $\varepsilon > 0$에 대하여 $|z - z_0| < \delta$일 때

$$\begin{aligned}|f(z) - f(z_0)| &= |(f(z) - f_n(z)) + (f_n(z) - f_n(z_0)) + (f_n(z_0) - f(z_0))| \\ &\leq |f(z) - f_n(z)| + |f_n(z) - f_n(z_0)| + |f_n(z_0) - f(z_0)| \\ &< \frac{\varepsilon}{3} + \frac{\varepsilon}{3} + \frac{\varepsilon}{3} = \varepsilon\end{aligned}$$

이므로 $f(z)$는 $z = z_0$에서 연속이다. ■

정리 7.11

곡선 C의 내부와 위에서 정의된 연속인 함수열 $\{f_n(z)\}$가 $f(z)$로 고른수렴한다고 하자. 그러면 다음 결과가 성립한다.

$$\lim_{n \to \infty} \int_C f_n(z)dz = \int_C (\lim_{n \to \infty} f_n(z))dz = \int_C f(z)dz$$

증명 $f(z)$는 C에서 연속이므로 $\int_C f(z)dz$가 존재한다. 가정에서 함수열 $\{f_n(z)\}$는 $f(z)$로 고른수렴하므로 임의의 $\varepsilon > 0$에 대하여 자연수 K가 존재하여 곡선 C 위의 모든 z에 대하여

$$n \geq K \text{일 때 } |f_n(z) - f(z)| < \varepsilon$$

이다. 한편 곡선 C의 길이를 L이라 하면 $n \geq K$인 모든 n에 대하여

$$\left|\int_C f_n(z)dz - \int_C f(z)dz\right| = \left|\int_C (f_n(z) - f(z))dz\right|$$
$$\leq \int_C |f_n(z) - f(z)||dz| < \varepsilon \int_C |dz| = \varepsilon L$$

이고, $\varepsilon > 0$은 임의이므로 주어진 결과가 성립한다. ■

다음에는 복소함수열의 급수에 대하여 살펴보도록 한다. 집합 D에서 정의된 함수열 $\{f_n(z)\}$가 주어질 때 부분합

$$S_n(z) = \sum_{k=1}^{n} f_k(z)$$

에 의하여 정의된 함수열 $\{S_n(z)\}$를 생각하자. 만약 모든 $z \in D$에 대하여 $\lim_{n \to \infty} S_n(z)$가 존재하면 급수 $\sum_{k=1}^{\infty} f_k(z)$는 수렴한다 하고 다음과 같이 쓴다.

$$f(z) = \lim_{n \to \infty} S_n(z) = \sum_{k=1}^{\infty} f_k(z)$$

$\{S_n(z)\}$가 D에서 고른수렴하면 급수 $\sum_{k=1}^{\infty} f_k(z)$는 D에서 고른수렴한다 하고, $\sum_{k=1}^{\infty} |f_k(z)|$가 수렴하면 $\sum_{k=1}^{\infty} f_k(z)$는 절대수렴한다고 한다.

$\{S_n(z)\}$가 D에서 고른수렴하면 Cauchy의 판정법이 성립하므로 다음과 같은 성질이 성립한다.

$\sum_{k=1}^{\infty} f_k(z)$가 D에서 고른수렴하기 위한 필요충분조건은 임의의 $\varepsilon > 0$에 대하여 자연수 $K = K(\varepsilon)$이 존재하여 모든 $z \in D$에 대하여

$$n > k(\varepsilon) \text{일 때 } \left|\sum_{k=n+1}^{n+p} f_k(z)\right| < \varepsilon \ (p = 1, 2, 3, \cdots)$$

가 성립할 때이다.

모든 $z \in D$에 대하여 $R_n(z) = \sum_{n=1}^{\infty} f_n(z) - S_n(z)$를 $\sum_{n=1}^{\infty} f_n(z)$의 나머지라고 한다.

정리 7.12

만약 $\{f_n(z)\}$, $n=1, 2, \cdots$가 영역 D에서 연속이고, $f(z) = \sum_{n=1}^{\infty} f_n(z)$가 D에서 고르게 수렴하며, 또한 C를 D의 내부에 있는 단순곡선이라 하면

$$\int_C f(z)dz = \int_C \left(\sum_{n=1}^{\infty} f_n(z) \right) dz = \sum_{n=1}^{\infty} \int_C f_n(z)dz$$

가 성립한다.

증명 먼저 $f_n(z)$의 부분합과 나머지를 각각

$$S_n(z) = \sum_{k=1}^{n} f_k(z), \ R_n(z) = \sum_{k=n+1}^{\infty} f_k(z)$$

라고 하자. 그러면 $f(z) = S_n(z) + R_n(z)$는 D에서 연속이므로 곡선 C에 따라 다음과 같이 적분이 존재한다. 즉

$$\begin{aligned} \int_C f(z)dz &= \int_C S_n(z)dz + \int_C R_n(z)dz \\ &= \int_C \left(\sum_{k=1}^{n} f_k(z) \right) dz + \int_C \left(f(z) - \sum_{k=1}^{n} f_k(z) \right) dz \qquad \cdots\cdots ① \end{aligned}$$

이다. 그런데 가정에 의하여 $\sum_{n=1}^{\infty} f_n(z)$는 D에서 고른수렴하므로 임의의 $\varepsilon > 0$에 대하여 $n \geq K$를 만족하는 적당한 자연수 $K = K(\varepsilon)$가 존재하여

$$z \in D, \ |R_n(z)| < \varepsilon$$

이다. 따라서 곡선 C의 길이를 L이라 하면 식 ①의 둘째 항에서

$$\left| \int_C f(z)dz - \int_C S_n(z)dz \right| \leq \left| \int_C R_n(z)dz \right| \leq \int_C |R_n(z)||dz| < \varepsilon L$$

이므로

$$\lim_{n\to\infty}\left|\int_C f(z)dz-\int_C S_n(z)dz\right|=0 \qquad \cdots\cdots ②$$

이 된다. 그런데 $n\to\infty$ 이면 ②에서

$$\int_C f(z)dz=\lim_{n\to\infty}\int_C\left(\sum_{k=1}^{n} f_k(z)\right)dz=\lim_{n\to\infty}\sum_{k=1}^{n}\int_C f_k(z)dz \qquad \cdots\cdots ③$$

이므로 ③의 결과에서

$$\int_C f(z)dz=\int_C\left(\sum_{n=1}^{\infty} f_n(z)\right)dz=\sum_{n=1}^{\infty}\int_C f_n(z)dz$$

를 얻을 수 있다.

특히 $f_n(z)=a_n z^n$(a_n은 실수)이면 함수 $f(z)=\sum_{n=1}^{\infty}a_n z^n$의 수렴반지름이 R_1이고, $|z|<R_1\ (R_1<R)$에서 고른수렴하면 $z=0$에서 z에 이르기까지 직선에 따라 적분하면

$$\int_0^z f(z)dz=\sum_{n=0}^{\infty}a_n\int_0^z z^n dz=\sum_{n=0}^{\infty}\frac{a_n}{n+1}z^{n+1}$$

■

▌정리 7.13▌ (Weierstrass M-판정법)

> 모든 $z\in D$에 대하여 $|f_n(z)|\le M_n$, $n=1, 2, \cdots$이고, 급수 $\sum_{n=1}^{\infty}M_n$이 수렴하면 $\sum_{n=1}^{\infty}f_n(z)$는 영역 D에서 고른수렴한다.

증명 지금 $R_n(z)=f_{n+1}(z)+f_{n+2}(z)+\cdots$라고 하자. 그러면

$$\begin{aligned}|R_n(z)|&=|f_{n+1}(z)+f_{n+2}(z)+\cdots|\le|f_{n+1}(z)|+|f_{n+2}(z)|+\cdots\\&\le M_{n+1}+M_{n+2}+\cdots\cdots\end{aligned}$$

이다. 그런데 $\sum_{n=1}^{\infty}M_n$이 수렴하므로 임의의 $\varepsilon>0$에 대하여 $n\ge K(\varepsilon)$일 때

$$\sum_{k=n+1}^{\infty}M_k<\varepsilon$$

을 만족하는 자연수 $K(\varepsilon)$가 존재한다. 그런데

$$|R_n(z)| = \left| \sum_{k=n+1}^{\infty} f_k(z) \right| \le \sum_{k=n+1}^{\infty} |f_k(z)| \le \sum_{k=n+1}^{\infty} M_k < \varepsilon$$

이므로 급수 $\sum_{n=1}^{\infty} f_n(z)$는 영역 D에서 고른수렴한다. ■

[예 7.8] 다음 주어진 영역에서 급수가 고른수렴함을 판정하여라.

(1) $\sum_{n=1}^{\infty} \frac{z^n}{n\sqrt{n+1}}$, $|z| \le 1$ (2) $\sum_{n=1}^{\infty} \frac{1}{n^2+z^2}$, $1<|z|<2$

풀이 (1) 만약 $u_n(z) = \frac{z^n}{n\sqrt{n+1}}$ 이면 $|z| \le 1$일 때 $|u_n(z)| = \frac{|z|^n}{n\sqrt{n+1}} \le \frac{1}{n^{3/2}}$ 이다. 이때 $M_n = \frac{1}{n^{3/2}}$ 로 놓으면 $\sum_{n=1}^{\infty} M_n$이 수렴하므로 Weierstrass M - 판정법에 의하여 급수는 고른수렴한다.

(2) 급수는 $\frac{1}{1^2+z^2} + \frac{1}{2^2+z^2} + \frac{1}{3^2+z^2} + \cdots$ 이다. 첫 두 항까지는 고른수렴하는데 영향을 주지 않으므로 생략할 수 있다. 지금 $n \ge 3$, $1<|z|<2$에 대하여

$$|n^2+z^2| \ge |n^2| - |z^2| \ge |n^2| - 4 \ge \frac{1}{2}n^2 \text{ 즉, } \left| \frac{1}{n^2+z^2} \right| \le \frac{2}{n^2}$$

이다. 그런데 $1<|z|<2$에 대하여 급수 $\sum_{n=3}^{\infty} \frac{2}{n^2}$는 수렴하므로 Weierstrass M-판정법에 의하여 급수는 고른수렴한다. □

〈주의〉 만약 $|z|=1$ 또는 $|z|=2$(즉, $z=\pm i$ 또는 $z=\pm 2i$)이면 수렴 또는 고른수렴함을 따져야 한다. 그런데 $1 \le |z| \le 2$에서는 고른수렴하지 않는다.

문제

1. 함수열 $\{f_n(z)\} = \{z^n\}$에 대하여 다음 물음에 답하여라.

(1) 영역 $D = \{z : |z| < 1\}$에서 점마다 수렴한다.

(2) 영역 $D=\{z : |z|\le r,\ r<1\}$에서 고른수렴한다.

(3) 영역 $D=\{z : |z|<1\}$에서 고른수렴하지 않음을 밝혀라.

풀이 (1) $|z|=r<1$일 때 $\lim_{n\to\infty} r^n=0$이므로 $\{z^n\}$이 D에서 0으로 점마다 수렴한다는 것은 자명하다. 또한 $r<1$일 때 $\lim_{n\to\infty} r^n=0$이므로 임의의 $\varepsilon>0$에 대하여 $n\ge K$일 때 $r^n<\varepsilon$이 되는 자연수 $K=K(\varepsilon)$이 존재한다. 이 때 $n\ge K$일 때 $z\in D$, $|z^n-0|=|z^n|\le r^n<\varepsilon$ $(|z|\le r)$이 성립하므로 $\{f_n(z)\}$은 $|z|\le r$에서 0으로 고른수렴한다.

(2) $\{z^n\}$이 $D=\{z : |z|<1\}$에서 0으로 고른수렴하면 D의 모든 z와 충분히 큰 자연수 n에 대하여 $|z^n|<\varepsilon$이 성립하여야 한다.

(3) 예를 들면 $z=1-\frac{1}{n}$을 D에서 택하자. 그러면 $\lim_{n\to\infty} z^n=\lim_{n\to\infty}\left(1-\frac{1}{n}\right)^n=\frac{1}{e}$이고, $z=1-\frac{1}{n}$이면 $n\ge K$일 때 $|z^n|>\frac{1}{3}$이므로 $\{z^n\}$은 D에서 0으로 고른수렴하지 않는다.

2. 함수열 $\{f_n(z)\}=\left\{\frac{1}{1+nz}\right\}$은 $|z|\ge 2$인 영역에서 고른수렴하지만 $|z|<2$인 영역에서 고른수렴하지 않음을 밝혀라.

풀이 복소함수열 $\{f_n(z)\}$는 함수

$$f(z)=\begin{cases}0, & z\ne 0\\ 1, & z=0\end{cases}$$

으로 점마다 수렴한다. 만약 $|z|\ge 2$이면

$$|f_n(z)-0|=\left|\frac{1}{1+nz}\right|\le\frac{1}{|nz|-1}\le\frac{1}{2n-1}\le\frac{1}{n}$$

이므로 임의의 $\varepsilon>0$에 대하여 $\frac{1}{\varepsilon}$보다 큰 자연수 $K=K(\varepsilon)$을 택하면 $|z|\ge 2$인 모든 z에 대하여 $n\ge K(\varepsilon)$일 때 $|f_n(z)-0|<\varepsilon$이 성립한다.

한편 $|z|<2$일 때 $z=\frac{1}{n}$인 모든 자연수 n에 대하여

$$\left|f_n\left(\frac{1}{n}\right)-0\right|=\left|\frac{1}{1+n\cdot\frac{1}{n}}-0\right|=\frac{1}{2}\ge\varepsilon$$

이므로 $\{f_n(z)\}$ 은 $|z| \le 2$ 인 영역에서 $f(z)=0$ 으로 고른수렴하지 않는다.

3. 급수 $\sum_{n=1}^{\infty} z^n$ 은 $|z| \le 1$ 인 모든 z 에 대하여 절대수렴하고, $|z| \le r < 1$ 에 대하여 고른수렴하지만 $|z|<1$ 인 모든 z 에 대하여 고른수렴하지 않음을 보여라.

풀이 $|z|<1$ 인 모든 z 에 대하여 $\sum_{n=1}^{\infty}|z^n| = \sum_{n=1}^{\infty}|z|^n = \dfrac{|z|}{1-|z|}$ 이므로 $\sum_{n=1}^{\infty} z^n$ 은 절대수렴한다. 또한 $|z| \le r$ 일 때 $|z^n| = |z|^n \le r^n$ 이 성립하고 $\sum_{n=1}^{\infty} r^n$ 은 $r<1$ 일 때 수렴하므로 Weierstrass M - 판정법에 의하여 $\sum_{n=1}^{\infty} z^n$ 은 $|z| \le 1$ 인 모든 z 에 대하여 고른수렴한다. 한편 $\sum_{n=1}^{\infty} z^n$ 은 $|z|<1$ 인 모든 z 에 대하여

$$S_n(z) = \sum_{k=1}^{n} z^k = \frac{z - z^{n+1}}{1-z}$$

로 놓으면 $\{S_n(z)\}$ 는 $f(z) = \dfrac{z}{1-z}$ 로 점마다 수렴한다.

그런데 만약 $z = 1 - \dfrac{1}{n}$ 이라 하자. 그러면

$$|S_n(z) - f(z)| = \left|\frac{z^{n+1}}{1-z}\right| = n\left(1-\frac{1}{n}\right)^{n+1}$$

이고, $\lim_{n\to\infty}\left(1-\dfrac{1}{n}\right)^{n+1} = \dfrac{1}{e}$ 이므로 충분히 큰 자연수 n 에 대하여

$$|S_n(z) - f(z)| > \frac{n}{3}$$

이다. 따라서 $\sum_{n=1}^{\infty} z^n$ 은 $|z|<1$ 인 모든 z 에 대하여 고른수렴한다는 보장은 없다.

4. 함수열 $\{f_n(z)\} = \left\{\dfrac{z}{n^2}\right\}$ 은 $|z| \le M$ 에 대하여 $f(z) \equiv 0$ 에 고른수렴하지만 복소평면 전체에서는 $f(z) \equiv 0$ 으로 고른수렴하지 않음을 보여라.

풀이 $|z|\le M$에 대하여 자연수 $K=K(\varepsilon)$을 $\sqrt{\dfrac{M}{\varepsilon}}$ 보다 크게 잡으면

$$n>K(\varepsilon)\text{일 때 } |f_n(z)-0|\le \frac{M}{n^2}<\varepsilon$$

이 성립하므로 $|z|\le M$인 영역에서 고른수렴한다. 그런데 만약 복소평면 전체에서 고른수렴하면 모든 z에 대하여 어떤 자연수 n_0에 대하여 $\left|\dfrac{z}{n_0^2}\right|<1$이 성립하여야 한다. 그런데 만약 $z=n_0^2$을 택하면 $|f_n(n_0^2)-f(n_0^2)|=1$이므로 고른수렴하지 않는다.

5. 급수 $\displaystyle\sum_{n=1}^{\infty}\frac{\cos nz}{n^3}$는 실수축 위에서 고른수렴하고 또한 절대수렴함을 밝혀라.

풀이 만약 $z=x+iy$이면

$$\frac{\cos nz}{n^3}=\frac{e^{inz}+e^{-inz}}{2n^3}=\frac{e^{inx-ny}+e^{-inx+ny}}{2n^3}$$
$$=\frac{e^{-ny}(\cos nx+i\sin nx)}{2n^3}+\frac{e^{ny}(\cos nx-i\sin nx)}{2n^3}$$

이다. 그런데 급수 $\displaystyle\sum_{n=1}^{\infty}\frac{e^{ny}(\cos nx-i\sin nx)}{2n^3}$와 $\displaystyle\sum_{n=1}^{\infty}\frac{e^{-ny}(\cos nx+i\sin nx)}{2n^3}$는 $y>0$과 $y<0$에 대하여 각각 수렴하지 않는다(이 경우 n항은 0으로 수렴하지 않는다). 따라서 $|z|\le 1$인 모든 z에 대하여 고른수렴하지 않는다.

만약 $y=0$일 때 즉 z가 실수이면 $z=x$이므로 주어진 급수는 $\displaystyle\sum_{n=1}^{\infty}\frac{\cos nx}{n^3}$라고 할 수 있다. 그런데 $\left|\dfrac{\cos nx}{n^3}\right|\le\dfrac{1}{n^3}$이고, $\displaystyle\sum_{n=1}^{\infty}\frac{1}{n^3}$은 수렴하므로 급수는 실수축 위의 어떤 구간에서 Weierstrass M-판정법에 의하여 급수는 고른수렴한다.

6. 급수 $\displaystyle\sum_{n=1}^{\infty}\frac{1}{n^z}$은 $\operatorname{Re} z>1$에 대하여 절대수렴하고, 임의 $\varepsilon>0$일 때 $\operatorname{Re} z\ge 1+\varepsilon$인 모든 z에 대하여 고른수렴함을 증명하여라.

풀이 $z=x+iy$일 때 $n^z=e^{z\log n}=e^{(x+iy)\log n}$이므로

$$\left|\frac{1}{n^z}\right| = \frac{1}{e^{x\log n}} = \frac{1}{n^x}$$

이다. 따라서 $x = \mathrm{Re}\,z > 1$에 대하여 급수 $\displaystyle\sum_{n=1}^{\infty}\left|\frac{1}{n^z}\right| = \sum_{n=1}^{\infty}\frac{1}{n^x}$은 수렴한다.

한편, 모든 n에 대하여 $\dfrac{1}{n^z} \le \dfrac{1}{n^{\mathrm{Re}\,z}} \le \dfrac{1}{n^{1+\varepsilon}}$이고, 또한 $\displaystyle\sum_{n=1}^{\infty}\frac{1}{n^{1+\varepsilon}}$은 수렴하므로 Weierstrass M-판정법에 의하여 $\mathrm{Re}\,z \ge 1+\varepsilon$에 대하여 $\displaystyle\sum_{n=1}^{\infty}\frac{1}{n^z}$은 고른수렴한다.

7.4 Taylor 급수와 수렴반지름

지금 a_n과 z_0가 복소상수이고, z가 복소변수일 때 다음과 같은 함수항의 급수

$$\sum_{n=0}^{\infty} a_n(z-z_0)^n = a_0 + a_1(z-z_0) + \cdots + a_n(z-z_0)^n + \cdots \qquad \cdots\cdots ①$$

을 $(z-z_0)$에 관한 거급제곱급수(power series)라고 한다. 특히 $z_0=0$을 중심으로 하는 거듭제곱급수는

$$\sum_{n=0}^{\infty} a_n z^n = a_0 + a_1 z + \cdots + a_n z^n + \cdots \qquad \cdots\cdots ②$$

이다. 그런데 거듭제곱급수 ①은 거듭제곱급수 ②를 $z=0$에서 $z=z_0$만큼 평행이동한 것으로 간주할 수 있으므로 $(z-z_0)$ 대신에 보통 z에 관한 거듭제곱급수 ②를 생각하여도 된다.

지금 z에 관한 거듭제곱급수 $\displaystyle\sum_{n=0}^{\infty} a_n z^n$은 점 $z=z_0$에서 수렴하거나 발산할 때 z_0가 빠진 모든 z에 대하여 거듭제곱급수 $\displaystyle\sum_{n=0}^{\infty} a_n z^n$의 수렴발산의 여부를 살펴보도록 한다.

▌정리 7.14▌

거듭제곱급수 $\sum_{n=0}^{\infty} a_n z^n$가 점 $z=z_0$에 대하여 수렴한다고 하자. 그러면 다음을 증명하여라.

(1) $|z|<|z_0|$를 만족하는 모든 z에 대하여 $\sum_{n=0}^{\infty} a_n z^n$은 절대수렴한다.

(2) $|z| \le |z_1|$ (단, $|z_1|<|z_0|$)인 모든 z에 대하여 고른수렴한다.

증명 (1) $z_0=0$이면 $\sum_{n=0}^{\infty} a_n z^n = a_0$이므로 거듭제곱급수는 수렴한다. 만약 $z_0 \neq 0$이라 하자. 그러면 가정에서 $\sum_{n=0}^{\infty} a_n z_0^n$은 수렴하므로

$$n \to \infty \text{일 때} \quad \sum_{k=1}^{n} a_n z_0^n - \sum_{k=1}^{n-1} a_k z_0^n = a_n z_0^n \to 0$$

따라서 임의의 $\varepsilon>0$에 대하여 $n \ge K$인 자연수 K가 존재하여 $|a_n z_0^n|<\varepsilon$이므로 일반항 $a_n z_0^n$은 유계하다.

만약 $M=\max\{|a_0|, |a_1 z_0|, \cdots, a_{K-1} z_0^{K-1}, \varepsilon\}$으로 놓으면 $|a_n z_0^n|<M$이므로

$$|a_n z^n| = |a_n||z^n| = |a_n z_0^n|\left|\frac{z}{z_0}\right|^n \le M\left|\frac{z}{z_0}\right|^n \qquad \cdots\cdots ①$$

이 된다. 그런데 가정에 의하여 $\left|\frac{z}{z_0}\right|<1$이므로

$$\sum_{n=0}^{\infty} |a_n||z^n| \le \sum_{n=0}^{\infty} M\left|\frac{z}{z_0}\right|^n = \frac{M}{1-\left|\frac{z}{z_0}\right|} \quad (|z|<|z_0|) \qquad \cdots\cdots ②$$

이다. 따라서 $\sum_{n=0}^{\infty} a_n z^n$은 $|z|<|z_0|$인 모든 z에 대하여 절대수렴한다.

(2) 문제 (1)의 ①에서 $|z|<|z_1|$인 모든 z에 대하여 만약 $M_n = M \cdot \left|\frac{z_1}{z_0}\right|^n$이라 하자. 그러면

$$|a_n z^n| < M_n, \; n=1, 2, \cdots$$

그런데 $\sum_{n=1}^{\infty} M_n$은 수렴하므로 Weierstrass M-판정법에 의하여 $\sum_{n=1}^{\infty} a_n z^n$은 고른 수렴한다. ■

▮정리 7.15▮

(1) $\sum_{n=0}^{\infty} n a_n z^{n-1}$은 $|z| < |z_0|$인 모든 z에 대하여 절대수렴한다.

(2) 급수 $\sum_{n=0}^{\infty} a_n z^n$은 $|z| > |z_0|$를 만족하는 모든 z에 대하여 발산한다.

증명 (1) $z=0$이면 분명히 주어진 급수는 수렴한다. 따라서 모든 자연수 n에 대하여 $|a_n z_0^n| \le M$을 만족하는 $M>0$이 존재하고, $z \neq 0$인 모든 z에 대하여

$$|n a_n z^{n-1}| = \frac{1}{|z|} n |a_n z_0^n| \left|\frac{z}{z_0}\right|^n \le \frac{M}{|z|} n \left|\frac{z}{z_0}\right|^n$$

이다. $z_0 \neq 0$에 대하여 급수 $\sum_{n=0}^{\infty} \left|\frac{z}{z_0}\right|^n$은 수렴하고, 또한

$$\sum_{n=1}^{\infty} \frac{M}{|z|} n \left|\frac{z}{z_0}\right|^n = \frac{M}{|z|} \sum_{n=1}^{\infty} n \left|\frac{z}{z_0}\right|^n$$

에서 $u_n = n\left|\frac{z}{z_0}\right|^n$, $\left|\frac{z}{z_0}\right| < 1$으로 놓으면 $\lim_{n\to\infty}\left|\frac{u_{n+1}}{u_n}\right| = \left|\frac{z}{z_0}\right| < 1$이므로 급수 $\sum_{n=1}^{\infty} u_n$은 절대수렴한다. 따라서 $\sum_{n=1}^{\infty} n a_n z^{n-1}$은 수렴한다.

(2) 만약 $\sum_{n=0}^{\infty} a_n z^n$은 $|z_1| > |z_0|$을 만족하는 어떤 z_1에서 수렴한다고 하자. (1)에 의하여 $\sum_{n=0}^{\infty} a_n z^n$은 모든 $|z_0| < |z| < |z_1|$인 모든 z에 대하여 절대수렴한다. 따라서 $|z_0| < |z|$인 z_0에 대하여 절대수렴한다. 이는 가정에 모순이다. ■

이상의 결과에서 거듭제곱급수 $\sum_{n=0}^{\infty} a_n z^n$이 $|z| < R$을 만족하는 모든 z에 대하여 절대 수렴하고, $|z| > R$을 만족하는 모든 z에 대하여 발산한다 하자. 이때 R을 거

듭제곱급수 $\sum_{n=0}^{\infty} a_n z^n$의 수렴반지름이라 하고, $|z|=R$을 급수의 **수렴원**이라 한다.

현편 $R=0$이면 $\sum_{n=0}^{\infty} a_n z^n$은 $z=z_0$에서만 수렴하고 $R=\infty$이면 모든 z에 대하여 절대수렴하며, $|z|=R$에서는 수렴할 수도 있고, 발산할 수도 있다.

지금 거듭제곱급수 $\sum_{n=0}^{\infty} a_n z^n$의 수렴여부를 판정하는데 있어서 다음 중요한 정리를 알아둘 필요가 있다.

▌정리 7.17▐

만약 거듭제곱급수 $\sum_{n=0}^{\infty} a_n z^n$에 대하여

$$\lim_{n\to\infty}\left|\frac{a_{n+1}}{a_n}\right|=L$$

이 존재한다고 하자. 그러면 거듭제곱급수 $\sum_{n=0}^{\infty} a_n z^n$은

(1) $L<1$이면 수렴반지름은 $R=\frac{1}{L}$이고, $L=0$이면 수렴반지름은 $R=\infty$

(2) $L>1$이면 $\sum_{n=0}^{\infty} a_n z^n$은 발산한다.

증명 (1) $u_n=a_n z^n$, $n=1, 2, \cdots$이면 $\left|\frac{u_{n+1}}{u_n}\right|=\left|\frac{a_{n+1}}{a_n}\right||z|$이므로 만약 L이 존재하면 $\lim_{n\to\infty}\left|\frac{u_{n+1}}{u_n}\right|=L|z|$가 존재한다. 따라서 비율판정법에 의하여 $L|z|<1$이면 정리 7.7 (1)에 의하여 $\sum_{n=0}^{\infty} a_n z^n$은 수렴하고 수렴반지름은 $R=\frac{1}{L}$이며, $L=0$이면 수렴반지름은 $R=\infty$이다.

(2) 정리 7.7 (2)에 의하여 $\sum_{n=0}^{\infty} a_n z^n$은 발산한다. ■

[예 7.9] 다음 급수의 수렴반지름을 구하여라.

(1) $\sum_{n=0}^{\infty} \frac{(n!)^2}{(2n)!} z^{2n}$ (2) $\sum_{n=0}^{\infty} \frac{z^n}{n^{2n}}$

풀이 (1) $z_n = \frac{(n!)^2 z^{2n}}{(2n)!}$ 이면 $\left|\frac{z_{n+1}}{z_n}\right| = \left|\frac{(n+1)^2 z^2}{(2n+2)(2n+1)}\right| \to \frac{|z^2|}{4} (n \to \infty)$ 이므로

$\sum_{n=0}^{\infty} a_n z^{2n}$의 수렴반지름은 4이다. 만약 $|z^2| < 4$이면 절대수렴하고, $|z^2| > 4$이면 발산한다. 따라서 구하는 수렴반지름은 $R = \sqrt{4} = 2$.

(2) $z_n = \frac{z^n}{n^{2n}}$ 이면 $n \to \infty$ 일때 $\left|\frac{z_{n+1}}{z_n}\right| = |z| \left(\frac{n}{n+1}\right)^{2n} \frac{1}{(n+1)^2} \to 0$이므로 수렴반지름은 ∞. □

실제로 정리 7.16을 이용하면 다음 결과를 알 수 있다.

정리 7.17

$\{a_n\}$이 복소수열이고 $\limsup_{n\to\infty} |a_n|^{\frac{1}{n}} = R$일 때 급수 $\sum_{n=0}^{\infty} a_n z^n$은

(1) $R|z| < 1$을 만족하는 모든 z에 대하여 절대수렴한다.

(2) $R|z| > 1$을 만족하는 모든 z에 대하여 발산한다.

증명 급수 $\sum_{n=0}^{\infty} a_n z^n$에서

$$\limsup_{n\to\infty} |a_n z^n|^{\frac{1}{n}} = \limsup_{n\to\infty} |a_n|^{\frac{1}{n}} |z| = |z| \limsup_{n\to\infty} |a_n|^{\frac{1}{n}} = |z| R$$

이므로 정리 7.8의 근판정법에 의하여

(1) $R|z| < 1$인 z에 대하여 급수는 절대수렴한다.

(2) $R|z| > 1$인 z에 대하여 급수는 발산한다. 따라서 수렴반지름은 $\frac{1}{R}$이다. ■

정리 7.16과 정리 7.17에 의하여 다음 결과를 얻을 수 있다.

$$\limsup_{n\to\infty} |a_n z|^{\frac{1}{n}} = \limsup_{n\to\infty} |a_n|^{\frac{1}{n}} |z| < 1$$

일 때 $\sum_{n=0}^{\infty} a_n z^n$은 절대수렴하고, $\limsup_{n\to\infty} |a_n|^{\frac{1}{n}} |z| > 1$일 때 발산하므로 $\sum_{n=0}^{\infty} a_n z^n$의 수렴반지름 R은

$$R = \frac{1}{\limsup_{n\to\infty} |a_n|^{\frac{1}{n}}}$$

로 표시된다. 따라서 $R=0$일 때 급수는 모든 z에서 수렴하고, $R=\infty$이면 $z=0$에서만 수렴한다.

예를 들어 급수 $\sum_{n=1}^{\infty} \frac{z^n}{n}$은 $z=-1$에서 수렴하고 $z=1$에서는 발산한다. 또한 $\limsup_{n\to\infty} \left|\frac{1}{n}\right|^{\frac{1}{n}} = 1$이므로 수렴반지름은 $R=1$이다. 거듭제곱급수 $\sum_{n=0}^{\infty} a_n z^n$의 수렴반지름이 R이면 z에 관한 함수

$$f(z) = \sum_{n=0}^{\infty} a_n z^n, \quad |z| < R$$

는 연속임을 쉽게 알 수 있다.

〈주의〉 $\sum_{n=0}^{\infty} a_n z^n$은 $|z| = R(\neq 0)$인 모든 z에 대하여 수렴할 수도 있고, 안할 수도 있다.

예를 들어 $\sum_{n=1}^{\infty} \frac{z^n}{n^2}$이라 하자. 만약 $R=1$이면 즉 $|z|=1$일 때 $\left|\frac{z^n}{n^2}\right| = \frac{1}{n^2}$이므로 이 급수는 절대수렴한다. 그런데 각 항을 미분한 급수 $\sum_{n=1}^{\infty} \frac{z^{n-1}}{n}$은 $|z|<1$이면 비율판정법에 의하여 수렴하지만 $z=1$이면 급수는 발산하고, $z=-1$이면 수렴하므로 $|z|=1$이면 반드시 수렴한다고 할 수 없다.

[예 7.10] 급수 $\sum_{n=1}^{\infty} \frac{z^n}{n^2 2^n}$의 수렴반지름을 구하여라.

풀이 $a_n = \dfrac{1}{n^2 2^n}$로 놓으면 $\limsup_{n\to\infty} |a_n|^{\frac{1}{n}} = \limsup_{n\to\infty} \left| \dfrac{1}{n^2 2^n} \right| = \dfrac{1}{2}$

이므로 수렴반지름은 2이다. □

▮정리 7.18▮

거듭제곱급수 $\sum_{n=0}^{\infty} a_n z^n$과 $\sum_{n=1}^{\infty} n\, a_n z^{n-1}$이 절대수렴하면 수렴반지름이 같음을 보여라.

증명 만약 $\sum_{n=0}^{\infty} a_n z^n$의 수렴반지름이 R이라 하면 $\lim_{n\to\infty} \left| \dfrac{a_{n+1}}{a_n} \right| = \dfrac{1}{R}$이다. 지금 $0 < |z_0| < R$이라 하자. 그러면 $n \geq K$일 때 $|a_n z_0^n| < 1$ 즉 $|a_n| < \dfrac{1}{|z_0|^n}$을 만족하는 자연수 K가 존재한다. 따라서 $|z| < |z_0| < R$에 대하여 $\sum_{n=1}^{\infty} |n a_n z^{n-1}| = \sum_{n=1}^{\infty} n |a_n| |z^{n-1}|$의 각 항은

$$|n\, a_n z^{n-1}| = n |a_n| |z^{n-1}| < \frac{1}{|z_0|} n \left| \frac{z}{z_0} \right|^{n-1}, \quad n = 1, 2, \cdots$$

이다. 그런데 $\left| \dfrac{z}{z_0} \right| < 1$이므로 $\sum_{n=1}^{\infty} n \left| \dfrac{z}{z_0} \right|^{n-1}$은 정리 7.7의 비율판정법에 의하여 수렴한다. 따라서 급수 $\sum_{n=1}^{\infty} n a_n z^{n-1}$은 $|z| < |z_0|$ $(|z| < R)$인 모든 z에 대하여 절대수렴한다.

한편 $|z| > R$이면 $\lim_{n\to\infty} a_n z^n \neq 0$이고, 또한 $\lim_{n\to\infty} n a_n z^{n-1} \neq 0$이므로 $\sum_{n=1}^{\infty} n a_n z^{n-1}$은 수렴하지 않는다.

따라서 $\sum_{n=1}^{\infty} n a_n z^{n-1}$의 수렴반지름은 R이고, $R=0$일 때도 성립한다.

〈별증〉 $\sum_{n=0}^{\infty} a_n z^n$의 수렴반지름을 R이면 $\limsup_{n\to\infty} |a_n|^{\frac{1}{n}} = \dfrac{1}{R}$이다.

그런데 $\lim_{n\to\infty} \sqrt[n]{n} = 1$이므로 멱급수 $\sum_{n=1}^{\infty} n a_n z^{n-1}$의 수렴반지름은

$$\lim_{n\to\infty} \sqrt[n]{n a_n} = \limsup_{n\to\infty} \sqrt[n]{a_n} = \frac{1}{R}$$

이므로 수렴반지름은 같다. ■

▌정리 7.19▐

$|z|<R$에서 $f(z)=\sum_{n=0}^{\infty}a_n z^n$이 점마다 수렴하면 $|z|<R$인 모든 z에 대하여 $f(z)$는 해석적이고, $f'(z)=\sum_{n=1}^{\infty}na_n z^{n-1}$이다.

증명 위의 정리에서 다항함수는 다음과 같이 표현될 수 있다. $h\neq 0$에 대하여

$$\begin{aligned}\left|\frac{f(z+h)-f(z)}{h}-\sum_{n=1}^{\infty}na_n z^{n-1}\right| &= \left|\sum_{n=0}^{\infty}a_n\frac{((z+h)^n-z^n)}{h}-\sum_{n=1}^{\infty}na_n z^{n-1}\right| \\ &\le \left|\sum_{n=0}^{\infty}a_n\frac{((z+h)^n-z^n)}{h}-\sum_{n=0}^{K}a_n\frac{((z+h)^n-z^n)}{h}\right| \\ &\quad +\left|\sum_{n=0}^{K}a_n\frac{((z+h)^n-z^n)}{h}-\sum_{n=1}^{K}na_n z^{n-1}\right| \\ &\quad +\left|\sum_{n=1}^{K}na_n z^{n-1}-\sum_{n=1}^{\infty}na_n z^{n-1}\right| \qquad \cdots\cdots ①\end{aligned}$$

식 ①의 우변에 각 절대값은 임의의 $\varepsilon>0$에 대하여 $K\to\infty$이고, h를 충분히 작게 하면 $\frac{\varepsilon}{3}$보다 작게 됨을 보이면 된다. 그런데 $|z|<R$이므로 $|z|<|z_0|<R$인 $|z_0|$가 존재하여 $|z+h|<|z_0|$인 h를 생각할 수 있다. 그런데

$$\begin{aligned}\frac{(z+h)^n-z^n}{h} &= \frac{(z+h)^n-z^n}{(z+h)-z} \\ &= (z+h)^{n-1}+z(z+h)^{n-2}+\cdots+z^{n-1}\end{aligned}$$

이고, 이것은

$$|(z+h)^{n-1}+z(z+h)^{n-2}+\cdots+z^{n-1}|\le n|z_0|^{n-1}$$

이라 할 수 있으므로

$$\left|a_n\frac{(z+h)^n-z^n}{h}\right|\le n|a_n|\cdot|z_0|^{n-1}$$

이 된다. 한편 $\sum_{n=1}^{\infty}n|a_n|\cdot|z_0|^{n-1}$은 정리 7.16에 의하여 수렴하므로 임의의 $\varepsilon>0$

에 대하여 $n \geq K_1$일 때

$$\sum_{n=k+1}^{\infty} n|a_n| \cdot |z_0|^{n-1} < \frac{\varepsilon}{3}$$

을 만족하는 자연수 K_1이 존재한다. 이것은 식 ①의 우변의 첫째 항은

$$\begin{aligned}&\left|\sum_{n=0}^{\infty} a_n \frac{((z+h)^n - z^n)}{h} - \sum_{n=0}^{K} a_n \frac{((z+h)^n - z^n)}{h}\right| \\ &= \left|\sum_{n=K+1}^{\infty} a_n \frac{((z+h)^n - z^n)}{h}\right| \leq \sum_{n=K+1}^{\infty} \left|a_n \frac{((z+h)^n - z^n)}{h}\right| \\ &\leq \sum_{n=k+1}^{\infty} n|a_n| \cdot |z_0|^{n-1} < \frac{\varepsilon}{3}\end{aligned}$$

이다. 이를 통하여 $K_1 \to \infty$일 때 $|z+h| < |z_0|$인 모든 h에 대하여

$$\left|\sum_{n=0}^{\infty} a_n \frac{((z+h)^n - z^n)}{h} - \sum_{n=0}^{K} a_n \frac{((z+h)^n - z^n)}{h}\right| < \frac{\varepsilon}{3} \qquad \cdots\cdots ②$$

한편 식 ①의 세 번째 항은 $\sum_{n=1}^{\infty} n a_n z^{n-1}$은 수렴하므로 임의의 $\varepsilon > 0$에 대하여 $n \geq K_2$일 때

$$\left|\sum_{n=1}^{\infty} n a_n z^{n-1} - \sum_{n=1}^{K} n a_n z^{n-1}\right| < \frac{\varepsilon}{3} \qquad \cdots\cdots ③$$

을 만족하는 자연수 K_2가 존재한다. 식 ②, ③에서 $K = \max(K_1, K_2)$로 놓으면 함수 $g(z) = \sum_{n=0}^{K} a_n z^n$은 분명히 미분가능하므로

$$\lim_{h \to 0} \sum_{n=0}^{K} a_n \frac{((z+h)^n - z^n)}{h} = \sum_{n=1}^{K} a_n \frac{d}{dz}(z^n) = \sum_{n=1}^{K} n a_n z^{n-1}$$

이 된다. 따라서 h를 충분히 작게 하면

$$\left|\sum_{n=0}^{K} a_n \frac{((z+h)^n - z^n)}{h} - \sum_{n=1}^{K} a_n n z^{n-1}\right| < \frac{\varepsilon}{3} \qquad \cdots\cdots ④$$

이다. 그러므로 식 ②, ③ 및 ④에 의하여 주어진 결과가 성립한다. ■

1. 거듭제곱급수 $\sum_{n=1}^{\infty}\frac{1}{3^n}(z-i)^n$의 수렴반지름을 구하여라.

풀이 수렴반지름을 R이라고 하면

$$\frac{1}{R}=\limsup_{n\to\infty}\left(\frac{1}{3^n}\right)^{\frac{1}{n}}=\frac{1}{3}$$

이므로 $R=3$이다. 여기서 $|z-i|=3$인 경우, 특히 $z=3+i$일 때 급수는

$$\sum_{n=1}^{\infty}1^n=1+1+1+\cdots$$

이므로 발산한다. □

2. 두 거듭제곱급수 $\sum_{n=0}^{\infty}a_n z^n$과 $\sum_{n=0}^{\infty}b_n z^n$의 수렴반지름이 각각 R_1, R_2일 때 다음 거듭제곱급수의 수렴반지름을 구하여라.

(1) $\sum_{n=0}^{\infty}a_n^2 b_n z^n$ (2) $\sum_{n=0}^{\infty}\frac{a_n}{b_n}z^n$ $(b_n\neq 0)$

풀이 (1) $c_n=a_n^2 b_n$이면 $\left|\frac{c_{n+1}}{c_n}\right|=\left|\frac{a_{n+1}}{a_n}\right|^2\left|\frac{b_{n+1}}{b_n}\right|$이다. 지금 $n\to\infty$일 때 $\left|\frac{a_{n+1}}{a_n}\right|\to\frac{1}{R_1}$이고, $\left|\frac{b_{n+1}}{b_n}\right|\to\frac{1}{R_2}$이므로 $\left|\frac{c_{n+1}}{c_n}\right|\to\frac{1}{R_1^2R_2}$이다. 따라서 수렴반지름은 $R=R_1^2R_2$.

(2) $c_n=\frac{a_n}{b_n}$이면 $\left|\frac{c_{n+1}}{c_n}\right|=\left|\frac{a_{n+1}}{a_n}\right|\cdot\left|\frac{b_{n+1}}{b_n}\right|\to\frac{R_2}{R_1}(n\to\infty)$이다. 따라서 수렴반지름은 $R=\frac{R_1}{R_2}$. □

3. 다음 거듭제곱급수의 수렴반지름을 구하여라.

(1) $1-\frac{z^2}{2!}+\frac{z^4}{4!}-\frac{z^6}{6!}+\cdots$

(2) $z - \frac{z^3}{3!} + \frac{z^5}{5!} - \frac{z^7}{7!} + \cdots$

(3) $1 + z + 2!z^2 + 3!z^3 + \cdots$

풀이 (1) 급수의 계수는 1, 0, $\frac{1}{2!}$, 0, $\frac{1}{4!}$, 0, $\frac{1}{6!}$, 0, $\cdots$ 이므로 수렴반지름은

$$R = \frac{1}{\limsup\limits_{n \to \infty} \sqrt[n]{|c_n|}} = \frac{1}{\lim\limits_{n \to \infty} \sqrt[n]{\frac{1}{n!}}} = \infty$$

(2) (1)과 같은 방법으로 수렴반지름은 ∞.

(3) $R = \frac{1}{\limsup\limits_{n \to \infty} \sqrt[n]{|c_n|}} = \frac{1}{\lim\limits_{n \to \infty} \sqrt[n]{n!}} = 0$ 이므로 급수는 오직 $z = 0$에서 수렴한다.

□

7.5 해석함수와 멱급수

여기서는 $f(z)$가 영역 D에서 해석적이고 z_0가 D 내부의 한 점일 때 해석함수 $f(z)$는 $(z - z_0)$에 관한 Taylor의 급수로 나타낼 수 있음을 보인다.

▌정리 7.20▌ (Taylor의 정리)

함수 $f(z)$가 영역 D에서 해석적이고 D의 내부에 중심이 z_0이며, 반지름이 R인 원 C 내부의 모든 z에 대하여 다음과 같이 나타낼 수 있다.

$$f(z) = f(z_0) + f'(z_0)(z - z_0) + \frac{f''(z_0)}{2!}(z - z_0)^2 + \cdots + \frac{f^{(n)}(z_0)}{n!}(z - z_0)^n + \cdots$$

즉, $|z - z_0| < R$일 때 주어진 거듭제곱급수는 $f(z)$로 수렴한다.

증명 그림 7.2와 같이 지금 원 $C : |z - z_0| = R$의 내부에 임의의 z에 대하여 $|z - z_0| = r$이라 하자. 이 때 $r < R$이다. 한편 z를 포함하면서 중심이 z_0이고, 반지름이 r_1(단,

$r < r_1 < R$)인 또 다른 원 C_1 위에 임의의 점을 w라 하자. 그러면 Cauchy의 적분 공식에 의 여

$$f(z) = \frac{1}{2\pi i}\int_{C_1} \frac{f(w)}{w-z}dw \qquad \cdots\cdots ①$$

이다. 그런데 $c \neq 1$일 때

$\dfrac{1}{1-c} = 1 + c + c^2 + \cdots + c^{n-1} + \dfrac{c^n}{1-c}$임을 상기하면

[그림 7.2]

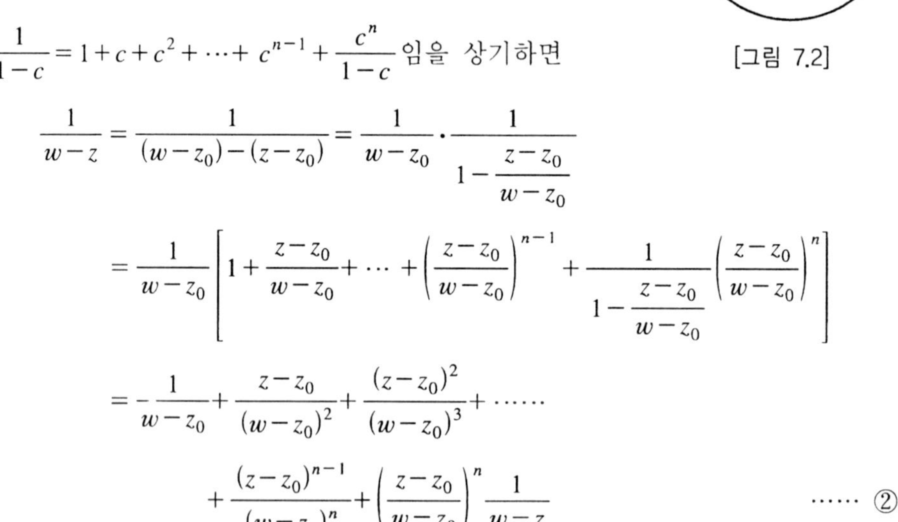

$$\frac{1}{w-z} = \frac{1}{(w-z_0)-(z-z_0)} = \frac{1}{w-z_0}\cdot\frac{1}{1-\dfrac{z-z_0}{w-z_0}}$$

$$= \frac{1}{w-z_0}\left[1 + \frac{z-z_0}{w-z_0} + \cdots + \left(\frac{z-z_0}{w-z_0}\right)^{n-1} + \frac{1}{1-\dfrac{z-z_0}{w-z_0}}\left(\frac{z-z_0}{w-z_0}\right)^n\right]$$

$$= \frac{1}{w-z_0} + \frac{z-z_0}{(w-z_0)^2} + \frac{(z-z_0)^2}{(w-z_0)^3} + \cdots\cdots$$

$$+ \frac{(z-z_0)^{n-1}}{(w-z_0)^n} + \left(\frac{z-z_0}{w-z_0}\right)^n \frac{1}{w-z} \qquad \cdots\cdots ②$$

식 ②의 양변에 $f(w)$를 곱하고 식 ①을 이용하면

$$f(z) = \sum_{k=0}^{n}\left(\frac{1}{2\pi i}\int_{C_1}\frac{f(w)}{(w-z_0)^{k+1}}dw\right)(z-z_0)^k$$

$$+ \frac{1}{2\pi i}\int_{C_1}\frac{f(w)}{w-z}\left(\frac{z-z_0}{w-z_0}\right)^{n+1}dw \qquad \cdots\cdots ③$$

이다. 그런데 식 ③에서 w가 C_1 위에 있으므로 $\left|\dfrac{z-z_0}{w-z_0}\right| = \dfrac{r}{r_1} = \alpha < 1$이고, 또한 $M = \max_{w \in C_1}|f(w)|$일 때 즉, $|f(w)| \le M$이라 하자. 그런데

$$|w-z| = |(w-z_0)-(z-z_0)| \ge r_1 - |z-z_0|$$

이므로 ③의 둘째 항에서 절대값을 취하면

$$\left|\frac{1}{2\pi i}\int_{C_1}\frac{f(w)}{w-z}\left(\frac{z-z_0}{w-z_0}\right)^n dw\right| \le \frac{1}{2\pi}\int_{C_1}\frac{|f(w)|}{|w-z_0|-|z-z_0|}\left|\frac{z-z_0}{w-z_0}\right|^n |dw|$$

$$\le \frac{1}{2\pi}\frac{\alpha^n M}{r_1 - |z-z_0|}\cdot 2\pi r_1 = \frac{\alpha^n M r_1}{r_1 - |z-z_0|} \to 0\,(n\to\infty) \qquad \cdots\cdots ④$$

따라서 식 ③, ④에 의하여 $n\to\infty$ 일때

$$f(z) = \sum_{n=0}^{\infty}\left(\frac{1}{2\pi i}\int_{C_1}\frac{f(w)}{(w-z_0)^{n+1}}dw\right)(z-z_0)^n \qquad \cdots\cdots ⑤$$

이 성립한다. 그런데 식 ⑤에서

$$\frac{1}{2\pi i}\int_{C_1}\frac{f(w)}{(w-z_0)^{n+1}}dw = \frac{1}{n!}f^{(n)}(z_0)\ (n=0,\ 1,\ 2,\ \cdots)$$

이므로 주어진 급수를 얻을 수 있다.

지금 $(z-z_0)$에 관한 주어진 거듭제곱급수에서 만약 $a_n = \dfrac{f^{(n)}(z_0)}{n!}$로 놓으면

$$f(z) = \sum_{n=0}^{\infty} a_n (z-z_0)^n,\ |z-z_0| < R \qquad \cdots\cdots ⑥$$

과 같이 표현된다. 이 때 급수 ⑥을 $(z-z_0)$에 관한 $f(z)$의 Taylor의 급수라 하고, 특히 $z_0=0$일 때

$$f(z) = f(0) + \sum_{n=1}^{\infty}\frac{f^{(n)}(0)}{n!}z^n,\ |z| < R$$

을 Maclaurin의 급수라고 한다. 예를 들면

$$e^z = 1 + z + \frac{1}{2!}z^2 + \cdots = \sum_{n=0}^{\infty}\frac{z^n}{n!}$$

$$\sin z = z - \frac{z^3}{3!} + \frac{z^5}{5!} - \cdots = \sum_{n=0}^{\infty}(-1)^n\frac{z^{2n+1}}{(2n+1)!}$$

$$\cos z = 1 - \frac{z^2}{2!} + \frac{z^4}{4!} - \cdots = \sum_{n=0}^{\infty}(-1)^n\frac{z^{2n}}{(2n)!}$$

은 모든 $|z| \le R$에 대하여 절대수렴하고 또한 고른수렴한다. ■

[예 7.11] 다음 함수를 $|z| < 1$에서 Maclaurin 급수로 전개하여라.

(1) $f(z)=\dfrac{1}{1-z}$ (2) $g(z)=\dfrac{1}{1+z}$

풀이 (1) $f(z)=\dfrac{1}{1-z}$은 $|z|<1$인 모든 z에 대하여 해석적이다. 모든 자연수 n에 대하여

$$f^{(n)}(z)=\frac{n!}{(1-z)^{n+1}}$$

이고, $f^{(n)}(0)=n!$이다. 따라서 $f(z)=\dfrac{1}{1-z}$의 Maclaurin의 급수전개는

$$\frac{1}{1-z}=1+z+z^2+\cdots+z^n+\cdots=\sum_{n=0}^{\infty}z^n,\quad |z|<1 \qquad \cdots\cdots ①$$

(2) 식 ①에서 z 대신에 $-z$를 대입하면

$$g(z)=\frac{1}{1+z}=\sum_{n=0}^{\infty}(-1)^n z^n,\quad |z|<1 \qquad \cdots\cdots ②$$ □

[예 7.12] $f(z)=\dfrac{1}{z}$ $(z\neq 0)$을 $z=1$에 관하여 Taylor 급수로 전개하여라.

풀이 $z\neq 0$일 때 함수 $f(z)=\dfrac{1}{z}$은 해석적이고

$$f^{(n)}(z)=\frac{(-1)^n n!}{z^{n+1}}\quad (n=0,\ 1,\ 2,\ \cdots)$$

이므로 $f^{(n)}(1)=(-1)^n n!$이다. 따라서 $f(z)=\dfrac{1}{z}$의 점 $z=1$에서 Taylor 급수전개는

$$\frac{1}{z}=\sum_{n=0}^{\infty}(-1)^n(z-1)^n,\quad |z-1|<1 \qquad \cdots\cdots ③$$

이다. 실제로 식 ③은 $|z-1|<1$이므로 식 ②의 z 대신에 $z-1$을 대입하면 쉽게 얻을 수 있다. □

[예 7.13] $f(z)=\dfrac{z}{z^2-1}$를 $z=i$에 관하여 Taylor 급수로 전개하여라.

풀이 $f(z)=\dfrac{z}{z^2-1}=\dfrac{1}{2}\left(\dfrac{1}{z+1}+\dfrac{1}{z-1}\right)$이므로

$$f^{(n)}(z)=\frac{1}{2}\left\{\left(\frac{1}{z+1}\right)^{(n)}+\left(\frac{1}{z-1}\right)^{(n)}\right\}$$
$$=\frac{1}{2}\left\{\frac{(-1)^n n!}{(z+1)^{n+1}}+\frac{(-1)^n n!}{(z-1)^{n+1}}\right\}$$

이다. 그런데 $z=i$에 관한 $f(z)$의 Taylor의 급수는

$$\frac{z}{z^2-1}=\sum_{n=0}^{\infty}\frac{(-1)^n}{2}\left\{\frac{1}{(z+1)^{n+1}}+\frac{1}{(z-1)^{n+1}}\right\}(z-i)^n$$

이 때 $f(z)$의 특이점은 $z=\pm 1$이므로 급수는 $|z-i|<\sqrt{2}$에서 성립한다. □

[예 7.14] $f(z)=\sin z$를 $z=\pi i$에 관하여 Taylor 급수로 전개하여라.

풀이 $z=\pi i+\alpha$라 하면

$$\sin z=\sin(\pi i+\alpha)=\sin \pi i\cos\alpha+\cos\pi i\sin\alpha$$
$$=\frac{e^{-\pi}-e^{\pi}}{2i}\sum_{n=0}^{\infty}\frac{(-1)^n}{(2n)!}\alpha^{2n}+\frac{e^{-\pi}+e^{\pi}}{2}\sum_{n=0}^{\infty}\frac{(-1)^n}{(2n+1)!}\alpha^{2n+1}$$
$$=\frac{e^{-\pi}+e^{\pi}}{2}\sum_{n=0}^{\infty}\frac{(-1)^n}{(2n+1)!}(z-\pi i)^{2n+1}+\frac{i(e^{\pi}-e^{-\pi})}{2}\sum_{n=0}^{\infty}\frac{(-1)^n}{(2n)!}(z-\pi i)^{2n}$$ □

1. 다음 주어진 급수를 구하여라.

(1) $\displaystyle\sum_{n=1}^{\infty}\frac{n}{2^n}$ (2) $\displaystyle\sum_{n=1}^{\infty}\frac{n^2}{3^n}$

풀이 (1) $|z|<1$일 때 $f(z)=\dfrac{1}{1-z}=\displaystyle\sum_{n=0}^{\infty}z^n$이면

$$f'(z)=\frac{1}{(1-z)^2}=\sum_{n=1}^{\infty}nz^{n-1}$$

이다. 따라서 $zf'(z)=\frac{z}{(1-z)^2}=\sum_{n=1}^{\infty}nz^{n-1}$ 이고, 여기서 $z=\frac{1}{2}$ 로 놓으면

$$\sum_{n=1}^{\infty}\frac{n}{2^n}=\frac{\frac{1}{2}}{\left(1-\frac{1}{2}\right)^2}=2$$

(2) $|z|<1$ 일 때 $f(z)=\frac{1}{1-z}=\sum_{n=0}^{\infty}z^n$ 에서 $zf(z)=\frac{z}{(1-z)^2}=\sum_{n=1}^{\infty}nz^n$ 이다.
여기서 양변에 z에 관하여 미분하고 또한 양변에 z를 곱하여 정리하면

$$\frac{z+z^2}{(1-z)^3}=\sum_{n=1}^{\infty}n^2z^n,\ |z|<1$$

을 얻는다. 이 때 $z=\frac{1}{3}$ 을 대입하면

$$\sum_{n=1}^{\infty}\frac{n^2}{3^n}=\frac{\frac{1}{3}+\left(\frac{1}{3}\right)^2}{\left(1-\frac{1}{3}\right)^3}=\frac{3}{2}$$

2. $b\neq 1$ 인 복소수 b에 대하여 다음과 같은 관계가 주어졌을 때 $f(z)=\frac{1}{1-z}$ 을 $z-b$에 관한 거듭제곱급수로 전개하여라.

(1) $|z-b|<|1-b|$ 인 관계가 성립할 때

(2) $|1-b|<|z-b|$ 일 때

풀이 (1) $\left|\frac{z-b}{1-b}\right|<1$ 이므로

$$\frac{1}{1-z}=\frac{1}{(1-b)-(z-b)}=\frac{1}{(1-b)\left[1-\frac{z-b}{1-b}\right]}$$

$$=\frac{1}{1-b}\sum_{n=0}^{\infty}\left(\frac{z-b}{1-b}\right)^n=\sum_{n=0}^{\infty}\frac{1}{(1-b)^{n+1}}(z-b)^n\quad(b\neq 1)$$

(2) $\left|\dfrac{1-b}{z-b}\right|<1$ 이므로

$$\frac{1}{1-z}=-\frac{1}{(z-b)-(1-b)}=-\frac{1}{(z-b)\left[1-\dfrac{1-b}{z-b}\right]}$$

$$=-\frac{1}{(z-b)}\sum_{n=0}^{\infty}\left(\frac{1-b}{z-b}\right)^n=-\sum_{n=0}^{\infty}\frac{1}{(z-b)^{n+1}}(1-b)^n$$

3. $|z|<1$인 모든 z에 대하여 다음 멱급수의 합을 구하여라.

(1) $\displaystyle\sum_{n=1}^{\infty}n^2 z^n$ (2) $\displaystyle\sum_{n=1}^{\infty}(n^2-2n)z^{2n+1}$ (3) $\displaystyle\sum_{n=0}^{\infty}(i^n+n)z^n$

풀이 먼저 풀어보기 전에 다음 내용을 상기할 필요가 있다.

※ $\displaystyle\sum_{n=0}^{\infty}z^n=\frac{1}{1-z}$, $|z|<1$을 2회 미분하면

$$\sum_{n=0}^{\infty}nz^{n-1}=\frac{1}{(1-z)^2},\ \sum_{n=0}^{\infty}n(n-1)z^{n-2}=\frac{2}{(1-z)^3}\text{ 이고,}$$

$n^2=n(n+1)-n$을 주목하여 윗식을 이용한다.

(1) $\displaystyle\sum_{n=1}^{\infty}nz^n=z\sum_{n=1}^{\infty}nz^{n-1}=\frac{z}{(1-z)^2}$ 이고, 또한

$$\sum_{n=1}^{\infty}(n+1)nz^n=z\sum_{n=1}^{\infty}(n+1)nz^{n-1}$$

$$=z\sum_{n=2}^{\infty}n(n-1)z^{n-2}=\frac{2z}{(1-z)^3}.$$

따라서 $\displaystyle\sum_{n=1}^{\infty}n^2z^n=\sum_{n=1}^{\infty}\{(n+1)n-n\}z^n=\sum_{n=1}^{\infty}(n+1)nz^n-\sum_{n=1}^{\infty}nz^n$

$$=\frac{2z}{(1-z)^3}-\frac{z}{(1-z)^2}=\frac{z(1+z)}{(1-z)^3}$$

(2) $\displaystyle\sum_{n=1}^{\infty}(n^2-2n)z^{2n+1}=z\sum_{n=1}^{\infty}n^2(z^2)^n-2z^3\sum_{n=1}^{\infty}n(z^2)^{n-1}$

$$=z\frac{z^2(1+z^2)}{(1-z^2)^3}-2z^3\frac{1}{(1-z^2)^2}=\frac{z^3(3z^2-1)}{(1-z^2)^3}$$

(3) $\sum_{n=0}^{\infty}(i^n+n)z^n=\sum_{n=0}^{\infty}i^n z^n+\sum_{n=0}^{\infty}nz^n$

$$=\sum_{n=0}^{\infty}(iz)^n+z\sum_{n=1}^{\infty}nz^{n-1}=\frac{1}{1-iz}+\frac{z}{(1-z)^2}$$

연습문제 7.5

1. $f(z)=\dfrac{1}{(z-a)(z-b)}$ $(0<|a|<|b|)$를 영역 $D=\{z:|z|<a\}$에서 Taylor 급수로 전개하여라.

2. 다음 함수에 대하여 Maclaurin의 급수로 전개하여라.

   (1) $f(z)=z\sin^2 z$　　(2) $g(z)=\dfrac{z}{z^2-z-2}$

3. 다음 급수의 수렴반지름을 구하여라.

   (1) $\sum_{n=0}^{\infty}z^{n^2}$　　(2) $\sum_{n=0}^{\infty}\dfrac{1}{n^r}z^n,\ r\geq 0$　　(3) $\sum_{n=0}^{\infty}\dfrac{1}{n!}z^n$

4. 다음 식을 증명하여라.

$$\sum_{n=1}^{\infty}n(n+1)\cdots(n+p)z^n=\frac{(p+1)!z}{(1-z)^{p+2}},\ (|z|<1,\ p\text{는 양의 정수})$$

5. 두 거듭제곱급수 $\sum_{n=0}^{\infty}c_n z^n$와 $\sum_{n=0}^{\infty}c_n' z^n$의 수렴반지름을 각각 R, R'이라 할 때 다음 각 주어진 급수의 수렴반지름 r과 R, R'사이에 관계를 나타내어라.

   (1) $\sum_{n=0}^{\infty}(c_n+c_n')z^n$　　(2) $\sum_{n=0}^{\infty}c_n c_n' z^n$　　(3) $\sum_{n=0}^{\infty}\dfrac{c_n}{c_n'}z^n\ (c_n'\neq 0)$

6. 급수 $\sum_{n=1}^{\infty}|z_n|$이 수렴하면 다음이 성립함을 보여라.

$$\left|\sum_{n=1}^{\infty} z_n\right| \leq \sum_{n=1}^{\infty}|z_n|$$

7. $\sum_{n=0}^{\infty} c_n z^n$의 수렴반지름이 $0<R<\infty$이면 다음 급수의 수렴반지름을 구하여라. 단, k는 양의 정수이다.

(1) $\sum_{n=0}^{\infty} c_n z^{kn}$ (2) $\sum_{n=0}^{\infty} \frac{c_n}{n!} z^n$ (3) $\sum_{n=0}^{\infty} c_n^k z^n$

8. 다음 급수의 수렴반지름을 구하여라.

(1) $z+\frac{2^2}{2!}z^2+\cdots+\frac{n^n}{n!}z^n+\cdots$ (힌트 $\lim_{n\to\infty}\sqrt[n]{\frac{n!}{n^n}}=\frac{1}{e}$을 이용하여라.)

(2) $z+\frac{z^{2^2}}{2!}+\cdots+\frac{z^{n^2}}{n!}+\cdots$

제 8 장 특이점과 Laurent의 급수

지금까지 함수 $f(z)$가 z_0에서 해석적일 때 z_0 근방에서 $f(z)$를 Taylor 급수전개 가능함을 알아보았다.

여기에서는 함수 $f(z)$가 z_0에서 해석적이 아닐 때 $f(z)$를 Taylor의 급수로 직접 전개할 수 없지만 그 대신 z_0 근방에서 Laurent의 급수로 전개가능할 수 있음을 보이도록 한다.

8.1 Laurent의 급수

함수 $f(z)$가 $z=z_0$에서 해석적이면 z_0의 근방에서 Tayor의 급수로 전개가능하다. 그러나 만약 유계하는 함수 $f(z)$가 어떤 점 z_0에서 해석적이 아니더라도 z_0의 근방에서 거듭제곱급수로 전개할 필요가 있다.

그러므로 수렴하는 영역 밖에 있는 모든 z에 대하여 $f(z)$의 급수로 전개할 수 있는 가능성에 대하여 살펴보도록 한다.

함수 $f(z)$가 $z=z_0$ 에서 해석적이면 z_0의 근방에서 $f(z)$는 거듭제곱급수

$$f(z)=\sum_{n=0}^{\infty}a_n(z-z_0)^n$$

으로 나타낼 수 있고, 위수 k인 극을 가지면 $|z-z_0|<R$인 모든 z에 대하여

$$f(z)=\sum_{n=-k}^{\infty}a_n(z-z_0)^n \quad (a_{-k}\neq 0) \qquad \cdots\cdots ①$$

과 같이 쓸 수 있다.

지금 급수 ①에서 $a_{-n}=b_n$으로 놓고 다음과 같이 $(z-z_0)$에 관한 양의 급수와 음의 급수의 합으로 구성된 거듭제곱급수를 생각하자.

$$f(z)=\sum_{n=0}^{\infty}a_n(z-z_0)^n+\sum_{n=1}^{\infty}\frac{b_n}{(z-z_0)^n} \qquad \cdots\cdots ②$$

먼저 급수 ②의 둘째 항 거듭제곱급수의 수렴반지름이 R이면 이 급수가 $\dfrac{1}{|z-z_0|}<R$ 즉, $|z-z_0|>R_1=\dfrac{1}{R}$인 모든 z에 대하여 절대수렴하면 급수 $\sum_{n=1}^{\infty}b_n(z-z_0)^{-n}$은 원 $|z-z_0|=R_1$의 밖에 있는 모든 z에 대하여 수렴하며, 이것을 함수

$$f_1(z)=\sum_{n=1}^{\infty}b_n(z-z_0)^{-n} \qquad \cdots\cdots ③$$

과 같이 나타낼 수 있다.

한편 멱급수 ②의 첫째 항 급수의 수렴반지름을 R_2라 하면 $f_2(z)=\sum_{n=0}^{\infty}a_n(z-z_0)^n$은 $|z-z_0|<R_2$에서 해석적이다. 여기서 만약 $R_2>R_1$이라 하자. 그러면 두 함수 $f_1(z)$와 $f_2(z)$는 두 원 $R_1<|z-z_0|<R_2$에 있는 모든 z에 대하여 해석적이므로 ①을 다음과 같이 나타낼 수 있다.

$$f(z)=f_1(z)+f_2(z)=\sum_{n=1}^{\infty}b_n(z-z_0)^{-n}+\sum_{n=0}^{\infty}a_n(z-z_0)^n \qquad \cdots\cdots ④$$

그러므로 멱급수 ④를 정리하면 다음과 같은 함수

$$f(z)=\sum_{n=-\infty}^{\infty} a_n (z-z_0)^n \qquad \cdots\cdots ⑤$$

를 얻는다. 이때 $(z-z_0)$에 관한 거듭제곱급수 ⑤의 형태를 Laurent의 급수라고 한다.

지금 $f(z)=\dfrac{1}{z-w}$에 있어서 영역 $D=\{z : |z-z_0|=R\}$의 밖에 있는 임의의 복소수 w에 대하여 $|z-z_0|<|w-z_0|$일 때

$$\frac{1}{w-z}=\frac{1}{(w-z_0)-(z-z_0)}=\frac{1}{(w-z_0)}\cdot\frac{1}{1-\dfrac{z-z_0}{w-z_0}}$$

$$=\frac{1}{w-z_0}\sum_{n=0}^{\infty}\left(\frac{z-z_0}{w-z_0}\right)^n=\sum_{n=0}^{\infty}\frac{(z-z_0)^n}{(w-z_0)^{n+1}}$$

즉,

$$\frac{1}{z-w}=-\sum_{n=0}^{\infty}\frac{(z-z_0)^n}{(w-z_0)^{n+1}},\ |z-z_0|<|w-z_0| \qquad \cdots\cdots ⑥$$

와 같이 된다.

마찬가지로 영역 $D=\{z : |z-z_0|=R\}$의 내부에 있는 임의의 복소수 w에 대하여 $|w-z_0|<|z-z_0|$일 때

$$\frac{1}{z-w}=\sum_{n=0}^{\infty}\frac{(w-z_0)^n}{(z-z_0)^{n+1}} \qquad \cdots\cdots ⑦$$

을 얻는다. 그런데 급수 ⑦을 n 대신에 $-n-1$로 바꾸면 다른 형태인 급수

$$\frac{1}{z-w}=\sum_{n=-1}^{-\infty}\frac{(z-z_0)^n}{(w-z_0)^{n+1}} \qquad \cdots\cdots ⑧$$

로 나타낼 수 있다. 그러므로 급수 ⑥, ⑦에서 정의역이 서로 다르면 함수 $f(z)=\dfrac{1}{w-z}$의 급수는 다른 형태로 전개될 수 있다.

[예 8.1] $f(z)=\dfrac{1}{1-z}$에 있어서 영역 $|z|<1$과 $|z|>1$에 대하여 각각 $z_0=0$의 근방에 있는 모든 z에 관한 급수로 전개하여라.

풀이 먼저 $|z|<1$인 경우에 급수 ⑥에서 $z_0=0$, $w=1$로 놓으면

$$\frac{1}{1-z}=\sum_{n=0}^{\infty}z^n,\ |z|<1$$

과 같이 나타낼 수 있다. 다음에 $|z|>1$인 경우에 $\left|\dfrac{1}{z}\right|<1$이므로 다음과 같이 나타낼 수 있다.

$$\frac{1}{1-z}=-\frac{1}{z}\left(\frac{1}{1-\frac{1}{z}}\right)=-\frac{1}{z}\sum_{n=0}^{\infty}\left(\frac{1}{z}\right)^n$$

$$=-\sum_{n=1}^{\infty}z^{-n}=-\sum_{n=-1}^{-\infty}z^n,\ |z|>1.$$

□

지금 두 영역 사이에서 정의된 해석함수를 Laurent의 급수로 표현될 수 있음을 보이고자 한다.

▌정리 8.1▌ (Laurent의 정리)

함수 $f(z)$가 $z=z_0$를 중심으로 하고, 두 원 $C_1: |z-z_0|=R_1$과 $C_2: |z-z_0|=R_2$ (단, $R_1<R_2$) 사이의 영역 D의 내부의 모든 z에 대하여 $f(z)$가 해석적일 때 다음과 같은 급수

$$f(z)=\sum_{n=0}^{\infty}a_n(z-z_0)^n+\sum_{n=1}^{\infty}\frac{b_n}{(z-z_0)^n}$$

으로 나타낼 수 있다. 이 때 계수 a_n, b_n은 각각 다음과 같다.

$$a_n=\frac{1}{2\pi i}\int_{C_1}\frac{f(w)}{(w-z_0)^{n+1}}dw,\ n=0,\ 1,\ 2,\ \cdots\cdots$$

$$b_n=\frac{1}{2\pi i}\int_{C_2}\frac{f(w)}{(w-z_0)^{-n+1}}dw,\ n=1,\ 2,\ 3,\ \cdots\cdots$$

증명 $f(z)$는 두 원 C_1과 C_2 사이의 영역 D에서 해석적이므로 지금 z를 영역 D의 내부의 점이면 Cauchy의 적분공식에 의하여

$$f(z)=\frac{1}{2\pi i}\int_{C_2}\frac{f(w)}{w-z}dw-\frac{1}{2\pi i}\int_{C_1}\frac{f(w)}{w-z}dw \qquad \cdots\cdots ①$$

이다. 먼저 ①의 첫 번째 항의 적분 $\frac{1}{2\pi i}\int_{C_2}\frac{f(w)}{w-z}dw$를 생각하자. 원 C_1 위의 w와 D 내부의 모든 z에 대하여 $|z-z_0|<|w-z_0|$이므로

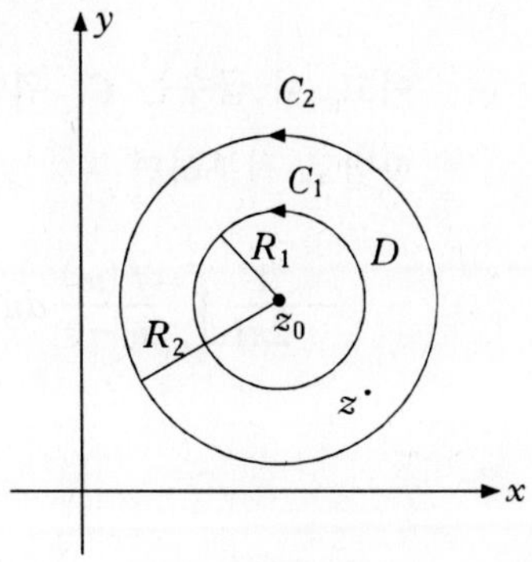

[그림 8.1]

$$\frac{1}{w-z}=\frac{1}{(w-z_0)-(z-z_0)}$$

$$=\frac{1}{(w-z_0)\left(1-\dfrac{z-z_0}{w-z_0}\right)}$$

$$=\frac{1}{w-z_0}+\frac{z-z_0}{(w-z_0)^2}+\cdots+\frac{(z-z_0)^{n-1}}{(w-z_0)^n}+\left(\frac{z-z_0}{w-z_0}\right)^n\frac{1}{w-z} \qquad \cdots\cdots ②$$

이다. 그런데 이 급수는 C_2 위에서 고른수렴하므로 식 ②의 양변에 $\frac{1}{2\pi i}f(w)$를 곱하고, 항별로 적분하면

$$\frac{1}{2\pi i}\int_{C_2}\frac{f(w)}{w-z}dw=\frac{1}{2\pi i}\int_{C_2}\frac{f(w)}{w-z}dw+\frac{z-z_0}{2\pi i}\int_{C_2}\frac{f(w)}{(w-z)^2}dw$$

$$+\cdots\cdots+\frac{(z-z_0)^{n-1}}{2\pi i}\int_{C_2}\frac{f(w)}{(w-z)^n}dw+U_n$$

$$=a_0+a_1(z-z_0)+\cdots\cdots+a_{n-1}(z-z_0)^{n-1}+U_n \qquad \cdots\cdots ③$$

단, $a_0=\frac{1}{2\pi i}\int_{C_2}\frac{f(w)}{w-z}dw,\ a_1=\frac{1}{2\pi i}\int_{C_2}\frac{f(w)}{(w-z)^2}dw,\ \cdots$

$\cdots,\ a_{n-1}=\frac{1}{2\pi i}\int_{C_2}\frac{f(w)}{(w-z_0)^n}dw,\ U_n=\frac{1}{2\pi i}\int_{C_2}\left(\frac{z-z_0}{w-z_0}\right)^n\frac{f(w)}{w-z}dw$

마찬가지로 식 ①의 우변에 둘째 적분 $\frac{1}{2\pi i}\int_{C_1}\frac{f(w)}{w-z}dw$를 생각하자.

먼저 식 ②에서 w와 z를 바꾸면

$$-\frac{1}{w-z}=\frac{1}{(z-z_0)\left(1-\dfrac{w-z_0}{z-z_0}\right)}$$

$$=\frac{1}{z-z_0}+\frac{w-z_0}{(z-z_0)^2}+\cdots+\frac{(w-z_0)^{n-1}}{(z-z_0)^n}+\left(\frac{w-z_0}{z-z_0}\right)^n\frac{1}{z-w} \quad \cdots\cdots ④$$

이고, 이 급수는 C_1 위에서 고른수렴하므로 식 ④의 양변에 $\dfrac{1}{2\pi i}f(w)$를 곱하고 항별로 적분하면

$$-\frac{1}{2\pi i}\int_{C_1}\frac{f(w)}{w-z}dw=\frac{1}{2\pi i}\int_{C_1}\frac{f(w)}{z-z_0}dw+\frac{1}{2\pi i}\int_{C_1}\frac{w-z}{(z-z_0)^2}f(w)dw$$

$$+\cdots\cdots+\frac{1}{2\pi i}\int_{C_2}\frac{(w-z_0)^{n-1}}{(z-z_0)^n}f(w)dw+V_n$$

$$=\frac{b_1}{z-z_0}+\frac{b_2}{(z-z_0)^2}+\cdots+\frac{b_n}{(z-z_0)^n}+V_n \quad \cdots\cdots ⑤$$

단, $b_1=\dfrac{1}{2\pi i}\displaystyle\int_{C_1}f(w)dw$, $b_2=\dfrac{1}{2\pi i}\displaystyle\int_{C_1}(w-z_0)f(w)dw$,

$b_3=\dfrac{1}{2\pi i}\displaystyle\int_{C_1}(w-z_0)^2f(w)dw$, ……, $b_n=\dfrac{1}{2\pi i}\displaystyle\int_{C_1}(w-z_0)^{n-1}f(w)dw$,

$$V_n=\frac{1}{2\pi i}\int_{C_1}\left(\frac{w-z_0}{z-z_0}\right)^n\frac{f(w)}{z-w}dw$$

이다. 따라서 식 ①, ③, ⑤에서

$$f(z)=\{a_0+a_1(z-z_0)+\cdots+a_{n-1}(z-z_0)^{n-1}\}$$

$$+\left\{\frac{b_1}{z-z_0}+\frac{b_2}{(z-z_0)^2}+\cdots+\frac{b_2}{(z-z_0)^n}\right\}+U_n+V_n \quad \cdots\cdots ⑥$$

이 된다. 여기서 $\lim\limits_{n\to\infty}U_n=0$, $\lim\limits_{n\to\infty}V_n=0$임을 보이면 증명은 끝난다.

그런데 w가 C_2 위에 있으면 $\left|\dfrac{z-z_0}{w-z_0}\right|=\gamma<1$ (단, γ는 상수)이고 $|f(w)|\le M$ (단, M은 상수)이며, 또한

$$|w-z|=|(w-z_0)-(z-z_0)|\ge R_2-|z-z_0|$$

이다. 단, R_2은 C_2의 반지름이다. 따라서

$$|U_n| = \frac{1}{2\pi}\left|\int_{C_2}\left(\frac{z-z_0}{w-z_0}\right)^n \frac{f(w)}{w-z}dw\right| \le \frac{1}{2\pi}\left|\frac{\gamma^n M}{R_1-|z-z_0|}\right| \cdot 2\pi R_1 = \frac{\gamma^n M R_1}{R_1-|z-z_0|}$$

이므로 $\lim_{n\to\infty} U_n = 0$이 된다.

같은 방법으로 w가 C_1 위에 있으면 $\left|\frac{w-z_0}{z-z_0}\right| = \lambda < 1$ (단, λ는 상수)이고 $|f(w)| \le M$ (단, M은 상수)이며, 또한

$$|z-w| = |(z-z_0)-(w-z_0)| \ge |z-z_0| - R_1$$

이다. 단, R_1은 C_1의 반지름이다. 따라서

$$|V_n| = \frac{1}{2\pi}\left|\int_{C_1}\left(\frac{w-z_0}{z-z_0}\right)^n \frac{f(w)}{z-w}dw\right| \le \frac{1}{2\pi}\frac{\lambda^n M}{|z-z_0|-R_1}\cdot 2\pi R_1 = \frac{\lambda^n M R_1}{|z-z_0|-R_1}$$

이므로 $\lim_{n\to\infty} V_n = 0$을 얻을 수 있다. ■

〈주의〉 만약 $f(z)$의 Laurent 급수가 영역 $R_1 < |z-z_0| < R_2$의 경계선 위에서 수렴한다면 $f(z)$는 그 경계 위에서 반드시 해석적이 될 수 없다. 예를 들어 급수 $\sum_{n=1}^{\infty}\frac{z^n}{n^2}$은 $\frac{1}{2} \le |z| \le 1$의 경계 위에서 고른수렴하지만 $|z|=1$ 위에서 해석적이 아니다.

[예 8.2] 함수 $f(z) = \frac{1}{z-2i}$을 $z_0 = 1$에 관하여 수렴영역을 찾아 Laurent의 급수로 전개하여라.

풀이 함수 $f(z)$는 오직 $z=2i$에서 특이점이다. 수렴영역은 각각

$$D_1 = \{z : |z-1| < |2i-1| = \sqrt{5}\},\ D_2 = \{z : |z-1| > \sqrt{5}\}$$

이다. 그런데 영역 D_1에서

$$\frac{1}{z-2i} = -\sum_{n=0}^{\infty}\frac{(z-1)^n}{(2i-1)^{n+1}} \qquad \cdots\cdots ①$$

이고, 마찬가지로 영역 D_2에서

$$\frac{1}{z-2i}=\sum_{n=0}^{\infty}\frac{(2i-1)^n}{(z-1)^{n+1}}=\sum_{n=-1}^{-\infty}\frac{(z-1)^n}{(2i-1)^{n+1}} \quad \cdots\cdots ②$$

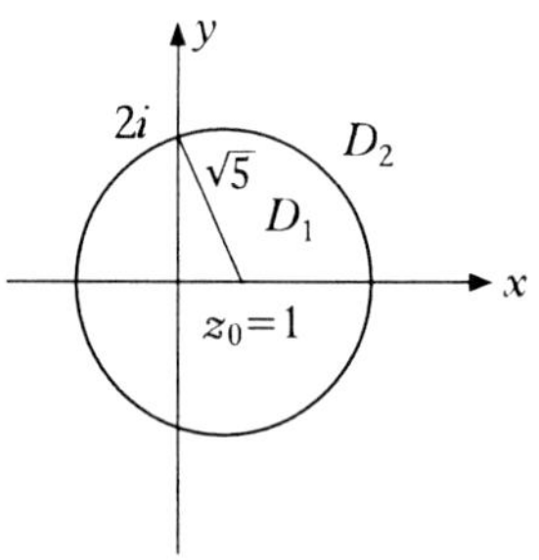

[그림 8.2]

이 된다. D_1에 있는 계수 a_n은

$$a_n=-\frac{1}{(2i-1)^{n+1}}=\frac{f^{(n)}(1)}{n!},\ 단\ f(z)=\frac{1}{z-2i}$$

이다. 급수 ①은 D_1에서 $f(z)=\dfrac{1}{z-2i}$은 Taylor의 급수를 나타내고, 급수 ②는 D_2에서 $f(z)=\dfrac{1}{z-2i}$은 Laurent의 급수를 나타낸다. □

[예 8.3] 함수 $f(z)=\dfrac{1}{1-z^2}$을 $z_0=1$에 대하여 Laurent의 급수로 전개하여라.

풀이 이 문제를 두 가지 방법으로 풀어본다.

(Ⅰ) 함수 $f(z)$의 특이점은 $z=1$, $z=-1$이고 주어진 함수는

$$f(z)=\frac{-1}{z-1}\cdot\frac{1}{z+1} \quad \cdots\cdots ①$$

이다. 영역 $D_1=\{z : 0<|z-1|<2\}$에 대하여

$$\frac{1}{z+1}=-\sum_{n=0}^{\infty}\frac{(z-1)^n}{(-1-1)^{n+1}},\ |z-1|<2 \quad \cdots\cdots ②$$

가 된다. 따라서 구하는 $f(z)$는

$$f(z)=\sum_{n=0}^{\infty}\frac{(z-1)^{n-1}}{(-2)^{n+1}}=\frac{1}{4}\sum_{n=-1}^{\infty}\frac{(z-1)^n}{(-2)^n}$$

$$=\frac{1}{4}\sum_{n=-1}^{\infty}\frac{(1-z)^n}{2^n},\ |z-1|<2 \quad \cdots\cdots ③$$

다음에 영역 $D_2=\{z : |z-1|>2\}$에 대하여

$$\frac{1}{z+1}=\sum_{n=-1}^{-\infty}\frac{(z-1)^n}{(-1-1)^{n+1}}$$

$$=-\frac{1}{4}\sum_{n=-2}^{-\infty}\frac{(z-1)^n}{(-2)^n},\ |z-1|>2 \quad \cdots\cdots ④$$

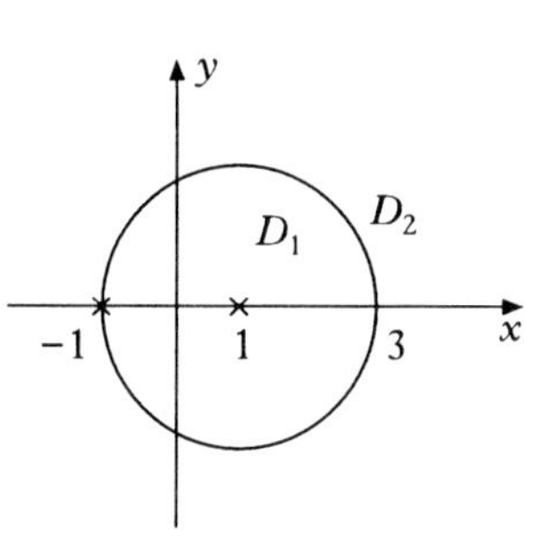

[그림 8.3]

이다. 따라서 구하는 $f(z)$는

$$f(z)=-\sum_{n=-1}^{-\infty}\frac{(z-1)^{n-1}}{(-2)^{n+1}}=-\frac{1}{4}\sum_{n=-2}^{-\infty}\frac{(z-1)^n}{(-2)^n}$$

$$=-\frac{1}{4}\sum_{n=-2}^{-\infty}\frac{(1-z)^n}{2^n},\ |z-1|>2$$

(Ⅱ) 주어진 함수를 분수분해하면

$$f(z)=\frac{-1}{2(z-1)}+\frac{1}{2(z+1)}$$

이다. 첫째 항 $\frac{-1}{2(z-1)}$은 이미 Laurent의 급수이다. 먼저 영역 D_1에 대하여 급수 ②를 적용하면

$$f(z)=\frac{-1}{2}\frac{1}{z-1}+\frac{1}{2}\left[-\sum_{n=0}^{\infty}\frac{(z-1)^n}{(-2)^{n+1}}\right]=\frac{1}{4}\sum_{n=-1}^{\infty}\frac{(1-z)^n}{2^n}$$

또한 D_2에 대하여 급수 ④를 적용하면

$$f(z)=\frac{-1}{2}\frac{1}{z-1}+\frac{1}{2}\sum_{n=-1}^{-\infty}\frac{(z-1)^n}{(-2)^{n+1}}=-\frac{1}{4}\sum_{n=-2}^{-\infty}\frac{(1-z)^n}{2^n}$$ □

[예 8.4] 함수 $f(z)=\frac{1}{(z+1)(z+3)}$을 다음 영역에 따라 Laurent의 급수로 전개하여라.

(1) $1<|z|<3$ (2) $|z|>3$

(3) $0<|z+1|<2$ (4) $|z|<1$

풀이 (1) 주어진 함수를 분해하면 $\frac{1}{(z+1)(z+3)}=\frac{1}{2}\left(\frac{1}{z+1}\right)-\frac{1}{2}\left(\frac{1}{z+3}\right)$이다.
만약 $|z|>1$이면

$$\frac{1}{2}\frac{1}{(z+1)}=\frac{1}{2z}\frac{1}{\left(1+\frac{1}{z}\right)}=\frac{1}{2z}\left(1-\frac{1}{z}+\frac{1}{z^2}-\frac{1}{z^3}+\cdots\right)$$

$$=\frac{1}{2z}-\frac{1}{2z^2}+\frac{1}{2z^3}-\frac{1}{2z^4}+\cdots\cdots$$

만약 $|z|<3$이면

$$\frac{1}{2}\frac{1}{(z+3)}=\frac{1}{6}\frac{1}{(1+z/3)}=\frac{1}{6}\left(1-\frac{z}{3}+\frac{z^2}{9}-\frac{z^3}{27}+\cdots\right)$$
$$=\frac{1}{6}-\frac{z}{18}+\frac{z^2}{54}-\frac{z^3}{162}+\cdots\cdots$$

따라서 $1<|z|<3$인 모든 z에 관한 Laurent의 급수는 다음과 같다.

$$\cdots\cdots-\frac{1}{2z^4}+\frac{1}{2z^3}-\frac{1}{2z^2}+\frac{1}{2z}-\frac{1}{6}+\frac{z}{18}-\frac{z^2}{54}+\frac{z^3}{162}-\cdots\cdots$$

(2) 만약 $|z|>1$이면 (1)과 마찬가지로

$$\frac{1}{2(z+1)}=\frac{1}{2z}-\frac{1}{2z^2}+\frac{1}{2z^3}-\frac{1}{2z^4}+\cdots\cdots$$

만약 $|z|>3$이면

$$\frac{1}{2\ z+3)}=\frac{1}{2z(1+3/z)}=\frac{1}{2z}\left(1-\frac{3}{z}+\frac{9}{z^2}-\frac{27}{z^3}+\cdots\right)$$
$$=\frac{1}{2z}-\frac{3}{2z^2}+\frac{9}{2z^3}-\frac{27}{2z^4}+\cdots\cdots$$

이므로 $|z|>1$과 $|z|>3$ 즉, $|z|>3$을 만족하는 모든 z에 대하여 Laurent 급수를 전개하면 다음과 같다.

$$\frac{1}{z^2}-\frac{4}{z^3}+\frac{13}{z^4}-\frac{40}{z^5}+\cdots\cdots$$

(3) 만약 $z+1=u$로 놓으면 $|u|<2$, $u\neq 0$ 또는 $0<|z+1|<2$에 대하여

$$\frac{1}{(z+1)(z+3)}=\frac{1}{u(u+2)}=\frac{1}{2u\left(1+\dfrac{u}{2}\right)}=\frac{1}{2u}\left(1-\frac{u}{2}+\frac{u^2}{4}-\frac{u^3}{8}+\cdots\right)$$
$$=\frac{1}{2(z+1)}-\frac{1}{4}+\frac{1}{8}(z+1)-\frac{1}{16}(z+1)^2+\cdots\cdots$$

(4) 만약 $|z|<1$이면

$$\frac{1}{2(z+1)}=\frac{1}{2(1+z)}=\frac{1}{2}(1-z+z^2-z^3+\cdots)=\frac{1}{2}-\frac{1}{2}z+\frac{1}{2}z^2-\frac{1}{2}z^3+\cdots$$

이고, 만약 $|z|<3$이면 (1)에 의하여

$$\frac{1}{2(z+3)}=\frac{1}{6}-\frac{z}{18}+\frac{z^2}{54}-\frac{z^3}{162}+\cdots\cdots$$

이므로 $|z|<1$과 $|z|<3$ 즉, $|z|<1$에 대하여 급수는

$$\frac{1}{3}-\frac{4}{9}z+\frac{13}{27}z^2-\frac{40}{81}z^3+\cdots\cdots$$

이고, 이것은 바로 Tayor의 급수이다. □

1. 함수 $f(z)=\dfrac{1}{(z-1)(z-2)}$를 다음 영역에서 Laurent 급수로 나타내어라.

(1) $|z|>2$ (2) $0<|z-1|<1$ (3) $|z-2|>1$

풀이 (1) $|z|>2$이므로 $\left|\dfrac{2}{z}\right|<1$, $\left|\dfrac{1}{z}\right|<1$이다. 따라서

$$f(z)=\frac{1}{(z-1)(z-2)}=\frac{1}{z-2}-\frac{1}{z-1}=\frac{1}{z\left(1-\frac{2}{z}\right)}-\frac{1}{z\left(1-\frac{1}{z}\right)}$$

$$=\frac{1}{z}\sum_{n=0}^{\infty}\left(\frac{2}{z}\right)^n-\frac{1}{z}\sum_{n=0}^{\infty}\left(\frac{1}{z}\right)^n=\sum_{n=-\infty}^{-1}\left(\frac{1}{2^{n+1}}-1\right)z^n$$

(2) $z=1+u$로 놓으면 $0<|u|<1$이므로

$$f(z)=\frac{1}{(z-1)(z-2)}=\frac{1}{u(u-1)}=-\frac{1}{u}\sum_{n=0}^{\infty}u^n=-\left(\frac{1}{u}+1+u+\cdots+u^n+\cdots\right)$$

$$=-\left(\frac{1}{z-1}+1+(z-1)+\cdots+(z-1)^n+\cdots\right)$$

(3) $z=2+u$로 놓으면 $|u|>1$이므로

$$f(z)=\frac{1}{(z-1)(z-2)}=\frac{1}{(1+u)u}=\frac{1}{u^2}\sum_{n=0}^{\infty}\left(-\frac{1}{u}\right)^n$$
$$=\frac{1}{u^2}-\frac{1}{u^3}+\cdots+\frac{(-1)^{n-2}}{u^n}+\cdots$$
$$=\frac{1}{(z-2)^2}-\frac{1}{(z-2)^3}+\cdots+\frac{(-1)^{n-2}}{(z-2)^n}+\cdots$$

2. $f(z)=\dfrac{\cos z-1}{z^4}$에 대하여 z에 관한 Laurent의 급수로 전개하여라.

풀이 $(\cos z-1)$에 대한 Maclaurin의 급수를 이용하면 $z\neq 0$일때

$$f(z)=\frac{1}{z^4}\left[\frac{-1}{2!}z^2+\frac{1}{4!}z^4-\frac{1}{6!}z^6+\cdots\right]=-\frac{1}{2z^2}+\frac{1}{24}-\frac{z^2}{720}+\cdots$$

3. 함수 $f(z)=\dfrac{3}{2+z-z^2}$을 세 영역 $|z|<1$, $1<|z|<2$, $|z|>2$에 대하여 z에 관한 Laurent의 급수로 나타내어라.

풀이 f를 부분분수로 나누면

$$f(z)=\frac{3}{(1+z)(2-z)}=\frac{1}{1+z}+\frac{1}{2}\frac{1}{1-\dfrac{z}{2}}$$

이다. $|z|<1$인 경우에는 $\dfrac{1}{1+z}=\sum_{n=0}^{\infty}(-1)^n z^n$

$|z|>1$인 경우에는 $\dfrac{1}{1+z}=\sum_{n=1}^{\infty}\dfrac{(-1)^{n+1}}{z^n}$

$|z|<2$인 경우에는 $\dfrac{1/2}{1-(z/2)}=\sum_{n=0}^{\infty}\dfrac{z^n}{2^{n+1}}$

$|z|>2$인 경우에는 $\dfrac{1/2}{1-(z/2)}=\sum_{n=1}^{\infty}\dfrac{-2^{n-1}}{z^n}$

따라서 구하는 $f(z)$의 Laurent의 급수는

$$f(z)=\sum_{n=0}^{\infty}\left[(-1)^n+\frac{1}{2^{n+1}}\right]z^n,\ |z|<1$$

$$f(z)=\sum_{n=1}^{\infty}\frac{(-1)^{n+1}}{z^n}+\sum_{n=0}^{\infty}\frac{z^n}{2^{n+1}},\ 1<|z|<2$$

$$f(z)=\sum_{n=1}^{\infty}\frac{(-1)^{n+1}-2^{n-1}}{z^n},\ |z|>2$$

8.2 특이점의 분류

함수 $f(z)$가 점 $z=z_0$에서 해석적이 아닐 때 z_0를 $f(z)$의 특이점(singular point)이라 하고, 이 특이점을 다음과 같이 몇 가지 분류할 수 있다.

8.2.1 고립특이점

함수 $f(z)$가 z_0에서 해석적이 아니지만 z_0가 빠진 어떤 근방에서 해석적이면 z_0를 $f(z)$의 고립특이점(isolated singularity)이라 한다.

[예 8.5] $f(z)=\dfrac{z+1}{z^3(z^2+1)}$은 점 $z=0$, $z=\pm i$에서 고립특이점을 갖는다.

[예 8.6] $g(z)=e^{z+\frac{1}{z-2}}$과 $h(z)=\dfrac{3z}{z+3}$에서 함수 $g(z)$의 고립특이점은 $z=2$이고, $h(z)$의 고립특이점은 $z=-3$이다.

[예 8.7] $\phi(z)=\dfrac{1}{\sin\frac{1}{z}}$은 $z=\dfrac{1}{k\pi}(k=\pm1,\ \pm2,\ \pm3,\ \cdots)$에서 고립특이점을 갖는다.

8.2.2 없앨 수 있는 특이점

함수 $f(z)=\dfrac{\sin z}{z}$에서 $f(0)$은 정의되지 않으므로 $z=0$은 $f(z)$의 고립특이점이지만 $z\neq0$인 모든 z에 대하여

$$\frac{\sin z}{z}=\frac{1}{z}\left(z-\frac{z^3}{3!}+\frac{z^5}{5!}-\cdots\right)=1-\frac{z^2}{3!}+\frac{z^4}{5!}-\cdots$$

이므로 $f(0)=\lim_{z\to 0}f(z)=1$로 정의하면 함수 $f(z)$는 해석적이 될 수 있다. 따라서 함수

$$f(z)=\begin{cases}\dfrac{\sin z}{z}, & 0<|z|\\ 1, & z=0\end{cases}$$

는 모든 점에서 해석적이다.

이와 같이 $z=z_0$가 함수 $f(z)$의 고립특이점이지만 $z=z_0$가 빠진 어떤 근방에서 $f(z)$가 해석적이고, $\lim_{z\to z_0}f(z)=A$(유한)일 때 $z=z_0$를 $f(z)$의 없앨 수 있는 특이점(removable singularity)이라 한다. 다시 말하면 $z=z_0$는 $f(z)$의 고립특이점이지만 $f(z)$의 전개식에서 특이점이 아닐 때를 뜻한다. 이를 구체적으로 표현하면 다음과 같다.

지금 $z=z_0$는 $f(z)$의 고립특이점이지만 $z=z_0$의 근방에서 Laurent의 급수

$$f(z)=\sum_{n=0}^{\infty}a_n(z-z_0)^n+\sum_{n=1}^{\infty}b_n(z-z_0)^{-n},\ 0<|z-z_0|<R$$

로 전개가능하다고 하자. 이때 $(z-z_0)$의 음의 거듭제곱멱급수를 포함하지 않으면 즉, $b_n=0(n=1,\ 2,\ \cdots)$일 때 $z=z_0$는 $f(z)$의 없앨 수 있는 특이점이다.

▌정리 8.2▌

함수 $f(z)$는 해석적이고, z_0가 고립특이점일 때 $f(z)$는 z_0의 근방에서 유계하지 않음을 증명하여라.

증명 $f(z)$가 $0<|z-z_0|<R$에 대하여 해석적이고, z_0를 $f(z)$의 고립특이점이라 하자. 그러면 $f(z)$는 $z=z_0$가 빠진 원 $C:|z-z_0|=r\ (r<R)$의 내부 및 위에서 해석적이다. 그러므로 함수 $f(z)$의 Laurent의 급수는

$$\sum_{n=-\infty}^{\infty} a_n(z-z_0)^n \qquad \cdots\cdots ①$$

$$단,\ b_n = a_{-n} = \frac{1}{2\pi i}\int_C \frac{f(z)dz}{(z-z_0)^{-n+1}},\ n=1,\ 2,\ \cdots \qquad \cdots\cdots ②$$

로 나타낼 수 있다. 만약 $z=z_0$의 근방에서 $f(z)$가 유계하다고 하자. 그러면, 원 C의 내부 및 위의 모든 z에 대하여

$$|f(z)| \le M \qquad \cdots\cdots ③$$

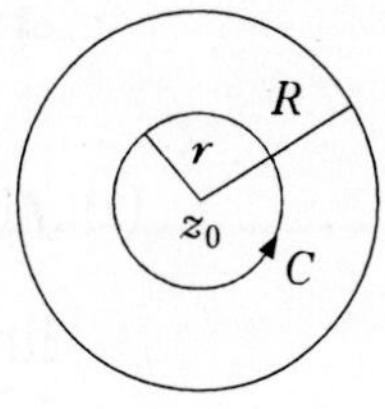

을 만족하는 $M>0$이 존재한다. 식 ②에서

$$|b_n| = \frac{1}{2\pi}\left|\int_C (z-z_0)^{n-1} f(z)dz\right| \le \frac{2\pi r}{2\pi} M r^{n-1} = Mr^n$$

[그림 8.4]

그런데 $n\to\infty$이면 r은 충분히 작게 할 수 있으므로 $b_n=0,\ n=1,\ 2,\ \cdots$가 된다. 즉, 음의 급수는 0이므로 Laurent의 급수는 $z=z_0$에 관하여 Taylor의 급수이다. 따라서 $f(z)$는 $z=z_0$에서 해석적이고, $z=z_0$는 특이점이 아니다. 이는 가정에 모순이다. ■

▮정리 8.3▮

$z=z_0$가 함수 $f(z)$의 없앨 수 있는 특이점이 되기 위한 필요충분조건은 $\lim_{z\to z_0} f(z)$가 존재할 때이다.

증명 만약 $f(z)=\sum_{n=0}^{\infty} a_n(z-z_0)^n$, $(0<|z-z_0|<R)$이라 하면 $\lim_{z\to z_0} f(z)=a_0$이므로 $\lim_{z\to z_0} f(z)$가 존재한다.

역으로 $\lim_{z\to z_0} f(z)=\alpha$라고 하자. 그러면 임의의 $\varepsilon>0$에 대하여 $R>0$이 존재하여

$$0<|z-z_0|<R\text{이면 } |f(z)-\alpha|<\varepsilon$$

을 만족한다. 이 때 $|f(z)|<|\alpha|+\varepsilon$이므로 $f(z)$는 z_0가 빠진 근방 $0<|z-z_0|<R$에서 유계하므로 해석적이다. 따라서 $z=z_0$는 $f(z)$의 없앨 수 있는 특이점이다. ■

[예 8.8] 다음 함수에서 $z=0$은 어떤 특이점인가?

(1) $f(z)=\dfrac{1-\cos z}{z^2}$ (2) $f(z)=\dfrac{\tan z}{z}$

풀이 (1) $\dfrac{1-\cos z}{z^2}=\dfrac{1}{z^2}\left\{1-\left(1-\dfrac{z^2}{2!}+\dfrac{z^4}{4!}-\dfrac{z^6}{6!}+\cdots\right)\right\}=\dfrac{1}{2!}-\dfrac{z^2}{4!}+\dfrac{z^4}{6!}-\cdots$

이 때 $\lim_{z\to 0}f(z)=\dfrac{1}{2}$이 된다. 따라서 $z=0$은 없앨 수 있는 특이점이다.

(2) $f(z)=\dfrac{\tan z}{z}=\dfrac{1}{z}\left(z+\dfrac{z^3}{3}+\dfrac{2}{15}z^5+\cdots\right)=1+\dfrac{z^2}{3}+\dfrac{2}{15}z^4+\cdots$

$\lim_{z\to 0}f(z)=1$이므로 $z=0$은 없앨 수 있는 특이점이다. □

[예 8.9] 함수 $f(z)=\begin{cases}\displaystyle\sum_{n=0}^{\infty}\frac{z^n}{n!}, & z\neq 0\\ 1, & z=0\end{cases}$는 $z=0$에서 없앨 수 있는 특이점임을 보여라.

풀이 먼저 함수 $f(z)$에서 $z\neq 0$인 경우에

$$f(0)=\lim_{z\to 0}\sum_{n=0}^{\infty}\frac{z^n}{n!}=1$$

과 같이 유도할 수 있으므로 $f(z)$는 해석함수이다. 따라서 $z=0$은 $f(z)$의 없앨 수 있는 특이점이다. □

8.2.3 극과 진성특이점

함수 $f(z)$가 $z=z_0$에서 해석적이고, $(z-z_0)$에 관한 멱급수가 다음과 같이 전개된다고 하자.

$$f(z)=a_m(z-z_0)^m+a_{m+1}(z-z_0)^{m+1}+\cdots\cdots\ (a_m\neq 0,\ m\geq 1)$$

이때 $z=z_0$를 함수 $f(z)$의 위수 m의 영점(zero of order m)이라 한다.

지금 점 $z=z_0$가 함수 $f(z)$의 고립특이점이지만 적당한 $R>0$이 존재하여 $0<|z-z_0|<R$에 대하여 $f(z)$는 해석적이고, 다음 Laurent의 전개식

$$f(z)=\sum_{n=0}^{\infty} a_n(z-z_0)^n+\sum_{n=1}^{\infty}\frac{b_n}{(z-z_0)^n},\quad |z-z_0|<R$$

에서 함수 $f_1(z)=\sum_{n=0}^{\infty} a_n(z-z_0)^n$은 $z=z_0$에서 해석적이지만 $(z-z_0)$에 관한 음의 멱의 항 $f_2(z)=\sum_{n=1}^{\infty} b_n(z-z_0)^{-n}$은 $z=z_0$에서 고립특이점을 갖는다. 여기서 함수 $f_2(z)$를 고립특이점 $z=z_0$에서 $f(z)$의 주요부분(principal part)이라 하고, 함수 $f_1(z)$를 해석부분(analytic part)이라 한다. 특히 주요부분이 다음과 같이 유한급수

$$f_2(z)=\frac{b_m}{(z-z_0)^m}+\frac{b_{m-1}}{(z-z_0)^{m-1}}+\cdots+\frac{b_1}{z-z_0}\quad (b_m\neq 0,\ m\geq 1)$$

가 전개될 때 $z=z_0$를 $f(z)$의 위수 m의 극(pole of order m)이라 한다. 특히 $m=1$일 때 $z=z_0$를 단순극(simple pole)이라 하고, $f(z)$의 주요부분이 무한히 많은 항을 가지면(즉, $f(z)$의 Laurent의 전개식에서 주요부분이 무한급수일 때) $z=z_0$를 $f(z)$의 진성특이점(essential singular point)이라 한다.

[예 8.10] $g(z)=\dfrac{z^3-2z+1}{z^5+2z^3+z}=\dfrac{z^3-2z+1}{z(z+i)^2(z-i)^2}$이므로 $z=0$은 단순극이고, $z=\pm i$에서 위수 2의 극을 갖는다.

[예 8.11] 함수 $ze^{\frac{1}{z}}$와 $\cosh\dfrac{1}{z}$는 $z=0$에서 진성특이점을 가짐을 보여라.

풀이 함수 $ze^{\frac{1}{z}}$, $\cosh\dfrac{1}{z}$을 z에 관하여 각각 급수로 전개하면

$$\begin{aligned} ze^{\frac{1}{z}} &= z\left(1+\frac{1}{z}+\frac{1}{2!z^2}+\frac{1}{3!z^3}+\cdots+\frac{1}{n!z^n}+\cdots\right)\\ &= z+1+\frac{1}{2!z}+\frac{1}{3!z^2}+\cdots+\frac{1}{n!z^n}+\cdots,\quad |z|>0 \end{aligned}$$

이고, 또한 $\cosh\dfrac{1}{z}=1+\sum_{n=1}^{\infty}\dfrac{1}{(2n)!z^{2n}}$이므로 $z=0$은 진성특이점이다. □

[예 8.12] $f(z)=(z-2)\sin\dfrac{1}{z+2}$는 $z=-2$가 진성특이점임을 보여라.

풀이 $z+2=u$ 즉, $z=u-2$이면

$$
\begin{aligned}
f(z) &= (z-2)\sin\frac{1}{z+2} = (u-4)\sin\frac{1}{u} \\
&= (u-4)\cdot\left(\frac{1}{u}-\frac{1}{3!u^3}+\frac{1}{5!u^5}-\cdots\right) = 1-\frac{4}{u}-\frac{1}{3!u^2}+\frac{4}{3!u^3}+\frac{1}{5!u^4}-\cdots \\
&= 1-\frac{4}{z+2}-\frac{1}{3!(z+2)^2}+\frac{4}{3!(z+2)^3}+\cdots
\end{aligned}
$$

따라서 이 함수는 $z=-2$에서 진성특이점을 갖는다. □

▌정리 8.4▌

$z=z_0$가 함수 $f(z)$의 극이면 $\lim\limits_{z\to z_0} f(z)=\infty$임을 증명하여라.

증명 $z=z_0$가 빠진 z_0의 근방에 있는 모든 z의 함수 $f(z)$의 Laurent의 전개식은

$$f(z)=\sum_{n=-\infty}^{\infty} a_n(z-z_0)^n,\ 0<|z-z_0|<R \qquad \cdots\cdots ①$$

이다. $z=z_0$에서 위수 m인 극을 갖는다고 하자. 그러면 거듭제곱급수 ①은 $(z-z_0)$에 관한 유한개의 음의 거듭제곱급수를 포함한다. 따라서

$$f(z)=\sum_{n=0}^{\infty} a_n(z-z_0)^n+\frac{b_1}{z-z_0}+\cdots+\frac{b_m}{(z-z_0)^m},\ b_m\neq 0,\ m\geq 1 \qquad \cdots\cdots ②$$

이라 할 수 있다. 지금 거듭제곱급수 ②의 양변에 $(z-z_0)^m$을 곱하면

$$(z-z_0)^m f(z)=\sum_{n=0}^{\infty} a_n(z-z_0)^{n+m}+b_1(z-z_0)^{m-1}+b_2(z-z_0)^{m-2}+\cdots+b_m \qquad \cdots\cdots ③$$

이다. 그러면 ③의 우변은 $(z-z_0)$에 관한 거듭제곱급수로서 $z=z_0$일 때 $b_m\neq 0$이다.

따라서 $z=z_0$는 $(z-z_0)^m f(z)$의 없앨 수 있는 특이점이고 ③에서

$$\lim_{z\to z_0}(z-z_0)^m f(z)=b_m \text{ 이므로 } \lim_{z\to z_0} f(z)=\lim_{z\to z_0}\frac{b_m}{(z-z_0)^m}=\infty$$

■

▮정리 8.5▮

함수 $f(z)$가 $z=z_0$가 빠진 근방에서 해석적이라 하자. 그러면 $f(z)$가 위수 m의 극을 가지기 위한 필요충분조건은 함수 $g(z)=(z-z_0)^m f(z)$가 $z=z_0$에서 없앨 수 있는 특이점을 갖고, $\lim_{z \to z_0} g(z) \neq 0$이다.

증명 정리 8.4에 의하여 함수 $f(z)$가 $z=z_0$가 빠진 근방에서 해석적이고, $z=z_0$가 $f(z)$의 위수 m의 극이면

$$g(z)=(z-z_0)^m f(z) \qquad \cdots\cdots ①$$

은 $z=z_0$에서 없앨 수 있는 특이점을 가지며, $\lim_{z \to z_0} g(z) \neq 0$이다.

역으로 $g(z)=(z-z_0)^m f(z)$는 $z=z_0$에서 없앨 수 있는 특이점이고, $\lim_{z \to z_0} g(z) \neq 0$이라 하자. 그러면 $g(z)$는 $z=z_0$에서의 음의 거듭제곱급수를 포함하지 않는 Laurent의 급수

$$g(z)=(z-z_0)^m f(z)=\sum_{n=0}^{\infty} c_n (z-z_0)^n \qquad \cdots\cdots ③$$

로 전개할 수 있다. 지금 거듭제곱급수 ③의 양변에 $(z-z_0)^m$으로 나누면

$$f(z)=\frac{g(z)}{(z-z_0)^m}=\frac{c_0}{(z-z_0)^m}+\frac{c_1}{(z-z_0)^{m-1}}+\cdots\cdots+\frac{c_{m-1}}{z-z_0}+\sum_{n=m}^{\infty} c_n (z-z_0)^n$$

을 얻을 수 있다. 그런데 $c_0=\lim_{z \to z_0} g(z) \neq 0$이므로 $f(z)$는 $z=z_0$에서 위수 m의 극을 가진다. ■

▮정리 8.6▮

$z=z_0$를 해석함수 $f(z)$의 위수 m의 영점이라 하자. 그러면 $\dfrac{1}{f(z)}$는 $z=z_0$가 빠진 근방에서 해석적이다.(즉 z_0는 없앨 수 있는 특이점이고, 위수 m의 극이다.)

증명 $f(z)$는 $z=z_0$에서 해석적이고, 위수 m의 극이므로 $(z-z_0)$에 관한 멱급수는

$$f(z)=a_m(z-z_0)^m+a_{m+1}(z-z_0)^{m+1}+\cdots,\ a_m\neq 0 \quad \cdots\cdots ①$$

이다. 식 ①은

$$f(z)=(z-z_0)^m g(z) \quad \cdots\cdots ②$$

(단, $g(z)$는 $z=z_0$에서 해석적이고, $g(z_0)\neq 0$이다.)

와 같이 형태로 나타낼 수 있다. 따라서

$$\frac{1}{f(z)}=\frac{1}{(z-z_0)^m}\cdot\frac{1}{g(z)}=\frac{\phi(z)}{(z-z_0)^m}$$

로 쓸 수 있다. 함수 $\phi(z)=\dfrac{1}{g(z)}$은 z_0에서 해석적이고, $\phi(z_0)\neq 0$이다.

따라서 $\dfrac{1}{f(z)}$은 z_0가 빠진 근방에서 해석적이다. 그러므로

$$\phi(z)=\phi(z_0)+\phi'(z_0)(z-z_0)+\frac{\phi''(z_0)}{2!}(z-z_0)^2+\cdots$$

이므로

$$\frac{1}{f(z)}=\frac{\phi(z_0)}{(z-z_0)^m}+\frac{\phi'(z_0)}{(z-z_0)^{m-1}}+\frac{\phi''(z_0)}{2!(z-z_0)^{m-2}}+\cdots$$

이다. 따라서 $\dfrac{1}{f(z)}$은 z_0에서 위수 m의 극을 갖는다. ■

▌정리 8.7▐

만약 $f(z)$가 $z=z_0$에서 고립특이점이고, z_0가 빠진 근방에서 유계하면 $f(z)$는 z_0에서 해석적이 되도록 z_0에서 함수값을 정의할 수 있다.

증명 $f(z)$는 어떤 R에 대하여 원판 $0<|z-z_0|\leq R$에서 해석적이고, 이 원판 내부에 $r<|z_1-z_0|<R$을 만족하는 한 점 z_1을 택한다.

오른쪽 그림 8.5와 같이 두 원 $C: |z-z_0|=R$과 $C_1: |z_0-z_0|=r$에 의하여 둘러싸인 영역에서 $f(z)$는 해석적이다. 따라서 Cauchy 적분공식에 의하여

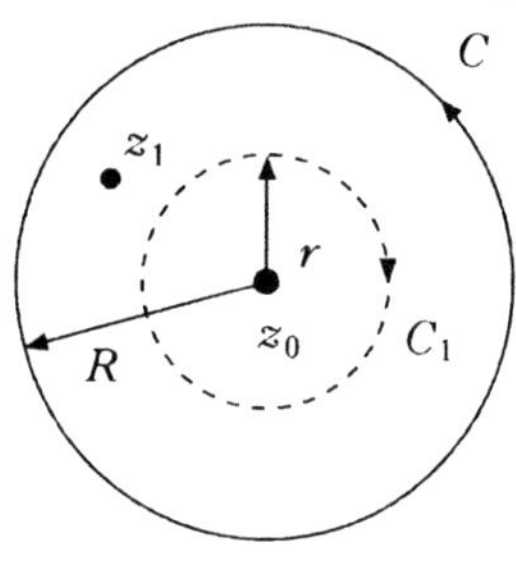

[그림 8.5]

$$f(z_1)=\frac{1}{2\pi i}\int_C \frac{f(u)}{u-z_1}du-\frac{1}{2\pi i}\int_{C_1}\frac{f(u)}{u-z_1}du \qquad \cdots\cdots ①$$

이다. 그런데 식 ①은 r과 무관하므로 r을 충분히 작게 잡으면 C_1 위에서 $f(z)$는 유계하다. 지금 $|f(z)|\le M$인 $M>0$이 존재하여

$$\left|\frac{1}{2\pi i}\int_{C_1}\frac{f(u)}{u-z_1}du\right|\le\frac{M}{2\pi}\int_{C_1}\frac{|du|}{|u-z_1|}\le\frac{M}{2\pi}\frac{2\pi r}{|z_1-z_0|-r} \qquad \cdots\cdots ②$$

이다. 여기서 $r\to 0$일 때 식 ②는 0으로 한없이 접근한다. 따라서 식 ①은

$$f(z_1)=\frac{1}{2\pi i}\int_C\frac{f(u)}{u-z_1}du \qquad \cdots\cdots ③$$

이고, z_1은 $0<|z-z_0|<R$에서 임의의 점이므로 식 ③은 원판 $0<|z-z_0|<R$ 내부의 모든 z에 대하여

$$f(z)=\frac{1}{2\pi i}\int_C\frac{f(u)}{u-z}du \qquad \cdots\cdots ④$$

가 된다. 그런데 식 ④의 오른쪽 적분은 $|z-z_0|<R$에 대하여 해석함수를 나타낸다. 따라서

$$f(z_0)=\frac{1}{2\pi i}\int_C\frac{f(u)}{u-z_0}du$$

와 같이 정의함으로써 함수 $f(z)$는 $|z-z_0|<R$에서 해석적이 된다. ■

정리 8.8

만약 $z=z_0$가 $f(z)$의 고립특이점이고, $z\to z_0$일 때 $f(z)\to\infty$이면 $f(z)$는 $z=z_0$에서 극을 갖는다.

증명 $z\to z_0$일 때 $f(z)\to\infty$라 하면 $g(z)=\dfrac{1}{f(z)}$은 z_0가 빠진 어떤 근방에서 유계하다. 정리 8.3에 의하여 $g(z)$는 z_0에서 없앨 수 있는 특이점을 가지므로

$$g(z)=\frac{1}{f(z)}=a_0+a_1(z-z_0)+a_2(z-z_0)^2+\cdots\cdots \qquad \cdots\cdots ①$$

와 같이 나타낼 수 있다. 그러므로 식 ①에서

$$\lim_{z \to z_0} g(z) = \lim_{z \to z_0} \frac{1}{f(z)} = a_0 = 0$$

이다. 그런데 $g(z)$의 계수는 모두 0이 될 수가 없다. 왜냐하면 만약 $g(z)$의 계수가 모두 0이면 z_0가 빠진 어떤 근방에서 $f(z) = \infty$가 되기 때문이다. 지금 $g(z)$의 첫 번째 0이 아닌 계수를 a_n이라 하면

$$g(z) = \frac{1}{f(z)} = a_n(z-z_0)^n + a_{n+1}(z-z_0)^{n+1} + \cdots$$

이고, 이때 양변에 $(z-z_0)^n$로 나누면

$$\frac{1}{f(z)(z-z_0)^n} = a_n + a_{n+1}(z-z_0) + \cdots \qquad \cdots\cdots ②$$

이다. 따라서

$$\lim_{z \to z_0} \frac{1}{f(z)(z-z_0)^n} = a_n \neq 0 \text{ 즉, } \lim_{z \to z_0}(z-z_0)^n f(z) = \frac{1}{a_n}$$

이 되어 $f(z)$는 $z = z_0$에서 위수 n의 극을 갖는다. ■

[예 8.13] $f(z) = \dfrac{\sinh z}{z^7}$의 극과 주요부분을 나타내어라.

풀이 $f(z) = \dfrac{\sinh z}{z^7} = \dfrac{1}{z^6} + \dfrac{1}{3!z^4} + \dfrac{1}{5!z^2} + \dfrac{1}{7!} + \dfrac{z^2}{9!} + \cdots\cdots$ 이므로 $z=0$은 위수 6의 극이다. 그리고 함수의 주요부분은

$$\frac{1}{z^6} + \frac{1}{3!z^4} + \frac{1}{5!z^2}$$ □

[예 8.14] 다음 함수의 극을 말하여라.

(1) $f(z) = \dfrac{1}{(z-2)^3}$ (2) $f(z) = \dfrac{3z-2}{(z-1)^2(z+1)(z-4)}$

풀이 (1) $\lim_{z \to 3}(z-2)^3 f(z) = 1$이므로 $z=2$에서 위수 3의 극이다.

(2) $\lim_{z\to 1}(z-1)^2 f(z)=\lim_{z\to 1}\frac{3z-2}{(z+1)(z-4)}=-\frac{1}{6}$ 이므로 $z=1$에서 위수 2인 극을 가지고, 또한 $\lim_{z\to -1}(z+1)f(z)=\lim_{z\to -1}\frac{3z-2}{(z-1)^2(z-4)}=\frac{1}{4}$ 이므로 $f(z)$는 $z=-1$에서 단순극을 갖고, 또한

$$\lim_{z\to 4}(z-4)f(z)=\lim_{z\to 4}\frac{3z-2}{(z-1)^2(z+1)}=\frac{2}{5}$$

이므로 $z=4$는 $f(z)$의 단순극이다. □

다음 정리에서 위의 세 가지 특이점들은 중요한 특성을 가지고 있음을 알 수 있다.

정리 8.9

함수 $f(z)$가 $z=z_0$의 근방 $0<|z-z_0|<R$에서 해석적이고, z_0가 위수 m의 $f(z)$의 영점이라 하자. 그러면 $z=z_0$의 근방에서 $f(z)$는

$$f(z)=(z-z_0)^m\sum_{n=0}^{\infty}a_n(z-z_0)^n,\ a_0\neq 0$$

로 나타낼 수 있다. 이를 증명하여라.

증명 $f(z)$가 $z=z_0$에서 해석적이므로 다음과 같이 Tayor의 전개식

$$\begin{aligned}f(z)&=\sum_{n=0}^{\infty}\frac{f^{(n)}(z_0)}{n!}(z-z_0)^n\\&=f(z_0)+\frac{f'(z_0)}{1!}(z-z_0)+\frac{f''(z_0)}{2!}(z-z_0)^2+\cdots\cdots\end{aligned}\qquad\cdots\cdots ①$$

을 갖는다. 그런데 z_0는 위수가 m인 $f(z)$의 영점이므로

$$f(z_0)=0,\ f'(z_0)=0,\ \cdots\cdots,\ f^{(m-1)}(z_0)=0 \qquad\cdots\cdots ②$$

이고, 식 ①에서

$$f(z)=\frac{f^{(m)}(z_0)}{m!}(z-z_0)^m+\frac{f^{(m+1)}(z_0)}{(m+1)!}(z-z_0)^{m+1}+\cdots\cdots$$

$$= (z-z_0)^m \left[\frac{f^{(m)}(z_0)}{m!} + \frac{f^{(m+1)}(z_0)}{(m+1)!}(z-z_0) + \cdots + \frac{f^{(m+k)}(z_0)}{(m+k)!}(z-z_0)^k + \cdots \right]$$

$$= (z-z_0)^m \sum_{n=0}^{\infty} a_n (z-z_0)^n$$

■

▌정리 8.10▌ (Casorati-Weierstrass의 정리)

함수 $f(z)$가 $0<|z-z_0|<R$에서 해석적이며, $z=z_0$가 $f(z)$의 진성특이점이면 $f(z)$는 z_0가 빠진 근방에서 모든 복소수로 접근한다.

증명 함수 $f(z)$가 원판 $0<|z-z_0|<R$ 내부에서 해석적이라 하고, 주어진 결과가 성립하지 않는다고 하자. 즉 어떤 복소수 w_0와 원판 $0<|z-z_0|<R$의 내부에 모든 z에 대하여

$$|f(z)-w_0| \geq \varepsilon > 0$$

이라고 하자. 지금 함수 $g(z)=\dfrac{1}{f(z)-w_0}$, $0<|z-z_0|<R$로 놓으면

$$|g(z)| = \left| \frac{1}{f(z)-w_0} \right| \leq \frac{1}{\varepsilon}, \quad 0<|z-z_0|<R$$

이므로 $g(z)$는 유계하고 해석적이다. 따라서 정리 8.7에 의하여 $g(z)$는 $z=z_0$에서 없앨 수 있는 특이점을 가지므로 다음과 같이 나타낼 수 있다.

$$g(z) = \frac{1}{f(z)-w_0} = a_0 + a_1(z-z_0) + a_2(z-z_0)^2 + \cdots, \quad 0<|z-z_0|<R$$

이고 $\lim_{z \to z_0} \dfrac{1}{f(z)-w_0} = a_0$이므로 다음 두 경우를 생각할 수 있다.

만약 $a_0 \neq 0$이면 $0<|z-z_0|<R$일 때 $\lim_{z \to z_0} f(z) = \dfrac{1}{a_0} + w_0$이므로 $f(z)$는 $z=z_0$에서 없앨 수 있는 특이점을 갖는다.

만약 $a_0 = 0$이면 함수 $g(z)$는 근방 $|z-z_0|<R$에서 항등적으로 0이 아니므로 첫 번째 0이 아닌 $g(z)$의 계수를 a_k라고 하자. 그러면

$$g(z)=\frac{1}{f(z)-w_0}=a_k(z-z_0)^k+a_{k+1}(z-z_0)^{k+1}+\cdots$$

이므로

$$\frac{1}{(f(z)-w_0)(z-z_0)^k}=a_k+a_{k+1}(z-z_0)+\cdots$$

이다. 따라서

$$\begin{aligned}\lim_{z\to z_0}(z-z_0)^k(f(z)-w_0)&=\lim_{z\to z_0}(z-z_0)^k f(z)-\lim_{z\to z_0}(z-z_0)^k w_0\\&=\lim_{z\to z_0}(z-z_0)^k f(z)=\frac{1}{a_k}\end{aligned}$$

이 되어 $f(z)$는 $z=z_0$에서 위수 k의 극을 갖는다. 그런데 가정에서 $f(z)$가 진성특이점을 가지므로 $z=z_0$는 없앨 수 있는 특이점도 아니고 극도 아니므로 부등식 $|f(z)-w_0|\geq\varepsilon$이 성립할 수 없다. 이는 가정에 모순이다. ■

▮정리 8.11▮

$f(z)$는 z_0가 빠진 z_0의 근방에서 해석적이고 $z=z_0$는 함수 $f(z)$가 $z=z_0$에서 진성특이점을 갖는다고 하면, $0<|z-z_0|<R$인 모든 z에 대하여 $f(z)$가 해석적이면 임의의 복소수 α(유한 또는 무한)에 대하여 $z_n\to z_0$일 때 $\lim_{n\to\infty}f(z_n)=\alpha$가 되는 수열 $\{z_n\}$이 존재한다.

증명 $\alpha=\infty$이라 하자. 해석함수는 고립특이점 z_0의 근방에서 유계하지 않으므로 임의의 자연수 n에 대하여 $0<|z_n-z_0|<\frac{1}{n}$이면 $|f(z_n)|>n$을 만족하는 z_n이 존재한다. 따라서 수열 (z_n)은 z_0로 수렴하고, $\lim_{z\to z_0}f(z_n)=\infty=\alpha$이다.

다음에 α가 임의의 유한값인 경우에 $\lim_{n\to\infty}f(z_n)=\alpha$을 만족하는 수열이 존재하지 않는다고 하자. 그러면 적당한 $\varepsilon_0>0$에 대하여

$$|f(z)-\alpha|\geq\varepsilon_0>0$$

을 만족하는 $0<|z-z_0|<R_1(<R)$인 $R_1>0$이 존재한다. 따라서 새로운 함수

$$g(z)=\frac{1}{f(z)-\alpha}$$

는 해석적이고, z_0는 진성특이점이다. 따라서 $\lim_{n\to\infty} z_n = z_0$인 수열 $\{z_n\}$이 존재하여

$$\lim_{n\to\infty} g(z_n)=\infty$$

이다. 따라서 $\lim_{n\to\infty} f(z_n)=\alpha$를 얻는다. ■

[예 8.17] $z=0$에서 함수 $f(z)=e^{\frac{1}{z}}$에 대하여 정리 8.11을 만족함을 보여라.

풀이 주어진 함수는

$$f(z)=e^{\frac{1}{z}}=1+\frac{1}{z}+\frac{1}{2!}\frac{1}{z^2}+\frac{1}{3!}\frac{1}{z^3}+\cdots\cdots$$

이므로 $z=0$은 $f(z)=e^{\frac{1}{z}}$의 진성특이점이다. 지금 $\lim_{n\to\infty} z_n = z_0 = 0$일 때 임의의 복소수 α에 대하여 $\lim_{n\to\infty} f(z_n)=\alpha$임을 보이도록 한다.

(i) $\alpha=0$인 경우

만약 $z_n=-\frac{1}{n}$이면 $\lim_{n\to\infty} z_n=0$이고, $\lim_{n\to\infty} f(z_n)=\lim_{n\to\infty} e^{-n}=0$이다.

(ii) $\alpha=\infty$인 경우

만약 $z_n=\frac{1}{n}$이면 $\lim_{n\to\infty} z_n=0$이고, $\lim_{n\to\infty} f(z_n)=\lim_{n\to\infty} e^{n}=\infty$이다.

(iii) $\alpha\neq 0$, $\alpha\neq\infty$인 경우

$\alpha=e^{\frac{1}{z}}$일 때 $z=\frac{1}{\log\alpha}$이다. 이 때 $0\le \operatorname{Arg} z<2\pi$라 하면

$z=\frac{1}{\operatorname{Log}|\alpha|+2n\pi i}$, $n=1, 2, 3, \cdots$와 같이 나타낼 수 있다. 따라서

$z_n=\frac{1}{2n\pi i+\log\alpha}$이면 $\lim_{n\to\infty} z_n=0$이고, $f(z_n)=e^{\frac{1}{z_n}}=\alpha$이므로 $\lim_{n\to\infty} f(z_n)=\alpha$이다. □

▮정리 8.12▮

전해석함수 $f(z)$가 ∞에서 위수 m의 극을 갖기 위한 필요충분조건은 $f(z)$가 m차 다항식이다.

증명 먼저 $f(z)=z^m+a_1z^{m-1}+\cdots+a_m=z^m\left(1+\dfrac{a_1}{z}+\cdots+\dfrac{a_m}{z^m}\right)$이라 하자.

지금 $g(z)=f\left(\dfrac{1}{z}\right)$로 놓으면

$$g(z)=\frac{1}{z^m}(1+a_1z+\cdots+a_mz^m)$$

에 대하여 $\lim_{z\to 0}z^m g(z)=1\neq 0$이고, $k>m$에 대하여 $\lim_{z\to 0}z^k g(z)=0$이므로 g는 0에서 위수 m의 극을 갖는다. 즉 f는 ∞에서 위수 m의 극을 갖는다.

역으로 만약 f가 ∞에서 위수 m의 극을 갖는다고 하면 g는 0에서 위수 m의 극을 갖는데 m을 $\lim_{z\to 0}z^m g(z)=c\,(c\neq 0)$인 가장 작은 양의 정수라고 하자. 즉

$$\lim_{z\to\infty}\frac{1}{z^m}f(z)=c$$

이면 $|z|>M$에 대하여

$$|f(z)|\leq(|c|+1)|z|^m$$

이 되는 $M>0$이 존재한다. 따라서 f는 차수가 m보다 작거나 같은 다항식이므로 $f(z)$는 m차 다항식이 된다. ■

1. 정의역 $|z|>|w|$에서 $z_0=0$에 관하여 함수 $f(z)=\dfrac{1}{z-w}$에 대한 Laurent의 급수를 유도하고, $z=e^{i\theta}$를 대입하여 다음 공식을 유도하여라.

$$\sum_{n=0}^{\infty} w^n \cos[(n+1)\theta] = \frac{\cos\theta - w}{1-2w\cos\theta + w^2}$$

$$\sum_{n=0}^{\infty} w^n \sin[(n+1)\theta] = \frac{\sin\theta}{1-2w\cos\theta + w^2}$$

단, w는 실수이고, $0<|w|<1$이다.

풀이 $|z|>|w|$에 대하여 $f(z)$의 급수는

$$\frac{1}{z-w} = \sum_{n=-1}^{-\infty} \frac{z^n}{w^{n+1}} = \sum_{n=0}^{\infty} \frac{w^n}{z^{n+1}} \qquad \cdots\cdots ①$$

급수 ①에 $z=e^{i\theta}=\cos\theta + i\sin\theta$를 대입하면

$$\frac{1}{z-w} = \frac{1}{\cos\theta - w + i\sin\theta} = \frac{\cos\theta - w - i\sin\theta}{1-2w\cos\theta + w^2} \qquad \cdots\cdots ②$$

를 얻는다. 식 ①, ②에 의하여

$$\sum_{n=0}^{\infty} \frac{w^n}{z^{n+1}} = \sum_{n=0}^{\infty} \frac{w^n}{\cos(n+1)\theta + i\sin(n+1)\theta}$$

$$= \sum_{n=0}^{\infty} w^n[\cos(n+1)\theta - i\sin(n+1)\theta]$$

$$= \frac{\cos\theta - w - i\sin\theta}{1-2w\cos\theta + w^2} \qquad \cdots\cdots ③$$

식 ③에서 실수부분과 허수부분을 비교하면 주어진 결과를 얻을 수 있다.

2. $f(z)=\dfrac{z^2+2}{z(z-3i)(z+1)^3}$의 위수에 대한 극을 구하여라.

풀이 먼저 $f(z)$는 $z=0$에서 단순극을 가진다. 실제로

$$g_1(z) = zf(z) = \frac{z^2+2}{(z-3i)(z+1)^3}, \quad z\neq 0$$

$$\lim_{z\to 0} g_1(z) = \frac{2}{-3i} \neq 0$$

이므로 $f(z)$는 $z=0$에서 없앨 수 있는 특이점을 갖는다. 한편

$$g_2(z)=(z-3i)f(z)=\frac{z^2+2}{z(z+1)^3},\ z\neq 3i \text{일 때}$$

$$\lim_{z\to 3i} g_2(z)=\frac{(3i)^2+2}{3i(3i+1)^3}\neq 0$$

이므로 $f(z)$는 $z=3i$에서 단순극을 가진다. 또한

$$g_3(z)=(z+1)^3 f(z)=\frac{z^2+2}{z(z-3i)},\ z\neq 1 \text{이고 } \lim_{z\to -1} g_3(z)=\frac{3}{1+3i}\neq 0$$

이다. 따라서 $f(z)$는 $z=-1$에서 위수 3의 극을 가진다.

연습문제 8.3

1. 함수 $f(z)=\sin h\left(z+\frac{1}{z}\right)$, $|z|>0$가 다음과 같이 Laurent의 급수

$$f(z)=\sum_{n=-\infty}^{\infty} c_n z^n \text{ 단, } c_n=\frac{1}{2\pi}\int_0^{2\pi}\cos n\theta \sin h(2\cos\theta)d\theta$$

로 전개됨을 보여라.

2. 함수 $f(z)=e^{\alpha\left(z+\frac{1}{z}\right)}$, $0<|z|<\infty$가 해석적이다. 이 함수를 Laurent의 급수를 전개하여라.

3. $z_0=i$에 관하여 함수 $f(z)=\dfrac{z^2+z(2i+1)-1}{z(z-i)^2(z+i)^2}$을 Laurent의 급수로 전개하여라.

4. 함수 $f(z)$가 점 $z=z_0$에서 위수 m의 영점을 갖고, 함수 $g(z)$는 위수 n의 극을을 가지면 다음 함수에 대하여 $z=z_0$에서 어떤 극의 영점을 갖는가?

(1) $f(z)\pm g(z)$ (2) $f(z)\cdot g(z)$ (3) $\dfrac{f(z)}{g(z)}$ $(g(z)\neq 0)$

5. 두 함수 $f(z)$, $g(z)$가 점 $z=z_0$에서 각각 위수 m, n의 극을 가지면 다음 함수의 극은 어떠한가?

   (1) $f(z) \pm g(z)$　　(2) $f(z) \cdot g(z)$　　(3) $\dfrac{f(z)}{g(z)}$ $(g(z) \neq 0)$

6. 함수 $f(z)$는 $z=z_0$가 빠진 z_0의 근방에서 해석적이고, $f(z)$의 Laurent의 전개식의 모든 계수는 0이 아니라 하자. 만약 z_0가 $f(z)$의 영점이면 z_0의 근방에 $f(z)$의 다른 영점은 포함하지 않는다. 여기서 $f(z)$의 영점은 바로 고립특이점이다. 이를 증명하여라.

7. 만약 함수 $f(z)$가 $z=z_0$에서 위수 m의 극을 가지고, $P(u)$를 n차 다항식이라 하면 $P[f(z)]$는 $z=z_0$에서 위수 mn의 극을 가짐을 증명하여라.

8. 만약 $f(z)$가 $z=z_0$에서 위수 k의 극을 가지고, $f^{(m)}(z)$는 점 $z=z_0$에서 위수 $k+m$의 극을 가짐을 보여라.

9. 다음 물음에 답하여라.

   (1) $z=\infty$에서 $f(z)$의 특이점은 $w=0$에서 $F(w)=f\left(\dfrac{1}{w}\right)$의 특이점과 같음을 보여라.

   (2) $f(z)=\sqrt{(z-1)(z-2)}$와 $g(z)=e^{-\frac{1}{z^2}}$은 $z=\infty$에서 어떤 특이점을 갖는가?

   (3) $f(z)=\dfrac{z^3+4}{e^z}$는 $z=\infty$에서 진성특이점을 가짐을 보여라.

유수와 극

9.1 유수의 정리

$z=z_0$가 함수 $w=f(z)$의 고립특이점이면 $0<|z-z_0|<R$인 모든 z에 대하여 해석적이면 Laurent의 정리에 의하여

$$f(z)=\sum_{n=-\infty}^{\infty} a_n(z-z_0)^n,\ 0<|z-z_0|<R$$

와 같이 나타낼 수 있고, 곡선 C가 z_0의 근방에 포함되면서 양의 방향으로 회전하는 단순닫힌곡선이면 계수 a_n은

$$a_n=\frac{1}{2\pi i}\int_C \frac{f(z)}{(z-z_0)^{n+1}}dz \qquad \cdots\cdots ①$$

이다. 특히 ①에서 $n=-1$일 때 계수

$$b_1=a_{-1}=\frac{1}{2\pi i}\int_C f(z)dz \qquad \cdots\cdots ②$$

를 고립특이점 $z=z_0$에서 $f(z)$의 유수(residue)라 하고, 이것을 보통

$$b_1 = \text{Res}[f,\ z_0]$$

와 같이 표시한다. 만약 $z=z_0$가 $f(z)$의 없앨 수 있는 특이점이면

$$\text{Res}[f,\ z_0]=0$$

이다.

한편 식 ②에서 특이점 z_0에서 유수가 b_1일 때 단순닫힌 곡선 C에 따라 함수 $f(z)$의 적분은

$$\int_C f(z)dz = 2\pi i b_1$$

에 의하여 구할 수 있다.

[예 9.1] $C:|z|=1$일 때 $f(z)=ze^{-\frac{1}{z}}$의 특이점에서 유수를 찾고 $\int_C ze^{-\frac{1}{z}}dz$를 구하여라.

풀이 $z_0=0$은 함수 $f(z)$의 특이점이므로 원점에 관하여 Laurent의 급수로 전개하면

$$ze^{-\frac{1}{z}} = z\left(1-\frac{1}{z}+\frac{1}{2!\,z^2}-\frac{1}{3!\,z^3}+\cdots\right) = z-1+\frac{1}{2!\,z}-\frac{1}{3!\,z^2}+\cdots$$

이다. 이 때 $\frac{1}{z}$의 계수는 $\frac{1}{2!}=\frac{1}{2}$이므로 $z=0$에서 유수는 $\text{Res}[f,\ 0]=\frac{1}{2}$이다. 따라서 구하는 적분은 다음과 같다.

$$\int_C ze^{-\frac{1}{z}}dz = 2\pi i\,\text{Re}[f,\ 0] = \pi i \qquad \square$$

[예 9.2] $C:|z|=2$일 때 $\int_C \frac{e^{-z}}{(z-1)^2}dz$를 구하여라.

풀이 특이점 $z=1$에 관하여 e^{-z}의 Laurent의 급수를 이용하면

$$f(z)=\frac{e^{-z}}{(z-1)^2}=\frac{e^{-1}}{(z-1)^2}-\frac{e^{-1}}{z-1}+e^{-1}\sum_{n=2}^{\infty}(-1)^n\frac{(z-1)^{n-2}}{n!}$$

이므로 $z=1$에서 $f(z)=\dfrac{e^{-z}}{(z-1)^2}$의 유수는 $\text{Res}[f,\ 1]=-e^{-1}$이다.

따라서 구하는 적분은 $\displaystyle\int_C \frac{e^{-z}}{(z-1)^2}dz=2\pi i\,\text{Res}[f,\ 1]=-\frac{2\pi i}{e}$. □

[예 9.3] $\displaystyle\int_C \sin\frac{1}{z^2}dz$를 구하여라.(단, C는 $z=0$을 포함하는 단순닫힌곡선)

풀이 $z=0$을 제외한 근방에서

$$\sin\frac{1}{z^2}=\frac{1}{z^2}-\frac{1}{3!}\left(\frac{1}{z^2}\right)^3+\frac{1}{5!}\left(\frac{1}{z^2}\right)^5-\cdots$$

로 표시할 수 있고, 이 때 $\dfrac{1}{z}$의 계수는 $b_1=0$이므로 구하는 적분은

$$\int_C \sin\frac{1}{z^2}dz=0$$

□

다음은 함수 $f(z)$가 $z=z_0$에서 극을 가질 때 다음 정리를 통하여 일반적으로 유수를 구하는 공식에 대하여 알아본다.

▌정리 9.1▐

(1) 만약 $f(z)$가 $z=z_0$에서 단순극을 가지면

$$\text{Res}[f,\ z_0]=\lim_{z\to z_0}(z-z_0)f(z)$$

(2) 만약 $f(z)$가 $z=z_0$에서 위수 2의 극을 가지면

$$\text{Res}[f,\ z_0]=\lim_{z\to z_0}\frac{d}{dz}(z-z_0)^2f(z)$$

(3) 만약 $f(z)$가 $z=z_0$에서 위수 k의 극을 가지면

$$\text{Res}[f,\ z_0]=\frac{1}{(k-1)!}\lim_{z\to z_0}\frac{d^{k-1}}{dz^{k-1}}(z-z_0)^kf(z)$$

증명 (1) 만약 함수 $f(z)$가 $z=z_0$에서 단순극을 가지면

$$f(z)=\frac{b_1}{z-z_0}+a_0+a_1(z-z_0)+a_1(z-z_0)^2+\cdots \qquad \cdots\cdots ①$$

와 같이 나타낼 수 있다. 식 ①의 양변에 $z-z_0$를 곱하고 $z\to z_0$일 때 극한은

$$\begin{aligned}\lim_{z\to z_0}(z-z_0)f(z)&=\lim_{z\to z_0}[b_1+a_0(z-z_0)+a_1(z-z_0)^2+\cdots]\\&=b_1=\mathrm{Res}[f,\ z_0].\end{aligned}$$

(2) 이 문제는 (3)의 특별한 경우이므로 (3)만을 증명한다.

(3) $f(z)$가 z_0에서 위수 k의 극을 갖는다고 하면 다음과 같이 Laurent의 급수

$$f(z)=\frac{b_k}{(z-z_0)^k}+\frac{b_{k-1}}{(z-z_0)^{k+1}}+\cdots+\frac{b_1}{z-z_0}+a_0+a_1(z-z_0)+\cdots \qquad \cdots\cdots ②$$

로 나타낼 수 있다. 식 ②의 양변에 $(z-z_0)^k$를 곱하면 새로운 급수

$$(z-z_0)^k f(z)=b_k+b_{k-1}(z-z_0)+\cdots+b_1(z-z_0)^{k-1}+a_0(z-z_0)^k+\cdots \qquad \cdots\cdots ③$$

로서 이는 해석함수 $(z-z_0)^k f(z)$의 Taylor의 급수이므로 $(k-1)$회 미분하면

$$\begin{aligned}&\frac{d^{k-1}}{dz^{k-1}}(z-z_0)^k f(z)\\&\quad=(k-1)!\,b_1+k!\,a_0(z-z_0)+(k+1)!\,a_0(z-z_0)^2+\cdots\end{aligned} \qquad \cdots\cdots ④$$

을 얻을 수 있고, 식 ④에서 $z\to z_0$일 때 극한은

$$\lim_{z\to z_0}\frac{d^{k-1}}{dz^{k-1}}(z-z_0)^k f(z)=(k-1)!b_1=(k-1)!\,\mathrm{Res}[f,\ z_0]$$ ■

[예 9.4] 다음 함수에서 유수를 구하여라.

(1) $f(z)=\dfrac{z^2+z}{(z-1)^2(z^2+4)}$ (2) $f(z)=\cot z$

풀이 (1) 함수 $f(z)$는 $z=1$에서 위수 2의 극을 가지고, $z=2i$, $z=-2i$에서 각각 단순극을 가진다. 따라서

$$\mathrm{Res}[f,\ 1]=\lim_{z\to 1}\frac{1}{1!}\frac{d}{dz}\left[(z-1)^2\frac{z^2+z}{(z-1)^2(z^2+4)}\right]$$

$$=\lim_{z\to 1}\frac{(2z+1)(z^2+4)-2z(z^2+z)}{(z^2+4)^2}=\frac{11}{25}$$

$$\mathrm{Res}[f,\ 2i]=\lim_{z\to 2i}\left[(z-2i)\frac{z^2+z}{(z-1)^2(z^2+4)}\right]=\lim_{z\to 2i}\left[\frac{z^2+z}{(z-1)^2(z+2i)}\right]$$

$$=\frac{2i-4}{4i(2i-1)^2}=\frac{i-2}{8-6i}$$

$$\mathrm{Res}[f,\ -2i]=\lim_{z\to -2i}\left[\frac{z^2+z}{(z-1)^2(z-2i)}\right]=\frac{i+2}{-8-6i}$$

(2) $f(z)=\cot z=\dfrac{\cos z}{\sin z}$ 이므로 $\cot z$의 특이점은 $\sin z=0$을 만족하는 단순극과 일치한다. 즉 $z=k\pi$(단, k는 정수)이다. 따라서

$$\mathrm{Res}[f,\ z_0]=\lim_{z\to z_0}(z-z_0)f(z)=\lim_{z\to k\pi}\left[(z-k\pi)\,\frac{\cos z}{\sin z}\right]$$

그런데 $\sin z=(-1)^k\sin(z-k\pi)$이므로

$$\mathrm{Res}[f,\ z_0]=\lim_{z\to k\pi}\left[\frac{(z-k\pi)\cos z}{(-1)^k\sin(z-k\pi)}\right]$$

$$=\lim_{z\to k\pi}\left[\frac{\cos z}{(-1)^k}\right]\cdot\lim_{z\to k\pi}\left[\frac{z-k\pi}{\sin(2-k\pi)}\right]$$

$$=\frac{\cos k\pi}{(-1)^k}=\frac{(-1)^k}{(-1)^k}=1$$

□

1. 함수 $f(z)=\dfrac{e^z}{\sin^2 z}$의 유수를 다음과 같은 방법으로 구하여라.

(1) Laurent 급수에 의하여

(2) 공식 $\mathrm{Res}[f,\ z_0]=\dfrac{1}{(k-1)!}\lim\limits_{z\to z_0}\dfrac{d^{k-1}}{dz^{k-1}}\{(z-z_0)^k f(z)\}$에 의하여

풀이 (1) $f(z)=\dfrac{e^z}{\sin^2 z}$은 $z=0,\ \pm\pi,\ \pm 2\pi,\ \cdots$에서 위수 2의 극을 갖는다. 즉 $z=k\pi$ (k는 정수)이다. 따라서 $f(z)$를 $z=k\pi$에 관하여 급수로 전개시킨다. 한편 $w=z-k\pi$로 놓고 주어진 함수에 대입하면

$$\frac{e^z}{\sin^2 z}=\frac{e^{k\pi}e^w}{[\sin(w+\pi)]^2}=e^{k\pi}\frac{e^w}{\sin^2 w}$$

$$=e^{k\pi}\frac{\left(1+w+\dfrac{w^2}{2!}+\dfrac{w^3}{3!}+\cdots\right)}{\left(w-\dfrac{w^3}{3!}+\dfrac{w^5}{5!}+\cdots\right)^2}=\frac{e^{k\pi}}{w^2}\frac{\left(1+w+\dfrac{w^2}{2!}+\dfrac{w^3}{3!}+\cdots\right)}{\left(1-\dfrac{w^2}{6}+\dfrac{w^4}{120}-\cdots\right)^2}$$

$$=\frac{e^{k\pi}}{w^2}\cdot\frac{1+w+\dfrac{w^2}{2!}+\dfrac{w^3}{3!}+\cdots}{1-\dfrac{w^2}{3}+\dfrac{2w^4}{45}-\cdots}=e^{k\pi}\left(\frac{1}{w^2}+\frac{1}{w}+\frac{5}{6}+\frac{w}{3}+\cdots\right)$$

$$=e^{k\pi}\frac{1}{z-k\pi}+\cdots$$

따라서 $\mathrm{Res}\left[\dfrac{e^z}{\sin^2 z},\ k\pi\right]=e^{k\pi}$이다.

(2) $$\lim_{z\to k\pi}\frac{1}{1!}\frac{d}{dz}\left[(z-k\pi)^2\frac{e^z}{\sin^2 z}\right]$$

$$=\lim_{z\to k\pi}\frac{[e^z(z-k\pi)^2+2(z-k\pi)e^z]\sin^2 z-2\sin z\cos z e^z(z-k\pi)^2}{\sin^4 z}$$

$$=\lim_{z\to k\pi}\frac{e^z[(z-k\pi)^2\sin z+2(z-k\pi)\sin z-2(z-k\pi)^2\cos z]}{\sin^3 z} \quad\cdots\cdots ①$$

이다. 지금 $w=z-k\pi$로 놓으면 식 ①에서

$$\mathrm{Re}[f,\ k\pi]=\lim_{z\to k\pi}\frac{1}{1!}\frac{d}{dz}\left[(z-k\pi)^2\frac{e^z}{\sin^2 z}\right]$$

$$=\lim_{w\to 0}e^{k\pi}e^{w}\frac{w^2\sin w+2w\sin w-2w^2\cos w}{\sin^3 w} \quad \cdots\cdots ②$$

가 된다. 그런데 $\lim_{w\to 0}\frac{w^3}{\sin^3 w}=\lim_{w\to 0}\left(\frac{w}{\sin w}\right)^3=1$ 이므로 ②의 우변을 L'Hospital의 법칙에 적용하면

$$=e^{k\pi}\lim_{w\to 0}\frac{w^2\sin w+2w\sin w-2w^2\cos w}{w^3}\cdot\frac{w^3}{\sin^3 w}$$

$$=e^{k\pi}\lim_{w\to 0}\frac{w\sin w+2\sin w-2w\cos w}{w^2}$$

$$=e^{k\pi}\lim_{w\to 0}\frac{2\cos w-w\sin \omega+2\sin w+2w\cos w}{2}$$

$$=e^{k\pi}$$

2. 다음 함수에 대하여 각각 $z=0$에서 유수와 곡선 $C:|z|=1$에 따라 적분을 구하여라.

(1) $f(z)=\dfrac{\coth z\cot z}{z^3}$ (2) $g(z)=\dfrac{1}{z^2(\sin z-\sinh z)}$

풀이 (1) 먼저 $f(z)=\dfrac{\coth z\cot z}{z^3}$에 대하여 $z=0$에서 유수를 구한다. 함수 $f(z)$의 Laurent의 급수를 구하면

$$f(z)=\frac{\coth z\cot z}{z^3}=\frac{1}{z^3}\cdot\frac{(1+\frac{z^2}{2!}+\frac{z^4}{4!}+\cdots)}{(z+\frac{z^3}{3!}+\frac{z^5}{5!}+\cdots)}\cdot\frac{(1-\frac{z^2}{2!}+\frac{z^4}{4!}+\cdots)}{(z-\frac{z^3}{3!}+\frac{z^5}{5!}-\cdots)}$$

$$=\frac{(1-\frac{z^4}{6}+\cdots)}{z^5(1-\frac{z^4}{90}+\cdots)}$$

여기서 $\left(1-\frac{z^4}{6}+\cdots\right)$를 $\left(1-\frac{z^4}{90}+\cdots\right)$로 나누면 $1-\frac{7}{45}z^4+\cdots$ 이므로 $z=0$에서 $f(z)$의 유수는 $\frac{1}{z^5}\left(-\frac{7}{45}z^4\right)$항의 계수인 $-\frac{7}{45}$이다. 따라서 구하는 적

분은

$$\int_C f(z)dz = 2\pi i\left(-\frac{7}{45}\right) = -\frac{14\pi i}{45}$$

(2) $g(z) = \dfrac{1}{z^2(\sin z - \sinh z)}$에서 $z=0$에서 유수를 구하도록 한다. 그런데 먼저 $z=0$에서 극의 차수를 찾기는 어렵다. 그러므로 주어진 함수를 Maclaurin의 급수로 전개시킨다.

$$\frac{1}{z^2(\sin z - \sinh z)} = \frac{1}{z^2\left[\left(z - \frac{z^3}{3!} + \frac{z^5}{5!} - \frac{z^7}{7!} + \cdots\right) - \left(z + \frac{z^3}{3!} + \frac{z^5}{5!} + \frac{z^7}{7!} + \cdots\right)\right]}$$

$$= \frac{1}{z^2\left[-\frac{2z^3}{3!} - \frac{2z^7}{7!} - \frac{2z^{11}}{11!} + \cdots\right]}$$

$$= \frac{-3}{z^5\left[1 + \frac{6z^4}{7!} + \cdots\right]} = -\frac{3}{z^5}\left[1 - \frac{6z^4}{7!} - \cdots\right]$$

$$= -\frac{3}{z^5} + \frac{18}{7!}\frac{1}{z} + \cdots$$

따라서 $g(z)$의 유수는 $\mathrm{Res}[g(z),\ 0] = \dfrac{18}{7!}$이므로 구하는 적분은

$$\int_C g(z)dz = 2\pi i\left(\frac{18}{7!}\right) = \frac{36\pi i}{7!}$$

3. $\displaystyle\int_C z^2 \sin\frac{1}{z}dz$를 구하여라.

풀이 $z \neq 0$에 대하여

$$f(z) = z^2 \sin\frac{1}{z} = z^2\left(\frac{1}{z} - \frac{1}{3!z^3} + \frac{1}{3!z^5} - \cdots\right) = z - \frac{1}{6z} + \frac{1}{120z^3} - \cdots$$

이므로 $z=0$에서 $f(z)$의 유수는 $-\dfrac{1}{6}$이므로 구하는 적분은

$$\int_C z^2 \sin\frac{1}{z}dz = 2\pi i\left(-\frac{1}{6}\right) = 2\pi i\left(-\frac{1}{6}\right) = -\frac{\pi i}{3}$$

▌정리 9.2▌ (Residue 정리)

함수 $f(z)$가 단일 닫힌곡선 C의 내부에 있는 유한개의 고립특이점 z_1, z_2, z_3, $\cdots$, z_n을 제외하고 C의 내부와 위에서 해석적이라 하자. 그러면 z_k, $k=1, 2, \cdots, n$에서 유수가 $\text{Res}[f(z), z_k]$이면 다음이 성립한다.

$$\int_C f(z)dz = 2\pi i \sum_{k=1}^{n} \text{Res}[f(z), z_k]$$

증명 그림 9.1과 같이 각 특이점 $z_1, z_2, z_3, \cdots, z_n$을 중심으로 하고, C의 내부에 서로 겹치지 않는 원을 각각 $C_1, C_2, \cdots, C_n$을 나타내고, 각 원의 방향을 C와 같은 방향으로 하면 Cauchy의 적분공식에 의하여

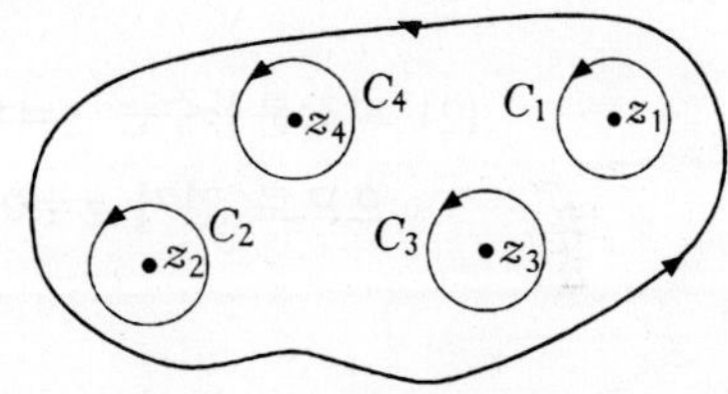

[그림 9.1]

$$\int_C f(z)dz = \int_{C_1} f(z)dz + \int_{C_2} f(z)dz + \cdots + \int_{C_n} f(z)dz \qquad \cdots\cdots ①$$

이다. 여기서 $z=z_k$, $k=1, 2, \cdots, n$에 대한 유수의 정의를 적용하면

$$\text{Res}[f(z), z_k] = \frac{1}{2\pi i}\int_{C_k} f(z)dz \qquad \cdots\cdots ②$$

이므로 식 ①에 의하여 다음의 결과가 성립한다.

$$\int_C f(z)dz = 2\pi i \sum_{k=1}^{n} \text{Res}[f(z), z_k]$$ ■

[예 9.5] 다음 곡선 C에 따라 적분을 구하여라.

(1) $\displaystyle\int_C \frac{dz}{z(z-3)}$ 단, $C:|z|=4$ (2) $\displaystyle\int_C \frac{4z-2}{z(z-1)}dz$ 단, $C:|z|=2$

풀이 (1) $f(z)=\dfrac{1}{z(z-3)}$은 C의 내부에서 단순극 $z=0$과 $z=3$을 갖는다.

먼저 $z=0$에서 $f(z)$의 유수는

$$\lim_{z\to 0} zf(z) = \lim_{z\to 0}\frac{1}{z-3} = -\frac{1}{3}$$

이고, 다음에 $z=3$에서 $f(z)$의 유수는

$$\lim_{z\to 3}(z-3)f(z) = \lim_{z\to 3}\frac{1}{z} = \frac{1}{3}$$

이다. 따라서 유수정리에 의하여

$$\int_C \frac{1}{z(z-3)}dz = 2\pi i\left(\frac{-1}{3}+\frac{1}{3}\right) = 0$$

(2) 피적분함수는 $z=0$, $z=1$에서 특이점을 갖고, 이들은 모두 C의 내부에 있으므로 먼저 $z=0$에서 유수를 구한다. 그런데

$$\frac{1}{1-z} = 1+z+z^2+z^3+\cdots$$

이므로

$$\begin{aligned}\frac{4z-2}{z(z-1)} &= \frac{2-4z}{z}(1+z+z^2+\cdots)\\ &= (2-4z)\left(\frac{1}{z}+1+z+z^2+\cdots\right) = \frac{2}{z}+\cdots\end{aligned}$$

따라서 $z=0$에서 유수는 $\text{Res}[f, 0]=2$이다. 다음에 $z=1$에서 유수를 구한다.

$$\begin{aligned}\frac{4z-2}{z(z-1)} &= \left[\frac{4(z-1)+2}{z-1}\right]\cdot\left[\frac{1}{1+(z-1)}\right]\\ &= 4+\frac{2}{z-1}[1-(z-1)+(z-1)^2-\cdots]\\ &= \frac{2}{z-1}+\cdots,\ 0<|z-1|<1\end{aligned}$$

이므로 $z=1$에서 유수는 $\text{Res}[f, 1]=2$이다. 그러므로 구하는 적분은

$$\begin{aligned}\int_C \frac{4z-2}{z(z-1)}dz &= 2\pi i(\text{Res}[f, 0]+\text{Res}[f, 1])\\ &= 2\pi i(2+2) = 8\pi i\end{aligned}$$

□

[예 9.6] C가 원 $|z|=4$일 때 적분 $\int_C \frac{dz}{z^4+z^3-2z^2}$을 구하여라.

풀이 $f(z)=\frac{1}{z^4+z^3-2z^2}=\frac{1}{z^2(z+2)(z-1)}$은 C의 내부에서 $z=1$과 $z=-2$에서 단순극을 갖고, 원점에서 위수 2의 극을 갖는다. 따라서 각 유수는

$$\mathrm{Res}[f,\ 0]=\lim_{z\to 0}\frac{d}{dz}z^2 f(z)=\lim_{z\to 0}\frac{-2z-1}{(z^2+z-2)^2}=\frac{-1}{4}$$

$$\mathrm{Res}[f,\ 1]=\lim_{z\to 1}(z-1)f(z)=\lim_{z\to 1}\frac{1}{z^2(z+2)}=\frac{1}{3}$$

$$\mathrm{Res}[f,\ -2]=\lim_{z\to -2}(z+2)f(z)=\lim_{z\to -2}\frac{1}{z^2(z-1)}=\frac{-1}{12}$$

따라서 유수의 정리에 의하여

$$\int_C \frac{dz}{z^4+z^3-2z^2}=2\pi i\left[\frac{-1}{4}+\frac{1}{3}-\frac{1}{12}\right]=0$$ □

---

1. $\int_{|z|=2}\frac{(z^2+7)e^{2z}}{(z-3)(z+1)^2}dz$을 구하여라.

풀이 함수 $f(z)=\frac{(z^2+7)e^{2z}}{(z-3)(z+1)^2}$는 원 $|z|=2$의 내부에 $z=-1$에서 위수 2의 극을 갖는다. 따라서 $z=-1$에서 $f(z)$의 유수는

$$\begin{aligned}\mathrm{Res}[f(z),\ -1]&=\lim_{z\to -1}\frac{d}{dz}\left\{(z+1)^2\ \frac{(z^2+7)e^{2z}}{(z+3)(z+1)^2}\right\}\\&=\lim_{z\to -1}\frac{\{2ze^{2z}+2(z^2+7)e^{2z}\}(z-3)-(z^2+7)e^{2z}}{(z-3)^2}\\&=\lim_{z\to -1}\frac{(2z^3+5z^2+8z-49)e^{2z}}{(z-3)^2}\\&=\frac{-64}{16}e^{-2}=-4e^{-2}\end{aligned}$$

따라서 구하는 적분은

$$\int_{|z|=2} \frac{(z^2+7)^{e^{2z}}}{(z-3)(z+1)^2} dz = 2\pi i(-4e^{-2}) = \frac{-8\pi i}{e^2}$$

2. C가 $z=1$을 포함하는 단순닫힌곡선일 때 다음 적분을 구하여라.

$$\int_C \frac{z^4-z^3-17z+2}{(z-1)^3} dz$$

풀이 $f(z) = \dfrac{z^4-z^3-17z+2}{(z-1)^3}$에서 $z_1 = 1$에서 위수 3의 극을 가지므로

$$\begin{aligned} \text{Res}[f,\ 1] &= \frac{1}{2!}\lim_{z\to 1}\frac{d^2}{dz^2}(z-1)^3 f(z) \\ &= \frac{1}{2}\lim_{z\to 1}\frac{d^2}{dz}(z^4-z^3-17z+2) = 3 \end{aligned}$$

이다. 따라서 구하는 적분은

$$\int_C \frac{z^4-z^3-17z+2}{(z-1)^3} dz = 2\pi i\,\text{Res}[f,\ 1] = 6\pi i$$

3. 원 $C: |z+1-i| = \dfrac{3}{2}$에 따라 다음 적분을 구하여라.

$$\int_C \frac{z^2+4}{z^3+2z^2+2z} dz$$

풀이 함수 $f(z) = \dfrac{z^2+4}{z(z^2+2z+2)}$는 $z=0,\ z=-1+i,\ z=-1-i$의 세 점에서 단순극을 가진다. 그런데 두 점 $z=0,\ z=-1+i$은 원 C의 부에 포함된다.

먼저 $z=0$에서 유수는 $\text{Res}[f(z),\ 0] = \lim_{z\to 0}\dfrac{z^2+4}{z^2+2z+2} = 2$이다.

다음에 $z=-1+i$에서 유수는

$$\text{Res}[f(z),\ -1+i] = \lim_{z\to -1+i}\frac{z^2+4}{z(z+1+i)} = \frac{3i-1}{2}$$

이다. 따라서 구하는 적분은

$$\int_C \frac{z^2+4}{z^3+2z^2+2z}dz = 2\pi i\left(2+\frac{3i-1}{2}\right) = 3\pi(i-1)$$

연습문제 9.1

1. (1) 유수정리를 이용하여 다음 적분을 구하여라.

$$\int_C \frac{f(z)}{(z-z_1)(z-z_2)\cdots(z-z_k)}dz$$

단, $C:|z|=r$이고, $z_1,\ z_2,\ \cdots,\ z_k$는 원 내부에 있는 서로 다른 점이고, $f(z)$는 $|z|\le r$에서 해석적이다.

(2) $\displaystyle\int_{|z|=n} \tan \pi z\, dz,\ n=1,\ 2,\ \cdots$

2. 다음 적분을 구하여라.

(1) $C:|z|=1$일 때 $\displaystyle\int_C e^{z+\frac{1}{z}}dz$

(2) $C:|z+1-i|<\dfrac{3}{2}$일 때 $\displaystyle\int_C \frac{z^2+4}{z^3+2z^2+2z}dz$

3. 다음 물음에 답하여라.

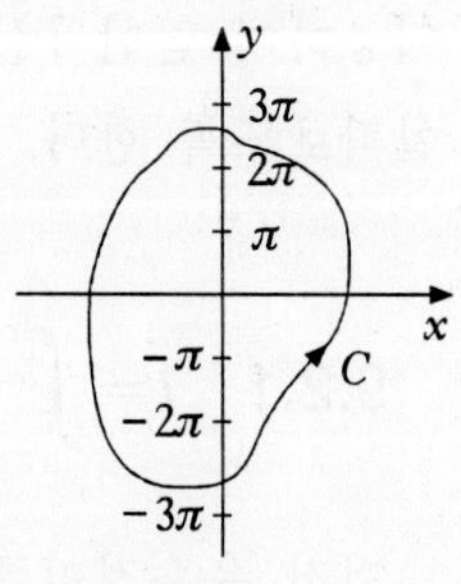

(1) $\displaystyle\int_0^{\pi} \cot(\theta-a)d\theta = \begin{cases} \pi i, & \text{Im}\, a>0 \\ -\pi i, & \text{Im}\, a<0 \end{cases}$이고, $\text{Im}\, a=0$ 일 때 적분은 발산함을 보여라.

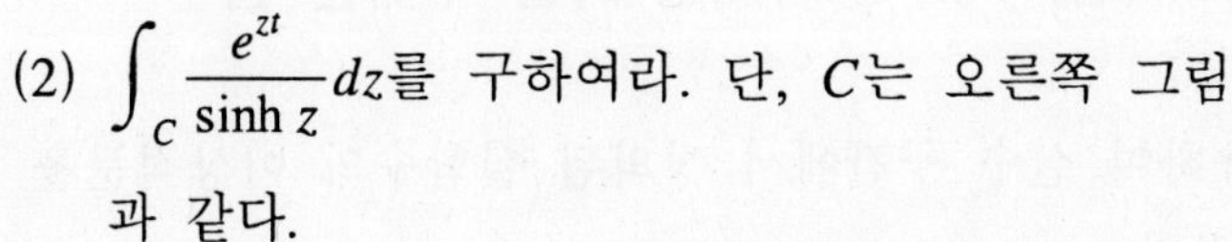

(2) $\displaystyle\int_C \frac{e^{zt}}{\sinh z}dz$를 구하여라. 단, C는 오른쪽 그림과 같다.

4. 함수 $f(z)$, $g(z)$가 z_0에서 해석적이고 $f(z_0)\neq 0$이며, $g(z)$가 위수 2의 영점을

가질 때 함수 $\dfrac{f(z)}{g(z)}$의 유수를 구하고, 또한 $g(z)$가 위수 3의 영점을 가질 때 유수를 각각 구하여라.

5. 함수 $f(z)$가 $z=z_0$에서 위수 k의 극의 영점을 가진다. 그러면 $z=z_0$에서 다음 함수의 유수를 구하여라.

(1) $\dfrac{zf'(z)}{f(z)}$

(2) $\dfrac{g(z)f'(z)}{f(z)}$ 단, $g(z)$는 $z=z_0$에서 해석적이다.

6. 다음 적분을 지시한 방법에 따라 풀어라.

$$\int_C \frac{e^z}{(z-1)^m}\,dz \text{ 단, } C\text{는 } |z|=2\text{인 원이다.}$$

(1) 적분의 정의에 의하여

(2) 유수를 구하는 공식에 의하여

9.2 실적분의 계산

실수의 구간에서 정의된 복잡한 실함수의 정적분을 복소함수의 유수정리를 이용하여 닫힌곡선에 따른 적분경로에 따라 변형함으로써 구할 수 있는 방법을 살펴보도록 한다.

9.2.1 $I=\int_{-\infty}^{\infty} f(x)\,dx$ (단, $f(x)$는 유리함수)를 구하는 법

먼저 유수정리를 이용하여 실수 구간에서 정의된 실함수의 이상적분을 구하는 방법을 살펴보기로 한다.

지금 복소평면의 상반평면 $\text{Im}(z)\geq 0$에 원점을 중심으로 충분히 큰 반지름이

$R>0$인 상반원 C_R과 실수축 위의 선분 $J_R=[-R, R]$으로 둘러싸인 곡선을 C라고 하자. 그러면

$$C=J_R+C_R$$

은 하나의 단순닫힌곡선이다. 피적분함수 $f(z)$가 그림 9.2와 같이 C로 이루어진 곡선이면

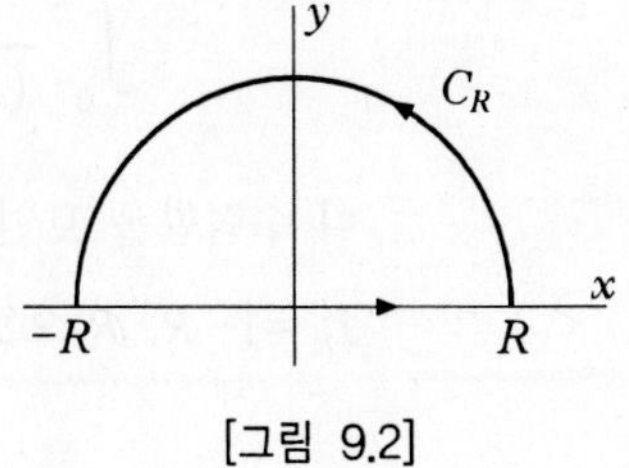

[그림 9.2]

$$\int_C f(z)dz=\int_{-R}^{R} f(x)dx+\int_{C_R} f(z)dz$$

이다. 이 때 C의 내부에서 유한 개의 극 z_1, z_2, $\cdots$, z_n을 갖고, $f(x)$는 실수축 위에서 제한된 함수이면

$$\lim_{R\to\infty}\int_{C_R} f(z)dz=0$$

이 성립한다는 것을 보이면 유수정리에 의하여

$$\int_{-\infty}^{\infty} f(x)dx=2\pi i\sum_{k=1}^{n}\text{Res}[f,\ z_k]$$

에 의하여 구할 수 있다.

▌정리 9.3▌

만약 $z=Re^{i\theta}$에 대하여 $|f(z)|\le\dfrac{M}{R^k}$, $k>1$, $M>0$이고 적분경로 C_R은 반지름 R인 상반원이라 하면 $\lim_{R\to\infty}\int_{C_R} f(z)dz=0$임을 보여라.

증명 그림 9.2에서 곡선 C_R의 길이는 $L=\pi R$이므로

$$\left|\int_{C_R} f(z)dz\right|\le\int_{C_R}|f(z)||dz|\le\frac{M}{R^k}\cdot\pi R=\frac{\pi M}{R^{k-1}}$$

이고, 여기서 $R\to\infty$일 때 $\dfrac{\pi M}{R^{k-1}}\to 0$이므로 정리가 증명된다. ■

[예 9.7] $\displaystyle\int_0^{\infty} \frac{x^2 dx}{(x^2+1)^2(x^2+2x+2)}$를 구하여라.

풀이 구하는 적분은

$$\int_0^{\infty} \frac{x^2 dx}{(x^2+1)^2(x^2+2x+2)} = \frac{1}{2}\int_{-\infty}^{\infty} \frac{x^2 dx}{(x^2+1)^2(x^2+2x+2)}$$

이 수렴함을 보인다. 그림 9.2와 같이 $R>2$일 때 원 $|z|=R$의 상반원 C_R과 선분 $J_R=[-R, R]$으로 둘러싸인 곡선을 C라 하자. 그러면

$$C = J_R + C_R$$

은 하나의 닫힌곡선이다. 그런데 복소함수

$$f(z) = \frac{z^2}{(z^2+1)^2(z^2+2z+2)} = \frac{z^2}{(z+i)^2(z-i)^2(z^2+2z+2)}$$

에 대하여 실수축 위의 선분 J_R과 상반원 C_R로 둘러싸인 영역의 내부에 있는 특이점은 $z=i$와 $z=-1+i$이며, $z=i$에서 위수 2의 극과 $z=-1+i$에서 단순극을 갖고, 그 밖의 모든 점에서 해석적이다.

그러므로 먼저 $z=i$에서 유수는

$$\text{Res}[f(z), i] = \lim_{z\to i}\frac{d}{dz}\left\{(z-i)^2\frac{z^2}{(z+i)^2(z-i)^2(z^2+2z+2)}\right\} = \frac{9i-12}{100}$$

다음에 $z=-1+i$에서 유수는

$$\text{Res}[f(z), -1+i] = \lim_{z\to -1+i}(z+1-i)\frac{z^2}{(z+1)^2(z+1-i)(z+1+i)} = \frac{3-4i}{25}$$

가 된다. 따라서 곡선 C에 따라 구하는 적분은

$$\int_C \frac{z^2 dz}{(z^2+1)^2(z^2+2z+2)} = 2\pi i(\text{Res}[f, i] + \text{Res}[f, -1+i])$$

$$= 2\pi i\left\{\frac{9i-12}{100} + \frac{3-4i}{25}\right\} = \frac{7\pi}{50}$$

이다. 그런데 곡선 C는 $|z|=R$ 즉 $z=Re^{i\theta}$, $0\le\theta\le\pi$이므로

$$|(z^2+1)^2(z^2+2z+2)| \geq (|z^2|-1)^2(|z^2|-2|z|-2) = (R^2-1)^2(R^2-2R-2)$$

이고, 또한 C_R의 길이는 πR이므로

$$\left| \int_{C_R} \frac{z^2 dz}{(z^2+1)^2(z^2+2z+2)} \right| \leq \int_{C_R} \left| \frac{z^2}{(z^2-1)^2(z^2-2z-2)} \right| |dz|$$

$$= \frac{R^2}{(R^2-1)^2(R^2-2R-2)} \pi R$$

이다. 여기서 $R \to \infty$이면 $\dfrac{\pi R^3}{(R^2-1)^2(R^2-2R-2)} \to 0$이므로

$$\lim_{R \to \infty} \int_{C_R} f(z) dz = 0$$

이다. 그러므로 구하는 것은

$$\int_{-\infty}^{\infty} \frac{x^2 dx}{(x^2+1)^2(x^2+2x+2)} = \lim_{R \to \infty} \int_{-R}^{R} \frac{x^2 dx}{(x^2+1)^2(x^2+2x+2)} = \frac{7\pi}{50}. \qquad \square$$

[예 9.8] 다음 적분을 구하여라.

$$\int_{-\infty}^{\infty} \frac{x^2}{x^4+1} dx$$

풀이 그림 9.2와 같이 먼저 실수축 위의 구간 $J_R = [-R, R]$과 상반평면의 곡선 C_R : $|z| = R$로 둘러싸인 영역 D에 함수 $f(z) = \dfrac{z^2}{z^4+1}$의 극은 $z^4 = -1$일 때 각각

$$z = e^{\frac{i(1+2k)\pi}{4}} \quad (k = 0,\ 1,\ 2,\ 3)$$

인 단순극을 갖는다. 그런데 이 중에 영역 D에 포함되는 것은 $k = 0$, 1일 때

$$z_1 = e^{\frac{\pi}{4}i} = \frac{1+i}{\sqrt{2}}, \quad z_2 = e^{\frac{3\pi}{4}i} = \frac{-1+i}{\sqrt{2}}$$

이다. 따라서 z_1, z_2에서 $f(z)$의 유수를 각각 구하면

$$\mathrm{Res}[f,\ z_1] = \frac{z_1^2}{4z_1^3} = \frac{1}{4z_1} = \frac{\sqrt{2}}{4(1+i)} = \frac{\sqrt{2}(1+i)}{8},$$

$$\mathrm{Res}[f,\ z_2] = \frac{1}{4z_2} = \frac{\sqrt{2}}{4(-1+i)} = \frac{\sqrt{2}(-1-i)}{8}$$

이다. 그런데 상반원 C_R과 실수축 위의 구간 $J_R = [-R,\ R]$의 합한 곡선을 C라 하면 유수정리에 의하여

$$\int_C f(z)dz = \int_{-R}^{R} f(x)dx + \int_{C_R} f(z)dz = 2\pi i(\mathrm{Res}[f,\ z_1] + \mathrm{Res}[f,\ z_2])$$

$$= 2\pi i\left(\frac{-2\sqrt{2}\,i}{8}\right) = \frac{\sqrt{2}\,\pi}{2}$$

이다. 그런데 상반원 C_R 위의 임의의 z에 대하여

$$|z| = 2,\ |z^4+1| \geq |z^4| - 1 = R^4 - 1$$

이므로

$$|f(z)| = \left|\frac{z^2}{z^4+1}\right| \leq \frac{|z^2|}{|z^4|-1} = \frac{R^2}{R^4-1}$$

이 되고, 여기서 $R \to \infty$이면 $\dfrac{R^2}{R^4-1} \to 0$이므로

$$\lim_{R\to\infty}\int_{C_R} f(z)dz = 0$$

이다. 따라서 구하는 적분은

$$\int_{-\infty}^{\infty} \frac{x^2}{x^4+1}dx = \lim_{R\to\infty}\int_{-R}^{R} f(x)dx = \frac{\sqrt{2}}{2}\pi$$ □

지금 $p(x)$, $q(x)$가 실계수인 다항식이고 공통인수를 갖지 않은 함수 $f(x) = \dfrac{p(x)}{q(x)}$에 대하여 $q(x)$의 차수가 $p(x)$의 차수보다 2보다 크고 q는 실수값의 영점을 가지지 않을 때 f의 이상적분에 대한 Cauchy의 주요값을 얻기 위하여 유수정리를 이용할 수 있는 방법에 대하여 알아본다.

▌정리 9.4▌

실변수 x에 대하여 다항식 $p(x)$, $q(x)$의 차수가 각각 m, n이고 $n \geq m+2$이며, 공통인수를 갖지 않는다고 하자. 그러면 다음이 성립한다.

$$\int_{-\infty}^{\infty} \frac{p(x)}{q(x)} dx = 2\pi i \sum_{k=1}^{n} \text{Res}\left[\frac{p(z)}{q(z)},\ z_k\right]$$

단, z_1, z_2, $\cdots$, z_{n-1}, z_n은 상반평면에 있는 $p(z)/q(z)$의 극이다.

증명 상반평면 $\text{Im}(z) \geq 0$에 중심이 원점이고, 충분히 큰 반지름이 $R>0$인 상반원 C_R과 선분 $J_R=[-R, R]$을 합친 것을 C라 하고, C의 내부에 유리함수 $p(z)/q(z)$의 유한 개의 극 z_1, z_2, $\cdots$, z_{n-1}, z_n이 포함되도록 하면(그림 9.2 참조)

$$\int_C \frac{p(z)}{q(z)} dz = \int_{J_R} \frac{p(z)}{q(z)} dz + \int_{C_R} \frac{p(z)}{q(z)} dz$$

$$= 2\pi i \sum_{k=1}^{n} \text{Res}\left[\frac{p}{q},\ z_k\right] + \int_{C_R} \frac{p(z)}{q(z)} dz \qquad \cdots\cdots ①$$

이다. 그런데 $\int_{J_R} \frac{p(z)}{q(z)} dz = \int_{-R}^{R} \frac{p(x)}{q(x)} dx$이고, 식 ①에서 유수정리를 이용하면

$$\int_{-R}^{R} \frac{p(x)}{q(x)} dx = \int_C \frac{p(z)}{q(z)} dz - \int_{C_R} \frac{p(z)}{q(z)} dz$$

$$= 2\pi i \sum_{k=1}^{n} \text{Res}\left[\frac{p}{q},\ z_k\right] - \int_{C_R} \frac{p(z)}{q(z)} dz \qquad \cdots\cdots ②$$

로 나타낼 수 있다. 그런데 가정에서 다항식 $q(z)$의 차수 $\deg q(z) = n$은 $zp(z)$의 차수 $\deg(zp(z)) = m+1$보다 크므로

$$|z| \to \infty \text{일 때 } \left|\frac{zp(z)}{q(z)}\right| \to 0$$

이 된다. 따라서 임의의 $\varepsilon > 0$에 대하여 $\left|\frac{zp(z)}{q(z)}\right| < \frac{\varepsilon}{\pi}$이라 할 수 있으므로

$$|z| = R\text{일 때 } \left|\frac{p(z)}{q(z)}\right| < \frac{\varepsilon}{\pi R} \qquad \cdots\cdots ③$$

이고, 또한 C_R의 길이는 πR이므로

$$\left| \int_{C_R} \frac{p(z)}{q(z)} dz \right| \le \int_{C_R} \frac{\varepsilon}{\pi R} |dz| = \frac{\varepsilon}{\pi R} \pi R = \varepsilon \qquad \cdots\cdots ④$$

이고, $\varepsilon > 0$은 임의이므로 식 ④에서

$$\lim_{R \to \infty} \int_{C_R} \frac{p(z)}{q(z)} dz = 0 \qquad \cdots\cdots ⑤$$

임을 나타낸다. 식 ⑤를 ②에 대입하여 $R \to \infty$이면

$$\int_{-\infty}^{\infty} \frac{p(x)}{q(x)} dx = \lim_{R \to \infty} \int_{-R}^{R} \frac{p(x)}{q(x)} dx = 2\pi i \sum_{k=1}^{n} \text{Res}\left[\frac{p(z)}{q(z)},\ z_k \right]$$ ■

[예 9.9] $\displaystyle\int_{-\infty}^{\infty} \frac{dx}{(x^2+1)(x^2+4)} = \frac{\pi}{6}$ 임을 보여라.

풀이 피적분함수는

$$f(z) = \frac{1}{(z^2+1)(z^2+4)} = \frac{1}{(z+i)(z-i)(z+2i)(z-2i)}$$

이고, f는 그림 9.2의 상반평면에 $z=i$와 $z=2i$에서 단순극을 가진다. 이 극에 대한 유수를 구하면 각각

$$\text{Res}[f(z),\ i] = -\frac{i}{6},\quad \text{Res}[f(z),\ 2i] = \frac{i}{12}$$

를 얻는다. 따라서

$$\int_{-\infty}^{\infty} \frac{dx}{(x^2+1)(x^2+4)} = 2\pi i \left[-\frac{i}{6} + \frac{i}{12} \right] = \frac{\pi}{6}$$ □

[예 9.10] 단순닫힌곡선에 따르는 적분을 이용하여

$$\int_{-\infty}^{\infty} \frac{dx}{x^2+1} = \pi$$

임을 증명하라.

풀이 함수 $f(z)=\dfrac{1}{z^2+1}$을 생각하면 $f(z)$는 $z=\pm i$에서 특이점을 갖는다. 닫힌곡선 C를 그림 9.2와 같이 $-R$에서 $R(R>1)$까지 실수선과 상반원으로 구성된 곡선일 때 C의 내부에 있는 $f(z)$의 특이점은 $z=i$ 뿐이고, 이에 대한 유수는

$$\mathrm{Res}[f,\ i]=\lim_{z\to i}(z-i)f(z)=\frac{1}{2i}$$

이다. 따라서

$$\int_C \frac{dz}{z^2+1}=2\pi i\cdot\frac{1}{2i}=\pi \qquad \cdots\cdots ①$$

그런데

$$\int_C \frac{dz}{z^2+1}=\int_{-R}^{R}\frac{dx}{x^2+1}+\int_{C_R}\frac{dz}{z^2+1}$$

이고, 또한 $|z^2+1|\geq|z^2|-1=R^2-1$이므로

$$\left|\int_{C_R}\frac{dz}{z^2+1}\right|\leq\int_{C_R}\frac{1}{R^2-1}|dz|=\frac{\pi R}{R^2-1} \qquad \cdots\cdots ②$$

이 된다. 그런데 식 ②에서 $R\to\infty$이면 $\displaystyle\lim_{R\to\infty}\int_{C_R}\frac{dz}{z^2+1}=0$이므로 식 ①에서

$$\int_{-\infty}^{\infty}\frac{dx}{x^2+1}=\lim_{R\to\infty}\int_{-R}^{R}\frac{dx}{x^2+1}=\pi$$

□

9.2.2 $I=\int_0^{2\pi}F(\cos\theta,\ \sin\theta)d\theta$를 구하는 법

지금부터 삼각함수를 포함하는 유리함수 $F(\cos\theta,\ \sin\theta)$에 대한 적분

$$\int_0^{2\pi}F(\cos\theta,\ \sin\theta)d\theta$$

를 구하는 방법을 살펴보도록 한다.

지금 C를 단위원 $|z|=1$이면 즉 $c: z=e^{i\theta},\ (0\leq\theta\leq2\pi)$일 때

$$z=\cos\theta+i\sin\theta,\ \ \frac{1}{z}=\cos\theta-i\sin\theta\,(0\le\theta\le 2\pi)$$

이고, 또한 $dz=(-\sin\theta+i\cos\theta)d\theta=i(\cos\theta+i\sin\theta)d\theta=izd\theta$이므로

$$\cos\theta=\frac{1}{2}\left(z+\frac{1}{z}\right),\ \ \sin\theta=\frac{1}{2i}\left(z-\frac{1}{z}\right),\quad d\theta=\frac{dz}{iz}$$

로 나타낼 수 있다. 이것을 이용하면 구하는 적분은 단위원 C에 따른 유리함수

$$\begin{aligned} f(z)&=F(\sin\theta,\ \cos\theta)\\ &=F\left(\frac{z^2-1}{2iz},\ \frac{z^2+1}{2z}\right)\end{aligned}$$

의 적분을 나타낸다. 그러므로 구하는 적분 $\int_C f(z)dz$는 유수정리에 의하여 구할 수 있다.

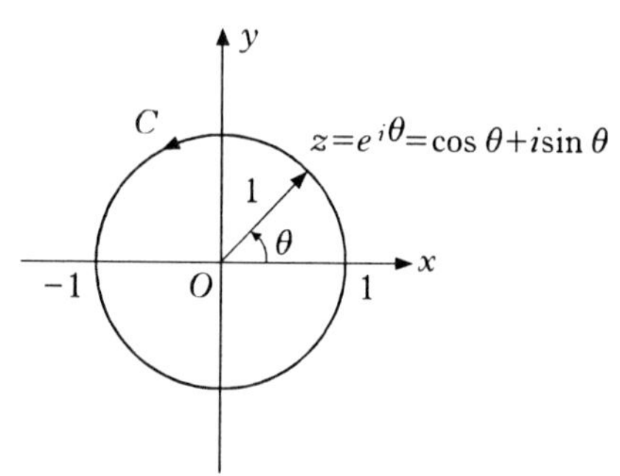

[그림 9.3]

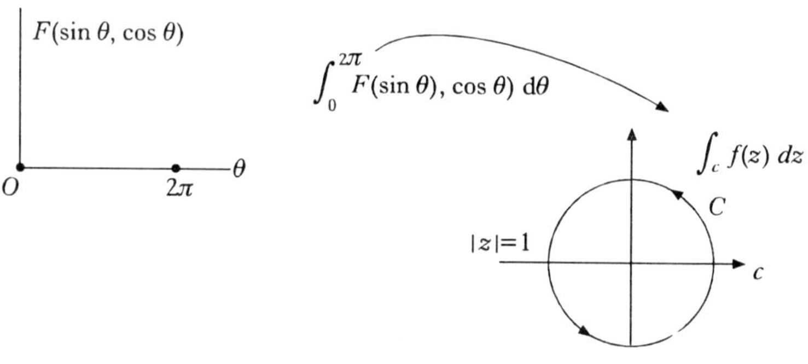

[그림 9.4]

$$\int_0^{2\pi}F(\sin\theta,\ \cos\theta)d\theta=\int_C F\left(\frac{z^2-1}{2iz},\ \frac{z^2+1}{2z}\right)\frac{dz}{iz}=\int_C f(z)dz$$

이므로 구하려는 실적분을 닫힌곡선의 적분으로 변형될 수 있다.

[예 9.11] 다음 적분을 계산하여라.

$$\int_0^{2\pi} \frac{d\theta}{3-2\cos\theta+\sin\theta}$$

풀이 $z=e^{i\theta}\,(0\le\theta\le 2\pi)$일 때

$$\cos\theta=\frac{1}{2}\left(z+\frac{1}{z}\right),\ \ \sin\theta=\frac{1}{2i}\left(z-\frac{1}{z}\right),\ \ dz=izd\theta$$

이므로

$$\int_0^{2\pi}\frac{d\theta}{3-2\cos\theta+\sin\theta}=\int_C\frac{\frac{dz}{iz}}{3-2\left(\frac{z+z^{-1}}{2}\right)+\left(\frac{z-z^{-1}}{2i}\right)}$$

$$=\int_C\frac{2dz}{(1-2i)z^2+6iz-1-2i}$$

(단, C는 중심이 원점인 단위원이다.)

그런데 함수 $f(z)=\dfrac{2}{(1-2i)z^2+6iz-1-2i}$는

$$z=\frac{-6i\pm\sqrt{(6i)^2-4(1-2i)(-1-2i)}}{2(1-2i)}=\frac{-6i\pm 4i}{2(1-2i)}=2-i,\ \ \frac{2-i}{5}$$

에서 단순극을 갖는다. 여기서 $z=\dfrac{2-i}{5}$만이 곡선 C의 내부에 있다. 따라서 $z=\dfrac{2-i}{5}$에서 $f(z)$의 유수는

$$\text{Res}\left[f(z),\ \frac{2-i}{5}\right]=\lim_{z\to(2-i)/5}\left(z-\frac{2-i}{5}\right)\left\{\frac{2}{(1-2i)z^2+6iz-1-2i}\right\}$$

$$=\lim_{z\to(2-i)/5}\left\{\frac{2}{2(1-2i)z+6i}\right\}=\frac{1}{2i}\ \ \text{(L'Hospital의 정리에 의함)}$$

따라서 구하는 것은

$$\int_0^{2\pi}\frac{d\theta}{3-2\cos\theta+\sin\theta}=2\pi i\left(\frac{1}{2i}\right)=\pi$$

□

[예 9.12] 다음 적분을 계산하여라.

$$\int_0^{2\pi} \frac{\cos 3\theta}{10-8\cos\theta} d\theta$$

풀이 $z=e^{i\theta}(0 \le \theta \le 2\pi)$일 때

$$\cos 3\theta = \frac{e^{3i\theta}+e^{-3i\theta}}{2} = \frac{z^3+z^{-3}}{2}, \quad d\theta = \frac{dz}{iz}$$

이므로 구하는 적분은

$$I = \int_C \frac{(z^3+z^{-3})dz}{2iz\left(10-8\dfrac{z+z^{-1}}{2}\right)} = \int_C \frac{(z^3+z^{-3})dz}{2iz(10-4z-4z^{-1})}$$

$$= \int_C \frac{z^6+1}{4i(5z^4-2z^5-2z^3)} dz = -\frac{1}{4i}\int_C \frac{z^6+1}{z^3(2z^2-5z+2)} dz$$

$$= -\frac{1}{4i}\int_C \frac{z^6+1}{z^3(2z-1)(z-2)} dz$$

그런데 피적분함수 $f(z) = \dfrac{z^3+z^{-3}}{2iz(10-4z-4z^{-1})}$에 대하여 $z=0$에서 위수 3의 극을 $z=2$, $z=\dfrac{1}{2}$에서 각각 단순극을 갖는다. 그런데 $z=2$는 원 밖에 있다. 따라서 $z=0$에서 $f(z)$의 유수는

$$\text{Res}[f,\ 0] = \frac{1}{2!}\lim_{z\to 0}\frac{d^2}{dz^2}\left[\frac{z^6+1}{(2z-1)(z-2)}\right]$$

$$= \frac{1}{2}\lim_{z\to 0}\frac{6z^5(2z-1)(z-2)-(z^6+1)(4z-5)}{(2z-1)^2(z-2)^2} = \frac{21}{8}$$

$$\text{Res}\left[f,\ \frac{1}{2}\right] = \lim_{z\to\frac{1}{2}}\left[\frac{z^6+1}{z^3(2z-1)(z-2)}(z-\frac{1}{2})\right]$$

$$= \frac{1}{2}\lim_{z\to\frac{1}{2}}\frac{z^6+1}{(z-2)z^3} = -\frac{65}{24}$$

따라서 구하는 적분은

$$\int_0^{2\pi} \frac{\cos 3\theta}{10-8\cos\theta}d\theta = -\frac{1}{4i}2\pi i\left(\mathrm{Res}[f,\ 0]+\mathrm{Res}\left[f,\ \frac{1}{2}\right]\right)$$

$$= -\frac{\pi}{2}\left(\frac{21}{8}-\frac{65}{24}\right) = \frac{\pi}{2}\left(-\frac{1}{12}\right) = \frac{\pi}{24}. \qquad \square$$

▌정리 9.5▌

$0\le\theta\le\dfrac{\pi}{2}$인 모든 θ에 대하여 다음 부등식이 성립한다.

$$\sin\theta \ge \frac{2\theta}{\pi}$$

증명 $\theta=0$일 때는 명백하다. 다음은 $0<\theta\le\dfrac{\pi}{2}$에 대하여

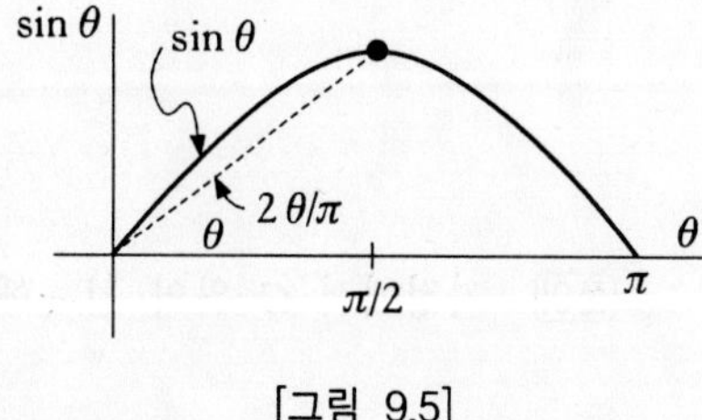

[그림 9.5]

$$f(\theta)=\begin{cases}\dfrac{\sin\theta}{\theta}, & 0<\theta\le\pi\\ 1, & \theta=0\end{cases}$$

이면 $f(\theta)$는 $0\le\theta\le\dfrac{\pi}{2}$에서 연속이고 $f\left(\dfrac{\pi}{2}\right)=\dfrac{2}{\pi}$이다. 한편 $0<\theta\leqq\dfrac{\pi}{2}$인 모든 θ에 대하여

$$f'(\theta)=\frac{\theta\cos\theta-\sin\theta}{\theta^2}=\frac{\cos\theta}{\theta}-\frac{\dfrac{\sin\theta}{\theta}}{\theta} \qquad \cdots\cdots ①$$

이고, 평균값 정리에 의하여 적당한 $\xi\in(0,\ \theta)$가 존재하여

$$\frac{\sin\theta}{\theta}=\frac{\sin\theta-\sin 0}{\theta-0}=\cos\xi$$

가 성립하므로 식 ①에서

$$f'(\theta)=\frac{\cos\theta-\cos\xi}{\theta} \qquad \cdots\cdots ②$$

이다. 그런데 $\cos\theta$는 $0\le\theta\le\dfrac{\pi}{2}$에서 감소함수이므로 식 ②에서 $f'(\theta)<0$이므로 $0<\theta\leqq\dfrac{\pi}{2}$인 모든 θ에 대하여 다음의 결과를 얻을 수 있다.

$$0 < \frac{2\theta}{\pi} \leq \sin\theta$$ ■

[예 9.13] 원 $|z|=r$ 위의 점이 r에서 $-r$에 이르기까지 반원을 C라 하고, C 위의 점 z에 대하여 $|f(z)| \leq \frac{M}{|z|^k}$, ($M$, k는 양의 정수)이면

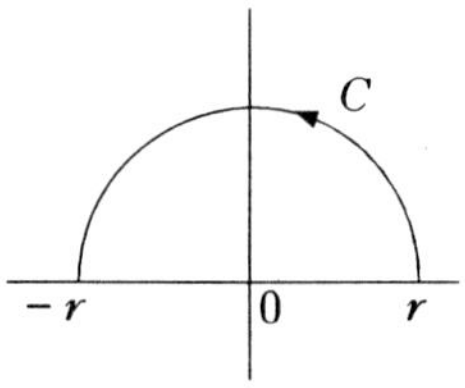

$$\left|\int_C f(z)e^{iz}dz\right| < \frac{M\pi}{|z|^k}$$

이고, 또한 다음 결과를 얻을 수 있음을 보여라.

$$\int_0^{\frac{\pi}{2}} f(z)e^{-r\sin\theta}d\theta < \frac{\pi}{2r}$$

[그림 9.6]

풀이 가정에서 C 위의 점 z에 대하여 $|f(z)| \leq \frac{M}{|z|^k}$ 이므로

$$\begin{aligned}\left|\int_C f(z)e^{iz}dz\right| &= \left|\int_0^{\pi} f(z)e^{iz}\frac{dz}{d\theta}d\theta\right| \\ &= \left|\int_0^{\pi}|f(z)||e^{iz}|\left|\frac{dz}{d\theta}\right|d\theta\right| \leq \int_0^{\pi}\frac{M}{r^k}e^{-r\sin\theta}rd\theta \\ &= \frac{M}{r^{k-1}}\int_0^{\pi}e^{-r\sin\theta}d\theta = \frac{2M}{r^{k-1}}\int_0^{\frac{\pi}{2}}e^{-r\sin\theta}d\theta\end{aligned}$$

따라서

$$\left|\int_C f(z)e^{iz}dz\right| < \frac{2M}{r^{k-1}}\cdot\frac{\pi}{2r} = \frac{M\pi}{r^k}.$$

한편 정리 9.5에 의하여 $\sin\theta \geq \frac{2}{\pi}\theta \ \left(0 \leq \theta \leq \frac{\pi}{2}\right)$ 이므로

$$\begin{aligned}\int_0^{\frac{\pi}{2}} e^{-r\sin\theta}d\theta &< \int_0^{\frac{\pi}{2}} e^{-\frac{2}{\pi}r\theta}d\theta \\ &= \left[-\frac{\pi}{2r}e^{-\frac{2}{\pi}r\theta}\right]_0^{\frac{\pi}{2}} = \frac{\pi}{2r}(1-e^{-r}) < \frac{\pi}{2r}\end{aligned}$$ □

▌정리 9.6▌

z의 다항식 $p(z)$, $q(z)$가 공통인수를 갖지 않고 차수가 각각 m, n이라 하자. 지금 $n \geq m+1$이며, $z=Re^{i\theta}$, $0 \leq \theta \leq \pi$인 상반원 C_R에 대하여

$$\lim_{R \to \infty} \int_{C_R} \frac{e^{iz} p(z)}{q(z)} dz = 0$$

증명 $n = \deg q(z) \geq \deg p(z) + 1 = m+1$이므로

$$z \to \infty \text{일 때 } \left| \frac{zp(z)}{q(z)} \right| \to 0$$

이 된다. 따라서 임의의 $\varepsilon > 0$에 대하여

$$\left| \frac{zp(z)}{q(z)} \right| < \frac{\varepsilon}{\pi}, \quad C_R : |z| = R$$

이라 할 수 있으므로 $\left| \dfrac{p(z)}{q(z)} \right| < \dfrac{\varepsilon}{\pi R}$을 만족하는 $R > 0$이 존재한다. 그러므로

$$\left| \int_{C_R} \frac{e^{iz} p(z)}{q(z)} dz \right| \leq \int_{C_R} \frac{\varepsilon}{\pi} |e^{iz}||dz| = \int_0^{\pi} \frac{\varepsilon}{\pi} |e^{iR(\cos\theta + i\sin\theta)}| R d\theta$$

$$= \frac{\varepsilon}{\pi} \int_0^{\pi} e^{-R\sin\theta} R d\theta = \frac{2\varepsilon}{\pi} \int_0^{\frac{\pi}{2}} e^{-R\sin\theta} R\, d\theta$$

가 된다. 그런데 정리 9.5에 의하여 $0 < \dfrac{2\theta}{\pi} \leq \sin\theta \left(0 \leq \theta \leq \dfrac{\pi}{2} \right)$이므로

$$\left| \int_{C_R} \frac{e^{iz} p(z)}{q(z)} dz \right| \leq \frac{2\varepsilon}{\pi} \int_0^{\frac{\pi}{2}} e^{\frac{-2R\theta}{\pi}} R d\theta = -\varepsilon e^{-\frac{2R\theta}{\pi}} \Big|_0^{\frac{\pi}{2}} < \varepsilon$$

이다. 따라서 다음과 같은 결과를 얻는다.

$$\lim_{R \to \infty} \int_{C_R} \frac{e^{iz} p(z)}{q(z)} dz = 0$$

■

▮정리 9.7▮

만약 $z=Re^{i\theta}$에 대하여 $|f(z)|\le\dfrac{M}{R^k}$, $k>0$, $M>0$일 때

$$\lim_{R\to\infty}\int_{C_R} f(z)e^{i\lambda z}dz=0$$

(단, C_R은 반지름이 R인 반원의 상반면, λ은 양의 정수)임을 증명하여라.

증명 만약 $z=Re^{i\theta}$이면 $\int_{C_R} e^{i\lambda z}f(z)dz=\int_0^\pi e^{i\lambda Re^{i\theta}}f(Re^{i\theta})iRe^{i\theta}d\theta$이다. 그런데

$$\begin{aligned}\left|\int_0^\pi e^{i\lambda Re^{i\theta}}f(Re^{i\theta})iRe^{i\theta}d\theta\right| &\le \int_0^\pi |e^{i\lambda Re^{i\theta}}f(Re^{i\theta})iRe^{i\theta}|d\theta \\ &= \int_0^\pi |e^{i\lambda R\cos\theta-\lambda R\sin\theta}f(Re^{i\theta})iRe^{i\theta}|d\theta \\ &= \int_0^\pi e^{-\lambda R\sin\theta}|f(Re^{i\theta})|Rd\theta \\ &\le \frac{M}{R^{k-1}}\int_0^\pi e^{-\lambda R\sin\theta}d\theta=\frac{2M}{R^{k-1}}\int_0^{\frac{\pi}{2}} e^{-\lambda R\sin\theta}d\theta\end{aligned}$$

이다. 지금 $0\le\theta\le\dfrac{\pi}{2}$에 대하여 정리 9.5에 의하여 $\sin\theta\ge\dfrac{2\theta}{\pi}$이므로

$$\frac{2M}{R^{k-1}}\int_0^{\frac{\pi}{2}} e^{-\lambda R\sin\theta}d\theta=\frac{\pi M}{\lambda R^k}(1-e^{-\lambda R})$$

이 된다. 여기서 λ와 k는 양수이므로 $R\to\infty$이면 $\dfrac{\pi M}{\lambda R^k}(1-e^{-\lambda R})\to 0$이다. 따라서 주어진 결과를 얻을 수 있다. ■

9.2.3 $\displaystyle\int_{-\infty}^{\infty}\frac{p(x)}{q(x)}\sin\lambda x dx$, $\displaystyle\int_{-\infty}^{\infty}\frac{p(x)}{q(x)}\cos\lambda x dx$ $(\lambda>0)$를 구하는 법

▮정리 9.8▮

실변수 x에 대하여 공통인수를 갖지 않고 차수가 각각 m, n인 다항식

> $p(x)$, $q(x)$에 대하여 $n \geq m+1$이며, $\lambda > 0$일 때
>
> $$\int_{-\infty}^{\infty} \frac{p(x)}{q(x)} \cos \lambda x dx = -2\pi \sum_{k=1}^{n} \mathrm{Im}\left(\mathrm{Res}\left[\frac{p(x)}{q(x)},\ z_k\right]\right) \text{이고,}$$
>
> $$\int_{-\infty}^{\infty} \frac{p(x)}{q(x)} \cos \lambda x dx = 2\pi \sum_{k=1}^{n} \mathrm{Re}\left(\mathrm{Res}\left[\frac{p(x)}{q(x)},\ z_k\right]\right) \text{이다.}$$

증명 곡선 C를 $C_R : z = Re^{i\theta}\,(0 \leqq \theta \leqq \pi)$과 실수축의 구간 $J_R = [-R,\ R]$의 합 $C = J_R + C_R$이라 하면 구하는 적분은

$$\int_{-R}^{R} \frac{e^{i\lambda x} p(x)}{q(x)} dx = \int_{C} \frac{e^{i\lambda z} p(z)}{q(z)} dz - \int_{C_R} \frac{e^{i\lambda z} p(z)}{q(z)} dz \qquad \cdots\cdots ①$$

이다. 식 ①에서 $p(z)/q(z)$의 모든 극 $z_1,\ z_2,\ \cdots,\ z_n$이 C의 내부에 포함되도록 R을 충분히 잡고 유수정리를 이용하면

$$\int_{-R}^{R} \frac{e^{i\lambda x} p(x)}{q(x)} dx = 2\pi i \sum_{k=1}^{n} \mathrm{Res}\left[\frac{p(z)}{q(z)},\ z_k\right] - \int_{C_R} \frac{e^{i\lambda z} p(z)}{q(z)} dz \qquad \cdots\cdots ②$$

이다. 그런데 정리 9.6에 의하여

$$\lim_{R \to \infty} \int_{C_R} \frac{e^{i\lambda z} p(z)}{q(z)} dz = 0 \qquad \cdots\cdots ③$$

이므로 식 ②에서 주어진 적분은 다음과 같다.

$$\begin{aligned} \int_{-\infty}^{\infty} \frac{(\cos \lambda x + i \sin \lambda x) p(x)}{q(x)} dx &= 2\pi i \sum_{k=1}^{n} \mathrm{Res}\left[\frac{p(z)}{q(z)},\ z_k\right] \\ &= 2\pi \sum_{k=1}^{\infty} \mathrm{Im}\left(\mathrm{Res}\left[\frac{p(z)}{q(z)},\ z_k\right]\right) + 2\pi i \sum_{k=1}^{\infty} \mathrm{Re}\left(\mathrm{Res}\left[\frac{p(z)}{q(z)},\ z_k\right]\right) \qquad \cdots\cdots ④ \end{aligned}$$

그런데 식 ④의 양변에 실수부분과 허수부분은 같아야 하므로

$$\int_{-\infty}^{\infty} \frac{p(x)}{q(x)} \sin \lambda x dx = 2\pi \sum_{k=1}^{n} \mathrm{Re}\left(\mathrm{Res}\left[\frac{e^{i\lambda z} p(z)}{q(z)},\ z_k\right]\right),\ \lambda > 0$$

$$\int_{-\infty}^{\infty} \frac{p(x)}{q(x)} \cos \lambda x dx = -2\pi \sum_{k=1}^{n} \mathrm{Im}\left(\mathrm{Res}\left[\frac{e^{i\lambda z} p(z)}{q(z)},\ z_k\right]\right),\ \lambda > 0$$

를 얻을 수 있다. ■

〈참고〉 단순닫힌곡선 C 위에 $f(z)$의 특이점이 없으면 적분 $\int_C e^{i\lambda z} f(z)dz$를 생각하면 된다.

[예 9.14] $\int_0^\infty \frac{\cos mx}{x^2+1}dx = \frac{\pi}{2}e^{-m}$, $m>0$임을 보여라.

풀이 적분 $\int_C \frac{e^{imz}}{z^2+1}dz$ (단, C는 구간 $[-R, R]$과 반지름이 R인 상반원)를 생각하자. 그러면 피적분함수 $f(z)=\frac{e^{imz}}{z^2+1}$는 $z=\pm i$에서 단순극을 갖고, $z=i$만이 C의 내부에 포함된다. 따라서 $z=i$에서 $f(z)$의 유수는

$$\text{Res}[f, i] = \lim_{z\to i}\left\{(z-i)\frac{e^{imz}}{(z-i)(z+i)}\right\} = \frac{e^{-m}}{2i}$$

이다. 따라서 $\int_C \frac{e^{imz}}{z^2+1}dz = 2\pi i\left(\frac{e^{-m}}{2i}\right) = \pi e^{-m}$이므로

$$\int_{-R}^{R}\frac{e^{imx}}{x^2+1}dx + \int_{C_R}\frac{e^{imz}}{z^2+1}dz = \pi e^{-m}$$

이다. 즉,

$$\int_{-R}^{R}\frac{\cos mx}{x^2+1}dx + i\int_{-R}^{R}\frac{\sin mx}{x^2+1}dx + \int_{C_R}\frac{e^{imz}}{z^2+1}dz = \pi e^{-m} \qquad \cdots\cdots ①$$

이고, 이를 정리하면

$$2\int_0^R\frac{\cos mx}{x^2+1}dx + \int_{C_R}\frac{e^{imz}}{z^2+1}dz = \pi e^{-m} \qquad \cdots\cdots ②$$

이 된다. 한편, $|z^2+1| \geq |z|^2-1 = R^2-1$이고,

$$\left|\frac{e^{imz}}{z^2+1}\right| = \frac{|e^{imz}|}{|z^2+1|} \leq \frac{1}{R^2-1}$$

이 된다. 여기서 $R\to\infty$이면

$$\left|\int_{C_R}\frac{e^{imz}}{z^2+1}dz\right| \leq \frac{\pi R}{R^2-1} \to 0$$

이므로 적분 ②에서 $\lim_{R\to\infty}\int_{C_R}\frac{e^{imz}}{z^2+1}dz=0$이므로

$$\int_{-\infty}^{\infty}\frac{\cos mx}{x^2+1}dx=\lim_{R\to\infty}\int_{-R}^{R}\frac{\cos mx}{x^2+1}dx=\frac{\pi e^{-m}}{2} \qquad \square$$

[예 9.14] $\int_0^{\infty}\frac{x\sin x}{(x^2+1)^2}dx$의 값을 구하여라.

풀이 $f(z)=\frac{ze^{iz}}{(z^2+1)^2}=\frac{ze^{iz}}{(z+i)^2(z-i)^2}$를 그림 9.7과 같이 곡선 $C=J_R+C_R$에 따라 적분하면

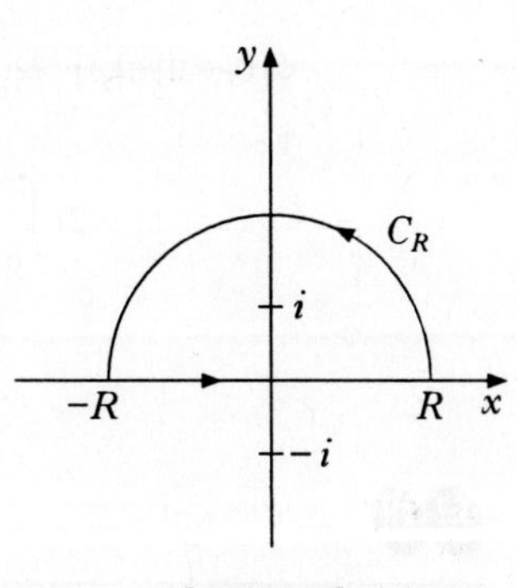

[그림 9.7]

$$\int_C\frac{e^{iz}dz}{(z^2+1)^2}$$

$$=\int_{-R}^{R}\frac{xe^{ix}}{(x^2+1)^2}dx+\int_{C_R}\frac{ze^{iz}}{(z^2+1)^2}dz \quad \cdots\cdots ①$$

$f(z)$는 C의 내부에 $z=i$에서 위수 2의 극을 가지므로 이에 대한 유수는

$$\mathrm{Res}[f,\ i]=\lim_{z\to i}\frac{d}{dz}\left\{\frac{ze^{iz}}{(z+1)^2}\right\}=\lim_{z\to i}\frac{(iz^2-2z+i)e^{iz}}{(z+i)^3}=\frac{1}{4e}$$

이므로

$$\int_C\frac{ze^{iz}}{(z+1)^2}dz=2\pi i\,\mathrm{Res}[z,\ i]=\frac{\pi i}{2e}$$

그런데

$$|(z^2+1)^2|\ge(|z^2|-1)^2=(R^2-1)^2 \quad \cdots\cdots ②$$

이고, 곡선의 길이는 πR^2이므로 적분 ①의 우변의 둘째 적분은

$$\left|\int_{C_R}\frac{ze^{iz}}{(z^2+1)^2}dz\right|\le\frac{\pi R^2}{(R^2-1)^2}\to 0\ (R\to\infty) \quad \cdots\cdots ③$$

이므로

$$\lim_{R\to\infty}\int_{C_R}\frac{ze^{iz}}{(z^2+1)^2}dz=0$$

이 된다. 또한

$$\int_{-R}^{R}\frac{xe^{ix}}{(x^2+1)^2}dx=\int_{-R}^{0}\frac{xe^{ix}}{(x^2+1)^2}dx+\int_{0}^{R}\frac{xe^{ix}}{(x^2+1)^2}dx$$
$$=-\int_{0}^{R}\frac{xe^{-ix}}{(x^2+1)^2}dx+\int_{0}^{R}\frac{xe^{ix}}{(x^2+1)^2}dx=2i\int_{0}^{R}\frac{x\sin x}{(x^2+1)^2}dx$$

이다. 따라서 식 ①에서 $R\to\infty$일 때

$$2i\int_{0}^{\infty}\frac{x\sin x}{(x^2+1)^2}dx=\frac{\pi i}{2e} \quad 즉 \quad \int_{0}^{\infty}\frac{x\sin x}{(x^2+1)^2}dx=\frac{\pi}{4e}$$ □

문제

1. 다음 적분을 구하여라.

$$I=\int_{0}^{2\pi}\frac{\sin\theta}{1-2a\sin\theta+a^2}d\theta\ (|a|>1)$$

 $z=e^{i\theta}\,(0\le\theta\le 2\pi)$이면 $\sin\theta=\frac{1}{2i}\left(z-\frac{1}{z}\right)$, $d\theta=\frac{dz}{iz}$이므로 구하는 적분은

$$I=\int_{|z|=1}\frac{\frac{1}{2i}\left(z-\frac{1}{z}\right)}{1-2a\cdot\frac{1}{2i}\left(z-\frac{1}{z}\right)+a^2}\frac{1}{iz}dz=-\frac{1}{2i}\int_{|z|=1}\frac{z^2-1}{z(z-ai)(az-i)}dz$$

우변의 피적분함수에서 $z=0,\ ai,\ \frac{i}{a}$에서 각각 단순극을 가지므로 원 $|z|=1$의 내부에는 $z=0,\ \frac{i}{a}$가 포함되어 있다. 따라서 구하는 유수는

$$\text{Res}[f,\ 0]=\lim_{z\to 0}\frac{z^2-1}{(z-ai)(az-i)}=\frac{1}{ai},$$

$$\text{Res}\left[f,\ \frac{i}{a}\right]=\lim_{z\to\frac{i}{a}}\frac{z^2-1}{az(z-ai)}=-\frac{a^2+1}{a(a^2-1)}$$

이다. 따라서 구하는 적분은

$$I=-\frac{1}{2i}\cdot 2\pi i\left\{\text{Res}[f,\ 0]+\text{Res}\left[f,\ \frac{i}{a}\right]\right\}=\frac{2\pi}{a(a^2-1)}$$

2. $\displaystyle\int_{-\infty}^{\infty}\frac{x\sin\pi x}{x^2+2x+5}dx$와 $\displaystyle\int_{-\infty}^{\infty}\frac{x\cos\pi x}{x^2+2x+5}dx$를 각각 구하여라.

풀이 적분 $\displaystyle\int_C\frac{ze^{i\pi z}}{z^2+2z+5}dz$ (단, C는 구간 $[-R,\ R]$과 반지름이 R인 상반원)을 생각하자. 그런데 피적분 함수 $f(z)=\dfrac{ze^{i\pi z}}{z^2+2z+5}$는 $z=-1\pm 2i$에서 단순극을 갖고, $z=-1+2i$ 만이 C의 내부에 포함된다. $z=-1+2i$에서 $f(z)$의 유수는

$$\begin{aligned}\text{Res}[f,\ -1+2i]&=\lim_{z\to -1+2i}\left\{(z+1-2i)\ \frac{ze^{i\pi z}}{z^2+2z+5}\right\}\\&=(-1+2i)\frac{e^{-i\pi-2\pi}}{4i}\end{aligned}\qquad\cdots\cdots ①$$

가 된다. 따라서

$$\int_C\frac{ze^{i\pi z}}{z^2+2z+5}dz=2\pi i(-1+2i)\left(\frac{e^{-i\pi-2\pi}}{4i}\right)=\frac{\pi}{2}(1-2i)e^{-2\pi}\qquad\cdots\cdots ②$$

이고, 식 ②를 정리하면

$$\int_{-R}^{R}\frac{xe^{i\pi x}}{x^2+2x+5}dx+\int_{C_R}\frac{ze^{i\pi z}}{z^2+2z+5}dz=\frac{\pi}{2}(1-2i)e^{-2\pi}\qquad\cdots\cdots ③$$

이다. 즉,

$$\begin{aligned}&\int_{-R}^{R}\frac{xe^{i\pi x}}{x^2+2x+5}dx+i\int_{-R}^{R}\frac{x\sin\pi x}{x^2+2x+5}dx+\int_{C_R}\frac{ze^{i\pi z}}{z^2+2z+5}dz\\&=\frac{\pi}{2}(1-2i)e^{-2\pi}\end{aligned}\qquad\cdots\cdots ④$$

를 얻는다. 식 ④에서 $R\to\infty$ 이면 $\int_{C_R}\frac{ze^{i\pi z}}{z^2+2z+5}dz=0$ 이므로

$$\lim_{R\to\infty}\int_{-R}^{R}\frac{x\cos\pi x}{x^2+2x+5}dx+i\lim_{R\to\infty}\int_{-R}^{R}\frac{x\sin\pi x}{x^2+2x+5}dx=\frac{\pi}{2}e^{-2\pi}-i\pi e^{-2\pi}$$

이다. 따라서 실수부분과 허수부분을 비교하면 구하는 결과는 각각

$$\int_{-\infty}^{\infty}\frac{x\cos\pi x}{x^2+2x+5}dx=\frac{\pi}{2}e^{-2\pi},\quad \int_{-\infty}^{\infty}\frac{x\sin\pi x}{x^2+2x+5}dx=-i\pi e^{-2\pi}$$

3. $I=\int_0^{\infty}\frac{x^2\cos ax}{(x^2+1)^2}dx\ (a>0)$를 구하여라.

풀이 $f(z)=\frac{z^2\cos az}{(z+1)^2}=\frac{z^2e^{iaz}}{(z+i)^2(z-i)^2}$를 그림 9.7과 같은 곡선 C에 따라 적분하면

$$\int_C\frac{z^2e^{iaz}}{(z+1)^2}dz=\int_{-R}^{R}\frac{x^2e^{iax}}{(x+1)^2}+\int_{C_R}\frac{x^2e^{iax}}{(x+1)^2}\qquad\cdots\cdots ①$$

그런데 $f(z)$는 $z=i$, $z=-i$에서 위수 2의 극을 가지므로 C의 내부에는 $z=i$ 만 포함된다. 따라서 $z=i$에서 유수는

$$\text{Res}[f,\ i]=\lim_{z\to i}\frac{d}{dz}\left\{\frac{z^2e^{iaz}}{(z+i)^2}\right\}=\lim_{z\to i}\frac{(2az+iaz^2)(z+i)-2z^2}{(z+i)^3}e^{iaz}=\frac{1-a}{4i}e^{-a}$$

이다. 따라서

$$\int_C\frac{z^2e^{iaz}}{(z+1)^2}dz=2\pi\,\text{Res}[f,\ i]=\frac{1-a}{2e^a}\pi\qquad\cdots\cdots ②$$

이고, 또한 $|z^2+1|\geq R^2-1$ 이므로

$$\left|\int_{C_R}\frac{z^2e^{iaz}}{(z+1)^2}dz\right|\leq\frac{R^2}{(R^2-1)^2}\pi R\to 0\,(R\to\infty)\qquad\cdots\cdots ③$$

따라서 적분 ①의 우변에서

$$\int_{-R}^{R}\frac{x^2e^{iax}}{(x+1)^2}=\int_{-R}^{0}\frac{x^2e^{iax}}{(x+1)^2}dx+\int_0^{R}\frac{x^2e^{iax}}{(x+1)^2}dx$$

$$= \int_0^R \frac{x^2 e^{-iax}}{(x+1)^2} + \int_0^R \frac{x^2 e^{iax}}{(x+1)^2} dx$$

$$= 2\int_0^R \frac{x^2 \cos ax}{(x+1)^2} dx \qquad \cdots\cdots ④$$

그러므로 구하는 적분은 적분 ①에서 $R \to \infty$일 때

$$2\int_0^\infty \frac{x^2 \cos ax}{(x+1)^2} dx = \frac{1-a}{2e^a}\pi \quad \text{즉} \quad \int_0^\infty \frac{x^2 \cos ax}{(x+1)^2} dx = \frac{1-a}{4e^a}\pi$$

9.3 무한급수의 합

함수 $\cot \pi z$과 $\csc \pi z$는 $z=0, \pm 1, \pm 2, \cdots$에서 단순극을 갖는다. 따라서 함수 $\cot \pi z$과 $\csc \pi z$의 성질과 유수정리를 이용하면 $\sum_{k=0}^{\infty} f(k)$와 $\sum_{k=0}^{\infty} (-1)^k f(k)$의 형태의 무한급수를 다음 정리를 통하여 구할 수 있다.

▮정리 9.9▮

그림 9.8과 같이 C_N을 꼭지점이

$$\left(N+\frac{1}{2}\right)(1+i),\ \left(N+\frac{1}{2}\right)(-1+i),\ \left(N+\frac{1}{2}\right)(-1-i),\ \left(N+\frac{1}{2}\right)(1-i)$$

인 사각형이라 하자. 그러면 C_N 위에서

$$|\cot \pi z| \le M \ (M\text{은 상수})$$

증명 사각형 C_N을 $y > \frac{1}{2}$, $-\frac{1}{2} \le y \le \frac{1}{2}$, $y < -\frac{1}{2}$인 부분으로 나누어 각 부분에서 $\cot \pi z$가 유계함을 보이자.

(i) $y > \frac{1}{2}$일 때 $z = x+iy$로 놓으면

$$|\cot \pi z| = \left|\frac{\cos \pi z}{\sin \pi z}\right| = \left|\frac{e^{i\pi z} + e^{-i\pi z}}{e^{i\pi z} - e^{-i\pi z}}\right|$$

$$= \left| \frac{e^{i\pi x-\pi y}+e^{-i\pi x+\pi y}}{e^{i\pi x-\pi y}-e^{-i\pi x+\pi y}} \right|$$

$$\leq \frac{|e^{i\pi x-\pi y}|+|e^{-i\pi x+\pi y}|}{|e^{-i\pi x+\pi y}|-|e^{i\pi x-\pi y}|}$$

$$= \frac{e^{-\pi y}+e^{\pi y}}{e^{\pi y}-e^{-\pi y}}$$

$$= \frac{1+e^{-2\pi y}}{1-e^{-2\pi y}} \leq \frac{1+e^{-\pi}}{1-e^{-\pi}}$$

$$= \frac{e^{\pi/2}+e^{-\pi/2}}{e^{\pi/2}-e^{-\pi/2}}$$

$$= \coth\frac{\pi}{2} = m_1$$

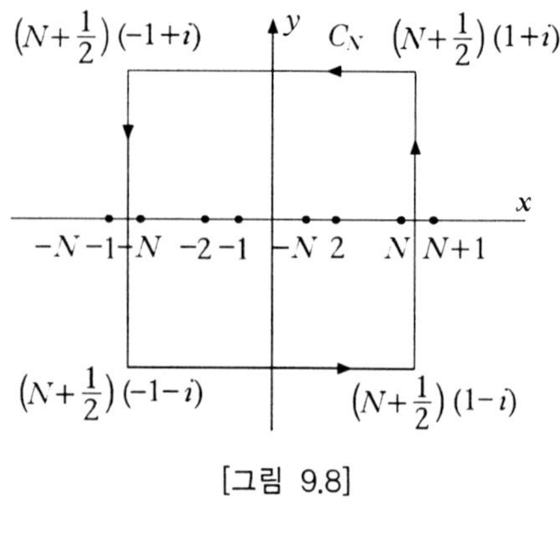

[그림 9.8]

(ii) $y < -\frac{1}{2}$일 때

$$|\cot \pi z| \leq \frac{|e^{i\pi x-\pi y}+|e^{-i\pi x+\pi y}|}{|e^{i\pi x-\pi y}|-|e^{-i\pi x+\pi y}|} = \frac{e^{-\pi y}+e^{\pi y}}{e^{-\pi y}-e^{\pi y}}$$

$$= \frac{1+e^{2\pi y}}{1-e^{-2\pi y}} \leq \frac{1+e^{-\pi}}{1-e^{-\pi}} = \coth\frac{\pi}{2} = m_1$$

(iii) $-\frac{1}{2} \leq y \leq \frac{1}{2}$일 때 먼저 $z = N+\frac{1}{2}+iy$를 생각하면

$$|\cot \pi z| = \left|\cot \pi\left(N+\frac{1}{2}+iy\right)\right| = \left|\cot\left(\frac{\pi}{2}+i\pi y\right)\right|$$

$$= |\tanh \pi y| \leq \tanh\frac{\pi}{2} = m_2$$

만약 $z = -N-\frac{1}{2}+iy$이면 같은 방법으로

$$|\cot \pi z| = \left|\cot \pi\left(-N-\frac{1}{2}+iy\right)\right| = |\tanh \pi y| \leq \tanh\frac{\pi}{2} = m_2$$

따라서

$$M = \max(m_1,\ m_2)$$

로 놓으면 사각형 C_N 위에서 $|\cot \pi z| \leq M$이다. ■

▌정리 9.10▌

함수 $f(z)$가 경로 C_N 위에서 $|f(z)| \le \dfrac{\alpha}{|z|^k}$, $k \ge 1$, α은 N에 무관한 상수)이고, 또한 $z = a_k$ $(k = 1, 2, \cdots)$에서 $a_k \ne n$ $(n = 0, \pm 1, +2,)$인 극을 갖는다고 하자. 그러면

$$\sum_{n \to -\infty}^{\infty} f(n) = -\sum_{k}^{\infty} \text{Res}\,[\pi \cot \pi z \cdot f(z),\ a_k]$$

증명 함수 $f(z)$가 경로 그림 9.8 C_N 위에서 극 $a_1, a_2, \cdots, a_{k_N}$을 갖는다고 하자. 그러면 함수 $\pi \cot \pi z \cdot f(z)$는 경로 C_N의 내부에서 단순극 $z = 0, \pm 1, \cdots, \pm N$과 극 $a_1, a_2, \cdots, a_{k_N}$을 갖게 된다. 함수 $\pi \cot \pi z \cdot f(z)$의 $z = n(n = 0, \pm 1, \cdots, \pm N)$에서 유수는 L'Hospital에 의하여

$$\lim_{z \to n}(z-n) \cdot \pi \cos \pi z \cdot f(z) = \lim_{z \to n} \pi\left(\frac{z-n}{\sin \pi z}\right) \cdot \cos \pi z \cdot f(z) = f(n) \quad \cdots\cdots ①$$

이다. 따라서 유수정리에 의하여

$$\int_{C_N} \pi \cot \pi z \cdot f(z) dz = \sum_{n=-N}^{N} f(n) + \sum_{k=1}^{k_N} \text{Res}[\pi \cot \pi z f(z),\ a_k] \quad \cdots\cdots ②$$

그런데 정리 9.9와 $f(z)$에 대한 가정에 의하여

$$\left|\int_{C_N} \pi \cot \pi z \cdot f(z) dz\right| \le \pi \cdot M \cdot \frac{\alpha}{N^k}(8N + A) \quad \cdots\cdots ③$$

이므로 (경로 C_N의 길이는 $8N+4$) 식 ③에서 $N \to \infty$ 이면

$$\int_{C_N} \pi \cot \pi z \cdot f(z) dz \to 0 \ (N \to \infty)$$

따라서 식 ②의 양변에 $N \to \infty$ 이 구하는 식

$$\sum_{n \to -\infty}^{\infty} f(n) = -\sum_{k}^{\infty} \text{Res}\,[\pi \cot \pi z \cdot f(z),\ a_k]$$

를 얻는다. ■

[예 9.15] 다음 급수가 성립함을 보여라.

(1) $\displaystyle\sum_{n=-\infty}^{\infty} \frac{1}{n^2+a^2} = \frac{\pi}{a}\coth \pi a,\ a>0$

(2) $\displaystyle\sum_{n=1}^{\infty} \frac{1}{n^2+a^2} = \frac{\pi}{2a}\coth \pi a - \frac{1}{2a^2},\ a>0$

풀이 (1) 먼저 $\displaystyle\sum_{n=-\infty}^{\infty} \frac{1}{n^2+a^2}$을 계산한다.

함수 $f(z)=\dfrac{1}{z^2+a^2}$이라 하자. 이 함수는 $z=\pm ai$에서 단순극을 갖는다.

$z=ai$에서 $\dfrac{\pi \cot \pi z}{z^2+a^2}$의 유수는

$$\begin{aligned}\text{Res}\left[\frac{\pi \cot \pi z}{z^2+ai},\ ai\right] &= \lim_{z\to ai}(z-ai)\frac{\pi \cot \pi z}{(z-ai)(z+ai)}\\ &= \frac{\pi \cot \pi ai}{-2ai} = -\frac{\pi}{2a}\coth \pi a\end{aligned}$$

마찬가지로 $z=-ai$에서 유수는

$$\begin{aligned}\text{Res}\left[\frac{\pi \cot \pi z}{z^2+ai},\ -ai\right] &= \lim_{z\to ai}(z+ai)\frac{\pi \cot \pi z}{(z-ai)(z+ai)}\\ &= \frac{\pi \cot \pi ai}{-2ai} = -\frac{\pi}{2a}\coth \pi a\end{aligned}$$

이다. 따라서

$$\sum_{n=-\infty}^{\infty} \frac{1}{n^2+a^2} = -(\text{Res}[f,\ ai]+\text{Res}[f,\ -ai]) = \frac{\pi}{a}\coth \pi a$$

(2) (1)의 결과에서 급수를 다시 정리하면

$$\sum_{n=-\infty}^{\infty} \frac{1}{n^2+a^2} + \frac{1}{a^2} + \sum_{n=1}^{\infty} \frac{1}{n^2+a^2} = 2\sum_{n=1}^{\infty} \frac{1}{n^2+a^2} + \frac{1}{a^2} = \frac{\pi}{a}\coth \pi a$$

이다. 그러므로 구하는 급수는

$$\sum_{n=1}^{\infty} \frac{1}{n^2+a^2} = \frac{\pi}{2a}\coth \pi a - \frac{1}{2a^2}$$

□

9.4 분지점을 갖는 피적분함수

지금 함수 $z^\alpha f(z)$ $(0<\alpha<1)$를 포함하는 실적분에 대하여 살펴보기로 한다. 그런데 복소함수 $f(z)=z^\alpha$는 다가함수이므로 $0<\alpha<1$일 때 다음과 같이 정의되는 z^α의 분지를 이용한다. $z=re^{i\theta}$ $(0\le\theta\le 2\pi)$일 때

$$
\begin{aligned}
z^\alpha &= r^\alpha e^{i\alpha\theta} = e^{\log r^\alpha}\cdot e^{i\alpha\theta} \\
&= e^{\alpha(\log r+i\theta)} = r^\alpha(\cos\alpha\theta+\sin\alpha\theta)\ (0\le\theta<2\pi)
\end{aligned}
$$

이 때 z^α는 영역 $r>0,\ 0\le\theta<2\pi$에서 해석적이다.

9.4.1 $\int_0^\infty x^\alpha f(x)\,dx$ $(0<\alpha<1)$를 구하는 방법

정리 9.11

함수 $P(z)$와 $Q(z)$의 차수가 각각 m, n이고 $n\ge m+2$라 하자. $x>0$에 대하여 $Q(x)\ne 0$이고, Q가 원점에서 기껏해야 위수 1의 영점을 가지며, 함수

$$
f(z)=z^\alpha\frac{P(z)}{Q(z)}\ (\text{단, } 0<\alpha<1)
$$

이면 다음과 같은 적분

$$
\int_0^\infty x^\alpha\frac{P(x)}{Q(x)}dx=\frac{2\pi i}{1-e^{2\pi\alpha i}}\sum_{k=1}^{n}\mathrm{Res}\left[z^\alpha\frac{P(z)}{Q(z)},\ z_k\right]
$$

가 성립한다. 단, $z,\ z_2,\ \cdots,\ z_k$는 $\dfrac{P}{Q}$의 영이 아닌 극이다.

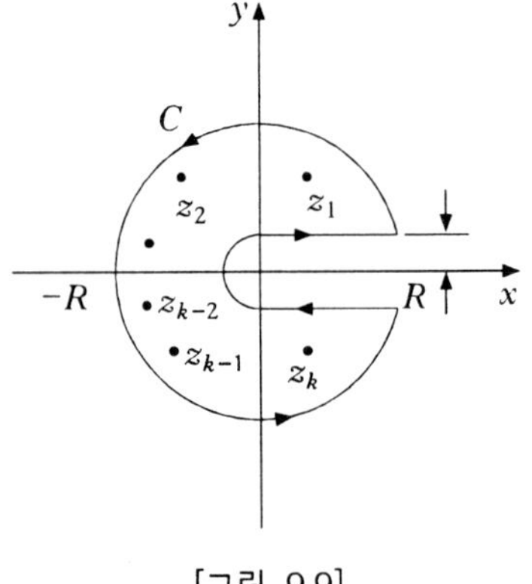

[그림 9.9]

증명 그림 9.9와 같이 곡선 C를 원 $C_1 : |z|=R$, $C_2 : |z|=r$ 및 선분 l_1, l_2의 합인 단순닫힌 곡선을 나타낸다. 이 때 r을 작게, R을 크게 택하여 함수 $\dfrac{P}{Q}\neq 0$인 극 $z_1, z_2, \cdots, z_n$을 C의 내부에 있도록 할 수 있다. 이 때 유수정리를 이용하면

$$\int_C z^\alpha f(z)dz = 2\pi i\sum_{k=1}^{n}\text{Res}[z^\alpha f(z),\ z_k] \quad \cdots\cdots \text{①}$$

으로 나타낼수 있다. 식 ①을 구체적으로 나타내면

$$\begin{aligned}\int_C z^\alpha f(z)dz &= \int_r^R z^\alpha f(z)dz + \int_R^r z^\alpha f(z)dz + \int_{C_r} z^\alpha f(z)dz \\ &= \int_r^R x^\alpha f(x)dx - \int_r^R (xe^{i2\pi})^\alpha f(xe^{i2\pi})d(xe^{i2\pi}) + \int_{C_r} z^\alpha f(z)dz \\ &= \int_r^R x^\alpha f(x)dx - \int_r^R x^\alpha e^{i2\alpha\pi} f(x)dx + \int_{C_r} z^\alpha f(z)dz \\ &= 2\pi i\sum_{k=1}^{n}\text{Res}[z^\alpha f(z),\ z_k] \qquad \cdots\cdots \text{②}\end{aligned}$$

이다. 식 ②에서 $r\to 0$일 때 다음과 같은 결과를 얻을 수 있다.

$$\int_0^R x^\alpha f(x)dx - \int_0^R x^\alpha e^{i\alpha 2\pi} f(x)dx = 2\pi i\sum_{k=1}^{n}\text{Res}[z^\alpha f(z),\ z_k] - \int_{C_r} z^\alpha f(z)dz \quad \cdots\cdots \text{③}$$

따라서 식 ③의 좌변을 정리하고, 양변에 $1-e^{i\alpha\pi}$로 나누면

$$\int_0^R x^\alpha f(x)dx = \frac{2\pi i}{1-e^{i\alpha 2\pi}}\sum_{k=1}^{n}\text{Res}[z^\alpha f(z),\ z_k] - \frac{1}{1-e^{i\alpha 2\pi}}\int_{C_R} z^\alpha f(z)dz \quad \cdots\cdots \text{④}$$

이다. 그런데 $R\to\infty$이면 $\displaystyle\lim_{R\to\infty}\int_{C_R} z^\alpha f(z)dz = 0$ 식 ④에서 다음과 같은 결과를 얻을 수 있다.

$$\int_0^\infty x^\alpha \frac{p(x)}{q(x)}dx = \lim_{R\to\infty}\int_0^R x^\alpha \frac{p(x)}{q(x)}dx = \frac{2\pi i}{1-e^{i\alpha 2\pi}}\sum_{k=1}^{n}\text{Res}\left[z^\alpha \frac{p(z)}{q(z)},\ z_k\right] \qquad ■$$

[예 9.16] $\int_0^\infty \frac{x^{\alpha-1}}{x+1}dx = \frac{\pi}{\sin\alpha\pi}$ 임을 보여라. (단, $0<\alpha<1$)

풀이 그림 9.10에 곡선 C에 따라 다음의 적분을 생각한다.

$$\int_C \frac{z^{\alpha-1}}{z+1}dz$$

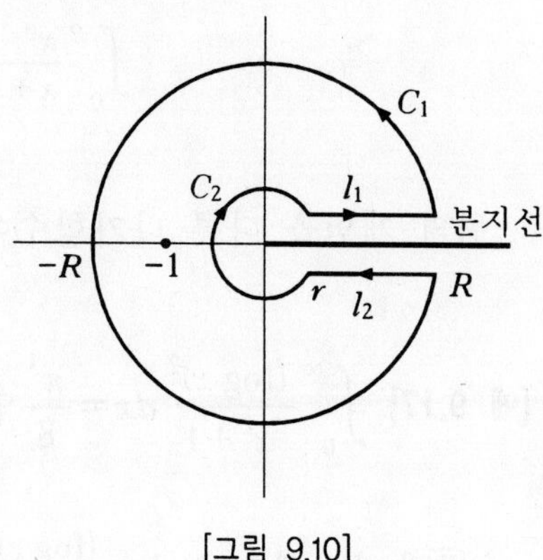

[그림 9.10]

$z=0$은 직선 l_1과 l_2가 일치하는 분지점이다. 피적분함수 $f(z)=\frac{z^{\alpha-1}}{z+1}$는 $z=1$에서 영이 아닌 단순극을 가지므로 $z=1$에서 유수를 구하면

$$\text{Res}[f, -1] = \lim_{z\to -1}(z+1)\frac{z^{\alpha-1}}{z+1} = (-1)^{\alpha-1} = (e^{\pi i})^{\alpha-1} = e^{(\alpha-1)\pi i} \quad \cdots\cdots ①$$

그림 9.10에서 원의 호 C_1, C_2와 선분 l_1, l_2를 얻을 수 있고, 이들의 합을 C라고 하면

$$\int_C \frac{z^{\alpha-1}}{z+1}dz = 2\pi i e^{(\alpha-1)\pi i} \quad \cdots\cdots ②$$

이다. 한편

$$\int_{C_1}\frac{z^{\alpha-1}}{z+1}dz + \int_{C_2}\frac{z^{\alpha-1}}{z+1}dz + \int_{l_1}\frac{z^{\alpha-1}}{z+1}dz + \int_{l_1}\frac{z^{\alpha-1}}{z+1}dz = 2\pi i e^{(\alpha-1)\pi i} \quad \cdots\cdots ③$$

$$\int_0^{2\pi}\frac{(Re^{i\theta})^{\alpha-1}}{Re^{i\theta}+1}iRe^{i\theta}d\theta + \int_{2\pi}^0 \frac{(re^{i\theta})^{\alpha-1}}{re^{i\theta}+1}ire^{i\theta}d\theta$$

$$+\int_r^R \frac{x^{\alpha-1}}{x+1}dx + \int_R^r \frac{(xe^{2\pi i})^{\alpha-1}}{xe^{2\pi i}+1}dx = 2\pi i e^{(\alpha-1)\pi i} \quad \cdots\cdots ④$$

④에서 $R\to\infty$, $r\to 0$이면

$$\int_0^\infty \frac{x^{\alpha-1}}{x+1}dx + \int_\infty^0 \frac{e^{2\pi i(\alpha-1)}x^{\alpha-1}}{x+1}dx = 2\pi i e^{(\alpha-1)\pi i} \quad \cdots\cdots ⑤$$

이고, 식 ⑤를 정리하면

$$(1-e^{2\pi i(\alpha-1)})\int_0^\infty \frac{x^{\alpha-1}}{x+1}dx = 2\pi i e^{i\pi(\alpha-1)} \qquad \cdots\cdots ⑥$$

즉,
$$\int_0^\infty \frac{x^{\alpha-1}}{x+1}dx = \frac{2\pi i e^{(\alpha-1)\pi i}}{1-e^{2\pi i(\alpha-1)}} = \frac{\pi}{\sin\alpha\pi} \qquad \square$$

위의 개념을 다른 다가함수에 대해서도 적용할 수 있다.

[예 9.17] $\int_0^\infty \frac{(\log x)^2}{x^2+1}dx = \frac{\pi^3}{8}$임을 보여라.

풀이 복소함수 $f(z)=\frac{(\log z)^2}{z^2+1}$를 그림 9.11과 같이 단순곡선 C에 따라 계산한다. 여기서 C_1, C_2는 반원을 가리킨다. 그런데 피적분함수 $f(z)=\frac{(\log z)^2}{z^2+1}$는 C의 내부에 있는 $z=i$에서 단순극을 가지므로 유수정리에 의하여

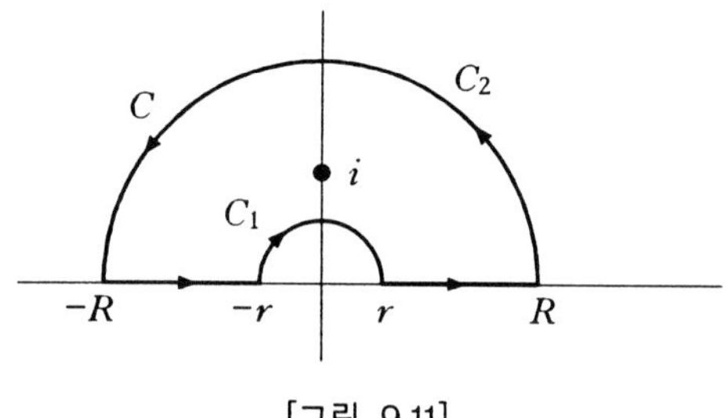

[그림 9.11]

$$\int_C \frac{(\log z)^2}{z^2+1}dz = 2\pi i\,\mathrm{Res}[f,\ i] = 2\pi i \lim_{z\to i}(z-i)\frac{(\log z)^2}{(z-i)(z+i)}$$
$$= 2\pi\left[\frac{(\log z)^2}{z+i}\right]_{z=i} = 2\pi i\frac{(\log i)^2}{2i}$$
$$= 2\pi i\cdot\frac{\left(\frac{\pi i}{2}\right)^2}{2i} = -\frac{\pi^3}{4} \qquad \cdots\cdots ①$$

즉,

$$\int_{C_2} f(z)dz + \int_{-R}^{-r} f(z)dz + \int_{C_1} f(z)dz + \int_r^R f(z)dz = -\frac{\pi^3}{4} \qquad \cdots\cdots ②$$

이다. 한편 식 ②의 둘째 적분에 z를 $-u$로 대신하면 $dz=-du$이고,

$$\log z = \log(-u) = \log u + \log(-1) = \pi i + \log u$$

이며, ②의 셋째 적분에 $z=u$로 놓으면 $dz=du$, $\log z=\log u$이므로

$$\int_{C_2} \frac{(\log z)^2}{z^2+1} dz + \int_r^R \frac{(\pi i + \log u)^2}{u^2+1} du + \int_{C_1} \frac{(\log z)^2}{z^2+1} dz$$
$$+ \int_r^R \frac{(\log u)^2}{u^2+1} du = -\frac{\pi^3}{4} \quad \cdots\cdots \text{③}$$

을 얻는다. 위의 적분 ③에서 $r \to 0$, $R \to \infty$ 이면

$$\lim_{r \to 0} \int_{C_1} f(z) dz = \lim_{R \to \infty} \int_{C_2} dz = 0$$

이므로

$$\int_0^\infty \frac{(\pi i + \log u)^2}{u^2+1} du + \int_0^\infty \frac{(\log u)^2}{u^2+1} du$$
$$= 2\int_0^\infty \frac{(\log u)^2}{u^2+1} du + 2\pi i \int_0^\infty \frac{\log u}{u^2+1} du - \pi^2 \int_0^\infty \frac{du}{u^2+1} = -\frac{\pi^3}{4} \quad \cdots\cdots \text{④}$$

이다. 그런데

$$\int_0^\infty \frac{du}{u^2+1} = \arctan z \Big]_0^\infty = \frac{\pi}{2}$$

이므로 결국 적분 ④에서

$$2\int_0^\infty \frac{(\log u)^2}{u^2+1} du + 2\pi i \int_0^\infty \frac{\log u}{u^2+1} du = \frac{\pi^3}{4} \quad \cdots\cdots \text{⑤}$$

이다. 식 ⑤에서 실수부분과 허수부분을 비교하면

$$\int_0^\infty \frac{(\log x)^2}{x^2+1} dx = \frac{\pi^3}{8}$$

〈참고〉 위의 결과에서 $\int_0^\infty \frac{\log x}{x^2+1} dx = 0$임을 알 수 있다.

1. $\int_0^{2\pi} \frac{d\theta}{1+3\cos^2\theta} = \pi$임을 증명하여라.

풀이 $\cos\theta = \frac{1}{2}\left(z+\frac{1}{z}\right), d\theta = \frac{dz}{iz}$를 이용하면

$$f(z) = \frac{1}{iz\left[1+\frac{3}{4}(z+z^{-1})^2\right]} = -\frac{i4z}{3z^4+10z^2+3}$$

이고, f의 특이점은 $3(z^2)^2+10z^2+3=0$을 만족하는 점

$$z^2 = \frac{-10\pm\sqrt{100-36}}{6} = \frac{-5\pm 4}{3}$$

이다. 이 때 $C : |z|=1$의 내부에 있는 점

$$z_1 = \frac{i}{\sqrt{3}},\ z_2 = \frac{-i}{\sqrt{3}}$$

에서 각각 단순극이다. z_k $(k=1,\ 2)$에서 f의 유수를 구하기 위하여 L'Hospital의 법칙을 이용하면

$$\begin{aligned}\text{Res}[f,\ z_k] &= \lim_{z\to z_k}\frac{-i4z(z-z_k)}{3z^4+10z^2+3} = \lim_{z\to z_k}\frac{-i4(2z-z_k)}{12z^3+20z} \\ &= \frac{-i4z_k}{12z_k^3+20z_k} = \frac{-i}{3z_k^2+5}\end{aligned}$$

이다. 여기서 $z_k = \pm\frac{i}{\sqrt{3}}$이므로 $z_k^2 = -\frac{1}{3}$이다. 따라서

$$\text{Res}[f,\ z_k] = -\frac{i}{3\left(-\frac{1}{3}\right)+5} = -\frac{i}{4}\quad (k=1,\ 2)$$

그러므로

$$\int_0^{2\pi}\frac{d\theta}{1+3\cos^2\theta} = 2\pi i\left(\frac{-i}{4}+\frac{-i}{4}\right) = \pi$$

2. 다음 적분을 계산하여라.

$$\int_0^{2\pi} \frac{d\theta}{p+\cos\theta},\ p^2>1$$

풀이 $z=e^{i\theta}(0\le\theta\le 2\pi)$일 때 $\cos\theta=\frac{1}{2}\left(z+\frac{1}{z}\right)$, $\sin\theta=\frac{1}{2i}\left(z-\frac{1}{z}\right)$, $d\theta=\frac{dz}{iz}$이므로 주어진 적분은

$$\int_0^{2\pi}\frac{d\theta}{p+\cos\theta}=\int_C\frac{dz}{iz\left(p+\frac{z^2+1}{2z}\right)}=\int_C\frac{dz}{i(z^2+2pz+1)}$$

그런데 피적분함수 $f(z)=\frac{1}{i(z^2+2pz+1)}$의 극은 $z=-p\pm\sqrt{p^2-1}$이고 $p^2>1$에 대하여 두 극은 실수이며, 단순극이다.

한편 $p<-1$이면 극 $z=-p-\sqrt{p^2-1}$은 단위원 내부에 있고 다른 것은 밖에 있으며, $p>1$이면 $z=-p+\sqrt{p^2-1}$은 단위원 내부에 있고 다른 것은 외부에 있게 된다. 즉 $p^2>1$에 대하여 단순극 z_1을 포함하면

$$z_1=-p+(\operatorname{sign}p)\sqrt{p^2-1}\quad \text{단, } \operatorname{sign}p=\frac{p}{|p|}=\begin{cases}1, & p>0\\ -1, & p<0\end{cases}$$

이다. 따라서 f의 유수는 $\operatorname{Res}[f,\ z_1]=\frac{1}{i(p+z_1)}=\frac{\operatorname{sign}p}{i\sqrt{p^2-1}}$이고,

$$\int_0^{2\pi}\frac{d\theta}{p+\cos\theta}=(\operatorname{sign}p)\frac{2\pi}{\sqrt{p^2-1}}=\frac{p}{|p|}\frac{2\pi}{\sqrt{p^2-1}}.$$

3. 다음 물음에 답하여라.

(1) 원 $|z|=R$의 점 R에서 $-R$에 이르기까지 그림의 반원을 C_R이라 하자. $0<\varepsilon<R$이면

$$\int_{C_\varepsilon}\frac{e^z}{z}dz-\int_{C_R}\frac{e^z}{z}dz=2i\int_\varepsilon^R\frac{\sin x}{x}dx$$

임을 보여라.

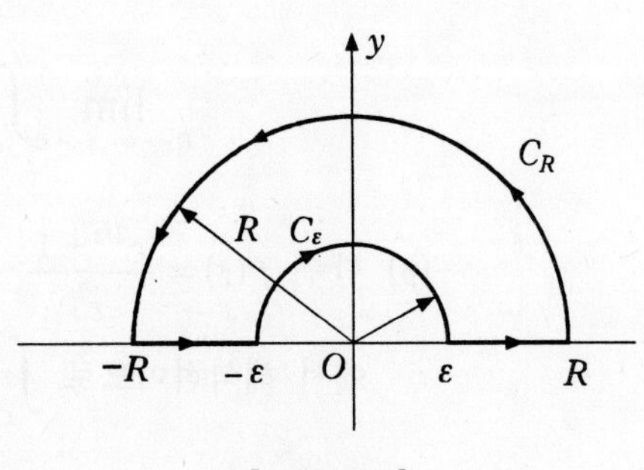

[그림 9.12]

(2) $\displaystyle\int_0^\infty \frac{\sin x}{x}dx = \lim_{\varepsilon\to 0,\ R\to\infty}\int_\varepsilon^R \frac{\sin x}{x}dx = \frac{\pi}{2}$ 임을 보여라.

(3) 함수 $f(z)=\dfrac{e^{2iz}-1}{z^2}$ 위에서 $\displaystyle\int_0^\infty \left(\frac{\sin x}{x}\right)^2 dx = \frac{\pi}{2}$ 임을 보여라.

풀이 (1) 먼저 피적분함수가 좌표축의 허수부분과 일치하는 복소함수 $f(z)=\dfrac{e^z}{z}$ 를 생각하고, 그림 9.12와 같이 두 반원과 실수축 위의 두 선분으로 둘러싸인 영역을 D라 하면 $f(z)$는 영역의 내부와 둘레에서 해석적이므로

$$\int_C \frac{e^{iz}}{z}dz = 0 \text{ 즉}$$

$$\int_\varepsilon^R \frac{e^{ix}}{x}dx + \int_{C_R}\frac{e^{iz}}{z}dz + \int_{-R}^{-\varepsilon}\frac{e^{ix}}{x}dx - \int_{C_\varepsilon}\frac{e^{iz}}{z}dz = 0 \qquad \cdots\cdots①$$

이다. 그런데 $\displaystyle\int_{-R}^{-\varepsilon}\frac{e^{ix}}{x}dx = -\int_\varepsilon^R \frac{e^{-ix}}{x}dx$ 이므로

$$\int_{C_\varepsilon}\frac{e^z}{z}dz - \int_{C_R}\frac{e^z}{z}dz = \int_\varepsilon^R \frac{e^{ix}-e^{-ix}}{x}dx = 2i\int_\varepsilon^R \frac{\sin x}{x}dx \qquad \cdots\cdots ②$$

가 성립한다.

(2) (1)에서 $\varepsilon\to 0$, $R\to\infty$ 이면 식 ②의 왼쪽 둘째 적분은 0으로 접근한다. 지금 $z=re^{i\theta}$일 때 식 ②의 왼쪽 첫 번째 적분은

$$-\lim_{\varepsilon\to 0}\int_\pi^0 \frac{e^{i\varepsilon e^{i\theta}}}{\varepsilon e^{i\theta}} i\varepsilon e^{i\theta}d\theta = -\lim_{\varepsilon\to 0}\int_\pi^0 ie^{i\varepsilon e^{i\theta}}d\theta = \pi i.$$

그러므로 식 ②에서

$$\lim_{R\to\infty,\varepsilon\to 0}\int_\varepsilon^R \frac{\sin x}{x}dx = \pi i \text{ 또는 } \int_0^\infty \frac{\sin x}{x}dx = \frac{\pi}{2}$$

(3) 함수 $f(z)=\dfrac{e^{2iz}-1}{z^2}$ 위에서 (2)와 같이 함수 $f(z)$는 $z=0$ 이외의 모든 점에서 해석적이므로 $\displaystyle\int_C \frac{e^{iz}}{z}dz = 0$. 따라서

$$\int_{C_\varepsilon} f(z)dz - \int_{C_R} f(z)dz$$

$$= \int_{\varepsilon}^{R} f(x)dx + \int_{-R}^{-\varepsilon} f(x)dx = \int_{\varepsilon}^{R} \{f(x) + f(-x)\}dx$$

$$= \int_{\varepsilon}^{R} \frac{e^{2ix} + e^{-2ix} - 2}{x^2} dx = 2\int_{\varepsilon}^{R} \frac{\cos 2x - 1}{x^2} dx = -4\int_{\varepsilon}^{R} \left(\frac{\sin x}{x}\right)^2 dx.$$

그런데 $\lim_{\varepsilon \to 0} \int_{C_\varepsilon} f(z)dz = \pi i \lim_{z \to 0} \frac{e^{2iz} - 1}{z} = -2\pi$ 이고 C_R 위에서

$|f(z)| \le \frac{2}{R^2}$ 이므로 $\left|\int_{C_R} f(z)dz\right| < \frac{2\pi}{R}$ 이다.

따라서 $\lim_{R \to \infty} \int_{C_R} f(z)dz = 0$ 이므로

$$-2\pi = -4\int_0^\infty \left(\frac{\sin x}{x}\right)^2 dz \quad 즉 \quad \int_0^\infty \left(\frac{\sin x}{x}\right)^2 dx = \frac{\pi}{2}$$

4. $\int_0^\infty \frac{\log(x^2+1)}{x^2+1} dx = \pi \log 2$ 임을 보여라.

풀이 주어진 적분은 복소함수 $\frac{\log(z^2+1)}{z^2+1}$ 의 적분으로 보고, 그림 9.13에서 단순곡선 C 에 따라 함수 $f(z) = \frac{\log(z+i)}{z^2+1}$ 의 적분을 구하도록 한다. 그런데 C 내부에 있는 극은 $z=i$ 에서 단순극이므로 $z=i$ 에서 유수를 구하면

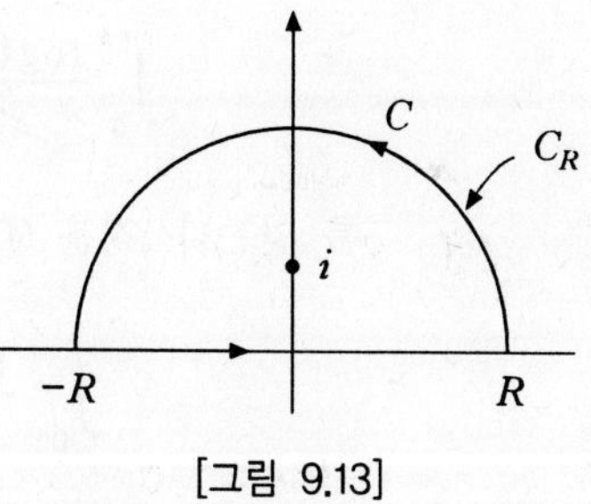

[그림 9.13]

$$\mathrm{Res}[f,\ i] = \left[\frac{\log(z+i)}{(z^2+1)}\right]\Bigg|_{z=i} = \frac{\log 2i}{2i}$$

따라서 구하는 적분은

$$\int_C \frac{\log(z+i)}{z^2+1} dz = 2\pi i\,\mathrm{Res}[f,\ i] = 2\pi i \frac{\log 2i}{2i}$$

$$= \pi \log(2i) = \pi \log 2 + \pi \log i$$

$$= \pi \log 2 + \pi \log e^{\frac{\pi i}{2}} = \pi \log 2 + \frac{1}{2}\pi^2 i \qquad \cdots\cdots ①$$

따라서 식 ①을 다시 표시하면

$$\int_{-R}^{R} \frac{\log(x+i)}{x^2+1}dx + \int_{C_R} \frac{\log(z+i)}{z^2+1}dz = \pi \log 2 + \frac{1}{2}\pi^2 i \qquad \cdots\cdots ②$$

이고, 적분 ②의 좌변을 다시 정리하면

$$\begin{aligned}&\int_{-R}^{0} \frac{\log(x+i)}{x^2+1}dx + \int_{0}^{R} \frac{\log(x+i)}{x^2+1}dx + \int_{C_R} \frac{\log(z+i)}{z^2+1}dz \\ &= \int_{0}^{R} \frac{\log(i-x)}{x^2+1}dx + \int_{0}^{R} \frac{\log(i+x)}{x^2+1}dx + \int_{C_R} \frac{\log(z+i)}{z^2+1}dz \\ &= \pi \log 2 + \frac{1}{2}\pi^2 i \qquad \cdots\cdots ③\end{aligned}$$

이다. 그런데

$$\log(i-x) + \log(i+x) = \log(i^2 - x^2) = \log(x^2+1) + \pi i$$

이므로 ③에서

$$\int_{0}^{R} \frac{\log(x^2+1)}{x^2+1}dx + \int_{0}^{R} \frac{\pi i}{x^2+1}dx = \pi \log 2 + \frac{1}{2}\pi^2 i \qquad \cdots\cdots ④$$

를 얻는다. 적분 ④에서 $R \to \infty$ 이면

$$\int_{0}^{\infty} \frac{\log(x^2+1)}{x^2+1}dx + \int_{0}^{\infty} \frac{\pi i}{x^2+1}dx = \pi \log 2 + \frac{1}{2}\pi^2 i$$

가 된다. 한편, ③의 좌변의 셋째 항에서 $\lim_{R \to \infty} \int_{C_R} \frac{\log(z+i)}{z^2+1}dz = 0$ 이므로 구하는 적분은 ④의 실수부분 $\int_{0}^{\infty} \frac{\log(x^2+1)}{x^2+1}dx = \pi \log 2$ 이다.

〈참고〉 식 ④의 허수부분을 비교하면 $\int_{0}^{\infty} \frac{1}{x^2+1}dx = \frac{\pi}{2}$ 임을 알 수 있다.

연습문제 9.5

1. 다음 적분을 구하여라.

(1) $\int_C z^k e^{\frac{1}{z^2}} dz$ 단, $C : |z|=1$, k는 자연수

(2) $\int_C z^k \sin \frac{1}{z} dz$ 단, $C : |z|=1$, k는 자연수

2. 다음 적분을 구하여라.

(1) $I=\int_{-\infty}^{\infty} \frac{\cos nx}{x^2+2ax+b} dx,\ n>0$

(2) $I=\int_0^{2\pi} \frac{d\theta}{a^2\cos^2\theta+b^2\sin^2\theta} d\theta$ (a, b는 실수인 상수)

3. 다음 성질이 성립함을 보여라.

$$\sum_{n=-\infty}^{\infty} \frac{(-1)^2}{(n+a)^2} = \frac{\pi^2\cos \pi a}{\sin^2\pi a}$$ (단, a는 정수가 아닌 실수)

4. 다음 급수의 결과가 성립함을 보여라.

(1) $\frac{1}{1^2}-\frac{1}{2^2}+\frac{1}{3^2}-\frac{1}{4^2}+\cdots\cdots=\frac{\pi^2}{12}$ (함수 $f(z)=\frac{\pi \csc \pi z}{z^2}$를 이용하여라.)

(2) $\frac{1}{1^3}-\frac{1}{3^3}+\frac{1}{5^3}-\frac{1}{7^3}+\cdots\cdots=\frac{\pi^3}{32}$ (함수 $f(z)=\frac{\pi \sec z}{z^2}$를 이용하여라.)

(3) $\frac{1}{1^5}-\frac{1}{3^5}+\frac{1}{5^5}-\frac{1}{7^5}+\cdots\cdots=\frac{5\pi^5}{1536}$ (함수 $f(z)=\frac{1}{z^5}\cdot\pi \sec \pi z$를 이용하여라.)

5. 다음 물음에 답하여라.

(1) 임의의 함수는 짝함수와 홀함수의 합으로 나타낼 수 있음을 증명하여라.

(2) $\int_0^{2\pi} \frac{\sin 3\theta}{\cos \theta+2\cos 2\theta} d\theta$를 계산하여라.

6. 다음 물음에 답하여라.

(1) 두 짝(홀)함수의 합, 곱과 몫은 짝(홀)함수임을 보여라.

(2) $\int_0^{\pi} \frac{\cos 2\theta}{2+\cos\theta} d\theta$를 계산하여라.

7. $p>q>0$인 매개변수 p, q에 대하여 다음을 증명하여라.

$$\int_0^{2\pi} \frac{dx}{(p+q\cos x)^2} = \frac{2\pi p}{(p^2-q^2)^{\frac{3}{2}}}$$

8. a, b가 실수일 때 $\int_0^{2\pi} \frac{\cos\theta}{a+b\cos\theta} d\theta$를 구하여라.

9. $\int_0^{\infty} \sin x^2 dx = \int_0^{\infty} \cos x^2 dx = \frac{1}{2}\sqrt{\frac{\pi}{2}}$ 임을 증명하여라.

10. 다음 적분을 구하여라.

(1) $I = \int_0^{2\pi} e^{2\cos\theta} d\theta$

(2) $I = \int_0^{2\pi} \frac{d\theta}{(a+b\cos\theta)^2} d\theta$, $0<b<a$

제10장 등각사상

지금까지 함수 $w=f(z)$에 의하여 z-평면 위의 임의의 곡선 및 영역과 w-평면 위의 곡선 및 영역 사이의 대응관계(즉 사상 또는 변환)에 대하여 살펴보았다.

여기서는 주로 특수한 함수에 의하여 z-평면 위의 곡선이나 영역이 어떻게 w-평면에 사상되는가에 대하여 알아보며, 특히 해석함수에 의하여 사상되는 상의 등각성에 대하여 살펴보기로 한다.

10.1 기본변환

10.1.1 평행이동

먼저 b를 복소상수라 할 때 함수

$$w=f(z)=z+b \qquad \cdots\cdots ①$$

에 의한 사상에 대하여 살펴보기로 한다. 지금

$$w=u+iv,\ z=x+iy,\ b=b_1+ib_2 \qquad \cdots\cdots ②$$

이면 ①에서

$$u+iv=(x+b_1)+i(y+b_2)$$

이므로 이 때 $z=(x, y)$의 상은 w-평면 위에

$$u=x+b_1,\ v=y+b_2 \qquad \cdots\cdots ③$$

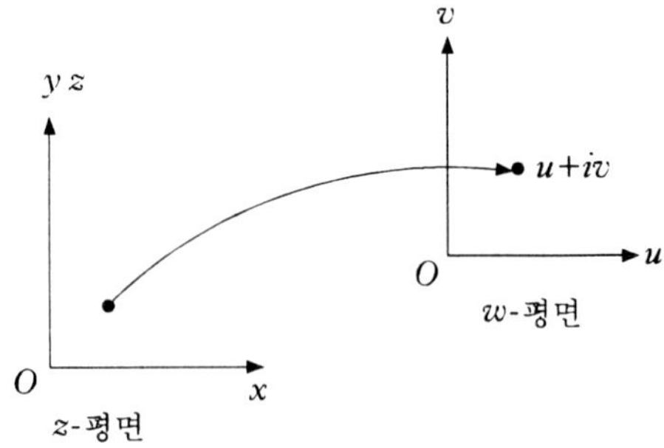

[그림 10.1]

이다. 따라서 함수 ①에 의하여 z-평면에 있는 점 $z=(x, y)$의 상은 w-평면 위의 점 $w=(x+b_1, y+b_2)$이므로 이것은 z-평면의 집합을 w-평면에서 벡터 b만큼 평행이동하는 것이다. 이 때 z-평면의 집합을 w-평면 위로 사상의 관계를 **평행이동**(translation)이라 한다. 그러므로 평행이동은 z-평면 위의 집합을 w-평면 위에 일대 일 사상이다.

[예 10.1] z-평면에 $x=0$, $x=2$, $y=0$, $y=1$에 의하여 둘러싸인 영역 D를 다음 변환에 의한 w-평면의 상 D'을 나타내어라.

$$w=z+(1-2i)$$

풀이 $w=z+(1-2i)$에서 $w=u+iv$, $z=x+iy$로 놓으면

$$u+iv=x+iy+1-2i=(x+1)+i(y-2)$$

이므로 $u=x+1$, $v=y-2$이다. 따라서

직선 $x=0$이면 $u=1$;
직선 $y=0$이면 $v=-2$;
직선 $x=2$이면 $u=3$;
직선 $y=1$이면 $v=-1$

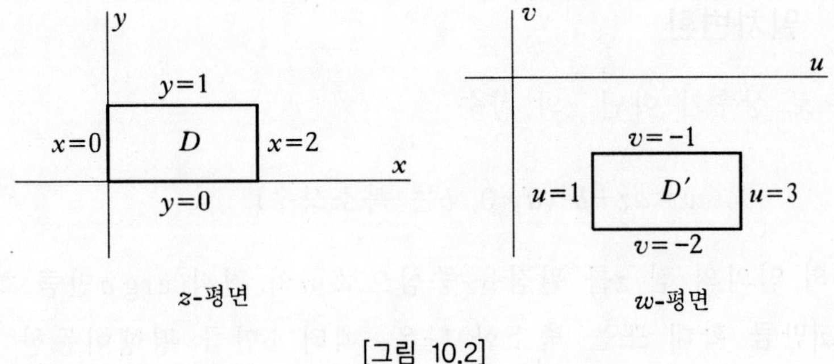

[그림 10.2]

으로 사상된다. 따라서 z-평면의 x의 구간 $[0, 2]$는 u의 구간 $[1, 3]$을, y의 구간 $[0, 1]$은 v의 구간 $[-2, -3]$을 나타낸다. □

10.1.2 회전이동

다음에 z에 관한 함수를

$$w=f(z)=az \quad (a(\neq 0)\text{는 복소상수}) \qquad \cdots\cdots ①$$

라고 하자. 지금 $w=\rho e^{i\phi}$이고 또한 $a=r_0 e^{i\theta_0}$, $z=re^{i\theta}$라 하자. 그러면 ①에서

$$w=\rho e^{i\phi}=r_0 e^{i\theta_0}\cdot re^{i\theta}=r_0 re^{i(\theta_0+\theta)} \qquad \cdots\cdots ②$$

가 되고, 식 ②에서

$$|w|=\rho=r_0 r, \ \arg w=\phi=\theta_0+\theta$$

이므로 함수 $f(z)=az$는 z-평면 위의 점 (r, θ)를 w-평면 위의 점 $(r_0 r, \theta_0+\theta)$로 사상된다.

따라서 z-평면 위의 한 영역은 함수 $w=az$에 의하여 원점을 중심으로 편각 $\mathrm{Arg}\, a=\theta_0$만큼 회전한 후 $|a|=r_0$만큼 확대 또는 축소한 것이므로 w-평면 위에 기하학적으로 닮은 영역으로 사상됨을 알 수 있다.

이 사상의 관계를 회전 및 크기 변환이라 한다. 이 때 $\theta_0>0$이면 양의 방향이고, $\theta_0<0$이면 음의 방향이다.

10.1.3 일차변환

일반적으로 상수가 아닌 z의 함수

$$w = az + b \ (a \neq 0,\ b\text{는 복소상수}) \qquad \cdots\cdots \ ③$$

는 z-평면의 임의의 점 z를 원점을 중심으로 a의 편각 $\arg a$만큼 회전하고, a의 크기 $|a|$만큼 확대 또는 축소한 다음, 벡터 b만큼 평행이동한 것이다. 이것은 z-평면 위의 한 영역을 w-평면 위에 기하학적으로 닮은 영역으로 사상됨을 알 수 있다. 이 때 함수 ③을 **일차변환**(linear transformation) 또는 **선형변환**이라 한다.

[예 10.2] z-평면에 $x=0,\ y=0,\ x=2,\ y=1$에 의하여 둘러싸인 영역을 D라고 하자. 다음 변환에 의한 w-평면의 상 D'을 나타내어라.

(1) $w = \sqrt{2}\, e^{\frac{\pi i}{4}} z$ (2) $w = \sqrt{2}\, e^{\frac{\pi i}{4}} z + (1-2i)$

풀이 (1) $w = \sqrt{2}\, e^{\frac{\pi i}{4}} z$에서 $w = u + iv,\ z = x + iy$라 하자. 그러면

$$u + iv = \sqrt{2}\left(\cos\frac{\pi}{4} + i\sin\frac{\pi}{4}\right)(x + iy) = x - y + i(x + y)$$

이므로

$$u = x - y,\ v = x + y$$

이다. 따라서

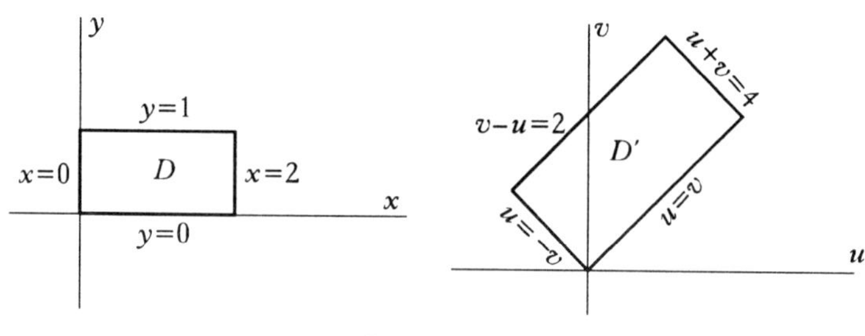

[그림 10.3]

직선 $x=0$이면 $u=-y,\ v=y$ 또는 $u=-v$;

직선 $y=0$이면 $u=x,\ v=x$ 또는 $u=v$;

직선 $x=2$이면 $u=2-y,\ v=2+y$ 또는 $u+v=4$;

직선 $y=1$이면 $u=x-1,\ v=x+1$ 또는 $v-u=2$

로 사상된다. 이 변환은 영역 D를 $\sqrt{2}$만큼 확대하여 $\frac{\pi}{4}$만큼 회전한 것이다.

(2) $w=\sqrt{2}\,e^{\frac{\pi i}{4}}z+(1-2i)$라고 하면

$$u+iv=(1+i)(x+iy)=x-y+i(x+y)+1-2i$$

이고, $u=x-y+1,\ v=x+y-2$가 된다. 따라서 직선 $x=0,\ y=0,\ x=2,\ y=1$은 각각 $u+v=-1,\ u-v=3,\ u+v=3,\ u-v=1$로 사상된다. 지금 $z_1=\sqrt{2}\,e^{\frac{\pi i}{4}}z$일 때 주어진 변환은

$$\begin{aligned}u+iv&=\sqrt{2}\,e^{\frac{\pi i}{4}}z+(2-i)=\sqrt{2}\left(\cos\frac{\pi}{4}+i\cos\frac{\pi}{4}\right)(x+iy)+(2-i)\\&=(1+i)(x+iy)+2-i=z_1+2-i\end{aligned}$$

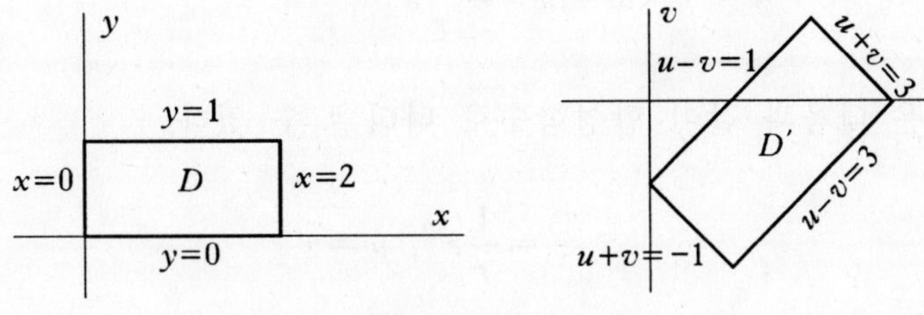

[그림 10.4]

이므로 이는 z를 $\sqrt{2}$배 하고, 원점을 중심으로 $\frac{\pi}{4}$만큼 회전이동한 z_1을 실수축의 양의 방향으로 2만큼, 허수축의 음의 방향으로 1만큼 평행이동한 것이다. □

이상으로 일차변환 $w=az+b$($a,\ b$는 복소상수)는 z-평면의 한 영역을 a의 편각 $\arg a$만큼 회전과 a의 크기 $|a|$만큼 확대(축소)와 b만큼 평행에 의하여 이루어진 것이다.

10.1.4 반전

다음과 같은 함수를 생각하자.

$$w=f(z)=\frac{1}{z}\ (z\neq 0)\ \text{ 또는 }\ z=\frac{1}{w}(w\neq 0) \qquad \cdots\cdots ①$$

이 함수는 z평면에서 원점에 가까이 있는 점을 w-평면에서 원점으로부터 멀리 떨어진 점으로 사상하고, z-평면의 원점에서 멀리 떨어진 점은 w-평면의 원점에 가까이 있는 점으로 사상한다. z가 원점에 가까이 갈 때 w는 확장된 복소평면에서 ∞로 접근한다. 즉, $|z|<\delta$일 때 $M>0$에 대하여 $|w|>M$을 만족하는 $\delta>0$가 존재한다. 이 때 사상관계를 $w=\dfrac{1}{z}$을 반전(inversion)이라 한다.

이 반전은 $z=0$, $w=0$을 제외하고, z-평면의 점 z와 w-평면의 점 w는 1 대 1 대응관계를 나타내고 있다. 지금 극좌표에서 $w=\rho e^{i\phi}$이고, $z=re^{i\theta}$이면 함수 ①에 의하여

$$w=\rho e^{i\phi}=\frac{1}{r}e^{-i\theta} \qquad \cdots\cdots ②$$

이고, 이것은 다음과 같이 합성함수로 나타낼 수 있다.

$$z'=\frac{1}{r}e^{i\theta},\ w=\overline{z}'$$

먼저 변환 $z'=\dfrac{1}{r}e^{i\theta}$는 단위원 $r=1$에 관한 반전이다. 즉 점 z'은 원점 O와 점 z를 맺는 직선 Oz 위에 있으면서 원점에서 거리가 $|z'|\cdot|z|=1$인 곳에 있으므로 다음과 같은 관계를 만족한다.

$$|z'|=\frac{1}{|z|},\ \arg z'=\arg z$$

다음에 변환 $w=\overline{z'}$은 단위원 $|z|=1$과 실수축 즉, $\operatorname{Im} z=0$에 관하여 반사(reflection) 즉, 대칭(symmetry)관계를 이룬다. 점 w는 점 z'의 x축에 관한 상이므로 점 w는 점 z'의 x축에 대칭인 점이다.

따라서 $w=\dfrac{1}{z}$에 의하여 단위원 내부의 점은 단위원 외부의 점으로, 단위원 외부의 점은 0이 아닌 단위원의 내부로 사상되고, 원둘레 위의 점들은 실수축에 관하여 반사된다(그림 10.5 참조).

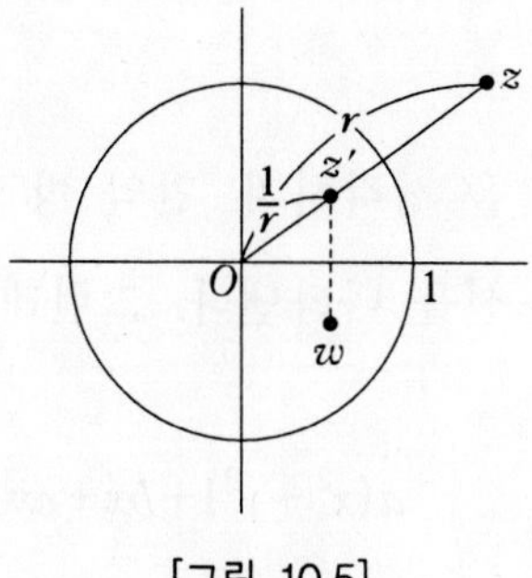

[그림 10.5]

이 때 함수 $w=\dfrac{1}{z}(z\neq 0)$을 단위원과 실수축에 관하여 반사변환(reflection)이라 한다. 한편 $\lim\limits_{z\to\infty}\dfrac{1}{z}=0$, $\lim\limits_{z\to 0}\dfrac{1}{z}=\infty$이므로 식 ①을 원점과 무한원점에서

$$w=f(z)=\begin{cases}\dfrac{1}{z}, & z\neq 0,\ z\neq\infty \\ 0, & z=\infty \\ \infty, & z=0\end{cases} \quad \cdots\cdots \text{④}$$

와 같이 정의하면 $w=f(z)$는 확장된 복소평면의 모든 점에서 연속이라 할 수 있다. 한편 반전에 의하여 z-평면의 집합이 w-평면의 집합으로 어떻게 사상되는지 구체적으로 살펴보기 위하여 다음 방정식을 생각하여 보자.

함수 $w=\dfrac{1}{z}$에서 직교좌표 $z=x+iy$, $w=u+iv$를 이용하면

$$w=u+iv=\frac{1}{z}=\frac{1}{x+iy}=\frac{x}{x^2+y^2}-i\,\frac{y}{x^2+y^2}$$

이므로

$$u=\frac{x}{x^2+y^2},\ v=-\frac{y}{x^2+y^2} \quad \cdots\cdots \text{⑤}$$

즉

$$x=\frac{u}{u^2+v^2},\ y=-\frac{v}{u^2+v^2} \quad \cdots\cdots \text{⑥}$$

를 얻는다.

다음은 a, b, c, d가 $b^2+c^2>4ad$를 만족하는 실수인 상수일 때 다음 방정식

$$a(x^2+y^2)+bx+cy+d=0 \qquad \cdots\cdots ⑦$$

을 생각하자. 만약 방정식 ⑦에서 $a\neq0$이면 임의의 원을, $a=0$일 때 임의의 직선을 나타낸다. 그런데 변환 $w=\dfrac{1}{z}$에 의하여 식 ⑥을 ⑦에 대입하여 정리하면

$$\begin{aligned} a(x^2+y^2)+bx+cy+d &= a\left[\frac{u^2}{(u^2+v^2)^2}+\frac{v^2}{(u^2+v^2)^2}\right]+\frac{bu}{u^2+v^2}-\frac{cv}{u^2+v^2}+d \\ &= \frac{a}{u^2+v^2}+\frac{bu}{(u^2+v^2)^2}-\frac{cv}{u^2+v^2}+d=0 \end{aligned}$$

이므로

$$d(u^2+v^2)+bu-cv+a=0 \qquad \cdots\cdots ⑧$$

이고, 방정식 ⑧은 $d\neq0$일 때 원을, $d=0$일 때 직선을 나타낸다.

따라서 방정식 ⑦, ⑧에 의하여 반전 $w=\dfrac{1}{z}$은 z-평면 위의 원과 직선은 w-평면 위의 어떤 곡선으로 사상하는가를 알아보면 다음과 같다.

(1) $a\neq0$, $d\neq0$일 때는 방정식 ⑦에서 원점 $z=0$을 지나지 않는 원은 방정식 ⑧에서 원점 $w=0$을 지나지 않는 원으로 사상된다.

(2) $a\neq0$, $d=0$일 때는 방정식 ⑦에서 원점 $z=0$을 지나는 원은 방정식 ⑧에서 원점 $w=0$을 지나지 않는 직선으로 사상된다.

(3) $a=0$, $d\neq0$일 때는 방정식 ⑦에서 원점 $z=0$을 지나지 않는 직선이 방정식 ⑧에서 원점 $w=0$을 지나는 원으로 사상된다.

(4) $a=0$, $d=0$일 때는 방정식 ⑦에서 원점 $z=0$을 지나는 직선은 방정식 ⑧에서 원점 $w=0$을 지나는 직선으로 사상됨을 알 수 있다.

그러므로 함수 $w=\dfrac{1}{z}$은 원과 직선은 원과 직선으로 사상한다고 할 수 있다. 만약 직선을 무한히 큰 원으로 간주하면 항상 원은 원으로 사상한다고 할 수 있고, 반전변환에 의하여 직선이나 원이 원점 $z=0$을 지나면 한 직선에 사상되며, 그렇지 않으면 한 원에 사상된다. 또한 원점 $z=0$을 포함하지 않는 원의 내부는 한 원의 내부로 사상된다.

[예 10.3] 함수 $w=\dfrac{1}{z}$에 의하여 z-평면 위에 직선 $x=c_1\,(c_1\neq 0)$, $y=c_2\,(c_2\neq 0)$와 영역 $x>c_1$에 대한 상을 나타내어라.

풀이 $z=x+iy$이고 $w=u+iv$로 놓으면 함수 $z=\dfrac{1}{w}$에서

$$x+iy=z=\frac{1}{w}=\frac{u}{u^2+v^2}+i\frac{-v}{u^2+v^2} \qquad \cdots\cdots ①$$

따라서 식 ①에서

$$x=\frac{u}{u^2+v^2}=c_1 \qquad \cdots\cdots ②$$

이고, 식 ②를 정리하면

$$u^2+v^2-\frac{u}{c_1}=0 \text{ 또는 } \left(u-\frac{1}{2c_1}\right)^2+v^2=\left(\frac{1}{2c_1}\right)^2$$

즉, 중심 $\dfrac{1}{2c_1}$, 반지름 $\dfrac{1}{|c_1|}$인 원이다. 이 때 $c_1>0$이면 상인 원은 v축의 오른쪽에, $c_1<0$이면 상인 원은 v축의 왼쪽에 있게 된다. 마찬가지로 식 ①에서

$$y=\frac{-v}{u^2+v^2}=c_2 \qquad \cdots\cdots ③$$

이고, 식 ③을 정리하면

$$u^2+v^2+\frac{v}{c_2}=0 \text{ 또는 } u^2+\left(v+\frac{1}{2c_2}\right)^2=\left(\frac{1}{2c_2}\right)^2$$

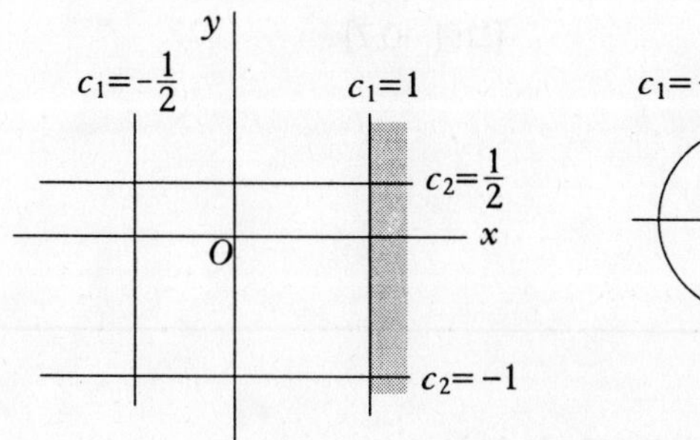

[그림 10.6]

즉, 중심 $-\dfrac{i}{2c_2}$, 반지름 $\dfrac{1}{2|c_2|}$인 원이다.

이때 $c_2>0$이면 직선이 오른쪽으로 움직이면 상인 원은 u축의 아래쪽에 시계의 반대 방향으로, $c_2<0$이면 상인 원은 u축의 위쪽에 시계 방향으로 나타나게 된다. □

[예 10.4] 무한 띠 $0<y<\dfrac{1}{2c}$, $c>0$을 변환 $w=\dfrac{1}{z}$에 의한 상을 나타내어라.

풀이 $w=\dfrac{1}{z}$에서 $w=u+iv$, $z=x+iy$로 놓으면

$$x=\frac{u}{u^2+v^2},\quad y=\frac{-v}{u^2+v^2} \qquad \cdots\cdots ①$$

이므로 위의 두 식을 결합하면

$$0<\frac{-v}{u^2+v^2}<\frac{1}{2c} \qquad \cdots\cdots ②$$

이고, 식 ②에서 $v<0$, $c^2<u^2+(v+c)^2$임을 유도할 수 있다(그림 10.7 참조).

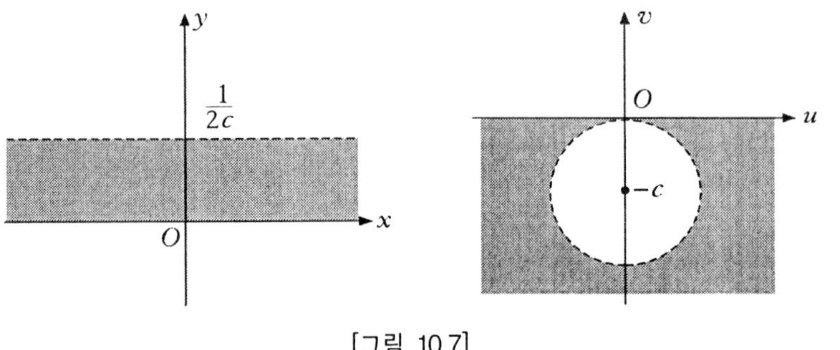

[그림 10.7] □

문제

1. $w=\dfrac{1}{z}$에 의하여 다음의 상을 구하여라.

(1) 반평면 $x>c$와 $x<c$ (단, $c>0$)

(2) 쌍곡선 $x^2-y^2=1$

풀이 (1) $w=\dfrac{1}{z}$에서 $z=\dfrac{1}{w}=\dfrac{\overline{w}}{|w|^2}$이고, 또한 $w=u+iv$, $z=x+iy$로 놓으면

$$u=\frac{x}{x^2+y^2},\ v=\frac{-y}{x^2+y^2} \text{ 또는 } x=\frac{u}{u^2+v^2},\ y=\frac{-v}{u^2+v^2} \quad \cdots\cdots ①$$

이다. 먼저 $x>c$라고 하자. 그러면 문제의 뜻에 따라

$$x=\frac{u}{u^2+v^2}>c \quad \cdots\cdots ②$$

일 때 $u^2+v^2-\dfrac{u}{c}<0$이므로 즉,

$$\left(u-\frac{1}{2c}\right)^2+v^2<\left(\frac{1}{2c}\right)^2 \quad \cdots\cdots ③$$

이다. 즉 반평면 $x>c$에 있는 임의의 점 z의 상은 중심이 $\left(\dfrac{1}{2c},\ 0\right)$, 반지름이 $\dfrac{1}{2c}$인 원의 내부로 사상된다.

다음에 $x<c$라 하면 마찬가지로 $u^2+v^2-\dfrac{v}{c_2}>0$ 즉

$$\left(u-\frac{1}{2c}\right)^2+v^2>\left(\frac{1}{2c}\right)^2 \quad \cdots\cdots ④$$

에 사상에 사상되므로 중심이 $\left(\dfrac{1}{2c},\ 0\right)$, 반지름이 $\dfrac{1}{2c}$인 원의 외부로 사상된다.

(2) $x=\dfrac{z+\overline{z}}{2}$, $y=\dfrac{z-\overline{z}}{2i}$이므로

$$x^2-y^2=\left(\frac{z+\overline{z}}{2}\right)^2+\left(\frac{z-\overline{z}}{2i}\right)^2 \quad \cdots\cdots ①$$

이다. 식 ①에서

$$z^2+\overline{z^2}=2 \quad \cdots\cdots ②$$

가 된다. 변환 $w=\dfrac{1}{z}$에 의하여 식 ②는

$$\frac{1}{w^2} + \frac{1}{\overline{w}^2} = 2 \qquad \cdots\cdots ③$$

로 사상된다. 이 때 w를 극형식 $w = pe^{i\phi}$로 나타내면 ③에서

$$\frac{1}{\rho^2 e^{2i\phi}} + \frac{1}{\rho^2 e^{-2i\phi}} = 2 \text{ 또는 } \rho^2 = \cos 2\phi$$

즉 그림 10.8과 같은 리본형(lemniscate)의 방정식이 된다.

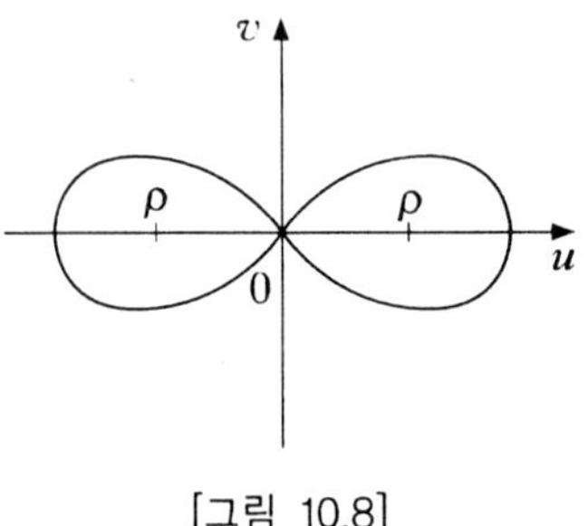

[그림 10.8]

2. 반평면 Re $z > \dfrac{1}{2}$을 함수 $w = \dfrac{1}{z}$에 의하여 원판 $|w-1| < 1$ 위로 사상됨을 보여라.

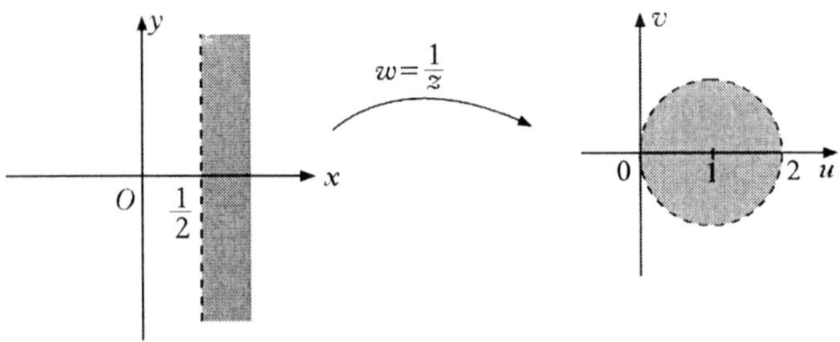

[그림 10.9]

풀이 $z = x + iy$이고, $w = u + iv$일 때 함수 $z = \dfrac{1}{w}$은

$$x + iy = z = \frac{1}{w} = \frac{u - iv}{u^2 + v^2}$$

이다. 따라서

$$x = \frac{u}{u^2 + v^2},\ y = \frac{-v}{u^2 + v^2}$$

가 된다. 그런데 $x > \dfrac{1}{2}$이므로 $\dfrac{u}{u^2 + v^2} > \dfrac{1}{2}$이고, 이것을 변형하면

$$(u-1)^2 + v^2 < 1$$

이다. 이것은 w-평면에서 중심이 $w_0=1$이며, 반지름이 1인 원의 내부 즉, $|w-1|<1$을 가리킨다.

3. 함수 $w=\dfrac{i(1-z)}{1+z}$는 단위원판 $|z|<1$에서 상반평면 $\text{Im}>0$ 위로의 일대일 사상임을 보여라.

풀이 먼저 단위원 $C:|z|=1$의 w-평면에서의 상을 생각한다. $w=\dfrac{-iz+i}{1+z}$이므로

$$z=\frac{-w+i}{w+i} \quad \cdots\cdots ①$$

이므로 $|z|=1$일 때 식 ①에 의하여 단위원 위에 있는 점의 상은

$$|w+i|=|-w+i| \quad \cdots\cdots ②$$

를 만족한다. 또한 $w=u+iv$을 식 ②에 대입하여 양변을 제곱하면

$$u^2+(1+v)^2=u^2+(1-v)^2$$

이 되어 $v=0$이 된다. 따라서 이것은 z-평면에서 단위원 위의 점들이 w-평면의 u축 위로 사상된다.

한편, 원 $C:|z|=1$은 z-평면을 두 부분으로 나누고, C 자신은 u축으로 사상되면서 w-평면을 두 부분으로 나눈다. $z=0$의 상은 $w=f(0)=i$이다. 지금 $|z|<1$의 상을 생각하자. 식 ①에 의하여

$$|z|=\left|\frac{-w+i}{w+i}\right|<1 \text{ 즉, } |w-i|<|w-(-i)|$$

를 만족하므로

$$\sqrt{u^2+(v-1)^2}<\sqrt{u^2+(v+1)^2}$$

이다. 이를 정리하면 $\text{Im}\, w=v>0$.

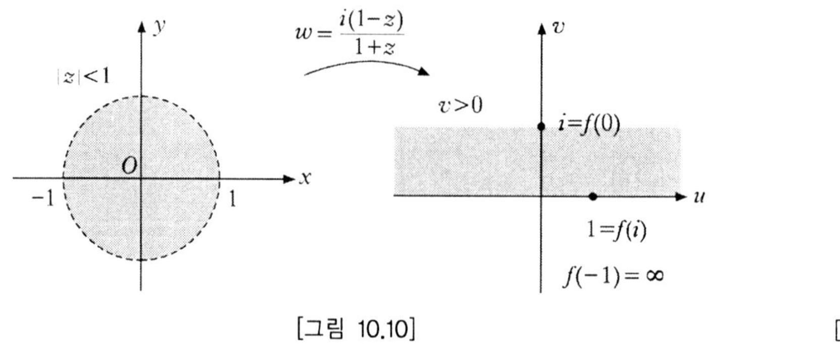

[그림 10.10] □

10.2 일차분수변환과 겹선형변환

복소상수 a, b, c, d에 대하여 z에 관한 함수

$$w=f(z)=\frac{az+b}{cz+d},\ ad-bc\neq 0 \qquad \cdots\cdots ①$$

을 일차분수변환(linear fractional transformation)이라 한다. 여기서 $c=0$일 때 함수 ①은 일차변환이 되고, $a=d=0$, $b=c$일 때는 반전이 된다.

한편 $c\neq 0$일 때 함수 ①은 다음과 같이 나타낼 수 있다.

$$w=\frac{a}{c}+\frac{bc-ad}{c}\cdot\frac{1}{cz+d}\ (c\neq 0) \qquad \cdots\cdots ②$$

여기서 만약 $ad=bc$이면 ①은 상수가 된다. 방정식 ①을 변형하면

$$cwz-az+dw-b=0 \qquad \cdots\cdots ③$$

이므로 방정식 ③은 z는 w에 관하여 일차방정식이고, 또한 w는 z에 관하여 일차방정식이므로 z와 w에 관하여 다음과 같은 형태의 방정식으로 나타낼 수 있다.

$$Azw+Bz+Cw+D=0 \qquad \cdots\cdots ④$$

이 때 방정식 ④의 일차분수변환을 **겹선형변환**(bilinear transformation)이라 한다. 또한 방정식 ①에서 z를 w에 관하여 풀면

$ad-bc\neq 0$일 때 $z(cw-a)=-dw+b$ 즉 $w\neq\frac{a}{c}$인 w에 대하여

$$z=f^{-1}(w)=\frac{-dw+b}{cw-a} \qquad \cdots\cdots ⑤$$

로 정의된 f의 역변환(inverse transformation) f^{-1}가 항상 존재하고, f^{-1}도 역시 일차분수변환이다.

지금 일차분수변환 f와 f^{-1}를 확장된 z-평면 위에서 정의할 필요가 있다. 특히 $c=0$인 경우 $f(\infty)=\infty$로 정의하고, a와 d는 모두 0이 아니므로 w-평면의 각 점은 반드시 z-평면 위의 단 한 점의 상이다.

한편 $c\neq 0$인 경우는 식 ①에서

$$f(\infty)=\lim_{z\to\infty}f(z)=\lim_{z\to\infty}\frac{a+\frac{b}{z}}{c+\frac{d}{z}}=\frac{a}{c}$$

이고, 같은 방법으로 식 ⑤에서

$$f^{-1}(\infty)=\lim_{w\to\infty}f^{-1}(w)=\lim_{w\to\infty}\frac{-d+\frac{b}{w}}{c-\frac{a}{w}}=\frac{-d}{c}.$$

한편 $f\left(\frac{-d}{c}\right)=\infty$로 정의하면 이것은 변환 $w=f(z)$는 확장된 z-평면에서 확장된 w-평면 위로 일대 일이고 연속인 일차분수변환이다. 따라서 일차분수변환 ①은 확장된 z-평면에서 확장된 w-평면 위로 일대일 사상이 된다.

[예 10.5] 일차분수변환은 항상 원과 직선은 각각 원과 직선으로 사상됨을 보여라.

풀이 지금 일차분수변환

$$w=\frac{az+b}{cz+d},\ ad-bc\neq 0,\ c\neq 0 \qquad \cdots\cdots ①$$

에서 먼저 $c=0$이면 일차변환이다.

다음에 $c\neq 0$라고 하자. 그러면

$$w=\frac{a}{c}+\frac{bc-ad}{c}\cdot\frac{1}{cz+d} \qquad \cdots\cdots ②$$

이다. 그런데 함수 ②의 둘째 항에서

$$z' = cz + d, \quad z'' = \frac{1}{z'} \qquad \cdots\cdots ③$$

로 놓으면 함수 ②는

$$w = \frac{a}{c} + \frac{bc - ad}{c} \cdot z'' \qquad \cdots\cdots ④$$

이 된다. 따라서 함수 ③의 첫째의 것은 일차변환으로서 z-평면의 원과 직선을 각각 z'-평면의 원과 직선으로, 두 번째 변환은 반전으로 z'-평면의 원과 직선은 z''-평면의 원과 직선으로 사상하며, 함수 ④는 $w = Az + B$형태의 일차변환으로 z''-평면의 원과 직선을 각각 w-평면의 원과 직선으로 사상한다. □

〈참고〉 일차분수변화 ①에서 만약 원이나 직선이 점 $z = -\frac{d}{c}$를 지나면 직선에 사상되고, 점 $z = -\frac{d}{c}$를 지나지 않는 원이나 직선은 원에 사상된다.

[예 10.6] 일차분수변환은 평행이동, 회전이동, 반전의 결합임을 보여라.

풀이 $w = \frac{az+b}{cz+d} = \frac{a}{c} + \frac{bc-ad}{c(cz+d)} = \alpha + \frac{\beta}{z+\gamma}$

단, $\alpha = \frac{a}{c}$, $\beta = \frac{bc-ad}{c^2}$, $\gamma = \frac{d}{c}$는 상수

그러므로 주어진 변환은 $w = \alpha + \beta\delta$(단, $\zeta = z + \gamma$, $\delta = \frac{1}{\zeta}$)와 동치이며, 이는 평행이동, 회전이동, 반전의 결합이다. □

[예 10.7] z-평면 위에 서로 다른 세 점 z_1, z_2, z_3가 w-평면 위에 서로 다른 세 점 w_1, w_2, w_3가 주어지면 $w_1 = f(z_1)$, $w_2 = f(z_2)$, $w_3 = f(z_3)$를 만족하는 일차분수변환 $w = f(z)$가 유일하게 존재함을 보여라.

풀이 주어진 여섯 개의 점이 모두 ∞가 아니라고 하면 구하는 일차분수변환을

$$w = \frac{az+b}{cz+d}, \quad ad - bc \neq 0$$

으로 놓고 $z=z_k$, $k=1$, 2, 3를 각각 w_k를 사상한다고 하자. 그러면

$$w-w_k=\frac{az+b}{cz+d}-\frac{az_k+b}{cz_k+d}=\frac{(ad-bc)(z-z_k)}{(cz+d)(cz_k+d)} \qquad \cdots\cdots ①$$

가 된다. 먼저 ①에서 $k=1$, 3일 때 각각

$$w-w_1=\frac{(ad-bc)(z-z_1)}{(cz+d)(cz_1+d)} \qquad \cdots\cdots ②$$

$$w-w_3=\frac{(ad-bc)(z-z_3)}{(cz+d)(cz_3+d)} \qquad \cdots\cdots ③$$

을 얻는다. 그러면 식 ②를 식 ③으로 나누면

$$\frac{w-w_1}{w-w_3}=\left(\frac{cz_3+d}{cz_1+d}\right)\left(\frac{z-z_1}{z-z_3}\right) \qquad \cdots\cdots ④$$

이다. 한편 식 ②, ③에서 w를 w_2로, z를 z_2로 대응하면

$$w_2-w_1=\frac{(ad-bc)(z_2-z_1)}{(cz_2+d)(cz_1+d)} \qquad \cdots\cdots ⑤$$

$$w_2-w_3=\frac{(ad-bc)(z_2-z_3)}{(cz_2+d)(cz_3+d)} \qquad \cdots\cdots ⑥$$

를 얻을 수 있다. 식 ⑤를 식 ⑥으로 나누면

$$\frac{w_2-w_3}{w_2-w_1}=\left(\frac{cz_1+d}{cz_3+d}\right)\left(\frac{z_2-z_3}{z_2-z_1}\right) \qquad \cdots\cdots ⑦$$

을 얻을 수 있고, 다음에 식 ④와 식 ⑦을 변변 곱하면

$$\frac{(w-w_1)(w_2-w_3)}{(w-w_3)(w_2-w_1)}=\frac{(z-z_1)(z_2-z_3)}{(z-z_3)(z_2-z_1)} \qquad \cdots\cdots ⑧$$

과 같이 나타낼 수 있다. 식 ⑧에서 w를 z에 관하여 풀어보면 구하는 일차분수변환 $w=f(z)$의 형태가 된다.

한편 만약 식 ⑧에서 $z=z_1$, $w=w_1$으로 놓으면 이 방정식의 양변은 0이다. 이는 $w=w_1$은 $z=z_1$의 유일한 상이고, 식 ⑧에서 $z=z_2$, $w=w_2$으로 놓으면 이 방정식의 양변은 역시 0이다. 이는 $w=w_3$은 $z=z_3$의 유일한 상이다. 또한

변환 ⑧에서 역수를 취하면

$$\frac{(w-w_3)(w_2-w_1)}{(w-w_1)(w_2-w_3)}=\frac{(z-z_3)(z_2-z_1)}{(z-z_1)(z_2-z_3)} \qquad \cdots\cdots ⑨$$

와 같이 나타낼 수 있다. 변환 ⑨에서 $z=z_2$, $w=w_2$으로 놓으면 양변은 1이므로 $w=w_3$은 $z=z_3$의 유일한 상이다. 따라서 구하는 변환은 유일하게 존재한다.

만약 6개의 점 중에서 어느 하나가 ∞라고 하자.

예를 들어 $z_3=\infty$이면 식 ⑧을 만족하는 상수 a, b, c, d를 결정하면 된다. 그런데 식 ①에서 $z_3=\frac{1}{z_3{}'}$로 놓으면 $z_3{}'=0$을 대입하여 계산하면 된다. 즉

$$\frac{(w-w_1)(w_2-w_3)}{(w-w_3)(w_2-w_1)}=\frac{(z-z_1)(z_3{}'z_2-1)}{(z_3{}'z-1)(z_2-z_1)}=\frac{z-z_1}{z_2-z_1}$$

이 된다. 이는 확장된 z-평면 위에 점이 확장된 w-평면 위의 점으로 사상하는 일차분수변환이 유일하게 존재한다는 것은 $w=\frac{az+b}{cz+d}$가 단사함수라는 사실에 의한 것이다. □

〈참고〉 변환 ⑧을 행렬식을 이용하여 다음과 같이 유도할 수 있다. z-평면 위에서 서로 다른 세 점 z_1, z_2, z_3을 취할 때 w-평면 위에 서로 다른 세 점을 w_1, w_2, w_3이라 하면 방정식은

$$Az_kw_k+Bz_k+Cw_k+D=0 \ (k=1,\ 2,\ 3)$$

이다. 이 $k=1$, 2, 3에 따라 식에서 미지의 수 A, B, C, D를 소거하면

$$\begin{vmatrix} zw & z & w & 1 \\ z_1w_1 & z_1 & w_1 & 1 \\ z_2w_2 & z_2 & w_2 & 1 \\ z_3w_3 & z_3 & w_3 & 1 \end{vmatrix}=0$$

이다. 위의 행렬식을 전개하면 다음과 같은 식

$$\frac{(w-w_1)(w_2-w_3)}{(w-w_3)(w_2-w_1)}=\frac{(z-z_1)(z_2-z_3)}{(z-z_3)(z_2-z_1)}$$

을 얻는다.

문제

1. 점 $z=0,\ -i,\ -1$을 $w=i,\ 1,\ 0$으로 대응하는 일차분수변환을 구하여라.

풀이 **방법 1** : 일차분수변환 $w=\dfrac{az+b}{cz+d},\ ad-bc\neq 0$에서

① $i=\dfrac{a(0)+b}{c(0)+d}$, ② $1=\dfrac{a(-i)+b}{c(-i)+d}$, ③ $0=\dfrac{a(-1)+b}{c(-1)+d}$

이다. 식 ③에서 $b=a$, ①에서 $d=\dfrac{b}{i}$이고, ②에서 $c=ia$이므로 구하는 것은

$$w=\frac{az+a}{iaz-ia}=\frac{1}{i}\left(\frac{z+1}{z-1}\right)=-i\left(\frac{z+1}{z-1}\right)$$

방법 2 : 예 10.7에 의하여

$$\frac{(w-i)(1-0)}{(w-0)(1-i)}=\frac{(z-0)(-i+1)}{(z+1)(-i-0)}$$

이므로 여기서 w를 풀면

$$w=-i\left(\frac{z+1}{z-1}\right)$$

2. z-평면 위에 $z_1=2,\ z_2=0,\ z_3=-1$이 w-평면 위에 $w_1=1,\ w_2=\infty,\ w_3=i$로 사상되는 일차분수변환을 구하여라.

풀이 정리 3에 의하여 $\dfrac{(w-w_1)(w_2-w_3)}{(w-w_3)(w_2-w_1)}=\dfrac{(z-z_1)(z_2-z_3)}{(z-z_3)(z_2-z_1)}$ …… ①

을 적용한다. $w_2=\infty$이므로 $w_2=\dfrac{1}{w_2}$,로 놓으면 $w_2{}'=0$이다. 따라서 식 ①의 좌변을

$$\frac{(w-w_1)(1-w_2{}'w_3)}{(w-w_3)(1-w_2{}'w_1)}=\frac{(z-z_1)(z_2-z_3)}{(z-z_3)(z_2-z_1)} \quad \cdots\cdots ②$$

와 같이 표시할 수 있으므로 ②에서

$$\frac{w-w_1}{w-w_3}=\frac{(z-z_1)(z_2-z_3)}{(z-z_3)(z_2-z_1)} \qquad \cdots\cdots ③$$

가 된다. 따라서 $z_1=2$, $z_2=0$, $z_3=-1$을 식 ③에 대입하여 일차분수변환을 구하면

$$\frac{w-1}{w-i}=\frac{z-2}{-2(z+1)} \text{ 또는 } w=\frac{2(z+1)+i(z-2)}{3z}$$

3. 두 일차분수변환

$$w_1=f_1(z)=\frac{a_1z+b_1}{c_1z+d_1},\ w_2=f_2(z)=\frac{a_2z+b_2}{c_2z+d_2}$$

일 때 $w=f_2(f_1(z))$는 역시 일차분수변환임을 보여라.

풀이 두 일차분수변환 f_1, f_2의 합성변환은

$$w=f_1(f_2(z))=\frac{(a_1a_2+b_1c_2)z+(a_1b_2+b_1d_2)}{(c_1a_2+d_1c_2)z+(c_1b_2+d_1d_2)} \qquad \cdots\cdots ⑦$$

이므로 이 변환은 일차분수변환임을 알 수 있다. 마찬가지로 $f_2(f_1(z))$도 일차분수변환이다. 특히 확장된 복소평면의 모든 z에 대하여 $f^{-1}(f(z))=z$가 성립한다.

4. 집합 $M=\left\{w=f(z) : w=f(z)=\dfrac{az+b}{cz+d},\ ad-bc\neq 0\right\}$의 두 원소 f_1, f_2의 곱연산을 $w=f_2f_1(z)=f_2(f_1(z))$로 정의하면 집합 M은 군(group)임을 보여라.

풀이 f_1, f_2가 두 일차분수변환이면 $f_2f_1(z)=f_2(f_1(z))$도 일차분수변환이므로 곱연산에 의하여 M은 닫혀져 있다. 지금

$$w_1=f_1(z)=\frac{a_1z+b_1}{c_1z+d_1},\ w_2=f_2(z)=\frac{a_2z+b_2}{c_2z+d_2},\ w_3=f_3(z)=\frac{a_3z+b_3}{c_3z+d_3}$$

로 놓으면 결합법칙

$$[f_1(f_2f_3)](z)=[(f_1f_2)f_3](z)$$

가 성립한다. 또한 $f_0(z)=z$라고 하면 임의의 $w=f(z)=\dfrac{az+b}{cz+d}\in M$에 대하여 항등변환 $f_0(z)\in M$이 존재하여

$$ff_0(z)=f_0f(z)=f(z)$$

가 된다. 한편 $w=f(z)=\dfrac{az+b}{cz+d}$의 역변환 $z=f^{-1}(w)=\dfrac{-dw+b}{cw-a}$는 역시 일차분수변환이고, 또한

$$ff^{-1}=f^{-1}f=f_0$$

이 성립하므로 집합 M은 곱연산에 관하여 군(group)을 이룬다.

10.3 영역의 변환

앞에서 z-평면의 서로 다른 세 점을 w-평면의 서로 다른 세 점으로 사상되는 유일한 겹선형변환이 있음을 알았다. 예를 들면 점 $z=1,\ 0,\ \infty$를 각각 점 $w=1,\ -1,\ i$의 위로 사상되는 겹선형변환은

$$w=i\left(\frac{z-\dfrac{1+i}{2}}{z-\dfrac{1-i}{2}}\right)$$

임을 알 수 있다. 여기서 z-평면의 실수축을 w-평면의 단위원 위로 보내는 이 변환은 상반면은 단위원의 내부로 사상되고, 하반면은 단위원 외부로 사상된다.

실제로 상반면에 있는 $z=\dfrac{1+i}{2}$는 원점으로, 하반면에 있는 $z=\dfrac{1-i}{2}$는 ∞로 사상된다.

이와 같은 변환을 특성화할 수 있도록 하기 위하여 다음의 경우를 살펴보도록 한다.

10.3.1 z-평면의 상반평면을 단위원의 내부로 사상되는 일차분수변환

z-평면의 반평면 $\operatorname{Im} z>0$을 w-평면의 단위원판의 내부 $|w|<1$로 사상되고

Im $z=0$은 $|w|=1$로 사상되는 일차분수변환을 구한다.

지금 구하는 일차분수변환을

$$w=\frac{az+b}{cz+d},\ ad-bc\neq 0 \qquad \cdots\cdots ①$$

이라 하자. 실수축 Im $z=0$은 함수 ①에 의하여 w-평면의 단위원판 $|w|=1$로 사상된다. 다음에 계수들에 대한 조건을 결정하기 위하여 특수한 점 등을 택한다.

만약 $c=0$이면 $z=\infty$의 상은 $w=\infty$이므로 $c\neq 0$이라 할 수 있다.

한편 $c\neq 0$이면 $z=\infty$의 상은 $w=\dfrac{a}{c}$이고, $z=\infty$일 때 조건 $|w|=1$이므로

$$|a|=|c|\neq 0 \qquad \cdots\cdots ①$$

이다. 다음에 $z=0$의 상은 $|w|=1$이므로

$$|b|=|d|\neq 0 \qquad \cdots\cdots ②$$

이고, 조건 ①, ②에 의하여

$$\left|\frac{b}{d}\right|=\left|\frac{a}{c}\right|=1 \qquad \cdots\cdots ③$$

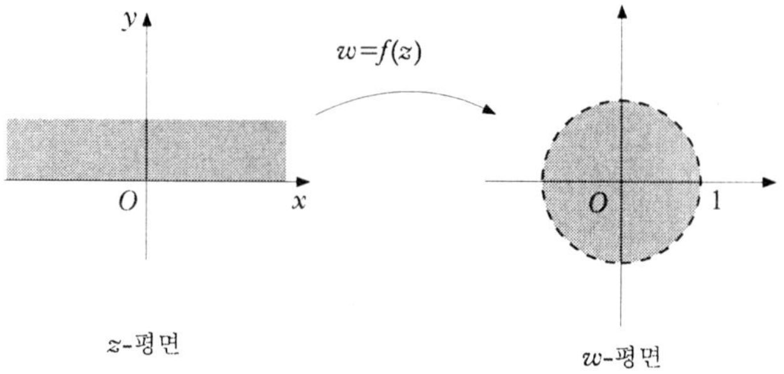

y $w=f(z)$ O x O 1

z-평면 w-평면

[그림 10.11]

이다. 함수 ①에서 $w=\dfrac{a}{c}\cdot\dfrac{z+\dfrac{b}{a}}{z+\dfrac{d}{c}}$이고, $\left|\dfrac{a}{c}\right|=1$이므로 $\dfrac{a}{c}=e^{i\alpha}$(단, α는 임의의 실수인 상수)이다. 만약 $z_0=-\dfrac{b}{a}$, $z_1=-\dfrac{d}{c}$이면 $|z_0|=|z_1|$이고, 함수 ③은

$$w=e^{i\alpha}\cdot\frac{z-z_0}{z-z_1} \qquad \cdots\cdots ④$$

와 같이 나타낸다. 만약 $z=1$을 함수 ④에 대입하면

$$|w|=\left|e^{i\alpha}\frac{1-z_0}{1-z_1}\right|=1 \text{ 즉 } |1-z_1|=|1-z_0| \qquad \cdots\cdots ⑤$$

을 얻는다. 지금 ⑤의 양변을 제곱하고 정리하면

$$\mathrm{Re}\, z_0 = \mathrm{Re}\, z_1$$

을 얻는다. 그런데 $|z_1| = |z_0|$이므로 $z_1 = z_0$ 또는 $z_1 = \bar{z}_0$가 된다.

만약 $z_1 = z_0$이면 ④은 상수함수 $e^{i\alpha}$를 나타내므로 $z_1 \neq z_0$이다. 따라서 $z_1 = \bar{z}_0$이므로 다음과 같은 일차분수변환

$$w = e^{i\alpha} \frac{z - z_0}{z - \bar{z}_0} \qquad \cdots\cdots \text{⑥}$$

로 주어진다. 이 때 실수축은 단위원 위로 사상된다.

일차분수변환 ⑥은 $z = z_0$는 원점 $w = 0$으로 사상하고, $z = \bar{z}_0$는 $w = \infty$으로 사상하므로 z-평면의 상반평면 $\mathrm{Im}\, z_0 > 0$은 변환 ⑥에 의하여 w-평면에 단위원의 내부 $|w| < 1$로 사상되고, 마찬가지로 하반평면 $\mathrm{Im}\, z_0 < 0$이면 단위원의 외부 $|w| > 1$로 사상된다.

위의 겹선형변환 ⑥에서 w와 z를 바꾸면 단위원 내부를 상반평면으로 사상하는 일차분수변환을 얻을 수 있다.

이것을 기하학적으로 보면 z-평면의 상반평면 위에 임의의 z에 대하여 $\mathrm{Im}\, z_0 > 0$인 점 z_0를 취하면 그림 10.12의 왼쪽에서

$$|z - z_0| \leq |z - \bar{z}_0|$$

이므로

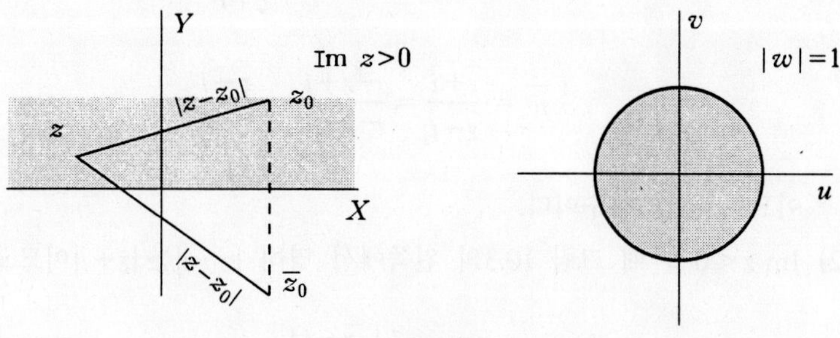

[그림 10.12]

$$|w| = |e^{i\alpha}| \left| \frac{z - z_0}{z - \overline{z_0}} \right| = \left| \frac{z - z_0}{z - \overline{z_0}} \right| < 1, \ \text{Im}\, z_0 > 0, \ \text{Im}\, z > 0$$

따라서 구하는 일차분수변환은

$$w = e^{i\alpha} \frac{z - z_0}{z - \overline{z_0}}, \ \text{Im}\, z_0 > 0$$

마찬가지로 z-평면의 하반평면 위에 임의의 z에 대하여 $\text{Im}\, z_0 < 0$인 점 z_0를 택하면 일차분수변환은

$$w = e^{i\alpha} \frac{z - \overline{z_0}}{z - z_0}, \ \text{Im}\, z_0 < 0$$

이다. 만약 $w = z$이면 실수축으로 사상되고 등호가 성립하므로 $|w| \le 1$.

1. 겹선형변환 $w = \dfrac{z-i}{z+i}$일 때 다음을 증명하여라.

(1) 이 변환에 의하여 z-평면의 허수축은 w-평면의 실수축으로 사상된다.

(2) z-평면의 하반평면 $\text{Im}\, z < 0$은 w-평면의 단위원 외부 $|w| > 1$로 사상된다.

(3) z-평면 위의 원 $|z-1| = \sqrt{2}$는 w-평면의 직선 $u+v=0$이다.

풀이 (1) 허수축 위의 점 z는 $\overline{z} = -z$이므로 $w = \dfrac{z-i}{z+i}$일 때

$$\overline{w} = \frac{\overline{z}+i}{\overline{z}-i} = \frac{-z+i}{-z-i} = \frac{z-i}{z+i} = w$$

이므로 w는 실수이다.

(2) $\text{Im}\, z < 0$일 때 그림 10.3의 왼쪽에서 명히 $|z-i| \ge |z+i|$이므로

$$|w| = \left| \frac{z-i}{z+i} \right| > 1$$

(3) $|z-1|=\sqrt{2}$ 의 상은 원과 직선이다. 여기서 이 원 위의 세 점 $z=i$, $z=-i$, $z=\sqrt{2}+1$ 의 상은 각각

$$w=0,\ w=\infty,\ w=\frac{1-i}{\sqrt{2}}$$

이므로 이 세 점을 지나는 직선 $u+v=0$ 이다(그림 10.13의 왼쪽).

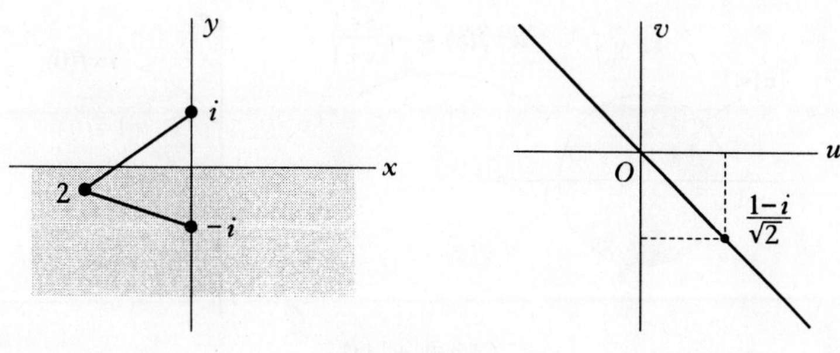

[그림 10.13]

2. z-평면의 단위원판 $|z|<1$ 을 w-평면의 상반평면 위로 사상되는 일차분수 변환을 구하여라.

풀이 먼저 단위원 $|z|=1$ 을 w-평면의 u축으로 사상된다는 점을 생각해야 한다. 지금 단위원 $|z|=1$ 위에 세 점 $z_1=1$, $z_2=i$, $z_3=-1$ 을 택하여 u축에 각각 $w_1=0$, $w_2=1$, $w_3=\infty$ 로 사상되는 일차분수변환을 구하면 예 10.7에 의하여

$$\frac{(w-w_1)(w_2-w_3)}{(w-w_3)(w_2-w_1)}=\frac{(z-z_1)(z_2-z_3)}{(z-z_3)(z_2-z_1)} \qquad \cdots\cdots ①$$

이다. ①에서 $w_3=\infty$ 이면

$$\frac{(w-w_1)\left(\dfrac{w_2}{w_3}-1\right)}{\left(\dfrac{w}{w_3}-1\right)(w_2-w_1)}=\frac{(w-0)(0-1)}{(0-1)(1-0)}=w$$

이므로 ①은

$$w=\frac{(z-z_1)(z_2-z_3)}{(z-z_3)(z_2-z_1)} \qquad \cdots\cdots ②$$

이다. 따라서 변환 ②에 $z_1 = 1$, $z_2 = i$, $z_3 = -1$을 대입하면 구하는 일차분수변환은

$$w = f(z) = \frac{i+1}{i-1}\frac{z-1}{z+1} = -i\left(\frac{z-1}{z+1}\right) \qquad \cdots\cdots ③$$

이고, 변환 ③은 $|z| < 1$을 w평면의 상반평면으로 사상한다. $(f(0) = i)$

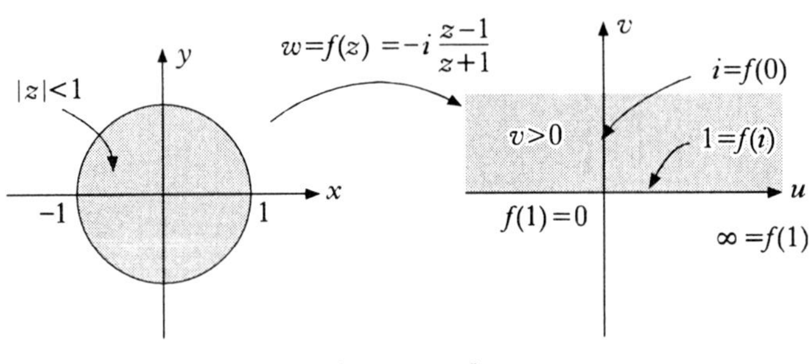

[그림 10.14]

3. a, b, c, d가 실수일 때 $ad-bc>0$이면 변환 $w = \dfrac{az+b}{cz+d}$에 의하여 z-평면의 상반평면 $\mathrm{Im}\, z>0$은 w-평면의 상반평면 $\mathrm{Im}\, w>0$에 사상됨을 보여라.

풀이 a, b, c, d가 실수이므로

$$\overline{w} = \overline{\left(\frac{az+b}{cz+d}\right)} = \frac{a\overline{z}+b}{c\overline{z}+d}$$

이다. 따라서

$$w - \overline{w} = \frac{(az+b)(c\overline{z}+d)-(a\overline{z}+b)(cz+d)}{(az+d)(c\overline{z}+d)} = \frac{(ad-bc)(z-\overline{z})}{|az+d|^2}$$

이므로 즉,

$$\mathrm{Im}\, w = \frac{ad-bc}{|az+d|^2}\,\mathrm{Im}\, z$$

그런데 가정에서 $ad-bc>0$이므로 $\mathrm{Im}\, z>0$일 때 $\mathrm{Im}\, w>0$이 된다.

지금부터 일차분수변환

$$w=\frac{az+b}{cz+d},\ ad-bc\neq 0$$

에 의하여 z-평면의 단위원판을 w-평면의 단위원판에 사상하는 일차변환을 구하도록 한다.

10.3.2 z-평면의 단위원판을 w-평면의 단위원판으로 보내는 겹선형 변환

먼저 η-평면을 따로 이용한다. 즉, z-평면의 단위원판 $|z|<1$을 η-평면의 상반평면 위에 사상하는 임의의 일차분수변환을

$$P(z)=\eta \qquad \cdots\cdots \text{①}$$

이라 하고, z-평면의 단위원판 $|z|<1$을 w-평면의 단위원판 $|w|<1$로 사상하는 일차분수변환을

$$w=T(z) \qquad \cdots\cdots \text{②}$$

라고 하자. 한편 η-평면의 상반평면을 w-평면의 단위원판 $|w|<1$로 사상하는 변환을 $w=T'(\eta)$라고 할 때

$$w=T'(\eta)=T(P^{-1}(\eta)) \qquad \cdots\cdots \text{③}$$

이고, 또한

$$w=T(z)=T'(P(z)) \qquad \cdots\cdots \text{④}$$

이다. 그런데 η-평면의 상반평면의 변환 T'은 10.3.1의 ⑥에 의하여

$$w=T'(\eta)=e^{i\alpha}\ \frac{\eta-\eta_0}{\eta-\overline{\eta_0}}\ \text{단, } \operatorname{Im}\eta_0>0,\ \alpha\text{는 실수} \qquad \cdots\cdots \text{⑤}$$

이다. 한편 앞의 문제 2에 의하여

$$\eta=P(z)=-i\ \frac{z-1}{z+1} \qquad \cdots\cdots \text{⑥}$$

이므로 변환 ⑤, ⑥을 ④에 대입하면

$$w = T'\left(-i\,\frac{z-1}{z+1}\right) \qquad \cdots\cdots ⑦$$

을 얻는다. 변환 ⑦을 정리하면

$$w = e^{i\alpha}\,\frac{-i\,\dfrac{(z-1)}{z+1} - \eta_0}{-i\,\dfrac{(z-1)}{z+1} - \overline{\eta_0}} = e^{i\alpha}\,\frac{-i(z-1) - \eta_0(z+1)}{-i(z-1) - \overline{\eta_0}(z+1)}$$

$$= e^{i\alpha}\,\frac{z(\eta_0 + i) + (\eta_0 - i)}{z(\overline{\eta_0} + i) + (\overline{\eta_0} - i)} \qquad \cdots\cdots ⑧$$

이고, 변환 ⑧을 다시 정리하면

$$w = e^{i\alpha}\,\frac{\eta_0 + i}{\overline{\eta_0} - i} \cdot \frac{z + \dfrac{\eta_0 - i}{\eta_0 + i}}{\dfrac{\overline{\eta_0} - i}{\overline{\eta_0} + i} z + 1} \qquad \cdots\cdots ⑨$$

가 된다. 변환 ⑨에서 만약 $z_1 = -\dfrac{\eta_0 - i}{\eta_0 + i}$, $\gamma = \eta_0 + i$로 놓으면

$$w = T(z) = e^{i\alpha}\,\frac{\gamma}{\overline{\gamma}} \cdot \frac{z - z_1}{-\overline{z_1} z + 1} = -e^{i\alpha}\,\frac{\gamma}{\overline{\gamma}} \cdot \frac{z - z_1}{\overline{z_1} z - 1} = A\,\frac{z - z_1}{\overline{z_1} z - 1}$$

(단, A는 $|A| = 1$인 실수, $|z_1| < 1$)

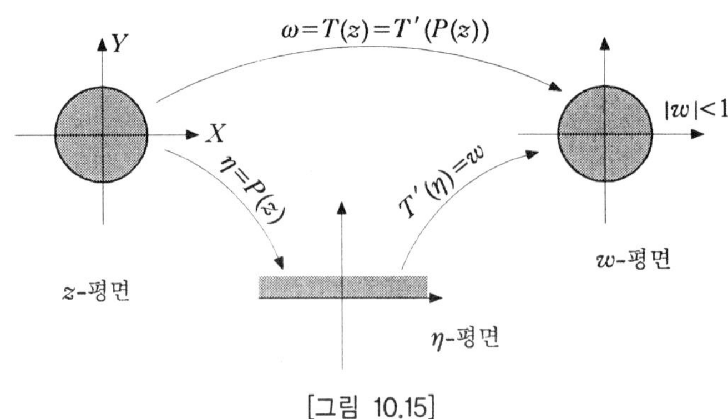

[그림 10.15]

문제

1. 다음 조건을 동시에 만족하는 함수 $w=\dfrac{az+b}{cz+d}$를 구하여라.

(1) 단위원 $|z-1|=1$은 단위원 $|w-1|=1$로 사상한다.

(2) 또한 $z=\dfrac{1}{2}$, 3은 각각 $w=0$, -5에 사상한다.

풀이 조건 (1)을 만족하는 함수는 일반적으로

$$w=A\,\frac{z-z_1}{\bar{z}_1 z-1},\ (|A|=1,\ |z_1|\neq 1)$$

의 형이다. 이때 $z=z_1$일 때 $w=0$이므로 조건 (2)에서 $z=\dfrac{1}{2}$일 때 $w=0$.

그런데 조건 (2)에서 $z_1=\dfrac{1}{2}$이므로 $w=A\,\dfrac{z-\frac{1}{2}}{\frac{1}{2}z-1}=A\,\dfrac{2z-1}{2-z}$.

또한 $z=3$일 때 $w=-5$이므로 $-5=5A$. 즉 $A=-1$.

$$w=\frac{2z-1}{2-z}.$$

2. 다음 조건을 동시에 만족하는 함수 $w=\dfrac{az+b}{cz+d}$를 구하여라.

(1) 단위원 $|z|=1$을 w-평면의 실수축으로 사상한다.

(2) 점 $z=0$, 1을 각각 $w=-i$, 0으로 사상한다.

풀이 $w=\dfrac{az+b}{cz+d}$이므로 $z=\dfrac{-dw+b}{cw-a}$이다. 조건 (1)에서 w-평면의 실수축을 z-평면의 단위원에 사상되므로

$$z=A\,\frac{w-w_1}{w-\bar{w}_1}$$

의 형이다. 조건 (2)에서 $z=0$, i는 각각 $w=-i$, 0에 대응하므로 $w_1=i$, $A=i$가 된다. 따라서

$$z=-i\frac{w+i}{w-i} \text{ 즉 } w=\frac{iz+1}{z+i}.$$

10.4 부동점

변환 $w=f(z)$에 의하여 그 상이 원상과 같은 복소수가 되는 점 즉,

$$w=f(z)=z$$

를 만족하는 점 z를 변환 $w=f(z)$의 **부동점**(fixed point)이라 한다.

[예 10.8] 변환 $w=\dfrac{3z-1+2i}{z+1}$의 부동점을 구하여라.

풀이 $w=\dfrac{3z-1+2i}{z+1}=z$를 정리하면 이차방정식

$$z^2-2z+1-2i=0$$

을 얻는다. 이 방정식의 해는

$$z=1\pm\sqrt{2i}=1\pm\sqrt{2}\,e^{i\frac{\pi}{4}}=1\pm(1+i)=2+i,\ -i$$ □

[예 10.9] 일차분수변환 $w=\dfrac{az+b}{cz+d}$, $ad-bc\neq0$의 부동점을 구하여라.

풀이 방정식 $z=\dfrac{az+b}{cz+d}$, $ad-bc\neq0$을 정리하면 z의 이차방정식

$$cz^2-(d-a)z-b=0$$

을 얻는다. 이 때 부동점의 개수는

(i) $c\neq0$이면 2개

(ii) $c=0$, $a\neq d$이면 1개

(iii) $c=0$, $a=d\,(a\neq0)$, $b=0$이면 존재하지 않는다.

(iv) $c=0$, $a=d\,(a\neq0)$, $b\neq0$이면 $w=z+\dfrac{b}{d}$이고, 부동점은 무한원점 1개 □

[예 10.10] 다음 변환의 부동점을 구하여라.

(1) $w=\dfrac{z-1}{z+1}$ (2) $w=\dfrac{2z-5}{z+4}$

풀이 (1) $z=\dfrac{z-1}{z+1}$에서 $z^2+1=0$이므로 $z=\pm i$

(2) $z=\dfrac{2z-5}{z+4}$에서 $z^2+2z+5=0$이므로 $z=-1\pm 2i$ □

1. 항등변환이 아닌 일차변환은 많아서 두 개의 부동점을 가지며, 만약 일차변환이 세 개 이상의 부동점이 있다면 그것은 항등변환임을 보여라.

풀이 예 10.7의 공식 ⑧을 적용한다.

$$\frac{(w-w_1)(w_2-w_3)}{(w-w_3)(w_2-w_1)}=\frac{(z-z_1)(z_2-z_3)}{(z-z_3)(z_2-z_1)} \qquad \cdots\cdots ①$$

만약 항등변환 $w=z$가 아닌 모든 일차분수변환 세 부동점 즉, z_1, z_2, z_3를 갖는다고 하자. 그러면 식 ①에 대입하면

$$\frac{(w-z_1)(z_2-z_3)}{(w-z_3)(z_2-z_1)}=\frac{(z-z_1)(z_2-z_3)}{(z-z_3)(z_2-z_1)} \qquad \cdots\cdots ②$$

식 ②를 간단히 하면 $w=z$를 얻을 수 있다. 이는 모순이다.

2. $z=-1$, $z=1$을 부동점으로 하는 겹선형변환을 구하여라.

풀이 구하는 변환을 $w=\dfrac{az+b}{cz+d}$, $ad-bc\neq 0$이라 하자. 그러면 $z=-1$, $z=1$이 부동점이므로

$$-1=\frac{-a+b}{-c+d},\ 1=\frac{a+b}{c+d}$$

이다. 이것을 정리하면 $a=d$, $b=c$이다. 따라서 구하는 것은

$$w=\frac{az+b}{bz+a} \text{ (단, } a,\ b\text{는 임의의 상수)}$$

3. 만약 원점이 일차분수변환 부동점을 갖는다고 하면 그 변환은 다음과 같은 형태로 나타낼 수 있음을 보여라.

$$w=\frac{z}{Az+B},\ B\neq 0 \qquad \cdots\cdots ①$$

[풀이] 구하는 일차분수변환을

$$w=\frac{az+b}{cz+d},\ ad-bc\neq 0 \qquad \cdots\cdots ②$$

이라 하자. 그런데 원점이 변환의 부동점이므로

$$0=\frac{a\cdot 0+b}{c\cdot 0+d},\ \text{즉 } b=0$$

이다. 따라서 식 ①은

$$w=\frac{az}{cz+d},\ ad\neq 0 \text{ 즉, } w=\frac{z}{\frac{c}{a}z+\frac{d}{a}},\ \frac{d}{a}\neq 0 \qquad \cdots\cdots ③$$

으로 나타내어진다. 따라서 변환 ③은 ①과 같은 형태로 표시된다.

10.5 등각사상의 기본성질

함수 $f(z)$가 곡선 C 위의 점 z_0에서 해석적이고 $f'(z_0)\neq 0$일 때 함수 $w=f(z)$에 의한 상 Γ의 방향과 등각성에 대하여 살펴보도록 한다.

지금 z-평면 위의 점 z_0를 지나는 곡선

$$C: z=z(t)=x(t)+iy(t),\ a\leq t\leq b$$

의 함수 $w=f(z)$에 의한 w-평면 위에 상을 Γ라고 하면

$$\Gamma : w = f[z(t)],\ a \le t \le b$$

와 같이 나타낸다. 만약 $f(z)$가 영역 D의 내부에 있는 곡선 C 위에서 해석적이고 $f'(z) \ne 0$이면 $w = f(z)$에 의한 상 Γ도 역시 곡선이다. 만약 곡선 C 위의 점 $z_0 = z(t_0)\,(a \le t_0 \le b)$의 $w = f[z(t)]$에 의한 상을 $w_0 = f(z_0)$라고 하자. 그러면 $z = z_0$에서 Γ의 접선은

$$w'(t_0) = f'[z(t_0)]\,z'(t_0) \qquad \cdots\cdots ①$$

이고, 더욱이 식 ①에서 절대값과 편각은 각각

$$|w'(t_0)| = |f'(z(t_0))||z'(t_0)|,\ \arg w'(t_0) = \arg z'(t_0) + \arg f'[z(t_0)] \qquad \cdots\cdots ②$$

이며, 이것이 곡선 C와 Γ의 방향에 영향을 주게 된다.

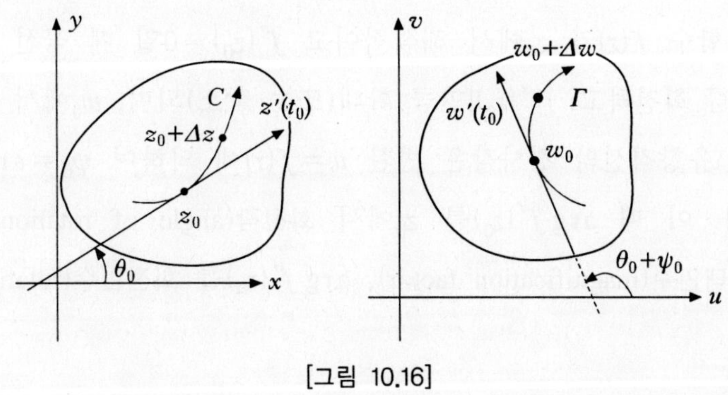

[그림 10.16]

한편 곡선 $z = z(t)$가 t_0에서 미분가능하고, $z'(t_0) \ne 0$이면 $z_0 = z(t_0)$에서 곡선 C 방향의 단위벡터는

$$T = \frac{z'(z_0)}{|z'(z_0)|}$$

이고, $w_0 = f(z_0)$에서 곡선 Γ 방향의 단위벡터는

$$T' = \frac{f'[z(t_0)]\,z'(t_0)}{|f'[z(t_0)]\,z'(t_0)|}$$

이다. 따라서 z_0에서 C에 대한 접선의 편각 $\arg z'(t_0)=\theta_0$와 w_0에서 Γ의 편각 $\arg w'(t_0)=\phi_0$ (즉 $w_0=f(z_0)$에서 기울기의 각)는 식 ②에 의하여

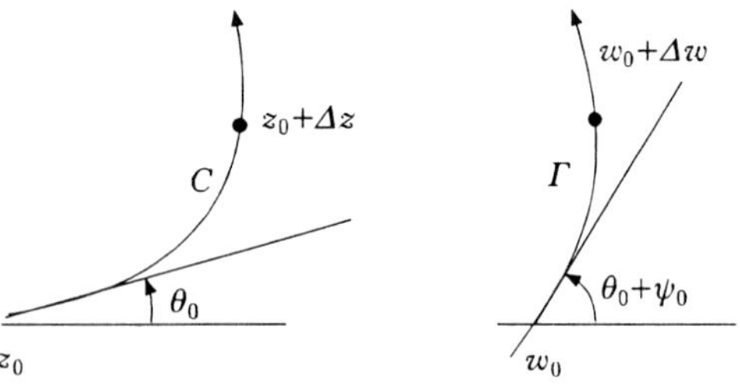

[그림 10.17]

$$\begin{aligned}\phi_0 &= \arg(f'[z(t_0)]z'(t_0)) \\ &= \theta_0+\arg f'[z(t_0)] \quad \cdots\cdots \text{③}\end{aligned}$$

가 된다. 이것은 w-평면 위의 상 $w_0=f(z_0)$에서 Γ의 접선의 방향을 나타내고, $\arg f'[z(t_0)]$의 값을 ψ_0라 하면 식 ③에서

$$\phi_0=\psi_0+\theta_0 \qquad \cdots\cdots \text{④}$$

이며, 식 ④는 Γ의 점 $w_0=f(z_0)$에서 접선이 이루는 경사각이다.

그러므로 함수 $f(z)$가 z_0에서 해석적이고 $f'(z_0)\neq 0$일 때 곡선 C의 접선은 $\arg f'(z_0)$만큼 회전하고, $|f'(z_0)|$만큼 확대(또는 축소)되며, w_0에서 접선의 경사각과 z_0에서 유향직선의 경사각은 변환 $w=f(z)$에 의하여 $\psi_0=\arg f'(z_0)$만큼 차이가 있다. 이 때 $\arg f'(z_0)$를 z_0에서 회전각(angle of rotation)이라 하고, $|f'(z_0)|$를 확대인수(magnification factor), $\arg f'(z_0)$를 회전인수(rotation factor)라고 한다.

[예 10.11] 변환 $w=f(z)=\dfrac{1}{z}$에 대하여 다음 물음에 답하여라.

(1) 점 $z_0=1+i$에서 확대인수 및 회전각을 구하여라.

(2) 확대인수 $=1$, 회전각 $=0$인 점 z_0를 구하여라.

(3) 확대인수 >2, 회전각$=\dfrac{\pi}{2}$인 점 $|z_0|$의 범위와 편각을 구하여라.

풀이 (1) $f(z)=\dfrac{1}{z}$, $f'(z)=-\dfrac{1}{z^2}$이므로 $f'(1+i)=-\dfrac{1}{(1+i)^2}=\dfrac{i}{2}$

이다. 따라서 확대인수는 $\left|\dfrac{i}{2}\right|=\dfrac{1}{2}$, 회전각은 $\arg\left(\dfrac{i}{2}\right)=\dfrac{\pi}{2}$.

(2) 조건에서 구하는 점 z_0에 대하여

$$|f'(z_0)|=1,\ \arg(f'(z_0))=0$$

이다. 그런데 $f'(z_0)=-\dfrac{1}{z_0^2}=1$이므로 $\left|-\dfrac{1}{z_0^2}\right|=1$ 즉, $z_0=\pm i.$

(3) 조건에서 구하는 점 z_0에 대하여

$$|f'(z_0)|=\left|-\frac{1}{z_0^2}\right|=\frac{1}{z_0^2}>2$$

이므로 $0<|z_0|<\dfrac{1}{\sqrt{2}}$ 이다.

한편, $\dfrac{\pi}{2}=\text{Arg}\,f'(z_0)=\text{Arg}\left(-\dfrac{1}{z_0^2}\right)=\pi+\text{Arg}\left(\dfrac{1}{z_0^2}\right)$ 즉

$$\text{Arg}\left(\frac{1}{z_0^2}\right)=-2\,\text{Arg}\,z_0=-\frac{\pi}{2}$$

이다. 따라서 $\arg(z_0)=\dfrac{\pi}{4}+k\pi$ (k는 정수) □

정리 10.1

함수 $w=f(z)$는 z_0에서 해석적이고, $f'(z_0)\neq 0$이라 하자. 이때 C_1과 C_2를 z-평면 위의 점 z_0를 지나는 곡선이고, $w=f(z)$에 의하여 사상되는 곡선을 각각 Γ_1, Γ_2라고 하자. 그러면 z_0에서 C_1과 C_2의 접선이 이루는 경사각은 $w_0=f(z_0)$에서 Γ_1, Γ_2의 접선이 이루는 경사각과 서로 같다.

증명 지금 z-평면 위의 점 z_0를 지나는 두 곡선 C_1과 C_2의 접선이 x축과 이루는 각을 각각 θ_1, θ_2라 하면 C_1과 C_2 사이의 회전각은 $\theta_2-\theta_1$이다. 또한 $\psi_0=\arg f'(z_0)$일 때 w-평면 위의 점 $w_0=f(z_0)$를 지나는 두 곡선 Γ_1과 Γ_2의 접선이 이루는 각을 각각 ϕ_1, ϕ_2라 하면

$$\phi_1=\psi_0+\theta_1,\ \phi_2=\psi_0+\theta_2 \qquad \cdots\cdots ⑤$$

이다. 따라서 Γ_1에서 Γ_2까지의 회전각은

$$\phi_2-\phi_1=(\theta_2+\psi_0)-(\theta_1+\psi_0)=\theta_2-\theta_1(=\theta) \qquad \cdots\cdots ⑥$$

이 된다. 즉, 점 w_0를 지나는 곡선 Γ_1에서 Γ_2까지 회전각 $\phi_2-\phi_1$은 z_0를 지나는 곡선 C_1에서 C_2까지 회전각 $\theta_2-\theta_1$과 크기(magnitude)와 방향(sense)이 서로 같다는 점을 알 수 있다.

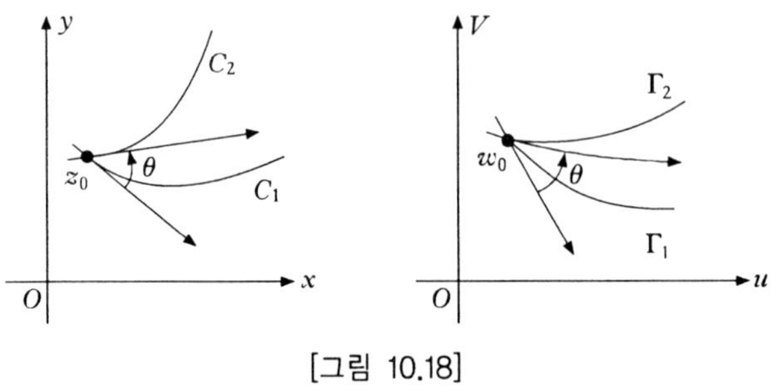

[그림 10.18] ■

$w_0=f(z_0)$에서 Γ의 회전각 $\phi-\theta=\arg(f'(z_0))$는 z-평면 위의 점 z_0를 지나 는 모든 곡선 C의 회전각과 동일하다. 즉, 이 회전각은 함수 $w=f(z)$와 z_0에 의하여 결정되므로 z_0를 지나는 임의의 두 곡선 C_1과 C_2는 변환 $w=f(z)$에 의하여 같은 회전각 $\arg(f'(z_0))$만큼 회전하게 된다.

이와 같이 $w=f(z)$가 점 z_0에서 해석적이고, $f'(z_0)\neq 0$이면 각의 보존의 성질에 의하여 변환 $w=f(z)$는 점 z_0에서 등각적(conformal)이라 하고, 어떤 영역 D의 각 점 z_0를 지나는 임의의 두 곡선 사이에 각의 크기와 방향을 보존하는 사상을 D에서 등각사상(conformal mapping)이라 한다. 따라서 정리 10.1에 의하여 $f(z)$가 영역 D에서 해석적이고, D의 내부의 모든 점 z에서 $f'(z)\neq 0$이면 $f(z)$는 등각사상이다.

〈참고〉 두 곡선 사이에 각의 크기는 보존되지만 방향은 보존하지 않는 것을 등편각사상이라 한다.

[예 10.12] 변환 $w=f(z)=\cos z$는 점 $z_1=i$, $z_2=1$, $z_3=\pi+i$에서 등각사상임을 보이고, 또한 주어진 각 점에서 회전각을 구하여라.

풀이 $f'(z)=-\sin z$이므로 $f'(z)=0$일 때 $z=k\pi$(k는 정수)를 제외한 모든 점에서 $f(z)=\cos z$는 등각사상이라 할 수 있다.

한편 $f'(i) = -i\sinh 1$, $f'(1) = -\sin 1$, $f'(\pi+i) = i\sinh 1$이므로 회전각은 각 $\theta_1 = \arg f'(i) = -\dfrac{\pi}{2}$, $\theta_2 = \arg f'(1) = \pi$, $\theta_3 = \arg f'(\pi+i) = \dfrac{\pi}{2}$이다. □

[예 10.13] 실수축에 관한 반사인 변환 $f(z) = \bar{z}$는 등각사상이 아님을 보여라.

풀이 z-평면에 두 직선 l_1과 l_2라고 하자. 그러면 변환

$$f(z) = \bar{z} = \overline{x+iy} = x - iy$$

는 x축에 의하여 반사된다. 여기서 각의 크기와 방향은 보존된다. 그러나 직선 L_1에서 L_2까지의 각을 β라 하면 L_1의 상 L_1과 L_2의 상 $f(L_2)$까지의 각은 $-\beta$이므로 방향은 반대이다. 따라서 변환 $f(z) = \bar{z}$은 등각사상이 아니다.

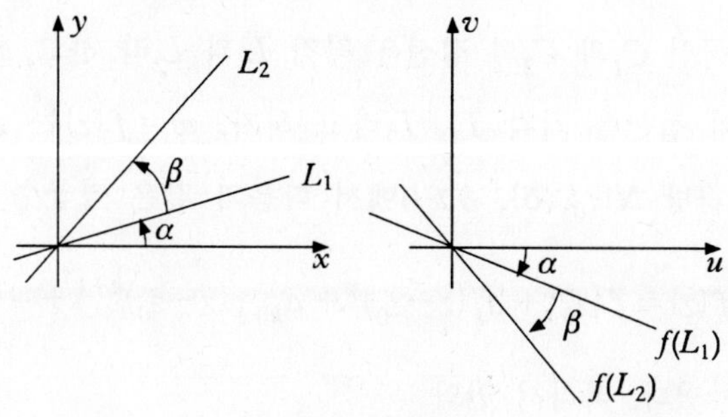

[그림 10.19]

지금 함수 $w = f(z)$의 임계점에서 사상에 대한 성질에 대하여 알아본다.

함수 $f(z)$가 상수가 아니고 점 z_0에서 해석적이라 하자. 만약 $f'(z_0) = 0$이면 z_0를 $w = f(z)$의 **임계점**(critical point)이라 한다.

예를 들어 $w = z^2 + 1$의 임계점은 $z = 0$이며, 이 때 $z = re^{i\theta}$, $w - 1 = \rho e^{i\phi}$로 놓으면 $\rho e^{i\phi} = r^2 e^{2i\theta}$이므로 $z = 0$을 지나는 직선 $\theta = c$는 변환 $w = z^2 + 1$에 의하여 $w = 1$을 지나는 직선 $\phi = 2c$로 사상된다. 이것은 $f(z) = z^2 + 1$은 해석적이고 $f'(0) = 0$, $f''(0) \neq 0$이므로 $z = 0$을 지나는 임의의 두 직선이 이루는 각은 $w = f(z)$에 의하여 2배가 된다. 따라서 변환 $f(z) = z^2 + 1$은 $z = 0$에서 등각적이 아니다. □

일반적으로 z_0가 f의 임계점이면 $w = f(z)$는 $z = z_0$에서 등각적이 아니라는 사

실을 다음 정리에서 알 수 있다.

▌정리 10.2▌

함수 $w=f(z)$는 영역 D에서 해석적이고, D 내부의 점 z_0에서

$$f'(z_0)=f''(z_0)=\cdots=f^{(k-1)}(z_0)=0,\ f^{(k)}(z_0)\neq 0$$

이라 하자. 그러면 z-평면 위의 점 z_0를 지나는 임의의 두 곡선 C_1과 C_2가 $w=f(z)$에 의하여 각각 사상되는 곡선 $\Gamma_1=f(C_1)$, $\Gamma_2=f(C_2)$가 $f(z_0)$에서 이루는 각은 z_0를 지나는 C_1과 C_2가 이루는 각의 k배가 된다. 즉, 등각사상이 아니다.

증명 z_0를 지나는 곡선 C_1과 C_2의 접선을 각각 L_1과 L_2라 하고, $w_0=f(z_0)$를 지나는 곡선 Γ_1, Γ_2의 접선을 각각 T_1, T_2라고 하자. $w=f(z)$는 z_0에서 해석적이므로 z_0의 적당한 근방 $N(z_0,\ \delta)$, $\delta>0$에서 다음과 같은 멱급수

$$f(z)=f(z_0)+a_k(z-z_0)^k+a_{k+1}(z-z_0)^{k+1}+\cdots\cdots \qquad \cdots\cdots ①$$

로 나타낼 수 있다. 따라서 만약

$$g(z)=a_k+a_{k+1}(z-z_0)+\cdots\cdots$$

으로 놓으면 $g(z)$는 역시 $N(z_0,\ \delta)$에서 해석적이고 $g(z_0)\neq 0$이며,

$$f(z)-f(z_0)=(z-z_0)^k g(z) \qquad \cdots\cdots ②$$

이다. 따라서 ①에서 z가 C_1에 따라 z_0에 접근할 때의 극한을 생각하면 ②에서

$$\begin{aligned}\arg T_1&=\lim_{z\to z_0}\arg[f(z)-f(z_0)]\\&=\lim_{z\to z_0}\arg[(z-z_0)^k g(z)]=\lim_{z\to z_0}[k\arg(z-z_0)+\arg g(z_0)]\\&=k\arg L_1+\arg g(z_0) \qquad \cdots\cdots ③\end{aligned}$$

이다. 같은 방법으로

$$\arg T_2 = k \arg L_2 + \arg g(z) \qquad \cdots\cdots ④$$

를 얻을 수 있다. 식 ③에서 식 ②를 변변 서로 빼면

$$\arg T_2 - \arg T_1 = k(\arg L_2 - \arg L_1)$$

이므로 정리의 결과를 얻을 수 있다. ■

정리 10.1과 정리 10.2에 의하여 다음의 결과를 얻을 수 있다.

▌정리 10.3▐

함수 $w=f(z)$가 영역 D에서 해석적이고, 등각사상이 되기 위한 필요충분조건은 D의 내부의 모든 z에 대하여 $f'(z) \neq 0$이다.

[예 10.14] 변환 $w=f(z)=z^2$은 점 $0<x<1$, $0<y<1$에 의하여 등각적이다.

풀이 $w=z^2$에서 $w=u+iv$이고, $z=x+iy$라 하자. $u+iv=(x+iy)^2=x^2-y^2+2xyi$ 이므로 $u=x^2-y^2$, $v=2xy$. 따라서 $x=1$과 $y=1$의 상은 각각 포물선

$$u = 1 - \frac{v^2}{4}, \; u = -1 + \frac{1}{4}v^2$$

이다. 그런데 그림 10.20 왼쪽의 정사각형은 그림 10.20 오른쪽 포물선 아래에 있는 상반평면 $\operatorname{Im} z > 0$으로 사상한다. 한편 $f'(z)=2z$이므로 변환 $w=z^2$은 모든 $z \neq 0$에 대하여 등각적이다.

점 $z_1=1$, $z_2=1+i$, $z_3=i$에서 직각은 각각 $w_1=f(z_1)=1$, $w_2=f(z_2)=2i$, $w_3=f(z_3)=-1$에서 직각으로 사상함을 알 수 있고, 반면에 점 $z_0=0$에서 $f'(0)=0$이고, $f''(0) \neq 0$이므로 점 $z_0=0$에서 각은 2배만큼 확대된다. 실제로 $z_0=0$에서 직각은 $w=z^2$에 의하여 $w_0=0$에서 평각(즉 π)으로 사상됨을 알 수 있다. □

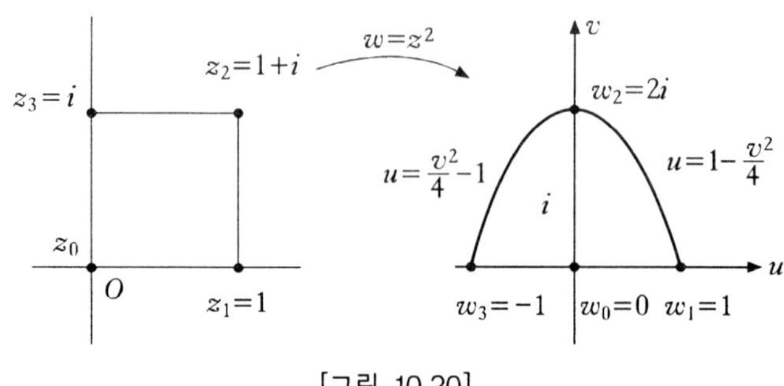

[그림 10.20]

다음에 점 $z=z_0$에서 등각적인 변환 $w=f(z)$의 다른 성질은 절대값 $|f'(z_0)|$를 살펴봄으로써 얻을 수 있다.

[예 10.15] 함수 $w=f(z)$는 영역 D에서 해석적이고, z_0가 임계점이 아니면 즉, $f'(z_0)\neq 0$일 때 다음과 같은 성질이 성립함을 보여라.

(1) $w=f(z)$는 z_0에서 등각적이다.

(2) $w=f(z)$는 z_0에서 $\arg f'(z_0)$만큼 회전한다.

(3) z_0의 근방에서 거의 요소 $|f'(z_0)|$만큼 확대 또는 축소된다.

풀이 (1) 정리 10.4에 의하여 명백하다.

(2) 임계점이 아닌 z_0에서 $w=f(z)$는 $w_0=f(z_0)$에서 $\arg f'(z_0)$만큼 회전하므로 명백하다.

(3) z-평면 위의 z_0의 근방에 있는 임의의 z에 대하여 z와 z_0 사이의 거리 $|z-z_0|$와 w-평면 위의 점 $f(z)$와 $f(z_0)$ 사이의 거리 $|f(z)-f(z_0)|$의 관계에서

$$|f'(z_0)|=\lim_{z\to z_0}\left|\frac{f(z)-f(z_0)}{z-z_0}\right| \qquad \cdots\cdots ①$$

이다. 따라서 임의의 $\varepsilon>0$에 대하여 적당한 $\delta>0$가 존재하여 $0<|z-z_0|<\delta$이면 분명히

$$\left|\frac{f(z)-f(z_0)}{z-z_0}-f'(z_0)\right|<\varepsilon$$

즉, $(|f'(z_0)|-\varepsilon)|z-z_0|<|f(z)-f(z_0)|<(|f'(z_0)|+\varepsilon)|z-z_0|$임을 알 수 있

다. 여기서 $\varepsilon>0$은 임의이므로 다음의 근사식

$$|f(z)-f(z_0)| \fallingdotseq |f'(z_0)||z-z_0| \qquad \cdots\cdots ②$$

갖는다. 이는 z가 z_0에 가까이 있을 때 식 ②에서 $f(z)$의 값은 일차함수

$$f(z_0)+f'(z_0)(z-z_0)$$

의 근사값으로 대신할 수 있음을 뜻하며, 이는 변환 $w=f(z)$는 z_0에 가까운 작은 거리를 배율 $|f'(z_0)|$만큼 변화시킨다고 할 수 있다. 여기서, $|f'(z_0)|$가 1보다 크면 확대, 1보다 작으면 축소를 나타낸다.

일반적으로 식 ②에서 z_0의 근방의 점 z에 대하여 회전각 $\arg f'(z)$와 확대 또는 축소의 인수 $|f'(z)|$가 점 z에 따라 변하지만 f'의 연속성에 의하여 그 값들은 z_0의 작은 근방에 있는 점 z에서 $\arg f'(z_0)$와 $|f'(z_0)|$에 대한 근사값이다. 따라서 점 z_0의 근방의 작은 영역의 상은 $w_0=f(z_0)$의 근방의 작은 영역과 근사적으로 모양이 같다는 점에 있어서 원래의 도형과 등각적인 것이다. 그런데 확대 또는 축소인수 $|f'(z_0)|$는 점에서 점으로 변하므로 큰 영역으로 보면 원래 닮지 않은 영역으로 변환될 수 있다. □

[예 10.16] 변환 $w=f(z)=z^2$는 점 $z_0=1+i$ 가까이에서 z-평면에 z_0를 꼭지점으로 하는 작은 삼각형은 $w=z^2$에 의하여 w-평면에 어떻게 변하는가?

풀이 $f'(z)=2z$이므로 $f(z)$는 $z\neq0$인 모든 z에서 등각적이다.

$$f'(z_0)=2z_0=2+2i\text{이고, } \arg(z_0)=\frac{\pi}{4},\ |f'(z_0)|=2\sqrt{2}$$

즉 $z_0=1+i$에 가까이 있을 때 변환 $w=z^2$에 의하여 $2\sqrt{2}$만큼 확대한 것이고 닮지 않은 도형이다. □

1. 변환 $w=f(z)=z^2$에 의하여 z-평면에 직선 $x=1$, $y=1$과 $x+y=1$은 w-평면 위에 어떻게 사상되는가? 또한 두 직선 $x=1$, $y=1$과 이에 대한 상에서 등각성을 말하여라.

[풀이] $w=z^2$에서 $w=u+iv$이고, $z=x+iy$라 하자. 그러면

$$u+iv=x^2-y^2+2ixy$$

이므로 z-평면 위의 점 z의 w-평면 위의 상은

$$u=x^2-y^2,\ v=2xy$$

이다. 그러므로 그림 10.21에서 먼저 직선 $x=1$의 상은 변환 $w=z^2$에 의하여

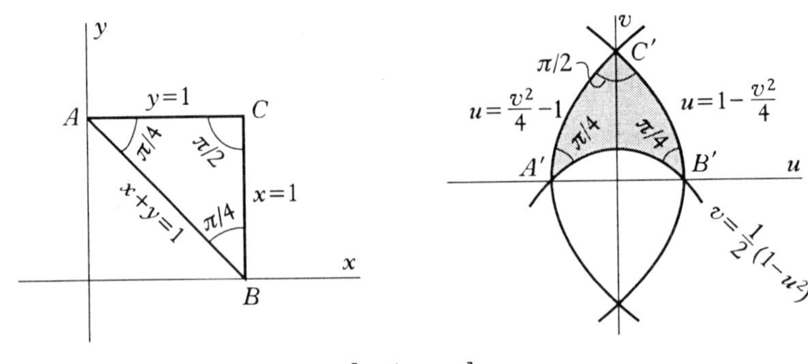

[그림 10.21]

$$u=1-y^2,\ v=2y$$

에서 y를 소거하여 포물선 $v^2=4(u+1)$ 또는 $u=1-\dfrac{v^2}{4}$으로 사상된다.

한편 직선 $y=1$의 상은 변환 $w=z^2$에 의하여

$$u=x^2-1,\ v=2x$$

에서 x를 소거하여 포물선 $u=\dfrac{v^2}{4}-1$로 사상된다.

또한 직선 $x+y=1$ 즉 $y=1-x$의 상은 역시 변환 $w=z^2$에 의하여

$$u = x^2 - (1-x)^2 = 2x - 1,\ \ v = 2x(1-x) = 2x - 2x^2$$

에서 x를 소거하여 $v = \frac{1}{2}(1-u^2)$으로 사상된다.

따라서 그림 10.21의 첫 번째의 영역의 점 A, B, C는 두 번째 그림의 영역의 점 A', B', C'으로 사상되고, 이 중에 $x=1$, $0 \le y \le 1$의 상은 $u = 1 - y^2$과 $v = 2y$ 사이의 포물선

$$B'C' : u = 1 - \frac{v^2}{4},\ \ 0 \le v \le 2$$

이고, 또한 선분 $y=1$과 $0 \le x \le 1$의 상은 $u = x^2 - 1$과 $v = 2x$ 사이의 포물선

$$B'A' : u = \frac{v^2}{4} - 1,\ \ 0 \le v \le 2$$

이고, 직선 $x + y \ge 1$과 $0 \le x \le 1$, $0 \le y \le 1$의 상은 포물선

$$v \ge \frac{1}{2}(1-u^2),\ -1 \le u \le 1,\ 0 \le v \le 2$$

이다. 그런데 주어진 변환 $f(z) = z^2$은 영역 $\triangle ABC$에서 해석적이고, $\triangle ABC$의 모든 점 z에 대하여 $f(z) \ne 0$이므로 $f(z) = z^2$은 등각적이다. 그러므로 $C'B'$과 $B'A'$ 사이의 각 및 $C'A'$과 $A'B'$ 사이의 각은 $\triangle ABC$의 대응하는 각과 같다.

그런데 점 B'에서 즉, $w = 2i$에서 회전각은 $\frac{\pi}{2}$이고, 확대 또는 축소인수는 $|f'(2i)| = |4i| = 4$이다. 또한 A'과 C'에서 즉, 점 $z=1$, $z=i$에서 회전각은 각각 $\frac{\pi}{4}$이고, $f'(1) = 2$, $f'(-1) = -2$이므로 확대 또는 축소인수는 2이다.

2. 변환 $w = f(z) = z^2$은 직선 $y = x$ 및 $x = 1$을 w-평면 위에 어떻게 사상하는가? 또한 등각성을 살펴보아라.

풀이 $w = u + iv$이고, $z = x + iy$이면 $w = z^2 = x^2 - y^2 + 2ixy$이다. 따라서

$$u = x^2 - y^2,\ \ v = 2xy$$

이다. 따라서 z-평면 위의 직선 $y = x$는 w-평면 위의 직선 $u = x^2 - y^2 = 0$으로 사상하고, z-평면 위의 직선 $x = 1$은 w-평면 위에 $u = 1 - y^2$, $v = 2xy = 2y$ 즉,

포물선

$$u=1-\left(\frac{v}{2}\right)^2 \text{ 또는 } v^2=-4(u-1)$$

로 사상한다.

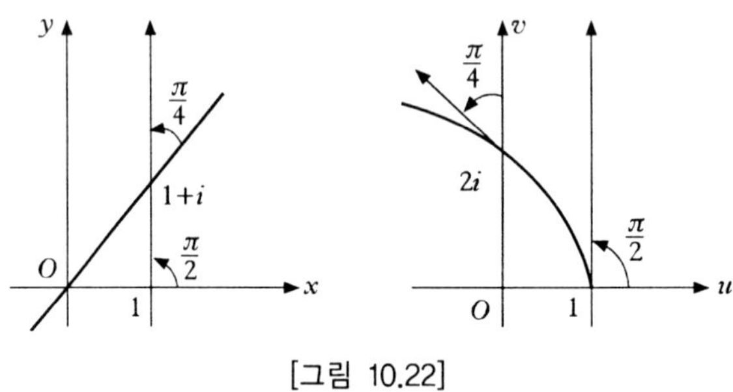

[그림 10.22]

지금 y가 양의 방향으로 증가할 때 z-평면 위의 두 직선 $y=x$와 $x=1$의 교점 $z=1+i$에서 양의 방향으로 이루는 교각은 $\frac{\pi}{4}$이다.

한편 $y>0$일 때 직선 $y=x$에 따라 y가 양의 방향으로 증가하면 $v=2xy$인 v가 $y=x$의 상 $u=0$에 따라 증가하고, 또한 직선 $x=1$에서 y가 양의 방향으로 증가할 때 $x=1$의 상인 포물선 $v^2=-4(u-1)$과 $y=x$의 상 $u=0$과의 교점 $w=2i$에서 양의 방향으로 이루는 교각은 역시 $\frac{\pi}{4}$이다.

실제로 $z_0=1+i$에서 $f'(z_0)=2z_0=2(1+i)$의 편각은 $\frac{\pi}{4}$이고, 점 z_0에서 $|f'(z_0)|=|2z_0|=|2(1+i)|=2\sqrt{2}$이므로 $z_0=1+i$에서 확대인수는 $2\sqrt{2}$이다.

10.6 이 밖에 기본함수에 의한 사상

10.6.1 $w=z^n$에 의한 변환

먼저 변환 $w=z^2\,(z\neq 0)$을 생각하자. 만약 $z=re^{i\theta}$, $w=\rho e^{i\phi}$이면

$$\rho=|w|=|z|^2=r^2\text{이고, } \phi=\arg w=2\arg z=2\theta$$

이다. 따라서 z-평면 위의 극좌표 $(r,\ \theta)$는 $w=z^2$에 의하여 w-평면 위의 극좌표 $(r^2,\ 2\theta)$로 일대일로 사상한다(그림 10.23 참조).

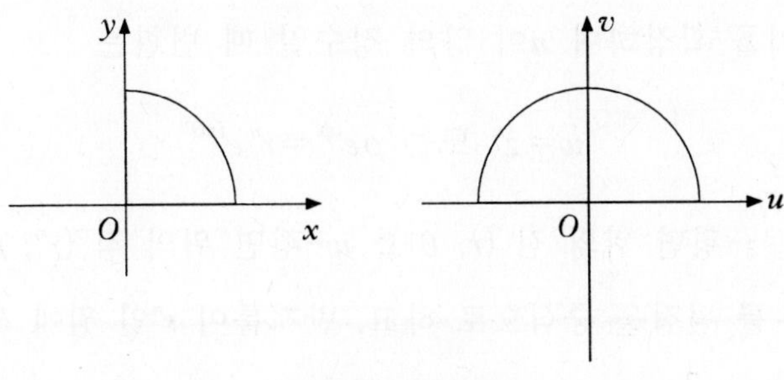

[그림 10.23]

특히 z-평면 위의 영역 $D=\left\{re^{i\theta} : r \geq 0,\ 0 \leq \theta \leq \dfrac{\pi}{2}\right\}$는 변환 $w=z^2$에 의하여 w-평면의 상반평면 $U=\{\rho e^{i\phi} : \rho \geq 0,\ 0 \leq \phi \leq \pi\}$으로 사상된다.

그림 10.24에서 $w=z^2$은 D에서는 두 영역 사이에 단사이지만 그러나 다음과 같은 영역

$$r \leq r_0,\ 0 \leq \theta < \pi$$

과 그의 상

$$r \leq r_0^2,\ 0 \leq \theta < 2\pi$$

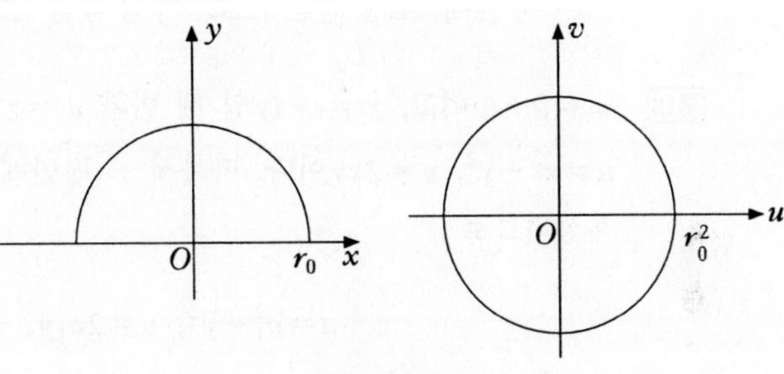

[그림 10.24]

사이에는 양의 실수축과 음의 실수축은 모두 양의 실수축으로 사상되므로 단사가 성립하지 않음을 알 수 있다. 왜냐하면 가령 그림 10.25 (b)의 영역의 각 점 w는 그림 (a)의 영역의 두 점 z와 $-z$의 상이기 때문이다.

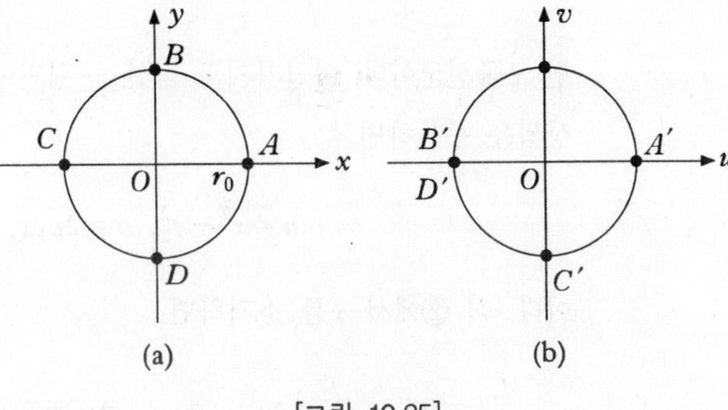

[그림 10.25]

점 z가 $r=r_0$ 위를 $ABCDA$와 같이 한 바퀴 돌면 그 상 w는 원 $\rho=r_0^2$ 위를 $A'B'C'D'A'$과 같이 두 바퀴 돌게 된다.

일반적으로 이를 확장하여 n이 양의 정수일 때 변환은

$$w=z^n \text{ 또는 } \rho e^{i\phi}=r^n e^{in\theta}$$

이다. 이 변환은 z-평면 위의 점 (r, θ)를 w-평면 위의 점 $(r^n, n\theta)$로, 호 (r, θ), $\theta_0 \le \theta < \theta_0 + \dfrac{2\pi}{n}$를 원점을 중심으로 하고, 반지름이 r^n인 원에 사상한다. 부채꼴 영역 $r \le r_0$, $0 \le \theta \le \dfrac{2\pi}{n}$는 원판 $\rho \le r_0^n$으로 사상되지만 상반평면에서는 단사가 아니다.

[예 10.17] 변환 $w=z^2$에 의하여 z-평면에 있는 직선 $x=c_1(\neq 0)$, $y=c_2(\neq 0)$는 w-평면에 포물선군으로 사상됨을 보여라.

풀이 $w=u+iv$이고, $z=x+iy$일 때 변환 $w=z^2$은 $u+iv=z^2=x^2-y^2+2ixy$이므로 $u=x^2-y^2$, $v=2xy$이다. 따라서 z-평면에 있는 직선들 $x=c_1$은 w-평면 위로 사상되므로

$$u=c_1^2-y^2,\ v=2c_1y,\ -\infty<y<\infty \qquad \cdots\cdots ①$$

이다. 식 ①에서 y를 소거하면

$$v^2=-4c_1^2(u-c_1^2) \text{ 즉 } u=\frac{v^2}{4c_1^2}-c_1^2$$

인 포물선군이다. 마찬가지로 직선 z-평면에 있는 직선들 $y=c_2$는 w-평면에 사상됨을 주목하면

$$u=x^2-c_2^2,\ v=2c_2x,\ -\infty<x<\infty \qquad \cdots\cdots ②$$

이다. 식 ②에서 x를 소거하면

$$v^2=4c_2^2(u+c_2^2) \text{ 즉 } u=-\left(\frac{v^2}{4c_2^2}-c_2^2\right)$$

이므로 포물선군이다. □

[예 10.18] 변환 $w=z^2$에 의하여 $x=2,\ y=0,\ x^2-y^2=1,\ x\ge 0,\ y\ge 0$으로 둘러 싸인 영역 D의 상을 나타내어라.

풀이 $z=x+iy$이고, $w=u+iy$으로 놓으면

$$u+iv=(x+iy)^2$$
$$=x^2-y^2+2ixy$$

이므로

$$u=x^2-y^2,\ v=2xy$$

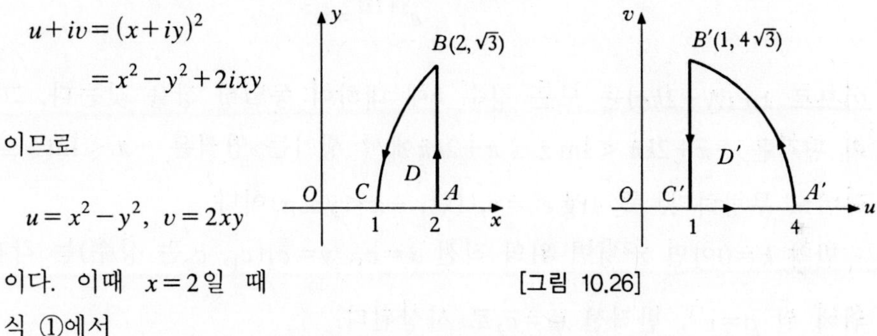

[그림 10.26]

이다. 이때 $x=2$일 때 식 ①에서

$$u=4-y^2,\ v=4y \qquad \cdots\cdots ②$$

이고, 또한 식 ②에서 y를 소거하면

$$v^2=-16(u-4),\ v\ge 0,\ u=1 \qquad \cdots\cdots ③$$

이 된다. 따라서 영역 D의 상은 위의 그림 10.26과 같이 w-평면에 의하여 식 ③에 의하여 둘러싸인 영역 D'이고, 이에 대응하는 방향은 화살표와 같다. □

10.6.2 지수함수에 의한 변환 $w=e^z$

w-평면 위에서 지수함수 $w=e^z$의 도함수는 0이 아니므로 변환 $w=e^z$에 의한 사상은 항상 등각적이다.

지금 변환 $w=e^z$에서 $z=x+iy$이고, $w=\rho e^{i\phi}$일 때

$$w=\rho e^{i\phi}=e^{x+iy}=e^x\cos y+ie^x\sin y$$

이므로

$$|e^z|=\rho=e^x,\ \tan(\arg e^z)=\frac{v}{u}=\tan y$$

를 얻는다. 여기서 $|e^z|$는 z의 실수부분 x에만, $|e^z|$의 편각은 허수부분 y에만 의존함을 알 수 있다. 즉

$$\arg e^z = \phi = y + 2k\pi \ (k\text{는 정수})$$

이다. 모든 z에 대하여

$$e^{z+2\pi i} = e^z$$

이므로 $x+i(y+2k\pi)$는 모든 정수 k에 대하여 동일한 상을 갖는다. 그러므로 e^z의 편각은 $-\pi+2k\pi < \operatorname{Im} z \le \pi+2k\pi$에서 생기는 영역은 $-\pi < \operatorname{Im} z \le \pi$로 제한하여도 무방하다. 즉 $\arg e^z = y$, (단, $-\pi < y \le \pi$)이다.

만약 $k=0$이면 z-평면 위의 직선 $x=c_1$, $y=c_2$(c_1, c_2는 상수)는 각각 w-평면 위에 원 $\rho = e^{c_1}$, 반직선 $\phi = c_2$로 사상된다.

[예 10.19] 변환 $w=e^z$에 의하여 다음 영역의 상을 구하여라.

(1) z-평면 위의 $a \le x \quad b,\ c \le y \le d$

(2) z-평면 위의 무한띠 $0 \le \operatorname{Im} z \le \pi$

(3) z-평면 위의 직선 $x=a$(상수)과 직선 $y=b$(상수)

(4) z-평면 위의 직선 $y=ax$ $(a \ne 0)$

풀이 (1) $z=x+iy$이고, $w=\rho e^{i\phi}$이면 $\rho=e^x$, $\phi=y$이므로 그림 10.28과 같이 z-평면에 영역 $a \le x \le b$와 $c \le y \le d$는 각각 원 $e^a \le \rho \le e^b$와 반직선 $c \le \phi \le d$로 사상되고, 그림과 같이 호와 반직선에 의하여 유계하는 영역임을 알 수 있다.

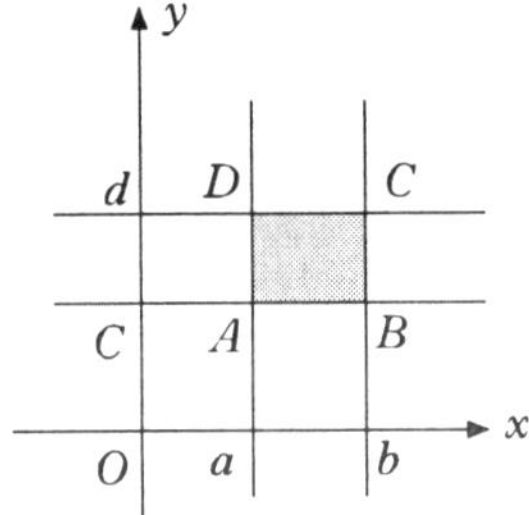

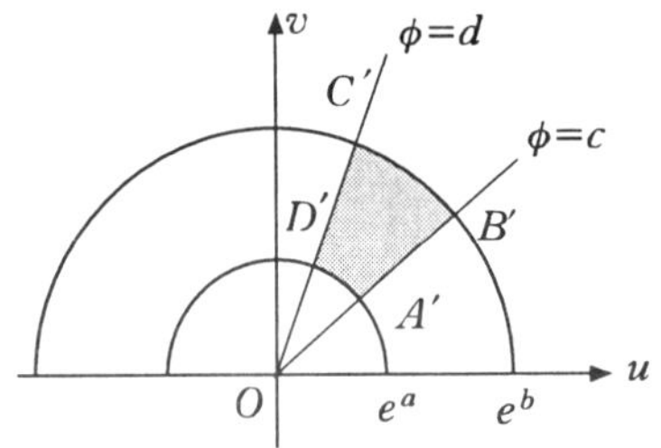

[그림 10.27]

(2) $x \to \infty$일 때 $\rho \to \infty$이고, $x \to -\infty$이면 $\rho = e^x \to 0$이다. 또한 $0 \le y \le \pi$이면 $0 \le \phi \le \pi$이고 $z=0$이면 $w=1$, $z=\pi i$이면 $w=-1$이다.
따라서 z-평면의 영역 $0 \le y \le \pi$는 w-평면 위의 상반평면 $0 \le \phi \le \pi$ 위로 사상된다.

(3) $z=x+iy$, $w=u+iv$이면 $u=e^x\cos y$, $v=e^x\sin y$이므로

$$u^2+v^2=e^{2x},\ \tan y=\frac{v}{u}$$

즉,

$$x=\log\sqrt{u^2+v^2},\ y=\tan^{-1}\frac{v}{u}$$

이다. 따라서 $x=a$이면 $u^2+v^2=e^{2a}$, $y=b$이면 $b=\tan^{-1}\frac{v}{u}$이다.
그러므로 구하는 상은 다음과 같이 원과 반직선이다.

$$u^2+v^2=e^{2a},\ \frac{u}{\cos b}=\frac{v}{\sin b}>0$$

(4) $w=\rho e^{i\phi}$이면 $\rho e^{i\phi}=e^x e^{iy}$이므로 $\rho=e^x$, $\phi=y$이고, $y=ax$에 대하여 x, y를 소거하면

$$\rho=e^{\frac{\phi}{a}}\ (-\infty<\phi<\infty)$$

이다. 따라서 구하는 상은 $\phi=a\log\rho$이다. □

10.6.3 변환 $w=\log z$

함수 $w=\log z$의 주분지의 사상에 대한 성질에 대하여 상기한다.

$$w=\log z=\log r+i(\theta+2k\pi),\ -\pi<\theta\le\pi,\ k=0,\ \pm1,\ \pm2,\ \cdots$$

에서 실수부분 u와 허수부분 v는 각각

$$u=\log r,\ v=\theta+2k\pi\ (k\text{는 정수}) \qquad \cdots\cdots ①$$

이다. $k=0$이면 원점과 음의 실수축 $\theta=-\pi$(분지선)를 제외한 z-평면의 영역 $0<r<\infty$, $-\pi<\theta\le\pi$는 w-평면 위의 영역 $-\infty<u<\infty$, $-\pi<v\le\pi$로 일대일 사상된다. $k=1, 2, \cdots$일 때 각각 $\pi<v\le3\pi$, $3\pi<v\le5\pi$, $\cdots$인 무한대로 사상된다.

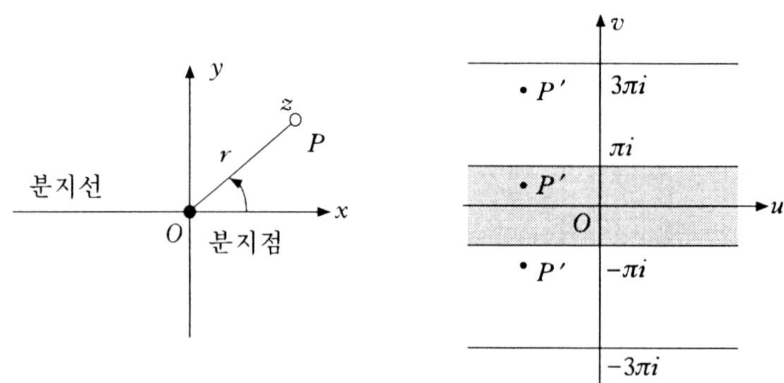

[그림 10.28]

[예 10.20] $w=\log z$에서 다음 물음에 답하여라.

(1) z-평면에서 원점을 중심으로 하는 원은 w-평면에서 v축에 평행한 직선으로 사상됨을 보여라.

(2) z-평면에서 원점에서 반직선은 w-평면에서 v축에 평행한 직선으로 사상됨을 보여라.

풀이 (1) $w=f(z)=u+iv=\log z=\log r+i\theta$ $(r>0)$에서

$$u=\log r,\ v=\theta$$

이고, 주분지는 $-\pi<\theta\leq\pi$이다. 따라서 z-평면의 원점을 중심, 반지름 r인 원 $|z|=r=c$의 상은 w-평면의 v축에 평행한 직선 $u=\log c$로 사상된다.

(2) z-평면의 반직선 $\theta=\alpha$는 w-평면의 u축과 평행한 직선 $v=\alpha$로 사상된다.

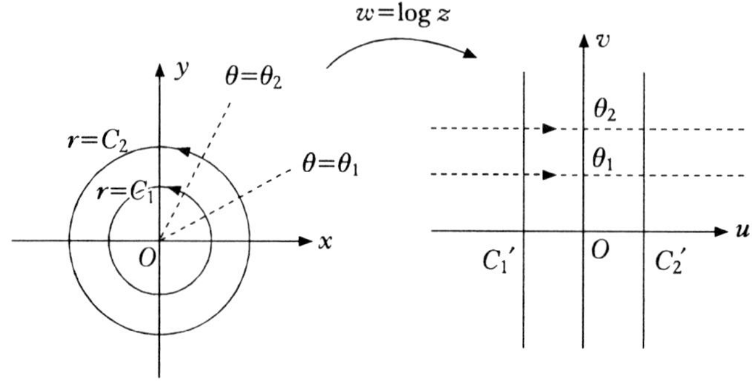

[그림 10.29] □

이상으로 이를 정리하면 임의의 정수 k에 대하여 함수

$$\log z = \log z + 2k\pi i$$

는 $z=0$을 제외한 z-평면을 무한띠 $(2k-1)\pi < \text{Im}\, w \leq (2k+1)\pi$로 사상된다. 물론 함수 $w=e^z$는 각 띠 $(2k-1)\pi < \text{Im}\, w \leq (2k+1)\pi$를 원점을 제외한 평면으로 사상됨을 알 수 있다.

10.6.4 삼각함수에 의한 변환

(1) $w = \sin z$의 사상

$$w = \sin z = u + iv = \sin x \cosh y + i \cos x \sinh y$$

이므로

$$u = \sin x \cosh y,\ v = \cos x \sinh y \qquad \cdots\cdots ①$$

이다. 이것은 주기함수로서 $w=\sin z$에 의한 사상은 z-평면 전체에서 일대일이 아니다.

(i) z평면의 양의 허수축 즉, $x=0,\ y \geq 0$은 w평면의 양의 허수축 즉, $u=0,\ v \geq 0$으로 사상된다.

(ii) $0 < k < \dfrac{\pi}{2}$일 때 반직선 $x=k,\ y \geq 0$은 곡선
$u = \sin k \cosh y,\ v = \cos k \sinh y,\ u \geq 0,\ v \geq 0$ 즉, 쌍곡선

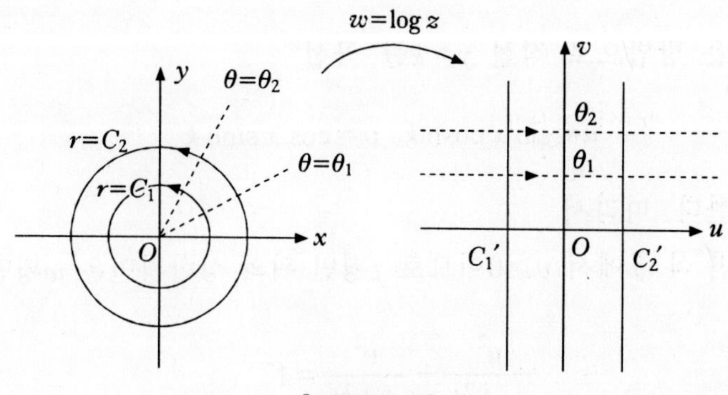

[그림 10.30]

$$\frac{u^2}{\sin^2 k} - \frac{v^2}{\cos^2 k} = 1 \qquad \cdots\cdots \text{②}$$

의 오른쪽 분지의 상반부로 사상된다.

(iii) $x=\frac{\pi}{2}$일 때 식 ①에서 $u=\cosh y \geq 1$, $v=0$이므로 반직선 $x=\frac{\pi}{2}$, $y \geq 0$의 상은 $u \geq 1$, $v=0$이다.

(iv) $y=0$이면 $u=\sin x$, $v=0$이므로 x축 전체는 선분 $-1 \leq u \leq 1$로 사상되고, $-\frac{\pi}{2} < k < 0$이면 반직선 $x=c$, $y \geq 0$의 상은 쌍곡선 ②의 왼쪽 분지의 상반부가 되고, $k=-\frac{\pi}{2}$이면 상은 $u=-\cosh y \leq -1$, $v=0$이다.

이상에서 $w=\sin z$에 의하여 z평면의 영역 $-\frac{\pi}{2} \leq x \leq \frac{\pi}{2}$, $y \geq 0$은 w평면의 상반평면으로 사상된다. 마찬가지로 z평면의 영역 $-\frac{\pi}{2} \leq x \leq \frac{\pi}{2}$, $y \leq 0$은 w평면의 상반평면으로 사상된다.

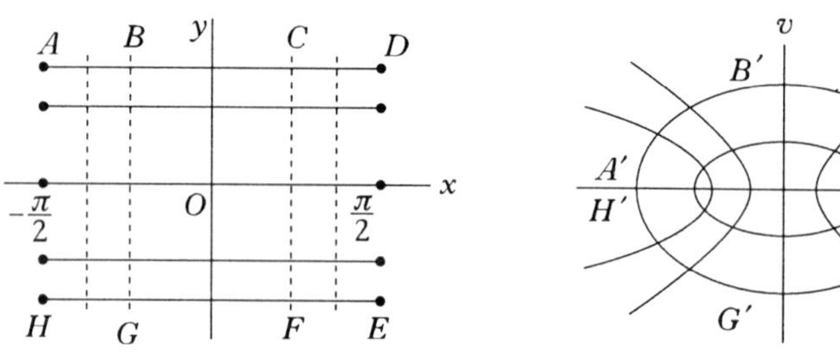

[그림 10.31]

(2) (1)과 같은 방법으로 직선 $y=k$를 곡선

$$u=\sin x \cosh k,\ v=\cos x \sinh k \qquad \cdots\cdots \text{③}$$

로 사상한다. 따라서

(i) $k>0$이면 식 ③에서 $v \geq 0$이므로 z평면 위의 상반평면은 w평면 위의 타원

$$\frac{u^2}{\cosh^2 k} + \frac{v^2}{\sinh^2 k} = 1 \qquad \cdots\cdots \text{④}$$

의 상반평면으로 사상된다.

(ii) $k<0$이면 식 ③에서 $v<0$이므로 z평면 위의 하반평면은 w평면 위의 타원 ④의 하반부이다.

(iii) $k=0$이면 식 ③에서 $-1\le u\le 1$, $v=0$으로 사상됨을 알 수 있다. 한편 이 타원은 어떠한 c의 값에도

$$w=\pm\sqrt{\cosh^2 k-\sinh^2 k}=\pm 1$$

임을 알 수 있다.

(2) $w=\cos z$의 사상

$\cos z=\sin\left(z+\dfrac{\pi}{2}\right)$이므로 함수 $w=\cos z$는

$$w=\sin z',\ z'=z+\frac{\pi}{2}$$

와 같이 합성으로 나타낼 수 있다. 이 사상 $w=\cos z$는 z-평면 위의 각 점을 $\dfrac{\pi}{2}$만큼 평행이동한 후 $w=\sin z$에 의하여 사상하면 된다.

[예 10.21] 변환 $w=\sin z$에 의하여 오른쪽 직사각형의 둘레 위에 점 z가 움직일 때 w-평면 위에 어떤 곡선을 그리는가?

풀이 $z=x+iy$, $w=\sin z=u+iy$이면

$$u=\sin x\cosh y,\ v=\cos x\sinh y \quad \cdots\cdots ①$$

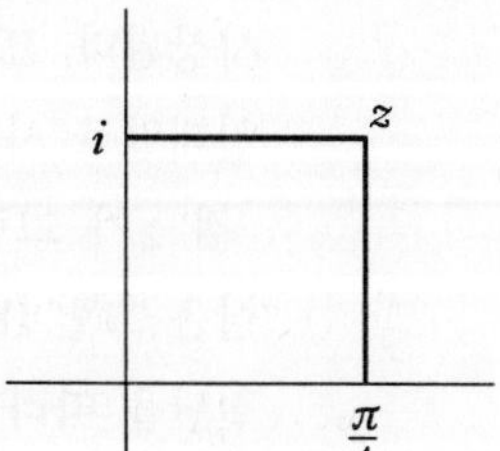

(i) 저 $0\le x\le\dfrac{\pi}{4}$, $y=0$인 경우 $u=\sin x$, $v=0$이고,

$$0\le u\le\frac{1}{\sqrt{2}}.$$

[그림 10.32]

(ii) $x=\dfrac{\pi}{4}$, $0\le y\le 1$인 경우 $u=\dfrac{\cosh y}{\sqrt{2}}$, $v=\dfrac{\sinh y}{\sqrt{2}}$이므로

$$\frac{1}{\sqrt{2}}\le u\le\frac{\cosh 1}{\sqrt{2}},\ 0\le v\le\frac{\sinh 1}{\sqrt{2}},\ 2u^2-2v^2=1.$$

(iii) $0 \le x \le \frac{\pi}{4}$, $y=1$인 경우

$u = \sin x \cosh 1$, $v = \cos x \sinh 1$이고,

$0 \le u \le \frac{\cosh 1}{\sqrt{2}}$, $\frac{\sinh 1}{\sqrt{2}} \le v \le \sinh 1$이므로

$$\left(\frac{u}{\cosh 1}\right)^2 + \left(\frac{v}{\sinh 1}\right)^2 = 1.$$

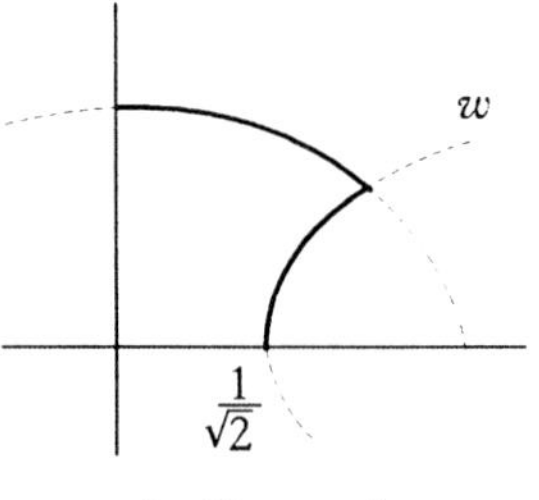

[그림 10.33]

(iv) $x=0$, $0 \le y \le 1$인 경우

$$u=0,\ v=\sinh y\text{이고, } 0 \le v \le \sinh 1.$$

따라서 곡선은 그림 10.33과 같다. □

1. 변환 $w = \sin z$에 의하여 직사각형 $-\pi \le x \le \pi$, $c_1 \le y \le c_2$는 w-평면에 어떻게 사상되는지 살펴보아라.

풀이 영역 직사각형은 그림 10.34의 (a)와 같이 두 쌍곡선으로 사상된다. 수직선의 가장자리 $x = \pm\pi$, $c_1 \le y \le c_2$는 모두 v-축의 선분 $-\sinh c_2 \le v \le -\sinh c_1$으로 사상된다. 또한 직사각형의 내부는 음의 v-축을 절단으로 갖는 타원환의 내부로 일대일로 사상된다.

점 z가 그림 10.34의 사각형의 경계를 따라 시계반대 방향으로 움직이면 z의 상은 그림 (b)의 작은 타원을 회전한 다음 절단을 지나 큰 타원으로 돌아서 다시 절단을 따라 출발점으로 되돌아 온다. 따라서 사각형 영역의 내부의 영역은 일대일이지만 경계의 사상은 일대일이 아니다.

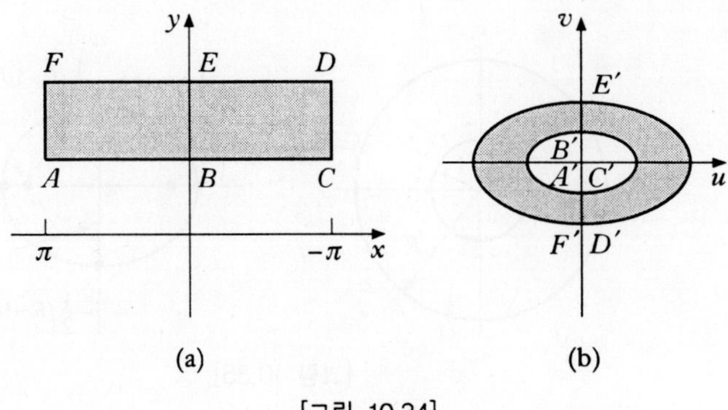

[그림 10.34]

2. 변환 $w=\frac{1}{2}\left(z+\frac{1}{z}\right)$에 의하여 원 $|z|=c$와 반직선 $\operatorname{Arg} z=\alpha \left(\alpha\neq 0, \frac{\pi}{2}\right)$는 어떻게 사상되는가를 살펴보아라.

풀이 (i) $z=r(\cos\theta+i\sin\theta)$, $w=u+iv$이면

$$w=u+iv=\frac{1}{2}\left[r(\cos\theta+i\sin\theta)+\frac{1}{r}(\cos\theta-i\sin\theta)\right]$$
$$=\frac{1}{2}\left(r+\frac{1}{r}\right)\cos\theta+i\frac{1}{2}\left(r-\frac{1}{r}\right)\sin\theta$$

이다. 따라서

$$u=\frac{1}{2}\left(r+\frac{1}{r}\right)\cos\theta,\ v=\frac{1}{2}\left(r-\frac{1}{r}\right)\sin\theta \qquad \cdots\cdots ①$$

가 된다. 먼저 원 $r=|z|=c(\neq 1)$의 상은

$$\left(\frac{u}{\frac{1}{2}\left(c+\frac{1}{c}\right)}\right)^2+\left(\frac{v}{\frac{1}{2}\left(c-\frac{1}{c}\right)}\right)^2=\cos^2\theta+\sin^2\theta=1 \qquad \cdots\cdots ②$$

이 되어 실수축(즉 u축)을 주축으로 하는 타원임을 알 수 있다. 이때 방정식 ②의 초점은

$$\pm\sqrt{a^2-b^2}=\pm\left\{\frac{1}{4}\left(c+\frac{1}{c}\right)^2-\frac{1}{4}\left(c-\frac{1}{c}\right)^2\right\}=\pm 1$$

이고, 여기서 r이 증가함에 따라 타원은 원에 가깝게 사상되고, r이 1로 감소함에 따라 이 타원은 구간 $[-1, 1]$에 가까워진다(그림 10.35 참조).

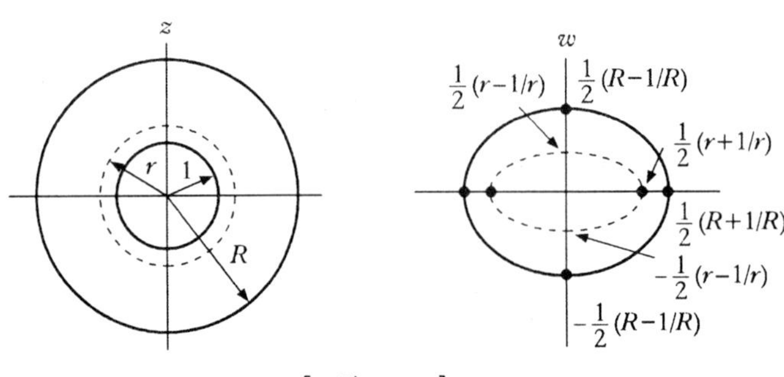

[그림 10.35]

다음에 $r=|z|=1$이면 w-평면의 상은 $w=u=\cos\theta$, $v=0$에 사상되고, 이때 θ가 0에서 π까지 변하면 u는 1에서 -1로 연속적으로 변하며, θ가 π에서 2π까지 변하면 u는 -1에서 1로 연속적으로 변한다.

따라서 $w=\frac{1}{2}\left(z+\frac{1}{z}\right)$에 의하여 원 $|z|=1$의 상반면과 하반면이 각각 닫힌 구간 $[-1,\ 1]$에 사상된다. $r>1$에 대하여 w평면에 주축을 실수축(즉 u축)으로 하는 타원에 사상된다. 이 때 r이 커짐에 따라 타원은 원에 가깝게 되고 r이 1에 접근하게 되면 타원은 $[-1,\ 1]$에 사상된다.

(ii) 반직선 $\operatorname{Arg} z=\theta$가 $w=\frac{1}{2}\left(z+\frac{1}{z}\right)$에 의한 변환에 대하여 알아본다.

$r\geq 1$에 대하여 식 ①에서 반직선 $\operatorname{Arg} z=0$과 $\operatorname{Arg} z=\pi$는 $(1,\ 0)$과 $(-1,\ 0)$은 고정되고, $\operatorname{Arg} w=0$과 $\operatorname{Arg} w=\pi$에 사상됨을 알 수 있다.

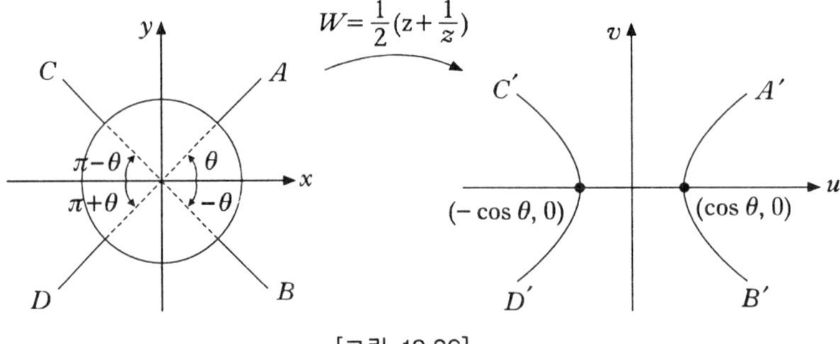

[그림 10.36]

또한 $\operatorname{Arg} z=\frac{\pi}{2}\ (r>1)$은 $\operatorname{Arg} w=\frac{\pi}{2}\ (r>0)$으로, $\operatorname{Arg} z=-\frac{\pi}{2}\ (r>1)$는 $\operatorname{Arg} w=-\frac{\pi}{2}\ (r>0)$에 사상된다. 이 밖에 모든 θ에 대하여 ①의 두 식에서 r을 소거하면 다음과 같은 쌍곡선

$$\left(\frac{2u}{\cos a}\right)^2-\left(\frac{2v}{\sin a}\right)^2=4 \text{ 즉, } \frac{u^2}{\cos^2 a}-\frac{v^2}{\sin^2 a}=1 \qquad \cdots\cdots ③$$

을 얻을 수 있다. 여기서 $r>1$일 때 $0<\theta<\pi$ $\left(\theta\neq\frac{\pi}{2}\right)$이면 u축의 상반면, $r<1$이면 u축의 하반면으로 사상되므로 쌍곡선의 각 분지는 반직선 $\operatorname{Arg} z=\theta$와 같은 사분면에 속하며, 그 초점은

$$\pm\sqrt{a^2+b^2}=\pm\sqrt{\cos^2 a+\sin^2 a}=\pm 1$$

〈참고〉 위의 문제에서 함수는 해석함수($z\neq 0$)이고, z평면 위의 원 $|z|=c$와 반직선 $\operatorname{Arg} z=\alpha$는 직교하므로 두 함수의 상 타원과 쌍곡선은 직교한다.

3. 변환 $w=\cos z$에 의하여 z평면 위의 직선 $x=\frac{\pi}{3}$의 상을 나타내어라.

풀이 $z=\frac{\pi}{3}+iy$, $w=\cos z=\cos\left(\frac{\pi}{3}+iy\right)=u+iv$ 라고 하면

$$u=\frac{\cosh y}{2},\quad v=-\frac{\sqrt{3}\sinh y}{2}.$$

따라서 이 때 $1=\cosh^2 y-\sinh^2 y$를 이용하면 $4u^2-\frac{4}{3}v^2=1$이므로 그림 10.37과 같이 쌍곡선이다.

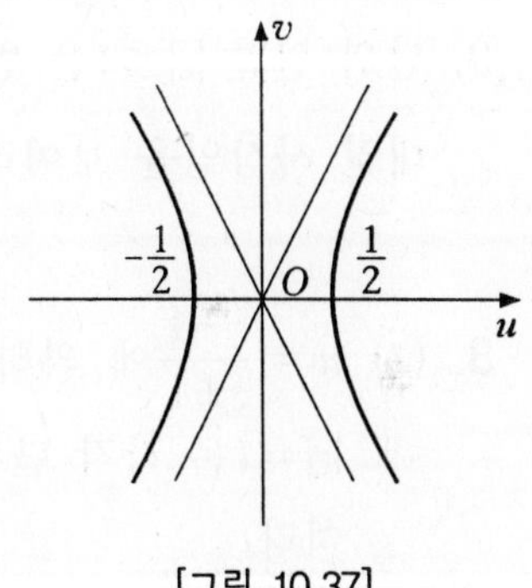

[그림 10.37]

10.6.5 쌍곡선 함수에 의한 변환

$w=\sinh z$에서 양변에 i를 곱하면 $iw=i\sinh z=\sin(iz)$이다. 그러므로 변환 $w=\sinh z$는 다음과 같은 합성변환

$$W=\sin Z,\ Z=iz,\ W=iw$$

로 표시될 수 있다. 그러므로 이 변환은 z-평면과 w-평면의 각 좌표축을 $\frac{\pi}{2}$만

큼 회전한 후, $w=\sin z$의 변환과 같다.

같은 방법으로 변환 $w=\cosh z$도 $\cosh z=\cos(iz)$이므로 $w=\cos z$의 변환과 같다고 할 수 있다.

연습문제 10.6

1. (1) z-평면에 있는 직선과 원은 $\alpha z\bar{z}+\beta z+\bar{\beta}\bar{z}+\gamma=0$(단, α, γ는 실수인 상수이고, β는 복소상수)임을 보여라.

(2) z-평면에 있는 직선과 원은 T가 일차분수변환일 때 L과 C를 각각 복소평면 위에 있는 직선과 원이라 하면 $T(L)$은 직선 또는 원, $T(C)$도 직선 또는 원이다.

2. 단위 원판 $|z|\leq 1$은 변환 $w=\dfrac{i(1-z)}{1+z}$에 의하여 상반평면 $\operatorname{Im} v\geq 0$ 위로의 일대일 사상임을 보여라.

3. (1) $w=\dfrac{z-1}{z+1}$에 의하여 z-평면의 허수축과 단위원 $|z|=1$은 각각 단위원과 허수축으로 사상됨을 보여라.

(2) 위의 함수에 의하여 z-평면의 그림 10.38의 영역 D의 상을 나타내어라.

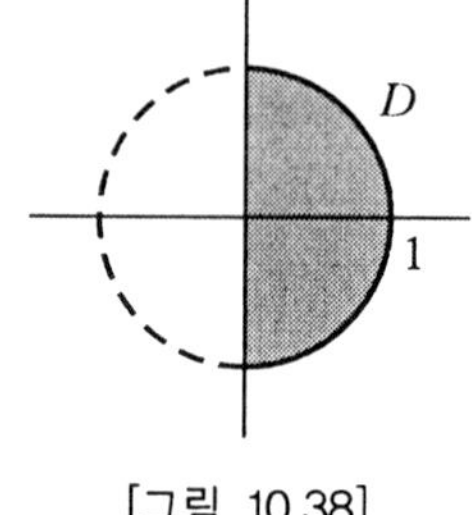

[그림 10.38]

4. (1) $w=z+\dfrac{1}{z}$에 의하여 원 $|z|=r$은 어떤 곡선으로 사상되는가?

(2) 위의 변환에 의하여 영역 $1<|z|<2$의 어떤 상이 되는가를 말하여라.

5. $w=\cos z$에 의한 직선 $x=a$ 및 $y=b$의 상을 구하여라. 단, $0\leq a\leq\dfrac{\pi}{2}$, $b>0$이다. 한편 두 직선의 상에 대한 등각성을 말하여라.

6. z-평면의 단위원을 w-평면의 단위원에 사상하고, 또한 $z=\frac{1}{2}$, 1을 각각 w-평면의 $w=0$, $w=1$로 대응하는 일차분수변환을 구하여라.

7. 상반평면 $\text{Im}(z)>0$을 단위원 내부 $|z|<1$로 사상할 때 $z=1+i$를 $w=0$으로, $z=-1+i$를 $w=\frac{1}{\sqrt{2}}$로 사상하는 변환 $w=f(z)$를 구하여라.

8. 일차변환 $w=\frac{2z+3}{4z+3}$에 의하여 상반평면 $\text{Im}(z)>0$은 하반평면 $\text{Im}(z)<0$으로 사상됨을 증명하여라.

9. 겹선형변환 $w=\frac{z+z_0}{z-\bar{z}_0}$ $(\text{Im}\, z_0 \neq 0)$일 때 다음을 증명하여라.

(1) 이 변환에 의하여 z-평면의 실수축은 w-평면의 단위원으로 사상된다.

(2) $\text{Im}\, z_0>0$이면 $\text{Im}\, z>0$이기 위한 필요충분조건은 $|w|<1$이다.

(3) 이 변환에 의하여 z-평면 위의 점 z_1, $\bar{z}_1$는 각각 w-평면의 점 w_1, w_2로 사상된다면 w_2는 w_1의 단위원에 관하여 반전이다. 즉, $w_2=\frac{1}{\bar{w}_1}$

10. 다음 주어진 변환에 의하여 z-평면의 영역 $|z|\geq 1$은 w-평면의 단위원 위와 내부로 사상됨을 증명하여라.

$$w=e^{i\theta}\frac{z-z_0}{\bar{z}_0 z-1} \quad (|z_0|>1)$$

11. $w=e^{iz}+1$에 의하여 오른쪽과 같은 z-평면 위의 영역 D는 w-평면 위에 어떤 영역으로 사상되는지 그림으로 나타내어라.

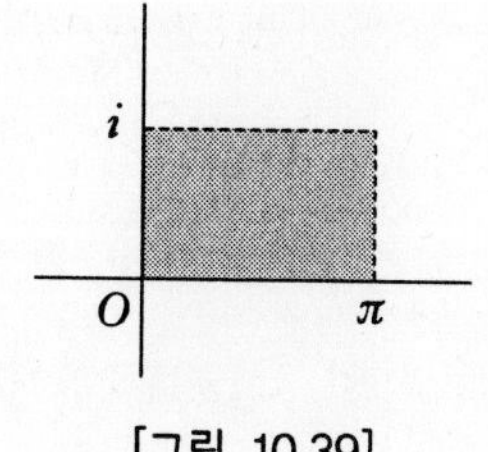

[그림 10.39]

12. 함수 $w=\frac{e^z+1}{e^z+1}$에 의하여 z-평면 위의 직선 $y=\pi$는 w-평면 위에 어떤 곡선으로 사상되는가?

연습문제 풀이

제 1 장 복소수와 복소함수

연습문제 1.3

1. (1) $\left|\dfrac{z+1}{z-1}\right|^2=\left(\dfrac{z+1}{z-1}\right)\left(\dfrac{\bar{z}+1}{\bar{z}-1}\right)=4$이고, 이를 정리하면

$$(z+1)(\bar{z}+1)=4(z-1)(\bar{z}-1) \text{ 즉 } z\bar{z}-\frac{5}{3}z-\frac{5}{3}\bar{z}+1=0.$$

이므로 $\left(z-\dfrac{5}{3}\right)\left(\bar{z}-\dfrac{5}{3}\right)-\dfrac{16}{9}=0$ 즉 $\left|z-\dfrac{5}{3}\right|^2=\dfrac{16}{9}$이다. 따라서 중심 $\left(\dfrac{5}{3},\ 0\right)$, 반지름 $\dfrac{4}{3}$인 원이다.

(2) 두 정점 $z=2$, $z=0$에서 거리의 합이 일정$(=3)$하므로 구하는 그래프는 다음과 같이 타원이다. $z=x+iy$이면

$$\frac{(x-1)^2}{\left(\frac{3}{2}\right)^2}+\frac{y^2}{\left(\frac{\sqrt{5}}{2}\right)^2}=1$$

2. 가정에서 z_1, z_2, z_3는 단위원 위에 내접함을 알 수 있다. 지금 그림과 같이

$$z_1=\overline{OA_1},\ z_2=\overline{OA_2},\ z_3=\overline{OA_3}$$

이라 하자. 그러면

$$\overline{A_1A_2}=z_2-z_1,\ \overline{A_2A_3}=z_3-z_2,\ \overline{A_3A_1}=z_1-z_3 \qquad \cdots\cdots ①$$

이다. 정삼각형임을 보이기 위하여

$$|z_2-z_1|=|z_3-z_2|=|z_1-z_3| \qquad \cdots\cdots ②$$

가 성립함을 보이자.

먼저

$$|z_2 - z_1|^2 = |z_3 - z_2|^2 \qquad \cdots\cdots ③$$

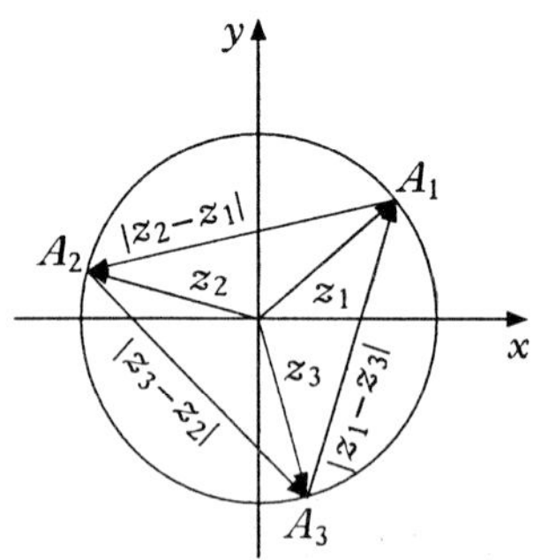

임을 보인다. 가정에서 $z_1 + z_2 + z_3 = 0$이므로 $z_2 = -z_1 - z_3$이고, 이것을 ③에 대입하면

$$|2z_1 + 3|^2 = |2z_3 + z_1|^2 \qquad \cdots\cdots ④$$

즉

$$\begin{aligned} |z_2 - z_1|^2 - |z_3 - z_2|^2 &= |2z_1 + z_3|^2 - |2z_3 + z_1|^2 \\ &= (2z_1 + z_3)(2\overline{z_1} + \overline{z_3}) - (2z_3 + z_1)(2\overline{z_3} + \overline{z_1}) = 0 \qquad \cdots\cdots ⑤ \end{aligned}$$

이고, 가정에서 $|z_1|^2 = |z_3|^2 = 1$이므로 $z_1 \overline{z_1} = z_3 \overline{z_3} = 1$을 ⑤에 대입하면

$$4z_1\overline{z_1} + 2z_1\overline{z_3} + 2\overline{z_1}z_3 + z_3\overline{z_3} - 4z_3\overline{z_3} - 2z_1\overline{z_3} - 2z_1\overline{z_3} - z_1\overline{z_1} = 4 + 1 - 4 - 1 = 0$$

즉 $|z_2 - z_1| = |z_3 - z_2|$. 같은 방법으로

$$|z_3 - z_2| = |z_1 - z_3|$$

이므로 $\triangle A_1 A_2 A_3$는 단위원에 내접하는 정삼각형이다.

3. 문제에서 정삼각형이므로

$$|z_2 - z_1| = |z_3 - z_2| = |z_1 - z_3| \text{ 또는 } |z_2 - z_1|^2 = |z_3 - z_2|^2 = |z_1 - z_3|^2 \qquad \cdots\cdots ①$$

이므로 ①을 정리하면

$$(z_2 - z_1)(\overline{z}_2 - \overline{z}_1) = (z_3 - z_2)(\overline{z}_3 - \overline{z}_2) = (z_1 - z_3)(\overline{z}_1 - \overline{z}_3) \qquad \cdots\cdots ②$$

이다. ②를 정리하면

$$|z_1|^2 + |z_2|^2 - \overline{z_1}z_2 - z_1\overline{z_2} = |z_2|^2 + |z_3|^2 - z_3\overline{z_2} - z_2\overline{z_3} = |z_1|^2 + |z_3|^2 - z_1\overline{z_3} - z_3\overline{z_1} \quad \cdots\cdots ③$$

식 ③의 각 등식에서

$$|z_1|^2 - z_2\overline{z_1} - z_1\overline{z_2} = |z_3|^2 - z_3\overline{z_2} - z_2\overline{z_3}, \qquad \cdots\cdots ④$$

$$|z_2|^2 - z_3\overline{z_2} - z_2\overline{z_3} = |z_1|^2 - z_1\overline{z_3} - z_3\overline{z_1} \qquad \cdots\cdots ⑤$$

식 ④, ⑤에서 다음 결과를 얻는다.

$$|z_2|^2 + z_1\overline{z}_3 + z_3\overline{z}_1 = |z_3|^2 + z_1\overline{z}_2 + z_2\overline{z}_1$$

4. (1) 오른쪽 그림에서 직선 l위의 임의의 점을 z라 하자. 그러면

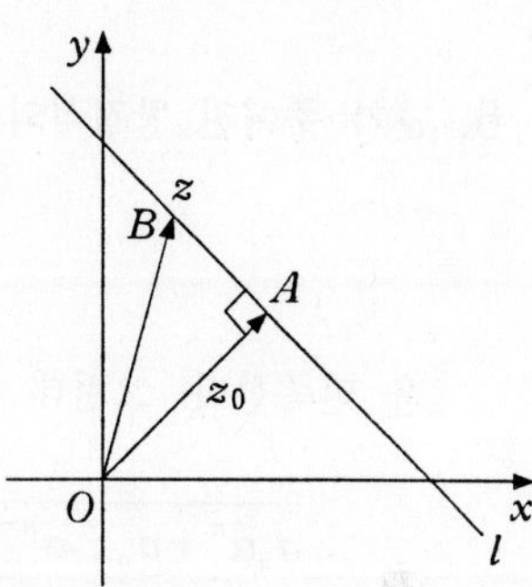

$$|\overrightarrow{OB}|^2 = |\overrightarrow{OA}|^2 + |\overrightarrow{AB}|^2 \qquad \cdots\cdots ①$$

이다. $\overrightarrow{OB} = z$, $\overrightarrow{OA} = z_0$, $\overrightarrow{AB} = z - z_0$을 식 ①에 대입하면

$$|z|^2 = |z_0|^2 + |z - z_0|^2 \qquad \cdots\cdots ②$$

따라서 ②에서

$$z\overline{z} = z_0\overline{z_0} + (z - z_0)(\overline{z} - \overline{z_0}) = z_0\overline{z_0} + z\overline{z} - z\overline{z_0} - z_0\overline{z} + z_0\overline{z_0} \qquad \cdots\cdots ③$$

식 ③을 정리하면 z_0에 수직인 직선의 방정식은

$$z\overline{z_0} + z_0\overline{z} = 2z_0\overline{z_0} \text{ 즉 } z\overline{z_0} + z_0\overline{z} = 2|z_0|^2$$

(2) 두 벡터 z_1과 z_2가 서로 수직이라 하자. 다음 그림에서

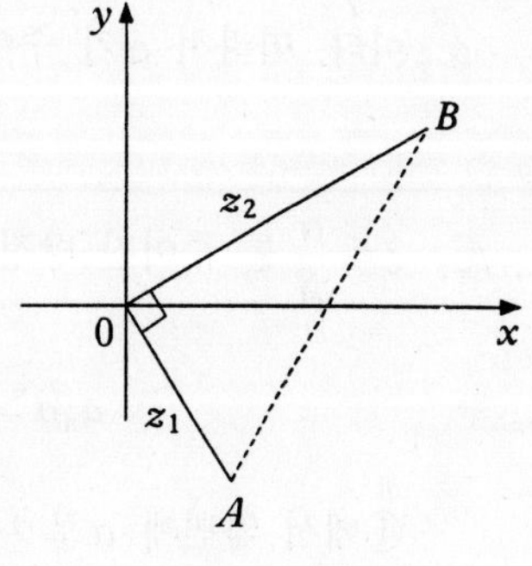

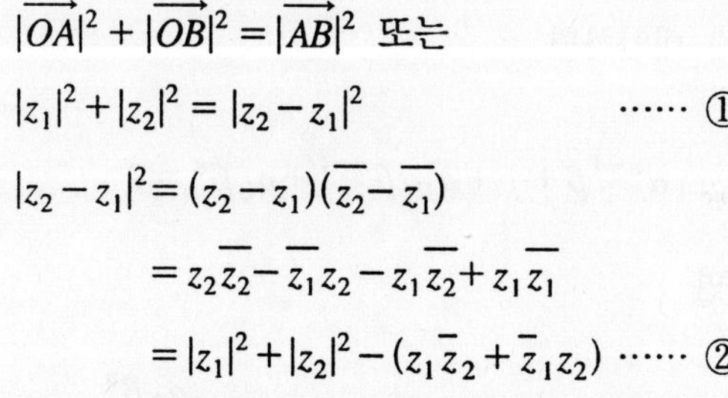

$$|\overrightarrow{OA}|^2 + |\overrightarrow{OB}|^2 = |\overrightarrow{AB}|^2 \text{ 또는}$$

$$|z_1|^2 + |z_2|^2 = |z_2 - z_1|^2 \qquad \cdots\cdots ①$$

$$\begin{aligned} |z_2 - z_1|^2 &= (z_2 - z_1)(\overline{z_2} - \overline{z_1}) \\ &= z_2\overline{z_2} - \overline{z_1}z_2 - z_1\overline{z_2} + z_1\overline{z_1} \end{aligned}$$

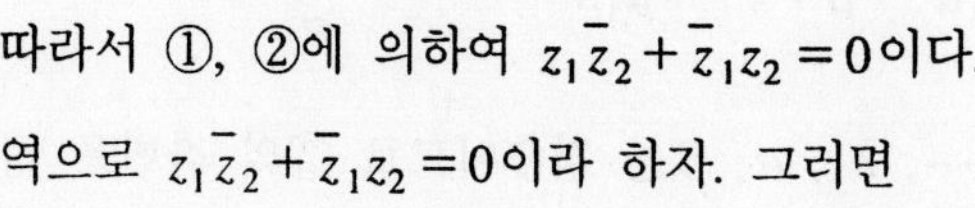

$$= |z_1|^2 + |z_2|^2 - (z_1\overline{z}_2 + \overline{z}_1 z_2) \quad \cdots\cdots ②$$

따라서 ①, ②에 의하여 $z_1\overline{z}_2 + \overline{z}_1 z_2 = 0$이다.

역으로 $z_1\overline{z}_2 + \overline{z}_1 z_2 = 0$이라 하자. 그러면

$$|z_1|^2+|z_2|^2=z_1\overline{z_1}+z_2\overline{z_2}=z_1\overline{z_1}+z_2\overline{z_2}-(z_1\overline{z_2}+\overline{z_1}z_2)$$
$$=z_1\cdot\overline{z_1}+z_2\overline{z_2}-z_1\overline{z_2}-\overline{z_1}z_2$$
$$=(z_1-z_2)(\overline{z}_1-\overline{z}_2)=|z_1-z_2|^2$$

따라서 $|\overrightarrow{OA}|^2+|\overrightarrow{OB}|^2=|\overrightarrow{AB}|^2$이므로 z_1과 z_2는 서로 수직이다.

5. α가 주어진 방정식의 근이므로

$$a_n\alpha^n+a_{n-1}\alpha^{n-1}+\cdots+a_1\alpha+a_0=0$$

을 만족한다. 그런데 켤레복소수 $\overline{z_1+z_2}=\overline{z}_1+\overline{z}_2$의 성질을 이용하면

$$\overline{a_n\alpha^n+a_{n-1}\alpha^{n-1}+\cdots+a_1\alpha+a_0}=\overline{a_n\alpha^n}+\overline{a_{n-1}\alpha^{n-1}}+\cdots+\overline{a_1\alpha}+\overline{a_0}=0$$

임을 알 수 있다. 또한 $\overline{z_1z_2}=\overline{z_1}\ \overline{z_2}$의 성질과 또한 a_n, a_{n-1}, $\cdots$, a_1, a_0가 실수라는 가정에 의하여

$$\overline{a_n}=a_n,\ \overline{a_{n-1}}=a_{n-1},\ \cdots\cdots,\ \overline{a_1}=a_1,\ \overline{a_0}=a_0$$

이므로

$$a_n\overline{\alpha^n}+a_{n-1}\overline{\alpha^{n-1}}+\cdots+a_1\overline{\alpha}+a_0=0$$

이다. 따라서 α가 주어진 n차 방정식의 복소근이면 $\overline{\alpha}$도 n차 방정식의 근이다.

6. $z=\dfrac{\alpha}{\beta}$를 주어진 방정식에 대입하면

$$a_n\alpha^n+a_{n-1}\alpha^{n-1}\beta+\cdots+a_1\alpha\beta^{n-1}+a_0\beta^n=0 \qquad \cdots\cdots ①$$

①에서 양변에 α로 나누면

$$a_n\alpha^{n-1}+a_{n-1}\alpha^{n-2}\beta+\cdots+a_1\beta^{n-1}=-\frac{a_0\beta^n}{\alpha} \qquad \cdots\cdots ②$$

을 얻는다. 그런데 a_n, a_{n-1}, $\cdots$, a_1, α, β는 정수이므로 ②의 좌변은 정수이다. 따라서 우변도 역시 정수이고, α, β는 서로 소이므로 β^n은 α로 나누어지지 않는다. 그

러므로 $\frac{a_0}{\alpha}$는 정수라야 한다. 즉 α는 a_0의 약수이다.

한편 방정식 ①을 β로 나누면

$$a_{n-1}\alpha^{n-1}+\cdots+a_1\alpha\beta^{n-2}+a_0\beta^{n-1}=\frac{a_n\alpha^n}{\beta} \qquad \cdots\cdots ③$$

식 ③의 좌변은 정수이므로 우변도 역시 정수이다. α, β는 서로 소이므로 $\frac{a_0}{\beta}$는 정수이다. 따라서 β는 a_n의 약수이다.

7. 6, 52의 약수는 각각 6에 대하여 $\pm1, \pm2, \pm3, \pm6$이고, 52에 대하여 $\pm1, \pm2, \pm4, \pm13$이다. 따라서 주어진 방정식

$$6z^4-47z^3+148z^2-167z+52=0 \qquad \cdots\cdots ①$$

의 해가 될 가능성을 보면

$$\pm1,\ \pm\frac{1}{2},\ \pm\frac{1}{6},\ \pm4,\ \pm2,\ \pm\frac{4}{3},\ \pm13,\ \pm\frac{13}{2},\ \pm\frac{13}{3},\ \pm\frac{13}{3} \qquad \cdots\cdots ②$$

이다. 식 ②를 대강 검토하면 $\frac{1}{2}$과 $\frac{4}{3}$는 방정식의 해이므로 다항식

$$\left(z-\frac{1}{2}\right)\left(z-\frac{4}{3}\right)=z^2-\frac{1}{2}z-\frac{4}{3}z+\frac{2}{3} \qquad \cdots\cdots ③$$

는 방정식 ①의 약수이다. 다음에 방정식 ③의 양변에 6을 곱하면

$$6z^2-11z+4 \qquad \cdots\cdots ④$$

임을 알 수 있고, 또한

$$6z^4-47z^3+148z^2-167z+52=(6z^4-11z+4)(z^2-6z+13) \qquad \cdots\cdots ⑤$$

방정식 $z^2-6z+13=0$을 풀어보면

$$z_3=\frac{6+\sqrt{36-52}}{2}=3+2i,\quad z_4=\overline{z_3}=\overline{(3+2i)}=3-2i$$

따라서 방정식 ①의 해는 $\frac{1}{2}$, $\frac{4}{3}$, $3+2i$, $3-2i$이다.

8. 만약 모든 근을 z_1, z_2, $\cdots$, z_n이라 하자. 그러면 주어진 방정식은

$$a_n(z-z_1)(z-z_2)\cdots(z-z_n)=0 \qquad \cdots\cdots ①$$

와 같이 나타낼 수 있다. 방정식 ①을 정리하면

$$a_n\{[z^n-(z_1+z_2+\cdots+z_n)z^{n-1}+\cdots+(-1)^n z_1 z_2\cdots z_n]\}=0\} \qquad \cdots\cdots ②$$

따라서 방정식 ②와 주어진 방정식의 계수를 비교하면

$$z_1+z_2+\cdots+z_n=\frac{-a_{n-1}}{a_n},\quad z_1z_2\cdots z_n=(-1)^n\frac{a_0}{a_n}$$

9. 문제의 양변을 제곱하여 정리하면

$|z-1|^2-k^2|z+1|^2=0$이고, 또한

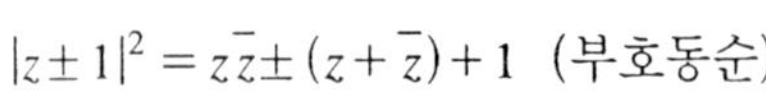

$$|z\pm 1|^2=z\bar{z}\pm(z+\bar{z})+1 \quad (\text{부호동순})$$

이므로

$$(1-k^2)z\bar{z}-(1+k^2)(z+\bar{z})+(1-k^2)=0 \qquad \cdots\cdots ①$$

만약 $k>1$인 경우 식 ①에서

$$z\bar{z}-\frac{1+k^2}{1-k^2}(z+\bar{z})+1=0 \qquad \cdots\cdots ②$$

이고, 이 때 만약 $c=\dfrac{1+k^2}{1-k^2}$로 놓으면 ②에서

$$z\bar{z}-c(z+\bar{z})+1=0 \text{ 즉 } z\bar{z}-c(z+\bar{z})+c^2=c^2-1 \qquad \cdots\cdots ③$$

이므로 ③에 의하여

$$|z-c|^2=z\bar{z}-c(z+\bar{z})+c^2=c^2-1=\left(\frac{2k}{1-k^2}\right)^2(=r)$$

따라서 중심 c, 반지름 r인 원이다.

다음에 $k=1$인 경우 식 ①에서 즉, $z+\bar{z}=2\mathrm{Re}\,z=0$이므로 z는 허수축 위를 지나는 직선이다.

10. (1) 문제의 양변은 양수이므로 제곱하여

$$|z-1|^2+|z+1|^2+2|z-1||z+1| \le 8 \qquad \cdots\cdots ①$$

임을 보이면 된다. 그런데 ①은

$$(z-1)(\bar{z}-1)+(z+1)(\bar{z}+1)+2|(z-1)(z+1)| \le 8$$

이므로 이를 정리하면

$$|z|^2-z-\bar{z}+1+|z|^2+z+\bar{z}+1+2|z^2-1| \le 8$$

즉

$$2|z|^2+2+2|z^2-1| \le 8,\ \text{즉}\ |z|^2+|z^2-1| \le 3 \qquad \cdots\cdots ②$$

이 성립함을 보이면 된다. 그런데

$$|z^2|=|zz|=|z||z|=|z|^2\text{이고},\ |z| \le 1\text{이면}\ |z|^2 \le 1$$

이므로 부등식 ②는

$$|z|^2+|z^2+(-1)| \le |z|^2+|z^2|+|(-1)| \le |z|^2+|z|^2+1 \le 1+1+1=3$$

(2) $|a-b|^2=|a|^2-\bar{a}b-a\bar{b}+|b|^2$, $|-\bar{a}b|^2=1-\bar{a}b-a\bar{b}+|a|^2|b|^2$. 따라서

$$\begin{aligned}|a-b|^2-|1-\bar{a}b|^2 &= |a|^2+|b|^2-1-|a|^2|b|^2 \\ &= (|a|^2-1)(1-|b|^2)<0\end{aligned}$$

이다. 따라서 주어진 결과가 성립한다.

연습문제 1.7

1. 분자, 분모의 극형식을 각각

$$\begin{aligned}z_1 &= 1+\cos\theta+i\sin\theta=r_1(\cos\theta+i\sin\theta), \\ z_2 &= 1+\cos\phi+i\sin\phi=r_2(\cos\phi+i\sin\phi)\end{aligned}$$

이라 하자. $|z_1|=r_1$, $|z_2|=r_2$이므로

$$r_1 = \sqrt{(1+\cos\theta)^2+\sin^2\theta} = \sqrt{2(1+\cos\theta)} \text{ 이고,}$$

$$r_2 = \sqrt{(1+\cos\phi)^2+\sin^2\phi} = \sqrt{2(1+\cos\phi)} \text{ 이다.}$$

지금 $z=\dfrac{z_1}{z_2}$이므로 $|z|=\left|\dfrac{z_1}{z_2}\right|=\dfrac{|z_1|}{|z_2|}=\dfrac{r_1}{r_2}$이다. 따라서 구하는 z의 절대값은 $|z|=\dfrac{r_1}{r_2}=\sqrt{\dfrac{1+\cos\theta}{1+\cos\phi}}$.

2. (1) $z_1=a_1+ib_1$이고, $z_2=a_2+ib_2$라 하자. 그러면

$$\alpha z_1+\beta z_2=(\alpha a_1+\beta a_2)+i(\alpha b_1+\beta b_2)=0 \qquad \cdots\cdots ①$$

이므로

$$\alpha a_1+\beta a_2=0,\ \alpha b_1+\beta b_2=0 \qquad \cdots\cdots ②$$

만약 $\dfrac{b_1}{a_1}\neq\dfrac{b_2}{a_2}$일 때 즉, z_1과 z_2가 평행하지 않으면 방정식 ②에서 α, β를 구하면 $\alpha=\beta=0$.

(2) 오른쪽 그림에서 사각형 $OABC$는 평행사변형이다. 그런데 $z_2+\overrightarrow{CA}=z_1$이므로 $\overrightarrow{CA}=z_1-z_2$이고, $\overrightarrow{CD}=\alpha(z_1-z_2)$, $0\le\alpha\le1$, $\overrightarrow{OB}=z_1+z_2$를 만족하는 매개변수 α가 존재하고, 또한

$$\overrightarrow{OD}=\beta(z_1+z_2),\ 0\le\beta\le1$$

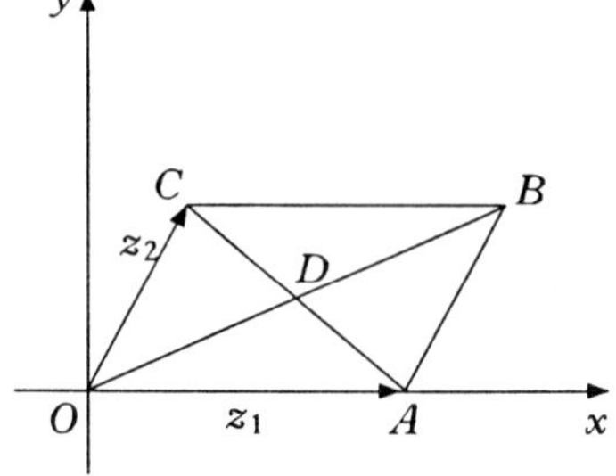

을 만족하는 매개변수 β가 존재한다.

그림에서 $\overrightarrow{OC}+\overrightarrow{CD}=\overrightarrow{OD}$이므로 $z_2+\alpha(z_1-z_2)=\beta(z_1+z_2)$ 또는

$$z_1(\alpha-\beta)+z_2(1-\alpha-\beta)=0 \qquad \cdots\cdots ③$$

을 얻는다. 그런데 z_1과 z_2는 평행하지 않으므로 문제 (1)의 결과에 의하여

$$\alpha-\beta=0,\ 1-\alpha-\beta=0.$$

따라서 $\alpha=\beta=\dfrac{1}{2}$이므로 서로 이등분한다.

3. $z_1 - z_3 = r_1(\cos\theta_1 + i\sin\theta_1)$이면 θ_1은 점 z_3을 기점으로 하여 z_1의 방향의 편각을 표시한다. 마찬가지로 $z_2 - z_3 = r_2(\cos\theta_2 + i\sin\theta_2)$라 하면

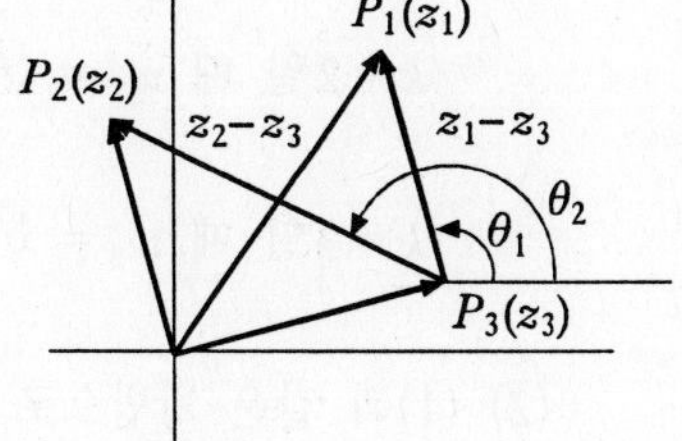

$$\frac{z_2-z_3}{z_1-z_3}=\frac{r_2}{r_1}\{\cos\theta_2-\theta_1)+i\sin(\theta_2-\theta_1)\}$$

이다. 그러므로 $\mathrm{Im}\left(\frac{z_2-z_3}{z_1-z_3}\right)=0$이면 $\theta_2-\theta_1=n\pi$(n은 정수)이고, 역으로 $\theta_2-\theta_1=n\pi$이면 그림에서 점 A, B, C는 한 직선 위에 있다.

4. (1) 복소수 $w=z^4=-\frac{3}{2}-\frac{3\sqrt{3}}{2}i$의 극형식을

$$-\frac{3}{2}-\frac{3\sqrt{3}}{2}i=r_1(\cos\theta_1+i\sin\theta_1) \quad \cdots\cdots ①$$

이라 하면

$$r_1=\sqrt{\left(-\frac{3}{2}\right)^2+\left(\frac{3\sqrt{3}}{2}\right)^2}=3\text{이고, } \cos\theta_1=-\frac{1}{2},\ \sin\theta_1=-\frac{\sqrt{3}}{2}$$

이므로 $\theta_1=-\frac{2}{3}\pi$가 된다. 여기서 만약 $z=r(\cos\theta+i\sin\theta)$이면

$$z^4=r^4(\cos 4\theta+i\sin 4\theta) \quad \cdots\cdots ②$$

이므로 식 ①, ②에서 $r^4=3$일 때 $r={}^4\sqrt{3}$이고, $4\theta=-\frac{2\pi}{3}+2k\pi$일 때

$$\theta=\frac{-\frac{2\pi}{3}+2k\pi}{4}=-\frac{\pi}{6}+\frac{k\pi}{2}\quad (k=0,1,2,3)$$

이다. 따라서 $z=re^{i\theta}=\sqrt[4]{3}\left\{\cos-\left(\frac{\pi}{6}+\frac{k\pi}{2}\right)+i\sin\left(-\frac{\pi}{6}+\frac{k\pi}{2}\right)\right\}$의 네제곱근을 구하면

$$k=0\text{일 때 } w_0=\sqrt[4]{3}\left[\cos\left(-\frac{\pi}{6}\right)+i\sin\left(-\frac{\pi}{6}\right)\right]=\sqrt[4]{3}\left(\frac{\sqrt{3}}{2}-i\frac{1}{2}\right)$$

$$k=1\text{일 때 } w_1=\sqrt[4]{3}\left[\cos\frac{\pi}{3}+i\sin\frac{\pi}{3}\right]=\sqrt[4]{3}\left(\frac{1}{2}+i\frac{\sqrt{3}}{2}\right)$$

$$k=2\text{일 때 } w_2=\sqrt[4]{3}\left[\cos\frac{5\pi}{6}+i\sin\frac{5\pi}{6}\right]=\sqrt[4]{3}\left(-\frac{\sqrt{3}}{2}+i\frac{1}{2}\right)$$

$$k=3\text{일 때 } w_3=\sqrt[4]{3}\left[\cos\frac{4\pi}{3}+i\sin\frac{4\pi}{3}\right]=\sqrt[4]{3}\left(-\frac{1}{2}-i\frac{\sqrt{3}}{2}\right).$$

(2) (1)과 같은 방법으로 풀 수 있다.

5. 주어진 방정식에서

$$(z+1)^7=-z^7 \text{ 또는 } \left[-\frac{z+1}{z}\right]^7=1 \qquad \cdots\cdots ①$$

지금 $w=-\dfrac{z+1}{z}$로 놓으면 $w^7=1$이므로 방정식 ①에서

$$w^7=1=\cos 2\pi+i\sin 2\pi \qquad \cdots\cdots ②$$

이고, 방정식 ②에서 w의 근은

$$w_k=\cos\frac{2k\pi}{7}+i\sin\frac{2k\pi}{7},\ k=0,\ 1,\ \cdots,\ 6$$

따라서 방정식 ②에서

$$w_k=-\frac{z_k+1}{z_k}=\cos\frac{2k\pi}{7}+i\sin\frac{2k\pi}{7},\ k=0,\ 1,\ 2,\ 3,\ 4,\ 5 \qquad \cdots\cdots ③$$

를 얻는다. 따라서 구하는 z의 근이다. 식 ③에서

$$z_k=\frac{-1}{1+\cos\frac{2k\pi}{7}+i\sin\frac{2k\pi}{7}}$$

$$=\frac{-1}{1+\cos\frac{2k\pi}{7}+i\sin\frac{2k\pi}{7}}\cdot\frac{\left(1+\cos\frac{2k\pi}{7}-i\sin\frac{2k\pi}{7}\right)}{\left(1+\cos\frac{2k\pi}{7}-i\sin\frac{2k\pi}{7}\right)}$$

$$=\frac{-\left(1+\cos\frac{2k\pi}{7}\right)+i\sin\frac{2k\pi}{7}}{2\left(1+\cos\frac{2k\pi}{7}\right)}=-\frac{1}{2}+i\frac{\sin\frac{2k\pi}{7}}{2\left(1+\cos\frac{2k\pi}{7}\right)} \qquad \cdots\cdots ④$$

따라서 z_k의 실수부분은 $\mathrm{Re}(z_k)=-\dfrac{1}{2}$. 즉 직선 $x=-\dfrac{1}{2}$에 위치한다.

6. (1) De Moivre의 정리에 의하여

$$(\cos\theta+i\sin\theta)^3=\cos 3\theta+i\sin 3\theta \quad \cdots\cdots ①$$

그런데 이것을 실제로 전개하면

$$\begin{aligned}(\cos\theta+i\sin\theta)^3&=\cos^3\theta+3i\cos^2\theta\sin 3\theta-3\cos\theta\sin^2\theta-i\sin^3\theta\\&=\cos^3\theta-3\cos\theta\sin^2\theta+i(3\cos^2\theta\sin\theta-\sin^3\theta) \quad \cdots\cdots ②\end{aligned}$$

따라서 ①, ②를 비교하면

$$\begin{aligned}\cos 3\theta&=\cos^3\theta-3\cos\theta\sin^2\theta=\cos\theta(\cos^2\theta-3\sin^2\theta)\\&=\cos\theta(\cos^2\theta-3+3\cos^2\theta)=4\cos^3\theta-3\cos^2\theta\\ \sin 3\theta&=3\cos^2\theta\sin\theta-\sin^3\theta=\sin\theta(3\cos^2\theta-\sin^2\theta)\\&=\sin\theta(3-3\sin^2\theta-\sin^2\theta)=3\sin\theta-4\sin^3\theta\end{aligned}$$

(2) 방정식 $z^n-1=0$의 n제곱근 1, $e^{i\frac{2\pi}{n}}$, $e^{i\frac{4\pi}{n}}$, $\cdots$, $e^{i\frac{2(n-1)\pi}{n}}$를 생각한다. 이는 $z^n-1=0$의 근이므로

$$z^n-1=(z-1)(z-e^{i\frac{2\pi}{n}})(z-e^{i\frac{4\pi}{n}})\cdots(z-e^{i\frac{2(n-1)\pi}{n}}) \quad \cdots\cdots ①$$

와 같이 쓸 수 있다. 그런데 $\dfrac{z^n-1}{z-1}=1+z+z^2+\cdots+z^{n-1}$임을 생각하고, 식 ①의 양변에 $z-1$로 나누면

$$1+z+z^2+\cdots+z^{n-1}=(z-e^{i\frac{2\pi}{n}})(z-e^{i\frac{4\pi}{n}})\cdots(z-e^{i\frac{2(n-1)\pi}{n}}) \quad \cdots\cdots ②$$

이다. 식 ②에서 만약 $z=1$이면

$$n=(1-e^{i\frac{2\pi}{n}})(1-e^{i\frac{4\pi}{n}})\cdots(1-e^{i\frac{2(n-1)\pi}{n}}) \quad \cdots\cdots ③$$

식 ③의 켤레복소수를 $\bar{n}$라 하면

$$\bar{n}=(1-e^{-i\frac{2\pi}{n}})(1-e^{-i\frac{4\pi}{n}})\cdots(1-e^{-i\frac{2(n-1)\pi}{n}}) \quad \cdots\cdots ④$$

식 ④와 ③에서 변변 서로 곱하고, 또한

$$(1-e^{i\frac{2k\pi}{n}})(1-e^{-i\frac{2k\pi}{n}})=2-2\cos\frac{2k\pi}{n}=2\left(1-\cos\frac{2k\pi}{n}\right)$$

인 성질을 이용하면 다음을 얻을 수 있다.

$$n^2=n\bar{n}=2^{n-1}(1-\cos\frac{2\pi}{n})(1-\cos\frac{4\pi}{n})\cdots(1-\cos\frac{2(n-1)\pi}{n}) \qquad \cdots\cdots ⑤$$

그런데 $1-\cos\frac{2k\pi}{n}=2\sin^2\frac{k\pi}{n}$ 이므로 이 성질을 이용하면 ⑤에서

$$n^2=2^{2(n-1)}\sin^2\frac{\pi}{n}\ \sin^2\frac{2\pi}{n}\cdots\ \sin^2\frac{(n-1)\pi}{n} \qquad \cdots\cdots ⑥$$

따라서 식 ⑥에서 양의 제곱근을 구하여 정리하면

$$\frac{n}{2^{n-1}}=\sin\frac{\pi}{n}\ \sin\frac{2\pi}{n}\cdots\sin\frac{(n-1)\pi}{n}$$

7. (1) 먼저 $z^n=1$을 생각한다. 그러면 1의 n제곱근은

$$z_k=e^{i\frac{2k\pi}{n}},\ k=0,\ 1,\ 2,\ \cdots,\ n-1 \text{ 즉,}$$

$$z_1=1,\ z_2=e^{i\frac{2\pi}{n}},\ z_3=e^{i\frac{4\pi}{n}},\ \cdots,\ z_n=e^{i\frac{2(n-1)\pi}{n}}$$

지금 방정식 $a_0z^n+a_1z^{n-1}+\cdots+a_{n-1}z+a_n=0$의 근의 합은

$$\sum_{k=0}^{n-1}z_k=-\frac{a_1}{a_0}$$

임을 감안하면 문제에서 $a_0=1,\ a_1=0$이므로 $\sum_{k=0}^{n-1}z_k=0$. 따라서

$$z_1+z_2+\cdots+z_n=0 \text{ 또는 } 1+e^{i\frac{2\pi}{n}}+e^{i\frac{4\pi}{n}}+\cdots+e^{i\frac{2(n-1)\pi}{n}}=0 \qquad \cdots\cdots ①$$

이 때 ①을 Euler의 공식을 적용하면

$$1+\left(\cos\frac{2\pi}{n}+i\sin\frac{2\pi}{n}\right)+\left(\cos\frac{4\pi}{n}+i\sin\frac{4\pi}{n}\right)+\cdots$$
$$\cdots+\left(\cos\frac{2(n-1)\pi}{n}+i\sin\frac{2(n-1)\pi}{n}\right)=0$$

이고, 이를 정리하면

$$\left[1+\cos\frac{2\pi}{n}+\cos\frac{4\pi}{n}+\cdots+\cos\frac{2(n-1)\pi}{n}\right]$$

$$+i\left[\sin\frac{2\pi}{n}+\sin\frac{4\pi}{n}+\cdots+\sin\frac{2(n-1)\pi}{n}\right]=0 \qquad \cdots\cdots ②$$

따라서 ②의 양변에 실수부분과 허수부분을 비교하면 (1), (2)의 결과를 동시에 얻을 수 있다.

8. 임의의 꼭지점을 A라 하면 A에서 $n-3$개의 대각선을 그을 수 있다.

지금 $\alpha=\dfrac{2\pi}{n}$라고 하자. 주어진 문제의 그림 1.13에서

$$AC=2\sin\frac{2\alpha}{2},\ AD=2\sin\frac{3\alpha}{2},\ AE=2\sin\frac{4\alpha}{2}$$

이다. 따라서 대각선의 길이는 각각

$$2\sin\frac{2\pi}{n},\ 2\sin\frac{3\pi}{n},\ 2\sin\frac{4\pi}{n},\ \cdots\cdots,\ 2\sin\frac{(n-2)\pi}{n}$$

이고, 또한 대각선의 곱은

$$2\sin\frac{2\pi}{n}\cdot 2\sin\frac{3\pi}{n}\cdot 2\sin\frac{4\pi}{n}\cdot\cdots\cdot 2\sin\frac{(n-2)\pi}{n}$$

이다. 연습문제 6(2)의 결과에 의하여

$$곱=2^{n-3}\frac{\sin\dfrac{\pi}{n}\cdot\sin\dfrac{2\pi}{n}\cdot\sin\dfrac{3\pi}{n}\cdot\cdots\cdot\sin\dfrac{(n-2)\pi}{n}\sin\dfrac{(n-1)\pi}{n}}{\sin\dfrac{\pi}{n}\sin\dfrac{(n-1)\pi}{n}}$$

$$=\frac{2^{n-3}\cdot n}{2^{n-1}\sin\dfrac{\pi}{n}\sin\dfrac{(n-1)\pi}{n}}=\frac{n}{4}\cdot\frac{1}{\sin\dfrac{\pi}{n}}\cdot\frac{1}{\sin\left(1-\dfrac{\pi}{n}\right)}$$

$$=\frac{n}{4}\cdot\frac{1}{\sin^2\dfrac{\pi}{n}}$$

9. (1) $z=\cos\theta+i\sin\theta$라고 하면 $z^k=\cos k\theta+i\sin k\theta$이고, 또한

$$z^{-k}=\cos(-k\theta)+i\sin(-k\theta)=\cos k\theta-i\sin k\theta \qquad \cdots\cdots ①$$

이다. 따라서 $k=0,1,2,\cdots$에 대하여

$$2\cos k\theta=z^k+z^{-k},\ 2i\sin k\theta=z^k-z^{-k} \qquad \cdots\cdots ②$$

가 된다. 그런데 ②의 첫째 식에서

$$(2\cos k\theta)^n=2^n\cos^n k\theta=(z^k+z^{-k})^n \qquad \cdots\cdots ③$$

식 ③에서 $k=1$일 때 이항정리에 의하여

$$\begin{aligned}2^n\cos^n\theta&=(z+z^{-1})^n\\&={}_nC_0z^n+{}_nC_1z^{n-1}(z^{-1})+{}_nC_2z^{n-2}(z^{-1})^2+\cdots\cdots\\&\quad\cdots+{}_nC_lz^{n-l}(z^{-1})^l+\cdots+{}_nC_{n-1}z(z^{-1})^{n-1}+{}_nC_n(z^{-1})^n\\&=z^n+{}_nC_1z^{n-2}+\cdots+{}_nC_lz^{n-2l}+\cdots+z^{-n}\end{aligned}$$

여기서 각 항마다 ${}_nC_l=\dfrac{n!}{(n-l)!l!}={}_nC_{n-l}$임을 감안하면

$$\begin{aligned}2^n\cos^n\theta&=(z^n+z^{-n})+{}_nC_1(z^{n-2}+z^{-n+2})+{}_nC_2(z^{n-4}+z^{-n+4})+\cdots\\&=2\cos n\theta+{}_nC_12\cos(n-2)\theta+{}_nC_22\cos(n-4)\theta+\cdots\end{aligned}$$

로 쓸 수 있다. 특히 $n=5$에 대하여

$$\begin{aligned}2^5\cos^5\theta&=2\cos 5\theta+{}_5C_12\cos 3\theta+{}_5C_22\cos\theta\\&=2\cos 5\theta+10\cos 3\theta+20\cos\theta\end{aligned}$$

이므로 결과는

$$\cos^5\theta=\frac{1}{16}(\cos 5\theta+5\cos 3\theta+10\cos\theta)$$

10. $$\begin{aligned}\sum_{k=0}^{n}\cos k\theta+i\sum_{k=0}^{n}\sin k\theta&=\sum_{k=0}^{n}(\cos k\theta+i\sin k\theta)=\sum_{k=0}^{n}(\cos\theta+i\sin\theta)^k\\&=\frac{1-(\cos\theta+i\sin\theta)^{n+1}}{1-\cos\theta-i\sin\theta}\\&=\frac{[1-(\cos\theta+i\sin\theta)^{n+1}][1-\cos\theta+i\sin\theta]}{[1-\cos\theta-i\sin\theta][1-\cos\theta+i\sin\theta]}\end{aligned}$$

$$=\frac{1}{2}+\frac{\sin[(n+1)\theta]\cos\frac{\theta}{2}-\cos[(n+1)\theta]\sin\frac{\theta}{2}}{2\sin\frac{\theta}{2}}$$

$$+i\left[\frac{1}{2}\cot\frac{\theta}{2}-\frac{\sin[(n+1)\theta]\sin\frac{\theta}{2}+\cos[(n+1)\theta]\cos\frac{\theta}{2}}{2\sin\frac{\theta}{2}}\right]$$

여기서 실수부분과 허수부분을 비교하면 (1)과 (2)의 결과를 얻을 수 있다.

11. (1) $w=\cos\frac{2}{3}\pi+i\sin\frac{2}{3}\pi=\frac{-1+\sqrt{3}i}{2}$ 이고, $w^2=\frac{-1-\sqrt{3}i}{2}$ 이므로 $w^2+w=-1$

(2) $w^3=\cos 2\pi+i\sin 2\pi=1$ 이므로 $w^6=1$. 따라서 $w^6+w^3=2$

12. 주어진 급수를 구하기 위하여 먼저

$$C_n=x\cos\theta+x^2\cos 2\theta+\cdots+x^n\cos n\theta \qquad \cdots\cdots ①$$

$$S_n=x\sin\theta+x^2\sin 2\theta+\cdots+x^n\sin n\theta \qquad \cdots\cdots ②$$

일 때 C_n+iS_n을 만족하는 C_n, S_n을 구한다. 그러면

$$S=1+C_n$$

이다. ①, ②에서

$$\begin{aligned}C_n+iS_n&=x(\cos\theta+i\sin\theta)+x^2(\cos 2\theta+i\sin 2\theta)+\cdots+x^n(\cos n\theta+i\sin n\theta)\\&=x(\cos\theta+i\sin\theta)+[x(\cos\theta+i\sin\theta)]^2+\cdots+[x(\cos\theta+i\sin\theta)]^n\\&=z+z^2+\cdots+z^n \quad \text{단, } z=x(\cos\theta+i\sin\theta) \qquad \cdots\cdots ③\end{aligned}$$

그러므로 식 ③에서

$$C_n+iS_n=z+z^2+\cdots+z^n \qquad \cdots\cdots ④$$

이고, ④에서 양변 z를 곱하면

$$z(C_n+iS_n)=z^2+z^3+\cdots+z^{n+1} \qquad \cdots\cdots ⑤$$

이므로 $z\neq 1$일 때 식 ④에서 ⑤를 변변 빼고 정리하면

$$C_n+iS_n=\frac{z-z^{n+1}}{1-z}$$
$$=\frac{x(\cos\theta+i\sin\theta)-x^{n+1}[\cos(n+1)\theta+i\sin(n+1)\theta]}{1-x(\cos\theta+i\sin\theta)}$$

따라서 합은 $\alpha+i\beta$의 형태로 나타내어진다.

$$C_n+iS_n=\frac{[x\cos\theta+ix\sin\theta-x^{n+1}\cos(n+1)\theta-ix^{n+1}\sin(n+1)\theta][(1-x\cos\theta)+ix\sin\theta]}{[(1-x\cos\theta)+ix\sin\theta][(1-x\cos\theta)-ix\sin\theta]}$$

여기서 C_n을 구하면

$$C_n=\frac{x\cos\theta(1-x\cos\theta)-x^2\sin^2\theta-x^{n+1}\cos(n+1)\theta\cdot(1-x\cos\theta)+x^{n+2}\sin\theta\cdot\sin(n+1)\theta)}{(1-x\cos\theta)^2+x^2\sin^2\theta}$$

이므로 결국 구하는 합 $S=1+C_n$은

$$S=\frac{1-x\cos\theta-x^{n+1}\cos(n+1)\theta\cdot(1-x\cos\theta)+x^{n+2}\sin\theta\cdot\sin(n+1)\theta}{1-2x\cos\theta+x^2}\quad\cdots\cdots⑥$$

그런데

$$\cos\theta\cdot\cos(\theta+n\theta)+\sin\theta\cdot\sin(\theta+n\theta)=\cos n\theta$$

임을 감안하여 식 ⑥을 간단히 정리하면

$$S=\frac{1-x\cos\theta-x^{n+1}\cos(n+1)\theta+x^{n+2}\cos n\theta}{1-2x\cos\theta+x^2}$$

연습문제 2.7

1. 만약 $a=0$일 때 즉 $\lim_{n\to\infty}z_n=0$이라 하자. 그러면 임의의 $\varepsilon>0$에 대하여 $k>K_1$일 때 $|z_k|<\frac{\varepsilon}{2}$을 만족하는 자연수 K_1이 존재한다. 지금 $K_2>K_1$일 때

$$\frac{|\alpha_1z_1+\cdots+\alpha_{K_1}z_{K_1}|}{\alpha_1+\alpha_2+\cdots+\alpha_n}<\frac{\varepsilon}{2},\ n\geq K_2$$

를 만족하는 자연수 K_2가 존재한다. 따라서

$$\frac{|\alpha_1 z_1+\cdots+\alpha_n z_n|}{\alpha_1+\alpha_2+\cdots+\alpha_n} \le \frac{|\alpha_1 z_1+\cdots+\alpha_{K_1} z_{K_1}|}{\alpha_1+\alpha_2+\cdots+\alpha_n}$$

$$+\frac{|\alpha_{K_1+1} z_{K_1+1}+\cdots+\alpha_n z_n|}{\alpha_1+\alpha_2+\cdots+\alpha_n} < \frac{\varepsilon}{2}+\frac{\alpha_{K_1+1}|z_{K_1+1}|+\cdots+\alpha_n|z_n|}{\alpha_1+\alpha_2+\cdots+\alpha_n}$$

$$< \frac{\varepsilon}{2}+\frac{\alpha_{K_1+1}\frac{\varepsilon}{2}+\cdots+\alpha_n\frac{\varepsilon}{2}}{\alpha_1+\alpha_2+\cdots+\alpha_n} < \varepsilon \left(\because \frac{\alpha_{K_1+1}+\cdots+\alpha_n}{\alpha_1+\alpha_2+\cdots+\alpha_n}<1,\ \alpha_i>0\right)$$

따라서 $a=0$이면 성립한다. 만약 $\alpha_1=\alpha_2=\cdots\cdots=\alpha_n=1$로 놓으면 $a\neq 0$일 때

$$\lim_{n\to\infty}\frac{(z_1-a)+(z_2-a)+\cdots+(z_n-a)}{n} = \lim_{n\to\infty}\left(\frac{z_1+z_2+\cdots+z_n}{n}-a\right)=0$$

을 얻는다. 따라서 $\lim_{n\to\infty} z_n=a$이면 $\lim_{n\to\infty}\frac{z_1+z_2+\cdots+z_n}{n}=a$

2. $\lim_{n\to\infty} z_n=0$이면 임의의 $\varepsilon>0$에 대하여 $n>K_1$일 때 $|z_k|<\frac{\varepsilon b}{2}$를 만족하는 자연수 K_1이 존재한다. 지금 $n>K_2$일 때

$$\frac{|\beta_1 z_1+\cdots+\beta_{K_1} z_{K_1}|}{|\beta_1+\beta_2+\cdots+\beta_n|}<\frac{\varepsilon}{2},\ k_2>k_1 \qquad \cdots\cdots ①$$

을 만족하는 자연수 K_2를 택할 수 있다.

그런데 분수의 분자는 일정하고, $|\beta_1|+\cdots+|\beta_n| \to \infty\ (n\to\infty)$이므로

$$|\beta_1+\beta_2+\cdots+\beta_n| > b\,[|\beta_1|+\cdots+\beta_n|] \qquad \cdots\cdots ②$$

임의의 $n\ge K_2$(그리고 $n\ge K_1$)에 대하여

$$\left|\frac{\beta_1 z_1+\cdots+\beta_n z_n}{\beta_1+\cdots+\beta_n}\right| \le \frac{|\beta_1 z_1+\cdots+\beta_{K_1} z_{K_1}|}{|\beta_1+\cdots+\beta_n|}+\frac{|\beta_{K_1+1} z_{K_1+1}+\cdots+\beta_n z_n|}{|\beta_1+\cdots+\beta_n|} \qquad \cdots\cdots ③$$

부등식 ③의 우변에 첫째 항은 $\frac{\varepsilon}{2}$보다 작고, ①에 의하여

$$\frac{|\beta_1 z_1+\cdots+\beta_n z_n|}{|\beta_1+\cdots+\beta_n|} \le \frac{|\beta_{K_1+1} z_{K_1+1}|+\cdots+|\beta_n z_n|}{|\beta_1+\cdots+\beta_n|} < \frac{\varepsilon b}{2}\frac{|\beta_{K_1+1}|+\cdots+|\beta_n|}{|\beta_1+\cdots+\beta_n|}$$

식 ①에서

$$\frac{1}{b} > \frac{|\beta_1|+\cdots+|\beta_n|}{|\beta_1+\cdots+\beta_n|} \geq \frac{|\beta_{K_1+1}|+\cdots+|\beta_n|}{|\beta_1+\cdots+\beta_n|} \qquad \cdots\cdots ④$$

④, ③을 결합하여

$$\frac{|\beta_{K_1+1}z_{K_1+1}+\cdots+\beta_n z_n|}{|\beta_1+\cdots+\beta_n|} \leq \frac{\varepsilon b}{2}\cdot\frac{1}{b} = \frac{\varepsilon}{2} \qquad \cdots\cdots ⑤$$

따라서 $\lim\limits_{n\to\infty} z_n = 0$이면 $\dfrac{\beta_1 z_1+\cdots+\beta_n z_n}{\beta_1+\cdots+\beta_n} \to 0$ 단, $\{\beta_k\}$는 주어진 가정을 만족하는 수열이다. 만약 $\lim\limits_{n\to\infty} z_n = a$이면 $\{\beta_k\}$의 조건에 의하여

$$\frac{\beta_1 z_1+\beta_2 z_2+\cdots+\beta_n z_n}{\beta_1+\cdots+\beta_n} \to a$$

3. (1) 먼저 $\lim\limits_{n\to\infty} c\left(1+\dfrac{c}{n^2}\right)^n = c$ 또는 $\lim\limits_{n\to\infty}\left(1+\dfrac{c}{n^2}\right)^n = 1$임을 보인다.

그런데 지금

$$\left|\left(1+\frac{c}{n^2}\right)^n - 1\right| = \left|\sum_{k=0}^{n} {}_nC_k\left(\frac{c}{n^2}\right)^k - 1\right| = \left|\sum_{k=1}^{n} {}_nC_k\left(\frac{c}{n^2}\right)^k\right| \leq \sum_{k=1}^{n}\frac{n^k}{k!}\left(\frac{|c|}{n^2}\right)^k$$

$$\leq \sum_{k=1}^{n}\left(\frac{|c|}{n}\right)^k \quad \left(\because {}_nC_k \leq \frac{n^k}{k!}\text{이고, } \frac{n^k}{k!n^k}<1\right) \qquad \cdots\cdots ①$$

이다. 한편,

$$\sum_{k=1}^{n}\left(\frac{|c|}{n}\right)^k = \frac{\dfrac{|c|}{n}\left[1-\left(\dfrac{|c|}{n}\right)^{n-1}\right]}{1-\dfrac{|c|}{n}} < \frac{\dfrac{|c|}{n}}{1-\dfrac{|c|}{n}} \qquad \cdots\cdots ②$$

이고, 식 ②에서 모든 $n>|c|$인 자연수 n에 대하여 $1-\left(\dfrac{|c|}{n}\right)^n < 1$이므로 $n\to\infty$일 때

$$\left|\left(1+\frac{c}{n^2}\right)^n - 1\right| < \frac{\dfrac{|c|}{n}}{1-\dfrac{|c|}{n}} = \frac{|c|}{n-|c|} \to 0$$

이 된다. 따라서 $\lim_{n\to\infty} c\left(1+\frac{c}{n^2}\right)^n = c$가 성립한다.

(2) 먼저 $\lim_{n\to\infty}\frac{n^3+2n^2-1}{(n+1)(n^2-n+6)} = \lim_{n\to\infty}\frac{1+\frac{2}{n}-\frac{1}{n^3}}{\left(1+\frac{1}{n}\right)\left(1-\frac{1}{n}+\frac{6}{n^2}\right)}$

$$= \lim_{n\to\infty}\frac{1+0-0}{(1+0)(1-0+0)} = 1$$

이다. 따라서 (1)의 결과에 의하여

$$z = \lim_{n\to\infty} z_n = 1+ci \qquad \cdots\cdots ①$$

이고, 한편

$$w = \lim_{n\to\infty} w_n = \lim_{n\to\infty}\left(\frac{n+1}{n-1}+3i\right) = \lim_{n\to\infty}\left(\frac{1+\frac{1}{n}}{1-\frac{1}{n}}+3i\right) = 1+3i \qquad \cdots\cdots ②$$

이므로 식 ①, ②에 의하여

$$\lim_{n\to\infty} z_n w_n = zw = (1+ci)(1+3i) = (1-3c)+i(3+c)$$

4. 임의의 $\varepsilon>0$에 대하여 모든 $k>K$일 때 $|z_k|<\frac{\varepsilon}{2M}$을 만족하는 자연수 K가 존재한다. $n>K_1$에 대하여 식 ②에 의하여

$$\begin{aligned}|a_{n1}z_1+a_{n2}z_2+\cdots+a_{nn}z_n| &\le |a_{n1}||z_1|+|a_{n2}||z_2|+\cdots+|a_{nK}||z_K|+\cdots+|a_{nn}||z_n| \\ &\le (|a_{n1}||z_1|+|a_{n2}||z_2|+\cdots+|a_{nK}||z_K|) \\ &\qquad +|a_{n(K+1)}|\frac{\varepsilon}{2M}+\cdots+|a_{nn}|\frac{\varepsilon}{2M} \\ &\le (|a_{n1}||z_1|+|a_{n2}||z_2|+\cdots+|a_{nK}||z_K|)+\frac{\varepsilon}{2M}\cdot M\end{aligned}$$

따라서 $n>K_1$에 대하여

$$|a_{n1}z_1+a_{n2}z_2+\cdots+a_{nn}z^n| \le |a_{n1}||z_1|+|a_{n2}||z_2|+\cdots+|a_{nK}||z_K|+\frac{\varepsilon}{2} \qquad \cdots\cdots ③$$

한편 K를 고정하고 $n \to \infty$이면 $a_{n1} \to 0, \cdots\cdots, a_{nK} \to 0$이므로 $n > K_2$일 때

$$|a_{n1}||z_1| + \cdots + |a_{nK}||z_K| < \frac{\varepsilon}{2}$$

을 만족하는 자연수 K_2가 존재한다. 따라서 만약 $n > \max(K_1, K_2)$에 대하여 $|a_{n1}z_1 + \cdots + a_{nn}z_n| < \varepsilon$ 즉, $a_{n1}z_1 + \cdots + a_{nn}z_n \to 0$이다.

5. $w_n - A_n a = a_{n1}(z_1 - a) + a_{n2}(z_2 - a) + \cdots + a_{nn}(z_n - a)$ $\cdots\cdots$ ①

수열 $z_n - a$은 0으로 수렴하므로 수열 ①은 $w_n - A_n a \to 0$이 된다. 그런데 가정에서 $A_n a \to a$이므로 $w_n \to a$이다.

6. 문제 4의 결과에서 $a_{nk} = \frac{1}{2^n} {}_nC_k = \frac{1}{2^n} \frac{n!}{k!(n-k)!} \to 0 (n \to \infty)$을 만족함을 보여야 한다. 그런데 모든 n에 대하여 $k = 1$이라 하자. 그러면

$$a_{n1} + a_{n2} + \cdots + a_{nn} = \frac{1}{2^n} {}_nC_1 + \frac{1}{2^n} {}_nC_2 + \cdots + \frac{1}{2^n} {}_nC_n = \frac{1}{2^n}(2^n - 1) < 1$$

$$(\because {}_nC_0 + {}_nC_1 + {}_nC_2 + \cdots + {}_nC_n = 2^n)$$

이고, 더욱이 모든 n에 대하여

$$n \to \infty \text{일 때 } a_{n1} + a_{n2} + \cdots + a_{nn} = \frac{2^n - 1}{2^n} \to 1$$

따라서 만약 $z_n \to a$이면

$$\frac{1}{2^n} {}_nC_1 z_1 + \frac{1}{2^n} {}_nC_2 z_2 + \cdots + \frac{1}{2^n} {}_nC_n z_n \to a$$

제 3 장 해석함수

연습문제 3.4

1. $f(z)=u+iv$일 때 $u=\text{Re}\, f(z)=c$(상수)이면 $u_x=u_y=0$. Cauchy－Riemann의 방정식에 의하여 $v_x=v_y=0$이므로 u, v는 상수이다.

2. (1) 만약 $f(z)=u(x, y)+iv(x, y)$가 영역 D에서 해석적이고, $u(x, y)$가 상수라고 하자. 즉 $f(z)=a+iv(x, y)$(단, a는 상수)라고 하면

$$\frac{\partial u}{\partial x}=0=\frac{\partial v}{\partial y},\ \frac{\partial u}{\partial y}=0=-\frac{\partial v}{\partial x}$$

가 된다. 그런데 $\frac{\partial v}{\partial x}=\frac{\partial v}{\partial y}=0$이므로 $v(x, y)$는 상수함수이다. 한편, $v(x, y)$가 상수함수라고 하자. 즉 $f(z)=u(x, y)+ib$(단, b는 상수)라고 하자. 그러면

$$\frac{\partial u}{\partial x}=\frac{\partial v}{\partial y}=0,\ \frac{\partial u}{\partial y}=-\frac{\partial v}{\partial x}=0$$

이므로 $u(x, y)$는 상수함수이다. 따라서 $f(z)\equiv a+ib$(상수)이다.

(2) $f'(z)=u_x+iv_x$, $f'(z)=v_y-iu_y$이므로 가정에 의하여

$$u_x=u_y=0\text{이고, } v_x=v_y=0$$

이므로 영역 D의 모든 점에서 $u\equiv c_1$(상수), $v\equiv c_2$(상수)이다.
그런데 $f'(z)=0$이고 $f(1+i)=2$이므로 영역 D의 모든 z에 대하여 $f(z)=2$.

(3) 영역 D에서 $f(z)$와 $g(z)$가 해석적이고, $f'(z)=g'(z)$이므로

$$g(z)=f(z)+c \quad (c\text{는 상수})$$

이고, 또한 $f(z)=z^2+1$이므로 $g(z)=z^2+1+c$이다. 따라서

$$g(1+i)=(1+i)^2+1+c=5+2i \text{ 즉, } c=4\text{이므로}$$

구하는 함수는 $g(z)=z^2+5$.

3. $f(z)=u(x, y)+iv(x, y)$에서 $\text{Im}\, f(z)=2\,\text{Re}\, f(z)$이므로 $2u=v$가 성립한다. 여기서 양변에 x, y에 관하여 각각 편미분하면 각각

$$2u_x = v_x,\ 2u_y = v_y \qquad \cdots\cdots ②$$

가 된다. 그런데 $f : D \to C$가 해석적이므로 D 위에서 Cauchy－Riemann 방정식을 만족한다. 즉, $u_x = v_y,\ u_y = -v_x$가 성립하므로 식 ①, ②에서

$$2v_y = v_x,\ -2v_x = v_y \qquad \cdots\cdots ③$$

가 성립한다. 식 ③에서 $v_x = v_y = 0$이고, 또한 이를 통해 $u_x = u_y = 0$임을 알 수 있다. 그러므로 f는 상수함수이다.

4. $f(z) = u(x,\ y) + iv(x,\ y)$일 때 $|f(z)|^2 = u^2 + v^2$이다. 여기서 x에 관하여 편미분하면

$$\left(\frac{\partial^2}{\partial x^2} + \frac{\partial^2}{\partial y^2}\right)(u^2+v^2) = 2\left(\frac{\partial u}{\partial x}\right)^2 + 2\left(\frac{\partial u}{\partial y}\right)^2 + 2\left(\frac{\partial v}{\partial x}\right)^2 + 2\left(\frac{\partial v}{\partial y}\right)^2$$

$$+ 2u\frac{\partial^2 u}{\partial x^2} + 2u\frac{\partial^2 u}{\partial y^2} + 2v\frac{\partial^2 v}{\partial x^2} + 2v\frac{\partial^2 v}{\partial y^2} = \cdots \qquad \cdots\cdots ①$$

를 얻는다. $f(z)$는 해석적이므로 $\dfrac{\partial v}{\partial y}$ 대신에 $\dfrac{\partial u}{\partial x}$를, $\dfrac{\partial u}{\partial y}$ 대신에 $-\dfrac{\partial v}{\partial x}$를 식 ①에 대입하면

$$\cdots = 4\left(\frac{\partial u}{\partial x}\right)^2 + 4\left(\frac{\partial v}{\partial y}\right)^2 + 2u\left(\frac{\partial^2 u}{\partial x^2} + \frac{\partial^2 u}{\partial y^2}\right) + 2v\left(\frac{\partial^2 u}{\partial x^2} + \frac{\partial^2 u}{\partial y^2}\right)^2 = \cdots \qquad \cdots\cdots ②$$

Cauchy－Riemann의 방정식을 미분하면

$$\frac{\partial u}{\partial x} = \frac{\partial v}{\partial y} \to \frac{\partial^2 u}{\partial x^2} = \frac{\partial^2 v}{\partial x \partial y}$$

$$\frac{\partial u}{\partial y} = -\frac{\partial v}{\partial x} \to \frac{\partial^2 u}{\partial y^2} = -\frac{\partial^2 v}{\partial y \partial x} \qquad \cdots\cdots ③$$

을 얻는다. 그런데 $u,\ v$의 이계편미분이 존재하고 연속이므로

$$\frac{\partial^2 v}{\partial x \partial y} = \frac{\partial^2 v}{\partial y \partial x}\text{이고, } \frac{\partial^2 u}{\partial x^2} + \frac{\partial^2 u}{\partial y^2} = \frac{\partial^2 v}{\partial x \partial y} - \frac{\partial^2 v}{\partial y \partial x} = 0$$

이다. 같은 방법으로 $\dfrac{\partial^2 v}{\partial x^2} + \dfrac{\partial^2 v}{\partial y^2} = 0$이 된다. 따라서 식 ②의 좌변은

$$\cdots = 4\left(\frac{\partial u}{\partial x}\right)^2 + 4\left(\frac{\partial v}{\partial x}\right)^2 = \cdots \qquad \cdots\cdots ④$$

함수 $f(z)$는 D에서 해석적이고 $\dfrac{\partial f}{\partial z} = \dfrac{\partial u}{\partial x} + i\dfrac{\partial v}{\partial x}$ 이므로 ④에서

$$\cdots = 4\left(\frac{\partial u}{\partial x}\right)^2 + 4\left(\frac{\partial v}{\partial x}\right)^2 = 4\left|\frac{df}{dz}\right|^2$$

5. 식 ①에서 $p = \dfrac{\partial u}{\partial y} - \dfrac{\partial v}{\partial x}$, $q = \dfrac{\partial u}{\partial x} + \dfrac{\partial v}{\partial y}$로 놓으면

$$\frac{\partial p}{\partial x} = \frac{\partial^2 u}{\partial x \partial y} - \frac{\partial^2 v}{\partial x^2}, \quad \frac{\partial p}{\partial y} = \frac{\partial^2 u}{\partial y^2} - \frac{\partial^2 v}{\partial y \partial x} \qquad \cdots\cdots ②$$

$$\frac{\partial q}{\partial x} = \frac{\partial^2 u}{\partial x^2} + \frac{\partial^2 v}{\partial y \partial x}, \quad \frac{\partial q}{\partial y} = \frac{\partial^2 u}{\partial y \partial x} + \frac{\partial^2 v}{\partial y^2} \qquad \cdots\cdots ③$$

이다. 그런데 가정에서 u와 v는 조화적이므로

$$\frac{\partial^2 u}{\partial x^2} + \frac{\partial^2 u}{\partial y^2} = 0, \quad \frac{\partial^2 v}{\partial x^2} + \frac{\partial^2 v}{\partial y^2} = 0 \qquad \cdots\cdots ④$$

이고, 또한 u, v의 2계 편미분이 존재하고 연속이므로

$$\frac{\partial^2 u}{\partial y \partial x} = \frac{\partial^2 u}{\partial x \partial y} \text{ 이고, } \frac{\partial^2 v}{\partial y \partial x} = \frac{\partial^2 v}{\partial x \partial y} \qquad \cdots\cdots ⑤$$

가 성립한다. 따라서 식 ③, ④, ⑤에 의하여

$$\frac{\partial p}{\partial x} - \frac{\partial q}{\partial y} = \left(\frac{\partial^2 u}{\partial x \partial y} - \frac{\partial^2 v}{\partial x^2}\right) - \left(\frac{\partial^2 u}{\partial y \partial x} + \frac{\partial^2 v}{\partial y^2}\right)$$

$$= -\left(\frac{\partial^2 v}{\partial x^2} + \frac{\partial^2 v}{\partial y^2}\right) = 0 \text{ 즉, } \frac{\partial p}{\partial x} = \frac{\partial q}{\partial y} \qquad \cdots\cdots ⑥$$

이고, 또한

$$\frac{\partial p}{\partial y} + \frac{\partial q}{\partial x} = \left(\frac{\partial^2 u}{\partial y^2} - \frac{\partial^2 v}{\partial x \partial y}\right) + \left(\frac{\partial^2 u}{\partial x \partial y} + \frac{\partial^2 u}{\partial x^2}\right) = 0 \text{ 즉 } \frac{\partial q}{\partial y} = -\frac{\partial p}{\partial x} \qquad \cdots\cdots ⑦$$

따라서 식 ⑥, ⑦에 의하여 $g = p + iq$는 영역 D에서 해석적이다.

6. (1) $\dfrac{\partial u}{\partial x}=(e^{-x})(\sin y)+(-e^{-x})(x\sin y-y\cos y)$

$$=e^{-x}\sin y-xe^{-x}\sin y+ye^{-x}\cos y$$

$$\frac{\partial^2 u}{\partial x^2}=-2e^{-x}\sin y+xe^{-x}\sin y-ye^{-x}\cos y \qquad \cdots\cdots ①$$

$$\frac{\partial u}{\partial y}=e^{-x}(x\cos y+y\sin y-\cos y)=xe^{-x}\cos y+ye^{-x}\sin y-e^{-x}\cos y$$

$$\frac{\partial^2 u}{\partial y^2}=-xe^{-x}\sin y+2e^{-x}\sin y+ye^{-x}\cos y \qquad \cdots\cdots ②$$

따라서 식 ①과 ②를 변변 더하면 $\dfrac{\partial^2 u}{\partial x^2}+\dfrac{\partial^2 u}{\partial y^2}=0$ 즉 u 조화적이다.

(2) Cauchy-Riemann의 방정식에서

$$\frac{\partial v}{\partial y}=\frac{\partial u}{\partial x}=e^{-x}\sin y-xe^{-x}\sin y+ye^{-x}\cos y \qquad \cdots\cdots ③$$

$$\frac{\partial v}{\partial x}=-\frac{\partial u}{\partial y}=e^{-x}\cos y-xe^{-x}\cos y-ye^{-x}\sin y \qquad \cdots\cdots ④$$

식 ③에서 x를 상수로 보고, y에 대하여 적분하면

$$v=-e^{-x}\cos y+xe^{-x}\cos y+e^{-x}(y\sin y+\cos y)+F(x)$$

$$=ye^{-x}\sin y+xe^{-x}\cos y+F(x) \qquad \cdots\cdots ⑤$$

단, $F(x)$는 임의의 x에 관한 함수

한편 식 ⑤를 ④에 대입하면

$$-ye^{-x}\sin y-xe^{-x}\cos y+e^{-x}\cos y+F'(x)$$

$$=-ye^{-x}\sin y-xe^{-x}\cos y+e^{-x}\cos y$$

이므로 $F'(x)=0$ 또는 $F(x)=c$(상수). 따라서 식 ⑤에서

$$v=e^{-x}(y\sin y+x\cos y)+c.$$

7. (1) $f(z)$가 D에서 미분가능하고, $f'(z)=0$이면 $f(z)\equiv c$(상수)이다. 그런데 $f'(z)=u_x+iv_x$, $f'(x)=v_y-iu_y$이므로 $u_x=v_x=0$, $v_x=v_y=0$이다. 따라서 D의 모든 z에 대하여 $u=a_1$, $v=a_2$(상수) 즉 $f(z)=a_1+ia_2$(상수)

한편 $f'(z)=0$이고, $f(i+1)=2$이므로 $f(z)=2$.

(2) 가정에서 $f(z)$와 $g(z)$가 D에서 해석적이고, $f'(z)=g'(z)$이므로 $g(z)=f(z)+\alpha$ (α는 상수)이고, 또한 $f(z)=z^2+1$이므로 $g(z)=z^2+1+\alpha$이다. 그런데 $g(1+i)=(1+i)^2+1+\alpha=5+2i$이므로 $\alpha=4$. 따라서 $g(z)=(z^2+1)+4=z^2+5$.

8. 지금 $z_0\in\overline{D}$가 임의의 점이라 하고, $F'(z_0)$가 존재함을 보이면 된다. 만약 $\overline{z_0}=w_0$, $\overline{z}=w$라고 하자. 그러면

$$\begin{aligned}\frac{F(z)-F(z_0)}{z-z_0}&=\frac{\overline{f(\overline{z})-f(\overline{z_0})}}{z-z_0}\\&=\overline{\left(\frac{f(\overline{z})-f(\overline{z_0})}{\overline{z}-\overline{z_0}}\right)}=\overline{\left(\frac{f(w)-f(w_0)}{w-w_0}\right)}.\end{aligned}$$

만약, z, $z_0\in\overline{D}$이면 w, $w_0\in D$이고, $f(z)$는 D에서 해석적이므로

$$\begin{aligned}F'(z_0)&=\lim_{z\to z_0}\frac{F(z)-F(z_0)}{z-z_0}=\lim_{w\to w_0}\overline{\left(\frac{f(w)-f(w_0)}{w-w_0}\right)}\\&=\overline{f'(w_0)}=\overline{f'(\overline{z_0})}.\end{aligned}$$

9. 함수 $f(z)$가 $z=\infty$에서 해석적이고 $F(w)$는 $w=0$에서 해석적이므로 $w=0$에서 연속이다. 따라서

$$\lim_{z\to\infty}f(z)=\lim_{z\to\infty}F\left(\frac{1}{z}\right)=F(0)=f(\infty)$$

이다. 지금 함수 $f(z)=\dfrac{1}{z}+1$을 생각하자. 그러면 정의에 의하여

$$F(w)=w+1\ \left(\text{단, } w=\frac{1}{z}\right)$$

은 $w=0$에서 해석적이고, $f(z)=\dfrac{1}{z}+1$은 $z=\infty$에서 해석적이며, $f'(\infty)=F'(0)=1$이다. 한편,

$$f'(z)=-\frac{1}{z^2}\text{이고,}\quad \lim_{z\to\infty}f'(z)=\lim_{z\to\infty}\left(-\frac{1}{z^2}\right)=0$$

$$f'(\infty)=1 \neq \lim_{z\to\infty} f'(z)=0$$

제 4 장 초등함수

연습문제 4.4

1. (1) $2\sin\left(\frac{\pi}{2}+4i\right)=2\cos(4i)=e^{i4i}+e^{-i4i}=e^{-4}+e^{4}$

(2) $2i\cos\left(\frac{\pi}{2}-2i\right)=-2i\sin(-2i)=-(e^{i(-2i)}-e^{-i(-2i)})=-e^{2}+e^{-2}$

(3) $i\tan i=i\dfrac{\sin i}{\cos i}=\dfrac{e^{-1}-e}{e^{-1}+e}=\dfrac{1-e^2}{1+e^2}$

2. (1) $e^{\bar{z}}=e^{x-iy}=e^{x}\cdot e^{-iy}=-1-\sqrt{3}\,i=2e^{i\frac{4\pi}{3}}$ 이므로 $e^{x}=2$ 즉 $x=\log 2$, $y=-\frac{4}{3}\pi+2k\pi$ 이다. 따라서 구하는 것은

$$z=\log 2+\left(-\frac{4}{3}+2k\right)\pi i \ (k\text{는 정수})$$

(2) $\sin z=0$ 이면 $\dfrac{e^{iz}-e^{-iz}}{2i}=0$ 이므로 $e^{2iz}=1$ 이다. 따라서 $2iz=2k\pi i$ 즉, $z=k\pi$ (단, $k=0,\ \pm1,\ \pm2,\ \cdots$)이다.

마찬가지로 $\cos z=0$ 일 때 $e^{2iz}=-1$ 을 얻을 수 있으므로

$$z=\frac{\pi}{2}+k\pi \ (\text{단, } k=0,\ \pm1,\ \pm2,\ \cdots).$$

3. (1) $\dfrac{e^{ia}+e^{ib}}{e^{\frac{i(a+b)}{2}}}=e^{ia-\frac{i(a+b)}{2}}+e^{ib-\frac{i(a+b)}{2}}=e^{\frac{i(a-b)}{2}}+e^{\frac{i(b-a)}{2}}=2\cos\dfrac{a-b}{2}$

(2) $z=re^{i\theta}=r(\cos\theta+i\sin\theta)$ 이므로 $iz=ir\cos\theta-r\sin\theta$ 이다. 따라서

$$|e^{iz}|=|e^{ir\cos\theta}\cdot e^{-r\sin\theta}|=|e^{ir\cos\theta}|\cdot e^{-r\sin\theta}=e^{-i\sin\theta}$$

4. (1) $z^i = e^{i\log z} = e^{i\{\log r + i(\theta+2k\pi)\}}$

$$= e^{i\log r - (\theta+2k\pi)} = e^{-(\theta+2k\pi)}\{\cos(\log r) + i\sin(\log r)\} \quad (\text{정수}) \qquad (*)$$

다가함수 $f(z)=z^i$의 주분지는 $k=0$일 때 $e^{-\theta}\{\cos(\log r)+i\sin(\log r)\}$를 얻을 수 있다. 단, $0 \le \theta < 2\pi$.

(2) 주어진 단위원은 $r=|z|=1$이고, (1)의 (*)에서 $\log r=0$이므로 $z^i = e^{-(\theta+2k\pi)}$는 무수히 많은 실수를 나타낼 수 있다. 이 때 주값은 $e^{-\theta}$이다. 단, $0 \le \theta < 2\pi$.

(3) 정의에 의하여 $i = e^{i(\pi/2+2k\pi)}$, $\log i = i(\pi/2+2k\pi)$이므로

$$i^i = e^{i\log i} = e^{i\{i(\pi/2+2k\pi)\}} = e^{-(\pi/2+2k\pi)\}} \quad (k\text{는 정수})$$

가 된다. 따라서 주값은 $e^{-\frac{\pi}{2}}$이다.

5. (1) $w = u+iv$이라 하자. 그러면

$$z^w = e^{w\log z} = e^{(u+iv)(\log|z| + i\arg z)} = e^{u\log|z| - v\arg z}\, e^{i(v\log|z| + u\arg|z|)}$$

이다. 따라서 $|z^w| = e^{u\log|z| - v\arg z}$, $\arg z^w = v\log|z| + u\arg z + 2\pi k$이고, k는 $-\pi < v\log|z| + u\arg z + 2\pi k \le \pi$를 만족하는 정수이다. 이 때 k에 대하여 풀면

$$p < k \le p+1, \quad \text{단, } p = -\frac{1}{2} - \frac{v\log|z| + u\cdot\arg z}{2\pi}$$

이다. 그러므로

$$k = [p+1] = \left[\frac{1}{2} - \frac{v\log|z| + u\cdot\arg z}{2\pi}\right] = \left[\frac{1}{2} - \frac{\mathrm{Im}(w)\log|z| + \mathrm{Re}(w)\arg z}{2\pi}\right]$$

따라서

$$\begin{aligned}\log(z^w) &= \log|z^w| + i\arg z^w = u\log|z| - v\arg z + i(v\log|z| + u\arg z + 2\pi k)\\ &= (u+iv)(\log|z| + i\arg z) + 2\pi ik\\ &= w\log z + 2\pi ik\end{aligned}$$

(2) (1)과 같은 방법으로 증명할 수 있다.

6. $\sin z = \dfrac{e^{iz} - e^{-iz}}{2i}$를 삼각부등식을 이용하면

$$\frac{||e^{iz}|-|e^{-iz}||}{2} \le |\sin z| \le \frac{|e^{iz}|+|e^{-iz}|}{2}$$

이다. $z=x+iy$일 때 $iz=ix-y$이므로 $|e^{iz}|=e^{-y}$, $|e^{-iz}|=e^{y}$. 따라서

$$\frac{|e^{-y}-e^{y}|}{2} \le |\sin(x+iy)| \le \frac{e^{-y}+e^{y}}{2}.$$

(2) 삼각함수의 덧셈정리에서

$$\sin\left(\frac{\pi}{2}+ia\right)=\sin\frac{\pi}{2}\cos(ia)+\cos\frac{\pi}{2}\sin(ia)=\cos(ia)=\frac{e^{-a}+e^{a}}{2}.$$

조건에서 $|\sin z|\le 1$이므로 $\dfrac{e^{-a}+e^{a}}{2}\le 1$이고, 한편 $\dfrac{e^{-a}+e^{a}}{2}\ge\sqrt{e^{-a}\cdot e^{a}}=1$이므로 $\dfrac{e^{-a}+e^{a}}{2}=1$. 따라서 $e^{a}=1$ 즉 $a=0$.

7. (1) $\tan z=\dfrac{\sin z}{\cos z}=\dfrac{e^{iz}-e^{-iz}}{i(e^{-iz}+e^{-iz})}$이므로 삼각부등식에서

$$|\tan z|\le\frac{|e^{iz}|+|e^{-iz}|}{||e^{iz}|-|e^{-iz}||},\quad |\tan z|\ge\frac{|e^{iz}|-|e^{-iz}|}{|e^{iz}|+|e^{-iz}|}$$

$iz=ix-y$이므로 $|e^{iz}|=e^{-y}$, $|e^{-iz}|=e^{y}$를 위의 식에 대입하면 구하는 부등식을 얻는다.

(2) (1)에서 $y\to\infty$일 때

$$\frac{|e^{-y}-e^{y}|}{e^{-y}+e^{y}}\to 1,\quad \frac{e^{-y}+e^{y}}{|e^{-y}-e^{y}|}\to 1$$

이므로 $|\tan(a+iy)|\to 1$이다.

제 5 장 복소적분과 Cauchy의 정리

연습문제 5.6

1. 주어진 적분은 $(0,0)$과 $(1,1)$을 연결하는 곡선과 무관하므로

$$\int_C (4z^2-2iz)dz = \int_{(0,0)}^{(1,0)} (4z^2-2iz)dz + \int_{(1,0)}^{(1,1)} (4z^2-2iz)dz$$

그런데 $(0,0)$에서 $(1,0)$까지 경로에서 $y=0,\ dy=0,\ z=x,\ dz=dx$이므로

$$\int_0^1 (4x^2-2ix)dx = \left[\frac{4}{3}x^3-ix^2\right]_0^1 = \frac{4}{3}-i.$$

다음에 $(1,0)$에서 $(1,1)$까지 경로에서 $x=1,\ dx=0,\ z=1+iy,\ dz=idy$이므로

$$\int_0^1 [4(1+iy)^2-2i(1+iy)]idy = \left[4iy-4y^2-\frac{4}{3}y^3i+2y+y^2i\right]_0^1$$
$$=5i-\frac{4}{3}i-2$$

따라서

$$\int_C (4z^2-2iz)dz = \frac{4}{3}-i+5i-\frac{4}{3}i-2 = -\frac{2}{3}+\frac{8}{3}i.$$

2. 먼저 선분 $\overline{KM}$의 방정식 : $z=a+it(0\le t\le b),\ dz=idt$이고,
다음에 선분 $\overline{MN}$의 방정식 : $z=t+ib(0\le t\le a),\ dz=dt$이므로

$$\left|\int_C \frac{e^{iz}}{z}dz\right| = \left|\int_0^b \frac{e^{i(a+)}}{a+}idt+\int_a^0 \frac{e^{i(t+ib)}}{t+ib}dt\right| \le \int_0^b \left|\frac{e^{i(a+it)}}{a+it}\right|dt+\int_0^a \left|\frac{e^{i(t+ib)}}{t+ib}\right|dt$$
$$\le \int_0^b \frac{e^{-t}}{a}dt+\int_0^a \frac{e^{-b}}{b}dt \le \frac{1}{a}(1-e^{-b})+e^{-b}\frac{a}{b} < \frac{1}{a}+\frac{a}{b}.$$

3. (1) 곡선 C_1의 방정식은

$$z=z(t)=t^2+it,\ (0\le t\le 1),\ dz=(2t+i)dt$$

$t=0$일 때 $z=0$(C_1의 시점), $t=1$일 때 $z=1+i$(C_1의 종점)이다.
따라서

$$\int_{C_1} \bar{z}\,dt = \int_0^1 (t^2 - it)(2t + i)\,dt = \int_0^1 (2t^3 + t)\,dt - i\int_0^1 t^2\,dt = 1 - \frac{i}{3}.$$

곡선 C_2의 방정식은

$\overline{OA}$의 부분은 $z = t\ (0 \le t \le 1),\ dz = dt,$

$\overline{AB}$의 부분은 $z = 1 + it\ (0 \le t \le 1),\ dz = idt$

따라서

$$\int_{C_2} \bar{z}\,dz = \int_0^1 t\,dt + \int_0^1 (1 - it)i\,dt = \frac{1}{2} + i\left(1 - \frac{i}{2}\right) = 1 + i$$

(2) (i) $\displaystyle\int_{C_3} (z + i\bar{z})\,dz = \int_{C_3} z\,dz + i\int_{C_3} \bar{z}\,dz$

$$= \left[\frac{1}{2}z^2\right]_0^i + i\left\{\int_0^1 (t - it)(1 + i)\,dt + \int_0^1 (1 - t - i)(-dt)\right\}$$

$$= -\frac{1}{2} + i\left\{1 - \left(\frac{1}{2} - i\right)\right\} = \frac{-3 + i}{2}$$

(ii) C_4의 방정식은 $z = e^{i\theta},\ \dfrac{3\pi}{4} \le \theta \le \dfrac{5\pi}{4},\ dz = ie^{i\theta}d\theta$이다. 따라서

$$\int_{C_4} \frac{z + 1}{z}\,dz = \int_{3\pi/4}^{5\pi/4} \left(1 + \frac{1}{e^{i\theta}}\right) ie^{i\theta}\,d\theta = \int_{3\pi/4}^{5\pi/4} (ie^{i\theta} + i)\,d\theta$$

$$= \left[e^{i\theta} + i\theta\right]_{3\pi/4}^{5\pi/4} = \left(-\sqrt{2} + \frac{\pi}{2}\right)i$$

(3) C_5 : $z = e^{i\theta},\ -\dfrac{\pi}{2} \le \theta \le 0,\ dz = ie^{i\theta}d\theta,\ \sqrt{z} = e^{\frac{i\theta}{2}}$ (주값)이므로

$$\int_{C_5} \sqrt{z}\,dz = \int_{-\frac{\pi}{2}}^{0} e^{\frac{i\theta}{2}} ie^{i\theta}\,d\theta = \frac{2}{3}e^{i\frac{3}{2}\theta}\Big]_{-\frac{\pi}{2}}^{0}$$

$$= \frac{2}{3}\left(1 - e^{-i\frac{3}{4}\pi}\right) = \frac{2(\sqrt{2} + 1 + i)}{3\sqrt{2}}$$

4. (1) Cauchy의 정리에 의하여 점 $(1, 1)$과 $(2, 3)$을 연결하는 적분경로와 무관하므로 임의의 경로를 택할 수 있다. 여기서는 $(1, 1)$에서 $(2, 1)$에 이르는 직선 경로와 $(2, 1)$에서 $(2, 3)$에 이르는 직선의 경로를 생각한다.

먼저 $(1,1)$에서 $(2,1)$에 이르는 직선 경로에서는 $y=1$, $dy=0$이므로 $z=x+iy=x+i$, $dz=dx$이다. 따라서

$$I_1=\int_{x=1}^{2}\{12(x+i)^2-4i(x+i)\}dx=\{4(x+i)^3-2i(x+i)^2\}\Big|_1^2=20+30i$$

다음에 $(2,1)$에서 $(2,3)$에 이르는 직선 경로에서는 $x=2$, $dx=0$이므로 $z=x+iy=2+iy$, $dz=idy$이다. 그러면

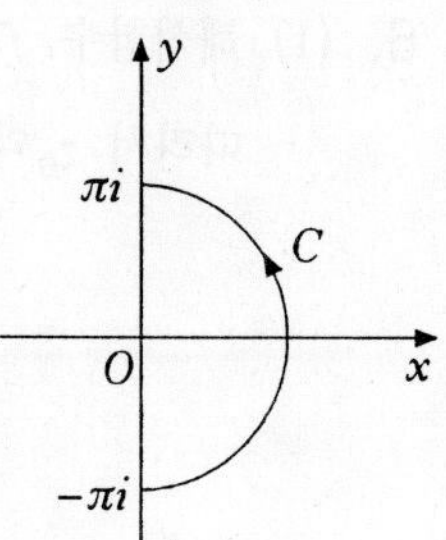

$$\begin{aligned}I_2&=\int_{y=1}^{3}\{12(2+iy)^2-4i(2+iy)\}idy\\&=\{4(2+iy)^3-2i(2+iy)^2\}\Big|_1^3=-176+8i\end{aligned}$$

따라서 구하는 적분은 $I=I_1+I_2=-156+38i$.

(2) 함수 e^z는 해석함수이므로 (1)과 마찬가지로 구하는 적분은 시점 $-\pi i$와 종점 πi에 따라 결정된다. 즉 곡선 $C: z(t)=e^{it}(-\pi\le t\le\pi)$에 대하여

$$\int_C e^z dz=\int_{-\pi i}^{\pi i}e^z dz=\int_{-\pi}^{\pi}e^{it}ie^{it}dt=\frac{1}{2}e^{2it}\Big|_{-\pi}^{\pi}=\frac{1}{2}(1-1)=0$$

5. $C_1: z(t)=\frac{\pi}{2}+it\,(0\le t\le 1)$,

$C_2: z(t)=-t+i\left(-\frac{\pi}{2}\le t\le\frac{\pi}{2}\right)$,

$C_3: z(t)=-\frac{\pi}{2}-it\,(-1\le t\le 0)$이면

$C=C_1+C_2+C_3$이다. 따라서

$$\begin{aligned}\int_C\sin z dz&=\int_{C_1}\sin z dz+\int_{C_2}\sin z dz+\int_{C_3}\sin z dz\\&=\int_0^1\sin\left(\frac{\pi}{2}+it\right)idt+\int_{-\frac{\pi}{2}}^{\frac{\pi}{2}}\sin(-t+i)(-1)dt\\&\quad+\int_{-1}^{0}\sin\left(-\frac{\pi}{2}-it\right)(-i)dt\\&=-\cos\left(\frac{\pi}{2}+it\right)\Big|_0^1-\cos(-t+i)\Big|_{-\frac{\pi}{2}}^{\frac{\pi}{2}}\;-\cos\left(-\frac{\pi}{2}-it\right)\Big|_{-1}^{0}\end{aligned}$$

$$= -\cos\left(\frac{\pi}{2}+i\right)+\cos\left(\frac{\pi}{2}\right)-\cos\left(-\frac{\pi}{2}+i\right)+\cos\left(\frac{\pi}{2}+i\right)$$

$$-\cos\left(-\frac{\pi}{2}\right)+\cos\left(-\frac{\pi}{2}+i\right)=0$$

6. (1) 해석함수 $f(z)=a^z$의 부정적분은 해석함수 $F(z)=\dfrac{a^z}{\log a}$에 의하여 주어진다. 따라서 z_0와 z_1을 연결하는 경로에 대하여

$$\int_{z_0}^{z_1} a^z dz = \left.\frac{a^z}{\log a}\right|_{z=z_0}^{z_1} = \frac{a^{z_1}-a^{z_0}}{\log a}$$

(2) $\displaystyle\int_{-Ki}^{Ki}\frac{dz}{z}=\log Ki-\log(-Ki)=\left(\log K+\frac{\pi}{2}i\right)-\left(\log K-\frac{\pi}{2}i\right)=\pi i$

(3) $\displaystyle\int\frac{dz}{z\sqrt{a^2\pm z^2}}=\frac{1}{a}\log\left(\frac{z}{a+\sqrt{a^2\pm z^2}}\right)$이므로

$$\int_{z_0}^{z_1}\frac{dz}{z\sqrt{a^2\pm z^2}}=\frac{1}{a}\log\left(\frac{z_1}{a+\sqrt{a^2\pm z_1^2}}\right)-\frac{1}{a}\log\left(\frac{z_0}{a+\sqrt{a^2\pm z_0^2}}\right)$$

7. 가정에서 임의의 $\varepsilon>0$에 대하여 적당한 $\delta>0$가 존재하여

$$|z-a|<\delta \text{일 때 } |f(z)-c|<\frac{\varepsilon}{\pi}$$

을 만족한다. 위에서 $0<r<\delta$이면 $|z-a|=r$일 때

$$\left|\frac{f(z)-c}{z-a}\right|=\frac{|f(z)-c|}{r}<\frac{\varepsilon}{\pi r}.$$

그런데 C_r의 길이는 πr이므로

$$\left|\int_{C_r}\left(\frac{f(z)-c}{z-a}\right)dz\right|<\frac{\varepsilon}{\pi r}\cdot\pi r=\varepsilon \qquad \cdots\cdots ①$$

이다. 한편 가정에서 $z-a=re^{i\theta}$일 때 $dz=ire^{i\theta}d\theta$이고,

$$\int_{C_r}\frac{dz}{z-a}dz=\int_0^{\pi}\frac{ire^{i\theta}}{re^{i\theta}}d\theta=\pi i \qquad \cdots\cdots ②$$

적분 ②를 ①에 대입하면

$$\left|\int_{C_r}\frac{f(z)}{z-a}dz-c\pi i\right|<\varepsilon$$

이다. 따라서

$$\lim_{r\to 0}\int_{C_r}\frac{f(z)}{z-a}dz=c\pi i.$$

제 6 장 Cauchy의 적분공식과 응용

연습문제 6.6

1. $C=\{z:|z|=r,\ r\neq 1,2\}$ 라 하자.

(i) $0<r<1$ 일 때 그림에서 $g(z)=\dfrac{1}{(z-1)(z+2)}$ 는 C의 내부와 위에서 해석적이다. 따라서

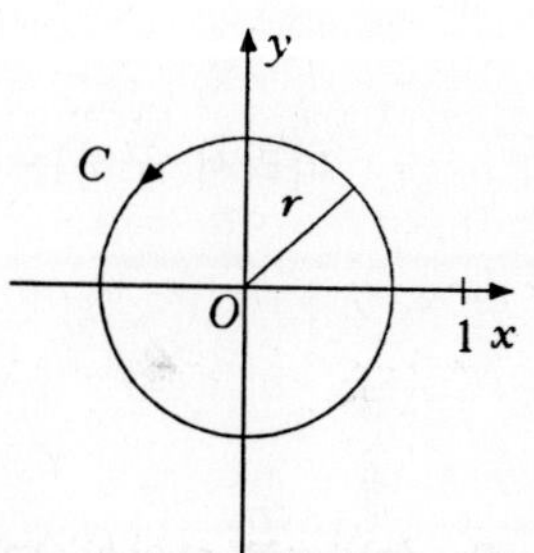

$$\int_C\frac{1}{z^2(z-1)(z+2)}dz=\int_C\frac{g(z)}{z^2}dz=2\pi i g'(0)$$
$$=2\pi i\left(-\frac{1}{4}\right)=-\frac{1}{2}\pi i$$

(ii) $1<r<2$ 일 때 그림에서 C_1, C_2를 생각하자.

$$\int_C\frac{dz}{z^2(z-1)(z+2)}dz=\int_{C_1}\frac{dz}{z^2(z-1)(z+2)}dz+\int_{C_2}\frac{dz}{z^2(z-1)(z+2)}$$

이므로 (i)에서

$$\int_{C_1}\frac{1}{z^2(z-1)(z+2)}dz=-\frac{1}{2}\pi i$$

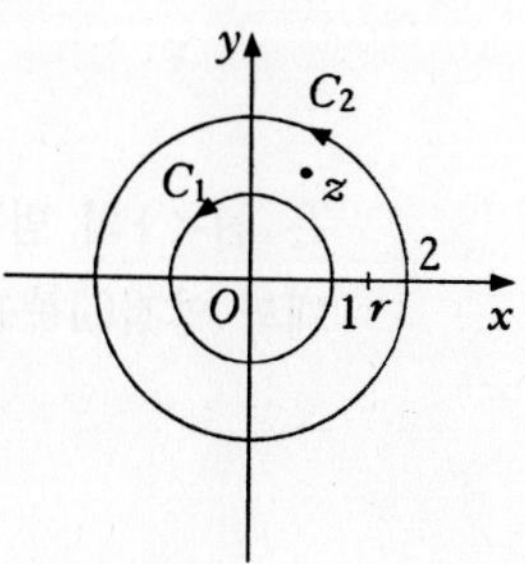

또한 $g(z)=\dfrac{1}{z^2(z+2)}$ 이면 g는 C_2의 내부와 위에 해석적이므로

$$\int_{C_2} \frac{1}{z^2(z-1)(z+2)} dz = \int_{C_2} \frac{g(z)}{z-1} dz$$

$$= 2\pi i g(1) = \frac{2}{3}\pi i$$

따라서 $\displaystyle\int_C \frac{1}{z^2(z-1)(z+2)} dz = -\frac{1}{2}\pi i + \frac{2}{3}\pi i = \frac{1}{6}\pi i.$

(iii) $r>2$일 때 그림에서 C_1, C_2, C_3를 생각하자. 이 때는 $\displaystyle\int_C = \int_{C_1} + \int_{C_2} + \int_{C_3}$가 된다. (ii)에서 $\displaystyle\int_{C_1} + \int_{C_2} = -\frac{1}{6}\pi i$이고, 지금 $h(z) = \dfrac{1}{z^2(z-1)}$이면 h는 C_3의 내부와 위에서 해석적이므로

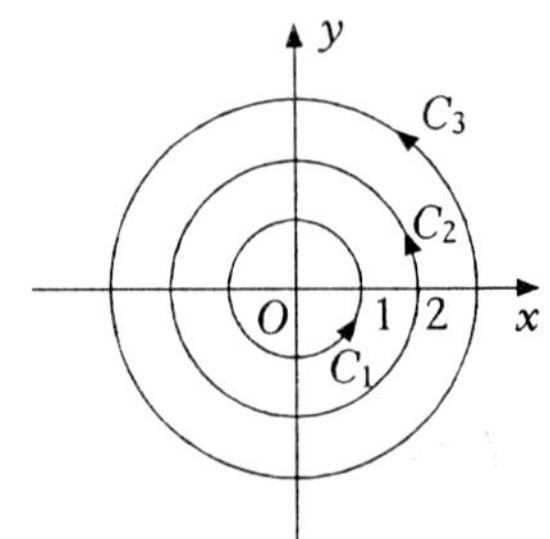

$$\int_{C_3} \frac{1}{z^2(z-1)(z+2)} dz = \int_{C_3} \frac{h(z)}{z+2} dz$$

$$= 2\pi i h(-2) = \frac{1}{6}\pi i.$$

따라서 구하는 것은

$$\int_C \frac{1}{z^2(z-1)(z+2)} dz = \frac{1}{6}\pi i - \frac{1}{6}\pi i = 0.$$

2. (1) C를 단위원이라 하고, $F(z) = z^n$, $G(z) = z^n - f(z)$라고 하자. 가정에서 C 위의 점 z에 대하여 $f(z) < 1$이므로

$$|F(z) - G(z)| = f(z) < 1 = |z|^n = |F(z)|.$$

따라서 Rouche의 정리에 의하여 두 방정식

$$F(z) = z^n = 0,\ G(z) = z^n - f(z) = 0$$

은 $|z| < 1$의 범위에서 같은 수의 영점을 갖는다. $F(z) = z^n = 0$의 영점 $z = 0$은 n개의 영점(n중근)이므로

$$G(z) = z^n - f(z) = 0$$

은 $|z| < 1$의 범위에서 n개의 영점을 갖는다.

(2) $f(z)=\dfrac{e^z}{a}$ 이면 $|a|>e$ 이고, $z=1$ 일 때

$$|f(z)|=\frac{|e^z|}{|a|}\le\frac{e^{|z|}}{|a|}<\frac{e}{e}=1.$$

따라서 (1)에서 방정식

$$f(z)-z^n=\frac{e^z}{a}-z^n=0$$

은 $|z|<1$ 의 범위에서 n개의 근을 갖는다.

3. (1) $z=e^{i\theta},\ 0\le\theta\le 2\pi$ 이면

$$\cos^2\frac{\theta}{2}=\frac{1+\cos\theta}{2}=\frac{1}{2}+\frac{1}{4}\left(z+\frac{1}{z}\right),\ d\theta=\frac{dz}{iz}$$

이므로 구하는 적분은

$$\int_0^{2\pi}f(e^{i\theta})\cos^2\frac{\theta}{2}d\theta=\int_C f(z)\left(\frac{1}{2}+\frac{z}{4}+\frac{1}{4z}\right)\frac{dz}{iz}$$

$$=\frac{1}{2i}\int_C\frac{f(z)}{z}dz+\frac{1}{4i}\int_C f(z)dz+\frac{1}{4i}\int_C\frac{f(z)}{z^2}dz$$

이다. 그런데 Cauchy의 적분공식에 의하여

$$\int_C\frac{f(z)}{z}dz=2\pi i f(0),\ \int_C\frac{f(z)}{z^2}dz=2\pi i f'(0)$$

이고, Cauchy의 정리에 의하여 $\int_C f(z)dz=0$ 이므로

$$\int_0^{2\pi}f(e^{i\theta})\cos^2\frac{\theta}{2}d\theta=\pi f(0)+\frac{\pi}{2}f'(0)$$

(2) 단위원을 C라 하면 $|z|<1$ 일 때 Cauchy의 적분공식에 의하여

$$f(z)=\frac{1}{2\pi i}\int_C\frac{f(w)}{w-z}dw \quad\cdots\cdots ①$$

①에서 $z=0$ 일 때

$$f(0)=\frac{1}{2\pi i}\int_C \frac{f(w)}{w}dw \qquad \cdots\cdots ②$$

①과 ②에서

$$f(z)-\frac{1}{2}f(0)=\frac{1}{2\pi i}\int_C f(w)\left(\frac{1}{w-z}-\frac{1}{2w}\right)dw$$
$$=\frac{1}{4\pi i}\int_C f(w)\frac{w+z}{(w-z)w}dw. \qquad \cdots\cdots ③$$

그런데 ③에서 만약 $w=e^{i\theta}$이면 $dw=ie^{i\theta}d\theta$이므로 ③의 우변은 다음과 같다.

$$\frac{1}{4\pi}\int_0^{2\pi} f(e^{i\theta})\frac{e^{i\theta}+z}{e^{i\theta}-z}d\theta.$$

4. 먼저 $z=e^{i\theta}$, $0\le\theta\le 2\pi$이면 $dz=ie^{i\theta}d\theta=iz\,d\theta$, $\cos\theta=(e^{i\theta}+e^{-i\theta})=\frac{1}{2}(z+z^{-1})$. 곡선 $C:|z|=1$에 따른 적분은

$$I=\int_C\left(\frac{1}{2}\left(z+\frac{1}{z}\right)\right)^{2n}\frac{dz}{iz}$$
$$=\frac{1}{2^{2n}i}\int_C\frac{1}{z}\left\{z^{2n}+{}_{2n}C_1(z^{2n-1})\left(\frac{1}{z}\right)+\cdots+{}_{2n}C_k(z^{2n-k})\left(\frac{1}{z}\right)^k+\cdots+\left(\frac{1}{z}\right)^{2n}\right\}dz$$
$$=\frac{1}{2^{2n}i}\int_C\left\{z^{2n-1}+{}_{2n}C_1z^{2n-3}+\cdots+{}_{2n}C_kz^{2n-2k-1}+\cdots+z^{-2n}\right\}dz$$
$$=\frac{1}{2^{2n}i}\cdot 2\pi i\,{}_{2n}C_n=\frac{1}{2^{2n}}\,{}_{2n}C_n 2\pi$$
$$=\frac{1}{2^{2n}i}\cdot\frac{(2n)!}{n!\,n!}2\pi=\frac{(2n)(2n-1)(2n-2)\cdots(n)(n-1)\cdots 1}{2^{2n}n!\,n!}2\pi$$
$$=\frac{1\cdot3\cdot5\cdot\cdots\cdot(2n-1)}{2\cdot4\cdot6\cdot\cdots\cdot2n}2\pi$$

5. (1) $g(z)=-z$이면 가정에서 원 $|z|=1$ 위에서

$$|f(z)|<1=|z|=|-z|=|g(z)|$$

이다. 따라서 Rouche의 정리에 의하여 $f(z)=0$과 $g(z)+f(z)=0$은 $|z|<1$의 내부에서 같은 수의 영점을 갖는다. 그런데 $g(z)=-z=0$은 $|z|<1$의 내부에 $z=0$인

영점을 가지므로 $g(z)+f(z)=f(z)-z=0$은 역시 $|z|<1$ 내부에 하나의 영점을 가진다.

(2) 실제로 원 $|z|=1$위에서 $z=e^{i\theta}$, $0\leq\theta\leq 2\pi$이면

$$|e^{z\pm iz-2}|=|e^{\cos\theta\mp i\sin\theta-2}|=e^{\sqrt{2}\cos(\theta\pm\frac{\pi}{4})-2}\leq e^{\sqrt{2}-2}<1$$

이다. 문제 (1)에 의하여 $\cos z-ze^{2-z}=0$ 즉, $e^{z-2}\cos z-z=0$은 $|z|<1$의 내부에 하나의 영점을 갖는다.

한편 $g(x)=\cos x-xe^{2-x}$일 때 $g(0)=1$, $g(1)=\cos 1-e$이므로 $g(0)>0$, $g(1)<1$이다. 따라서 중간값 정리에 의하여 $g(x)$는 $(0,1)$에서 하나의 영점을 가지므로 $\cos z-ze^{2-z}=0$은 하나의 양의 실수를 갖는다.

6. (1) $z=re^{i\theta}$가 C의 내부에 있으므로 Cauchy 적분공식에 의하여

$$f(z)=f(re^{i\theta})=\frac{1}{2\pi i}\int_C\frac{f(w)}{w-z}dw \qquad \cdots\cdots ①$$

이다. 만약 $z=0$이면 ①은 Gauss 평균값 정리로부터 유도된다.

따라서 $z=re^{i\theta}\neq 0$이라 가정하고, C에 대한 z의 역원은 C의 외부에 있게 되고 $\frac{R^2}{\bar{z}}$에 의하여 주어진다. 따라서 Cauchy의 정리에 의하여

$$0=\frac{1}{2\pi i}\int_C\frac{f(w)}{w-\frac{R^2}{\bar{z}}}dw \qquad \cdots\cdots ②$$

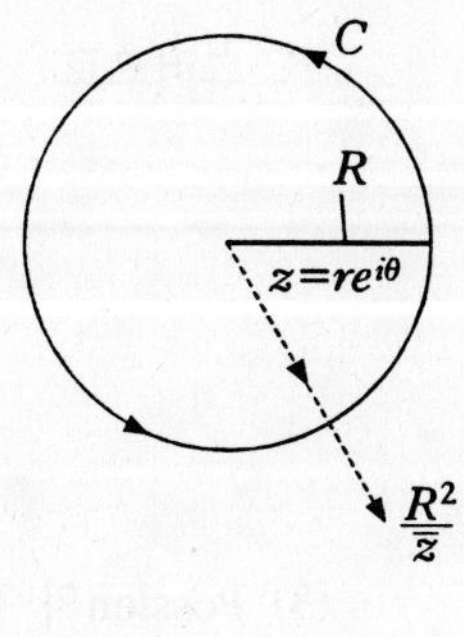

이다. 만약 ①에서 ②를 빼어주면

$$f(z)=\frac{1}{2\pi i}\int_C\left\{\frac{1}{w-z}-\frac{1}{w-\frac{R^2}{\bar{z}}}\right\}f(w)dw$$

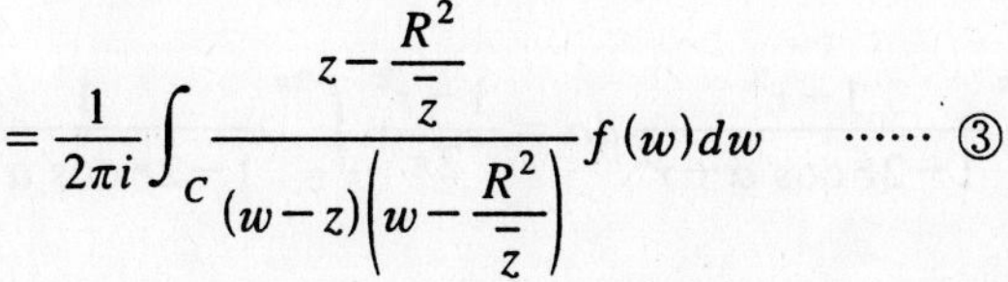

$$=\frac{1}{2\pi i}\int_C\frac{z-\frac{R^2}{\bar{z}}}{(w-z)\left(w-\frac{R^2}{\bar{z}}\right)}f(w)dw \qquad \cdots\cdots ③$$

지금 $z=re^{i\theta}$, $w=Re^{i\alpha}$라고 하자. 그러면 $\bar{z}=re^{-i\theta}$이므로 식 ③은

$$f(re^{i\theta})=\frac{1}{2\pi i}\int_0^{2\pi}\frac{\left\{re^{i\theta}-\left(\frac{R^2}{r}\right)e^{i\theta}\right\}f(Re^{i\alpha})iRe^{i\alpha}}{\{Re^{i\alpha}-re^{i\theta}\}\left\{Re^{i\alpha}-\left(\frac{R^2}{r}\right)e^{i\theta}\right\}}d\alpha$$

$$=\frac{1}{2\pi}\int_0^{2\pi}\frac{(r^2-R^2)e^{i(\theta+\alpha)}f(Re^{i\alpha})}{(Re^{i\alpha}-re^{i\theta})(re^{i\alpha}-Re^{i\theta})}d\alpha$$

$$=\frac{1}{2\pi}\int_0^{2\pi}\frac{(R^2-r^2)f(Re^{i\alpha})}{(Re^{i\alpha}-re^{i\theta})(re^{-i\alpha}-Re^{-i\theta})}d\alpha$$

$$=\frac{1}{2\pi}\int_0^{2\pi}\frac{(R^2-r^2)f(Re^{i\alpha})}{R^2-2Rr\cos(\theta-\alpha)+r^2}d\alpha \qquad \cdots\cdots ④$$

(2) $f(re^{i\theta})=u(r,\ \theta)+iv(r,\ \theta)$이므로 $r=R$이면

$$f(Re^{i\alpha})=u(R,\ \alpha)+iv(R,\ \alpha) \qquad \cdots\cdots ⑤$$

이다. 지금 식 ⑤를 식 ④에 대입하면

$$u(r,\ \theta)+iv(r,\ \theta)=\frac{1}{2\pi}\int_0^{2\pi}\frac{(R^2-r^2)\{u(R,\ \alpha)+iv(R,\ \alpha)\}}{R^2-2Rr\cos(\theta-\alpha)+r^2}d\alpha$$

$$=\frac{1}{2\pi}\int_0^{2\pi}\frac{(R^2-r^2)u(R,\ \alpha)}{R^2-2Rr\cos(\theta-\alpha)+r^2}d\alpha$$

$$+\frac{i}{2\pi}\int_0^{2\pi}\frac{(R^2-r^2)v(R,\ \alpha)}{R^2-2Rr\cos(\theta-\alpha)+r^2}d\alpha.$$

그러므로

$$u(r,\ \theta)=\frac{1}{2\pi}\int_0^{2\pi}\frac{(R^2-r^2)u(R,\ \alpha)}{R^2-2Rr\cos(\theta-\alpha)+r^2}d\alpha,$$

$$v(r,\ \theta)=\frac{1}{2\pi}\int_0^{2\pi}\frac{(R^2-r^2)v(R,\ \alpha)}{R^2-2Rr\cos(\theta-\alpha)+r^2}d\alpha$$

(3) Possion의 적분공식에서 $f(z)=1$, $R=1$, $\theta=0$이면

$$1=\frac{1}{2\pi}\int_0^{2\pi}\frac{1-r^2}{1-2r\cos\alpha+r^2}d\alpha=\frac{1-r^2}{2\pi}\int_0^{2\pi}\frac{1}{1-2r\cos\alpha+r^2}d\alpha.$$

따라서 $\frac{1}{2\pi}\int_0^{2\pi}\frac{1}{1-2r\cos\alpha+r^2}d\alpha=\frac{1}{1-r^2}\ (0\le r<1)$

7. $g(z)=e^{f(z)}$라고 하자. 즉, $g(z)=e^{f(z)}=e^{u+iv}=e^u\cdot\cos v+ie^u\cdot\sin v$.이다. 그런데 f는 전해석함수이므로 g도 전해석함수이고, $|g(z)|=|e^{f(z)}|=e^{\mathrm{Re}\,f(z)}=e^u\le e^{u_0}$.

따라서 $g(z)$는 모든 z에 대하여 유계하므로 Liouville 정리에 의하여 상수이다. 그러므로 $g'(z)=e^{f(z)}\cdot f'(z)=0$이다. 그런데 $e^{f(z)}\ne 0$이므로 $f'(z)=0$. 즉 $f(z)=c$(상수).

8. $f(z)=e^z=e^x\cdot e^{iy}=e^x\cdot\cos y+ie^y\cdot\sin y$이고, $u(x,\ y)=e^x\cdot\cos y$이다. 그런데 $f(z)=e^z$는 영역 D에서 연속이고 해석적이며, 상수가 아니므로 $f(z)\ne 0$이다. 따라서 최대값 정리에 의하여 $u(x,\ y)=e^x\cdot\cos y$는 D의 경계에서 최대값, 최소값을 갖는다. $z=1$에서 $u(x,\ y)$는 최대값을 갖고, $z=1+\pi i$에서 최소값을 갖는다.

9. $f(z)=\dfrac{(z-a_1)\cdots(z-a_n)}{(1-\overline{a_1}_1 z)\cdots(1-\overline{a_n}z)}$, $g(z)=f(z)-a$라고 하자.

일차함수의 성질에서 $|z|=1$일 때 $\left|\dfrac{z-a_k}{1-\overline{a_k}z}\right|=1$, $(k=1,\ 2,\ \cdots,\ n)$이므로

$$|f(z)|=\left|\frac{z-a_1}{1-\overline{a_k}z}\right|\cdots\left|\frac{z-a_n}{1-\overline{a_n}z}\right|=1$$

이다. 따라서 $|f(z)-g(z)|=|a|<1=|f(z)|$이므로 Rouche의 정리에서 두 방정식 $f(z)=0$, $g(z)=f(z)-a=0$은 $|z|<1$의 범위에서 같은 수의 근을 갖는다. 따라서 $f(z)=0$의 근은 $z=a_1,\ \cdots,\ a_n$인 n개이므로 $g(z)=0$의 근은 이 범위에서 n개의 근을 갖는다.

10. $n-p=\dfrac{1}{2\pi i}\displaystyle\int_C\frac{f'(z)}{f(z)}dz$일 때 우변의 적분이 0임을 보이면 된다. 정사각형 C의 변을 오른쪽 그림과 같이 C_1, C_2, C_3, C_4라고 하자.

먼저 C_3 위의 점 z에 대하여 $z=x+i,\ 0\le x\le 1$이므로 가정에서

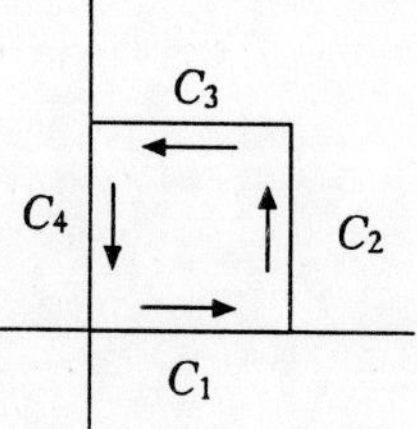

$$f(z)=f(x+i)=f(x)$$

이므로 $\displaystyle\int_{C_3}\frac{f'(z)}{f(z)}dz=-\int_0^1\frac{f'(x)}{f(x)}dx=-\int_{C_1}\frac{f'(z)}{f(z)}dz.$

같은 방법으로 가정에서 $f(ix+1)=f(ix)$이므로

$$\int_{C_4} \frac{f'(z)}{f(z)} dz = -\int_{C_2} \frac{f'(x)}{f(x)} dz$$

이다. 따라서

$$\int_C \frac{f'(z)}{f(z)} dz = \int_{C_1} + \int_{C_2} + \int_{C_3} + \int_{C_4} = \int_{C_1} + \int_{C_2} - \int_{C_1} - \int_{C_2} = 0$$

제 7 장 급수

연습문제 7.5

1. $f(z)$는 영역 D에서 해석적이므로 Taylor 급수로 전개한다. $|z| < a$이므로 $\left|\frac{z}{a}\right| < 1$, $\left|\frac{z}{b}\right| < 1$이다. 그런데 0 아닌 a, b에 대하여

$$\frac{1}{a-z} = \frac{1}{z\left(1-\frac{z}{a}\right)} = \frac{1}{a}\sum_{n=0}^{\infty}\left(\frac{z}{a}\right)^n = \sum_{n=0}^{\infty}\frac{z^n}{a^{n+1}} \quad (|z| < |a|)$$

마찬가지로

$$\frac{1}{b-z} = \sum_{n=0}^{\infty}\frac{z^n}{b^{n+1}} \; (|z| < |b|).$$

따라서

$$\begin{aligned} f(z) &= \frac{1}{(z-a)(z-b)} = \frac{1}{b-a}\left(\frac{1}{z-b} - \frac{1}{z-a}\right) \\ &= \frac{1}{b-a}\left(\frac{1}{a-z} - \frac{1}{b-z}\right) \\ &= \frac{1}{b-a}\left[\frac{1}{a\left(1-\frac{z}{a}\right)} - \frac{1}{b\left(1-\frac{z}{b}\right)}\right] \\ &= \frac{1}{b-a}\left[\sum_{n=0}^{\infty}\left(\frac{1}{a^{n+1}} - \frac{1}{b^{n+1}}\right)z^n\right] \end{aligned}$$

2. (1) $f(z) = z\sin^2 z = \frac{1}{2}z(1-\cos 2z)$이고,

$$\cos 2z = 1 - 2z^2 + \frac{2}{3}z^4 + \cdots + \frac{(-1)^n 2^{2n}}{(2n)!}z^{2n} + \cdots$$

따라서

$$\begin{aligned} f(z) &= \frac{1}{2}z(1-\cos 2z) \\ &= z\sin^2 z = \frac{1}{2}z\left(2z^2 - \frac{2}{3}z^4 + \cdots + \frac{(-1)^{n+1}2^{2n}}{(2n)!}z^{2n} + \cdots\right) \\ &= z^3 - \frac{1}{3}z^5 + \cdots + \frac{(-1)^{n+1}2^{2n-1}}{(2n)!}z^{2n+1} + \cdots \end{aligned}$$

(2)
$$\begin{aligned} g(z) = \frac{z}{(z-2)(z+1)} &= -\frac{1}{3}z\left(\frac{1}{1+z} + \frac{1}{2-z}\right) \\ &= -\frac{1}{3}z\left(\frac{1}{1+z} + \frac{1}{2}\frac{1}{1-\frac{1}{2}z}\right) \\ &= -\frac{1}{3}z\left(\sum_{n=0}^{\infty}(-z)^n + \frac{1}{2}\sum_{n=0}^{\infty}\left(\frac{1}{2}z\right)^n\right) \\ &= \sum_{n=0}^{\infty}\frac{1}{3}\left((-1)^{n+1} - \frac{1}{2^{n+1}}\right)z^{n+1} \end{aligned}$$

3. (1) $\sum_{n=0}^{\infty} z^{n^2} = 1 + z + z^4 + z^9 + \cdots$의 계수는

$$a_n = \begin{cases} 1, & n = m^2 \\ 0, & \text{otherwise} \end{cases} \text{ 이므로 } \sqrt[n]{|a_n|} = \begin{cases} 1, \\ 0 \end{cases}$$

수열 $|a_1|,\ \sqrt{|a_2|},\ \sqrt[3]{|a_3|},\ \cdots,\ \sqrt[n]{|a_n|}$ 은 극한값 0과 1을 가진다. 따라서 수렴반지름은 $R = \dfrac{1}{\limsup_{n\to\infty}\sqrt[n]{|a_n|}} = 1$이다.

(2) $a_n = \dfrac{1}{n^r}$이고, $\sqrt[n]{a_n} = \dfrac{1}{n^{\frac{r}{n}}} = \dfrac{1}{e^{\frac{r\log n}{n}}}$이다.

그런데 $\lim_{n\to\infty}\dfrac{\log n}{n} = 0$이므로 $\lim_{n\to\infty}\sqrt[n]{|a_n|} = 1$. 수렴반지름은 $R = 1$.

(3) 먼저 $a_n = \dfrac{1}{n!}$ 일 때 $\lim_{n\to\infty}\sqrt[n]{|a_n|} = 0$임을 보인다.

$$(n!)^2 = (1\cdot 2\cdot 3\cdot\cdots\cdot(n-1)\cdot n)(n\cdot(n-1)\cdot\cdots\cdot 2\cdot 1)$$
$$= (1\cdot n)(2(n-1))(3\cdot(n-2))\cdot\cdots\cdot(n\cdot 1) \qquad \cdots\cdots ①$$

식 ①에서 k째 항 $k\cdot(n-k+1)$에 대하여

$$k\cdot(n-k+1)-n=(k-1)(n-k)\geq 0 \qquad \cdots\cdots ②$$

이므로 $k\cdot(n-k+1)>n$. 따라서 ①에서 $(n!)^2\geq n^n$, $\sqrt[n]{n!}\geq\sqrt{n}$ 이므로 결국 $\sqrt[n]{\dfrac{1}{n!}}\leq\dfrac{1}{\sqrt{n}}$ 이다. 따라서 $\lim\limits_{n\to\infty}\sqrt[n]{|a_n|}=0$ 이므로 수렴반지름은 $R=+\infty$.

4. $\sum\limits_{n=0}^{\infty} z^n=\dfrac{1}{1-z}$, $|z|<1$을 $(p+1)$회 미분하면

$$\sum_{m=p+1}^{\infty} m(m-1)\cdots(m-p)z^{m-(p+1)}=\frac{(-1)(-2)\cdots(-p-1)}{(1-z)^{p+2}}(-1)^{p+1}$$

이다. 따라서 $m-p=n$이면

$$\sum_{n=1}^{\infty}(n+p)(n-1+p)\cdots nz^{n-1}=\frac{(p+1)!}{(1-z)^{p+2}}$$

이다. 이 때 양변에 z를 곱하면 결과를 얻을 수 있다.

5. (1) 수렴원은 그림에서 보여주고 있다. $|z|<\min(R,\ R')$ 인 모든 z에 대하여 $\sum\limits_{n=0}^{\infty}(c_n+c_n{}')z^n$은 수렴한다. 따라서 $r\geq\min(R,\ R')$이고, 다음과 같다.

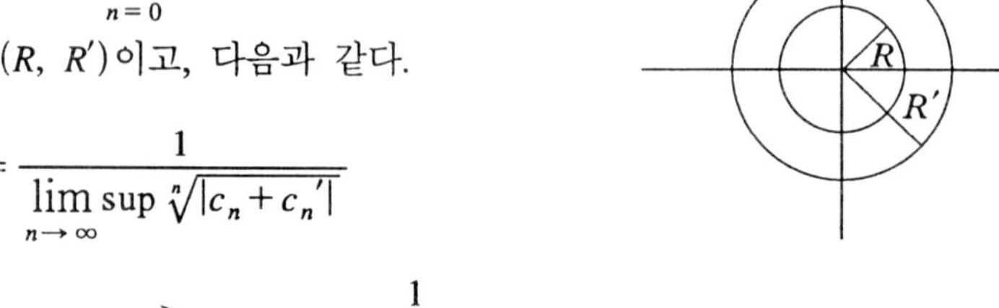

$$r=\frac{1}{\limsup\limits_{n\to\infty}\sqrt[n]{|c_n+c_n{}'|}}$$
$$\geq\frac{1}{\limsup\limits_{n\to\infty}\left(\sqrt[n]{|c_n|}+\sqrt[n]{|c_n{}'|}\right)}$$

(2) 비율판정법에 의하여

$$r=\frac{1}{\limsup\limits_{n\to\infty}{}^{n}\sqrt{|c_n\cdot c_n{}'|}}\geq\frac{1}{\limsup\limits_{n\to\infty}\sqrt[n]{|c_n|}}\cdot\frac{1}{\limsup\limits_{n\to\infty}\sqrt[n]{|c_n{}'|}}$$

따라서 $r\geq R\cdot R'$이다.

(3) 주어진 급수에서

$$r = \frac{1}{\limsup_{n\to\infty} \sqrt[n]{\left|\frac{c_n}{c_n'}\right|}} = \frac{1}{\lim_{n\to\infty} \frac{\sqrt[n]{|c_n|}}{\sqrt[n]{|c_n'|}}} \le \frac{R}{R'}$$

6. $S=\sum_{n=1}^{\infty} z_n$이고, $S_K=\sum_{n=1}^{K-1} z_n$, $T_K=\sum_{n=K}^{\infty} z_n$이라 하면 모든 K에 대하여

$$S=S_K+T_K$$

급수 $\sum_{n=1}^{\infty} z_n$는 수렴하므로 임의의 $\varepsilon>0$에 대하여 충분히 큰 K에 대하여

$$|S-S_K|=|T_K|<\varepsilon$$

이다. 따라서

$$\left|\sum_{n=1}^{\infty} z_n\right| = |S| = |S_K+T_K| \le |S_K|+|T_K| = \left|\sum_{n=1}^{K-1} z_n\right| + |T_K| \le \sum_{n=1}^{K-1} |z_n| + |T_K| < \sum_{n=1}^{\infty} |z_n| + \varepsilon$$

7. (1) 수렴반지름의 정의 $R=\dfrac{1}{\limsup_{n\to\infty} \sqrt[n]{|c_n|}}$에 적용하면 주어진 급수는

$$R_1 = \frac{1}{\limsup_{n\to\infty} \sqrt[nk]{|c_n|}} = \frac{1}{\limsup_{n\to\infty} \left(\sqrt[n]{|c_n|}\right)^{\frac{1}{k}}} = \left(\frac{1}{\limsup_{n\to\infty} \left(\sqrt[n]{|c_n|}\right)}\right)^{\frac{1}{k}} = R^{\frac{1}{k}}$$

(2) $R_2 = \dfrac{1}{\limsup_{n\to\infty} \sqrt[n]{\dfrac{|c_n|}{n!}}} = \dfrac{1}{\limsup_{n\to\infty} \dfrac{\sqrt[n]{|c_n|}}{\sqrt[n]{n!}}} = \infty \quad (\because \lim_{n\to\infty} \sqrt[n]{n!} = \infty)$

(3) $R_3 = \dfrac{1}{\limsup_{n\to\infty} \sqrt[n]{|c_n^k|}} = \dfrac{1}{\limsup_{n\to\infty} \left(\sqrt[n]{|c_n|}\right)^k} = R^k$

8. (1) $e^n = 1+\dfrac{n}{1!}+\dfrac{n^2}{2!}+\cdots+\dfrac{n^n}{n!}+\cdots$

$$= 1+\frac{n}{1!}+\cdots+\frac{n^{n-1}}{(n-1)!}+\frac{n^n}{n!}\left[1+\frac{n}{n+1}+\frac{n^2}{(n+1)(n+2)}+\cdots\right] \qquad \cdots ①$$

식 ①에서

$$e^n < n\frac{n^n}{n!} + \frac{n^n}{n!}\left[1 + \frac{n}{n+1} + \left(\frac{n}{n+1}\right)^2 + \cdots\right]$$

$$= \frac{n^n}{n!}\left[n + \frac{1}{1 - \dfrac{n}{n+1}}\right] = (2n+1)\frac{n^n}{n!} \qquad \cdots\cdots ②$$

을 얻는다. 식 ①에서 $e^n > \dfrac{n^n}{n!}$이므로

$$\frac{1}{e^n} < \frac{n!}{n^n} < \frac{2n+1}{e^n} \text{이고 } \frac{1}{e} < \sqrt[n]{\frac{n!}{n^n}} < \frac{\sqrt[n]{2n+1}}{e} \qquad \cdots\cdots ③$$

식 ③에서 $\lim\limits_{n\to\infty}\sqrt[n]{\dfrac{n!}{n^n}} = \dfrac{1}{e}$이므로 주어진 급수의 수렴반지름은

$$R = \frac{1}{\limsup\limits_{n\to\infty}\sqrt[n]{|c_n|}} = \frac{1}{\limsup\limits_{n\to\infty}\sqrt[n]{\dfrac{n^n}{n!}}} = \frac{1}{e}.$$

(2) 주어진 급수에서 $c_{n^2} = \dfrac{1}{n!}$, 수렴반지름이 R일 때

$$\frac{1}{R} = \limsup_{n\to\infty}\sqrt[n^2]{|c_{n^2}|} = \lim_{n\to\infty}\sqrt[n^2]{\frac{1}{n!}}$$

$$= \lim_{n\to\infty}\sqrt[n]{\sqrt[n]{\frac{n^n}{n!}\cdot\frac{1}{n^n}}} = \lim_{n\to\infty}\sqrt[n]{\sqrt[n]{\frac{n^n}{n!}}\cdot\frac{1}{n}} = 1.$$

제 8 장 특이점과 Laurent의 급수

연습문제 8.3

1. $f(z) = \sin h\left(z + \dfrac{1}{z}\right)$가 모든 $z \neq 0$에 대하여 해석적이므로

$$f(z) = \sin h\left(z + \frac{1}{z}\right) = \sum_{n=-\infty}^{\infty} c_n z^n,$$

$$c_n = \frac{1}{2\pi i}\int_C \frac{\sin h\left(w+\frac{1}{w}\right)}{w^{n+1}}dw,\ n=0,\ \pm 1,\ \pm 2,\ \cdots \qquad \cdots\cdots ①$$

을 만족하는 원 $C : |z|=1$을 택할 수 있다. C 위에 w에 대하여 $w=e^{i\theta}$이고,

$$\begin{aligned} c_n &= \frac{1}{2\pi i}\int_0^{2\pi} \frac{\sin h(e^{i\theta}+e^{-i\theta})}{e^{i\theta n+i\theta}}\cdot ie^{i\theta}d\theta \\ &= \frac{1}{2\pi}\int_0^{2\pi} \sin h(2\cos\theta)(\cos n\theta - i\sin n\theta)d\theta \\ &= \frac{1}{2\pi}\int_0^{2\pi} \cos n\theta \sin h(2\cos\theta)d\theta \\ &\qquad - \frac{i}{2\pi}\int_0^{2\pi} \sin n\theta \sin h(2\cos\theta)d\theta \qquad \cdots\cdots ② \end{aligned}$$

그런데 만약 $\theta = 2\pi - \alpha$라고 하면

$$\int_0^{2\pi} \sin n\theta \sin h(2\cos\theta)d\theta = -\int_0^{2\pi} \sin n\alpha \sin h(2\cos\alpha)d\alpha \qquad \cdots\cdots ③$$

이고, ③에서 θ를 α로 대치하면

$$\int_0^{2\pi} \sin n\theta \sin h(2\cos\theta)d\theta = 0,\ n=0,\ \pm 1,\ \pm 2,\ \cdots$$

를 얻는다. 따라서 ②에서

$$c_n = \frac{1}{2\pi}\int_0^{2\pi} \cos n\theta \sin h(2\cos\theta)d\theta \qquad \cdots\cdots ④$$

그런데 $c_n = c_{-n}$이므로

$$f(z) = \sin h\left(z+\frac{1}{z}\right) = c_0 + \sum_{n=1}^{\infty} c_n\left(z^n + \frac{1}{z^n}\right)$$

와 같이 나타낼 수 있다.

2. $f(z) = e^{\alpha\left(z+\frac{1}{z}\right)} = e^{\alpha z}\cdot e^{\frac{\alpha}{z}}$이다. 따라서

$$e^{\alpha\left(z+\frac{1}{z}\right)}=\left(1+\alpha z+\frac{\alpha^2}{2!}z^2+\cdots\right)\cdot\left(1+\frac{\alpha}{z}+\frac{\alpha^2}{2!}\frac{1}{z^2}+\cdots\right)=\sum_{n=-\infty}^{\infty}c_n z^n$$

여기서 $\displaystyle\sum_{n=-\infty}^{\infty}c_n z^n=c_0+\sum_{n=1}^{\infty}c_n z^n+\sum_{n=-1}^{-\infty}c_n z^n$

$$=c_0+\sum_{n=1}^{\infty}c_n\left(z^n+\frac{1}{z^n}\right) \quad 단,\ c_n=c_{-n}=\sum_{m=0}^{\infty}\frac{\alpha^{n+m}}{(n+m)!}\cdot\frac{\alpha^m}{m!},\ n\geq 0$$

3. 함수 $f(z)$는 특이점 $z=0,\ z=i,\ z=-i$를 갖는다. 그림의 세 영역에 따라 Laurent의 급수로 전개하면 주어진 함수는

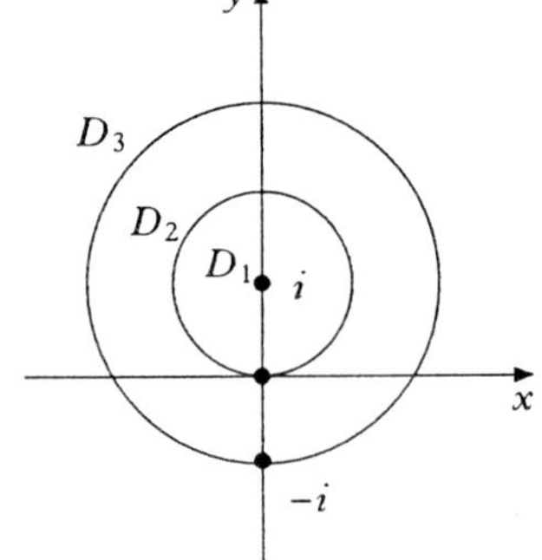

$$f(z)=\frac{1}{(z-i)^2}\left[\frac{1}{z}-\frac{1}{(z+i)^2}\right] \qquad \cdots\cdots ①$$

와 같이 나타낼 수 있고, $\dfrac{1}{z}$과 $\dfrac{1}{(z+i)^2}$의 급수전개와 $\dfrac{1}{(z-i)^2}$을 곱하여 구한다.

먼저 영역 $D_1=\{z:|z-i|<1\}$에 대하여

$$\frac{1}{z}=-\sum_{n=0}^{\infty}\frac{(z-i)^n}{(-i)^{n+1}},\ |z-i|<1 \qquad \cdots\cdots ②$$

또한 영역 $D_2=\{z:|z-i|>1\}$에 대하여 (즉 영역 D_2, D_3 및 그의 경계)

$$\frac{1}{z}=\sum_{n=-1}^{\infty}\frac{(z-i)^n}{(-i)^{n+1}},\ |z-i|>1 \qquad \cdots\cdots ③$$

한편, 영역 D_1, D_2에서 즉 $|z-i|<2$인 모든 z에 대하여

$$\frac{1}{z+i}=-\sum_{n=0}^{\infty}\frac{(z-i)^n}{(-2i)^{n+1}} \qquad \cdots\cdots ④$$

그리고 영역 $D_3=\{z:|z-i|>2\}$에 대하여

$$\frac{1}{z+i}=\sum_{n=-1}^{-\infty}\frac{(z-i)^n}{(-2i)^{n+1}} \qquad \cdots\cdots ⑤$$

급수 ④를 D_1, D_2에 대하여 항마다 미분하면

$$\frac{1}{(z+i)^2}=\sum_{n=0}^{\infty}\frac{(n+1)(z-i)^n}{(-2i)^{n+2}}$$

이 성립하고, 마찬가지로 급수 ⑤를 D_3에 대하여 항마다 미분하면

$$\frac{1}{(z+i)^2}=-\sum_{n=-2}^{-\infty}\frac{(n+1)(z-i)^n}{(-2i)^{n+2}} \qquad \cdots\cdots ⑥$$

지금까지 결과를 정리하여 보면 먼저 영역 $D_1:|z-i|<1$에 대하여

$$\begin{aligned} f(z)&=\frac{-1}{(z-i)^2}\cdot\sum_{n=0}^{\infty}\frac{(z-i)^n}{(-i)^{n+1}}-\frac{1}{(z-i)^2}\sum_{n=0}^{\infty}\frac{(n+1)(z-i)^n}{(-2i)^{n+2}} \\ &=\sum_{n=0}^{\infty}\left[\frac{-1}{(-i)^{n+1}}-\frac{n+1}{(-2i)^{n+2}}\right](z-i)^{n-2} \end{aligned}$$

다음에 영역 $D_2:1<|z-i|<2$에 대하여

$$\begin{aligned} f(z)&=\frac{1}{(z-i)^2}\sum_{n=-1}^{-\infty}\frac{(z-i)^n}{(-i)^{n+1}}-\frac{1}{(z-i)^2}\sum_{n=0}^{\infty}\frac{(n+1)(z-i)^n}{(-2i)^{n+2}} \\ &=\sum_{n=-1}^{-\infty}\frac{(z-i)^{n-2}}{(-i)^{n+1}}-\sum_{n=0}^{\infty}\frac{n+1}{(-2i)^{n+2}}(z-i)^{n-2} \end{aligned}$$

한편, 영역 $D_3:|z-i|>2$에 대하여

$$\begin{aligned} f(z)&=\frac{1}{(z-i)^2}\sum_{n=-1}^{-\infty}\frac{(z-i)^n}{(-i)^{n+1}}+\frac{1}{(z-i)^2}\sum_{n=-2}^{-\infty}\frac{(n+1)(z-i)^n}{(-2i)^{n+2}} \\ &=\sum_{n=-1}^{-\infty}\frac{(z-i)^{n-2}}{(-i)^{n+1}}+\sum_{n=-2}^{-\infty}\frac{n+1}{(-2i)^{n+2}}(z-i)^{n-2} \end{aligned}$$

4. (1) $f(z)$는 $z=z_0$에서 위수 m의 영점을 가지므로

$$f(z)=(z-z_0)^m\sum_{k=0}^{\infty}a_k(z-z_0)^k \qquad \cdots\cdots ①$$

로 나타낼 수 있다. 또한 함수 $g(z)$는

$$g(z)=\sum_{k=0}^{\infty}a_k{}'(z-z_0)^k+\frac{b_1}{(z-z_0)}+\frac{b_2}{(z-z_0)^2}+\cdots+\frac{b_n}{(z-z_0)^n} \qquad \cdots\cdots ②$$

이다. 따라서 ①, ②에 의하여

(1) $f(z) \pm g(z)$는 위수 n의 극을 가진다.

(2) $f(z) \cdot g(z)$는 $z=z_0$에 따라 다음과 같은 항

$$\frac{a_0 b_n (z-z_0)^m}{(z-z_0)^n}$$

에 의하여 결정된다.

(i) $m>n$이면 z_0는 위수 $m-n$의 영점이다.

(ii) $m=n$이면 z_0는 해석적인 점이다.

(iii) $m<n$이면 z_0는 위수 $n-m$의 극이다.

(3) $\dfrac{f}{g}=h$라고 하면

$$(z-z_0)^m \sum_{k=0}^{\infty} a_k (z-z_0)^k = \left[\frac{b_1}{z-z_0} + \cdots + \frac{b_n}{(z-z_0)^n} + \sum_{k=0}^{\infty} a_k{}' (z-z_0)^k \right] h$$

이므로

$$a_0 (z-z_0)^m + \cdots = \frac{b_n}{(z-z_0)^n} \cdot (z-z_0)^{m+n} a_0{}'' + \cdots$$

이다. 따라서 $\dfrac{f}{g}$는 $z=z_0$에서 위수 $m+n$의 영점을 갖는다.

5. 점 $z=z_0$를 중심으로 함수 $f(z)$가 위수 m의 극을 가지므로

$$f(z) = \sum_{k=0}^{\infty} a_k (z-z_0)^k + \frac{b_1}{(z-z_0)} + \frac{b_2}{(z-z_0)^2} + \cdots + \frac{b_m}{(z-z_0)^m} \qquad \cdots\cdots ①$$

이고, $g(z)$에 대하여

$$g(z) = \sum_{k=0}^{\infty} a'_k (z-z_0)^k + \frac{b_1{}'}{(z-z_0)} + \frac{b_2{}'}{(z-z_0)^2} + \cdots + \frac{b_n{}'}{(z-z_0)^n} \qquad \cdots\cdots ②$$

이다. 따라서 ①, ②에 의하여

(1) $f(z) \pm g(z)$는 $\max(m, n)$의 극을 가진다. 단, $\max(m, n) = \begin{cases} m, & m \geq n \\ n, & m < n \end{cases}$

(2) $f(z) \cdot g(z)$는 $z=z_0$에서 위수 $m+n$의 극을 갖는다. 왜냐하면

$$f(z)\cdot g(z) = \cdots\cdots + \frac{b_m \cdot b_n{}'}{(z-z_0)^{m+n}}$$

(3) 만약 $m > n$이면

$$\left[\cdots + \frac{b_m}{(z-z_0)^m}\right] = \left[\cdots + \frac{b_n{}'}{(z-z_0)^n}\right] \cdot \left[\cdots + \frac{B}{(z-z_0)^{m-n}}\right]$$

이고, 함수 $\dfrac{f(z)}{g(z)}$는 $z = z_0$에서 위수 $m-n$의 극을 가진다.

만약 $m < n$이면

$$\left[\cdots + \frac{b_m}{(z-z_0)^m}\right] = \left[\cdots + \frac{b_n{}'}{(z-z_0)^n}\right] \cdot \left[(z-z_0)^{n-m} + \cdots\right]$$

이고, 함수 $\dfrac{f(z)}{g(z)}$는 $z = z_0$에서 위수 $n-m$의 극을 가진다.

6. z_0를 위수 m의 영점이라 하자. 그러면 $f(z) = (z-z_0)^m g(z)$, $g(z_0) \neq 0$ 단, $g(z)$는 해석적이고, z_0의 근방에서 연속이다.

지금 $|g(z)| = 2\alpha > 0$이라 하자. 그런데 $g(z)$는 z_0에서 연속이므로 $|z-z_0| < \delta$인 z_0의 근방이 존재하여 $|g(z) - g(z_0)| < \alpha$가 성립한다. 따라서 $|z-z_0| < \delta$일 때

$$|g(z)| = |g(z_0) - (g(z) - g(z_0))| \geq |g(z_0)| - |(g(z) - g(z_0)| \geq 2\alpha - \alpha = \alpha$$

이므로 근방 $|z-z_0| < \delta$에서 $g(z) \neq 0$이다.

따라서 $z \neq z_0$에 대하여 $(z-z_0)^m \neq 0$이므로 $0 < |z-z_0| < \delta$일 때

$$f(z) = (z-z_0)^m g(z) \neq 0$$

7. $f(z)$가 $z = z_0$에서 위수 m의 극을 가지므로 $z = z_0$에 대한 Laurent의 급수는 다음과 같다.

$$f(z) = \sum_{n=0}^{\infty} a_n (z-z_0)^n + \frac{b_1}{z-z_0} + \cdots + \frac{b_m}{z-z_0} \qquad \cdots\cdots ①$$

일반적으로 n차 다항식은

$$P(u) = A_n u^n + A_{n-1} u^{n-1} + \cdots + A_1 u + A_0 \qquad \cdots\cdots ②$$

이므로 ①을 ②에 대입하면

$$P[f(z)] = A_n\left[\cdots + \frac{b_1}{z-z_0} + \cdots + \frac{b_m}{(z-z_0)}\right]^n + \cdots \qquad \cdots\cdots ③$$

그런데 ③에서 얻은 항 $\dfrac{A_n b_m^n}{(z-z_0)^{mn}}$은 $(z-z_0)$의 가장 높은 음의 멱급수 항이므로 함수 $P[f(z)]$는 $z=z_0$에서 위수 mn의 극을 가진다.

8. $f(z)$가 $z=z_0$에서 위수 k의 극을 가지므로 $z=z_0$에 관한 멱급수는

$$f(z) = \sum_{n=0}^{\infty} a_n (z-z_0)^n + \frac{b_1}{z-z_0} + \frac{b_1}{z-z_0} + \cdots + \frac{b_k}{(z-z_0)^k},\ (\text{단, } b_k \neq 0) \qquad \cdots\cdots ①$$

이다. 지금 ①을 m회 미분하여 $f^{(m)}(z)$의 위수를 구할 때는 $(z-z_0)$의 가장 높은 음의 멱급수 항을 찾아야 한다. 따라서 ①을 미분하여 $(z-z_0)$의 가장 높은 음의 멱급수의 항은

$$\frac{b_k}{(z-z_0)^k} \qquad \cdots\cdots ②$$

이므로 ②의 m차 미분은

$$\left(\frac{b_k}{(z-z_0)^k}\right)^{(m)} = \frac{B}{(z-z_0)^{k+m}},\ B\text{는 계수}$$

이다. 따라서 $f^{(m)}(z)$는 $z=z_0$에서 위수 $k+m$의 극을 가진다.

9. (1) $f(z)$가 $|z|>R,\ 0 \le R < \infty$인 모든 z에 대하여 해석적이라 하자. 그러면 z 대신에 $\dfrac{1}{w}$로 놓으면 함수 $F(w) \equiv f\left(\dfrac{1}{w}\right)$은 $\left|\dfrac{1}{w}\right| > R$ 즉, $0 < |w| < \dfrac{1}{R}$인 모든 w에 대하여 해석적이므로 $F(w)$를 $w=0$에 대하여 다음과 같이 Laurent의 급수로 전개할 수 있다.

$$f\left(\frac{1}{w}\right) = F(w) = \sum_{n=0}^{\infty} a_n w^n + \sum_{n=-1}^{\infty} b_n w^n \qquad (*)$$

따라서 (*)에서 $F(w)$에 대한 전개는 점 $w=0$에서 특이점을 갖는데 이것은 $z=\infty$에서 $f(z)$의 특이점을 갖게 되며, (*)은 다음과 같은 형태로 쓸 수 있다.

$$f(z)=\sum_{n=0}^{\infty}a_n z^{-n}+\sum_{n=-1}^{\infty}b_n z^{-n}$$

$$=\sum_{n=0}^{\infty}a_n z^{-n}+\sum_{n=1}^{\infty}b_n z^{n} \quad \text{단, } b_{-n}=b_n$$

(2) (i) $f(z)=\sqrt{(z-1)(z-2)}=\sqrt{z^2\left(1-\frac{1}{z}\right)\left(1-\frac{2}{z}\right)}$

$$=\pm z\sqrt{1-\frac{1}{z}}\cdot\sqrt{1-\frac{2}{z}}$$

$$=\pm z\left(1+\frac{a_1}{z}+\frac{a_2}{z^2}+\frac{a_3}{z^3}+\cdots\right)$$

따라서 이 함수는 $z=\infty$에서 단순극을 가진다.

(ii) $e^{-\frac{1}{z^2}}=1-\frac{1}{z^2}+\frac{1}{2!}+\frac{1}{z^4}-\cdots\cdots$ 이므로 $e^{-\frac{1}{z^2}}$은 $z=\infty$에서 없앨 수 있는 특이점을 갖고, 만약 $\left.\left(e^{-\frac{1}{z^2}}\right)\right|_{z=\infty}=1$로 정의하면 $z=\infty$에서 해석적이다.

(3) $\frac{z^3+4}{e^z}=(z^3+4)\cdot e^{-z}$

$$=(z^3+4)\cdot\left[1-z+\frac{z^2}{2!}-\frac{z^3}{3!}+\cdots\right]$$

따라서 함수 $\frac{z^3+4}{e^z}$는 $z=\infty$에서 진성특이점을 갖는다.

제 9 장 유수와 극

연습문제 9.1

1. (1) 피적분함수를 $g(z)=\frac{f(z)}{(z-z_1)(z-z_2)\cdots(z-z_k)}$라고 하면 $g(z)$는 $|z|=r$의 내부에 있는 z_1, z_2, $\cdots$, z_k에서 단순극을 가지므로 각 점에서 $g(z)$의 유수를 구하면

$$\mathrm{Res}\,[g,\ z_1]=\lim_{z\to z_1}\frac{f(z)}{(z-z_2)(z-z_3)\cdots(z-z_k)}$$

$$=\frac{f(z_1)}{(z_1-z_2)(z_1-z_3)\cdots(z_1-z_k)}$$

$$\vdots$$

$$\mathrm{Res}\,[g,\ z_k]=\lim_{z\to z_k}\frac{f(z)}{(z-z_2)(z-z_2)\cdots(z-z_{k-1})}$$

$$=\frac{f(z_k)}{(z_k-z_1)(z_k-z_2)\cdots(z_k-z_{k-1})}$$

따라서 유수정리에 의하여

$$\int_C\frac{f(z)}{(z-z_1)(z-z_2)\cdots(z-z_k)}dz$$

$$=2\pi i(\mathrm{Res}\,[g,\ z_1]+\mathrm{Res}\,[g,\ z_2]+\cdots+\mathrm{Res}\,[g,\ z_k]$$

$$=2\pi i\left[\frac{f(z_1)}{(z_1-z_2)\cdots(z_1-z_k)}+\frac{f(z_2)}{(z_2-z_1)\cdots(z_2-z_k)}+\cdots+\frac{f(z_k)}{(z_k-z_1)\cdots(z_k-z_{k-1})}\right]$$

(2) $\tan\pi z=\dfrac{\sin\pi z}{\cos\pi z}$이고, $\tan\pi z$는 $z=n+\dfrac{1}{2}$, $n=0,\ \pm1,\ \pm2,\ \cdots$에서 단순극을 갖는다.

$$\mathrm{Res}\left[\tan\pi z,\ z\to n+\frac{1}{2}\right]=\lim_{z\to n+\frac{1}{2}}\left(z-n-\frac{1}{2}\right)\frac{\sin\pi z}{\cos\pi z}=-\frac{1}{\pi}$$

따라서 $\displaystyle\int_{|z|=n}\tan\pi z dz=2\pi i\left(-\frac{1}{2}\right)\cdot 2n=-4ni$

2. (1) $\displaystyle\int_C e^{z+\frac{1}{z}}dz=\int_C e^z\cdot e^{\frac{1}{z}}dz$

$$=\int_C\left(1+z+\frac{z^2}{2!}+\frac{z^3}{3!}+\cdots\right)\left(1+\frac{1}{z}+\frac{1}{2!z^2}+\cdots\right)dz$$

$=2\pi i\sum\mathrm{Res}$ (단, $\sum\mathrm{Res}$는 모든 유수들의 합이다.)

각 항을 곱하여 정리하면

$$\sum \mathrm{Res} = 1 + \frac{1}{1!2!} + \frac{1}{2!3!} + \frac{1}{3!4!} + \cdots$$

$$= \sum_{n=0}^{\infty} \frac{1}{n!(n+1)!}$$

따라서 구하는 것은

$$\int_C e^{z+\frac{1}{z}} dz = 2\pi i \sum_{n=0}^{\infty} \frac{1}{n!(n+1)!}$$

(2) 함수 $f(z) = \dfrac{z^2+4}{z(z^2+2z+2)}$는 $z=0$, $z=-1+i$, $z=-1-i$의 세 점에서 단순극을 가진다. 그런데 두 점 $z=0$, $z=-1+i$은 원 내부에 포함된다. 먼저 $z=0$에서 유수는 $\mathrm{Res}\,[f(z),\ 0] = \lim\limits_{z\to 0} \dfrac{z^2+4}{z^2+2z+2} = 2$이고, 다음에 $z=-1+i$에서 유수는

$$\mathrm{Res}\,[f(z),\ -1+i] = \lim_{z\to -1+i} \frac{z^2+4}{z(z+1+i)} = \frac{3i-1}{2}$$

이다. 따라서 구하는 적분은

$$\int_C \frac{z^2+4}{x^3+2z^2+2z} dz = 2\pi i\left(2+\frac{3i-1}{2}\right) = 3\pi(i-1)$$

3. (i) $z = e^{2i(\theta-a)}$로 놓으면 $dz = 2ie^{2i(\theta-a)}d\theta$ 즉 $d\theta = \dfrac{dz}{2iz}$

$$\cot(\theta-a) = \frac{\cos(\theta-a)}{\sin(\theta-a)}$$

이고

$$\cos(\theta-a) = \frac{e^{i(\theta-a)}+e^{-i(\theta-a)}}{2}, \quad \sin(\theta-a) = \frac{e^{i(\theta-a)}-e^{-i(\theta-a)}}{2i}$$

이므로

$$\cot(\theta-a) = i\,\frac{e^{i(\theta-a)}+e^{-i(\theta-a)}}{e^{i(\theta-a)}-e^{-i(\theta-a)}} = i\,\frac{e^{2i(\theta-a)}+1}{e^{2i(\theta-a)}-1}$$

$$= i\,\frac{z+1}{z-1}.$$

지금 $a=\alpha+i\beta$이면 $e^{2i(\theta-a)}=e^{2\beta}\cdot e^{2i(\theta-\alpha)}$이므로

$$\int_0^{\pi}\cot(\theta-a)d\theta=\int_C i\,\frac{z+1}{z-1}\,\frac{dz}{2iz}=\frac{1}{2}\int_C\frac{z+1}{z(z-1)}dz$$

이고, 이 때 피적분함수는 $z=0$, $z=1$에서 단순극을 가진다.
$\beta>0$이면 두 극은 C의 내부에 있으므로

$$\begin{aligned}\int_0^{\pi}\cot(\theta-a)d\theta&=\frac{1}{2}\int_C\frac{z+1}{z(z-1)}dz\\&=2\pi i\cdot\frac{1}{2}(Res[f,\ 0]+Res[f,\ 1])\\&=\pi i(-1+2)=\pi i\end{aligned}$$

$\beta<0$에 대하여 C의 내부에 $z=0$에서 오직 하나의 극을 가지므로

$$\int_0^{\pi}\cot(\theta-a)d\theta=\pi i\,\mathrm{Res}[f,\ 0]=-\pi i$$

$\beta=0$이면 극 $z=1$만이 C 위에 있으므로 적분의 값을 정할 수 없다.

(ii) $z=n\pi i$이면 $\sinh z=0$이다. 따라서 피적분함수 $f(z)=\dfrac{e^{zt}}{\sinh z}$는 C의 내부에 $z=0$, $z=\pi i$, $z=-\pi i$, $z=2\pi i$, $z=-2\pi i$에서 극을 가진다. 따라서 이에 대한 유수를 구하면

$$\mathrm{Res}\left[\frac{e^{zt}}{\sinh z},\ 0\right]=\lim_{z\to 0}\frac{ze^{zt}}{\sinh z}$$

이고, 이 극한값은 L'Hospital의 법칙에 의하여

$$\lim_{z\to 0}\frac{ze^{zt}}{\sinh z}=\left(\frac{e^{zt}}{\cosh z}\right)\Bigg|_{z=0}=1$$

마찬가지로

$$\mathrm{Res}\ [f(z),\ \pi i]=\lim_{z\to\pi i}\frac{(z-\pi i)e^{zt}}{\sinh z}=\left(\frac{e^{zt}}{\cosh z}\right)\Bigg|_{z=\pi i}=\frac{e^{\pi it}}{\cosh \pi i}$$

$$\text{Res}\ [f(z),\ -\pi i] = \lim_{z \to -\pi i} \frac{(z+\pi i)e^{zt}}{\sinh z} = \frac{e^{-\pi it}}{\cosh(-\pi i)},$$

$$\text{Res}\ [f(z),\ 2\pi i] = \frac{e^{2\pi it}}{\cosh 2\pi i},\ \text{Res}\ [f(z),\ -2\pi i] = \frac{e^{-2\pi it}}{\cosh(-2\pi i)}$$

따라서 유수정리에 의하여

$$\int_C \frac{e^{zt}}{\sinh z} dz = 2\pi i \left[1 + \frac{e^{\pi it}+e^{-\pi it}}{\cosh \pi i} + \frac{e^{2\pi it}+e^{-2\pi it}}{\cosh 2\pi i}\right]$$
$$= 2\pi i(1 - 2\cos \pi t + 2\cos 2\pi t)$$

4. 함수 $f(z)$가 z_0에서 해석적이고, $f(z_0) \neq 0$이므로

$$f(z) = a_0 + a_1(z-z_0) + a_2(z-z_0)^2 + \cdots,\ a_0 \neq 0$$

이고, 함수 $g(z)$는 $z = z_0$에서 위수 2의 영점을 가지므로

$$g(z) = b_2(z-z_0)^2 + b_3(z-z_0)^3 + \cdots,\ b_2 \neq 0$$

이라 할 수 있다. 따라서

$$\frac{f(z)}{g(z)} = \frac{a_0 + a_1(z-z_0) + a_2(z-z_0)^2 + \cdots}{b_2(z-z_0)^2 + b_3(z-z_0)^3 + \cdots} = \frac{1}{b_2(z-z_0)^2} \cdot \frac{a_0 + a_1(z-z_0) + \cdots}{1 + \dfrac{b_3}{b_2}(z-z_0) + \cdots}$$

$$= \frac{1}{b_2(z-z_0)^2} \cdot [a_0 + a_1(z-z_0) + \cdots] \cdot \left[1 - \frac{b_3}{b_2}(z-z_0) + \cdots\right]$$

$$= \frac{1}{(z-z_0)}\left[\frac{a_1}{b_2} - \frac{a_0 b_3}{b_2^2}\right] + \cdots$$

따라서 구하는 유수는 $\text{Res}\left[\dfrac{f(z)}{g(z)},\ z_0\right] = \dfrac{a_1 b_2 - a_0 b_3}{b_2^2}$.

다음에 함수 $g(z)$가 $z = z_0$에서 위수 3의 영점을 가지면

$$g(z) = b_3(z-z_0)^3 + b_4(z-z_0)^4 + \cdots,\ b_3 \neq 0$$

이다. 따라서

$$\frac{f(z)}{g(z)}=\frac{a_0+a_1(z-z_0)+a_2(z-z_0)^2+\cdots}{b_3(z-z_0)^3+b_4(z-z_0)^4+\cdots}$$

$$=\frac{1}{b_3(z-z_0)^3}\cdot\frac{a_0+a_1(z-z_0)+a_2(z-z_0)^2+\cdots}{1+\frac{b_4}{b_3}(z-z_0)+\frac{b_5}{b_3}(z-z_0)^2+\cdots}$$

$$=\frac{1}{b_3(z-z_0)^3}\cdot\left[a_0+a_1(z-z_0)+a_2(z-z_0)^2+\cdots\right]$$

$$\cdot\left[1-\frac{b_4}{b_3}(z-z_0)+\left(\frac{b_4^2}{b_3^2}-\frac{b_5}{b_3}\right)(z-z_0)^2+\cdots\right]$$

따라서 구하는 유수는 $\text{Res}\left[\frac{f(z)}{g(z)},\ z_0\right]=\frac{a_0b_4^2-a_0b_3b_5-a_1b_3b_4+a_2b_3^2}{b_3^3}$.

5. (1) $f(z)$가 $z=z_0$에서 위수 k의 영점을 가지므로

$$f(z)=a_k(z-z_0)^k+a_{k+1}(z-z_0)^{k+1}+a_{k+2}(z-z_0)^{k+2}+\cdots\cdots \qquad \cdots\cdots ①$$

이다. 따라서

$$f'(z)=ka_k(z-z_0)^{k-1}+(k+1)a_{k+1}(z-z_0)^k+\cdots\cdots \qquad \cdots\cdots ②$$

이고, $z=z_0+(z-z_0)$이므로 이것을 식 ①, ②를 주어진 함수에 대입하면

$$z\frac{f'(z)}{f(z)}=\frac{[z_0+(z-z_0)][ka_k(z-z_0)^{k-1}+\cdots]}{a_k(z-z_0)^k+\cdots\cdots}$$

이다. 따라서

$$\text{Res}\left[z\frac{f'(z)}{f(z)},\ z_0\right]=\frac{z_0ka_k}{a_k}=z_0k$$

(2) $g(z)$는 $z=z_0$에서 해석적이므로

$$g(z)=g(z_0)+g'(z_0)(z-z_0)+\cdots\cdots \qquad \cdots\cdots ①$$

이다. 따라서 주어진 식은

$$g(z)\frac{f'(z)}{f(z)}=[g(z_0)+g'(z_0)(z-z_0)+\cdots]\frac{ka_k(z-z_0)^{k-1}+\cdots}{a_k(z-z_0)^k+\cdots}$$

이므로 구하는 유수는 $\operatorname{Res}\left[g(z)\dfrac{f'(z)}{f(z)},\ z_0\right]=g(z_0)k$이다.

6. (1) $f(z)=\dfrac{e^z}{(z-1)^m}$라고 하자. 그러면

$$\int_{|z|=2}\frac{e^z}{(z-1)^m}dz=2\pi i\operatorname{Res}[f,\ 1]$$

이다. 지금 $f(z)=\dfrac{e^z}{(z-1)^m}$를 $z=1$에 관하여 Laurent의 급수로 전개하면

$$\begin{aligned}\frac{e^z}{(z-1)^m}&=e\frac{e^{z-1}}{(z-1)^m}\\&=\frac{e}{(z-1)^m}\left[1+(z-1)+\cdots+\frac{(z-1)^{m-1}}{(m-1)!}+\frac{(z-1)^m}{m!}\right]\\&=e\left[\frac{1}{(z-1)^m}+\frac{1}{(z-1)^{m-1}}+\cdots+\frac{1}{(m-1)!}\cdot\frac{1}{z-1}+\frac{1}{m!}+\cdots\right]\end{aligned}$$

따라서 $\operatorname{Res}\left[\dfrac{e^z}{(z-1)^m},\ 1\right]=\dfrac{e}{(m-1)!}$이므로

$$\int_{|z|=2}\frac{e^z}{(z-1)^m}dz=\frac{2\pi ie}{(m-1)!}$$

(2) $f(z)=\dfrac{e^z}{(z-1)^m}$는 $z=1$에서 m차의 극을 가지므로

$$\begin{aligned}\operatorname{Res}[f(z),\ z_0]&=\frac{1}{(m-1)!}\lim_{z\to z_0}\frac{d^{m-1}}{dz^{m-1}}[(z-z_0)^mf(z)]\\&=\frac{1}{(m-1)!}\lim_{z\to 1}\frac{d^{m-1}}{dz^{m-1}}\left[(z-1)^m\frac{e^z}{(z-1)^m}\right]\\&=\frac{1}{(m-1)!}\lim_{z\to 1}e^z=\frac{e}{(m-1)!}.\end{aligned}$$

따라서 같은 결과를 얻는다.

연습문제 9.5

1. (1) $z^k e^{\frac{1}{z^2}} = z^k\left[1+\frac{1}{1!z^2}+\frac{1}{2!z^4}+\cdots+\frac{1}{(n-1)!z^{2(n-1)}}+\cdots\right]$ 이므로 여기서 k가 짝수와 홀수에 따라 피적분함수의 유수를 찾을 수 있다.

만약 $k=m$이 짝수이면 $z^k e^{\frac{1}{z^2}}$의 유수는 0이다.

한편 $k=m$가 홀수이면 $z^k e^{\frac{1}{z^2}}$의 유수가 α이면

$$z^m \frac{1}{(n-1)!z^{2(n-1)}} = \alpha\frac{1}{z}\text{(단, }\alpha\text{는 }\frac{1}{z}\text{의 어떤 계수)}$$

이라야 한다. 이를 통하여 $\frac{1}{(n-1)!}z^{m-2(n-1)}=\alpha z^{-1}$이고, 여기서 $\alpha=\frac{1}{(n-1)!}$,

$m-2(n-1)=-1$ 즉, $n=\frac{m+3}{2}$이다.

따라서 $z^k e^{\frac{1}{z^2}}$의 유수는 $\alpha=\frac{1}{(n-1)!}=\frac{1}{\left(\frac{m+1}{2}\right)!}$이다. 그러므로 구하는 적분은

$$\int_C z^k e^{\frac{1}{z^2}}dz=\begin{cases}0, & k\text{는 짝수}\\ \dfrac{2\pi i}{\left(\frac{m+1}{2}\right)!}, & k\text{는 홀수}\end{cases}$$

(2) $z^k \sin\frac{1}{z}=z^k\left[\frac{1}{z}-\frac{1}{3!z^3}+\frac{1}{5!z^5}+\cdots+(-1)^{n-1}\frac{1}{(2n-1)!\,z^{2n-1}}+\cdots\right]$

이다. 이 때 $k=m$이 홀수인 경우에 $z^k\sin\frac{1}{z}$의 유수는 0이다.

한편 $k=m$이 짝수인 경우에 $z^k\sin\frac{1}{z}$의 유수는

$z^m(-1)^{n-1}\frac{1}{(2n-1)!z^{2n-1}}=\alpha\frac{1}{z}$(단, α는 $\frac{1}{z}$의 어떤 계수)이 되려면

$\alpha=\frac{(-1)^{n-1}}{(2n-1)!}$이고, $m+1=2n-1$ 즉, $n=\frac{m}{2}+1$이므로

$$\alpha=(-1)^{\left(\frac{m}{2}+1\right)-1}\frac{1}{\left(2\left(\frac{m}{2}+1\right)-1\right)!}=(-1)^{\frac{m}{2}}\frac{1}{(m+1)!}$$

이어야 한다. 따라서 구하는 적분은

$$\int_C z^k \sin\frac{1}{z}dz = \begin{cases} 0, \ k\text{는 홀수} \\ 2\pi i(-1)^{\frac{m}{2}}\dfrac{1}{(m+1)!}, \ k\text{는 짝수} \end{cases}$$

를 얻는다.

2. (1) 먼저 적분 $\int_{-\infty}^{\infty}\frac{e^{in}x}{x^2+2ax+b}dx$를 계산한다. …… ①

방정식 $x^2+2ax+b=0$에서 근은

$$x_1=-a+\sqrt{a^2-b}, \quad x_2=-a-\sqrt{a^2-b}$$

여기서 $a^2<b$일 때 복소수를 갖는다. 주어진 ①의 피적분함수 $f(z)=\frac{e^{inz}}{z^2+2az+b}$는 상반평면에서 하나의 단순극을 가지므로

$$\text{Res}[f(z), \ z_1]=\lim_{z\to z_1}\frac{e^{inz}}{z-z_2}=\frac{e^{inz_1}}{z_1-z_2}=\frac{e^{in}[-a+\sqrt{a^2-b}]}{2\sqrt{a^2-b}}$$

따라서 $\int_{-\infty}^{\infty}\frac{e^{inx}}{x^2+2ax+b}dx=2\pi i\,\text{Res}[f(z), \ z_1]$

$$=\frac{2\pi i}{2i\sqrt{b-a^2}}e^{-ina}e^{ini\sqrt{b-a^2}}$$

$$=\frac{\pi}{\sqrt{b-a^2}}e^{-n\sqrt{b-a^2}}e^{-ina} \quad \cdots\cdots ②$$

②를 통하여

$$\int_{-\infty}^{\infty}\frac{\cos nx}{x^2+2ax+b}dx=\frac{\pi}{\sqrt{b-a^2}}e^{-n\sqrt{b-a^2}}\cos na$$

이고, 한편

$$\int_{-\infty}^{\infty}\frac{\sin nx}{x^2+2ax+b}dx=\frac{-\pi}{\sqrt{b-a^2}}e^{-n\sqrt{b-a^2}}\sin na$$

(2) $\sin^2\theta=1-\cos^2\theta$이므로 주어진 적분은

$$I=\int_0^{2\pi}\frac{d\theta}{(a^2-b^{2)}\cos^2\theta+b^2}d\theta$$

이다. 지금 $z=e^{i\theta}$를 대입하면

$$\begin{aligned}I&=\int_C\frac{dz}{iz\left[(a^2-b^2)\cdot\dfrac{z^2+2+z^{-2}}{4}+b^2\right]}\\&=\frac{4}{i}\int_C\frac{z\,dz}{4b^2z^2+(a^2-b^2)z^4+2(a^2-b^2)z^2+(a^2-b^2)}\\&=\frac{4}{i(a^2-b^2)}\int_C\frac{z\,dz}{z^4+2\dfrac{a^2+b^2}{a^2-b^2}z^2+1}\quad(\text{단, } C\text{는 단위원 } |z|=1)\end{aligned}$$

지금 위의 피적분함수의 분모에서 $A=\dfrac{a^2+b^2}{a^2-b^2}$으로 놓으면 $z^2+2Az^2+1=0$이고, $z^2=x$로 놓으면

$$x_1=-A+\sqrt{A^2-1}\,,\quad x_2=-A-\sqrt{A^2-1}$$

이고, $\operatorname{Res}[f,\ \sqrt{x_1}]=\lim\limits_{z\to\sqrt{x_1}}\dfrac{z}{(z^2-x_2)(z+\sqrt{x_1})}=\dfrac{1}{4\sqrt{A^2-1}}$.

마찬가지로 $\operatorname{Res}[f,\ -\sqrt{x_1}]=\dfrac{1}{4\sqrt{A^2-1}}$이다. 따라서

$$\begin{aligned}I&=\int_0^{2\pi}\frac{d\theta}{a^2\cos^2\theta+b^2\sin^2\theta}d\theta\\&=\frac{4}{i(a^2-b^2)}\cdot 2\pi i\cdot\frac{2}{4\sqrt{\dfrac{(a^2+b^2)^2}{(a^2-b^2)^2}-1}}=\frac{2\pi}{ab}\end{aligned}$$

3. 함수 $f(z)=\dfrac{1}{(z+a)^2}$을 생각하면 $z=-a$에서 위수 2의 극(double pole)을 가진다. 따라서 $z=-a$에서 유수는

$$\begin{aligned}\operatorname{Res}\left[\frac{\pi\csc\pi z}{(z+a)^2},\ a\right]&=\lim_{z\to -a}\frac{d}{dz}\left[(z+a)^2\frac{\pi\csc\pi z}{(z+a)^2}\right]\\&=\lim_{z\to -a}\frac{d}{dz}\left(\frac{\pi}{\sin\pi z}\right)=\left.\frac{-\pi^2\cos\pi z}{\sin^2\pi z}\right|_{z=-a}=\frac{-\pi^2\cos\pi a}{\sin^2\pi a}\end{aligned}$$

따라서

$$\sum_{n=-\infty}^{\infty} \frac{(-1)^n}{(n+a)^2} = \left(\frac{1}{(z+a)^2} \text{의 극에서 } \frac{\pi \csc \pi z}{(z+a)^2} \text{의 유수의 합} \right)$$

$$= \frac{\pi^2 \cos \pi a}{\sin^2 \pi a}$$

4. (1) 함수 $F(z) = \dfrac{\pi \cos \pi z}{z^2}$과 그림 9.8에서 정사각형 C_N을 생각한다. 이 함수는 $z=0$에서 특이점을 갖는다. $z=0$에서 Laurent의 급수는

$$\frac{\pi \csc \pi z}{z^2} = \frac{\pi}{z^2\left(\pi z - \dfrac{\pi^3 z^3}{3!} + \cdots\right)}$$

$$= \frac{1}{z^3}\left(1 + \frac{\pi^2 z^2}{3!} + \cdots\right) = \frac{\pi^2}{6}\frac{1}{z} + \cdots$$

따라서 $z=0$에서 $F(z)$의 유수는 $\dfrac{\pi^2}{6}$이다. 그런데

$$\int_{C_N} \frac{\pi \csc \pi z}{z^2} dz = \sum_{n=-1}^{-N} \frac{(-1)^n}{n^2} + \sum_{n=1}^{N} \frac{(-1)^n}{n^2} + \frac{\pi^2}{6}$$

여기서 $N \to \infty$일 때의 극한을 구하면

$$\lim_{N\to\infty} \int_{C_N} \frac{\pi \csc \pi z}{z^2} dz = 0, \quad 2\sum_{n=1}^{\infty} \frac{(-1)^n}{n^2} = -\frac{\pi^2}{6}$$

따라서 구하는 것은

$$\frac{1}{1^2} - \frac{1}{2^2} + \frac{1}{3^2} - \frac{1}{4^2} + \cdots = \frac{\pi^2}{12}$$

(2) 이 경우에 함수 $f(z) = \dfrac{\pi \sec \pi z}{z^3}$를 이용한다.

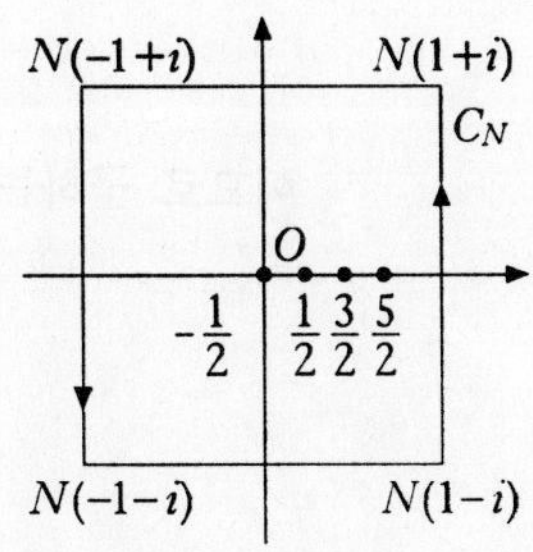

$$f(z) = \frac{\pi}{z^3 \cos \pi z} = \frac{\pi}{z^3\left(1 - \dfrac{\pi^2 z^2}{2!} + \dfrac{\pi^4 z^4}{4!} - \cdots\right)}$$

$$= \frac{\pi}{z^3} \cdot \left(1 + \frac{\pi^2 z^2}{2} + \cdots\right) = \frac{\pi^3}{2z} + \cdots$$

따라서 $z=0$에서 $f(z)$의 유수는 $\frac{\pi^3}{2}$.

함수 $f(z)$는 $z = n + \frac{1}{2}$, $(n = 0, \pm 1, \pm 2)$에서 단순극을 갖는다.

$z = n + \frac{1}{2}$에서 $f(z)$의 유수는

$$\begin{aligned}
\text{Res}\left[f(z),\ z = n + \frac{1}{2}\right] &= \lim_{z \to n + \frac{1}{2}} \left[z - \left(n + \frac{1}{2}\right)\right] \frac{\pi}{z^3 \cos \pi z} \\
&= \frac{\pi}{\left(n + \frac{1}{2}\right)^3} \lim_{z \to n + \frac{1}{2}} \left[\frac{z - \left(n + \frac{1}{2}\right)}{\cos \pi z}\right] \\
&= \frac{\pi}{\left(n + \frac{1}{2}\right)^3} \left[\frac{1}{-\pi \sin \pi z}\right]\Bigg|_{z = n + \frac{1}{2}} \\
&= \frac{-(-1)^n}{\left(n + \frac{1}{2}\right)^3} = \frac{-8(-1)^n}{(2n+1)^3}
\end{aligned}$$

오른쪽 그림에서 $N(1+i)$, $N(1-i)$, $N(-1+i)$, $N(-1-i)$인 사각형을 C_N이라 하자. 그러면 구하는 적분은

$$\int_{C_N} \frac{\pi \sec \pi z}{z^3} dz = -\sum_{n=-N}^{N} \frac{(-1)^n}{\left(n + \frac{1}{2}\right)^3} + \frac{\pi^3}{2} = -8 \sum_{n=-N}^{N} \frac{(-1)^n}{(2n+1)^3} + \frac{\pi^3}{2}$$

여기서 $N \to \infty$이면

$$\sum_{n=-\infty}^{\infty} \frac{(-1)^n}{(2n+1)^3} = 2\left(\frac{1}{1^3} - \frac{1}{3^3} + \frac{1}{5^3} - \cdots\right) = \frac{\pi^3}{16}$$

이므로 구하는 결과는

$$\frac{1}{1^3} - \frac{1}{3^3} + \frac{1}{5^3} - \cdots = \frac{\pi^3}{32}$$

(3) 함수 $f(z)=\dfrac{1}{z^5}$과 $F(z)=\pi\sec\pi z\cdot\dfrac{1}{z^5}=\dfrac{\pi}{z^5\cos\pi z}$를 이용한다. $f(z)$는 $z=0$에서 위수 5의 극을 가진다. 유수를 구하기 위하여 다음 Laurent의 급수를 택한다.

$$F(z)=\frac{\pi}{z^5\cos\pi z}=\frac{\pi}{z^5\left(1-\dfrac{\pi^2z^2}{2!}+\dfrac{\pi^4z^4}{4!}-\dfrac{\pi^6z^6}{6!}+\cdots\right)}$$

$$=\frac{\pi}{z^5}\left(1+\frac{\pi^2z^2}{2}+\frac{5}{24}\pi^4z^4+\cdots\right)$$

따라서 $z=0$에서 $f(z)=\dfrac{\pi}{z^5\cos\pi z}$의 유수는 $\operatorname{Res}[F(z),\,0]=\dfrac{5\pi^5}{24}$이므로 $\displaystyle\sum_{n=-\infty}^{\infty}(-1)^n\frac{2^5}{(2n+1)^5}=\frac{5\pi^5}{24}$ 즉, 구하는 것은

$$\sum_{n=-\infty}^{\infty}(-1)^n\frac{1}{(2n+1)^5}=\frac{5\pi^5}{24\cdot2^5}=\frac{5\pi^5}{1536}$$

5. (1) 임의의 함수를 $f(\alpha)$라고 하자. 그러면

$$f(\alpha)=\frac{1}{2}[f(\alpha)+f(-\alpha)]+\frac{1}{2}[f(\alpha)-f(-\alpha)]$$

이고, 첫 번째 항 $\dfrac{1}{2}[f(\alpha)+f(-\alpha)]$은 짝함수이고, 둘째 항 $\dfrac{1}{2}[f(\alpha)-f(-\alpha)]$은 짝함수이다.

(2) 만약 $f(\sin\theta,\,\cos\theta)$가 $\sin\theta$와 $\cos\theta$의 유리함수이고, c를 실수인 상수라 하면

$$\int_{-\pi}^{\pi}f\,d\theta=\int_{0}^{2\pi}f\,d\theta=\int_{c}^{2\pi+c}f\,d\theta$$

라고 할 수 있다. 따라서 주어진 적분에서

$$\int_0^{2\pi}\frac{\sin3\theta}{\cos\theta+2\cos2\theta}d\theta=\int_{-\pi}^{\pi}\frac{-\sin3\theta}{\cos\theta+2\cos2\theta}d\theta$$

와 같이 나타낼 수 있다. 그런데 피적분함수는 홀함수이므로

$$\frac{\sin3(-\theta)}{\cos(-\theta)+2\cos2(-\theta)}=\frac{-\sin3\theta}{\cos\theta+2\cos2\theta}$$

이다. 그런데 홀함수 $f(\theta)$에 대하여 $\int_{-c}^{c} f(\theta)d\theta=0$이므로

$$\int_0^{2\pi} \frac{\sin 3\theta}{\cos\theta+2\cos 2\theta}d\theta=0.$$

6. (1) $f(z)$, $g(z)$를 짝함수라고 하자. 그러면 $f(-z)=f(z)$, $g(-z)=g(z)$이므로

$$f(z)+g(z)=(f+g)(z)=f(-z)+g(-z)=(f+g)(-z),$$
$$(f\cdot g)(z)=f(z)g(z)=f(-z)g(-z)=(f\cdot g)(-z)$$

이고, 또한 몫에 대하여

$$\frac{f}{g}(-z)=\frac{f(-z)}{g(-z)}=\frac{f(z)}{g(z)}=\frac{f}{g}(z)$$

이 성립한다. 같은 방법으로 홀함수의 경우도 성립한다.

(2) 피적분 함수는 θ에 대하여 짝함수이고, $\cos\theta=\dfrac{z+z^{-1}}{2}$, $\cos 2\theta=\dfrac{z^2+z^{-2}}{2}$, $d\theta=\dfrac{dz}{iz}$이므로

$$\begin{aligned}\int_0^{\pi}\frac{\cos 2\theta}{2+\cos\theta}d\theta&=\frac{1}{2}\int_0^{\pi}\frac{\cos 2\theta}{2+\cos\theta}d\theta\\&=\frac{1}{2}\int_C\frac{z^2+z^{-2}}{2\left(2+\dfrac{z+z^{-1}}{2}\right)}\cdot\frac{dz}{iz}\\&=\frac{1}{2i}\int_C\frac{z^2+z^{-2}}{z^2+4z+1}dz=\frac{1}{2i}\int_C\frac{z^4+1}{z^2(z^2+4z+1)}dz\\&=\frac{1}{2i}\int_C\frac{z^4+1}{z^2(z-z_1)(z-z_2)}dz\end{aligned}$$

단, $z_1=-2+\sqrt{3}$, $z_2=-2-\sqrt{3}$

그런데 피적분함수는 $z=0$에서 2위의 극을 가지고, $z=z_1$에서 단위원의 내부에 단순극이다. 따라서

$$\mathrm{Res}[f,\ 0]=\lim_{z\to 0}\frac{d}{dz}\left(\frac{z^4+1}{z^2+4z+1}\right)=-4,$$

$$\operatorname{Res}[f,\ -2+\sqrt{3}]=\lim_{z\to 0}\frac{(\sqrt{3}-2)^4+1}{2\sqrt{3}(\sqrt{3}-2)^2}$$

을 얻는다. 그러므로 구하는 적분은

$$\int_0^{\pi}\frac{\cos 2\theta}{2+\cos\theta}d\theta=\frac{1}{2i}\cdot 2\pi i(\operatorname{Res}[f,0]+\operatorname{Res}[f,\ -2+\sqrt{3}])$$
$$=\pi\left(-4+\frac{1+(\sqrt{3}-2)^4}{2\sqrt{3}(\sqrt{3}-2)^2}\right).$$

7. $z=e^{ix}$로 놓으면 $dz=ie^{ix}dx$이고, $\cos x=\dfrac{e^{ix}+e^{-ix}}{2}$이다. 따라서

$$\int_0^{2\pi}\frac{dx}{(p+q\cos x)^2}=\int_{|z|=1}\frac{dz}{iz\left[p+q\left(\dfrac{z+z^{-1}}{2}\right)\right]^2}$$
$$=\int_{|z|=1}\frac{2dz}{i\left[pz+q\left(\dfrac{z^2+1}{1}\right)\right]^2}=-4i\int_{|z|=1}\frac{zdz}{(qz^2+2pz+q)^2}$$

여기서 방정식 $qz^2+2pz+q=0$은 두 해

$$z_1=\frac{-p+\sqrt{p^2-q^2}}{q},\ z_2=\frac{-p-\sqrt{p^2-q^2}}{q}$$

를 가진다. 따라서 피적분함수는 위수 2인 두 극 z_1, z_2를 가진다. 그런데 $p>q>0$이므로 원 $|z|=1$의 내부에 z_1만이 있고,

$$|z_2|=\frac{p+\sqrt{p^2-q^2}}{q}>1$$

이다. 따라서

$$-4i\int_{|z|=1}\frac{zdz}{(qz^2+2pz+q)^2}=\frac{-4i}{q^2}\int_{|z|=1}\frac{zdz}{(z-z_1)^2(z-z_2)}$$
$$=\frac{-4i}{q^2}\cdot 2\pi i\operatorname{Res}_{z_1}\frac{z}{(z-z_1)^2(z-z_2)^2}=\frac{8\pi}{q^2}\lim_{z\to z_1}\left[\frac{z}{(z-z_2)^2}\right]$$
$$=\frac{8\pi}{q^2}\cdot\frac{(z_1-z_2)^2-2z_1(z_1-z_2)}{(z_1-z_2)^4}=\frac{8\pi}{q^2}\cdot\frac{-z_1-z_2}{(z_1-z_2)^3}$$

$$= \frac{-8\pi}{q^2} \cdot \frac{\frac{-2p}{q}}{\left[\frac{2\sqrt{p^2-q^2}}{q}\right]^3} = \frac{2\pi p}{(p^2-q^2)^{\frac{3}{2}}}.$$

8. $C: |z|=1$일 때 $z=e^{i\theta}$, $0 \le \theta \le 2\pi$로 놓으면 $dz = ie^{i\theta}d\theta = izd\theta$이고,

$$\cos\theta = \frac{e^{i\theta}+e^{-i\theta}}{2} = \frac{z+z^{-1}}{2}$$

이다. 따라서 적분은

$$\int_0^{2\pi} \frac{\cos\theta d\theta}{a+b\cos\theta} = \int_C \frac{z+z^{-1}}{iz(2az+bz^2+b)} dz = \int_C \frac{(z^2+1)dz}{biz\left(z^2+\frac{2a}{b}z+1\right)} \qquad \cdots\cdots ①$$

이다. 그런데 피적분 함수 $f(z)$는

$$z_1 = 0,\ z_2 = \frac{-a+\sqrt{a^2-b^2}}{b},\ z_3 = \frac{-a-\sqrt{a^2-b^2}}{b}$$

에서 단순극을 갖는다. 만약 $z=z_1$만이 단위원 내부에 있으면 z_1에서 $f(z)$의 유수는

$$I = 2\pi i \operatorname{Res}[f,0] = 2\pi i \lim_{z\to 0} \frac{z^2+1}{bi(z-z_2)(z-z_3)}$$
$$= 2\pi i \lim_{z\to 0} \frac{z^2+1}{bi(z-z_2)(z-z_3)} = 2\pi i \frac{1}{biz_2z_3} = \frac{2\pi}{b} \qquad \cdots\cdots ②$$

이다. 그런데 이 경우는 의미가 없다. 한편 $z_2z_3=1$이므로 $|z_2z_3|=1$이다. 따라서 다음 것 중에 어느 하나만 성립하여야 한다.

(i) z_1, z_2가 C의 내부에 있고, z_3가 밖에 있는 경우와

(ii) z_1, z_3가 C의 내부에 있고, z_2가 밖에 있는 경우이다.

먼저(i)인 경우에 $f(z)$의 유수는

$$\operatorname{Res}[f,\ z_2] = \lim_{z\to z_2} \frac{z^2+1}{biz(z-z_3)} = \frac{z_2^2+1}{biz_2(z_2-z_3)}$$
$$= \frac{z_2^2+z_2z_3}{biz_2(z_2-z_3)} = \frac{z_2+z_3}{bi(z_2-z_3)} = \frac{-a}{bi\sqrt{a^2-b^2}}$$

따라서 구하는 적분은

$$I=2\pi i(\mathrm{Res}[f,\ z_1]+\mathrm{Res}[f,\ z_2])$$
$$=2\pi i\left(\frac{1}{bi}-\frac{a}{bi\sqrt{a^2-b^2}}\right)=\frac{2\pi}{b}\left(1-\frac{a}{\sqrt{a^2-b^2}}\right)$$

다음에(ii)인 경우에 $f(z)$의 유수는

$$\mathrm{Res}[f,\ z_3]=\lim_{z\to z_3}\frac{z^2+1}{biz(z-z_2)}=\frac{z_3^2+1}{biz_3(z_3-z_1)}$$
$$=\frac{z_3^2+z_2z_3}{biz_3(z_3-z_1)}=\frac{z_3+z_2}{bi(z_3-z_1)}=\frac{a}{bi\sqrt{a^2-b^2}}$$

따라서 구하는 적분은

$$I=2\pi i\left(\frac{1}{bi}+\frac{a}{bi\sqrt{a^2-b^2}}\right)=\frac{2\pi}{b}\left(1+\frac{a}{\sqrt{a^2-b^2}}\right)$$

9. 복소함수 e^{iz^2}을 생각하고, 닫힌곡선 C는 그림과 같이 0에서 R까지의 실선 R에서 $Re^{\pi i/4}$까지의 호, 그리고 $Re^{\pi i/4}$에서 0까지의 선분으로 구성되는 곡선을 생각하자. Cauchy 정리에 의하여

$$\int_C e^{iz^2}dz=\int_0^R e^{iz^2}dx+\int_0^{\pi} e^{iR^2e^{2i\theta}}iRe^{i\theta}d\theta+\int_R^0 e^{i(te^{\pi i/4})^2}e^{\pi i/4}dt=0$$

이므로

$$\int_0^R e^{iz^2}dx+\int_0^R e^{ir^2e^{2i\theta}}iRe^{i\theta}d\theta=e^{\pi i/4}\int_0^R e^{-t^2}dt \qquad \cdots\cdots ①$$

가 된다. 지금 $R\to\infty$일 때 식 ①의 왼쪽의 두 번째 적분값이 0에 접근함을 보이도록 한다.

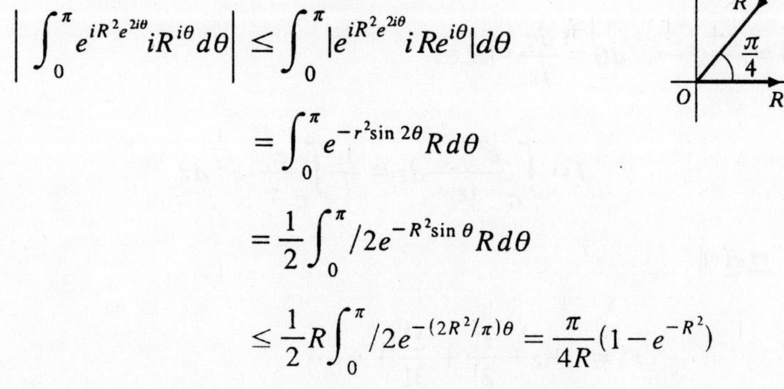

$$\left|\int_0^{\pi} e^{iR^2e^{2i\theta}}iR^{i\theta}d\theta\right|\le\int_0^{\pi}|e^{iR^2e^{2i\theta}}iRe^{i\theta}|d\theta$$
$$=\int_0^{\pi} e^{-r^2\sin 2\theta}Rd\theta$$
$$=\frac{1}{2}\int_0^{\pi}/2e^{-R^2\sin\theta}Rd\theta$$
$$\le\frac{1}{2}R\int_0^{\pi}/2e^{-(2R^2/\pi)\theta}=\frac{\pi}{4R}(1-e^{-R^2})$$

이므로 식 ①에서 $R \to \infty$ 이면

$$\int_0^\infty e^{ix^2}dx = \int_0^\infty \cos x^2 dx + i\int_0^\infty \sin x^2 dx = e^{\pi i/4}\int_0^\infty e^{-t^2}dt \qquad \cdots\cdots ②$$

을 얻는다. 여기서 $\int_0^\infty e^{-t^2}$의 값을 구하기 위하여 $I = \int_0^R e^{-t^2}dt$로 놓으면

$$I^2 = \left(\int_0^R e^{-x^2}dx\right)\left(\int_0^R e^{-y^2}dy\right) = \int_0^R\int_0^R e^{-(x^2+y^2)}dxdy$$

이것을 그 사분면에서 한 변의 길이가 R인 정사각형 S에 따라서 계산한다고 하자. 지금 C_1과 C_2를 원점으로 중심으로 하고 각각 반지름이 R, $R\sqrt{2}$인 제1사분면에 있는 사분원이라 하면 그림에서 보는 바와 같이

$$\int_0^\pi/2\int_0^R e^{r^2}rdrd\theta < \int_0^R\int_0^R e^{-(x^2+y^2)}dxdy < \int_0^\pi/2\int_0^R \sqrt{2}\,e^{-r^2}rdrd\theta$$

가 성립한다. 곧

$$\frac{\pi}{4}(1-e^{-R^2}) < \left(\int_0^R e^{-t^2}dt\right)^2 < \frac{\pi}{4}(1-e^{-2R^2})$$

에서 $R \to \infty$ 되게 하면 $\left(\int_0^\infty e^{-t^2}dt\right)^2 = \frac{\pi}{4}$를 얻는다. 그러므로

$$\int_0^\infty \cos x^2 dx + i\int_0^\infty \sin x^2 dx = e^{\pi i/4}\frac{\sqrt{\pi}}{2} = \frac{1}{2}\sqrt{\frac{\pi}{2}} + \frac{i}{2}\sqrt{\frac{\pi}{2}}.$$

여기서 실수부분과 허수부분을 비교하면 결과를 얻을 수 있다.

10. (1) $\cos\theta = \frac{z+z^{-1}}{2}$, $d\theta = \frac{dz}{iz}$ 이므로

$$I = \int_C \frac{e^{z+z^{-1}}}{iz}dz = \frac{1}{i}\int_C \frac{e^z}{z}\cdot e^{\frac{1}{z}}dz$$

이다. 그런데

$$e^z = 1 + z + \frac{z^2}{2!} + \frac{z^3}{3!} + \cdots\cdots$$

$$e^{\frac{1}{z}}=1+\frac{1}{z}+\frac{1}{2!z^2}+\frac{1}{3!z^3}+\cdots\cdots$$

이므로

$$I=\frac{1}{i}\int_C\left[\frac{1}{z}+1+\frac{z}{2!}+\frac{z^3}{3!}+\cdots\right]\left[1+\frac{1}{z}+\frac{1}{2!z^2}+\frac{1}{3!z^3}+\cdots\right]dz$$

$$=\frac{1}{i}2\pi i\,\mathrm{Res}\left[\left(\frac{1}{z}+1+\frac{z}{2!}+\frac{z^2}{3!}+\cdots\right)\left(1+\frac{1}{z}+\frac{1}{2!z^2}+\frac{1}{3!z^3}+\cdots\right)\right]$$

이다. 여기서 정리하여 각 항에 $z=0$에 대한 유수는

$$\frac{1}{z}\cdot 1,\ 1\cdot\frac{1}{z},\ \frac{z}{2!}\cdot\frac{1}{2!z^2},\ \frac{z}{3!}\cdot\frac{1}{3!z^3},\ \cdots$$

에서 얻을 수 있으므로

$$I=2\pi\left[1+1+\frac{1}{2!2!}+\frac{1}{3!3!}+\frac{1}{4!4!}+\cdots\right]=2\pi\sum_{n=0}^{\infty}\frac{1}{(n!)^2}$$

(2) $z=e^{i\theta}$를 대입하면

$$\int_0^{2\pi}\frac{d\theta}{(a+b\cos\theta)^2}=\frac{4}{i}\int_C\frac{zdz}{(bz^2+2az+b)^2}$$

$$=\frac{4}{ib^2}\int_C\frac{zdz}{\left[z^2+\frac{2a}{b}z+1\right]^2} \qquad \cdots\cdots ①$$

그런데 ①에서 $z^2+\frac{2a}{b}z+1=0$의 해를 각각 z_1, z_2라 하면

$$I=\frac{4}{ib^2}\int_C\frac{zdz}{(z-z_1)^2(z-z_2)^2}$$

$$\text{단, } z_1=\frac{-a+\sqrt{a^2-b^2}}{b},\ z_2=\frac{-a-\sqrt{z^2-b^2}}{b} \qquad \cdots\cdots ②$$

한편 피적분함수는 위수 2의 두 극을 가지고, 이 중에 오직 z_1만이 단위원 내부에 속하므로 z_1에 대한 유수는

$$\mathrm{Res}[f,\ z_1]=\lim_{z\to z_1}\frac{d}{dz}\left[(z-z_1)^2\frac{z}{(z-z_1)^2(z-z_2)^2}\right]$$

$$= \lim_{z \to z_1} \left[\frac{z}{(z-z_2)^2} \right] = \frac{-(z_1+z_2)}{(z_1-z_2)^3} \quad \cdots\cdots ③$$

그런데 ②에서

$$z_1 + z_2 = \frac{-2a}{b}, \; z_1 - z_2 = \frac{2\sqrt{a^2-b^2}}{b} \quad \cdots\cdots ④$$

이므로 ④를 ③에 대입하면 구하는 적분은

$$I = 2\pi i \cdot \frac{4}{ib^2} \cdot \frac{2a}{b} \cdot \frac{b^3}{8(a^2-b^2)^{\frac{3}{2}}} = \frac{2a\pi}{(a^2-b^2)^{\frac{3}{2}}}$$

제10장 등각사상

연습문제 10.6

1. (1) 일반적으로 xy-평면에서 원의 방정식은

$$a(x^2+y^2)+bx+cy+d=0$$

이고, 여기서 $z=x+iy$일 때 켤레복소수를 적용하면

$$az\bar{z} + b\left(\frac{z+\bar{z}}{2}\right)x + c\left(\frac{z-\bar{z}}{2i}\right) + d = 0$$

$$\text{또는 } az\bar{z} + \left(\frac{b}{2} + \frac{c}{2i}\right)z + \left(\frac{b}{2} - \frac{c}{2i}\right)\bar{z} + d = 0$$

이 된다. 여기서 $a=\alpha$, $\frac{b}{2}+\frac{c}{2i}=\beta$, $d=\gamma$이면 결과를 얻는다. 특히 $a=\alpha=0$이면 원은 직선으로 유도된다.

(2) (1)에서 일반적으로 z-평면에서 원의 방정식은

$$\alpha z\bar{z} + \beta z + \bar{\beta}\bar{z} + \gamma = 0 \quad \cdots\cdots ①$$

이라 할 수 있다. 단, $\alpha > 0$, $\gamma > 0$이고, β를 복소수라 할 때 $\alpha = 0$이면 원은 직선으로 변환한다.

반전의 변환 $w = \frac{1}{z}$ 또는 $z = \frac{1}{w}$에 의하여 ①은 w-평면에 있는 원

$$\gamma w\overline{w}+\beta w+\overline{\beta}\,\overline{w}+\alpha=0$$

이다. 회전과 확대의 변환에 의하여 $w=\alpha z$ 또는 $z=\dfrac{w}{\alpha}$이면

$$\alpha w\overline{w}+(\beta\overline{\alpha})w+(\overline{\beta}\,\alpha)\overline{w}+\gamma\alpha\overline{\alpha}=0$$

이므로 역시 원이다.

2. 먼저 단위원 $C:|z|=1$의 w-평면에서의 상을 생각한다. $f(z)=\dfrac{-iz+i}{1+z}$이므로

$$z=\frac{-w+i}{w+i} \qquad \cdots\cdots ①$$

이므로 $|z|=1$일 때 식 ①에 의하여 단위원의 점의 상은

$$|w+i|=|-w+i| \qquad \cdots\cdots ②$$

를 만족하므로 $w=u+iv$일 때 식 ②의 양변을 제곱하면

$$u^2+(1+v)^2=u^2+(1-v)^2$$

이 되어 $v=0$이 된다. 따라서 이것은 z-평면에서 단위원 위의 점들이 w-평면의 u축 위로 사상된다.

한편, 원 $C:|z|=1$은 z-평면을 두 부분으로 나누고, C 자신은 u축으로 사상되면서 w-평면을 두 부분으로 나눈다. 먼저 $z=0$의 상은 $w=f(0)=i$이다.
지금 $|z|<1$의 상을 생각하자. 식 ①에 의하여

$$|z|=\left|\frac{-w+i}{w+i}\right|<1 \text{ 즉, } |w-i|<|w-(-i)|$$

를 만족하므로

$$\sqrt{u^2+(v-1)^2}<\sqrt{u^2+(v+1)^2}$$

이다. 이를 정리하면 $\text{Im}\,w=v>0$.

3. (1) z가 허수축의 점이며 z는 순허수이므로 $|z+1|=|z-1|$이 성립한다. 따라서 $|w|=\left|\dfrac{z-1}{z+1}\right|=1$이므로 z-평면의 허수축은 w-평면의 단위원에 사상된다.

한편 $z=-\dfrac{w+1}{w-1}$이므로 $|z|=1$일 때 $|w+1|=|w-1|$이므로 w는 순허수축에 있으므로 z-평면의 단위원의 상은 w-평면의 허수축이다.

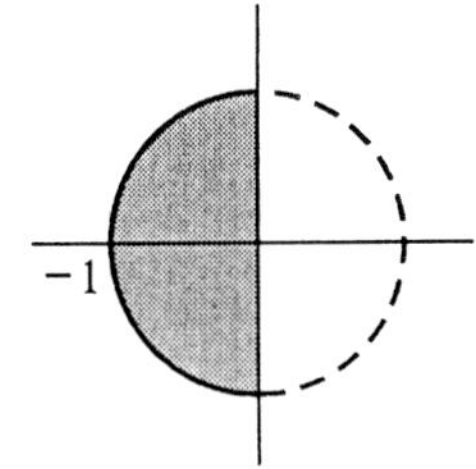

(2) 영역 D의 점 z는 허수축 오른쪽에 있으므로 분명히

$$|z-1|<|z+1|\text{이므로 } |w|=\left|\frac{z-1}{z+1}\right|<1.$$

또한 D의 점 z는 $|z|<1$을 만족하므로

$$z=-\frac{w+1}{w-1}\text{에서 } |w+1|<|w-1|.$$

이상으로 D의 상은 그림과 같이 단위원의 내부의 허수축 왼쪽 부분이다.

4. (1) $z=r(\cos\theta+i\sin\theta)$, $w=z+\dfrac{1}{z}=u+iv$라고 할 때

$$u=\left(r+\frac{1}{r}\right)\cos\theta,\ v=\left(r-\frac{1}{r}\right)\sin\theta \qquad \cdots\cdots ①$$

이다. 지금 $r\neq1$일 때 식 ①에서 $\sin\theta$, $\cos\theta$를 소거하면

$$\frac{u}{\left(r+\frac{1}{r}\right)^2}+\frac{v}{\left(r-\frac{1}{r}\right)^2}=1 \qquad \cdots\cdots ②$$

즉, 점 -2, 2를 초점으로 하는 타원이다.
다음에 $r=1$일 때 식 ①에서 $u=2\cos\theta$, $v=0$이므로 이는 실수축 위에 점 -2, 2를 연결하는 선분이다.

(2) $1<r<2$일 때 $2<r+\dfrac{1}{r}<\dfrac{5}{2}$, $0<r-\dfrac{1}{r}<\dfrac{3}{2}$이므로 구하는 영역은 타원의 내부 $\dfrac{u^2}{(5/2)^2}+\dfrac{v^2}{(3/2)^2}<1$이고, 이는 실수축 위에 구간 $[-2,\ 2]$를 제외한 부분이며, 오른쪽 그림과 같다.

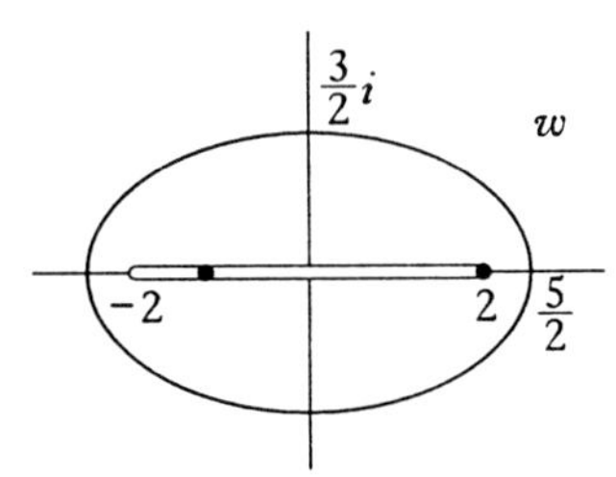

5. $w=\cos z=u+iv$이면 $u=\cos x\cosh y$, $v=-\sin x\sinh y$이므로 직선 $x=a$의 상은

(i) $a=0$일 때 w-평면 위의 실수축의 일부분 $u\geq1$, $v=0$

(ii) $0<a<\frac{\pi}{2}$일 때 쌍곡선의 오른쪽

$$\frac{u^2}{\cos^2 a}-\frac{v^2}{\sin^2 a}=1,\ u\geq\cos a,\ (\cosh y\geq 1)$$

(iii) $a=\frac{\pi}{2}$일 때 w-평면 위의 허수축 $u=0$이고, $y=b$의 상은 타원

$$\frac{u^2}{\cosh^2 b}+\frac{v^2}{\sinh^2 b}=1$$

6. z-평면의 단위원을 w-평면의 단위원에 사상하는 일차분수변환은

$$w=A\left(\frac{z-z_1}{\overline{z_1}z-1}\right)\ (|z_1|<1,\ |A|=1)$$

여기에 $z=\frac{1}{2}$, $w=0$이면 $0=A\dfrac{\frac{1}{2}-z_1}{\overline{z_1}\left(\frac{1}{2}\right)-1}$에서 $z_1=\frac{1}{2}$이다.

한편, $z=1$, $w=1$이면 $1=A\dfrac{1-\frac{1}{2}}{\frac{1}{2}-1}$에서 $A=-1$이다. 따라서 구하는 것은

$$w=-\frac{2z-1}{z-2}$$

7. 구하는 변환은

$$w=e^{\alpha i}\frac{z-(1+i)}{z-(1-i)} \qquad \cdots\cdots ①$$

에 의하여 구한다. 이 때 $z=-1+i$, $w=\frac{1}{\sqrt{2}}$을 ①에 대입하면

$$e^{i\alpha}=\frac{1}{\sqrt{2}}(1-i)=e^{-\frac{\pi i}{4}} \text{ 이므로 } w=e^{-\frac{\pi i}{4}}\frac{z-(1+i)}{z-(1-i)}$$

8. 일차변환 $w=\dfrac{2z+3}{4z+3}$은 z-평면의 실수축 위의 서로 다른 점 z_1, z_2, z_3을 w-평면에 서로 다른 점 w_1, w_2, w_3로 사상되는 것이 분명하다. 이 때 z-평면의 $z=ci$ $(c>0)$는 w-평면 위의 점 $w=\dfrac{2z+3}{4z+3}=\dfrac{8c^2+9-6ci}{16c^2+9}$로 사상된다. 따라서 $\operatorname{Im} w=\operatorname{Im}\left(\dfrac{2z+3}{4z+3}\right)=\dfrac{-6c}{16c^2+9}<0$이므로 $\operatorname{Im}(z)>0$은 $\operatorname{Im}(w)<0$으로 사상된다.

9. (1) z가 실수이면 $z=\bar{z}$이므로 $z-\overline{z_0}=\bar{z}-\overline{z_0}=\overline{z-z_0}$이다.

따라서 $|z-\overline{z_0}|=|\overline{z-z_0}|=|z-z_0|$ 즉,

$$|w|=\left|\frac{z-z_0}{z-\overline{z_0}}\right|=\left|\frac{z-z_0}{z-z_0}\right|=1.$$

(2) 만약 $|w|<1$이면 $|z-z_0|<|z-\bar{z}_0|$이 된다. z_0와 $\bar{z}_0$는 실수축에 관하여 대칭이므로 z_0가 상반평면에 있으면 오른쪽 그림에서 점 z와 z_0의 거리 $|z-z_0|$와 점 z와 $\bar{z}_0$의 거리 $|z-\bar{z}_0|$를 비교하면 $|z-z_0|<|z-\bar{z}_0|$이므로 $\operatorname{Im} z>0$이다. 역으로 $|w|=\left|\dfrac{z+z_0}{z-\bar{z}_0}\right|<1$이면 $\operatorname{Im} z>0$임을 알 수 있다.

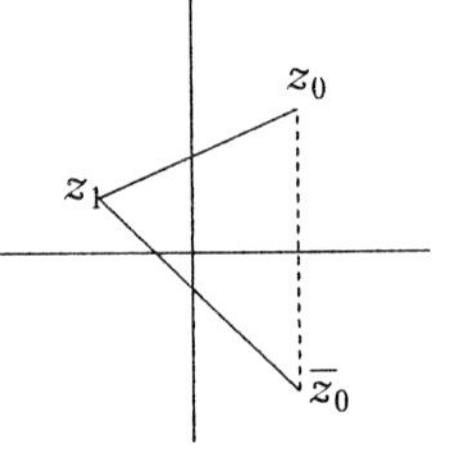

(3) $w_1=\dfrac{z_1-z_0}{z_1-\bar{z}_0}$이면 $\overline{w_1}=\overline{\left(\dfrac{z_1-z_0}{z_1-\bar{\bar{z}}_0}\right)}=\dfrac{\bar{z}_1-\bar{z}_0}{\bar{\bar{z}}_1-z_0}$이므로

$$w_2=\frac{\bar{z}_1-z_0}{\bar{\bar{z}}_1-\bar{\bar{z}}_0}=\frac{1}{\bar{\bar{w}}_1}.$$

10. (1) 가정에서 $|z_0|>1$, $|z|\geq 1$이므로

$$1-|w|^2=1-\left|e^{i\theta}\frac{z-z_0}{\bar{z}_0 z-1}\right|^2=1-\left|\frac{z-z_0}{\bar{z}_0 z-1}\right|^2=\frac{|\bar{z}_0 z-1|^2-|z-z_0|^2}{|\bar{z}_0 z-1|^2}$$

$$=\frac{(\bar{z}_0 z-1)(z_0\bar{z}-1)-(z-z_0)(\bar{z}-\bar{z}_0)}{|\bar{z}_0 z-1|^2}=\frac{(1-|\bar{z}_0|^2)(1-|z|^2)}{|\bar{z}_0 z-1|^2}$$

을 얻는다. 따라서 $|z|=1$일 때 $|w|=1$이고, $|z|>1$이면 $|w|<1$이므로 z-평면의 단위원 외부 $|z|>1$은 w-평면의 단위원 내부 $|w|<1$로 사상한다.

11. $z=x+iy$일 때 $w-1=e^{iz}=e^{ix}e^{-y}$이고,

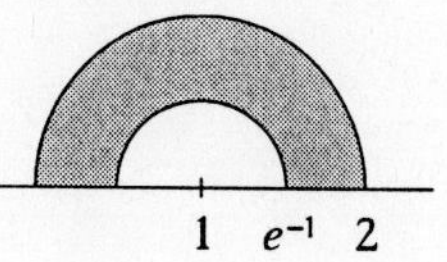

$$|w-1|=e^{-y}, \quad \arg(w-1)=x.$$

그런데 영역 $D=\{(x, y): 0<x<\pi, 0<y<1\}$의 모든 점 $z=(x, y)$에 대하여

$$\begin{cases} e^{-1}<|w-1|<1 \\ 0<\arg(w-1)<\pi \end{cases}$$

이 성립하므로 구하는 영역은 오른쪽 그림과 같다.

12. $z=x+i\pi$일 때 $e^z=-e^{-x}<0$이다. $w=\dfrac{e^z+1}{e^z-1}$에서 $e^z=\dfrac{w+1}{w-1}$이므로 $\dfrac{w+1}{w-1}<0$이다. 그런데 $w-1=\dfrac{e^z+1}{e^z-1}-1=\dfrac{2}{e^z-1}<0$이므로 $w+1>0$이 된다. 따라서 $w-1<0$이므로 직선 $y=\pi$는 선분 $-1<w<1$으로 사상된다.

참고문헌

1. 이도원 외 3명, 복소함수론, 경문사, 2003.
2. 이석영, 복소함수론, 교학연구사, 2003.
3. Ahlfors, L. V., Complex Analysis, McGraw-Hill Book Co, New York, 1966.
4. Bernard R. Gelbaum, Modern real and Complex Analysis, John wiley & Son, Inc. 1995.
5. Churchill, R. V,. Complex variables and Applications, 3rd. ed,. McGraw-Hill Book Co, New York, 1965.
6. Joseph Bak, Donald J. Newman, Complex Analysis, Springer-Verlag, New York, 1982.
7. Murry R. Spiegel, Complex variables, Schaums Outline series, 1974.
8. Pennisi, L, L., Elements of Complex variables, Holt, Rinehart and Winston, Inc., New York, 1963.
9. Rudin W., Real and Complex variables, 2nd. ed., McGraw-Hill Book Co, New York, 1960.
10. Shilov, G. E., Real and Complex variables, Dover publications Inc., New York, 1973.

찾아보기

길잡이

복소해석학

2008년 4월 25일 1판 1쇄 발행
2012년 3월 2일 1판 2쇄 발행

저 자 / 김동화
발행자 / 오판근
발행처 / 교우사

주 소 / 서울 동대문구 제기2동 148-19
전 화 / 925-2861(代), 편집부 / 925-2825
팩 스 / 925-2860

E-mail / kyowoo@kyowoo.co.kr
http://www.kyowoo.co.kr

등록 / 1994. 3. 24 제6-0256호

ISBN 978-89-8172-740-6 (93410)

값 26,000 원